친환경을 고려한

건축 설비계획

서승직 저

 일진사

머리말

21세기 건물의 새로운 패러다임속에서 가장 중요한 요소는 무엇보다도 쾌적한 실내의 거주 환경을 유지하기 위한 건물의 환경 제어 시스템(Environmental Control Systems in Building)을 들 수 있을 것이다. 따라서 보다 이상적인 실내 환경을 위해서는 초기의 건축 계획 단계에서부터 실내외 환경 조건을 비롯하여 건축적 방법과 설비적 방법 등의 전 시스템에 대한 생애 주기를 고려한 설계기법의 도입이 필요하다. 왜냐하면, 이 방법만이 친환경적이며 가장 효율적인 건물의 환경 제어 시스템이 될 수 있기 때문이다.

오늘날 건물의 설비적 환경 제어 시스템은 우리 주거문화의 향상과 발달로 인하여 그 필요성이 크게 인식되고는 있으나, 정작 건축설비에 대한 올바른 이해는 아직도 매우 부족하며 설비계획의 접근 방법에도 더욱 많은 연구가 필요한 실정이다. 왜냐하면 건축설비는 환경과 에너지와는 매우 밀접한 관계가 있기 때문이다.

이러한 생각에서 그간 출간된 "건축설비"를 토대로 새롭게 "건축설비계획"을 집필하게 되었다. 이는 무엇보다도 건축설비 전반에 대한 기본 이론의 정립과 이를 바탕으로 폭넓은 설비 시스템의 이해와 응용력을 키워줄 수 있는 "교과서적인 전문 서적"이 필요했기 때문이다. 본서의 내용으로는 모두 4편(기초, 급배수·위생 설비, 공기 조화 설비, 전기 설비)으로 구성되어 있으며, 각 편마다 각종 설비시스템의 기본이론과 원리를 간결하게 소개하려고 노력하였다. 그리고 시스템의 정량적 해석과 응용에 필요한 예제를 두어 문제 이해와 응용에 도움이 되도록 하였다.

그러므로 이 책은 대학의 건축설비 교재는 물론 관련 기술자 및 국가기술 자격 시험을 위한 기본 서적으로는 부족함이 없으리라 사료되나, 실무에 종사하는 전문가들이 필요한 다양한 설계 자료의 제공이 이 책의 집필 목적이 아님을 밝힌다. 그러나 학문에 대한 한계와 역량의 부족함을 새삼 통감하면서도 나름대로 최선을 다하였음을 밝히며 부족한 점이나 뜻하지 않은 오류는 여러분들의 지도와 조언으로 바로잡을 생각이다.

끝으로 항상 학문에 대한 깊은 이해와 큰 관심을 갖고 이 책이 출간되도록 도움을 주신 **일진사** 이정일 사장님을 비롯하여 직원 여러분과 원고 교정에 도움을 준 인하대학교 환경 설비 연구실의 연구원들에게 깊은 감사를 드린다.

저자 씀

차   례

제 1 편   기   초

제 1 장 설비 계획의 개론

1. 서 론 11
2. 건축 설비의 종류 14
3. 건축 설비 계획의 프로세스 14
4. 설비 계획과 설계상 고려해야 할 문제 15
5. 건축 설비 시스템의 경제성 평가 17

제 2 장 건축 설비의 기초 지식

1. 국제 단위 (SI units) 19

2. 온도 (temperature scale) 21
3. 에너지 계산 22
4. 열량과 비열 25
5. 동력의 단위 28
6. 밀도, 비중량, 비체적 28
7. 열역학의 제 1, 제 2 법칙 29
8. 이상기체 30
9. 압력의 단위 32
10. 유체의 일반적 성질 34
11. 감쇠(attenuation) 42

제 2 편   급배수 · 위생 설비

제1장 급배수 · 위생 설비 개요

1. 급배수 · 위생 설비의 구성 47
2. 상수도와 급수 설비 48
3. 건물내 설비 56
4. 배수 설비와 하수도 56
5. 급배수 · 위생 설비와 앞으로의 과제 57

제2장 급수 설비

1. 개 요 58
2. 급수량과 필요 압력 60
3. 급수 방식 63
4. 급수 배관의 관경 결정법 73
5. 펌 프 (pump) 78
6. 급수 설비의 오염 방지 81

7. 급수 배관 설계 시공상의 주의사항 82

제3장 급탕 설비

1. 급탕 온도와 급탕량 86
2. 가열 장치의 종류 89
3. 급탕 방법 90
4. 급탕 배관법 98
5. 급탕 설비의 설계 계산 104
6. 급탕 배관 시공상 주의사항 112

제4장 배수 및 통기 설비

1. 배수 설비 계획 115
2. 옥내 배수 설비 118
3. 통기관 설비 124

4. 배수관 및 통기관의 관경 결정법 ············· 133
5. 배수 및 통기 배관 시공상의 주의사항 ····· 144
6. 배수 및 통기 배관 재료 ························· 148

제5장 배수 처리 설비

1. 배수 처리 설비 계획 ························· 149
2. 오물 단독 처리 방식(정화조) ··············· 153
3. 오수 정화 시설(중급 처리) ··············· 161
4. 오수 정화 시설(고급 처리) ··············· 167

제6장 소화 설비

1. 개 요 ····························· 174
2. 소방 설비의 종류와 설치 기준 ············· 178
3. 특수 소화 설비 ························· 194

4. 경보 설비 ····························· 201

제7장 위생기구 설비

1. 위생기구 ····························· 207
2. 위생기구와 도기 ······················· 211
3. 도기 이외의 위생기구 ··················· 211
4. 위생기구의 종류 ······················· 213
5. 위생 설비 유닛 ······················· 223

제8장 가스 설비

1. 도시 가스 ····························· 224
2. LP 가스 설비 ························· 233
3. 연소기구와 급배기 ····················· 234
4. 가스 경보 설비 ······················· 236

제 3 편   공기 조화 설비

제1장 공기 조화 설비의 계획과 설계

1. 공기 조화의 의의와 목적 ··············· 241
2. 공기 조화의 계획 ······················· 241
3. 공조 설비의 구성 ······················· 243
4. 설비 용량과 소요면적 ··················· 244
5. 공조 설비의 평가지표 ··················· 245
6. 에너지 절약을 위한 공조 계획 ············· 246

제2장 실내 환경과 공기 조화

1. 인체의 에너지 대사 ····················· 251
2. 열환경의 평가와 쾌적지표 ··············· 252
3. 실내 환경 ····························· 256
4. 공기의 성질과 공기 조화 ··············· 257

제3장 공기 조화 부하 계산

1. 개 요 ····························· 268

2. 냉방 부하 ····························· 269
3. 난방 부하 ····························· 279
4. 공기 조화 부하 계산방법 ··············· 285
5. 간헐 공조와 실 열부하 ··················· 286
6. 공기 조화 부하의 계산도 ··············· 287

제4장 공기 조화 설비의 방식

1. 열원 방식 ····························· 289
2. 공조 방식 ····························· 290
3. 특수 공조 방식 ······················· 306

제5장 직접 난방

1. 난방 계획 ····························· 311
2. 증기 난방 ····························· 321
3. 온수 난방 ····························· 337
4. 복사 난방 ····························· 349
5. 온풍 난방 ····························· 357

제6장 공기 조화 장치

1. 공기조화기의 구성 ·························· 359
2. 공기조화기의 종류 ·························· 359
3. 중앙식 패키지형 공기조화기 ·········· 361
4. 실내 설치형 공기조화기 ·················· 361
5. 분산식 패키지형 공기조화기 ············ 362
6. 공기여과기(air filter) ···················· 363
7. 공기가습기와 감습기 ······················ 365
8. 공기냉각기 및 공기가열기 ·············· 368

제7장 공기 분배 장치

1. 공기 분배 장치의 구성 ·················· 369
2. 실내 공기 분배 ······························ 369
3. 취출구와 흡입구의 종류 ·················· 374
4. 취출구와 흡입구의 특성 ·················· 375
5. 덕트 설계 ······································ 377
6. 송풍기 ·· 389

제8장 냉온 열원 장치

1. 보일러(boiler) ······························ 394
2. 냉동기 ·· 399
3. 히트 펌프 시스템(heat pumps system) ···· 403
4. 냉온수기(흡수식 냉동기) ·················· 407
5. 냉각탑 (cooling tower) ···················· 409

제9장 자동 제어와 중앙 관제

1. 자동 제어 장치의 구성 ·················· 412

2. 제어 동작의 종류 ·························· 413
3. 자동 제어 기기 ···························· 414
4. 공기 조화 설비의 계장 ·················· 414
5. 중앙 관제 장치 ···························· 416

제10장 방음과 방진

1. 소음의 제어 (noise control) ·············· 419
2. 소음과 진동의 전파 ······················ 420
3. 송풍 계통의 방음 ·························· 421
4. 기계실의 차음과 방진 ···················· 426

제11장 환기 · 배연

1. 환기 설비 ······································ 428
2. 환기 방식과 환기량 ······················ 432
3. 배연 설비 ······································ 437

제12장 배관용 재료와 부속품 및 도시 기호

1. 개 론 ·· 441
2. 관 재료의 종류 ···························· 441
3. 배관의 접속법 ······························ 443
4. 배관 지지법 ·································· 447
5. 배관의 부식 방지법 ······················ 448
6. 관의 보온 및 방로 ························ 450
7. 밸브의 종류 ·································· 452
8. 배관 도시 기호 ···························· 456
9. 설비 관련 도시 기호 ···················· 457

제 **4** 편　　　　전기 설비

제1장 전기 설비 개요

1. 건축과 전기 설비 ·························· 465
2. 전기 설비의 기초 사항 ·················· 466

제2장 전력 설비

1. 수변전 설비 ·································· 468
2. 축전지 설비 ·································· 471

3. 자가 발전 설비 ·············· 473

4. UPS 설비 ·············· 476

5. 배전 설비 ·············· 476

6. 배선 방식 (전기 방식) ·············· 478

7. 배선 설계 ·············· 480

8. 배선 공사 방법 ·············· 481

9. 배선 재료 ·············· 484

10. 배선기구 ·············· 487

11. 전동기·전열기 ·············· 489

12. 접 지 ·············· 489

13. 조명 설비 ·············· 490

제3장 통신 정보 설비

1. 전화 설비 ·············· 504

2. 인터폰 (interphone) 설비 ·············· 506

3. 표지 설비 ·············· 507

4. 전기 시계 설비 ·············· 507

5. 안테나 (antenna) 설비 ·············· 507

6. 확성 설비 ·············· 508

7. 감시·제어 ·············· 508

8. 정보 시스템 설비 ·············· 509

9. CATV 설비 ·············· 510

제4장 방재 설비

1. 피뢰침 설비 ·············· 511

2. 항공 장애등 설비 ·············· 517

3. 방범 설비 ·············· 518

제5장 수송 설비

1. 엘리베이터(elevator) ·············· 519

2. 에스컬레이터(escalator) ·············· 531

3. 전동 덤웨이트 (electric dumbwaiter) ······ 535

4. 이동 보도 ·············· 535

제6장 옥내 배선 설비의 도시 기호

부 록

1. 단위 환산 비교표 ·············· 541

2. SI 단위에 사용하는 기호 ·············· 546

■ 찾아보기 ·············· 547

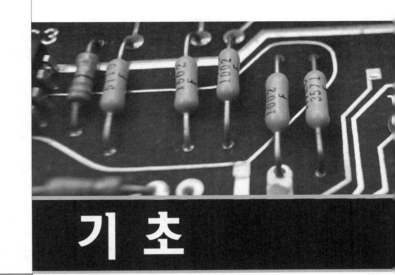

기 초

제**1**편

제1장   설비 계획의 개론
제2장   건축 설비의 기초 지식

제1장　설비 계획의 개론

1. 서　론

1-1　설비 계획과 에너지

21세기 건축의 새로운 패러다임(paradigm) 속에서 건물의 에너지와 관련하여 자주 사용하는 용어들을 살펴보면 "환경 건축(green architecture), 지속 가능한 건축(sustainable architecture), 생태 건축(ecological architecture), 그린 빌딩(green building), 제로 또는 로우 에너지 빌딩(zero or low energy building), 에코하우스(ecohouse), 환경 친화적 건축(environmentally friendly building)" 등을 들 수 있다. 그러나 서로 다른 이 용어 속에서도 이 용어들이 가지는 공통적인 의미를 발견할 수 있다. 이는 무엇보다도 자연에너지의 적극적인 이용을 통한 자원의 절약 즉, 건물 시스템이 생태계의 일부로서 자연 환경에 순응할 수 있는 건물의 디자인기법을 적용하므로 건물로 인한 환경 오염과 에너지 소비를 최소화하자는 것이다. 또 다른 의미의 하나는 요람에서 무덤까지의 디자인 접근 방식인 생애주기비용(life cycle cost)을 고려한 건물설계 원리를 적용하고 있다는 것이다. 결과적으로 이 두 가지 의미 속에는 가용 에너지(available energy)의 불가용 에너지(unavailable energy)로의 이동을 줄이려는 노력이 담겨져 있음을 알 수 있다.

그동안 우리는 추상적인 건물의 에너지 절약만을 지나치게 강조한 나머지 실질적인 에너지 절약에는 큰 효과를 거두지 못한 것도 사실이다. 따라서 진정한 건물의 에너지 절약을 위해서는 어느 한 부분의 절약을 위한 디자인 전략보다는 요람에서 무덤까지의 디자인 원리의 적용과 건물의 전 시스템에 대한 에너지 효율(energy efficiency)의 정량적인 평가를 바탕으로 설계가 이루어져야 할 것이다. 그동안 우리는 문명이 가져다 주는 다양한 혜택과 자연이 베푸는 청정 에너지의 효율적인 사용에 대한 지혜, 문화가 더해진 훌륭한 조합 속에서 엔트로피(entropy)의 증가를 최소한으로 억제할 수 있는 건물의 시스템을 구축하지 못하였다. 따라서 우리가 바라는 이상적인 건축은 앞서 언급한 용어들이 가지는 공통적인 의미를 바탕으로 이루어지는 건축일 것이다.

건물은 많은 에너지가 소비되는 곳이다. 그 중에서도 특히, 설비 시스템은 건물의 에너지 소비와 직접적인 관계에 있지만 설비 시스템만으로 에너지 절약을 생각해서는 안된다. 따라서 건물에서의 에너지 절약을 위해서는 추상적인 에너지 절약보다는 에너지 효율 향상에 목적을 두고 실내 환경 기준에 대한 검토뿐만 아니라 기후 디자인의 원리와 환경설계 요소를 모두 고려한(integrated environmental design factors) 건축적 방법(passive control method)의 건물의 디자인 패턴 제시, 여기에 어울리는 설비적 방법(active control method)의 시스템 조합에 이르기까지 건물 시스템의 전 영역에 대한 정량적인 평가를 바탕으로 설계가 이루어

져야 할 것이다. 왜냐하면 이 방법만이 건물의 엔트로피 증가를 억제한 확실한 절약을 기대
할 수 있기 때문이다.

1-2 환경 조절과 건축 설비

건축 설비는 일정목적의 건축환경을 유지하기 위한 온·습도, 공기 청정도, 환기, 소음, 진
동 제어 등과 같은 제반 환경 조절 설비를 비롯하여 이들 설비에 관련한 2차적인 부수적 설
비는 물론 급·배수, 방재, 통신정보, 환경오염 방지 설비 등을 포함한 건물 관련 모든 설비
를 말하는 것으로 이들 설비의 대부분은 에너지원을 필요로 하는 적극적인 시스템으로 구성
된다. 이들 설비의 목적은 목표로 하는 건축환경을 쾌적하고 안전하게 그리고 능률적으로 유
지시키는 데 있다.

건물은 항상 노출된 자연환경 속에서 존재하며, 인간은 예로부터 필요로 하는 환경을 건축
적 방법을 통하여 조절하려고 노력하여 왔으나 이는 인간 생활양식의 변화와 다양하게 발전
해가는 현대 사회에서 요구하는 건물환경을 모두 수용하기에는 그 한계성을 지니게 된다.

따라서 보다 적극적인 환경 제어를 위한 설비적 방법이 필요로 하게 되었다. 그러나 건축
적 방법을 통한 환경 제어 성능은 설비적 방법의 환경 제어의 부하를 크게 경감시켜 줄 수
있는 역할을 하게 될 것이다.

건축 설비는 설비적 방법의 환경 제어 시스템만을 다루지만 건축적 방법의 환경 제어를
결코 무시하여서는 안 된다는 것을 인식해야 한다. 왜냐하면 건물의 환경 제어는 건축적 방
법과 설비적 방법의 합리적 조합에 의하여 계획되어야 하기 때문이다. 건축적 방법을 건축가
의 영역으로 본다면 설비적 방법은 설비기술자의 영역에 속할 것이다. 그러나 이 두 영역은
결코 분리하여 생각하면 안 된다.

따라서 건축 설계시부터 실내환경에 대한 목표(thermal comfort zone)와 외기 조건(+,
−)의 관계에서 건축적 조절(passive control method)과 설비적 조절(active control method)
에 대한 분석이 요구된다. 이러한 분석없이 각각의 시스템 설계가 이루어진다면 많은 에너지
를 투입하고도 쾌적한 실내환경을 보장받지 못하는 실수를 하게 될 수 있다.

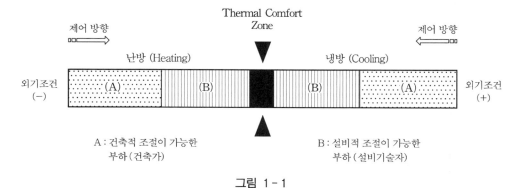

그림 1-1

그림 1-1은 난방과 냉방모드에서의 환경 조절에 대한 순서와 제어 방향, 난방과 냉방을
위한 (A)와 (B)의 관계를 나타낸 것이다. 따라서 건물의 환경 조절은 어느 한부분에서의 분
석보다도 전체의 흐름에서 분석이 필요하다. 왜냐하면 (A)+(B)는 난방 또는 냉방을 위한

부하량으로 에너지와도 밀접한 관계를 가진다. 예를 들어 (A)에 대한 환경 성능 향상을 위하여 다소의 초기 투자비가 증가할지 모르나 결과적으로 (B)에 대한 부하량을 크게 줄일 수 있음을 알아야 할 것이다. 따라서 (A)와 (B)의 합리적인 조합은 환경과 에너지 절약에 중요한 변수임을 인식하여야 할 것이다. 따라서 이들 조합에 대한 효과는 경제성 평가인 생애주기비용 (Life Cycle Cost)과 PBP (Pay Back Period)에서 확인할 수 있다.

표 1-1은 건축에서 요구되는 제기능에 대한 셸터(shelter)와 설비의 역할을 나타낸 것이다. 여기는 셸터는 건축적 환경 조절에 해당하며 설비는 설비적 환경 조절에 해당한다.

표 1-1 건축에서 요구되는 각 기능과 셸터와 설비의 역할

건축에서 요구되는 기능	부 하	셸터의 역할	건축 설비의 역할
① 열환경 조정	열손실·열취득 (현열·잠열)	전열량 제어(단열·열용량) 복사열 제어(차폐, 복사계수 선택)	공조 (가열·냉각·가습·감습) 공조 중앙 감시 제어반
② 공기환경 조정	오염물질의 침입·발생	오염물질 발생원의 격리·차폐·누설환기의 방지	공기정화 (여과·흡착·흡수), 환기, 국소배기
③ 음환경 조정	소음·진동	흡음율·투과율의 제어, 진동원기초의 절연, 소음원·진동원의 격리	소음 장치의 설치, 방진 기초의 채용, 저소음기기의 채용
④ 광환경 조정	조명 부하	채광·차광	조명 설비
⑤ 위생적 환경 유지	급수·급탕 부하, 배수 부하, 쓰레기 발생 부하	정수조·잡배수조의 설치	급수·급탕·배수·위생기구 설비, 오수처리 설비(재이용 등의 필요에 대응)
⑥ 방재 기능	화재, 지진, 발연원	내화구조, 방화구획, 배연구획, 내진구조, 피난용 시설	감지·경보·통보·소화·배연 설비, 비상용 전원 설비, 방재감시 제어반
⑦ 정보 처리 기능	정보의 교환·처리	-	인터폰·전화·라디오·TV, 확성 장치, 무선통신, 전산기, 주변기기의 중앙관제 장치
⑧ 반송 기능	반송 부하·교통 부하	수직·수평 반송, 교통용 공간·주차 공간	엘리베이터, 에스컬레이터, 각종 리프트·컨베이어, 쓰레기 진공 수송 설비, 기송관 설비
⑨ 공해 방지 기능	대기오염 부하 수질오탁 부하	-	대기오염 방지 장치 수처리 방지

셸터의 성능은 특히 열환경, 음환경, 광환경(시환경)의 조절 기능에 큰 영향을 미친다. 예를 들면 외벽의 단열성이 좋으면 냉·난방 부하가 감소되며 따라서 설비 용량뿐만 아니라 운전비 및 설비비 등을 줄일 수 있어 에너지 절약 효과를 기대할 수 있다.

셸터의 차음 및 흡음 성능이 우수하면 소음원인 설비기기의 선택과 배치 및 방지 시설을 크게 완화할 수 있다. 또 채광 성능이 우수하면 조명 부하를 줄일 수 있으며, 차광 성능은 냉방 부하를 줄일 수 있다.

이와 같이 셸터의 성능은 다른 환경 조절 기능에 대해서도 마찬가지이며 반대로 셸터의 성능이 뒤떨어지면 설비의 부담은 더욱 증가하게 된다. 그러므로 셸터와 설비는 환경의 조절 기능에 대하여 서로 보완적 역할을 담당한다고 할 수 있다.

2. 건축 설비의 종류

건축 설비는 건물 환경을 쾌적하고 위생적이며 그리고 안전하게 유지하기 위한 제반 설비를 말하는 것으로 크게 공기 조화 설비, 급·배수위생 설비, 전기 설비 등으로 대별할 수 있으며 그 구체적인 세부 설비의 내용은 다음 표 1-2와 같다. 그리고 각각의 설비 시스템에서의 기기 요소의 종류와 설비 방식을 비롯한 방재 설비 및 관련 법규 등은 본론에서 자세하게 다루고 있다.

표 1-2 건축 설비의 종류

공기 조화 설비	급수 배수 위생 설비	전기 설비
• 공기 조화 설비 • 직접 난방 설비 • 환기 및 배연 설비 • 자동 제어 설비 • 방음 방진 설비 • 환기 배연 설비 • 특수 설비(항온·항습, 크린룸) • 지역 냉·난방 설비	• 급수 설비 • 급탕 설비 • 배수 및 통기 설비 • 배수 처리 설비 • 소화 설비 • 위생 기구 설비 • 가스 설비 • 기타(세탁, 의료, 방사능, 주방, 수영장, 수영장, 분수, 쓰레기 처리, 진공청소, 우수배수 등)	• 전력 설비(수변전, 축전지, 자가발전, 배전, 조명등) • 통신 정보 설비(전화, 인터폰, 표지, 전기시계, 안테나, 확성기, 감시등) • 방재 설비(피뢰침, 경보) • 수송 설비(엘리베이터, 에스컬레이터, 덤웨이터, 이동보도)

3. 건축 설비 계획의 프로세스

설비 계획과 설계는 제반환경조건, 건축주의 요구조건, 건축 계획의 기본 방침 등을 많은 제약조건 중에서 구체화 하는 것이다. 그 과정은 기본 구상·기본 계획·기본 설계·실시 설계의 4단계로 나눌 수 있다. 그림 1-2는 설계 프로세스의 구성을 나타낸 것으로 설비 계획과 설계의 전과정 그리고 주요작업을 시스템 공학적으로 분해하여 표시한 것이다.

그림에서와 같이 모델 분석 평가 단계에서는 설계조건이나 전 항의 아이디어에 의해 설비 시스템을 모델화하고 그 타당성을 검토한다. 그 결과가 좋지 못할 때는 그 전 단계로 피드백 하여 재검토하고 기본설계를 끝낸다. 다음 전개 과정은 이것을 실현 가능케하기 위하여 시스템 말단에 이르기까지 검토하는 실시설계 단계로 각 공정 중에는 많은 결정을 필요로 하는 작업이 포함되어 있지만 그 작업의 기본적 순서는 그림 1-3과 같은 피드백 회로를 갖도록 해야 한다.

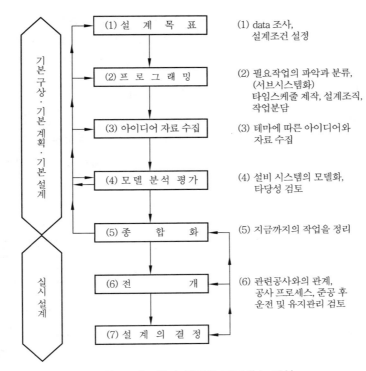

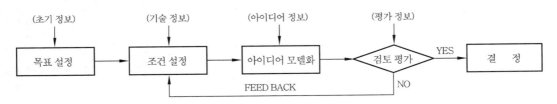

그림 1-2 설비 설계의 프로세스 구성

그림 1-3 설비 계획과 설계 작업의 기본 순서도

4. 설비 계획과 설계상 고려해야 할 문제

건축 설비 시스템의 계획과 설계는 건물에서 요구되는 환경조절을 보다 능률적이고 효과적으로 할 수 있도록 하여야 함은 물론이고, 본래의 목적인 환경 조절 기능과 경제성뿐만 아니라 설비 시스템의 채용으로 인하여 부수적으로 발생되는 공해 방지 문제, 에너지 문제, 방재 문제 등도 신중하게 고려하여 계획되어야 할 것이다.

최근에는 대도시로의 인구 집중 현상과 각종 산업 발전에 따라 에너지나 수자원과 같은 각종 산업용 자원의 소비가 현저하게 증가되고 있으며, 이에 따라 발생되는 대기오염뿐만 아니라 수질오염 등과 같은 환경오염이 그 어느 때보다도 심각한 상황에 직면하고 있다. 그리고 전력과 급수같은 자원도 공급능력이 한계에 도달하여 공급에 차질이 생기고 급기야 제한적 공급도 감수해야 하는 실정이다.

이와 같은 상황으로 비추어 볼 때 각종 에너지 자원을 필요로 하는 건축 설비 시스템에서 보다 효과적인 에너지 자원 이용과 부수적으로 발생되는 환경오염, 유지 관리 등의 대책마련을 위하여 설비 시스템의 계획과 설계시에 검토되어야 할 사항들을 열거하면 다음과 같다.

4-1 건물 에너지 효율 증진 계획에 대한 문제

건축에서 에너지 절약 계획은 다방면에서 고려할 수 있으나 그림 1-4에 그 대표적인 예들을 나열하였다. 물론 에너지의 합리적 이용 계획 수립에는 건축가와 설비기술자의 역할의 조합이 대단히 중요하지만 설비기술자는 적어도 다음 3가지 항목에 대한 고려가 대단히 중요하다.

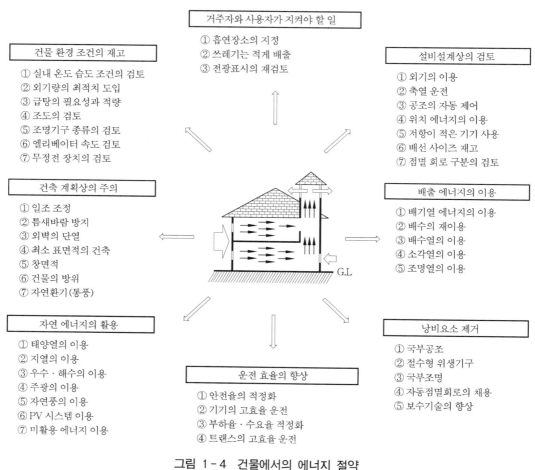

거주자와 사용자가 지켜야 할 일
① 흡연장소의 지정
② 쓰레기는 적게 배출
③ 전광표시의 재검토

건물 환경 조건의 재고
① 실내 온도 습도 조건의 검토
② 외기량의 최적치 도입
③ 급탕의 필요성과 적량
④ 조도의 검토
⑤ 조명기구 종류의 검토
⑥ 엘리베이터 속도 검토
⑦ 무정전 장치의 검토

설비설계상의 검토
① 외기의 이용
② 축열 운전
③ 공조의 자동 제어
④ 위치 에너지의 이용
⑤ 저항이 적은 기기 사용
⑥ 배선 사이즈 재고
⑦ 점멸 회로 구분의 검토

건축 계획상의 주의
① 일조 조정
② 틈새바람 방지
③ 외벽의 단열
④ 최소 표면적의 건축
⑤ 창면적
⑥ 건물의 방위
⑦ 자연환기(통풍)

배출 에너지의 이용
① 배기열 에너지의 이용
② 배수의 재이용
③ 배수열의 이용
④ 소각열의 이용
⑤ 조명열의 이용

자연 에너지의 활용
① 태양열의 이용
② 지열의 이용
③ 우수·해수의 이용
④ 주광의 이용
⑤ 자연풍의 이용
⑥ PV 시스템 이용
⑦ 미활용 에너지 이용

운전 효율의 향상
① 안전율의 적정화
② 기기의 고효율 운전
③ 부하율·수요율 적정화
④ 트랜스의 고효율 운전

낭비요소 제거
① 국부공조
② 절수형 위생기구
③ 국부조명
④ 자동점멸회로의 채용
⑤ 보수기술의 향상

그림 1-4 건물에서의 에너지 절약

첫째, 건축 계획의 각 단계별 건물의 평면 계획·형상·방위, 외피 계획, 조명 계획 등에 관련하여 에너지 소비의 관점에서 적절한 계획이 수립되도록 건축가의 조언이 필요하다. 둘째, 에너지 효율이 높은 절약형 설비 시스템의 계획·설계·공사감리가 이루어져야 한다. 셋째, 건물완성 후에는 에너지와 물의 소비 상황을 분석하여 필요에 따라 보다 적절한 사용방법과 운전 관리방법을 관계자에게 조언하여야 한다.

4-2 환경오염 방지에 대한 문제

① 무공해 연료의 선택 ② 집진 장치 등에 의한 배연 처리
③ 연료 시스템의 개선 ④ 에너지 소비량 억제
⑤ 높은 굴뚝을 이용한 배기의 확산

4-3 labor saving 에 대한 문제

① 설비공사의 노동력을 줄이기 위한 계획과 설계
② 효과적인 유지관리를 위한 계획과 설계
③ 자동 제어와 컴퓨터 제어를 통한 운전관리를 통하여 노동력을 줄일 수 있는 계획과 설계

4-4 방재에 대한 문제

① 방재 설비의 정비
② 감지 · 경보 · 통보 등의 정보 설비의 정비

5. 건축 설비 시스템의 경제성 평가

건축 설비의 경제성 평가는 LCC (Life Cycle Cost)법과 PBP (Pay Back Period)법을 이용하여 행한다. LCC란 미국예산국의 정의에 의하면 어떤 시스템의 예정된 유효기간 중의 직접 · 간접, 재발, 비재발 및 기타 관련 코스트를 말하며, 예측되는 것을 포함한 총 코스트를 말한다.

LCC와 PBP에 의한 평가 개념은 다음과 같다.

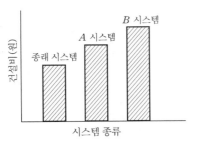

그림 1-5 건설비 비교

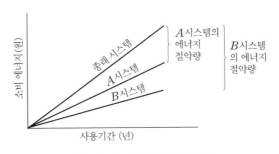

그림 1-6 소비 에너지 비교

그림 1-5와 1-6은 설비 시스템 종류별 건설비와 사용기간에 따른 소비에너지량을 비교한 것으로 B시스템의 에너지절약 성능이 우수함을 알 수 있다. 그러나 시스템 건설비는 최고로 높다. 그림 1-7은 A · B 양 시스템과 종래 시스템의 LCC 차액과 사용기간을 나타낸 것이다. LCC 차액 0의 직선과 A시스템의 LCC 차액을 표시한 직선 (A)의 교점 n_A가 A시스템의 회수년을 표시한다. 또 B시스템의 회수년은 n_B가 된다.

　$A \cdot B$ 두 시스템의 경우 회수년 평가에는 A시스템이 유리함을 알 수 있다. 만약 시스템의 내용년을 n_L이라고 하면 A시스템의 LCC 차액은 C_A, B시스템의 LCC 차액은 C_B가 된다. 따라서 LCC법에 의한 평가로는 B시스템이 유리함을 알 수 있다.

　LCC법에 의한 경제성 평가는 에너지 절약 성능평가에 적합하다. 한편 PBP법에 의한 경제성 평가는 에너지 절약 성능평가에 모순을 보일 때가 있다.

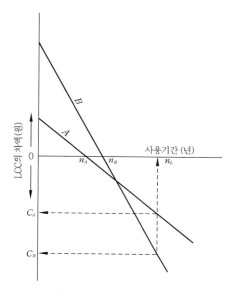

그림 1-7 LCC와 PBP의 비교

제 2 장   건축 설비의 기초 지식

건축 설비를 이해하는 데는 열과 유체 및 전기에 관련된 기초적인 지식과 이론이 필요한데 여기서는 열과 유체에 관련된 내용을 간략하게 정리하여 다룬다.

1. 국제 단위(SI units)

본서의 단위는 국제 단위(système internationale d'unités)로 표기하지는 않았으나 그 내용을 소개하며 부록에 SI 단위와 비교 단위를 자세하게 다루었다. 보통 물리적 양을 측정한 결과 예를 들면, 길이 $AB = 17\,\text{m}$와 같이 숫자와 이에 따르는 단위로 표시된다.

물리적인 양 (physical quantity) = 숫자 (number) × 단위(unit)

일반적으로, 여기서 숫자는 단위나 어떤 표준에 대한 측정된 양의 비율을 나타낸다. 그동안 영국의 도량형 단위(imperial units)와 미터 단위(metric units) 등이 만들어져 사용되고 있다. 그 중에서도 가장 합리적이고 논리적인 단위가 미터법이며 SI 단위라고 부른다.

SI 단위는 세계 공통의 과학적, 공학적, 법률 목적을 위하여 만들어졌다.

SI 단위는 일곱 가지의 기본 단위와 두 가지의 보조 단위, 여러 가지의 유도 단위로 이루어져 있다. 유도 단위는 새로운 이름을 갖기도 하는데 예를 들면, 뉴턴 (newton)은 kg, m, s의 조합이며, 파스칼 (pascal)은 newton과 m²의 조합이다.

SI 단위의 기호는 복수형이 없으며 문장의 끝에 오는 것을 제외하고는 마침표를 찍지 않는다. 유도 단위의 기호는 지수 또는 사선(/) 형태로 쓰여지기도 한다. 예를 들면 ms^{-2} 또는 m/s^2 등이다.

표 2-1은 SI의 기본 단위, 보조 단위, 특별한 이름을 갖는 유도 단위를 나타낸 것이다. 단위와 함께 쓰이는 SI 접두사 (SI prefixes)와 그리스 문자는 부록을 참고하면 된다.

표 2-2는 주요 상태량과 그 기호 및 단위를 나타낸 것이다. 이들 상태량의 기호는 통일되어 가고 있으나 여러 가지의 단위계(單位系)가 혼동되어 사용되고 있기 때문에 주의를 요한다.

표 2-1 SI units

양 또는 차원(quantity or dimension)	기 호	SI 단위	기 호
• 기본 단위(base units)			
길이(length)	l	미터(meter)	m
질량 (mass)	m	킬로그램(kilogram)	kg
시간 (time)	t	초 (second)	s
전류(electric current)	I	암페어(ampere)	A
열 역학적 온도(thermodynamic temperature)	T	켈빈(kelvin)	K
광도(luminous intensity)	I	칸델라 (candela)	cd
물질의 양 (amount of substance)		몰(mole)	mol
• 보조 단위(supplementary units)			
평면각 (plane angle)	θ, ϕ	라디안 (radian)	rad
입체각 (solid angle)	Ω, ω	스테래디언 (steradian)	sr
• 유도 단위(derived units)			
면적(area)	A	평방미터	m^2
부피(volume)	V	입방미터	m^3
밀도(density)	ρ	입방미터당 킬로그램	kg / m^3
속도(velocity)	υ	초당 미터	m / s
힘(force)	F	뉴튼(newton)	$N(kg\ m / s^2)$
에너지(energy)	E	주울 (joule)	J(Nm)
일률(power)	P	와트 (watt)	W(J / s)
압력(pressure)	p	파스칼(pascal)	$Pa(N / m^2)$
광속(luminous flux)	F	루멘(lumen)	cd · sr
조도(illuminance)	E	럭스(lux)	lm / m^2

㊟ 유도 단위는 특별한 이름을 갖는 SI 단위 중 일부이며, 이외에도 많은 SI 유도 단위가 쓰이고 있다.

표 2-2 주요 상태량

상 태 량	기 호	단 위	
		SI	흔히 쓰이는 비SI 단위
질 량	m	kg	
몰 수	n	mol	
체 적	V	m^3	
압 력	P	$Pa = Nm^{-2}$	$1\ atm = 760\ Torr = 760\ mmHg = 101325 \times 10^5\ Pa$
			$1\ at = 1\ kgfcm^{-2} = 10\ mH_2O = 9.80665 \times 10^4\ Pa$
			$1\ bar = 10^5\ Pa$
			$1\ Torr = 1\ mmHg = 133.322\ Pa$
온 도	T	K	℃
엔트로피	S	J / K	cal / K
내부 에너지	E	J	
엔탈피	H	J	$1\ cal_{th} = 4.1840\ J$
깁즈 에너지	G	J	$1\ cal_{JT} = 1 / 860\ Wh = 4.1868\ J$
헬름홀츠 에너지	A	J	$1\ kgfm = 9.080665\ J$
엑세르기	ε	J	$1\ BTU = 1.055040 \times 10^3\ J$
		J	$1\ kWh = 3.6 \times 10^6\ J$
			$1\ l\,atm = 1.01325 \times 10^2\ J$
화학퍼텐셜	μ	J / mol	cal / mol

2. 온 도 (temperature scale)

물체를 구성하는 분자의 온도 에너지의 활동 정도를 수치로 표시하는 물리량으로, 차갑고 따뜻한 정도의 감각을 나타내는 척도를 온도(temperature)라 하며 온도계(thermometer)에 의해 측정한다.

공업상 사용하는 온도 눈금에는 화씨 온도와 섭씨 온도가 있으며, 섭씨(celsius 또는 centigrade) 온도는 단위를 ℃로 표시하고 빙점과 비등점을 각각 0℃ 및 100℃로 잡고 그 사이를 100등분한 것이다.

화씨(fahrenheit) 온도는 °F로 표시하며 빙점과 비등점을 각각 32 °F와 212 °F로 잡고 그 사이를 180등분한 것이다. 섭씨 온도와 화씨 온도와의 관계는 다음과 같다.

$$\frac{℃}{100} = \frac{°F - 32}{180} \qquad\qquad [2-1]$$

$$\left.\begin{array}{l} 또는\ ℃ = \dfrac{5}{9}(°F - 32) \\[2mm] °F = \dfrac{9}{5}℃ + 32 \end{array}\right\} \qquad\qquad [2-2]$$

또 열역학적으로 물체가 도달할 수 있는 최저 온도를 기준으로 물의 삼중점(0.01℃) 즉, 760 mmHg하에서 물·얼음·수증기가 평형되어 공존하는 온도를 273.15 K로 정한 온도를 절대 온도(absolute temperature)라 하며 섭씨의 절대 온도는 K(kelvin), 화씨의 절대 온도는 °R(rankine)로 표시한다.

이는 현재 국제적으로 사용되고 있는 국제 실용 온도 스케일이다(international practical temperature scale, 1968, IPTS-68).

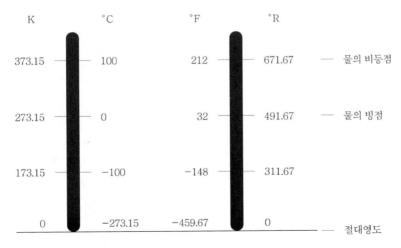

K	℃	°F	°R	
373.15	100	212	671.67	── 물의 비등점
273.15	0	32	491.67	── 물의 빙점
173.15	-100	-148	311.67	
0	-273.15	-459.67	0	── 절대영도

그림 2-1 온도 스케일의 상호관계

IPTS에서는 표 2-3과 같이 1차 정의정점을 정하여 사용하고 있다.

표 2-3 IPTS-68의 정의정점과 1차정점

정 점	T / K	t / ℃
정의 정점, 물의 3중점	273.16	0.01
1차 정점		
평형수소의 3중점	13.81	-259.34
평형수소의 25/76 기압의 비점	17.042	-256.108
평형수소의 비점	20.28	-252.87
네온의 비점	27.102	-246.048
산소의 3중점	54.361	-218.789
산소의 비점	90.188	-182.962
물의 비점	373.15	100
주석의 응고점	505.1181	231.9681
아연의 응고점	692.73	419.58
은의 응고점	1235.08	961.93
금의 응고점	1337.58	1064.43

이들은 다음과 같은 관계를 가지고 있다.

$$\left. \begin{array}{l} K = 273.15 + ℃ ≒ 273 + ℃ \\ °R = 459.67 + °F ≒ 460 + °F \end{array} \right\} \qquad [2-3]$$

$$K = \frac{5}{9} °R, \quad °R = \frac{9}{5} K$$

예제 1. 600℃를 화씨로 환산하면 몇 도인가? 또 1000 K를 화씨의 절대 온도로 환산하면 몇 도인가?

해설 ① $°F = \frac{9}{5} ℃ + 32 = \frac{9}{5} \times 600 + 32 = 1112 [°F]$

② $°R = \frac{9}{5} K = \frac{9}{5} \times 1000 = 1800 [°R]$

답 ① 1112 [°F] ② 1800 [°R]

3. 에너지 계산

건축 설비 시스템에서 에너지 소비량을 추정하는 일은 매우 중요하다. 그러므로 기후 특성을 고려한 난방 도일(heating degree-day)과 냉방 도일(cooling degree-day)이 흔히 사용되고 있으며 이에 대한 응용 방법을 살펴보면 다음과 같다.

3-1 난방 도일과 냉방 도일

난방 도일은 어느 지방의 추위의 정도와 연료 소비량을 추정 평가하는데 편리한 점이 있어 자주 사용된다. 난방 도일은 H·D 또는 D의 약자로서 표기하며, H·D가 가지는 의미는 실내의 평균 기온(℃)과 외기의 평균 기온(℃)과의 차를 일(days)에 곱한 것을 뜻한다. 지금 실내의 평균 기온을 t_i, 외기 평균 기온을 t_o라고 하면 다음과 같이 표시한다.

$$\text{H} \cdot \text{D} = \Sigma(t_i - t_o) \,[\text{℃} \cdot \text{day}] \qquad\qquad [2-4]$$

그림 2-2와 같이 어느 지방의 1년간의 월 평균 외기 온도에 의하여 난방 도일을 구하면 사선 면적이 곧 난방 도일을 뜻한다. 여기에서 Z는 그 지방의 1년간 난방 일수가 된다. 이 방법은 주로 미·영·일 등에서 많이 이용하고 있는 방법이다.

그리고 독일 등지에서는 난방 도일을 외기온이 실내의 소요 기온 t_i보다 낮은 어느 일정한 온도 즉, t_o' 이하로 내려간 날을 난방일로 하여 다음과 같이 표시한다 (그림 2-3 참조).

$$\text{H} \cdot \text{D} = \Sigma(t_o' - t_o) + (t_i - t_o')Z \,[\text{℃} \cdot \text{day}] \qquad\qquad [2-5]$$

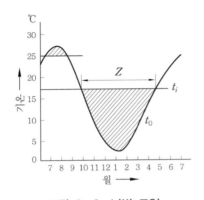

그림 2-2 난방 도일

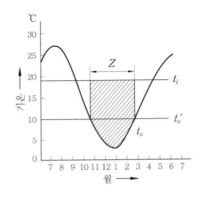

그림 2-3 난방 도일

여기서 Z는 난방 일수를 말하는 것으로 외기 온도가 난방 한계 온도(t_o') 이하인 일수를 말한다. 그러므로 이 방법은 외기온이 t_o' 이하의 실에 실내 기온 t_i로 되게 난방을 하는 것을 뜻한다. 이 두 가지 방법은 모두 t_i와 t_o'를 어떤 기준으로 정하느냐에 따라 난방 도일의 값에 차이를 가져오게 한다. 미국에서는 $t_i = 65\ \text{℉}(18.3\ \text{℃})$를 표준 난방 도일(normal heating degree day)로 삼고 있고, 일본에서는 $t_i = 15 \sim 18\ \text{℃}$ 범위 내에서 주로 취하고 있으나 우리 나라는 아직까지 이에 대한 적용 범위를 규정하고 있지 않다.

M·Hottinger가 추천하고 있는 t_i와 t_o'와의 관계는 표 2-4와 같다.

표 2-4 t_i와 t_o'와의 관계

t_i (℃)	20	18	15	12	5
t_o' (℃)	12	10	9	8	3

그리고 난방 도일을 표시하는 기호로는 난방 한계 온도를 18 ℃로 했을 경우 일 평균 기온·반구 평균 기온·월 평균 기온으로부터 각각 난방 도일을 구할 수 있으며 그 표시는 다음과 같다.

$$D^1{}_{18-18},\ D^5{}_{18-18},\ D^{30}{}_{18-18}$$

그림 2-4, 2-5는 난방 도일을 비교한 것이다.

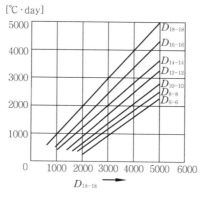

그림 2-4

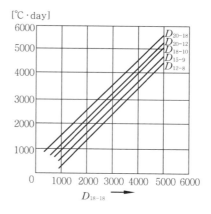

그림 2-5

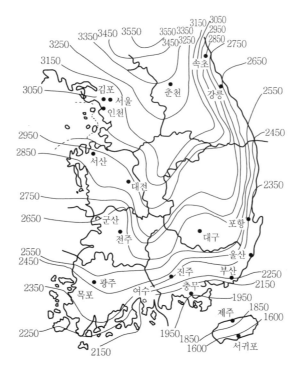

그림 2-6 난방 도일 등분포선(난방 한계 온도 18 ℃ 기준)

그림 2-6은 우리 나라의 난방 도일 등분포선을 나타낸 것으로 3550~1600 ℃ · day의 분포를 나타내고 있다.

냉방 도일은 C · D, D_c 등으로 표시되며 C · D가 가지는 의미는 실내 기온 t_i, 외기 평균 기온 t_o, 냉방 한계 온도 t_o'로 했을 때 다음과 같이 표시한다.

$$C \cdot D = \sum (t_o - t_i) \,[\text{℃} \cdot \text{day}] \qquad\qquad [2-6]$$

$$C \cdot D = \sum (t_o - t_o') + (t_o' - t_i)Z \,[\text{℃} \cdot \text{day}] \qquad\qquad [2-7]$$

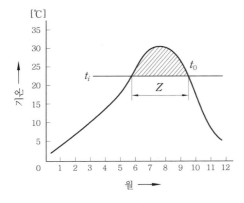

그림 2-7 냉방 도일

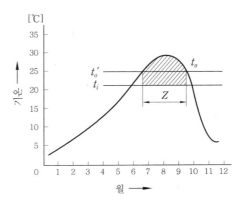

그림 2-8 냉방 도일

3-2 에너지 소비량 계산

난방 도일의 응용을 예로 들면 다음과 같다.

① 기간 난방 부하 (kal / 기간) PSH는

$$PSH = W \cdot 24 \cdot D \qquad [2-8]$$

$$W = \Sigma KA + CrV$$

여기서, K : 열관류율 (kcal / m² · h · ℃), A : 구조체 면적(m²)

D : 난방도일(℃ · day), Cr : 0.29(kcal / m³ · ℃), V : 환기량 (m³ / h)

② 연료의 계산 F 는

$$F = (C / be) \cdot PSH = (C / be) \cdot W \cdot 24 \cdot D \qquad [2-9]$$

여기서, C : 연료의 단가 (원 / unit), e : 설비의 효율, b : 연료의 발열량 (kcal / unit)

③ 보온의 상각비 a 는

$$a = I_r / \{ 1 - (1-r)^{-n} \} \qquad [2-10]$$

여기서, I : 투자 자본(원), r : 연이율, n : 상각 연수

자본 투자에 의해 행한 보온 공사로 얻어지는 연료비의 절약액 ΔF 는

$$\Delta F = (C / be) \cdot \Delta K \cdot A \cdot 24 \cdot D \qquad [2-11]$$

4. 열량과 비열

4-1 열 량

열은 에너지의 한 형태로 그 물리량을 열량 (heat quantity)이라고 하며, 단위는 kcal이다. 1 kcal는 표준 대기압 하에서 순수한 물 1 kg을 1℃ 높이는 데 필요한 열량을 말한다.

특히 온도 변화에 따라 출입하는 열을 현열 (sensible heat)이라 하고, 상태 변화에 따라 출입하는 열을 잠열 (latent heat)이라 한다. 그림 2-9는 순수한 물 1 kg에 대한 상태 변화를 나타낸 것이다.

어떤 물체의 질량(kg) m이 Δt 만큼 변화하는 데 필요한 열량(kcal)을 Q라고 하면 비열 (kcal / kg℃) C가 일정할 때 다음과 같이 표시한다.

$$Q = mC\Delta t, \quad q = C\Delta t \qquad\qquad\qquad [2-12]$$

$$C = \frac{q}{\Delta t} \qquad\qquad\qquad\qquad\qquad [2-13]$$

여기서 q는 물질 1 kg당의 열량(kcal / kg)을 나타낸다.

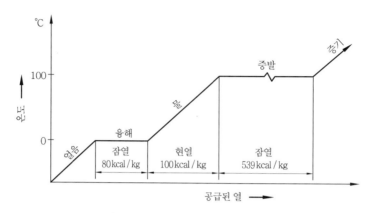

그림 2-9 순수한 물의 상태 변화도

예제 2. 15℃의 물 1000 kg을 −10℃의 얼음으로 만들려면 얼마나 열량이 필요한가? (단, 제 빙손실은 없는 것으로 본다.)

해설 식 [2−12]를 이용한다.

15℃의 물 → 0℃ 물　　① $1 \times 1000 \times (15-0) = 15000$ [kcal]

0℃ 물 → 0℃ 얼음　　② $79.68 \times 1000 = 79680$ [kcal]

0℃ 얼음 → −10℃ 얼음　③ $0.5 \times 1000 \times \{0-(-10)\} = 5000$ [kcal]

①+②+③=15000+79680+5000=99680 [kcal]　　**답** 99680 [kcal]

예제 3. 100℃의 수증기 100 g에 0℃의 얼음 500 g을 혼합하면 몇 ℃의 물이 되는가? (단, 열 의 손실은 없다고 가정한다.)

해설 열의 손실이 없으므로 얼음이 얻은 열량과 수증기가 잃은 열량은 같다.

얼음이 얻은 열량 $= (500 \times 80 + 500 \times t)$ [cal] .... ①

수증기가 잃은 열량 $= \{100 \times 539 + 100(100-t)\}$ [cal] .... ②

①=②이므로 $500 \times 80 + 500t = 100 \times 539 + 100(100-t)$

$\therefore t \fallingdotseq 40$ [℃]　　**답** 40 [℃]

4−2 비열과 열용량

비열(specific heat)은 단위 중량의 물체의 온도를 1℃ 높이는 데 필요한 열량을 말하며 단 위는 kcal / kg · ℃로 나타낸다. 비열에는 정압 비열(specific heat at constant pressure) C_p 와 정적 비열(specific heat at constant volume) C_v가 있다.

정지 상태에 있는 기체가 압력이 일정한 그대로 열량을 취할 때는 그 일부는 기체가 팽창하는 일에 사용된다. 이때의 비열을 정압 비열이라고 하며 단위는 kcal / kg·℃이다. 그리고 기체를 일정한 용적하에서 상태 변화를 시킬 때의 비열을 정적 비열이라 하며 단위는 정압 비열과 같다.

기체에 있어서는 C_p 가 C_v 보다 현저하게 크며 건조공기의 경우 C_p 는 0.240 kcal / kg·℃이고 C_v 는 0.171 kcal / kg·℃이다. 이때 비열비(C_p / C_v)는 1.4이다.

그리고 비열은 정적 비열과 개념이 다른 정압 비열에 밀도를 곱하여 표시하는 용적 비열 (kcal / kg·℃×kg / m³＝kcal / m³·℃, 건조 공기의 경우 0.24×1.2＝0.288)이 있으며, 이 값은 밀도와 온도에 따라 변한다.

열용량(heat capacity)은 물체의 온도를 1℃만큼 올리는 데 소요되는 열량(kcal / ℃)을 말하며, 질량과 비열의 곱(kg×kcal / kg·℃＝kcal / ℃)과 같다.

4-3 열량의 단위

각 국에서 사용되는 열량 단위 중 BTU(British Thermal Unit)는 영국의 열량 단위로 물 1 lb를 온도 32 °F에서 212 °F까지 높이는 데 필요한 열량의 1 / 180을 말한다. 그리고 CHU(Centigrade Heat Unit)는 물 1 lb를 0℃에서 100℃까지 올리는 데 필요한 열량의 1 / 100을 말하며, BTU, CHU, kcal와의 관계는 다음과 같다.

> 1 kg＝2.2046 lb, 1℃＝9 / 5 °F이므로
> 1 kcal＝2.2046×9 / 5＝3.968 BTU
> 1 kcal＝2.2046×1＝2.205 CHU

또, 1 lb＝0.4536 kg, 1°F＝5 / 9 ℃이므로

> 1 BTU＝0.4536×5 / 9＝0.252 kcal
> 1 BTU＝1×5 / 9＝0.5556 CHU
> 1 CHU＝0.4536×1＝0.4536 kcal
> 1 CHU＝1×9 / 5＝1.800 BTU

그러므로, 1 kcal / kg·℃＝1 BTU / lb·°F＝1 CHU / lb·℃가 성립된다.

표 2-5 열량 단위의 비교

kcal	BTU	CHU
1	3.968	2.205
0.252	1	0.5556
0.4536	1.800	1

예제 4. 10000 kcal / kg를 BTU / lb로 환산하면 얼마인가 ?

[해설] $1\,[\text{kcal / kg}] = 2.205 \times \dfrac{9}{5} / 2.205 = 1.8\,[\text{BTU / lb}]$

$10000\,[\text{kcal / kg}] = 1.8 \times 10000 = 18000\,[\text{BTU / lb}]$

답 18000 [BTU / lb]

5. 동력의 단위

단위 시간마다 하는 일의 비율 즉, 공율을 동력이라 하며 단위는 W, kW, J/s 및 kg·m/s 등이 사용된다. 보조적으로 미터 마력 PS, 영마력 HP가 채용된다. 이들의 상호관계는 다음과 같다.

$$1\,\mathrm{W} = 1\,\mathrm{J/s} = 10^7\,\mathrm{erg/s} \qquad\qquad [2-14]$$

$$1\,\mathrm{kW} = 1000\,\mathrm{J/s} \fallingdotseq 860\,\mathrm{kcal/h} \fallingdotseq 102\,\mathrm{kg \cdot m/s} \qquad\qquad [2-15]$$

$$1\,\text{meter 마력(metric horse - power, 기호 PS)}$$
$$= 0.7355\,\mathrm{kW} \fallingdotseq 75\,\mathrm{kg \cdot m/s} \qquad\qquad [2-16]$$

$$1\,\text{영 마력(horse - power, 기호 HP 또는 HP)}$$
$$= 550\,\mathrm{ft \cdot lb/s} = 0.7457\,\mathrm{kW} \fallingdotseq 76.04\,\mathrm{kg \cdot m/s} \qquad\qquad [2-17]$$

$$1\,\mathrm{ft \cdot lb/s} = 0.001356\,\mathrm{kW} = 1.356\,\mathrm{J/s} \qquad\qquad [2-18]$$

예제 5. 1 kWh와 1 PS를 kcal로 환산하면 얼마인가?

해설 ① 1 kW는 102 kg·m/s이므로 식 [2-22]을 이용하면,
1 kWh=102×60×60×1/427=860 [kcal]
② 1 PS는 75 kg·m/s이므로
1 PSh=75×60×60×1/427=632 [kcal]   답 ① 860 [kcal], ② 632 [kcal]

6. 밀도, 비중량, 비체적

밀도(density) ρ 는 단위 체적당 질량을, 비중량(specific weight) γ 는 단위 체적당의 중량을, 그리고 비체적(specific volume) v 는 단위 질량당의 체적을 나타내며 다음과 같이 표시된다.

$$\rho = \frac{\text{질량}(m)}{\text{체적}(V)}\ [\mathrm{kg/m^3}] \qquad\qquad [2-19]$$

$$\gamma = \frac{\text{중량}(w)}{\text{체적}(V)}\ [\mathrm{kgf/m^3}] \qquad\qquad [2-20]$$

$$v = \frac{\text{체적}(V)}{\text{질량}(m)} = \frac{1}{\rho}\ [\mathrm{m^3/kg}] \qquad\qquad [2-21]$$

단위에는 질량을 기본으로 한 절대 단위계(물리 단위)와 중량(힘)을 기본으로 한 공학 단위계(중량 단위)가 있으며, 질량과 중량(힘)의 단위를 같은 kilogram을 사용하고 있기 때문에 혼동하기 쉽다. 그래서 질량에는 kg을, 중량에는 kgf로 구분하여 사용하기도 한다.

1 kgf=9.81 m/s²×1 kg의 뜻을 가지며, 이것은 9.81 N과 같다. 비중량 γ 와 밀도 ρ 와의 관계는 $\gamma = \rho \cdot g\ (g = 9.81\,\mathrm{m/s^2})$의 관계가 있다. 중력 단위계에서는 비중량(kgf/m³)을 많이 사용하며, SI 단위에서는 밀도(kg/m³)를 사용한다. 비체적은 중력단위계에서는 비중량의 역수로 SI 단위에서는 밀도의 역수로 정의한다. SI 단위는 근본적으로 절대단위와 동일하다.

7. 열역학의 제 1, 제 2 법칙

7-1 열역학의 제 1 법칙

열 에너지와 일 에너지와의 관계를 말하는 것으로 열은 일로, 일은 열로 변환시킬 수 있다.

$$Q = A \cdot W \, [\text{kcal}] \qquad\qquad [2-22]$$

$$W = \frac{Q}{A} = JQ \, [\text{kg} \cdot \text{m}] \qquad\qquad [2-23]$$

여기서, Q : 열량(kcal), A : 일의 열당량(1 / 427 kcal / kg · m)

   W : 일(kg · m), J : 열의 일당량(427 kg · m / kcal)

즉, 427 kg의 물체를 1 m 이동했을 경우 작업은 $427 \times 1 = 427$ kg · m이며 이것은 1 kcal의 열에 상당한다.

또한 kcal와 kWh의 관계는 1 kWh = 860 kcal이다.

예제 6. 압축식 냉동기로 냉매를 압축하면 냉매 1 kg에 대해 보유전열량이 10 kcal 증가했다. 이때 냉매 1 kg에 대해 실시된 작업은 몇 kg · m인가?

해설 식 [2-23]을 이용한다.

   $W = JQ$ 이므로, $W = 427 \, [\text{kg} \cdot \text{m} / \text{kcal}] \times 10 \, [\text{kcal}] = 4270 \, [\text{kg} \cdot \text{m}]$ 📋 4270 [kg · m]

7-2 열역학의 제 2 법칙

열은 고온 물체에서 저온 물체로 자연적으로 이동하지만 저온 물체에서 고온 물체로는 그 자체만으로는 이동할 수 없다. 열의 기계적 일의 변환은 고온 물체에서 저온 물체로 이동한다는 현상에 입각한 과정에서만 가능하다.

7-3 열역학의 기초식

열량 dQ를 가했을 때 내부 에너지가 du만큼 증가하며, 외부에 대해 dW의 작업을 했다면 그 관계는 다음식과 같이 표시한다.

$$dQ = du + AdW = du + APdv \, (dW = Pdv) \qquad\qquad [2-24]$$

$$Q = (u_2 - u_1) + AW \qquad\qquad [2-25]$$

여기서, dQ : 가한 열량(kcal / kg), du : 증가한 내부 에너지(kcal / kg)

   dW : 외부일(kg · m / kg)

7-4 엔탈피

$$h = u + APv \, [\text{kcal} / \text{kg}] \qquad\qquad [2-26]$$

여기서, h : 엔탈피(kcal / kg)

8. 이상기체

보일·샤를의 법칙이나 줄의 법칙에 따르는 기체를 이상기체(ideal gas) 또는 완전가스 (perfect gas)라 한다.

이것은 열역학상 하나의 약속으로 취급되며, 비등점이 현저하게 낮은 공기, 산소, 질소 등은 상온상압에서는 거의 완전한 이상기체라 할 수 있다.

8−1 보일의 법칙

「일정한 온도하에서는 일정량인 기체의 체적은 압력에 반비례한다.」 이것을 보일의 법칙이라 하며 다음 식과 같다.

$$Pv = C \,(\text{일정})$$
[2−27]

여기서, P : 압력(kg/m^2), v : 비체적(m^3/kg)

8−2 샤를의 법칙

「일정한 압력하에서는 일정량인 기체의 체적은 절대온도에 비례한다.」 이것을 샤를 법칙이라 하며 다음 식과 같다.

$$\frac{v}{T} = C \,(\text{일정})$$
[2−28]

여기서, T : 절대온도(K)

8−3 보일·샤를의 법칙

「일정량의 기체의 체적과 압력의 곱은 기체의 절대 온도에 비례한다.」 이것을 보일·샤를의 법칙이라 하며 다음식과 같다.

$$\frac{Pv}{T} = C \,(\text{일정})$$
[2−29]

여기서 상수 C 는 일반적으로 R 로 표시하며 가스상수라고 한다. R 은 기체종류에 따라서 건공기에서는 $29.27\,\text{kg}\cdot\text{m}/\text{kgK}$, 수증기에서는 $47.06\,\text{kg}\cdot\text{m}/\text{kgK}$가 된다. R 을 사용하면 다음 식과 같다.

$$Pv = RT$$
[2−30]

또 무게가 $G\,\text{kg}$인 기체의 체적을 $V\,\text{m}^3$이라 하면($v = V/G$) 다음 식과 같다.

$$PV = GRT$$
[2−31]

예제 7. 압력 $1\,\text{kg}/\text{cm}^2$, 온도 $18\,℃$일 때 체적 $10\,\text{m}^3$의 건조공기 중량은 얼마인가?

해설 식 [2−31]을 이용한다. $P = 1\times10^4\,[\text{kg}/\text{m}^2]$, $V = 10\,[\text{m}^3]$, $T = (18+273)\,[\text{K}]$, $R = 29.27$ $[\text{kg}\cdot\text{m}/\text{kg}\cdot\text{K}]$이므로

$$G = \frac{PV}{RT} = \frac{1 \times 10^4 \times 10}{29.27 \times 291} = 11.7 \,[\text{kg}]$$

답 11.7 [kg]

8-4 이상기체의 상태 변화

(1) 등온 변화 (isothermal change)

$$P_1 V_1 = P_2 V_2 \,(PV = 일정)$$

$$W = 2.3GRT \log \frac{V_2}{V_1} = 2.3GRT \log \frac{P_1}{P_2} = 2.3PV \log \frac{P_1}{P_2} \qquad [2-32]$$

열량 $q_t = AW \,[\text{kcal} / \text{kg}]$ [2-33]

예제 8. 압력탱크식 급수 설비 시스템에서 탱크의 초압과 종압이 각각 0.5, 3.5 kg / cm²일 때 수량비(%)를 구하라.

[해설] $P_1 V_1 = P_2 V_2$ 에서

$(P_1 + 1.033) \cdot 1 = (P_2 + 1.033)(1 - x)$ 이므로

$x = \dfrac{P_2 - P_1}{P_2 + 1.033} \times 100 \,[\%]$ 가 된다.

따라서 $x = \dfrac{3.5 - 0.5}{3.5 + 1.033} \times 100 = 66.2 \,[\%]$

답 66.2 [%]

(2) 등압 변화 (isobaric change)

$$\frac{V_1}{T_1} = \frac{V_2}{T_2} \ \ 또는 \ \ \frac{V}{T} = 일정$$

$$W = P(V_1 - V_2) = GR(T_2 - T_1) \qquad [2-34]$$

열량 $q_P = h_2 - h_1 = C_P(T_2 - T_1) \,[\text{kcal} / \text{kg}]$ [2-35]

(3) 등적 변화 (isochoric change)

$$\frac{P_1}{T_1} = \frac{P_2}{T_2} \ \ 또는 \ \ \frac{P}{T} = 일정, \ W = 0 \qquad [2-36]$$

열량 $q_v = u_2 - u_1 = C_v(T_2 - T_1) \,[\text{kcal} / \text{kg}]$ [2-37]

(4) 단열 변화 (adiabatic change)

$$P_1 V_1^{\,k} = P_2 V_2^{\,k} \ \ 또는 \ \ PV^k = 일정$$

$$TV^{k-1} = 일정 \quad \frac{P^{(k-1)/k}}{T} = 일정$$

$$W = \frac{1}{A}(u_1 - u_2) = \frac{1}{A} C_v(T_1 - T_2) = \frac{1}{kA}(h_1 - h_2) \qquad [2-38]$$

$$C_P(T_1 - T_2) = (h_1 - h_2) \qquad [2-39]$$

k 는 C_P / C_v 를 나타낸다.

(5) 폴리트로프 변화 (polytropic change)

$$PV^n = 일정, \quad TV^{n-1} = 일정, \quad \frac{P^{(n-1)/n}}{T} = 일정$$

여기서, n : 폴리트로프 지수, $n = k$(단열 변화), $n = 1$(등온 변화)
$n = 0$(등압 변화), $n = \infty$(등적 변화)

$$W = \frac{GR}{n-1}(T_1 - T_2) = \frac{1}{n-1}(P_1 V_1 - P_2 V_2) \qquad [2-40]$$

$$u_2 - u_1 = C_v(T_2 - T_1) = C_v T_1\left(\frac{T_2}{T_1} - 1\right) \qquad [2-41]$$

$$h_2 - h_1 = C_P(T_2 - T_1) = C_P T_1\left(\frac{T_2}{T_1} - 1\right) \qquad [2-42]$$

8-5 이상기체의 혼합 (습공기)

달톤의 분압 법칙에 의하여 건공기의 분압 P_a, 수증기 분압 P_w 라 하면 전압 P 는 $P = P_a + P_w$가 성립된다. 그리고 식 [2-30]에 의하여 건공기와 수증기는 각각 다음과 같이 표시된다.

건공기 : $(P - P_w)v \times 10^4 = 29.27 T$ [2-43]

수증기 : $P_w v \times 10^4 = 47.06 x T$ [2-44]

위 두 식을 더하면 $v = (29.27 + 47.06x)(T/P) \times 10^{-4}$ 이 되며, $P = 1.03323 \text{ kg}/\text{cm}^2$일 때 $v = 0.4555(x + 0.622) T \times 10^{-2}$ 이 된다. 그리고 식 [2-43]을 식 [2-44]로 나누면 공기 중의 수분량(절대 습도)을 구하는 공식을 유도할 수 있다.

$$\{(P - P_w)v \times 10^4\}/(P_w v \times 10^4) = 29.27 T/47.06 x T$$

$$(P - P_w)/P_w = 0.622 \times (1/x), \quad x(P - P_w) = 0.622 P_w$$

가 된다. 그러므로 절대 습도를 구하는 식 x 는 다음과 같다.

$$x = \frac{P_w}{P - P_w} \times 0.622 \qquad [2-45]$$

9. 압력의 단위

압력(pressure)은 유체에 대한 단위 단면적당 작용하는 힘으로, 공학기압, 표준기압, 수주 등이 사용되며, 이들의 관계는 다음과 같다.

① 1표준기압 = 1물리기압

1 [atm] = 760 [mmHg] (0 ℃) = 1.0332 [kg/cm²] = 10.332 [mAq] = 10332 [kg/m²] = 0.101325 [MPa]

1 [kg/cm²] = 0.0980665 × 10⁶ [Pa]

1 [MPa] = 10³ [kPa] = 10⁶ [Pa]

② 1공학기압

$1\,[\text{at}] = 735.6\,[\text{mmHg}]\,(0\,℃) = 1\,[\text{kg}/\text{cm}^2] = 10\,[\text{mAq}] = 10000\,[\text{kg}/\text{m}^2]$

③ 수 주

$1\,[\text{mmAq}] = \dfrac{1}{10000}\,[\text{kg}/\text{cm}^2] = 1\,[\text{kg}/\text{m}^2]$

일반적으로 공업상 압력 측정은 대기압 이상을 측정하는 경우가 대부분이다. 이때의 대기압 P_o 와의 압력차를 게이지 압력(gauge pressure, pag, atg 또는 atü)이라 하고, 이것에 대한 진공상태를 0으로 하여 측정한 압력을 절대 압력(absolute pressure, kg/cm²a, abs, ata)이라 한다.

절대 압력 P_a 는 게이지 압력 P_g 와 그때의 대기압 P_0 와의 합이다.

$$P_a = P_g + P_0 \tag{2-46}$$

압력이 대기압 이하일 때는 대기압을 기준으로 한 게이지 압력(부압)과 절대 압력의 두 가지로 표시하며, 단위는 mAq, mmHg를 쓰고, 고진공에서는 mmHg abs를 쓴다. 그리고 대기압을 0%, 절대 진공을 100%로 하는 표시법을 진공도라 한다.

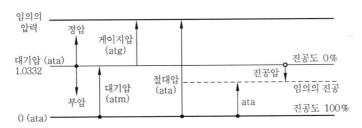

그림 2-10 게이지압, 절대압력, 대기압 및 진공도의 관계

예제 9. 다음 단위를 환산하라.

① $1\,[\text{m}^3/\text{s}] = (\quad)\,[l/\text{s}]$

② $1000\,[\text{kg}/\text{m}^3] = (\quad)\,[\text{kg}/l]$

③ $1\,[\text{kg}/\text{cm}^2] = (\quad)\,[\text{kg}/\text{m}^2]$

해설 ① $1\,[\text{m}^3] = (100^3\,[\text{cm}^3]) = 10^6\,[\text{cm}^3] = 10^3\,[l] = 1000\,[l/\text{s}]$

② $1\,[\text{m}^3] = 1000\,[l],\ 1000\,[\text{kg}/\text{m}^3] = 1000\,[\text{kg}]/1000\,[l] = 1\,[\text{kg}/l]$

③ $1\,[\text{cm}^2] = (1/100\,[\text{m}])^2,\ 1\,[\text{kg}/\text{cm}^2] = 1\,[\text{kg}]/(1/100\,[\text{m}])^2 = 10000\,[\text{kg}/\text{m}^2]$

답 ① $1000\,[l/\text{s}]$, ② $1\,[\text{kg}/l]$, ③ $10000\,[\text{kg}/\text{m}^2]$

예제 10. 대기압이 750 mmHg일 때 탱크의 압력계가 9.5 kg/cm²를 가리키고 있다면 이 탱크의 절대 압력은 얼마인가?

해설 식 [2-46]에 의하여

$$P_a = P_g + P_o = 9.5 + 1.0332 \times \frac{750}{760} = 10.52\,[\text{kg}/\text{cm}^2\,\text{abs}]$$

답 $10.52\,[\text{kg}/\text{cm}^2\,\text{abs}]$

10. 유체의 일반적 성질

10-1 물의 물리적 성질

(1) 물의 밀도와 비중량

앞 항 6에서 언급한 바와 같이 유체의 단위 체적당 중량을 비중량 γ 라고 하고, 단위 체적당 질량을 밀도 ρ 라고 한다. 이들의 관계는 중력가속도를 g라고 할 때 $\gamma = g\rho$가 되며, 순수한 물은 1기압하에서 4℃일 때 가장 무겁고, 그 부피는 최소가 되고, $\gamma = 1000 \ \text{kg} / \text{m}^3$이다.

(2) 물의 팽창과 수축

물은 온도 변화에 따라 그 부피가 팽창 또는 수축한다. 순수한 물은 0℃에서 얼게 되며, 이때 약 9 %의 체적 팽창을 한다. 그리고 4℃ 물을 100℃까지 높였을 때 팽창 체적의 비율은 약 4.3 %에 이른다. 또한 100℃ 물이 증기로 변할 때 그 체적이 1700배로 팽창한다. 이 팽창 원리를 이용한 것이 중력(자연) 순환식 증기 또는 온수 난방이다.

온도 변화에 따른 체적 팽창량은 다음 식으로 구할 수 있다.

$$\Delta v = \left(\frac{1}{\rho_2} - \frac{1}{\rho_1} \right) v \qquad\qquad [2-47]$$

여기서, Δv : 온수의 팽창량(l), v : 장치내의 전 수량(l)

ρ_1 : 온도 변화 전의 물의 밀도(kg / l), ρ_2 : 온도 변화 후의 물의 밀도(kg / l)

예제 11. 10 ℃의 물을 85 ℃로 가열하였다. 팽창량은 얼마인가? (단, 탱크내의 전 수량은 25000 l 이고, $\rho_1 = 0.9997$, $\rho_2 = 0.9686$ 이다.)

해설 식 [2-47]에 의하여

$$\Delta v = \left(\frac{1}{0.9686} - \frac{1}{0.9997} \right) \times 25000 ≒ 800 \ [l]$$

답 800 [l]

(3) 정수압의 기본요소

① 수압과 수두 : 액체의 압력은 액체의 임의의 면에 대하여 항상 수직으로 작용하며, 액체 내 임의의 점의 압력 세기는 어느 방향이나 같고, 액체의 동일 수평면상에 있는 임의의 점의 압력 세기는 항상 동일하다. 수압과 수두와의 관계는 다음과 같다.

$$P = \gamma H = 1000 \ [\text{kg} / \text{m}^3] \times H \ [\text{m}] = 1000 H \ [\text{kg} / \text{m}^2]$$
$$\therefore \ P = 0.1 H \ [\text{kg} / \text{cm}^2] \qquad\qquad [2-48]$$
$$H = 10 P \qquad\qquad [2-49]$$

여기서, P : 수압 (kg / cm²), H : 수두 (head) 또는 정수두, 압력수두 (mAq)

γ : 물의 단위 체적당 중량 (kg / m³)

예제 12. 1.8 kg / cm²의 정수압이 있을 때 직결 급수는 어느 정도까지 상승할 수 있으며, 20 m의 정수두는 정수압 얼마에 해당하는가?

해설 (1) $H = 10P = 10 \times 1.8 = 18$ [m]

(2) $P = 0.1H = 0.1 \times 20 = 2$ [kg / cm²] 답 (1) 18 [m] (2) 2 [kg / cm²]

예제 13. 기압계의 압력이 750 mmHg으로 표시되어 있을 때, 이것은 압력 수두 얼마에 해당하며, 대기압 몇 kg / cm²인가 ? (단, 수은의 비중은 13.6이다.)

해설 압력 수두 $H = 13.6 \times 750 = 10200$ [mmAq] $= 10.2$ [mAq]

대기압 $P = \gamma H = 1000 \times 10.2 = 10200$ [kg / m²] $= 1.02$ [kg / cm²]

답 압력 수두 : 10.2 [mAq], 대기압 : 1.02 [kg / cm²]

② 수직면상에 작용하는 수압 : 액체의 압력은 기벽이나 또는 액체의 임의의 면에 대하여 수직으로 작용한다 (수압은 벽면에 직각 방향으로 작용). 그림 2-11과 같이 저수조의 측벽에 작용하는 수압을 P, 저수조의 깊이를 H라 할 때, 폭 한면에 작용하는 수압 P'는 $P' = \gamma H \times H / 2 = 1/2 \gamma H^2$ 이며, 수압의 작용점은 3각형의 중심과 같이 수면 2/3H, 밑면 1/3H 지점에 작용한다. 측벽의 폭을 b라 하면 $b \times H$면에 작용하는 총수압 P는 측벽의 폭 b를 곱하면 된다.

$$\text{총수압 } P = \frac{1}{2} \gamma H^2 b = \frac{\gamma H}{2} \times Hb \qquad [2-50]$$

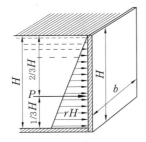

그림 2-11 측벽에 작용하는 수압

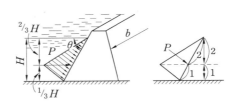

그림 2-12 경사면에 작용하는 수압

예제 14. 길이 6 m, 너비 4 m, 높이 5 m인 입방형 압력 수조에 수두가 4.5 m일 때 측벽과 밑면에 착용하는 수압과 측벽 수압의 작용점을 구하여라.

해설 식 [2-50]을 이용하면

5 m × 6 m 측벽 $P = \dfrac{1000 \times 4.5}{2} \times 4.5 \times 6 = 60750$ [kg]

5 m × 4 m 측벽 $P = \dfrac{1000 \times 4.5}{2} \times 4.5 \times 4 = 40500$ [kg]

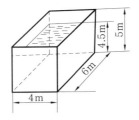

수압의 작용점 위치 $4.5 \times \dfrac{1}{3} = 1.5$ m (밑면으로부터)

밑면에 작용하는 총수압 $P = a \times b \times \gamma H = 6 \times 4 \times 1000 \times 4.5$
$= 108000$ [kg]

답 5 m × 6 m 측벽 : 60750 [kg], 5 m × 4 m 측벽 : 40500 [kg]
수압의 작용점 위치 : 1.5 [m], 총수압 : 108000 [kg]

③ 경사면에 작용하는 수압 : 저수지와 같은 경사면의 측벽에 작용하는 수압의 작용점은 앞서 배운 수직면상에 작용하는 수압과 같이 생각하면 된다. 경사면과 수평면과의 각도를 θ 라 하고, 수심을 H, 길이를 b 라고 할 때 경사면에 작용하는 총수압 P는 다음과 같다.

$$P = \frac{\gamma H}{2} \times \frac{H}{\sin \theta} b = \frac{\gamma H^2 b}{2 \sin \theta} \tag{2-51}$$

작용점은 수면상 $\frac{2}{3} H$, 밑면에서 $\frac{1}{3} H$ 되는 지점에 작용한다.

④ 수압의 분해 : 경사면의 측벽에 작용하는 수압은 수평 분력과 수직 분력으로 분해하여 구할 수 있다. 총 수압 P에 대한 수평 방향 분력은 $P' = P \sin \theta$, 수직 방향 분력은 $P'' = P \cos \theta$ 이므로 이를 식 [2-51]에 각각 대입하면 다음과 같다.

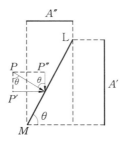

그림 2-13 수압의 분력

㈎ 수평 방향 수압 분력

$$P' = \frac{\gamma H^2 b}{2 \sin \theta} \cdot \sin \theta = \frac{\gamma H}{2} \cdot \frac{Hb}{\sin \theta} \cdot \sin \theta$$

$$= \frac{\gamma H}{2} A \sin \theta = \frac{\gamma H}{2} A' \tag{2-52}$$

㈏ 수직 방향 수압 분력

$$P'' = \frac{\gamma H}{2} A \cos \theta = \frac{\gamma H}{2} A'' \tag{2-53}$$

10-2 연속의 법칙

그림 2-14에서와 같이 단면적(m^2) A, 유속(m/s) v라 할 때 유량(m^3/s) Q는 다음의 식이 성립한다.

$$Q = A_1 v_1 = A_2 v_2 \cdots\cdots 일정 \tag{2-54}$$

또 관경을 d라 하면 단면적 $A = \pi d^2/4$이므로

$$\frac{Q}{v} = \frac{\pi d^2}{4} \qquad \therefore d = \sqrt{\frac{4Q}{v\pi}} \ [m] \tag{2-55}$$

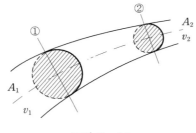

그림 2-14

예제 15. 지름 200 mm의 철관을 이용하여 매분 2400 *l* 을 흘려보낼 때 철관 내의 유속과 유량을 구하여라.

해설 식 [2-54]에서 $Q = v \cdot A$를 이용한다.

철관의 단면적 $A = \dfrac{\pi}{4} d^2 = 0.7854 \times 0.2^2 = 0.031416 \,[\text{m}^2]$

유량 $Q = 2400 \,[\,l\,/\min\,] = \dfrac{2400}{1000 \times 60} = 0.04 \,[\text{m}^3 / \sec]$

유속 $v = \dfrac{Q}{A} = \dfrac{0.04}{0.031416} = 1.27 \,[\text{m} / \sec]$ 　　　答 $Q : 0.04 \,[\text{m}^3 / \sec]$, $v : 1.27 \,[\text{m} / \sec]$

10-3 베르누이(Bernoulli) 정리

관 속의 유체가 정상 흐름을 하며 유선 운동을 하고 있다고 가정하면 유체 중의 2점(①, ②)의 유속 v_1, $v_2 (\text{m/s})$, 압력 P_1, $P_2 (\text{kg}/\text{cm}^2)$, 위치 Z_1, $Z_2 (\text{m})$는 다음과 같이 식이 성립된다.

$$\frac{v_1^2}{2g} + Z_1 + \frac{P_1}{\gamma} = \frac{v_2^2}{2g} + Z_2 + \frac{P_2}{\gamma} = H \,(일정) \qquad\qquad [2-56]$$

여기서, $\dfrac{v^2}{2g}$: 속도 수두 (m), $\dfrac{P}{\gamma}$: 압력 수두 (m), Z : 위치 수두 (m), H : 전수두 (m)

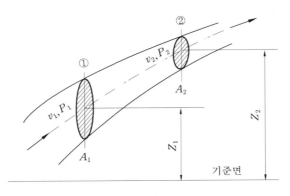

그림 2-15

이 식을 베르누이 방정식(Bernoulli Equation)이라 한다. 식 [2-56]에서 γ를 곱하고 $Z_1 = Z_2 = 0$이라 하면 다음의 관계가 성립된다.

$$\frac{v_1^2}{2g}\gamma + P_1 = \frac{v_2^2}{2g}\gamma + P_2 + \Delta P_e \qquad [2-57]$$

이 식에서 P는 정압, $\frac{v^2}{2g}\gamma$는 동압, ΔP_e는 마찰 손실 압력을 나타낸다.

벤투리관인 경우 Z_1, Z_2는 0이 되므로

$$\frac{v_2^2}{2g} - \frac{v_1^2}{2g} = \frac{P_1}{\gamma} - \frac{P_2}{\gamma} = H$$

2점 ①, ②에 있어서 각각 단면적을 a_1, a_2라 하면 유량 $Q = v \cdot A = a_1 v_1 = a_2 v_2$가 된다. 즉,

$$v_1 = \frac{Q}{a_1}, \quad v_2 = \frac{Q}{a_2}$$

이것을 식에 대입하면

$$\frac{1}{2g}\left\{\left(\frac{Q}{a_2}\right)^2 - \left(\frac{Q}{a_1}\right)^2\right\} = H$$

$$\therefore Q = c\frac{a_1 a_2}{\sqrt{a_1^2 - a_2^2}}\sqrt{2gH} \ [\text{m}^3/\text{sec}] \qquad [2-58]$$

여기서, c : 보정 계수 (0.97~0.99)

예제 16. 다음 그림과 같이 단면적이 $1\,\text{m}^2$인 A, C관의 일부를 단면적 $0.2\,\text{m}^2$로 좁혀 물을 흐르게 하였더니 A, B관의 수두차가 80 cm이었다. 이 관의 유량은 얼마인가?

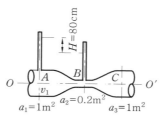

해설 식 [2-58]을 이용하면

$$Q = c\frac{a_1 a_2}{\sqrt{a_1^2 - a_2^2}}\sqrt{2gH} \ (c = 0.97)$$

$$Q = 0.97\frac{1 \times 0.2}{\sqrt{1^2 - 0.2^2}}\sqrt{2 \times 9.8 \times 0.8} = 0.784 \ [\text{m}^3/\text{sec}]$$

답 $0.784\,[\text{m}^3/\text{sec}]$

10-4 Torricelli 정리

정수두하에서 작은 오리피스에서의 이상유체의 유출속도는 수두의 제곱근에 따라서 변화한다는 것을 나타낸다.

$$H = \frac{v_2^2}{2g} \ [\text{m}], \quad v = \sqrt{2gH} \qquad [2-59]$$

여기서, v : 유출속도(m / s), H : 수면에서 높이(m), g : 중력가속도(m / s²)

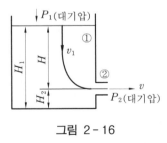

그림 2 - 16

예제 17. 위 그림에서 수면에서의 높이가 5.1 m일 때 ②에서 유출수의 속도를 구하라.

[해설] $g = 9.8$ [m/s²], $H = 5.1$ [m]이므로

$v = \sqrt{2gH} = \sqrt{2 \times 9.8 \times 5.1} ≒ 10$ [m / s]   [답] 10 [m / s]

10-5 마찰 손실 수두(friction loss head)

유체의 마찰은 물과 접촉된 고체 표면의 크기, 거칠기, 속도의 제곱에 정비례한다. 접촉면의 크기 s (m²), 유속 v (m / s), 접촉면의 거칠기 계수를 f 라 하면 마찰력 R 은 다음과 같다.

$$R = sfv^2 \text{ [kg]} \qquad\qquad [2-60]$$

$$h = \frac{1}{\gamma}(P_1 - P_2)$$ 관의 단면적을 A 라 하면

$$R = P_1 A - P_2 A$$

$$A(P_1 - P_2) = sfv^2, \ h = \frac{sfv^2}{\gamma A}, \ h\gamma \frac{\pi d^2}{4} = f\pi dl v^2$$

$$\therefore \ h = \frac{P_1}{\gamma} - \frac{P_2}{\gamma} = f\frac{l}{d} \cdot \frac{v^2}{2g} \text{ [m]} \qquad\qquad [2-61]$$

$$\left(f = \frac{8gf}{\gamma}\right)$$

여기서, h : 마찰 손실 수두 (m), l : 관의 길이(m), d : 관의 지름(m)

v : 유속 (m / sec), g : 중력가속도(9.8 m / sec²), f : 손실 계수

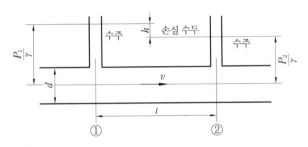

그림 2 - 17

예제 18. 수세식 대변기에서 급수관의 길이가 $20\,\text{m}$, 안지름이 $40\,\text{mm}$일 때 1분간에 $120\,l$의 물이 흐른다. 이때 마찰 손실 수두를 구하여라. 단, 마찰 손실 계수 $f = 0.04$이다.

해설 $d = 0.04\,\text{m}$, $l = 20\,\text{m}$이므로

$$v = \frac{Q}{A} = \frac{Q}{\frac{\pi d^2}{4}} = \frac{4Q}{\pi d^2} = \frac{4 \times \frac{0.120}{60}}{3.14 \times 0.04^2} = 1.59\,[\text{m}/\text{sec}]$$

식 [2−61]을 이용하면

$$h = f \frac{1}{d} \cdot \frac{v^2}{2g} = 0.04 \times \frac{20}{0.04} \times \frac{1.59^2}{2 \times 9.8} = 2.58\,[\text{m}]$$

답 압력 수두 : $2.58\,[\text{m}]$

10−6 유량 측정

　유량을 측정하는 방법에는 여러 가지가 있지만, 측정의 목적과 요구하는 정도에 따라서, 또 측정하는 현장의 상황에 따라서 적당한 방법을 선택해야 한다. 측정 방법은 직접법과 간접법으로 나눌 수 있으며, 직접법은 용적 또는 중량을 측정하거나 찌를 띄워 측정하는 방법이 있다.

　간접법은 압력 수두를 측정함으로써 유속 (m/sec)을 구하여 유량 (m^3/sec)을 측정하는 방법으로 벤투리계(venturimeter), 오리피스 유량계(orifice meter), 피토관(pitot tube)을 이용하는 방법이 있다.

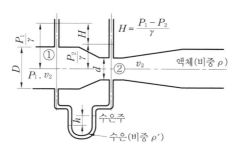

그림 2-18 벤투리계의 원리

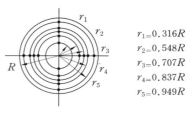

측정점(•) 위치는 20개소이며 R는 관로의 반지름을 나타낸다.

그림 2-19 피토관의 측정 위치

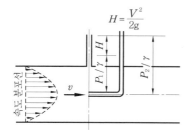

그림 2-20 피토관의 원리

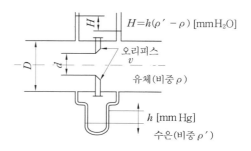

그림 2-21 관내 오리피스의 원리

(1) 벤투리계

$$Q = c \frac{\pi}{4} d^2 \sqrt{\frac{2gH}{1-m^2}}$$ [2−62]

여기서, Q : 유량 (m³ / s), c : 벤투리 계수 (보통 0.97~0.99)

m : 개구비 ($m = d^2/D^2$), H : 수두차 (m)

$$H = \frac{P_1 - P_2}{\gamma}$$

여기서, $P_1 - P_2$: 압력차, γ : 비중량

(2) 피토관

$$v = c\sqrt{2gH}$$ [2−63]

여기서, 피토관 계수(보통 $c ≒ 1$)

$$Q = A \cdot v_m$$

여기서, v_m : 평균유속 (m / s)

예제 19. 그림 2−18의 벤투리계에서 $D = 10$ cm, $d = 5$ cm, $h = 60$ mm (수은주)일 때 유량을 구하라. (단, 사용 유체는 물이며, 유량 계수 $c = 0.98$이다.)

[해설] 압력차가 수은주로 표시되어 있으므로 수주 H로 환산하면

$H = $ (수은주 h)×(수은의 비중 ρ' − 물의 비중 ρ)$= 0.06 × (13.6 − 1) = 0.756$ [mAq]

개구부비 $m = \dfrac{d^2}{D^2} = \left(\dfrac{5}{10}\right)^2 = \dfrac{1}{4}$ ∴ $m^2 = \dfrac{1}{16} = 0.0625$

유량 Q는 식 [2−62]를 이용한다.

$$Q = c \frac{\pi d^2}{4} \sqrt{\frac{2gH}{1-m^2}} = 0.98 × \frac{3.14 × 0.05^2}{4} × \sqrt{\frac{2 × 9.8 × 0.756}{1 - 0.0625}}$$

$$= 0.00765 \, [\text{m}^3 / \text{s}] = 7.65 × 10^{-3} \, [\text{m}^3 / \text{s}]$$

답 $7.65 × 10^{-3}$ [m³ / s]

---

(3) 오리피스

$$Q = cA\sqrt{2gH} = c \frac{\pi d^2}{4} \sqrt{2gH}$$ [2−64]

여기서, c : 유량 계수, H : 오리피스 전후의 수두차 (m)

$$H = \frac{P_1 - P_2}{\gamma}$$

여기서, $P_1 - P_2$: 압력차

예제 20. 덕트내의 동압을 피토관을 이용하여 측정하였더니 수주 H는 1 cm였다. 이때 풍속은 얼마인가? (단, 피토관 계수 $c = 1.0$, 공기의 비중량 $\gamma = 1.2$ kg / m³이다.)

[해설] 식 [2−63]에서 $v = c\sqrt{2gH} = c\sqrt{2g\dfrac{P}{\gamma}}$ 가 된다.

$$P = 1 \, [\text{cmAq}] = 10 \, [\text{mmAq}] = 10 \, [\text{kg} / \text{m}^2]$$

$$\therefore \; v = c \sqrt{2g \frac{P}{\gamma}} = 1 \times \sqrt{2 \times 9.8 \frac{10}{1.2}} = 12.78 \, [\text{m} / \text{s}]$$

📋 $12.78 \, [\text{m} / \text{s}]$

11. 감쇠(attenuation)

건축 설비 시스템과 관련하여 처음의 세기나 밀도 등이 감쇠 현상이 일어나는데 그 감쇠 유형은 다음과 같이 분류할 수 있다.
① 거리 역자승 법칙에 따른 감쇠
② e^{-kx}형 감쇠
③ 기타 감쇠

11-1 거리 역자승 법칙에 따른 감쇠

거리의 자승에 반비례하여 감쇠하는 예는 빛과 음의 에너지 밀도의 감쇠와 공조 설비에서 취출구의 기류속도의 감쇠를 생각할 수 있다. 빛의 경우 광원의 광도를 I [cd], 거리를 d [m]라 할 때 수조점의 수평면 조도 E [lx]와 그리고 점광원에 대한 거리가 d_1, d_2일 때 이 거리에서의 조도 E_1과 E_2의 관계는 각각 다음과 같다.

$$E = \frac{I}{d^2} \; [\text{lx}] \tag{2-65}$$

$$\frac{E_1}{E_2} = \frac{d_2^2}{d_1^2} \; [\text{lx}] \tag{2-66}$$

다음은 음향의 경우 음원으로부터의 거리를 d_1, d_2라 할 때 이점에 있어서의 음의 강도 I_1, I_2 [W / m²]의 관계이다.

$$\frac{I_1}{I_2} = \frac{d_2^2}{d_1^2} \tag{2-67}$$

공기 조화 설비의 취출구에서의 감쇠는 기류속도 v [m / s]와 취출구의 취출점의 속도를 v_0 [m / s], 취출구에서의 거리 x [m]라 하면

$$v = K \frac{v_0 d}{x} \; [\text{m} / \text{s}] \tag{2-68}$$

로 표시되며 여기에서 d는 지름(m)을, K는 취출구 형태에 따른 정수로 4~6 정도이다. 그림 2-22는 제 1 역에서부터 제 4 역에서의 속도 감쇠를 나타낸 것이다.

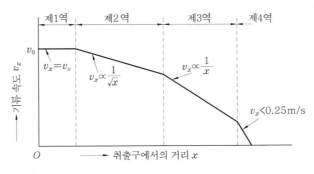

그림 2-22

11-2 e^{-kx}형 감쇠

지표면에 도달하는 일사의 감쇠와 잔향시간, 실온의 감쇠 그리고 유해가스의 발생에 따른 감쇠가 모두 e^{-kx}의 감쇠를 한다. 비정상 실온 변화에 대한 감쇠를 살펴보면 최초의 실내외 기온을 0℃라 하고 열공급 개시후의 실온을 $\theta(t)$ [℃]라 한다. $t > 0$ 이후 H[kcal / h]의 일정한 열공급을 했을 때의 실의 열평형 방정식은 다음과 같다.

$$Q\frac{d\theta(t)}{dt} + W\theta(t) = H \qquad\qquad [2-69]$$

여기서, W는 실의 열손실 계수 [kcal / (℃ · h)]이고, Q는 실온을 1℃ 상승시켰을 때에 주벽 및 실내 공기에 비축되는 열량이며, 이것을 실의 열용량[kcal / ℃]이라고 한다.

벽의 비열, 비중량을 각각 c_ω, γ_ω, 벽 두께, 면적을 각각 l, A_ω, 공기의 비열, 비중량을 각각 c, γ, 실용적(室容積)을 v라고 하면, $Q = c_\omega \gamma_\omega A_\omega l/2 + c\gamma v$ 이다.

최초의 실온이 바깥 기온과 같다고 한다면, $t = 0$에 있어서 $\theta(t) = 0$의 초기 조건으로 식 [2-69]를 풀면,

$$\theta(t) = \frac{H}{W}\left(1 - e^{-\frac{W}{Q}t}\right) \qquad\qquad [2-70]$$

정상 상태의 실온은 $t = \infty$라고 놓고 $\theta(t) = H/W$가 된다.

정상 상태에 있어서 열공급을 정지한 후의 실온 강하 $\theta(t')$는 식 [2-69]에 있어서 $H = 0$이라고 하고, 정지 시각 $t' = 0$에 있어서 $\theta(t') = H/W$의 조건으로 식 [2-69]를 풀면 다음 식과 같이 된다.

$$\theta(t') = \frac{H}{W}e^{-\frac{W}{Q}t} \qquad\qquad [2-71]$$

따라서 식 [2-71]은 정상실온 $\dfrac{H}{W}$에 대하여 e^{-kx}형의 감쇠를 나타낸다. 표 2-6은 e^{-kx}형 감쇠의 예를 나타낸 것이다.

표 2-6 e^{-kx}형 감쇠의 예

감쇠의 종류	수식의 내용
일사의 감쇠	$J = J_o e^{-am}$ J : 법선면 일사 강도, a : 소산 계수, J_o : 태양 정수, m : 대기 노정
잔향 시간	$E = E_o e^{-\bar{a}nt}$ E : 음의 에너지 밀도, E_o : 초기 에너지 밀도, $\bar{a} = \dfrac{A}{S}$ (평균 흡음률), $n = \dfrac{CS}{4V}$
실온의 감쇠	$\theta(t) = \dfrac{H}{W} e^{-\alpha t}$ H : 공급 열량(kcal / h), W : 손실 계수(kcal / h · ℃), $\alpha = \dfrac{W}{Q}$ (실온 변동률, 1 / h)
유해 가스의 농도 감쇠	$C = C_o e^{-\frac{\theta}{V} t}$ C : 가스 농도, $C_o = \dfrac{k}{Q}$, k : 오염물질 발생량(m³ / h), Q : 환기량(m³ / h) V : 실용적(m³)

11-3 기타 감쇠

기타 감쇠로 앞의 (1)+(2)의 감쇠형으로 거리 x, 시간 t에 대하여 다음과 같은 감쇠형을 생각할 수 있다.

$$f(x,\ t) = \frac{a}{x^n}\ e^{-kt} \tag{2-72}$$

$$f(x,\ t) = ae^{-kt/x^n} \tag{2-73}$$

또한 $\sum a_i e^{-kix}$형 감쇠는 e^{-kx}의 근사형으로 다음과 같이 나타낸다.

$$f(x) = a_o + a_i e^{-k_1 x} + a_2 e^{-k_2 x} + a_3 e^{-k_3 x} + \cdots \tag{2-74}$$

급배수 · 위생 설비

제 2 편

제1장   급배수 · 위생 설비 개요

제2장   급수 설비

제3장   급탕 설비

제4장   배수 및 통기 설비

제5장   배수 처리 설비

제6장   소화 설비

제7장   위생기구 설비

제8장   가스 설비

제1장 급배수·위생 설비 개요

1. 급배수·위생 설비의 구성

급배수·위생 설비는 건물내 또는 그 부지 내에서 인간생활에 필요한 공급과 배출에 관련된 건물내 제반 위생 설비를 총칭하는 것으로 이들 설비의 성능은 인간의 보건위생을 직접 좌우할 뿐만 아니라 특히 배출 관련 설비는 환경오염 방지라는 관점에서 자연환경 보호와 정화에 큰 책임을 져야 한다.

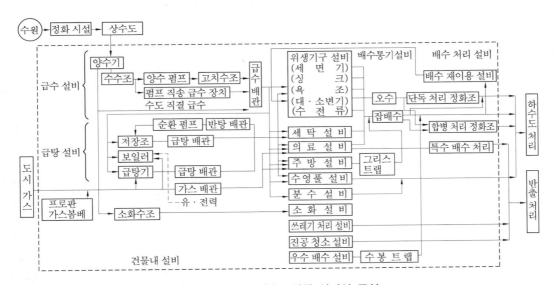

그림 1-1 급배수·위생 설비의 구성

그림 1-1은 건물의 급배수·위생 설비의 구성을 나타낸 것으로 상수도 공급에서부터 건물내 이용 설비, 하수도 방류에 이르는 각 설비계통의 흐름을 표시하였다. 이들 각 설비의 주요 역할은 다음과 같다.

① 급수 설비, 급탕 설비는 양호한 수질, 적당한 온도의 물을 충분한 수량, 수압으로 공급할 수 있는 설비 시스템이 요구되며 일단 공급된 물은 다른 용도의 물이 역류되어 급수 계통이 오염되지 않도록 해야 한다.

② 배수와 통기 설비는 불가분의 설비관계로 건물에서 발생된 오수나 잡배수가 누수, 넘침, 역류 등이 일어나지 않고 배출되어야함은 물론 배수관내의 악취나 해충이 실내에 침입해서는 안 된다. 이를 막기 위해서는 트랩(trap)이 사용되며 통기관은 트랩의 봉수

를 보호할 뿐만 아니라 배수능력을 촉진시켜 주는 역할도 담당한다. 배수의 방류는 공공용 수역의 수질보전이라는 점을 고려해야 한다.

③ 위생기구는 액체나 오물을 받는 용기와 급수전이나 트랩과 같은 기구류를 말하며 이런 위생기구들은 오물이 흡수되거나 정체되기 쉬운 구조가 되어서는 안 된다. 그리고 물의 사용량 조절이 가능하고 가급적 청소하기 쉬운 구조이어야 한다.

④ 소화 설비는 화재시에 물과 소화약제를 분출하는 설비로 소방법의 규정에 따른다.

⑤ 배수 처리 설비는 오수 또는 잡배수를 하수도에 방류시키기 위한 정화 처리 설비로 오수만을 단독 처리하는 경우와 오수와 잡배수를 합류 처리하는 방법이 있다. 방류수의 수질 기준은 오수 및 잡배수 처리 규정에 따른다. 그리고 잡배수 중 일부는 배수 재이용 시설에서 중수도로 개발되어 잡용수로 재공급된다.

⑥ 가스 설비는 가스의 공급 설비와 이를 연소시키기 위한 설비로 도시가스 또는 프로판 가스 등이 연료로 사용된다.

2. 상수도와 급수 설비

2-1　수 원

수원은 지표수와 지하수가 이용된다.

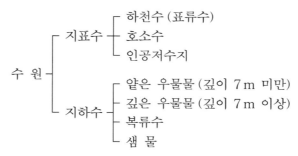

보통 지표수는 많은 불순물이 함유되어 있어 수질에 따라 정화 처리를 하여야 한다. 지하수는 과거에 수질이 좋다고 하여 그대로 사용하였으나, 최근에는 심각한 토양오염 등으로 인하여 수질이 크게 떨어졌으며, 또한 지하수 개발로 인한 지반 침하 등도 고려하여야 할 것이다.

2-2　수 질

수질이란 물의 소질(素質)이란 뜻으로 화학적으로 H_2O로 표시하고 있으나 자연계의 물은 이 순수에 여러 가지 물질들이 포함되어 있다.

먹는물의 수질은 미생물에 관한 기준, 건강상 유해영향 무기질에 관한 기준, 건강상 유해영향 유기질에 관한 기준, 소독제 및 소독부산물질에 관한 기준, 심미적 영향물질에 관한 기준, 정수 처리에 관한 기준으로 나눈다.

표 1-1은 우리나라의 먹는물 수질기준 및 검사에 관한 규칙을 나타낸 것이다.

표 1-1 먹는물의 수질 기준

1. 미생물에 관한 기준	① 일반세균은 1 m*l* 중 100 CFU(Colony Forming Unit)를 넘지 아니할 것. 다만, 샘물의 경우 저온일반세균은 20 CFU / m*l*, 중온일반세균은 5 CFU / m*l*를 넘지 아니하여야 하며, 먹는샘물의 경우 병에 넣은 후 4℃를 유지한 상태에서 12시간 이내에 검사하여 저온일반세균은 100 CFU / m*l*, 중온일반세균은 20 CFU / m*l*를 넘지 아니할 것 ② 총대장균군은 100 m*l*(샘물 및 먹는샘물의 경우 250 m*l*)에서 검출되지 아니할 것. 다만, 제4조제1항제1호의 나목 및 다목의 규정에 의하여 매월 실시하는 총대장균군의 수질검사시료수가 20개 이상인 정수시설의 경우에는 검출된 시료수가 5퍼센트를 초과하지 아니할 것 ③ 대장균·분원성대장균군은 100 m*l*에서 검출되지 아니할 것. 다만, 샘물 및 먹는샘물의 경우에는 그러하지 아니하다. ④ 분원성연쇄상구균·녹농균·살모넬라 및 쉬겔라는 250 m*l*에서 검출되지 아니할 것(샘물 및 먹는샘물의 경우에 한한다.) ⑤ 아황산환원혐기성포자형성균은 50 m*l*에서 검출되지 아니할 것(샘물 및 먹는샘물의 경우에 한한다.) ⑥ 여시니아균은 2 *l*에서 검출되지 아니할 것(먹는물공동시설의 경우에 한한다.)
2. 건강상 유해영향 무기질에 관한 기준	① 납은 0.05 mg / *l*를 넘지 아니할 것 ② 불소는 1.5 mg / *l*(샘물 및 먹는샘물의 경우 2.0 mg / *l*)를 넘지 아니할 것 ③ 비소는 0.05 mg / *l*를 넘지 아니할 것 ④ 세레늄은 0.01 mg / *l*를 넘지 아니할 것 ⑤ 수은은 0.001 mg / *l*를 넘지 아니할 것 ⑥ 시안은 0.01 mg / *l*를 넘지 아니할 것 ⑦ 6가크롬은 0.05 mg / *l*를 넘지 아니할 것 ⑧ 암모니아성질소는 0.5 mg / *l*를 넘지 아니할 것 ⑨ 질산성질소는 10 mg / *l*를 넘지 아니할 것 ⑩ 카드뮴은 0.005 mg / *l*를 넘지 아니할 것 ⑪ 보론은 0.3 mg / *l*를 넘지 아니할 것
3. 건강상 유해영향 유기물질에 관한 기준	① 페놀은 0.005 mg / *l*를 넘지 아니할 것 ② 다이아지논은 0.02 mg / *l*를 넘지 아니할 것 ③ 파라티온은 0.06 mg / *l*를 넘지 아니할 것 ④ 페니트로티온 0.04 mg / *l*를 넘지 아니할 것 ⑤ 카바릴은 0.07 mg / *l*를 넘지 아니할 것 ⑥ 1.1.1 - 트리클로로에탄은 0.1 mg / *l*를 넘지 아니할 것 ⑦ 테트라클로로에틸렌은 0.01 mg / *l*를 넘지 아니할 것 ⑧ 트리클로로에틸렌은 0.03 mg / *l*를 넘지 아니할 것 ⑨ 디클로로메탄은 0.02 mg / *l*를 넘지 아니할 것 ⑩ 벤젠은 0.01 mg / *l*를 넘지 아니할 것 ⑪ 톨루엔은 0.7 mg / *l*를 넘지 아니할 것 ⑫ 에틸벤젠은 0.3 mg / *l*를 넘지 아니할 것 ⑬ 크실렌은 0.5 mg / *l*를 넘지 아니할 것 ⑭ 1.1 - 디클로로에틸렌은 0.03 mg / *l*를 넘지 아니할 것 ⑮ 사염화탄소는 0.002 mg / *l*를 넘지 아니할 것 ⑯ 1.2 - 디브로모 - 3 - 클로로프로판은 0.003 mg / *l*를 넘지 아니할 것

4. 소독제 및 소독 부산물질에 관한 기준(샘물·먹는샘물 및 먹는물공동시설의 물의 경우에는 적용 제외)	① 잔류염소(유리잔류염소를 말한다)는 4.0 mg/l를 넘지 아니할 것 ② 총트리할로메탄 및 클로로포름은 각각 0.1 mg/l, 0.08 mg/l를 넘지 아니할 것 ③ 클로랄하이드레이트는 0.03 mg/l를 넘지 아니할 것 ④ 디브로모아세토니트릴은 0.1 mg/l를 넘지 아니할 것 ⑤ 디클로로아세토니트릴은 0.09 mg/l를 넘지 아니할 것 ⑥ 트리클로로아세토니트릴은 0.004 mg/l를 넘지 아니할 것 ⑦ 할로아세틱에시드(디클로로아세틱에시드와 트리클로로아세틱에시드의 합으로 한다)는 0.1 mg/l를 넘지 아니할 것
5. 심미적 영향물질에 관한 기준	① 경도는 300 mg/l를 넘지 아니할 것. 다만, 샘물의 경우에는 그러하지 아니하다. ② 과망간산칼륨소비량은 10 mg/l를 넘지 아니할 것 ③ 냄새와 맛은 소독으로 인한 냄새와 맛 이외의 냄새와 맛이 있어서는 아니될 것 ④ 동은 1 mg/l를 넘지 아니할 것 ⑤ 색도는 5도를 넘지 아니할 것 ⑥ 세제(음이온계면활성제)는 0.5 mg/l를 넘지 아니할 것. 다만, 샘물 및 먹는샘물의 경우에는 검출되지 아니할 것 ⑦ 수소이온농도는 pH 5.8 내지 8.5이어야 할 것 ⑧ 아연은 1 mg/l를 넘지 아니할 것 ⑨ 염소이온은 250 mg/l를 넘지 아니할 것 ⑩ 증발잔류물은 500 mg/l를 넘지 아니할 것. 다만, 샘물의 경우에는 그러하지 아니하며, 먹는샘물의 경우에는 미네랄 등의 무해성분을 제외한 증발잔류물이 500 mg/l를 넘지 아니할 것 ⑪ 철 및 망간은 각각 0.3 mg/l를 넘지 아니할 것. 다만, 샘물의 경우에는 그러하지 아니하다. ⑫ 탁도는 INTU(Nephelometric Turbidity Unit)를 넘지 아니할 것. 다만, 광역상수도 및 지방상수도의 수돗물의 경우에는 제6호의 정수 처리에 관한 기준에서 정하는 기준을 적용하고, 기타 수돗물의 경우에는 0.5 NTU를 넘지 아니할 것 ⑬ 황산이온은 200 mg/l를 넘지 아니할 것 ⑭ 알루미늄은 0.2 mg/l를 넘지 아니할 것
6. 정수 처리에 관한 기준	광역상수도 및 지방상수도의 수돗물은 바이러스, 지아디아 등 환경부장관이 정하여 고시하는 병원미생물이 함유되지 아니하도록 정수장에서 환경부장관이 정하여 고시하는 정수 처리에 관한 기준에 따라 정수 처리를 할 것

㊙ ① ppm＝parts per million, 1 l의 중량은 100만 mg이므로 1 mg/l＝1 ppm＝1 g/m³임.

표 1−1에 의하면 물의 경도(hardness of water)는 유해물질 판정기준의 하나인 바 음료수로는 총경도 300 ppm을 초과해서는 안된다고 규정하고 있다. 경도는 물 속에 녹아 있는 마그네슘의 양을 이것에 대응하는 탄산칼슘(CaCO₃)의 100만분율로 환산하여 표시한 것이다. 탄산칼슘 이외의 염류에 대해서는 이것과 같은 양의 탄산칼슘으로 환산하여 구한다. 물은 탄산칼슘의 함유량에 따라 연수·경수로 분류하기도 한다.

① 연수(soft water) : 일명 단물이라고도 하며 칼슘·마그네슘 따위의 광물질을 포함하지 않거나 90 ppm 이하를 포함하고 있는 물로 비누가 잘 풀리며 세탁·염색·기관용에 적합하다. 경수를 끓이면 연수가 되며 보통 수돗물, 빗물, 하천 하류의 물이 이에 해당된다.

② 경수(hard water) : 일명 센물이라고도 하며 칼슘·마그네슘·탄산칼슘 등의 광물질의
    함유량이 비교적 많이 포함된 천연수로 보통 110 ppm 이상인 물을 말한다. 일반적으로
    경도 20도 이상의 것으로, 음료용 또는 세탁·표백·염색에는 부적합하다.
  음료수나 잡용수 계통의 급수 설비에서는 경수와 극연수에 대하여 특별히 주의할 필요가
있다. 경도가 높은 물을 보일러용수로 사용하면 그 내면에 스케일(scale)이 생겨 전열효율이
감소될 뿐 아니라 과열의 원인이 되며 결과적으로 보일러 수명이 단축된다.

표 1-2 원수의 수질 기준(하천)

구분	등급	이용목적별 적용대상	기 준				
			수 소 이온농도 (pH)	생물화학적 산소요구량 (BOD) (mg / l)	부유 물질량 (SS) (mg / l)	용존 산소량 (DO) (mg / l)	대장균 군수 (MPN / 100 ml)
생활환경	I	상수원수 1급 자연환경보전	6.5~8.5	1 이하	25 이하	7.5 이상	50 이하
	II	상수원수 2급 수산용수 1급 수영용수	6.5~8.5	3 이하	25 이하	5 이상	1000 이하
	III	상수원수 3급 수산용수 2급 공업용수 1급	6.5~8.5	6 이하	25 이하	5 이상	5000 이하
	IV	공업용수 2급 농업용수	6.0~8.5	8 이하	100 이하	2 이상	–
	V	공업용수 3급 생활환경보전	6.0~8.5	10 이하	쓰레기 등이 떠있지 아니 할 것	2 이상	–
사람의 건강 보호	전수역	카드뮴(Cd) : 0.01 mg / l 이하, 비소(As) : 0.05 mg / l 이하 시안(CN) : 검출되어서는 안됨, 수은(Hg) : 검출되어서는 안됨. 유기인 : 검출되어서는 안됨, 연(Pb) : 0.1 mg / l 이하 6가크롬(Cr^{6+}) : 0.05 mg / l 이하 폴리크로리네이티드비페닐(PCB) : 검출되어서는 안됨 음이온 계면활성제(ABS) : 0.5 mg / l 이하				

[비고] 1. 수산용수 1급 : 빈부수성수역의 수산생물용
    2. 수산용수 2급 : 중부수성수역의 수산생물용
    3. 자연환경보전 : 자연경관 등의 환경보전
    4. 상수원수 1급 : 여과 등에 의한 간이 정수 처리 후 사용
    5. 상수원수 2급 : 침전여과 등에 의한 일반적 정수 처리 후 사용
    6. 상수원수 3급 : 전처리 등을 거친 고도의 정수 처리 후 사용
    7. 공업용수 1급 : 침전 등에 의한 통상의 정수 처리 후 사용
    8. 공업용수 2급 : 약품 처리 등 고도의 정수 처리 후 사용
    9. 공업용수 3급 : 특수한 정수 처리 후 사용
    10. 생활환경보전 : 국민의 일상생활에 불쾌함을 주지 아니할 정도

표 1-3 원수의 수질 기준 (호소)

구분	등급	이용목적별 적용대상	기준						
			수소이온농도 (PH)	화학적산소요구량 (COD) (mg/l)	부유물질량 (SS) (mg/l)	용존산소량 (DO) (mg/l)	대장균군수 (MPN/100 ml)	총인 T-P (mg/l)	총질소 T-N (mg/l)
생활환경	I	상수원수 1급 자연환경보전	6.5~8.5	1 이하	1 이하	7.5 이상	50 이하	0.010 이하	0.200 이하
	II	상수원수 2급 수산용수 1급 수영용수	6.5~8.5	3 이하	5 이하	5 이상	1000 이하	0.030 이하	0.400 이하
	III	상수원수 3급 수산용수 2급 공업용수 1급	6.5~8.5	6 이하	15 이하	5 이상	5000 이하	0.050 이하	0.600 이하
	IV	공업용수 2급 농업용수	6.0~8.5	8 이하	15 이하	2 이상	–	0.100 이하	1.0 이하
	V	공업용수 3급 생활환경보전	6.0~8.5	10 이하	쓰레기 등이 떠있지 않을 것	2 이상	–	0.150 이하	1.5 이하
사람의 건강 보호	전수역	카드뮴(Cd) : 0.01 mg/l 이하, 비소(As) : 0.05 mg/l 이하 시안(CN) : 검출되어서는 안됨, 수은(Hg) : 검출되어서는 안됨. 유기인 : 검출되어서는 안됨, 연(Pb) : 0.1 mg/l 이하 6가크롬(Cr^{6+}) : 0.05 mg/l 이하 폴리크로리네이티드비페닐(PCB) : 검출되어서는 안됨 음이온 계면활성제(ABS) : 0.5 mg/l 이하						

[비고] 총인, 총질소의 경우 총인에 대한 총질소의 농도비율이 7 미만일 경우에는 총인의 기준은 적용하지 아니하며, 그 비율이 16 이상일 경우에는 총질소의 기준을 적용하지 아니한다.

　또 세탁용수로도 비누 거품이 잘 일지 않아 부적당하고 그밖에 양조·염색·제지공업 등에도 적당하지 않다. 또 증류수나 멸균수 같은 극연수는 연관·놋쇠관 따위를 침식시키기 때문에 병원 같은 곳에서 극연수를 쓸 때는 안팎을 모두 도금한 파이프를 사용하여야 한다. 경도의 표준치는 각 나라마다 다르며, 각국의 경도를 비교하면 표 1-4와 같다.

표 1-4 각국 경도의 비교

각국 경도	독일 경도	영국 경도	프랑스 경도	미국 경도
독일 경도	1.00	1.25	1.78	17.8
영국 경도	0.80	1.00	1.43	14.3
프랑스 경도	0.56	0.70	1.00	10.0
미국 경도	0.056	0.07	0.10	1.00

㈜ 1. 독일 경도는 10만분 중의 산화칼슘(CaO)의 부분으로 표시
   2. 영국 경도는 영 1갤런 중의 탄산칼슘(CaCO₃)의 그레인수로 표시
   3. 프랑스 경도는 10만분 중의 탄산칼슘의 부분으로 표시
   4. 미국 경도는 100만분 중의 탄산칼슘의 부분으로 표시

2-3 상수도 시설

상수도 시설은 취수, 정수, 배수의 3단계로 구분되며 원수의 질, 양, 지리적 조건에 따라서 일부의 과정을 생략하여 공급하기도 한다. 그림 1-2는 상수도 시설의 예를 나타낸 것으로 원수는 하천이나 저수지 또는 지하에서 취수하여 소정의 정수 시설을 거쳐 배수되는 계통도 이다.

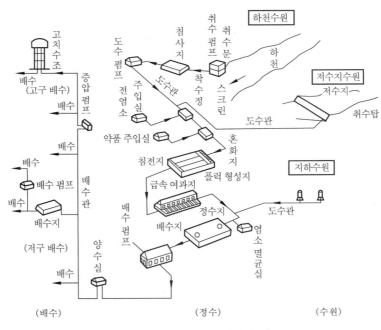

그림 1-2 상수도 시설의 예

(1) 취수 시설

원수를 취수하는 시설이며 수원은 지하수나 지표수 등에서 단독 또는 2~3의 수원으로부터 병용으로 하는 경우가 있다.

(2) 저수 시설

가뭄시에도 필요한 원수를 공급하기 위해 저수해 두는 시설이다. 인공적으로 구축된 것이 저수지이다.

(3) 도수 시설

원수를 저수 시설에서 정수 시설에 송수하는 수로, 펌프 등과 같은 시설을 말한다. 도수

방식은 자연유하에 의한 것과 펌프를 이용하여 가압 송수하는 방식이 있다. 자연 유하식 수로에는 도수관 또는 도수거가 사용되며 펌프압송식에는 도수관이 사용된다.

(4) 정수 시설

원수를 보건위생상 무해한 수질로 처리하는 시설이며 침전, 여과, 폭기, 화학 처리, 소독 시설로 구분한다. 정수 처리는 한 가지 방법보다는 여러 과정을 반복 처리하면 매우 효과적이다. 또한 철분이나 암모니아 등을 함유할 때에는 폭기나 제철 등의 시설을 필요로 한다.

① 침전법(sedimentation) : 원수 중에 부유하는 불순물을 침전시켜 제거하는 방법이며 보통 침전법과 약품침전법의 2종류가 있다. 보통침전법은 원수를 침전지에서 정지상태로 방치하거나 저속으로 침전지내를 통과시키면 물보다 비중이 큰 불순물은 자연히 침강한다. 약품침전법은 원수중에 점토와 같은 미세한 입자가 다량으로 부유하는 경우 원수에 약품을 혼합해서 부유물을 화학 작용에 의해 응집형성으로 침강속도를 촉진시켜 침강케 하는 것이다. 약품으로는 황산 알루미늄, 황산제 2 철을 사용한다.

② 여과법(filtration) : 침전지에서 침전 처리된 물을 여과지의 모래층을 통과시켜 물속의 부유물이나 세균을 제거하는 방법으로 완속여과법과 급속여과법이 있다. 완속여과법은 중력 작용으로 물을 완만한 속도(여과속도 $4\sim5\,\mathrm{m/day}$)로 모래층을 통과시키면 물속에 함유된 부유물이 모래층 표면에 퇴적해서 분해되어 여과막을 형성한다. 여과막은 매우 미묘한 정화 작용을 하며 물속의 부유하는 고형물 통과를 저지하고 여과막 중에 번식하는 세균 기타 미생물 작용에 의해 물속의 세균, 기생충, 기타 유기용해물이 제거되어 정화된다.

급속여과법은 원수를 $120\sim150\,\mathrm{m/day}$의 여과속도로 여과층을 통과시키는 방법이며 탁도나 색도가 높은 물을 처리하는 데 적합하다. 이 방법은 약품처리된 처리수를 여과하여 원수중의 부유물을 사전에 응집시켜 여과층상에 퇴적해서 아교모양의 여과막을 형성, 모래층 전체와 여과막에서 부유물을 흡착억류하여 정화한다.

③ 폭기법(aeration) : 깊은 우물이나 지하수에는 철이 중탄산 제 1 철$[\mathrm{Fe(HCO_3)_2}]$, 수산화 제 1 철$[\mathrm{Fe(OH)_2}]$ 또는 황산 제 1 철$[\mathrm{FeSO_4}]$의 형태로 용해되어 있다. 이 철을 제거하기 위해 폭기에 의해 물을 공기에 잘 접촉시킴으로써 이것을 산화시켜 불용해성 제이철 $[\mathrm{Fe(OH)_3}]$로 만든 다음 침전 여과에 의해 제거한다.

$$\mathrm{Fe(HCO_3)_2} \rightarrow 2\mathrm{CO_2} + \mathrm{Fe(OH)_2},\ 4\mathrm{Fe(OH)_2} + \mathrm{O_2} + 2\mathrm{H_2O} \rightarrow 4\mathrm{Fe(OH)_3}$$

또 물은 폭기에 의해 물 속에 용해되어 있는 암모니아·황화 수소·탄산가스 및 그 밖의 유독가스나 악취 등도 발산시킬 수 있다.

폭기 방법에는 여러 가지가 있으며, 공중에 분수시키는 방법, 다수의 작은 구멍을 통해 샤워 상태로 낙하시키는 방법, 코크스나 모래층에 점적·유하시키는 방법 등 공기와의 접촉 면적을 넓히는 방법이 많이 이용된다.

④ 경수의 연화법(softening of hard water) : 일시적 경수는 끓임으로써 탄산석회를 침전시켜 연화할 수가 있다.

$$\mathrm{Ca(HCO_3)_2} \rightleftharpoons \mathrm{CaCO_3} \downarrow + \mathrm{CO_2} + \mathrm{H_2O}$$

공업상 다량의 연수를 필요로 할 때에는 소석회를 혼합하여 연화한다.

$$Ca(HCO_3)_2 + Ca(OH)_2 \rightleftharpoons 2CaCO_3\downarrow + 2H_2O$$

$$Mg(HCO_3)_2 + 2Ca(OH)_2 \rightleftharpoons Mg(OH)_2\downarrow + 2CaCO_3\downarrow + 2H_2O$$

영구 경수의 경우 황산 칼슘을 제거하려면 소다회(Na_2CO_3)를 가하며, 황산 마그네슘을 제거하려면 소다회와 소석회를 가하면 된다.

$$CaSO_4 + Na_2CO_3 \rightleftharpoons CaCO_3\downarrow + Na_2SO_4$$

$$MgSO_4 + Ca(OH)_2 + Na_2CO_3 \rightleftharpoons Mg(OH)_2\downarrow + CaCO_3\downarrow + Na_2SO_4$$

여기서 생성되는 Na_2SO_4는 가용성의 것이지만 미량이므로 별 해는 없으며, $CaCO_3$, $Mg(OH)_2$는 침전 여과로 제거된다.

요사이 공업용수로 사용하기 위해 지오라이트 또는 퍼뮤티트라고 하여 주로 알루미늄과 나트륨의 규산염으로 되어 있는 천연 광석을 강판으로 만든 원통형 탱크에 충전하여 여과조를 만들고 그 속에 경수를 통과시켜 여과하여 경도를 제거하는 방식이 흔히 사용된다. 여과를 계속함에 따라 지오라이트의 연화력이 감소하면 5~8%의 식염수 또는 해수를 주입하여 반응시키면 지오라이트는 Na를 취하여 본래의 지오라이트로 되며 다시 연화 기능을 회복하게 된다. 따라서 몇 번이고 반복해서 사용할 수 있다.

⑤ 소독법(sterilization) : 침전과 여과의 과정을 거치면 물속의 세균은 거의 제거되지만 잔존하는 세균을 살균하기 위해 염소살균법이 채용된다. 일반적으로 급수전에서의 물이 유리잔류염소를 0.1 ppm (결합잔류염소의 경우 0.4 ppm) 이상 유지하게 염소 소독을 해야 한다. 그리고 공급수가 병원생물에 현저하게 오염될 염려가 있을 경우나 오염되었다고 의심하는 생물과 물질을 다량으로 함유할 염려가 있는 경우 급수전에서 물의 유리잔류염소는 0.2 ppm (결합잔류염소의 경우 1.5 ppm) 이상으로 소독해야 한다. 소독약의 사용량은 수질에 따라 차이가 있으나 보통 상수도 소독 때 사용하는 액체염소 농도는 2 ppm 정도이다.

(5) 송수 시설

정수를 펌프와 송수관 등의 설비를 통하여 정수장에서 배수지의 배수 시설에 송수하는 시설이며, 그 계획 송수량은 계획 1일 최대 급수량으로 한다. 송수 방식은 원칙적으로 관수로에 의하지만 개수로로 하는 경우 오염되지 않게 하여야 한다.

(6) 배수 시설

정수 시설에서 정화된 물을 급수 구역의 수요자에게 필요한 수압으로 소요 수량을 배수하기 위한 시설이다.

배수관의 수압은 최소동수압 1.5 kg / cm² 표준인데 자연낙차를 이용해서 송수하는 자연유하식과 펌프로 압송하는 펌프압송식이 있다. 펌프압송식은 정수를 일단 배수지에 펌프로 양수해서 그 다음 자연유하에 의해 급수구역에 배수하는 방법과 펌프로 직접 급수구역에 배수하는 방법이 있다.

2-4 급수 장치

급수 장치란 수요자에게 물을 공급하기 위하여 수도사업자가 시설한 배수관에서 분기해서 설치한 급수관이나 여기에 직결하는 급수용 기구를 말한다.

　그림 1-3은 급수 장치의 접속을 나타낸 것으로 배수관으로부터 분기관을 내어 급수관을 연장시키며 이는 양수기를 거쳐 급수전에 연결 고정시킨다. 급수관과 배수관 중간에는 적당한 장소에 지수전(stop valve)과 양수기를 설치한다.

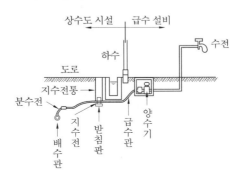

그림 1-3　급수 장치

3. 건물내 설비

　건물내 설비는 그림 1-1에서 보는 바와 같이 공급(상수도, 가스, 전력 등) 시설과 배출(하수 방류, 쓰레기 반출) 시설의 중간과정의 설비로 주로 건물사용에 필요한 위생 설비라고 말할 수 있다. 이들 설비는 건물에 따라 반드시 모두 시설되는 것은 아니며 경우에 따라서 생략되기도 한다. 그러나 모든 위생 설비는 건물의 구조나 의장 그리고 설계 시공상 밀접한 관계를 가지므로 공급과 배출에 따른 흐름을 파악하는 것이 중요하다.

　또한 건물내 설비는 다른 설비와 상호관계를 파악하여 공급과 배출의 원활한 운영이 이루어져야 함은 물론 전 건물내 설비 시스템과 관련하여 깊이 분석되어야 한다. 이들 각 설비의 자세한 내용은 다음 장에서 다룬다.

4. 배수 설비와 하수도

　건물의 배수 관련 설비는 옥내배수 설비와 배수의 흐름을 원활하게 하기 위한 통기 설비, 배수 처리 설비 등으로 구분되며 건물의 배수 설비는 공공하수도에 접속된다. 그림 1-4는 배수 설비와 공공하수도와의 접속을 나타낸 것이다.

　보통 배수는 자연구배에 의해 중력으로 배수되는데 구배가 맞지 않을 경우 펌프에 의해 배수시켜야 한다.

　모든 배수관 계통에는 하수도로부터 역류하는 악취나 해충의 침입을 막기 위해 반드시 트랩을 사용하여야 하며 음용, 식품용 및 의료, 서비스 관련 기기는 간접 배수 시설을 한다. 건물의 배수는 공공하수도의 배수 시설을 거쳐 종말처리되어 자연계에 방류된다.

종말처리장에서 처리가능한 구역 이외 지역에서 수세식 화장실을 설치하는 경우 반드시 정화조를 설치해야 한다.

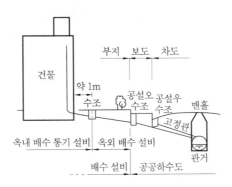

그림 1-4 배수 설비와 공공하수도

5. 급배수·위생 설비와 앞으로의 과제

급배수·위생 설비의 계획에서는 건축법, 수도법, 하수도법, 오수 및 분뇨 처리법, 소방법, 가스사업법 등을 비롯한 관련 법규를 충분히 조사·연구하여 그 계획을 수립하여야 함은 물론이고, 과거의 개념처럼 단순한 공급과 배출하는 식의 시설이 되어서는 안 된다.

최근에 크게 문제시 되고 있는 환경오염과 더불어 수자원의 부족과 수질의 오탁화, 상하수도 등 공공시설의 용량 부족에도 충분히 대응할 수 있어야 한다.

현재는 이른바 안전율이라는 평계로 과대한 설비용량 등과 같은 수치를 적용하는 예가 너무 많으나 앞으로는 충분한 실측과 이론적 분석을 통한 정량적 해석 결과를 토대로 자원의 효율적 이용과 경제적인 계획수립이 요구된다. 이를 위해서는 단편적인 일부의 설비 시스템의 분석보다는 건물의 전 순환시스템을 대상으로 LCC (Life Cycle Cost)평가와 PBP(Pay Back Period)평가가 이루어져야 할 것이다.

이는 결과적으로 거주자의 보건위생의 증진은 물론 부족한 자원의 엔트로피(entropy) 증가를 억제하는 유일한 수단일 것이다.

제 2 장 급수 설비

1. 개 요

급수 설비는 건물의 각종 위생기구에서 필요한 물을 공급하기 위한 기기와 장치를 말한다. 급수 설비는 ① 급수기구가 충분한 기능을 발휘할 수 있는 수량의 공급, ② 사용목적에 알맞은 수압 유지, ③ 항상 위생적으로 안전한 물의 공급 등이 요구된다.

최근에는 수자원의 부족과 자원의 효율적 이용측면에서 선진 외국에서는 상수계통의 배수를 재이용 처리하여 잡용수(中水)로 사용하는 예가 늘고 있다. 건물의 상수와 잡용수 이용 계통을 보면 다음과 같다.

- 상수 : 음료, 취사, 세탁, 세면, 목욕, 수영장용수, 공기조화설비용수, 소화용수, 세차용수 등
- 잡용수 : 변기세정, 살수, 청소, 분수용수, 소화용수, 세차용수 등

중수는 상수와 하수의 중간을 칭하는 것으로 중수원으로는 건물의 배수처리수, 빗물, 우물물, 하천수, 호소수 등이 이용되고 있다. 그림 2-1은 상수와 중수 2계통의 급수 장치 예를 나타낸 것으로 중수원은 빗물과 건물의 잡배수로 하고 있는 경우이다.

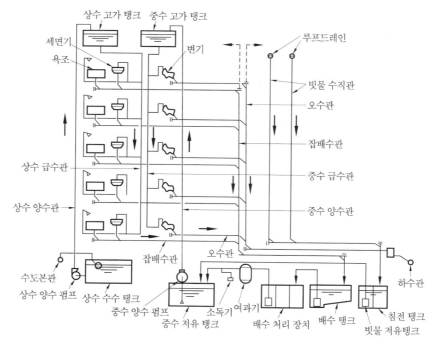

그림 2-1 상수와 중수 2계통 급수 장치 예

그림 2-2는 급수 설비 시스템의 설계순서도로 특히 급수방식별 주요 시스템에 대한 내용을 나타낸 것이다. 구체적인 용량산정은 다음에서 자세하게 다루고 있다.

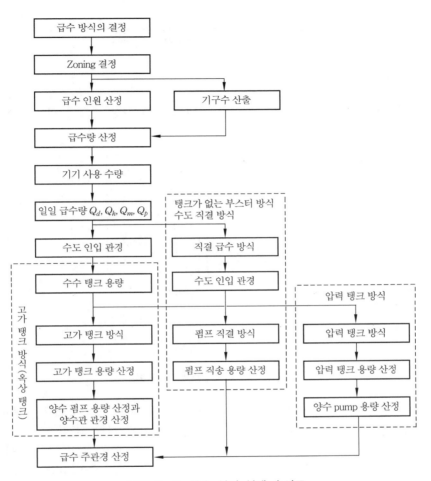

그림 2-2 급수 설비 설계 순서도

우리나라의 경우 중수도가 아직 개발되지 않고 있어 이에 대한 수질 기준이 마련되지 않고 있으나 보통의 중수(재이용수)의 수질 기준은 표 2-1과 같다.

표 2-1 중수(재이용수)의 수질 기준

처리 방식\ 항 목	생물 처리	막 처리
산소 요구량	BOD 20 mg / l 이하	COD 30 mg / l 이하
대장균 군수 pH 취기·외관	10 개 / ml 이하 5.8~8.5 불쾌하지 않아야 함	

그리고 급수설비에서는 잡용수 이용계획 뿐만 아니라 절수대책과 위생적으로 안전한 물을 공급하기 위한 적수현상에 의한 수질의 악화를 충분히 고려하여야 할 것이다.

2. 급수량과 필요 압력

2−1 급수량 산정

급수 설비의 용량 산정이나 관경을 결정하는 데 있어서 가장 중요한 것은 우선 건물에서 필요한 예상 급수량을 추정하는 일이다.

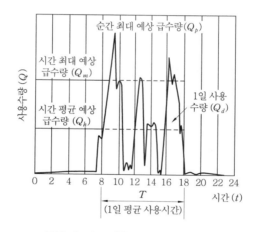

그림 2-3 사용수량의 시간 변화

급수량을 추정하는 방법은 급수 기구의 종류와 개수 및 급수 기구 단위를 기초로 하는 것과 사용 인원수에 의한 것으로 분류할 수 있다. 급수 설비의 기본 설계에서는 후자에 의한 방법이 급수량을 쉽게 추정할 수가 있다. 그림 2−3은 건물 내에서 물이 어떤 상태로 사용되는가를 분석한 사용수량의 시간 변화도이다. 급수 설계에서 중요한 사항은 시간 평균 예상 급수량(Q_h), 시간 최대 예상 급수량(Q_m), 순간 최대 예상 급수량(Q_p) 등을 들 수 있다. 이 것을 일반식으로 표시하면 다음과 같다.

$$Q_h = \frac{Q_d}{T} \ [l/h] \tag{2-1}$$

$$Q_m = (1.5 \sim 2.0) Q_h \ [l/h] \tag{2-2}$$

$$Q_p = \frac{(3-4) Q_h}{60} \ [l/\min] \tag{2-3}$$

표 2−2는 인원수에 의한 표준급수량을 나타낸 것으로 급수 설계시는 건물의 특성에 따라 냉각수 기타 잡용수 등을 충분히 검토하여 예상 급수량을 산정하여야 한다. 특히 냉방 설비 가 된 건물에서는 그 수량을 더해야 하는데 냉동기 냉각수는 약 13 $l/\min$ USRT (냉각탑을 사용하는 경우 보급수는 냉동기 냉각수의 2 %인 0.26 $l/\min$ USRT)를 가산한다.

그리고 음료수와 잡용수를 병용할 경우 그 비율은 표 2−3과 같다.

표 2-2 건물의 종류별 사용수량

건물 종류	용도	급수량 (l)	사용시간 (h)	유효 면적당 인원	유효면적/연면적 (%)	비 고
사무소	통 근	100~120	8	0.2인 / m²	55~57(임대 60)	1병상당
은행·관청	통 근	100~120	8	0.2인 / m²	사무소와 같음	외래객 8 l
병 원	1 bed당	고급 1000 이상 중급 500 이상 기타 250 이상	10	3.8인 / bed	45~48	간호원 160 l 직 원 120 l
교회·사원	손 님	10	2			
극 장	손 님	30	5		53~55	
영화관	손 님	10	3	1.5인 / 객석		
백화점	손 님	3	8	1.0인 / m²	55~60	점 원 100 l
점 포	통 근	100	7	0.16인 / m²		상 주 160 l
소매시장	손 님	40	6	1.0인 / m²		
대중식당	손 님	15	7	1.0인 / m²		상 주 160 l
요리점	손 님	30	5	1.0인 / m²		상 주 160 l
주 택	주 거	200~250	8~10	0.16인 / m²	50~53	
아파트	주 거	200~250	8~10	0.16인 / m²	45~50	독 신 100 l
기숙사	주 거	120	8	0.2인 / m²		
호 텔	손 님	250~300	10	0.17인 / m²		
여 관	손 님	200	10	0.24인 / m²		
국민·중학교	학 생	40~50	5~6	0.25~0.14인 / m²	58~60	교 사 100 l
고등학교 이상	학 생	80	6	0.1인 / m²		교 사 100 l
연구소	직 원	100~200	8	0.06인 / m²		
도서관	열람자	25	6	0.4인 / m²		
공 장	공 원	60~140	8	0.1~0.3인 / m²		남 자 80 l, 여 자 100 l

표 2-3 음료수와 잡용수의 사용비율

건물 종류	음료수 (%)	잡용수 (%)
주택·사무소	30~40	60~70
호텔·병원	60~70	30~40
학 교	40~50	50~60
백화점	55~70	30~45

㉾ ① 음료수 : 세면기, 욕실, 주방, 세탁기 용수 등
   ② 잡용수 : 청소, 살수, 변기세정, 보일러용수, 소화용수 등

예제 1. 연면적 3000 m²인 임대 사무소의 급수량을 구하라.
　　〈조 건〉 1. 사무소의 1인 1일당 급수량 120 l　 2. 1일 평균 사용시간 8시간
　　　　　 3. 유효 면적 비율 60 %　　　　 4. 유효 면적당 인원 0.2인 / m²
　　　　　 5. 유효 면적에 대한 냉방 부하 160 kcal / m² · h

해설 ① 1인 급수량 $Q_d [l/d]$

 ㈎ 유효 면적 산정 : $3000 \text{ m}^2 \times 0.6 = 1800 \,[\text{m}^2]$

 ㈏ 건물의 사용 인원 : $1800 \text{ m}^2 \times 0.2\text{인}/\text{m}^2 = 360 \,[\text{인}]$

 ㈐ 사용 인원에 대한 급수량 : $360\text{인} \times 120 \, l/\text{인}\cdot\text{d} = 43200 \,[l/d]$

 ㈑ 냉각탑 보급수량 산정

  냉동기 용량 R (US 냉동 ton)

$$R = \frac{1800\,[\text{m}^2] \times 160\,[\text{kcal}/\text{m}^2\cdot\text{h}]}{3024\,[\text{kcal}/\text{USRT}]} \times 1.1 = 104.8\,[\text{USRT}]$$

  보급수량 $Q_C = R \times 13 \times 0.02 = 104.8\,[\text{USRT}] \times 13\,[l/\text{min}\cdot\text{USRT}] \times 0.02 = 27.25\,[l/\text{min}]$

  냉방시간 8시간이므로

$$Q_c = 27.25\,[l/\text{min}] \times 60\,[\text{min}/\text{h}] \times 8\,[\text{h}/\text{d}] \fallingdotseq 13100\,[l/d]$$

  $\therefore \; Q_d = 43200\,[l/d] + 13100\,[l/d] = 56300\,[l/d]$

② 시간 평균 예상 급수량 $Q_h [l/h]$

$$Q_h = \frac{Q_d}{T} = \frac{56300\,[l/d]}{8\,[\text{h}]} = 7037.5\,[l/h]$$

③ 시간 최대 예상 급수량 $Q_m [l/h]$

$$Q_m = 2 \times Q_h = 2 \times 7037.5\,[l/h] = 14075\,[l/h]$$

④ 순간 최대 예상 급수량 $Q_p [l/\text{min}]$

$$Q_p = \frac{4 \times Q_h}{60} = \frac{4\,[\text{h}] \times 7037.5\,[l/h]}{60\,[\text{min}/\text{h}]} \fallingdotseq 469.2\,[l/\text{min}]$$

답 ① 1일급수량 $56300\,[l/d]$

 ② 시간 평균 예상 급수량 $7037.5\,[l/h]$

 ③ 시간 최대 급수량 $14075\,[l/h]$

 ④ 순간 최대 예상 급수량 $469.2\,[l/\text{min}]$

표 2-4 각종 건물에 있어서의 위생기구 1개당 1일 사용수량 (l/d)

위생기구 \ 건물별	사무실 건 물	학 교	병 원	아파트	공 장	회관·은행	극장· 영화관
대변기(세정 밸브)	900	600	750	200	750	600	750
대변기(세정 탱크)	1200	800	1000	240	1000	800	1000
소변기(세정 밸브)	400	240	480	150	420	320	480
소변기(세정 탱크)	400	240	480	150	420	320	480
수세기	240	140	180	120	–	160	300
세면기	960	900	400	200	–	640	3200
싱 크	1200	720	600	550	–	960	–
욕 조	–	–	–	760	–	–	–
청소용 싱크	510	440	6100	270	–	440	–

2-2 급수 압력

 건물내의 각종 급수기구는 그 기능과 사용목적에 따라 항상 일정한 압력을 필요로 한다. 급수압력이 필요 이상 높은 경우 워터 해머링(water hammering)과 같은 소음·진동이 일어나며, 그 결과 수전의 패킹이나 와셔 등의 손상이 커지고 누수가 우려된다. 또 기구의 최저 필요 압력이 유지되지 않을 경우 그 기능이 충분히 발휘될 수가 없다. 표 2-5는 기구의 최저 필요 압력을 나타낸다.

일반적으로 건물의 최고 압력은 용도에 따라 다르나 보통 $3 \sim 5 \, kg / cm^2$ 정도가 되도록 하는 것이 바람직하다. 급수 기구별 최고 압력은 세정 밸브 $4.0 \, kg / cm^2$, 보통 밸브 $5.0 \, kg / cm^2$ 이상이 되지 않도록 하는 것이 좋으며, 살수전은 최저 $2 \, kg / cm^2$가 바람직하다.

표 2-5 기구의 최저 필요 압력

기　구　명	필요 압력(kg / cm^2)
세정 밸브	0.7(최저) 표준 1.0
보통 밸브	0.3 표준 1.0
자동 밸브	0.7
샤　　워	0.7
순간 온수기(대)	0.5
순간 온수기(중)	0.4
순간 온수기(소)	0.1(저압용)

3. 급수 방식

건물내의 급수 방식에는 수도 직결 방식, 고가탱크 방식(옥상 탱크), 압력 탱크 방식, 탱크가 없는 부스터 방식(tankless booster)이 있으며 표 2-6은 각 급수 방식의 특징을 비교한 것이다.

표 2-6 급수 방식의 비교

조 건 ＼ 급수 방식	수도 직결 방식	고가 탱크 방식	압력 탱크 방식	탱크가 없는 부스터 방식
수질오염의 가능성	1	4	3	2
급수압력의 변동	수도 본관 압력에 따라 변화	일 정	변동이 큼	펌프의 가동과 정지시 변동이 있음
단수시 급수	급수 불가능	물받이 탱크와 고가 탱크내 물을 이용할 수 있음	물받이 탱크 물을 이용할 수 있음	압력 탱크와 같음
정전시 급수	급수 가능	고가 탱크 물을 이용할 수 있음	압력 탱크내의 물 중 압력 범위내에서 이용할 수 있음	급수 불가능
기계실의 면적	불필요	1	3	2
옥상 탱크 면적	불필요	필 요	불필요	불필요
설비비	1	3	2	3
유지 관리	1	2	3	3

㈜ 1, 2, 3, 4로 표시되어 있는 것은 숫자가 작을수록 유리함을 나타낸다.

3-1 수도 직결 방식

일반적으로 도로에 매설되어 있는 수도 본관에서 급수 인입관을 분기하고, 부지내에서 건물내의 필요한 장소에 급수하는 방식으로서 주택과 같은 소규모 건물에 많이 이용된다.

이 방식에서 수도 본관에 필요한 최저 수압은 다음 식으로 계산한다.

$$P \geqq P_1 + P_2 + \frac{h}{10}$$ [2-4]

여기서, P : 수도 본관의 최저 필요 압력(kg / cm²)

P_1 : 기구별 소요 압력(kg / cm²), P_2 : 마찰 손실 수두 (kg / cm²)

h : 수도 본관에서 최고층 급수기구까지의 높이(m)

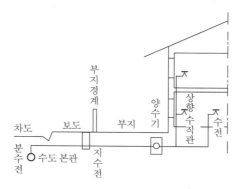

그림 2-4 수도 직결 방식

예제 2. 수도 본관에서 수직 높이 7 m인 곳에 세면기를 수도 직결식으로 배관하였다. 수도 본관에는 최소 얼마의 압력이 필요한가? (단, 본관에서 세면기까지의 마찰 손실 압력은 0.4 kg / cm²임.)

[해설] 식 [2-4]에 $P_1 = 0.3$, $P_2 = 0.4$, $h = 7$을 각각 대입하면

$$P \geqq 0.3 + 0.4 + \frac{7}{10} = 1.4 \, [\text{kg / cm}^2]$$

답 1.4 [kg / cm²]

3-2 고가 탱크 방식(옥상 탱크)

우물물이나 수돗물을 수수 탱크(receiving tank)에 저장한 후 이것을 양수 펌프에 의해 건물 옥상이나 높은 곳에 설치한 탱크로 양수하여, 그 수위를 이용하여 탱크에서 밑으로 세운 급수관을 통하여 급수하는 방식이다.

고가 탱크의 설치 높이는 다음 식으로 구한다.

$$H \geqq H_1 + H_2 + h$$ [2-5]

여기서, H : 고가 탱크의 높이(m)

H_1 : 최고층의 급수전 또는 기구에서의 소요 압력에 해당하는 높이(m)

H_2 : 고가 탱크에서 최고층의 급수전 또는 기구에 이르는 사이의 마찰 손실 수두에 해당하는 높이(m)

h : 지반에서 최고층 급수전 또는 기구까지의 높이(m)

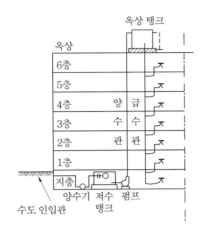

그림 2-5 옥상 탱크 급수배관법

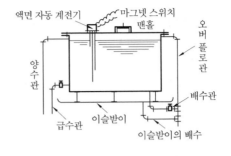

그림 2-6 옥상 탱크의 배관 및 부속기구

(1) 고가 탱크 용량

고가 탱크의 용량은 다음과 같이 구한다.

$$V_h = Q_m = Q_h (1.5 \sim 2.0 \text{시간}) [l] \tag{2-6}$$

여기서, V_h : 고가탱크 용량(l)

Q_m : 시간 최대 예상 급수량(l/h), Q_h : 시간 평균 예상 급수량(l/h)

고가 탱크에서 탱크의 용량은 급수 펌프의 양수량과 상호관계를 갖고 있으며 이들 관계식은 다음과 같이 나타낸다.

$$V_h \geqq (Q_p - Q_{pu})t_1 + Q_{pu} \cdot t_2 \tag{2-7}$$

여기서, Q_p : 순간 최대 예상 급수량(l/min)

Q_{pu} : 양수 펌프의 양수량(l/min, Q_m 정도)

t_1 : 순간 최대 예상 급수량의 계속시간(min, 30 min 정도)

t_2 : 양수 펌프의 최단 운전시간(min, 15 min 정도)

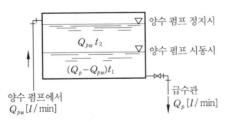

그림 2-7 고가 탱크의 용량

예제 3. 다음 조건에 맞는 고가 탱크를 설계하라.

    <설계 조건> 1. 시간 평균 예상 급수량 $Q_h = 7037.5 [l/\text{h}]$

                    2. 순간 최대 예상 급수량 $Q_p = 469.2 [l/\text{min}]$

해설 고가 탱크 용량 v_h 는 식 [2−6]에 의하여

$$V_h = \frac{Q_d}{T} \times 2.0 = Q_h \times 2.0 = 7037.5 \, [\,l\,/\mathrm{h}\,] \times 2.0 \, [\,\mathrm{h}\,] = 14075 \, [\,l\,] = 14.1 \, [\,\mathrm{m}^3\,]$$

$$H = \frac{14.1 \, [\,\mathrm{m}^3\,]}{2.5 \, [\,\mathrm{m}\,] \times 2.5 \, [\,\mathrm{m}\,]} = 2.3 \, [\,\mathrm{m}\,]$$

고가 탱크 유효용량 $V_h = (Q_p - Q_{pu}) \cdot t_1 + Q_{pu} \cdot t_2$

여기서, $Q_p = 469.2 \, [\,l\,/\,\mathrm{min}\,]$

$\quad\quad Q_{pu} = Q_h \times 2 = 7037.5 \, [\,l\,/\mathrm{h}\,] \times 2 = 14075 \, [\,l\,/\mathrm{h}\,] \fallingdotseq 234.6 \, [\,l\,/\,\mathrm{min}\,]$

$\quad\quad t_1 = 30 \, [\,\mathrm{min}\,], \ \ t_2 = 15 \, [\,\mathrm{min}\,]$

$V_h = (469.2 \, [\,l\,/\,\mathrm{min}\,] - 234.6 \, [\,l\,/\,\mathrm{min}\,]) \times 30 \, [\,\mathrm{min}\,] + 234.6 \, [\,l\,/\,\mathrm{min}\,] \times 15 \, [\,\mathrm{min}\,]$

$\quad = 7038 + 3519 = 10557 \, [\,l\,]$ 답 10557 $[\,l\,]$

(2) 양수 펌프의 크기 결정

양수 펌프의 양수량·양정·구경·동력은 각각 다음 식으로 구한다.

양수량 $Q = \dfrac{Q_h \times (3\sim4시간)}{60} \, [\,l\,/\,\mathrm{min}\,]$ [2−8]

양정 $H = H_s + H_d + H_f + \dfrac{v^2}{2g} = H_a + H_f + \dfrac{v^2}{2g} \, [\,\mathrm{m}\,]$ [2−9]

여기서, H_s : 흡입 양정(m), $\dfrac{v^2}{2g}$: 토출구의 속도 수두(m)

$\quad\quad H_d$: 토출 양정(m), H_a : 실양정(m), H_f : 마찰 손실 수두(m)

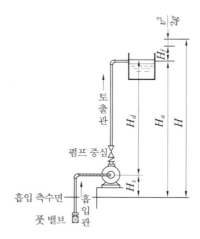

그림 2 - 8

펌프의 구경 $d = \sqrt{\dfrac{4Q}{v\pi}} = 1.13 \sqrt{\dfrac{Q}{v}} \, [\,\mathrm{m}\,]$ [2−10]

양수 펌프의 축동력 $P = \dfrac{rQH}{0.102 \times 60 E_p} = \dfrac{0.163 rQH}{E_p} \, [\,\mathrm{kW}\,]$ [2−11]

여기서, r : 물의 비중량(kg / l) (상온의 정수인 경우 1)

$\quad\quad Q$: 펌프의 양수량(m³ / min), E_p : 펌프의 효율

양수 펌프의 소요동력 $P' = \dfrac{P(1+\alpha)}{E_t} = \dfrac{0.163 r Q H (1+\alpha)}{E_p E_t}$ [kW] [2−12]

여기서, P' : 소요동력(kW), α : 여유율 (전동기=0.1~0.2, 엔진구동=0.2~0.25)
E_t : 전동효율 (전동기직결=1, 벨트 장치=0.9~0.95)

예제 4. 펌프 (pump)의 양수량이 24000 l/h인 고가 탱크 급수 방식에서 펌프의 성능을 구하라. (단, 실양정 50 m, 양수관의 마찰저항은 실양정의 30 %, 토출구의 압력은 0.2 kg / cm² 펌프의 효율 E는 0.45임.)

해설 식 [2−9]에 의하여, $H_a = 50$ [m], $H_f = 50 \times 0.3 = 15$ [m] $\therefore H = 50 + 15 + 2 = 67$ [m]
식 [2−11]에 $Q = 24000 / 60 = 0.4$ [m³ / min]을 대입하면

$P = \dfrac{0.163 \times 0.4 \times 67}{0.45} = 9.7$ [kW] 답 9.7 [kW]

(3) 저수량 확보를 위한 배관 방법의 예

다음 그림 2−9, 2−10은 고가 탱크와 지하저수 탱크의 저수량 확보를 위한 배관을 나타낸 것이다. 고가 탱크의 예는 급수와 소화용수 확보를 위한 레벨차 배관으로 이 경우 탱크내 물의 사수 방지를 위해 대책이 요구된다. 그리고 지하저수 탱크의 경우 저수 용량 확보를 위한 배관 위치를 확인할 수 있다.

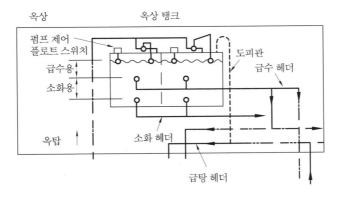

그림 2-9 옥상 (고가) 탱크 주변 배관 예

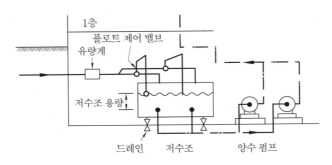

그림 2-10 수수 탱크 주변 배관 예

3-3 압력 탱크 방식

수도 본관으로부터의 인입관 등에 의해 일단 물받이 탱크에 저수한 다음 급수 펌프로 압력 탱크에 보내면 압력 탱크에서 공기를 압축 가압하여 그 압력에 의해 물을 필요한 장소에 급수하는 방식이다. 그러므로 조작상 최고 · 최저의 압력차가 크므로 급수압이 일정하지 않으나 탱크의 설치 위치에 제한을 받지 않고 특히 국부적으로 고압을 필요로 하는 경우에 채택된다.

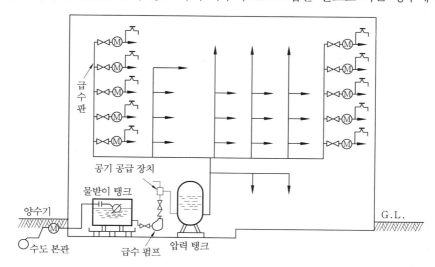

그림 2-11 압력 탱크 방식

이 급수 방식에서 압력 탱크의 필요 최저 압력과 허용 최고 압력은 다음과 같은 식으로 구한다.

$$\text{필요 최저 압력 } P_1 = p_1 + p_2 + p_3 \, [\text{kg}/\text{cm}^2] \tag{2-13}$$

여기서, p_1 : 압력 탱크의 최고층 수전의 높이에 해당하는 수압 (kg / cm²)

p_2 : 기구별 최저 필요 압력(kg / cm²), p_3 : 관내 마찰 손실 압력(kg / cm²)

$$\text{허용 최고 압력 } P_{\text{II}} = P_1 + (0.7 \sim 1.4 \, \text{kg}/\text{cm}^2) \tag{2-14}$$

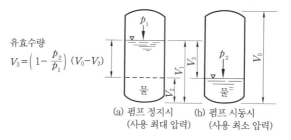

그림 2-12 압력 탱크의 물 및 공기의 비율과 압력

압력 탱크에서 물 및 공기의 비율과 압력 관계는 그림 2-12에서와 같이 탱크의 내용적 V_0, V_1, V_2일 때의 공기 압력을 각각 p_0, p_1, p_2라고 하면 보일의 법칙에 의하여 다음 식이 성립한다.

$$p_0 V_o = p_1 (V_0 - V_1) = p_2 (V_0 - V_2) \tag{2-15}$$

$$V_0 = \frac{V_1 - V_2}{P_0 (1/p_2 - 1/p_1)} \tag{2-16}$$

식 [2-15]에서 유효수량 V_3를 구하면 다음과 같다.

$$V_3 = \left(1 - \frac{p_2}{p_1}\right)(V_0 - V_2) \tag{2-17}$$

〈압력 탱크의 설계〉

압력 탱크 용적 $V_0 = \dfrac{V_3}{A - B} \; [l]$ \hfill [2-18]

여기서, V_3 : 유효 저수량(l) = 시간 최대 예상 급수량$(l/\text{h}) \times \dfrac{20}{60}$

A : 탱크의 최고압력(P_{II})일 때의 탱크내의 수량비(%)

B : 탱크의 최저압력(P_{I})일 때의 탱크내의 수량비(%)

양수 펌프의 양수량 Q = (시간 최대 예상급수량) × 2

펌프의 전 양정 $H = (10 P_{\mathrm{II}} + 흡입양정) \times 1.2$

압력 탱크 설계 $\delta = \dfrac{P_{\mathrm{II}} \cdot d}{2t}$ \hfill [2-19]

여기서, δ : 허용응력(연강판 450 kg/cm²), P_{II} : 최대 내압력(kg/cm²)

d : 탱크의 안지름(cm), t : 강판의 두께(cm)

표 2-7 압력 탱크내의 수량 비율(%)

구 분		종 압 p' [kg/cm²]														
		0.5	1.0	1.5	2.0	2.5	3.0	3.5	4.0	4.5	5.0	6.0	7.0	8.0	9.0	10.0
초 압 p [kg/cm²]	0	32.6	49.2	59.2	65.9	70.8	74.4	77.2	79.5	81.3	82.9	85.3	87.1	88.6	89.7	90.6
	0.25	16.3	36.9	49.3	57.7	63.7	68.2	71.7	74.5	76.8	78.7	81.8	84.0	85.8	87.2	88.4
	0.5	0	24.6	39.5	49.5	56.6	62.0	66.2	69.5	72.3	74.6	78.2	80.9	83.0	84.2	86.1
	0.75		12.3	29.6	41.2	49.5	55.8	60.7	64.6	67.8	70.4	74.6	77.8	80.3	82.2	83.8
	1.0		0	19.7	33.0	42.5	49.6	55.2	59.6	63.3	66.3	71.1	74.7	77.5	79.7	81.6
	1.25			9.9	24.7	35.4	43.4	49.6	54.6	58.7	62.2	67.5	71.6	74.7	77.2	79.3
	1.5			0	16.5	28.3	37.2	44.1	49.7	54.2	58.0	64.0	68.5	72.0	74.8	77.0
	1.75				8.2	21.2	31.0	38.6	44.7	49.7	53.9	60.4	65.4	69.2	72.8	74.8
	2.0				0	14.2	24.8	33.1	39.7	45.2	49.7	56.9	62.2	66.4	69.8	72.5
	2.25					7.1	18.6	27.6	34.8	40.7	45.6	53.3	59.1	63.7	67.3	70.2
	2.5					0	12.4	22.1	29.8	36.1	41.4	49.8	56.0	60.9	64.8	68.0
	2.75						6.2	16.5	24.8	31.6	37.3	46.2	52.9	58.1	62.3	65.7
	3.0						0	11.0	19.9	27.1	33.2	42.7	49.8	55.4	59.8	63.4
	3.25							5.5	14.9	22.6	29.0	39.1	46.7	52.6	57.3	61.2
	3.5							0	9.9	18.1	24.9	35.5	43.6	49.8	54.8	58.9
	2.75								5.0	13.6	20.7	32.0	40.5	47.0	52.3	56.6
	4.0								0	9.0	16.6	28.4	37.3	44.3	49.8	54.4
	4.5									0	8.3	21.3	31.1	38.7	44.9	49.9
	5.0										0	14.2	24.9	33.2	39.9	45.3

$$\frac{V'}{V} \times 100 = \frac{p' - p}{p' + 1.033} \times 100^*$$

㊀ * V : 탱크 용적, V' : 물의 용적

표 2-7은 압력 탱크내의 수량비를 나타낸 것이다. 예를 들면 탱크내 초압이 $1.0\,kg/cm^2$ 일 때 물을 공급하여 종압이 $3.5\,kg/cm^2$가 되었다면 탱크내의 수량비는 55.2 %가 된다. 압력 탱크의 유효용량은 통상시간 최대 예상급수량의 4~10분간 양으로 한다.

예제 5. 시간 최대 예상 급수량이 $1500\,l/h$인 건물에서 압력 탱크의 급수 설계를 하라. (단, 세정 밸브까지의 수직 높이는 9 m이고 배관 중 마찰 손실 수두는 4 mAq임.)

해설 ① 탱크의 크기

식 [2-13], [2-14]를 이용 P_I, P_{II}를 구한다.

$P_I : 0.9 + 0.7 + 0.4 = 2.0\,kg/cm^2$

$P_{II} : 2.0 + 1.4 = 3.5\,kg/cm^2$

표 2-7에서 최고압력 $3.5\,kg/cm^2$(종압)일 때, 압력 탱크 내의 수량의 비율이 약 3분의 2 정도 되도록 초압을 구하면 $0.5\,kg/cm^2$이다. 따라서,

$P_{II} : 3.5\,kg/cm^2$일 때의 수량 비율 $A = 66.2\,\%$

$P_I : 2.0\,kg/cm^2$일 때의 수량 비율 $B = 49.5\,\%$

∴ 이용 수량 비율(유효 저수량 비율) $= A - B = 66.2 - 49.5 = 16.7\,\%$

시간 최대 예상 급수량 $1500\,l/h$이므로, 최대 사용 수량을 20분간 사용수량으로 계산하면

$$유효\ 저수량\ V_3 = 1500 \times \frac{20}{60} = 500\,[l]$$

$$압력\ 탱크\ 용적\ V_0 = \frac{유효저수량}{이용수량비율} = \frac{500}{0.167} = 3000\,[l]$$

탱크의 크기는 원형탱크로 지름과 높이를 각각 1.25 m, 2.5 m로 하면 $3066\,l$가 된다.

② 펌프의 크기

양수량 $Q = 1500\,[l/h] \times 2 = 3\,[m^3/h] = 0.05\,[m^3/min]$

전양정 $H = (35 + 3) \times 1.2 = 45.6\,[m]$

$$∴\ 펌프의\ 축동력 = \frac{0.163rQH}{E_p} = \frac{0.163 \times 1 \times 0.05 \times 45.6}{0.45} = 0.83\,[kW]$$

③ 압력 탱크 설계

식 [2-19]에서 $\delta = \dfrac{P_{II}d}{2t}$이므로 $\delta = 450\,kg/cm^2$, $P_{II} = 3.5\,kg/cm^2$, $d = 125\,cm$, 리벳 이음 효율은 75 %로 본다.

$$450 = \frac{3.5 \times 125}{2t} \qquad ∴\ t = 0.49\,[cm]$$

리벳 이음 효율로 나누면 $t = \dfrac{0.49}{0.75} = 0.65\,[cm]$ ∴ 6.5 [mm]

탱크의 크기 : 지름 1.25 [m], 높이 2.5 [m]
펌프의 축동력 : 0.83 [kW], 철판의 두께 : 6.5 [mm]

3-4 탱크가 없는 부스터 방식

수도 본관으로부터 물을 일단 물받이 탱크에 저수한 후 급수 펌프만으로 건물내에 급수하는 방식으로 구미 등지에서 보급되기 시작하여 최근 우리나라도 고가 수조가 없는 건물이 늘어나기 시작하였다. 이는 일조권 문제, 에너지 절약, 택지 부족, 건물 외관상의 문제 등 사회적인 변화 때문이다. 한때 압력 탱크 방식을 고가 탱크 방식의 대용으로 사용하기도 하였으나 압력 탱크 방식은 특성상 압력 변화가 크고 시동과 정지가 빈번하게 반복되므로 고가 탱크 방식을 대신하기에는 많은 부작용이 생겼다.

　탱크가 없는 부스터 방식은 정속 방식(토출 압력 일정 제어 방식)과 변속 방식(추정말단 압력 일정 제어 방식)이 있으며 정속 방식은 여러대의 펌프를 병렬로 설치하고 1대의 펌프를 항상 가동시켜 토출관의 압력변화를 감지했을 때 다른 펌프를 시동 또는 정지시키는 방식이다.

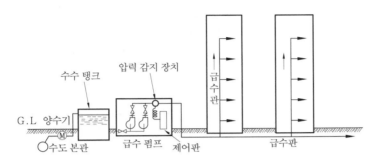

그림 2-13　탱크가 없는 부스터 방식

　그림 2-14는 정속 방식을 나타낸 것으로 전양정(실양정+마찰 손실 수두+말단 필요 압력)을 설정 압력(①-⑧)으로 하면 유량변화에 따라 펌프의 회전수는 ⑧점(85 %N), ⑦점(90 %N), ⑥점(95 %N), ⑤점(100 %N)으로 토출 압력은 일정하게 선상을 따라 변화한다. 유량이 더욱 증가하면 펌프 1대만으로는 부족하기 때문에 2번째 펌프가 가동하여 ④점에서 그대로 운전하게 된다. 유량 증가에 따라 ③점(100 %+90 %N)으로 토출압 일정선상을 따라 변화하고 최종적으로는 ①점(100 %+100 %N)에 이르게 된다. ①점은 최대 토출량이 된다.

　이 경우 Q_1, Q_2가 변화하더라도 전양정은 설정 압력으로 항상 일정하다.

　그림 2-15는 변속 방식을 나타낸 것이다. 이 방식은 정속 전동기와 변속 장치를 조합하거나 또는 변속 전동기를 사용하여 토출관의 압력변화를 감지하고 펌프의 회전수를 변화시킴으로써 양수량을 조절하는 방식이다. 펌프의 변속에 따른 특성은 펌프의 양수량 Q, 양정 H, 축동력 P, 회전수를 N이라 할 때 서로의 관계식은 다음과 같다.

$$Q \propto N \qquad\qquad\qquad\qquad\qquad\qquad [2-20]$$

$$H \propto N^2 \qquad\qquad\qquad\qquad\qquad\qquad [2-21]$$

$$P \propto QH \propto N^3 \qquad\qquad\qquad\qquad\qquad [2-22]$$

　변속 방식의 경우에도 토출 압력을 일정 제어로 하면 유량변화에 따라 앞서 설명한 토출 압력 일정선(①-③)과 같은 모양으로 변화한다. 그러나 급수량이 적을 때는 부스터 펌프의 압력제어 목표치가 스스로 낮아지기 때문에(즉, 유량 감소에 따른 배관 마찰 손실의 감소를 컴퓨터가 계산하여 토출 압력 목표치를 수정) 인버터 회전수를 낮출 수 있고 따라서 급수 동력비를 절감할 수 있다.

　이 방식은 급수 사용량에 따른 시스템의 급수 압력을 제어하여 동력의 절감효과를 극대화하는 기능을 갖는다. 즉 유량에 따른 배관의 마찰 손실 압력을 계산하여 급수 시스템에서 필요로 하는 공급 압력을 추정한다. 그리고 제어 목표를 스스로 수정함으로써 펌프 양정을 줄여 에너지 절감효과를 얻을 수 있는 방식이다. 변속 방식의 경우 펌프는 토출 압력 일정선상으로 운전되며 축동력은 ①~③의 선상과 같이 변화한다. 이 방식은 급수 수량의 변화에 따른 Q와 H의 변화로 동력 P를 절감하게 된다. 회전수의 변속 범위는 보통 80 %에서 100 %이다.

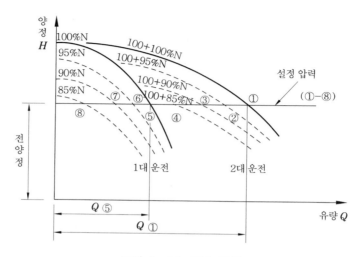

그림 2-14 정속 방식

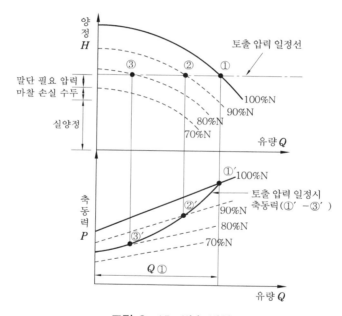

그림 2-15 변속 방식

탱크가 없는 부스터 방식에서의 전양정은 실양정, 마찰 손실 양정, 토출 압력의 합으로 구한다. 토출 압력은 급수기구의 필요 압력에 따라 결정되며 주택에서는 $1 \, \text{kg} / \text{cm}^2$ (수두 10 m)가 사용된다. 마찰 손실 양정은 배관의 길이 관경, 굴곡, 밸브 수 등에 따라 다르나 주택이나 일반건물에서는 실양정의 25~30 % 정도이다.

3-5 초고층 건물의 급수 방식

고층 건물에 있어서는 최상층과 최하층의 수압차가 일정치 않아 물을 사용하기가 곤란하다. 과대한 수압은 워터 해머링(water hammering)을 동반하고 그 결과 소음이나 진동이 일어나 건물내의 공해 요인이 되기도 한다. 그러므로 급수계통을 건물의 상하층으로 구분하여 급수압이 고르게 될 수 있도록 급수조닝(zoning)을 할 필요가 있다. 대개 급수 압력에 대한 조닝은 4~5 kg / cm² 정도 이하가 되도록 하는 것이 바람직하다. 조닝 방식에는 층별식·중계식·압력 탱크 방식 등이 있다. 그림 2-16은 초고층 건물의 급수배관도를 나타낸 것이다.

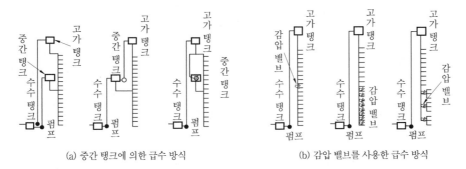

(a) 중간 탱크에 의한 급수 방식   (b) 감압 밸브를 사용한 급수 방식

그림 2-16 초고층 건물의 급수 배관법

4. 급수 배관의 관경 결정법

급수 배관의 관경 결정법에는 기구 연결관의 관경에 의한 방법, 균등표에 의한 약산법, 마찰저항선도에 의한 방법 등이 있으며 여기서는 후자의 2가지 방법에 대하여 설명하기로 한다.

4-1 균등표에 의한 약산법

표 2-8 급수관의 균등표

관 경 mm(B)	10 ($\frac{3}{8}$)	15 ($\frac{1}{2}$)	20 ($\frac{3}{4}$)	25 (1)	32 (1$\frac{1}{4}$)	40 (1$\frac{1}{2}$)	50 (2)	65 (2$\frac{1}{2}$)	80 (3)	90 (3$\frac{1}{2}$)	100 (4)	125 (5)	150 (6)
10(⅜)	1												
15(½)	1.8	1											
20(¾)	3.6	2	1										
25(1)	6.6	3.7	1.8	1									
32(1¼)	13	7.2	3.6	2	1								
40(1½)	19	11	5.3	2.9	1.5	1							
50(2)	36	20	10.0	5.5	2.8	1.9	1						
65(2½)	56	31	15.5	8.5	4.3	2.9	1.6	1					
80(3)	97	54	27	15	7	5	2.7	1.7	1				
90(3½)	139	78	38	21	11	7.2	3.9	2.5	1.4	1			
100(4)	191	107	53	29	15	9.9	5.3	3.4	2	1.4	1		
125(5)	335	188	93	51	26	17	9.3	6	3.5	2.4	1.8	1	
150(6)	531	297	147	80	41	28	15	9.5	5.5	3.8	2.8	1.6	1

㈜ ① 이표는 마찰 손실을 계산에 포함한 것이다.
② $N = (D / d)^{5/2}$, d : 작은 관의 관경, D : 큰 관의 관경

이것은 옥내 급수관과 같은 간단한 배관의 관경 계산에 사용하는 방법으로 관경균등표와 동시 사용률을 적용하여 계산하는 약산법이다. 큰 관과 작은 관의 관경을 각각 D, d 라 할 때 큰 관에 해당하는 작은 관의 수 N 은 다음과 같다.

$$N = (D/d)^{5/2} \qquad\qquad [2-23]$$

식 [2-20]에 의해 계산된 급수관의 균등표는 표 2-8과 같다.

표 2-9 기구의 동시 사용률(%)

기 구 수	2	3	4	5	10	15	20	30	50	100
동시 사용률(%)	100	80	75	70	53	48	44	40	36	33

㉦ 이 표에 기재되어 있지 않은 것은 비례 배분에 의해 결정하면 된다.

예제 6. 다음 그림 2-17의 급수 배관도에서 Ⓐ~Ⓗ구간의 급수관의 관경을 균등표에 의하여 계산하라.

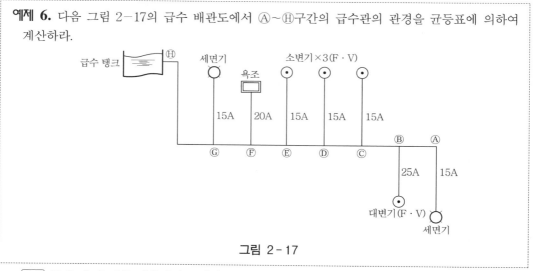

그림 2-17

해설 표 2-8, 2-9를 이용하여 구한다.

표 2-10 급수관의 균등 계산표

기구명	수전의 호칭지름	15 mm에 해당하는 관의 수	배관 부분	15 mm 상당하는 관의 누계	동 시 사용률	(b)×(c)	관경(mm)
		(a)		(b)	(c)	(d)	(e)
세면기	15	1	AB	1	100	1	15
대변기	25	3.7	BC	1+3.7=4.7	100	4.7	32
소변기	15	1	CD	4.7+1=5.7	80	4.56	32
소변기	15	1	DE	5.7+1=6.7	75	5.03	32
소변기	15	1	EF	6.7+1=7.7	70	5.39	32
욕 조	20	2	FG	7.7+2=9.7	65	6.31	32
세면기	15	1	GH	9.7+1=10.7	60	6.42	32

4-2 마찰 저항 선도에 의한 방법

이 방법은 급수 배관 속에 흐르는 수량과 허용 마찰로 관경을 구하는 방법으로 다음 3단계를 거쳐서 관경을 계산한다.

· 동시 사용 유수량 계산
· 허용 마찰 손실 수두 계산
· 관경 결정

(1) 동시 사용 유수량 계산

먼저 표 2-11에 의하여 기구급수 부하 단위를 산정한다. 그리고 그림 2-18을 이용하여 동시 사용 유수량을 계산한다.

표 2-11 기구급수 부하 단위

기구명	수 전	기구급수 부하 단위 공중용	개인용	기구명	수 전	기구급수 부하 단위 공중용	개인용
대변기	세정 밸브	10	6	세면 싱크 (수세 1개당)	급수전	2	
대변기	세정 탱크	5	3	세탁용 싱크	급수전		
소변기	세정 밸브	5		청소용 싱크	급수전	4	3
소변기	세정 탱크	3		욕 조	급수전	4	2
세면기	급수전	2	1	샤 워	혼합 밸브	4	2
세수기	급수전	1	0.5	양식 욕실 1식	대변기가 세정 밸브에 의한 경우		8
의료용 세면기	급수전	3					
사무실용 싱크	급수전	3		양식 용실 1식	대변기가 세정 탱크에 의한 경우		6
부엌 싱크	급수전		3				
조리장 싱크	급수전	4	2	음수기	수음수전	2	1
조리장 싱크	혼합 밸브	3		탕비기	볼탭	2	
식기세척 싱크	급수전	5		살수·차고	급수전	5	
연합 싱크	급수전		3				

㈜ 급탕전 병용의 경우에는 1개의 급수전에 기구급수 부하 단위를 상기수치의 3/4으로 한다.

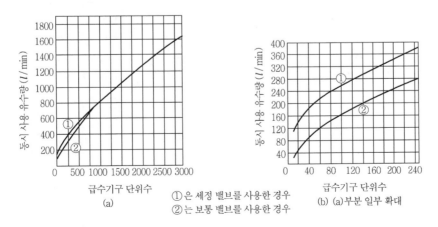

급수기구 단위수
(a)

①은 세정 밸브를 사용한 경우
②는 보통 밸브를 사용한 경우

급수기구 단위수
(b) (a)부분 일부 확대

그림 2-18 동시 사용 유량 곡선(ASHRAE guide에서)

(2) 허용 마찰 손실 수두 계산

허용 마찰 손실 수두는 단위길이에 대한 수치(mmAq / m)로 다음과 같이 표시한다.

$$R = \frac{(H_1 - H_2)}{l(1+k)} \times 1000 \qquad\qquad [2-24]$$

여기서, R : 허용 마찰 손실 수두(mmAq / m), H_1 : 고가탱크에서 각층의 기구까지의 수직 높이(m)

H_2 : 각층 급수 기구의 최저 필요 압력에 해당하는 수두(m)

l : 고가 탱크에서 가장 먼거리에 있는 급수 기구까지의 거리(m)

k : 직관에 대한 연결 부속품의 국부 저항비율(0.3~0.4)

(3) 관경 결정

동시 사용 유수량(l / min)과 허용 마찰 손실 수두 R (mmAq / m)을 이용하여 그림 2-19 에서 관경을 구한다. 관내 유속이 클 경우 워터 해머링(water hammering)의 원인이 되므로 유속이 2 m / s 이하가 되도록 하는 것이 좋다.

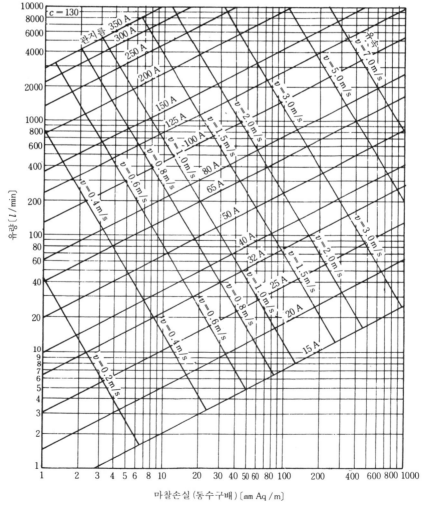

그림 2-19 마찰 저항선도(경질 염화 비닐 라이닝 동관)(HASS 206-1976, P.50)

이 그림은 Hazen & William 식에 의한 것으로 유량 Q와 유속 v는 다음과 같이 나타낸다.

$$v = 0.3546\,cd^{0.63}\,i^{0.54} \qquad\qquad [2-25]$$

$$Q = 0.2785\,cd^{2.63}\,i^{0.54} \qquad\qquad [2-26]$$

여기서, v : 유속 (m / s), i : 동수구배(mmAq / m)

$\quad\quad\quad Q$: 유량 (m³ / s), c : 유속계수, d : 관경(m)

예제 7. 그림 2-20과 같은 4층 건물의 각 구간 급수관을 설계하라.

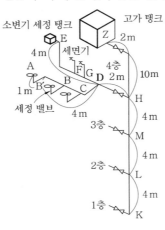

그림 2-20

해설 표 2-11을 이용하여 기구 부하 단위를 계산한다. 그림 2-18에서 유수량을 구한다. 식 [2-24]에서 압력 강하를 계산하여 그림 2-19를 이용하여 관경을 결정한다.

4층 AB구간의 관경을 계산하기 위하여 먼저 허용 마찰 손실 압력을 계산한다. 고가 탱크에서 4층까지 수직 높이 10 m, 세정 밸브 필요 압력 0.7 kg / cm², 세정 밸브 설치 높이 0.4 m, 허용마찰 압력=1.0-0.7-0.04 kg / cm², Z에서 A까지 관 길이=12+2+4+1=19 m, 연결 부속품과 밸브 등에 의한 국부저항 상당 관 길이는 직관 길이의 100 %로 본다.

4층 부분의 허용 마찰 손실 수두

$$R_4 = \frac{0.26 \times 10}{19(1+1)} \times 1000 = 68.4\ [\text{mmAq / m}]$$

$$R_3 = \frac{(0.26+0.4)10}{23(1+1)} \times 1000 = 143.5\ [\text{mmAq / m}]$$

$$R_2 = \frac{(0.66+0.4)10}{27(1+1)} \times 1000 = 196.3\ [\text{mmAq / m}]$$

$$R_1 = \frac{(1.06+0.4)10}{31(1+1)} \times 1000 = 235.5\ [\text{mmAq / m}]$$

표 2-12

①	배관 부분	AB	BC	CD	EF	FG	GD	DH	KL	LM	MH	HZ
②	기구 부하 단위	10	20	30	3	5	7	37	37	74	111	148
③	유수량(l / min)	95	140	160	40	60	75	180	180	240	290	320
④	압력강하 (mmAq / m)	68.4	68.4	68.4	68.4	68.4	68.4	68.4	235.5	196.3	143.5	68.4
⑤	관경(mm)	40	50	50	32	32	40	50	40	50	50	65

표 2-13 관 이음쇠의 종류 및 밸브류의 국부 저항 상당관 길이(m)

관의 호칭 / 지름		90° 엘보	45° 엘보	90°T 지관(분류)	90°T 주관(직류)	슬루스 밸 브	글로브 밸 브	앵 글 밸 브	임펠러 양수기
mm	B								
15	½	0.6	0.36	0.9	0.18	0.12	4.5	2.4	3~4
20	¾	0.75	0.45	1.2	0.24	0.15	6.0	3.6	8~11
25	1	0.90	0.54	1.5	0.27	0.18	7.5	4.5	12~15
32	1¼	1.20	0.72	1.8	0.36	0.24	10.5	5.4	19~24
40	1½	1.50	0.90	2.1	0.45	0.30	13.5	6.6	20~26
50	2	2.10	1.20	3.0	0.60	0.39	16.5	8.4	25~35
65	2½	2.40	1.50	3.6	0.75	0.48	19.5	10.2	–
80	3	3.00	1.80	4.5	0.90	0.60	24.0	12.2	–
90	3½	3.60	2.10	5.4	1.08	0.72	30.0	15.0	–
100	4	4.20	2.40	6.3	1.20	0.81	37.5	16.5	–
125	5	5.10	3.00	7.5	1.50	0.99	42.0	21.0	–
150	6	6.00	3.60	9.0	1.80	1.20	49.5	24.0	–

5. 펌 프 (pump)

5-1 펌프의 종류

펌프는 외부에서 공급받은 동력으로 저수위 또는 저압력 상태에 있는 액체를 고수위 또는 고압력의 곳으로 보내는 기계이다. 펌프의 형식은 다양한 종류가 있으며 이것을 작동원에 따라 분류하면 다음과 같이 터보형, 용적형, 특수형으로 대별된다.

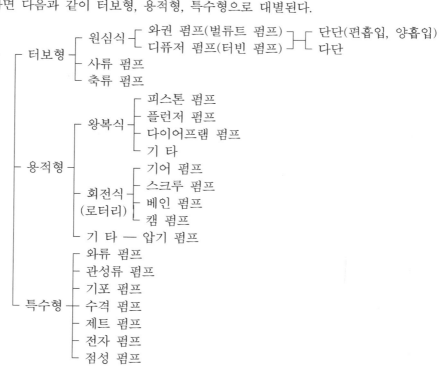

터보형은 임펠러의 회전에 의한 반작용에 의해 액체에 운동에너지를 주고 이것을 압력으로 변환하는 것으로 원심식, 사류식, 축류식으로 세분된다. 대부분의 펌프수요는 터보형에 속한다. 용적형은 왕복식, 회전식, 압기식으로 세분되며, 용적형은 고속운전에 부적합하여 점차 터보형의 원심 펌프로 대체되고 있는 실정이다. 그리고 특수형 펌프는 원리적으로 터보형 또는 용적형에도 속하지 않는 것이다.

(1) 원심 펌프 (centrifugal pump)

원심 펌프는 와권실을 가지는 와권 펌프(volute pump)와 터빈 펌프(turbine pump)로 분류되며 왕복펌프에 비해 고속운전에 적합하고 양수량 조정이 쉬워 고양정 펌프로 많이 사용된다. 고양정을 얻는 방법으로는 임펠러(impeller)를 직렬로 장치하면 물은 각 임펠러를 차례차례 직렬로 통과하여 순차적으로 압력이 증가되어 고양정을 얻는다. 이 임펠러 수에 따라 단단, 2단, 3단펌프라고 한다. 단단 펌프는 임펠러 형상에 따라 편흡입형과 양흡입형으로 나누어지며 다단 펌프 중에도 양흡입형의 임펠러를 갖는 것이 있다.

(2) 왕복 펌프 (reciprocating pump)

왕복 펌프는 실린더 속에서 피스톤(piston), 플런저(plunger) 또는 버킷 등을 왕복운동시킴으로써 물을 빨아올려 송출하는 방식으로 피스톤 펌프, 플런저 펌프, 다이어프램 펌프 등이 있다. 왕복 펌프의 이론상 양수량 Q (m³ / min)는 다음과 같다.

$$Q = ALNE_v \ [\text{m}^3 / \text{min}] \qquad\qquad [2-27]$$

여기서, A : 피스톤 또는 플런저의 유효단면적(m²), L : 피스톤 또는 플런저의 스트로크 (m)
N : 매분당 스트로크수 및 크랭크 회전수 (회 / min), E_v : 용적효율

5-2 펌프의 흡상 높이

펌프의 흡상 작용은 진공에 의한 것으로 표준기압하에서 이론적으로 10.33 m이나 실제의 흡상 높이는 6~7 m 정도에 불과하다. 흡상 높이는 대기의 압력, 유체의 온도에 따라 달라진다. 온도, 기압에 따른 펌프의 흡상 높이는 표 2-14와 같다.

표 2-14 온도, 기압에 따른 펌프의 흡상 높이

(a) 고도와 기압에 따른 이론상 흡상 높이   (단위 : m)

고도(해발)	0	100	200	300	400	500	1000	5000
기압(Hg)	0.76	0.751	0.742	0.733	0.724	0.716	0.674	0.634
이론상 흡상 높이 H_s	10.33	10.20	10.08	9.97	9.83	9.70	9.00	8.66

(b) 물의 온도에 따른 흡상 높이   (단위 : m)

수온(℃)	0	10	20	30	40	50	60	70	80	90	100
이론상 흡상 높이 H_s	10.3	-	9.7	-	-	9.0	7.9	7.2	5.6	2.9	0
실제상 흡상 높이 $H_s{}^*$	7.5	7.0	6.3	5.0	3.8	2.5	1.4	0	-1.1	-2.3	-3.5

㉾ * 이 수치는 펌프의 수평관이 짧은 경우이며, 펌프의 ReNPSH(소요 흡입 헤드)가 특히 큰 경우는 수치가 저하됨.

펌프 중심
H_s
풋 밸브

흡상높이 10.33 m는 증발이 없는 경우이며 실제로는 불가능하다. 또한 공동현상(cavitation)에 의해 소음과 진동이 발생하며 펌프를 손상시키기도 한다. 따라서 펌프 흡입구의 전압을 그 수온에서 물의 포화 수증기압보다 높게 하여야 하며 그 높이를 유효 흡입 수두(net positive suction head)라 한다.

5-3 터빈 펌프의 특성

그림 2-21은 터빈 펌프의 성능 곡선(characteristic curve)으로서 양수량은 횡축에, 전양정·효율·마력은 종축에 취하여 이들의 관계를 표시한 것이다.

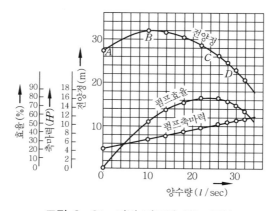

그림 2-21 터빈 펌프의 성능 곡선

곡선 *ABCD*는 양수량과 전양정과의 관계를 표시하고, *A*는 토출 밸브를 꼭 막고 운전했을 경우, 즉 양수량이 0일 때의 양정을 표시하며, *B*는 최대 양정, *C*는 최대 효율로 운전하고 있을 때의 양정을 가리키며 이것을 상용 양정이라 한다.

펌프는 *C*점 전후의 양정으로 사용할 때 가장 효율이 좋고, 이에 대응하는 양수량의 경우 효율곡선은 최대가 되며, 이보다 양수량이 증가하거나 감소하면 효율은 급격히 저하한다.

또한 상용 양정 *C*보다 낮은 양정으로 펌프를 사용하면 양수량은 증가하고 펌프의 축마력도 증가한다. 즉, 동력을 과대하게 소비하는 것이 된다. 따라서 상용 양정보다 아주 낮은 양정으로 펌프를 사용하는 경우에는 항상 전류계에 주의해야 하며 전동기가 기준 전류를 초과하게 되면 토출 밸브를 막아 수량을 제한함으로써 전동기의 부하를 줄여야 한다.

동일한 펌프에 있어서 회전수를 바꿔 운전하면 회전수의 다소에 따라 양수량·양정·소요 마력이 크게 달라진다. 전동기의 수전 전압이 떨어졌거나 주파수가 감소했기 때문에 전동기의 회전수가 감소했을 경우 양수량은 펌프의 회전에 비례하여 감소하고, 전양정은 회전수의 제곱에 비례하여 감소하며, 축마력은 회전수의 3제곱에 비례하여 감소한다.

지금 회전수 *N*을 *N*′로 바꿀 경우 양수량 *Q*, 전양정 *H*, 축마력 *P*의 관계는 다음 식으로 나타낼 수 있다.

$$\frac{Q'}{Q} = \frac{N'}{N} \qquad \therefore Q' = Q\left(\frac{N'}{N}\right) \qquad\qquad [2-28]$$

$$\frac{H'}{H} = \left(\frac{N'}{N}\right)^2 \qquad \therefore H' = H\left(\frac{N'}{N}\right)^2 \qquad\qquad [2-29]$$

$$\frac{P'}{P} = \left(\frac{N'}{N}\right)^3 \qquad \therefore \ P' = P\left(\frac{N'}{N}\right)^3 \qquad\qquad [2-30]$$

예제 8. 전원의 주파수가 50 사이클인 경우 양수량이 $1\,\text{m}^3/\text{min}$, 전양정이 $100\,\text{m}$ 되는 펌프를 60사이클의 지역에 설치하여 사용했을 때, 이 펌프의 양수량·전양정·소요 동력은 본래의 몇 배가 되는가 ?

해설 교류 전동기의 회전수는 사이클에 비례하므로

회전수 $N' = \dfrac{60}{50} N = 1.2N$ 즉, 본래 회전수의 1.2배가 된다. 따라서

양수량 $Q' = Q\left(\dfrac{N'}{N}\right) = 1\left(\dfrac{1.2N}{N}\right) = 1.2\,[\text{m}^3/\text{min}] \quad \therefore \ 1.2$배

전양정 $H' = H\left(\dfrac{N'}{N}\right)^2 = 100\left(\dfrac{1.2N}{N}\right)^2 = 144\,[\text{m}] \quad \therefore \ 1.44$배

축마력 $P' = P\left(\dfrac{N'}{N}\right)^3 = P\left(\dfrac{1.2N}{N}\right)^3 = 1.73P \quad \therefore \ 1.73$배

답 양수량 : 1.2배, 전양정 : 1.44배, 소요 동력 : 1.73배

6. 급수 설비의 오염 방지

수돗물을 수원으로 하는 음료수 공급 설비에 있어서는 급수전 등에 공급될 때까지 수수 탱크, 고가 탱크, 배관 등을 거치게 되므로 이곳에서 물이 오염되지 않도록 계획하여야 한다. 급수설비의 오염 원인은 다음과 같이 분류할 수 있다.
① 저수 탱크의 유해물질 침입에 의한 발생
② 배수의 급수 설비로의 역류
③ 크로스 커넥션(cross connection)
④ 배관의 부식

6-1 저수 탱크에 유해물질 침입에 따른 오염 방지

음료수 저장 탱크에서의 오염 방지 대책은 다음과 같다.
① 음료수 탱크에는 다른 목적의 물을 공급하지 않는다.
② 음료수 탱크는 완전히 밀폐하고, 맨홀 뚜껑을 통하여 다른 물이나 먼지 등이 들어가지 않도록 한다.
③ 음료수 탱크 내에는 다른 목적의 배관을 하지 않는다.
④ 음료수 탱크에 부착된 오버플로(over flow)관은 철망들을 씌워 벌레 등의 침입을 막는다.
⑤ 음료수 탱크 내면은 위생상 지장이 없는 도료 또는 공법으로 처리한다.
⑥ 수수 탱크 등에는 필요 이상 다량의 물이 저장되지 않도록 한다. 물은 오랜기간 동안 저장하면 잔류염소가 소비되어 부패하기 쉽다.

6-2 배수의 역류

배수의 역류는 단수시 급수관내의 일시적 부압이 형성되거나 변기의 세정 밸브에 진공방지기(vacuum breaker)가 달려 있지 않은 경우 일어나는 현상으로 역사이펀 작용 (back siphon action)이 일어나지 않게 진공방지기를 설치하기도 하고 토수구 공간을 두기도 한다. 토수구 공간을 취할 수 없는 경우는 반드시 역류 방지기를 설치한다.

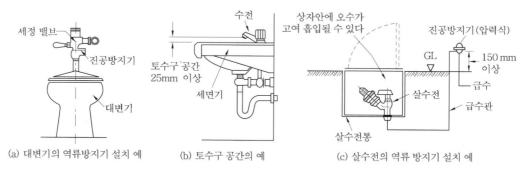

(a) 대변기의 역류방지기 설치 예   (b) 토수구 공간의 예   (c) 살수전의 역류 방지기 설치 예

그림 2-22 역류 방지의 예

6-3 크로스 커넥션(cross connection)

크로스 커넥션은 수돗물과 수돗물 이외의 물질이 혼입되어 오염시키는 것으로 이와 같은 현상은 백플로(back flow)·수수 탱크·고가 탱크 등을 통하여 일어난다. 백플로는 음료수 배관과 그 밖의 배관을 연결하였거나 또는 역사이펀 작용(back siphon action)에 의해 발생된다. 그림 2-23은 크로스 커넥션의 예를 나타낸 것이다. (a), (b), (c)의 경우는 연결관을 해체하므로 방지할 수 있다.

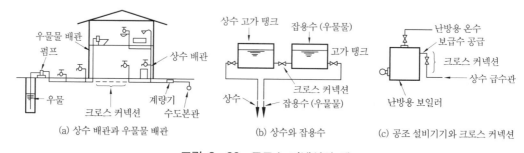

(a) 상수 배관과 우물물 배관   (b) 상수와 잡용수   (c) 공조 설비기기와 크로스 커넥션

그림 2-23 크로스 커넥션의 예

7. 급수 배관 설계 시공상의 주의사항

7-1 배관의 구배

급수관은 수리, 기타 필요에 따라 관 속의 물을 완전히 배제할 수 있고 또 공기가 정체하지 않도록 일정한 구배를 주어 배관해야 한다. 그리고 배관의 맨 말단에는 배이 밸브(찌꺼기

제거 밸브)를 설치한다. 하향 배관법의 경우에는 수평 주관은 앞내림 구배로 하고, 각층의 수평 주관은 앞올림 구배로 하며, 각 하향 수직관 최하부에는 배수 밸브를 설치한다.

또 배관은 최단 거리로 시공하고 굴곡을 적게 하며 마찰 손실이 최소가 되도록 시공한다. 배관 현장의 형편상 ㄷ자형 배관이 되어 공기가 찰 우려가 있는 곳은 공기빼기 밸브(air vent)를 설치한다.

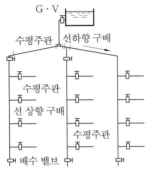

그림 2-24 배관 구배

그림 2-25 공기빼기 밸브

7-2 지수 밸브(stop valve)

수평 주관에서의 각 수직관의 분기점, 각층 수평관의 분기점, 집단 기구에의 분기점에는 반드시 슬루스 밸브 또는 글로브 밸브 등의 지수 밸브를 설치하여 국부적 단수로 급수 계통의 수량·수압을 조정할 수 있도록 한다.

그리고 기타 기계·기구의 부착 장소 또는 배관의 요소마다 50 mm 이하의 소구경에는 유니언을, 큰 구경에는 플랜지를 부착하여 후일의 수리·대체·증설 등을 용이하게 하는 것이 바람직하다.

7-3 수격 작용(water hammering)

수격 작용은 플러시 밸브나 기타 수전류를 급격히 열고 닫을 때 일어나며 이때 생기는 수격 작용의 수압은 수류를 m/sec로 표시한 14배 정도가 된다.

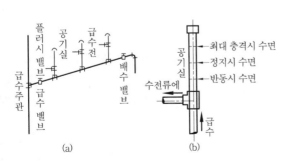

그림 2-26 공기실의 수격 방지

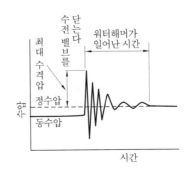

그림 2-27 수격 작용의 도해

수격 작용을 방지하기 위해서는 기구류 가까이에 공기실(air chamber)을 설치함으로써 완화할 수 있다. 공기실을 설치하면 그림 2-26의 (b)와 같이 공기가 압축되더라도 공기는 압축성이 있으므로 이 이상 압력을 흡수하고 탄성에 꿍음이나 충격을 방지할 수 있다. 이때 공기실의 공기는 물에 흡수되거나 밖으로 새어나가 감소되므로 보충할 필요가 있다.

최근에는 멤브레인(membrane) 타입의 수격작용 방지기(water hammer arrestor)가 사용되기도 한다. 이 방지기의 장점은 벤투리 효과를 갖는 작동으로 쉽게 배관중 연결이 가능하며 압력이나 효율의 감소가 없을 뿐만 아니라 거의 영구적으로 사용할 수 있다.

7-4 파이프 서포트 (pipe supports)

파이프는 견고하게 지지시켜야 하며 특히 수평배관은 구배를 조정할 수 있어야 한다. 그리고 벽이나 바닥의 관통 배관시에는 슬리브(sleeve)를 넣고 배관하여 교체나 수리가 가능토록 하여야 한다.

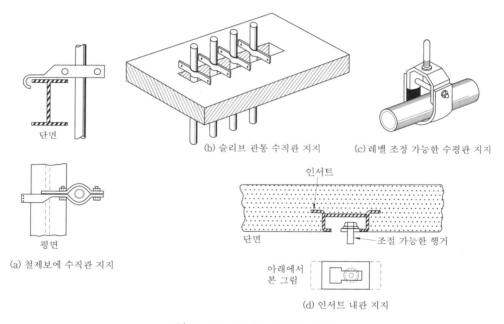

(a) 철제보에 수직관 지지
(b) 슬리브 관통 수직관 지지
(c) 레벨 조정 가능한 수평관 지지
(d) 인서트 내관 지지

그림 2-28 파이프 서포트 종류

7-5 방식 피복

강관은 특히 나사를 낸 부분이 부식되기 쉬우므로 그 부위에 내산도료를 칠하고, 변소·욕실·주방·화학공장·화학 실험실 등 산성수가 흐르는 바닥의 신더 콘크리트(cinder concrete) 속에 매설하는 관이나 지중 매설관에는 아스팔트 주트(asphalt jute)를 감아서 매설한다.

연관이나 특히 납땜 이음 부분은 알칼리성에 쉽게 침식되므로 콘크리트 속에 매설하는 배관은 내알칼리성 도장을 하고 그 위에 아스팔트 주트를 감는 등 방식 피복을 철저히 해야 한다. 피복관에는 틈막이를 한 후 보통 페인트를 2회, 피복이 안된 관에는 2~3회 정도 칠한다.

7-6 방동 · 방로 피복

여름철에 습기가 많고 실온이 높으면 배관 속을 온도가 낮은 물이 흐를 때 관 외벽에 공기 중의 습기가 결로하여 건물의 천정이나 벽에 얼룩이 생기므로 방로 피복을 해야 한다. 또 겨울철에 관속의 물이 얼어 관이나 이음쇠 등이 파열되는 경우가 있으므로 관의 외부를 보온재로 피복해야 한다.

방로 · 방동을 위한 보온 피복재로서는 펠트(felt) · 아스베스토스(asbestos) · 마그네시아 (magnesia) 등이 사용된다.

시공법은 우선 관 외벽을 방수지로 감고, 관경 15~50 mm 정도일 때는 두께 20~25 mm, 관경 50~150 mm 정도일 때는 두께 25~30 mm 정도로 보온재를 단단히 감고 그 위에 다시 비닐 테이프 등으로 단단히 감은 다음 동선으로 군데군데 동여맨다.

7-7 수압 시험

배관 공사가 끝난 후 접합부 및 기타 부분에서의 누수의 유무, 수압에 견디느냐의 여부 등을 시험한다.

이 시험은 방로 · 방동 등의 피복을 하기 전, 지하 매설관에 있어서는 흙을 덮기 전에 배관 말단의 개구부를 플러그나 캡으로 막고, 수압 테스트 펌프로 가압하여 실시한다. 공공 수도 직결관의 경우에는 $17.5 \, kg/cm^2$, 탱크 및 급수관의 경우에는 $10.5 \, kg/cm^2$의 수압으로 실험한다.

제 3 장 급탕 설비

1. 급탕 온도와 급탕량

1-1 사용 개소와 사용 온도

위생 설비에 있어서 탕물은 일반적으로 대변기 · 소변기 · 오물 싱크 등을 제외한 위생 기구에 급탕되며, 사용 용도는 음료용 · 목욕용 · 세정용 · 소독용 등으로 분류된다.

① 음료용 : 소형 저탕식 탕비기나 주전자의 물을 가열하여 사용한다.

② 목욕용 : 수세기 · 세면기 · 욕조 · 샤워 · 비데 등에 사용된다.

③ 세정용 : 소독용 · 보온용 · 주방 싱크 · 식품 세정기 · 청소용 싱크 등에 사용된다.

용도별 물의 사용 온도는 표 3-1과 같다. 급탕 설비에서는 탕과 물을 혼합하여 탕의 온도를 낮추어 사용하므로 급탕 온도를 올리면 사용 탕량에 대한 급탕량의 비율이 낮아져 경제적이다.

표 3-1 용도별 사용 온도

용　　　도	사용 온도(℃)	용　　　도		사용 온도(℃)
음료용	50~55	주방용	일반용	45
목욕용 ┤ 성인	42~45		접시 세정용	45(60)
소아	40~42		접시 세정시 헹구기용	70~80
샤　워	43	세탁용	상업 일반	60
세면용 (수세용)	40~42		모직물	33~37(38~49)
의료용 (수세용)	43		린넨 및 견직물	49~52(60)
면도용	46~52	수영장용		21~27
		세차용		24~30

㊟ (　)안의 수치는 기계 사용의 경우임.

탕과 물의 혼합 그리고 사용온도에 따른 급탕량과 급수량의 관계식은 다음과 같다.

$$\frac{q}{Q+q} = \frac{t_m - t_c}{t_h - t_c} \qquad\qquad [3-1]$$

여기서, Q : 급수량(l),　q : 급탕량(l)

t_m : 사용온도(℃),　t_h : 급탕온도(℃)

t_c : 급수온도(℃)

$t_m = 45℃$ 일 때 사용탕량에 대한 급탕량 비율은 표 3-2와 같다.

표 3-2 사용탕량에 대한 급탕량 비율

혼합탕 온도 $t_m = 45℃$	$\frac{q}{Q+q}$ = 혼합전탕량에 대한 급탕량비율			
t_h [℃] ＼ t_c [℃]	5	10	15	20
60	0.727	0.700	0.667	0.625
70	0.616	0.585	0.545	0.500
80	0.534	0.500	0.462	0.418
90	0.470	0.438	0.400	0.358

㈜ $t_m = \dfrac{qt_h + Qt_c}{Q+q}$

일반적으로 급탕 온도는 60℃를 기준으로 하여 급탕 부하 산정시 60 kcal / l로 보는 것이 보통이다.

예제 1. 한 시간의 최대급탕량이 1500 l일 때 급탕 부하 (kcal / h)를 구하라.

[해설] 급탕부하는 보통 60 kcal / l로 계산하므로
　1500 [l / h]×60 [kcal / l]=90000 [kcal / h]　　　**립** 90000 [kcal / h]

1-2 건물 및 용도별 급탕량

건물 내에서 사용되는 탕의 양은 급수 설비의 경우와 같이 건물의 종류나 용도에 따라 다르며, 하루 동안에도 시간대에 따라 차이가 많고, 계절에 따라 영향을 받으므로 주의를 요한다.

급탕량을 산정하는 데는 기구의 종류와 개수에 의한 방법과 사용 인원에 의한 방법이 있으나 일반적으로 인원을 기초로 한 산정 방법이 정확한 값을 얻을 수 있다. 인원에 의한 급탕량 산정 방법을 예시하면 다음과 같다.

(1) 사용 인원수에 의한 방법

$$Q_d = N \cdot q_d \qquad [3-2]$$
$$Q_h = Q_d \cdot q_h \qquad [3-3]$$
$$V = Q_d \cdot v \qquad [3-4]$$
$$H = Q_d \cdot r(t_h - t_c) \qquad [3-5]$$

여기서, N : 급탕 대상 인원(인), Q_h : 1시간의 최대 급탕량(l/ h)
　　　H : 가열기 능력(kcal / h), t_c : 물의 온도(℃)
　　　Q_d : 1일의 최대 급탕량(l/ d), V : 저탕 용량(l), t_h : 탕의 온도(℃)
　　　q_d, q_h, v 및 r는 표 3-3에 표시

(2) 급탕 기구수에 의한 방법

급탕 기구수에 의한 급탕량 산정은 다음과 같다.
$$Q_h = e\Sigma qF \qquad [3-6]$$

$$V = Q_h v'$$ [3-7]

여기서, e : 건물 종류에 따른 기구의 동시 사용률(%), F : 위생기구 수 (개)
q : 위생 기구별 1시간당 급탕량(l/h · 개), v' : 저탕용량 계수

표 3-3 건물의 종류별 급탕량(60℃ 기준)

건물의 종류	1인 1일당 급탕량 (l/d·인)	1일 사용에 대해 필요한 1시간당 최대치 비율	피크로드의 계속 시간	1일 사용량에 대한 저탕 비율	1일 사용량에 대한 가열능력 비율
	q_d	q_h	h	v	r
주택 · 아파트 · 호텔 등	75~150	1/7	4	1/5	1/7
사 무 실	7.5~11.5	1/5	2	1/5	1/6
공 장	20	1/3	1	2/5	1/8
레스토랑	–	–	–	1/10	1/10
레스토랑(3식/1일)	–	1/10	8	1/5	1/10
레스토랑(1식/1일)	–	1/5	2	2/5	1/6

㉜ ① 호텔에서는 1일의 탕 필요량과 특성이 호텔의 형식에 따라 달라진다. 고급 호텔에서는 피크로드는 낮지만 1일 사용량이 비교적 많고, 상업 호텔에서는 피크로드는 높지만 1일의 사용량이 적다.
② 주택이나 아파트에서 접시 세정기나 세탁기가 있을 때는 접시 세정기 1대당 60 l, 세탁기 1대당 150 l를 추가한다.

표 3-4 위생기구의 급탕량

기 구	아파트	클 럽	체육관	병 원	호 텔	공 장	사무소	주 택	학 교	YMCA
개인세면기	7.5	7.5	7.5	7.5	7.5	7.5	7.5	7.5	7.5	7.5
일반세면기	15	22	30	22	30	45	22	–	57	30
양식욕조	75	75	100	75	75	–	–	75	–	110
샤 워	110	570	850	280	280	850	110	110	850	850
부엌 싱크	38	75	–	75	110	75	75	38	75	75
배선 싱크	19	38	–	38	38	–	38	19	38	38
세탁 싱크	75	106	–	106	106	–	–	75	–	106
소제 싱크	75	75	–	75	110	75	75	57	75	75
접시세정기	57	190~570	–	190~570	190~750	75~375	–	57	75~375	75~373
동시사용률	0.30	0.30	0.40	0.25	0.25	0.40	0.30	0.30	0.40	0.40
저탕용량계수	1.25	0.90	1.00	0.6	0.80	1.00	2.00	0.70	1.00	1.00

㉜ ① 이 표는 위생기구 1개의 1시간당 급탕량(l/h)으로 최종 온도를 60℃로 산정한 것임.
② 저탕용량계수란 1시간당 최대급탕량에 대한 저탕용량의 비율임.

예제 2. 다음과 같은 조건의 공동 주택의 급탕량을 산정하라.
　<설계 조건> 1. 지상 5층 전 25세대 공동주택
　　　　　　　 2. 연면적 2362.5 m²
　　　　　　　 3. 1세대당 설치기구 : 세면기 1개, 양식 욕조 1개, 부엌 싱크 1개, 샤워 1개

해설 ① 급탕인원 산정 : 급탕인원은 0.16인 / m², 표 2−2에서 유효면적비 50 %이므로

　　· 급탕인원 $N = 2362.5 \, [\text{m}^2] \times 0.16 \, [\text{인} / \text{m}^2] \times 0.5 = 189 \, [\text{인}]$

　　　표 3−3에서 1일 1인당 급탕량 $q_d = 100 \, [l / \text{d} \cdot \text{인}] \leftarrow 75 \sim 150 \, [l / \text{d} \cdot \text{인}]$

　　　　　　　　　　　　　　　$q_h = 1 / 7$

　　· $Q_d = N \, [\text{인}] \times q_d \, [l / \text{d인}] = 189 \, [\text{인}] \times 100 \, [l / \text{d인}] = 18900 \, [l / \text{d}]$

　　· 1시간 최대 급탕량 $Q_h = Q_d \, [l / \text{d}] \times 1 / 7 = 18900 \, [l / \text{d}] \times 1 / 7 = 2700 \, [l / \text{h}]$

② 기구수 산정

　　표 3−4에서 ㉮ 세 면 기 $7.5 \, [l / \text{h}] \times 1 = 7.5 \, [l / \text{h}]$　㉯ 양식욕조 $75 \, [l / \text{h}] \times 1 = 75 \, [l / \text{h}]$

　　　　　　　　㉰ 부엌 싱크 $38 \, [l / \text{h}] \times 1 = 38 \, [l / \text{h}]$　㉱ 샤　　워 $110 \, [l / \text{h}] \times 1 = 110 \, [l / \text{h}]$

　　· 전세대 1시간당 급탕량 $Q_{Th} \, [l / \text{h}]$: $Q_{Th} = 230.5 \, [l / \text{h} \cdot \text{세대}] \times 25 \, [\text{세대}] = 5762.5 \, [l / \text{h}]$

　　· 1시간 최대급탕량 $Q_h \, [l / \text{h}]$: $Q_h = Q_{Th} \, [l / \text{h}] \times \text{동시사용률} = 5762.5 \, [l / \text{h}] \times 0.3 = 1728.8 \, [l / \text{h}]$

③ 급탕량 계산 결과

　　사용 인원수에 의한 방법 : $2700 \, [l / \text{h}]$

　　급탕 기구수에 의한 방법 : $1728.8 \, [l / \text{h}]$　　∴ 인원수 계산 결과를 채용한다.

2. 가열 장치의 종류

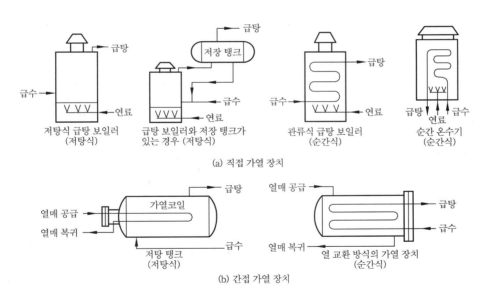

(a) 직접 가열 장치

(b) 간접 가열 장치

그림 3-1 가열 장치의 종류

　가열 장치는 열원에 따라 직접 가열 장치와 간접 가열 장치로 분류할 수 있는데 직접 가열 장치는 가스 · 기름 · 전기 등을, 간접 가열 장치는 고온수 · 증기를 열원으로 사용하고 있다.
　가열 장치는 그 구조에 따라 저탕식과 순간식으로 분류한다. 저탕식은 주로 대규모 건물의 급탕 설비에 많이 채택되며 최대 사용시 급탕량을 저탕하는 방식이다. 순간식은 에너지 이용의 경제적 장점을 지니고 있으며 유량이 가열 장치를 통과함으로써 가열되는 방식이다. 그림 3-1에 그 가열 장치의 종류를 나타내었다.

급탕 설비에서 폐열 회수 시스템의 채용은 에너지 이용 측면에서 볼 때 매우 바람직한 일이며 앞으로 우선적으로 대규모 시설의 급탕 설비에의 적용이 기대된다.

3. 급탕 방법

건물의 급탕 방법에는 여러 가지 종류가 있으나 대략 다음과 같이 분류할 수 있다.
① 개별식 급탕 방법 : 즉시 탕비기·저탕형 탕비기·기수 혼합식
② 중앙식 급탕 방법 : 직접 가열식·간접 가열식
③ 태양열 이용 급탕 방법

3-1 개별식 급탕법

개별식 급탕법의 장점으로는 다음과 같은 점을 들 수 있다.
① 길다란 배관이 필요 없으며, 따라서 배관 중의 열손실이 적다.
② 필요하면 수시로 더운 물을 손쉽게 사용할 수 있고, 더구나 높은 온도의 물을 필요로 할 때에도 쉽게 곧 얻을 수 있다.
③ 급탕 개소가 적을 경우에는 시설비가 싸게 든다.

이상과 같은 장점으로 주택, 중소 여관, 작은 사무실 등 급탕 개소가 적은 소규모 건축물에 적합하다.

(1) 즉시 탕비기(순간 온수기)

일반적으로 가스 또는 전기를 열원으로 하는 것이 많으며, 그림 3-2는 가스 순간 탕비기의 구조이다. 최근에는 가스를 연료로 하는 즉시 탕비기가 많이 사용되고 있다.

급수관에 공급된 물은 코일 모양으로 배관된 가열관을 통과하는 동안에 가열관 주위에서 연소하는 가스 불꽃에 의해 가열되고 급탕되어 급탕관에서 뜨거운 물이 나온다.

그림 3-3의 자동 연소 장치의 원리는 항상 점화되어 있는 작은 파일럿 플레임(pilot flame)이 있어서 급탕전을 열면 냉수가 벤투리를 흐르는 수류에 의해 다이어프램의 양면에 수압차가 생겨 스프링을 누르고 자동적으로 가스전이 열려 가스 버너에 가스가 공급됨과 동시에 파일럿 플레임에 의해 점화되어 연소하게 된다.

한편 이와 별도로 온도 눈금이 있는 탕은 조절 핸들에 의해 급수량을 조절함으로써 온수의 온도를 조절할 수도 있다. 즉시 탕비기는 항상 적은 양의 온수를 필요로 하는 곳에 적합하다.

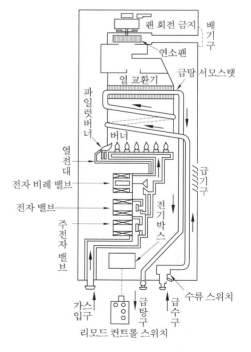

그림 3-2 가스 순간 탕비기

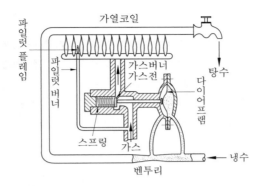

그림 3-3 자동 연소 장치 원리의 예

(2) 저탕형 탕비기

이것은 일정량의 열탕이 항상 저탕되어 있어 사용한 만큼의 열탕이 볼탭이 달린 탱크에서 보급하도록 되어 있다.

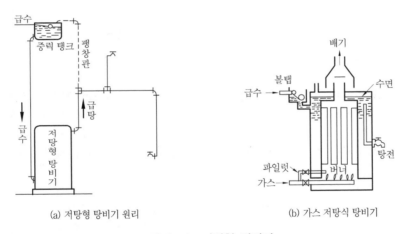

(a) 저탕형 탕비기 원리   (b) 가스 저탕식 탕비기

그림 3-4 저탕형 탕비기

즉시 탕비기는 더운 물을 사용할 때마다 사용량만을 가열하는데 반해 저탕형에서는 가열한 온수가 저탕조에 저장되어 있으므로 저탕조(탕비기)로부터의 열손실은 비교적 많지만 학교·공장·기숙사 등과 같이 특정한 시간에 다량의 온수를 필요로 하는 장소에 적합하다.

즉시 탕비기는 60~70℃ 이상의 온수를 얻을 수 없지만 저탕형 탕비기로는 비등점에 가까운 열탕을 얻을 수도 있다.

저탕형 탕비기에는 저탕 온도를 일정하게 유지하기 위해 서모스탯의 작동에 의해 자동적으로 가스전을 개폐하도록 되어 있는 자동 온도 조절식과 사용할 때마다 수동식으로 가스전을 개폐하는 것이 있다.

열원으로서는 가스가 많이 이용되지만 전기를 열원으로 하는 것도 있다. 이것은 저탕조에 발열체로서 동관에 싸인 니크롬선을 장치한 것으로 열의 전도 효율이 좋고 니크롬선이 직접 공기에 닿지 않으므로 그 내구성이 우수하다.

(3) 기수 혼합법

병원이나 공장에서 증기를 열원으로 하는 경우 저탕조에 증기를 직접 불어넣어 가열하는 방식이다. 이 방법은 열효율은 100 %이지만 소음이 따르는 결점이 있어 소음을 줄이기 위하여 스팀 사일런서(steam silencer)를 사용해야 한다.

스팀 사일런서에는 S형과 F형이 있으며, 사용 증기 압력은 $1 \sim 4 \, kg / cm^2$ 정도이고, 학교·공장 등의 욕조에 많이 쓰인다.

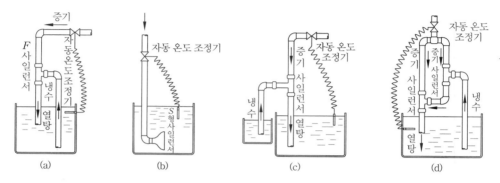

그림 3 - 5 스팀 사일런서 배관 방법

3-2 중앙식 급탕 방식

중앙식 급탕법은 지하실 등 일정한 장소에 탕비 장치를 설비하고 배관에 의해 각 사용 개소에 급탕하는 방식이며, 열원으로서는 석탄·중유·증기 등을 사용한다. 이 방식의 장점은 다음과 같다.

① 열원으로서 비교적 값싼 석탄·중유 등이 사용되므로 연료비가 개별식 급탕 방식에 비해 적게 든다.
② 탕비 장치가 대규모이므로 열효율이 좋다.
③ 다른 설비 기계류와 동일한 장소에 설치되므로 관리상 유리하다.

이상과 같은 장점을 종합해 볼 때 처음 건설비는 비싸지만 경상비가 적게 들므로 대규모 급탕에는 개별식보다 중앙식이 경제적이다.

이 방식은 호텔·병원·사무실 건물 등 급탕 개소가 많고 소요 급탕량도 많이 필요한 대규모 건축물에 주로 채용된다.

(1) 직접 가열식

이 방식은 온수 보일러로 가열한 온수를 온수 탱크에 모아두고 온수 탱크 위에 세운 급탕 주관에서 각 지관을 거쳐 각층 기구에 급탕한다. 온수 보일러에는 주철제 또는 강판제 보일러가 사용되며, 배관 방법에는 단관식과 복관식이 있다.

단관식은 급탕관이 하나이므로 온수가 순환하지 않아 급탕전을 열었을 때 처음에는 식은 물이 나와 불편하지만 설비비가 절약되기 때문에 소규모 급탕 설비에 많이 쓰인다.

복관식에는 자연 순환식과 강제 순환식이 있다. 자연 순환식은 온수의 온도차에 의하여 온수를 자연 순환시키고, 강제 순환식은 순환 펌프로 온수를 순환시키며 대규모 급탕 설비에 많이 쓰인다.

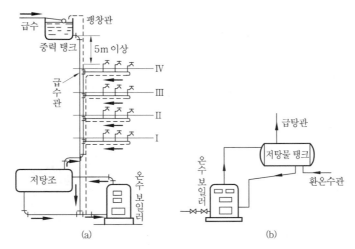

그림 3-6 직접 가열식 급탕 배관

순환 펌프에는 양정이 낮은 펌프가 쓰이며, 이 펌프는 리턴 파이프 끝에서 온수 탱크로 흘러들기 바로 앞에 설치하는데 구경은 급탕 주관보다 한 치수 작게 한다.

또 급탕 주관의 위 끝에서는 그림 3-6에서 보는 바와 같이 팽창관을 빼내어 팽창 탱크에 연결한다. 팽창 탱크는 장치 안에서 분리된 증기나 공기를 배출함과 동시에 물의 팽창에 따른 위험을 사전에 막는 안전 밸브의 역할을 한다. 급탕관의 구경은 상온의 물을 다루는 급수관의 구경보다는 한 치수 큰 것을 쓰되 최소 20 A로 하고 이보다 작은 관은 쓰지 않는 것이 좋다. 직접 가열식은 열효율면에서는 경제적이지만 건물의 높이에 상당하는 수압이 보일러에 걸리므로, 고층 건물에서는 강판제 보일러를 사용하는 것이 바람직하며 대규모 급탕 설비에는 부적당하다.

또한 냉수가 쉴 새 없이 저탕조를 거쳐 보일러에 공급되므로 보일러 본체에 온도차로 인한 불균등한 신축이 생기고 또 경도가 높은 수질이면 보일러 내부에 많은 스케일(물때)이 끼어 전열 효율을 저하시킬 뿐만 아니라 보일러의 수명도 단축된다.

(2) 간접 가열식

그림 3-7과 같이 저탕조내에 가열 코일을 설치하고, 이 코일에 증기 또는 열탕을 통해서 저탕조의 물을 간접적으로 가열하는 방식이다. 이 탱크는 탕물을 저장함과 동시에 히터 역할을 하므로 이것을 탱크 히터(tank heater) 또는 스토리지 탱크(storage tank)라고도 한다.

온수 탱크에는 자동 온도 조절기를 달고 서모스탯을 탱크 안에 꽂아 온도가 높아지면 증기 공급량을 줄여서 온도를 조절한다. 한편, 가열 코일의 출구에는 증기 트랩을 달아 응축수만을 보일러에 환수한다. 이 방법은 직접 가열식에 비해서 다음과 같은 점이 유리하다.

① 난방 또는 주방용 증기를 사용하면 따로 급탕용 보일러를 필요로 하지 않는다.

② 가열 코일에 쓰는 증기는 건물의 높이와 관계 없이 저압이라도 충분하므로 고압 보일러를 쓸 필요가 없다 (0.3~1.0 kg / cm²의 압력이면 된다).

③ 보일러의 내면에 스케일이 낄 염료도 없으며 대규모 급탕 설비에 적합하다. 가열 코일 피복관으로는 아연 도금 강판·주석 도금 동관 또는 황동관을 쓰며 관을 U자형으로 구부려서 헤드에 이어야 한다.

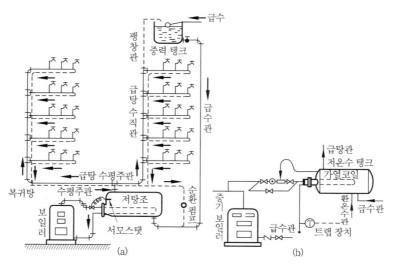

그림 3-7 간접 가열식 급탕 배관

표 3-5 개별식과 중앙식 급탕 방식의 비교

급탕 방식 특징·용도	개별식 급탕 방식				중앙식 급탕 방식
	순간식	저탕식(일반)	저탕식(음료용)	기수 혼합식	
두 급탕 방식의 장·단점	<장 점> ① 용도에 따라 필요한 개소에 필요 온도의 탕이 비교적 간단하게 얻어진다. ② 급탕 개소가 적기 때문에 가열기·배관 연장 등 설비 규모가 작고 따라서 설비비는 중앙식보다 적게 들며 유지 관리도 용이하다. ③ 열 손실이 적다. ④ 주택 등에서는 난방 겸용의 온수 보일러 순간 온수기를 이용할 수 있다. ⑤ 건물 완성 후에는 급탕 개소의 증설이 비교적 쉽다.		<단 점> ① 어느 정도 급탕 규모가 크면 가열기가 필요하므로 유지 관리가 힘들다. ② 급탕 개소마다 가열기의 설치 스페이스가 필요하다. ③ 가스 탕비기를 쓰는 경우 건축의장 등 구조적으로 제약을 받기 쉽다. ④ 값싼 연료를 쓰기 어렵다. ⑤ 소형 온수 보일러에서는 수두 10 m 이하라야 하는 제약을 받기 때문에 급수측 수압에 변동이 생겨 혼합 수전 샤워 등의 사용에 불편하다.		<장 점> ① 기구의 동시 이용률을 고려하여 가열 장치의 총용량을 적게 할 수 있다. ② 일반적으로 열원 장치는 공조 설비의 그것과 겸용 설치되기 때문에 열원 단가가 싸게 먹힌다. ③ 기계실 등에 다른 설비 기계류와 함께 가열 장치 등이 설치되기 때문에 관리가 용이하다. ④ 배관에 의해 필요 개소에 어디든지 급탕할 수 있다. <단 점> ① 설비 규모가 크기 때문에 처음에 설비비가 많이 든다. ② 전문 기술자가 필요하다. ③ 배관 중 열손실이 많다. ④ 시공 후의 기구 증설에 따른 배관 변경 공사를 하기 어렵다.
가열기의 종류	가스 및 전기 순간 온수기	가스·전기·기름·석탄 연소 온수 보일러	가스·전기 저탕식 탕비기	증기 흡입기 (사일런서) 기수 혼합 밸브	증기 및 온수 보일러

급탕 목적 (급탕 규모)	세면기 · 주방 싱크대 · 소규모 욕탕 등의 급탕	중앙식 급탕 설비가 없는 대규모 건물의 급탕	식당의 음료 용으로 주로 쓰임	공장 · 병원 · 요양소 등의 급탕 설비 단, 사일런서는 소음이 나므로 설치 장소가 제한된다.	대 · 중 규모의 모든 급탕 설비

3-3 태양열 이용 급탕 방법

(1) 태양열 온수기(solar water heaters)

그림 3-8은 태양열 온수기의 기본 시스템에 대한 개략도이다. 온수기의 종류는 자연 순환식, 강제 순환식, 동파방지 시스템을 갖춘 내부 열교환 방식, 동파방지 시스템을 갖춘 외부 열교환 방식이 있으며 현재 이 기본 시스템을 바탕으로 제조회사별 다양한 모델이 개발되며 시판되고 있다.

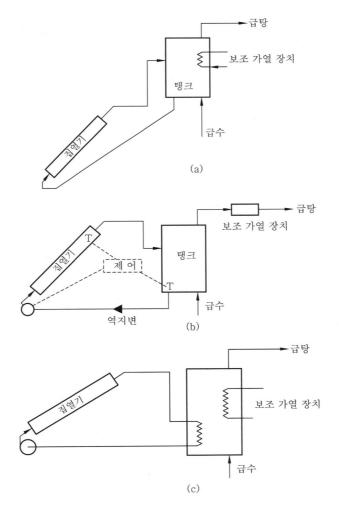

(a)

(b)

(c)

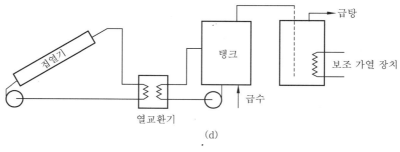

(d)

그림 3-8 태양 온수기

(2) 태양열 급탕 시스템

그림 3-9는 태양열 급탕 시스템의 배관도를 나타낸 것으로 최근에 많이 채용되고 있는 급탕 시스템의 예이다.

태양열에 의한 급탕은 주택에서부터 공동주택, 학교 급식용, 수영장, 대중 목욕탕, 호텔, 병원의 급탕에 이르기까지 다양하게 이용되고 있다.

일반가정에서 태양열 온수기의 용도는 주로 욕탕을 위한 것으로 집열 부분의 저탕량은 200 l 정도를 표준으로 하고 있다. 태양열 온수기의 설계상 가장 중요한 것은 태양의 일사량 취득이므로 이에 대한 충분한 검토가 이루어져야 할 것이다.

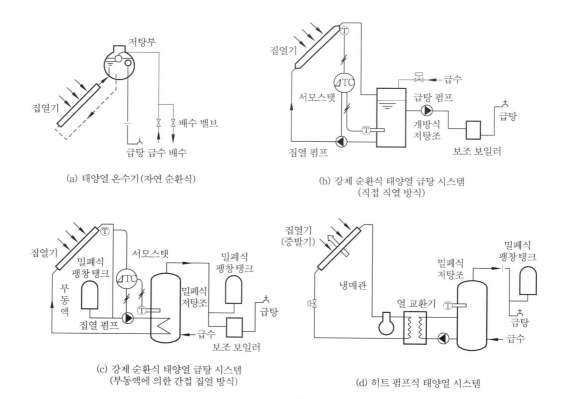

(a) 태양열 온수기(자연 순환식)

(b) 강제 순환식 태양열 급탕 시스템
(직접 직열 방식)

(c) 강제 순환식 태양열 급탕 시스템
(부동액에 의한 간접 집열 방식)

(d) 히트 펌프식 태양열 시스템

그림 3-9 태양열 이용 급탕 방식

3-4 고층건물의 급탕 방식

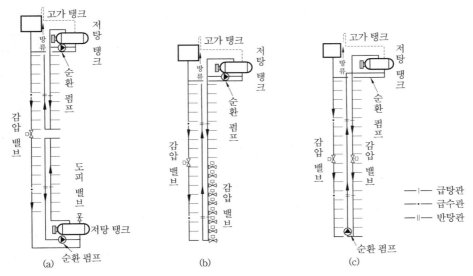

그림 3-10 급탕 배관 계통의 감압 밸브 부착 방법

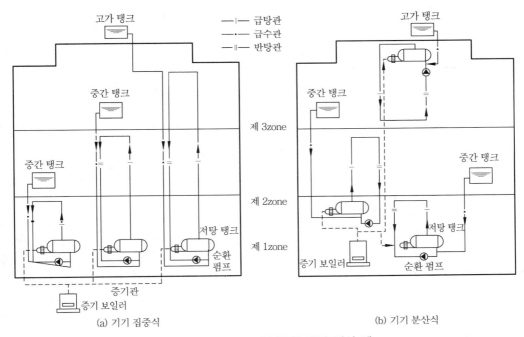

그림 3-11 초고층건물의 급탕 방식 예

고층건물의 급탕에는 급수 설비에서와 마찬가지로 과대한 급탕 압력으로 인하여 워터 해머링(water hammering)과 같은 문제가 발생하기 쉬우므로 급탕 조닝(zoning)이 요구된다. 급탕 조닝은 계통별로 하는 방법과 감압 밸브를 설치하는 방법이 있다. 그림 3-10은 감압 밸브를 사용하여 일정한 압력이 되게 한 것으로 (a)의 경우는 급수측 배관계통에 감압 밸브

를 설치한 경우이고 (b)는 급탕배관계통의 각 지관에 감압 밸브를 설치한 경우이다. (c)는 급탕 배관 중간에 감압 밸브를 설치하여 압력을 제어한 것이다.

그림 3-11은 초고층건물의 급탕 방식의 예로서 기기 집중 방식과 기기 분산 방식의 경우이다. 각 방식 모두 3개 zone으로 계획하였으며 (a)의 경우는 기기가 중앙에 집중되므로 유지관리가 용이한 반면, (b)는 기기가 분산되므로 유지관리에 불리할 뿐만 아니라 건물내 이용 유효면적이 감소될 우려가 있다. 그러나 두 방식 모두 급탕 zoning 방식으로 많이 채용되는 방식이다. 급탕 zoning 규정은 특별히 마련된 것은 없으나 급수 zoning의 규정에 따른다.

4. 급탕 배관법

급탕 배관은 배관 방식과 공급 방식에 의하여 다음과 같이 분류한다.

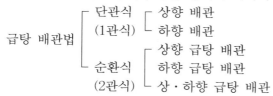

그리고 급탕 배관 설계 순서는 그림 3-12와 같다.

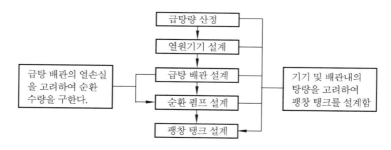

그림 3-12 급탕 배관 설계 순서

4-1 단관식(one pipe system)

단관식은 1관식이라고도 하며, 급탕 배관의 끝이 급탕전의 끝이 되므로 사용 빈도수가 적은 급탕전이다. 주관에서 멀리 떨어져 있는 급탕전에서는 배관 속에 차 있던 탕물이 냉각하기 때문에 수전을 열면 처음에는 찬물이 유출되고 잠시 후에 더운물이 나오므로 사용상 불편하다. 하지만 배관이 비교적 짧고 간단하여 설비비가 적게 들므로 중·소 주택 등 소규모 급탕에 사용된다. 온수 보일러나 또는 저탕조에서 15 m 이상 떨어져서 급탕전을 설치하는 경우에는 순환식을 채용하는 것이 좋다.

공급 방식에는 상향식과 하향식이 있는데 상향 공급 방식에서는 탕전에 이르기까지 배관 내의 유수 방향이 상향이고 유수와 관 속에서 발생한 공기의 흐름 방향이 일치한다.

하향 공급식에서는 유수 방향이 하향이고 관 속에서 발생하는 공기의 흐름과는 역방향이 된다. 상향 공급식에서는 배관 계통의 공기 배출을 급탕관의 최상부 탕전에서 급탕과 함께 한다. 급수 압력이 낮거나 급탕 관경에 여유가 없으면, 아래에서 다량의 탕을 사용할 때 상부의 탕전에서 탕물이 나오지 않게 되고 역으로 공기를 흡입하게 된다.

하향 공급식에서는 공기 배출을 최상부 수평관의 최고 높은 곳에서 한다. 최상부에서 배관을 평면적으로 전개하기 때문에 그 개소의 천정 높이가 충분해야 하며 배관 구배가 적당히 주어지지 않으면 공기빼기가 힘든 경우도 있다.

4-2 순환식(circulation system)

2관식이라고도 하며, 저탕조를 중심으로 하여 회로 배관을 형성하고 탕물은 항상 순환하고 있으므로 급탕전을 열면 분기 상향 수직관 부분에서 극소량의 식은물이 나오고 곧 뜨거운물이 나온다. 순환식의 경우 다음 3종류의 배관 방법이 있다.

(1) 상향 급탕 배관

이 배관법이 일반적으로 가장 많이 사용되는 방식이다. 급탕 수평 주관으로부터 수직관을 세워 이 수직관으로부터 각층 기구에 급탕하고 각 최말단 기구에서 순환관을 내어 환수 주관에 연결한다.

(2) 하향 급탕 배관

급탕 주관을 일단 건물 최고층까지 끌어 올려 최고층에서 수평 주관을 늘여서 각 파이프 샤프트에서 수직관을 내려 세워 그 수직관에서 각층 기구에 급탕하고, 각 최말단 기구에서 환수 주관을 연결한다.

(3) 상·하향 급탕 배관

수직 급탕 주관에서부터 각층 기구에 급탕하는 한편 최고층 수평관을 거쳐 필요한 위치에서 수직관을 내려 그 수직관에서도 각층 기구에 급탕하는 방식으로서 그 하단은 순환관이 된다.

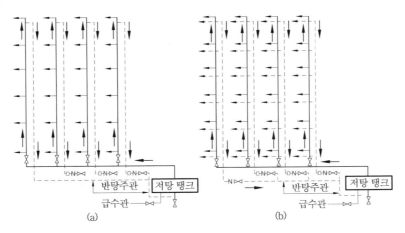

그림 3-13 상향식 급탕 순환 방법

대규모 급탕 설비에서는 배관 연장이 길어서 마찰 손실이 커지므로 탕물의 순환이 완만해지고 따라서 탕물의 유동이 나빠진다. 이 때문에 탕물이 도중에서 식어 소정 온도의 탕물을 못 얻게 된다. 그래서 보통 순환 주관의 최말단 저탕조에서 유입구 앞에 온수 순환 펌프를 설치하여 탕물의 순환을 촉진시킨다.

순환 펌프는 급탕 배관계의 마찰 손실만을 보충하면 되므로 양정이 0.5~2.0 m 정도로 낮아도 되며, 보통은 축류형 펌프가 흔히 사용된다. 그러나, 양정 및 양수량이 비교적 많이 요구되는 경우에는 벌류트 펌프 또는 하이드로레이터를 사용한다.

그림 3-14는 reverse return(역환수) 배관 방식으로 유량을 균등하게 분배하기 위해 주로 급탕 설비와 온수 난방 설비의 배관에서 채택된다.

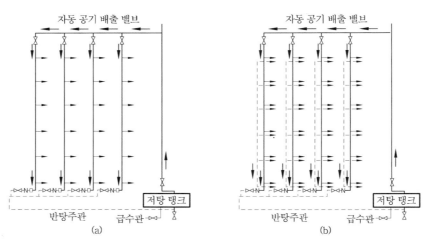

그림 3-14 하향식 급탕 순환 방법(리버스 리턴 배관 방식)

4-3 급탕 배관의 예

그림 3-15, 3-16은 급탕 배관의 실례를 나타낸 것이다.

그림 3-15는 10층 건물의 급탕 배관의 예를 순환식 하향 배관도로 옥상 탱크는 소화용수 확보를 겸하고 있다. 가열장치는 저탕식 간접가열식으로 배관 중에는 신축 이음이 설치되어 있다. 그림 3-16은 초고층 건물의 급탕 배관의 예를 든 것으로 64층 건물을 3개 zone으로 나누어 계획되어 있으며 순환식 하향 급탕 방식을 채택하고 있다.

4-4 온수 순환 펌프의 계산

(1) 자연 순환식(중력 순환식)

$$\text{자연 수두 } H = 1000(\rho_r - \rho_f)h \, [\text{mmAq}] \qquad\qquad [3-8]$$

여기서, h : 탕비기에의 복귀관 중심에서 급탕 최고 위치까지의 높이(m)

ρ_r : 탕비기에의 복귀 탕수의 밀도 (kg / l), ρ_f : 탕비기 출구의 열탕의 밀도 (kg / l)

> **예제 3.** 탕비기 출구의 열탕의 온도를 80℃(밀도 0.96876 kg / l), 복귀관의 복귀탕 온도를 65℃(밀도 0.98001 kg / l)로 하면 이 순환 계통의 순환 수두는 얼마인가? (단, 가장 높은 곳의 급탕전의 높이는 10 m이다.)

[해설] 식 [3-8]에서

$\rho_r = 0.98001$ kg / l, $\rho_f = 0.96876$ kg / l, $h = 10$ m일 때

자연 순환 수두 $H = 1000(0.98001 - 0.96876) \times 10 = 112.5$ [mmAq]　　　**답** 112.5 [mmAq]

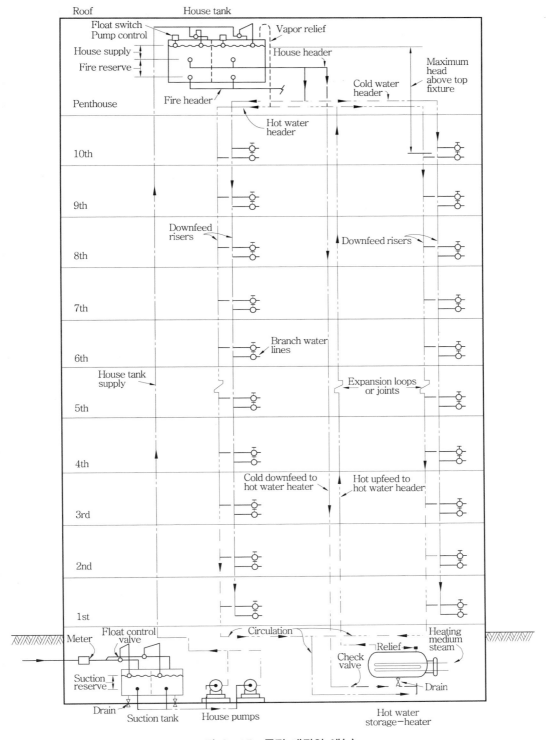

그림 3-15 급탕 배관의 예(a)

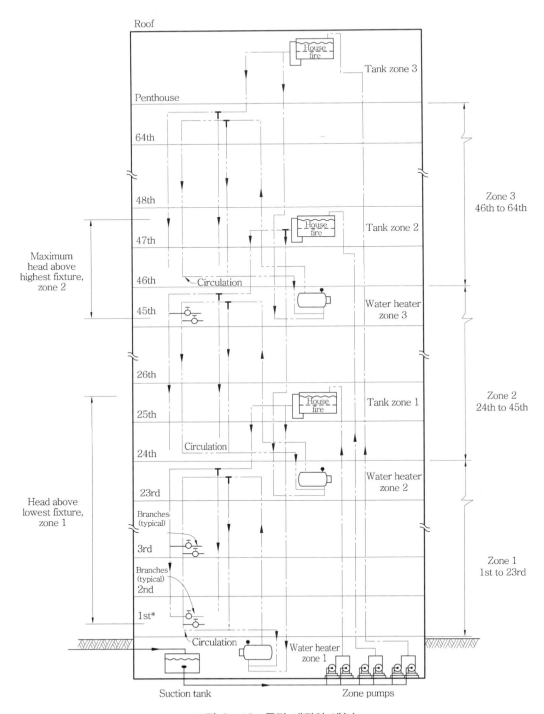

그림 3-16 급탕 배관의 예(b)

제 3 장 급탕 설비 **103**

(2) 강제 순환식

순환 펌프의 전 양정은 급탕 주관 및 제일 먼 곳의 급탕 분기관을 거쳐 복귀관에서 저탕조로 돌아오는 가장 먼 순환의 전 관로의 관 지름과 유량(순환 탕량)에서 전 손실 수두를 구해서 정한다.

$$\text{펌프의 전 양정 } H = 0.01\left(\frac{L}{2} + l\right) [\text{m}] \qquad\qquad [3-9]$$

여기서, L : 급탕관의 전 연장(m), l : 복귀관의 전 연장(m)

(3) 온수 순환 펌프의 수량

$$W = \frac{60\,Q\rho C\Delta t}{1000} \qquad\qquad [3-10]$$

$$Q = \frac{W}{60\Delta t} \qquad\qquad [3-11]$$

여기서, W : 배관과 펌프 및 기타 손실 열량(kcal / h), Q : 순환 수량(l / min)
C : 탕의 비열(kcal / kg · ℃), ρ : 탕의 밀도(kg / m³)
Δt : 급탕 · 반탕의 온도차(℃)(Δt 는 강제 순환식일 때 5~10 ℃ 정도임)

예제 4. 급탕 설비 설계 계획에서 급탕 온도가 60℃, 복귀탕 온도가 55℃일 때 온수 순환 펌프의 수량을 계산하라. (단, 배관 중의 총 손실 열량은 3000 kcal / h임.)

해설 식 [3-11]에서 $W = 3000$ kcal / h, $\Delta t = 60° - 55° = 5℃$

따라서 $Q = \dfrac{3000}{60 \times 5} = 10\,[l / \text{min}]$ 답 10 $[l / \text{min}]$

표 3-6 급탕관경과 복귀관경

급탕관경(mm)	25	32	40	50	65	75	100
복귀관경(mm)	20	20	25	32	40	40	50

(4) 배관과 기기에서의 열 손실

배관과 기기에서의 열 손실은 보온재 종류와 두께, 관내온도와 주위온도에 따라 달라진다. 배관에서의 열 손실 W_1[kcal / h]과 기기에서의 열 손실 W_2는 다음과 같이 구한다.

$$W_1 = \frac{2\pi L(t_1 - t_2)}{1/d_2\alpha + (1/\lambda)\log_e(d_2/d_1)} [\text{kcal / h}] \qquad\qquad [3-12]$$

$$W_2 = \frac{A(t_1 - t_2)}{\delta/\lambda + 1/\alpha} [\text{kcal / h}] \qquad\qquad [3-13]$$

여기서, L : 배관의 길이(m), d_1 : 배관외경(m)
d_2 : 보온재의 외경(m), α : 보온재의 표면열전달률(kcal / m² · h · ℃)
t_1 : 관내 온도(℃), t_2 : 주위 온도(℃)
δ : 보온재의 두께(m), A : 기기의 표면적(m²)
λ : 보온재의 열전도율(kcal / m · h · ℃)

설계조건에 따른 열 손실 변화를 보면 $t_1 = 60℃$, $t_2 = 25℃$일 때 관의 경우 $λ = 0.05$, $a = 10$, $d_1 = 15 \sim 50$ mm일 때 $d_2 = 20$ mm, $d_1 = 65 \sim 125$ mm일 때 $d_2 = 25$ mm, $d_1 = 150$ mm 일 때 $d_2 = 30$ mm, 평면의 경우 $λ = 0.05$, $δ = 0.05$, $α = 10$의 조건일 때 배관과 기기에서의 열 손실은 표 3–7과 같다.

표 3–7 배관, 기기에서의 열 손실

관 (단위 : kcal / m · h), 평면(단위 : kcal / m² · h)

종 별	호칭지름(A) / 온도 조건	15	20	25	32	40	50	65	80	100	125	150
보온한 강관		9.1	10.4	12.0	14.1	18.0	18.1	18.9	21.3	26.0	30.7	31.0
보온한 동관	$t_1 = 60℃$	7.6	9.2	10.8	9.9	11.0	13.2	17.0	19.4	24.2	28.9	29.5
보온하지 않은 강관	$t_2 = 25℃$	33.1	40.7	49.0	60.6	69.0	87.1	102.0	121.5	152.8	–	218.5
보온하지 않은 동관		19.1	25.0	31.5	37.3	44.0	54.9	67.5	78.1	99.9	–	141.2
보온한 평면		31.8										

(5) 급탕관의 구경

$$d = \sqrt{\frac{4Q}{vπ}} \ [\text{m}] \qquad\qquad [3–14]$$

여기서, Q : 1시간당의 순환탕량 (m³ / h)

v : 급탕관의 유속 (m / h)

(대략 $v = 0.7 \sim 1.0$ m / sec $= 2520 \sim 3600$ m / h)

예제 5. 급탕 주관의 전 길이가 90 m이고, 복귀탕 주관의 전 길이가 50 m일 때, 1시간의 급탕 량을 2000 *l*로 하려면 온수 순환 급탕관의 구경을 얼마로 해야 하는가?

[해설] 식 [3–9]에서

순환 펌프의 전 양정 $H = 0.01\left(\dfrac{90}{2} + 50\right) = 0.95$ [m]

식 [3–14]에서

$Q = 2000 \times 2 = 4000 [l / \text{h}] = 4 [\text{m}^3 / \text{h}]$, $v = 0.8 [\text{m} / \text{sec}] = 2880 [\text{m} / \text{h}]$

따라서, 급탕관의 구경 $d = \sqrt{\dfrac{4 \times 4}{3.14 \times 2880}} = \sqrt{0.00176932} = 0.042 = 50$ [mm]   답 50 [mm]

5. 급탕 설비의 설계 계산

5–1 직접 가열식 급탕 설비

(1) 석탄을 연료로 하는 경우, 보일러의 화상 면적

$$G = \frac{w(t_h - t_w)}{R \cdot F \cdot E} \ [\text{m}^2] \qquad\qquad [3–15]$$

예제 6. 75 ℃의 온수 2000 l/h를 필요로 하는 급탕 설비에 설치하는 보일러의 화상 면적을 간접 가열식과 직접 가열식으로 각각 계산하라. (단, 급수 온도 10 ℃, 급탕 온도 75 ℃, 석탄의 발열량 4500 kcal/kg, 보일러 효율 65 %, 연소율 30 kg/m²·h이다.)

해설 직접 가열식일 때 식 [3-15]을 이용하면

$$G = \frac{w(t_h - t_w)}{R \cdot F \cdot E} = \frac{2000(75-10)}{30 \times 4500 \times 0.65} = 1.481 \cdots = 1.48 \, [\text{m}^2]$$

간접 가열식일 때는 직접 가열식일 때의 15 %(온수 보일러일 때)~20 %(증기 보일러일 때)를 증가시키면 된다.

$$G = 1.48 \times 1.2 = 1.78 \, [\text{m}^2] \qquad \text{답} \ \text{직접 가열식일 때 : } 1.48 \, [\text{m}^2], \ \text{간접 가열식일 때 : } 1.78 \, [\text{m}^2]$$

(2) 중유를 연료로 하는 경우, 보일러의 전열면적

$$H = \frac{w(t_h - t_w)}{R \cdot F \cdot E} \, [\text{m}^2] \qquad\qquad\qquad [3-16]$$

예제 7. 매시 3000 l의 온수가 필요한 건물에 있어서 급수 온도가 15 ℃이고 급탕 온도가 70 ℃일 때 중유를 사용하는 온수 보일러의 전열면적을 산출하여라. (단, 중유의 발열량은 10000 kcal/kg, 중유의 연소율은 2.0 kg/m²·h, 보일러의 열효율은 60 %이다.

해설 식 [3-16]에서 $w = 3000 \, l$/h, $t_h = 70$ ℃, $t_w = 15$ ℃, $R = 2.0 \, \text{kg/m}^2 \cdot \text{h}$,

$F = 10000 \, \text{kcal/kg}$, $E = 0.6$이므로

$$H = \frac{w(t_h - t_w)}{R \cdot F \cdot E} = \frac{3000(70-15)}{2 \times 10000 \times 0.6} = 13.75 = 14 \, [\text{m}^2] \qquad \text{답} \ 14 \, [\text{m}^2]$$

(3) 가스 히터를 사용하는 경우, 가스 소비량

$$G_g = \frac{w(t_h - t_w)}{F \cdot E} \, [\text{m}^3/\text{h}] \qquad\qquad\qquad [3-17]$$

예제 8. 10 ℃의 물을 70 ℃로 가열하여 매시 380 l씩 공급할 때 필요한 가스의 용량을 구하여라. (단, 가스 발열량은 11000 kcal/m³, 가스의 열효율은 70 %이다.)

해설 식 [3-17]에서 $w = 380 \, l$/h, $t_h = 70$ ℃, $t_w = 10$ ℃,

$F = 11000 \, \text{kcal/m}^3$, $E = 0.7$이므로

$$\text{가스 소비량} \ G_g = \frac{w(t_h - t_w)}{F \cdot E} = \frac{380(70-10)}{11000 \times 0.7} = 2.96 = 3 \, [\text{m}^3/\text{h}] \qquad \text{답} \ 3 \, [\text{m}^3/\text{h}]$$

예제 9. 1인 1일 평균 급탕량이 120 l인 6인 가족의 주택이 있다. 이 주택에 가스를 사용하여 온수 보일러를 갖춘 중앙식 급탕 설비를 시공하고자 한다. 급수 온도 5 ℃, 급탕 온도 60 ℃, 가스 발열량 11000 kcal/m³(천연가스), 보일러 효율 80 %, 저탕량의 비율은 1일 사용 탕량의 1/5, 온수 보일러의 능력은 1일 사용 탕량의 1/7이라고 할 때 ① 1일 급탕량(l/d), ② 저탕 용량(l), ③ 온수 보일러의 가열 능력(kcal/h), ④ 1일의 가스 소비량(m³/d)를 계산하라.

해설 ① 1일 급탕량 $w = 120 \times 6 = 720 \,[l/\mathrm{d}]$

② 저탕 용량 $V = 720 \times \dfrac{1}{5} = 144 \,[l]$

③ 온수 보일러의 필요 능력 $= 720 \times \dfrac{1}{7}(60-5) = 5658 \,[\mathrm{kcal/h}]$

④ 1일의 가스 소비량은 식 [3-17]에서

$$G_g = \frac{w(t_h - t_w)}{F \cdot E} = \frac{720(60-5)}{11000 \times 0.8} = 4.5 \,[\mathrm{m^3/d}]$$

답 ① $720\,[l/\mathrm{d}]$, ② $144\,[l]$, ③ $5658\,[\mathrm{kcal/h}]$, ④ $4.5\,[\mathrm{m^3/d}]$

(4) 전기 히터를 사용하는 경우, 소요 전력량

$$H_e = \frac{w(t_h - t_w)}{K \cdot E} \,[\mathrm{kWh}] \tag{3-18}$$

예제 10. 급수 온도 10 ℃의 냉수를 매시 300 l씩 가열하여 온도 60℃의 온수를 얻기 위해 석탄 때기 급탕 보일러를 사용하는 경우, 1시간당 필요한 석탄의 소비량을 계산하라. 또한 가스 탕비기 또는 전기 탕비기를 사용하면 가스의 소요량 및 전기 소요량은 얼마나 되는지 계산하라. (단, 석탄의 발열량은 5500 kcal/kg, 보일러 효율은 55 %이다.)

해설 식 [3-15]에서 석탄의 소요량은 $G \times R$이므로

$$G \times R = \frac{w(t_h - t_w)}{F \cdot E} = \frac{300(60-10)}{5500 \times 0.55} = 4.96 \,[\mathrm{kg/h}]$$

식 [3-17]에서 가스의 소요량 G_g는(가스발열량 4000, 가스효율은 75 %임)

$$G_g = \frac{w(t_h - t_w)}{F \cdot E} = \frac{300(60-10)}{4000 \times 0.75} = 5 \,[\mathrm{m^3/h}]$$

식 [3-18]에서 전기 소요량 H_e는(전기의 효율은 85 %임)

$$H_e = \frac{w(t_h - t_w)}{K \cdot E} = \frac{300(60-10)}{860 \times 0.85} = 20.52 \,[\mathrm{kWh}]$$

답 석탄 소비량 : $4.96\,[\mathrm{kg/h}]$, 가스 소비량 : $5\,[\mathrm{m^2/h}]$, 전기 소비량 : $20.52\,[\mathrm{kWh}]$

(5) 기수 혼합식의 경우, 소요 증기량

$$Q = \frac{w(t_h - t_w)}{L} \,[\mathrm{kg/h}] \tag{3-19}$$

여기서, w : 급탕량 (kg/h), $t_h \cdot t_w$: 급탕 온도 및 급수 온도(℃)

R : 연소율, 석탄의 화상 면적 또는 중유의 전열 면적 1 m²당 1시간의 연소량(kg/m²/h)

F : 연료의 발열량 (kcal/kg 또는 kcal/m³)

E : 전열 효율 (%), K : 전력 1 kW의 발열량 (860 kcal/h)

5-2 간접 가열식 급탕 설비

간접 가열식의 경우에도 직접 가열식의 경우와 동일하게 계산하고 그 결과에 대해 보일러 및 보일러와 저장 탱크간의 열 손실을 고려하여 온수 보일러의 경우에는 15 %를 증가하고 증기 보일러의 경우에는 20 %를 증가한다.

(1) 가열관의 표면적

$$S = \frac{w(t_h - t_w)}{\lambda E(t_s - t_a)} \ [\text{m}^2] \hspace{5cm} [3-20]$$

예제 11. 380명을 수용하는 아파트에서 10 ℃의 물을 60 ℃로 가열하여 1일 1인당 평균 150 l 를 공급할 때 저탕 용량, 증기 가열식 저탕조의 가열관(동관)의 소요 단면적을 산출하라. (단, 공급 증기 온도는 110 ℃이다.)

해설 ① 1일 급탕량 $= 150 \times 380 = 57000 \ l/\text{d}$

표 [3-3]에서 1일 사용량에 대한 저탕 비율은 1/5이므로

저탕조 용량 $V = 57000 \times \dfrac{1}{5} = 11400 \ [l]$

② 식 [3-20]에서 $w = 57000 \times \dfrac{1}{7} = 8143 \ [l/\text{h}]$

$t_h = 60 \ ℃, \ t_w = 10 \ ℃, \ t_a = \dfrac{60+10}{2} = 35 \ ℃, \ t_s = 110 \ ℃,$

$\lambda = 1000 \ \text{kcal}/\text{m}^2 \cdot ℃ \cdot \text{h}$ (표 3-8)이므로

$s = \dfrac{w(t_h - t_w)}{\lambda E(t_s - t_a)} = \dfrac{8143(60-10)}{1000 \times 0.9(110-35)} = 6.03 \ [\text{m}^2]$

(열전도율 저하를 고려하여 50 %로 증가한 것으로 보면 9 m²임)

답 저탕 용량 : 11400 [l], 가열관이 표면적 : 6.03 [m²]

(2) 소요 증기량

$$w_s = \frac{w(t_h - t_w)}{E \cdot L} \ [\text{kg}/\text{h}] \hspace{5cm} [3-21]$$

여기서, w : 급탕량 (kg/h), E : 전열 효율 (%), t_s : 증기 온도 (℃)

L : 증기 1 kg당 보유 잠열(539 kcal/kg), $t_h \cdot t_w$: 급탕 온도 및 급수 온도 (℃)

λ : 가열 코일의 전열계수 (kcal/m² · ℃ · h)

t_a : 급수 온도와 급탕 온도의 평균치(℃)

예제 12. 앞 문제에서 중유 발열량이 9800 kcal/kg일 때 ① 소요 증기량과 ② 1일당 연료 소비량을 산출하라. (단, 보일러 효율 80 %, 가열관의 외경 50 mm (동관), 저탕조 배관의 열 손실은 무시한다.)

해설 50 mm 동관의 표면적 $= 0.1388 \ \text{m}^2/\text{m}$이므로

동관 소요 길이 $= \dfrac{9}{0.1388} = 64.84 = 65 \ [\text{m}]$

식 [3-21]에서 $w = 8.143 \ l/\text{h}, \ t_h = 60 ℃, \ t_w = 10 ℃, \ L = 539 \ \text{kcal}/\text{kg}, \ E = 0.8$이므로

소요 증기량 $w_s = \dfrac{8.143(60-10)}{0.8 \times 539} = 944.2 = 945 \ [\text{kg}/\text{h}]$

식 [3-16]에서 중유 소비량 $HR = \dfrac{w(t_h - t_w)}{F \cdot E}$ 이므로

중유 소비량 $HR = \dfrac{57000(60-10)}{9800 \times 0.8} = 363.5 ≒ 364 \ [\text{kg}/\text{d}]$ 답 ① 945 [kg/h], ② 364 [kg/d]

표 3-8 전열계수 (kcal / m² · ℃ · h)

고온측	재 료	저온측	전열계수	고온측	재 료	저온측	전열계수
증 기	동	물	1000	증 기	연 철	물	900
뜨거운물	동	물	300	뜨거운물	연 철	물	280
증 기	황 동	물	950	증 기	동	공 기	14
뜨거운물	황 동	물	290	뜨거운물	동	공 기	11
증 기	주 철	물	780	증 기	주 철	공 기	10
뜨거운물	주 철	물	250	뜨거운물	주 철	공 기	7

예제 13. 각 세대마다 세면기(7.5 l/h), 부엌 싱크(75 l/h), 배선 싱크(38 l/h), 세탁 싱크(75 l/h) 각 1개씩 설비되어 있는 아파트의 60세대에 필요한 급탕 설비를 하고자 한다. ① 기구의 동시 사용률이 30%일 때 1시간당 가열 능력은 몇 kcal/h이고, ② 가열관의 관경이 32 mm인 동관의 가열관 소요 길이는 몇 m인가?(단, 급수 온도 5 ℃, 급탕 온도 60 ℃, 가열용 증기 공급 온도는 110 ℃, 32 mm 동관 표면적은 0.0879 m²/m임.)

해설 급탕량 $w = (7.5+75+38+75) \times 60 \times 0.3 = 3519 [l/h]$

또 $t_h = 60℃$, $t_w = 5℃$이므로

① 가열기의 소요 열량 $= w(t_h - t_w) = 3519(60-5) = 193545 [kcal/h]$

식 [3-20]과 표 (3-8)에 의하면 $\lambda = 1000$ kcal/m² · ℃ · h, $E = 0.9$

$t_s = 110℃$, $t_a = \dfrac{60+5}{2} = 32.5 [℃]$이므로

소요 전열 면적 $S = \dfrac{193545}{1000 \times 0.9(110-32.5)} = 2.78 [m²]$

32 mm 동관 1 m당 표면적 = 0.0879 m²이므로

② 가열관의 소요 길이 $= \dfrac{2.78}{0.0879} = 32 [m]$

답 ① 193545 [kcal/h], ② 32 [m]

5-3 저탕조의 용량 계산

(1) 직접 가열식일 때

저탕조 용량 V는 다음과 같다.

$$V = (1시간당\ 최대\ 사용\ 급탕량 - 온수\ 보일러의\ 탕량) \times 1.25 \qquad [3-22]$$

(2) 간접 가열식일 때

$$V = 1시간당\ 최대\ 사용\ 급탕량 \times (0.9 \sim 0.6) \qquad [3-23]$$

표 3-9 저탕조의 용량

최대 사용 급탕량 (l/h)	저탕비율 (%)	저탕조의 용량 (l)	최대 사용 급탕량 (l/h)	저탕비율 (%)	저탕조의 용량 (l)
1000 이하	90	900	5000 이하	70	3500
2000 이하	80	1600	7500 이하	65	5000
3000 이하	75	2250	10000 이하	60	6000

예제 14. 1시간당 최대 급탕량이 $2000\,l/h$이고, 온수 보일러의 탕량이 $550\,l$일 때 직접 가열식과 간접 가열식의 저탕조 용량을 계산하라.

[해설] ① 직접 가열식은 식 [3−22]에 의하여

$V = (2000 - 550) \times 1.25 = 1825.5\,[l]$

② 간접 가열식은 식 [3−23]에 의하여

$V = 2000 \times 0.8 = 1600\,[l]$

[답] ① $1825.5\,[l]$, ② $1600\,[l]$

5−4 팽창관과 팽창 탱크 결정

(1) 팽창 탱크 크기

① 개방식 팽창 탱크 : 탱크의 용량은 다음과 같이 계산한다.

$$\varDelta v = \left(\frac{\rho_1}{\rho_2} - 1\right)v \qquad\qquad [3-24]$$

여기서, $\varDelta v$: 팽창량(l)

v : 계통내 전수량(l)

ρ_1 : 가열 전 물의 밀도(kg/l)

ρ_2 : 가열 후 물의 밀도(kg/l)

② 밀폐식 팽창 탱크 : 탱크의 용량은 다음식과 같다.

$$V = \left[\frac{P_1 P_2}{(P_2 - P_1)P_0}\right]\varDelta v \qquad\qquad [3-25]$$

여기서, V : 밀폐식 팽창 탱크의 용량(l)

P_1 : 팽창 탱크 위치에서 가열 전의 절대압력(kg/cm^2)

P_2 : 장치의 허용 최대 절대압력(kg/cm^2)

P_0 : 밀폐식 팽창 탱크의 봉입 절대압력(kg/cm^2)

다음 그림 3−17과 3−18은 개방식과 밀폐식 팽창 탱크를 나타낸 것이다. 밀폐식 팽창 탱크는 diaphragm식이나 bladder식의 격막식이 사용된다.

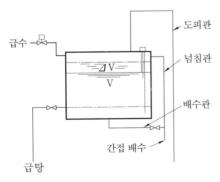

V : 시간 최대 급탕량의 20분 − 1시간분

$\varDelta V$: 급탕 설비내 물의 팽창량

그림 3−17 개방식 팽창 탱크

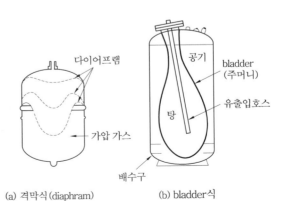

(a) 격막식(diaphram)　　(b) bladder식

그림 3−18 밀폐식 팽창 탱크

예제 15. 그림 3-19의 배관 계통에서 저탕용량 $1000l$, 배관 전체 보유수량 $800l$일 때 밀폐식 팽창 탱크의 용량을 계산하라. (단, 급수 방식은 압력 급수 방식이며 압력 급수장치 기동 압력 $2\,\text{kg}/\text{cm}^2$, 정지 압력 $3\,\text{kg}/\text{cm}^2$, 도피 밸브 설정 압력 $5\,\text{kg}/\text{cm}^2$, 도피 밸브 설치 위치에서 최대 압력은 도피 밸브 설정 압력의 $90\,\%$, 팽창 탱크내 초기 압력 $1.6\,\text{kg}/\text{cm}^2$, 급수 온도 $5\,℃$, 급탕 온도 $60\,℃$, $5\,℃$일 때 물의 밀도 $1.0000\,\text{kg}/l$, $60\,℃$일 때 물의 밀도 0.9832 kg/l임.)

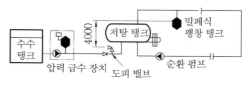

그림 3-19

해설 식 [3-24]에 의하여 팽창량 Δv를 구하면

$$\Delta v = \left(\frac{\rho_1}{\rho_2}-1\right)v = \left(\frac{1.0000}{0.9832}-1\right) \times 1800 ≒ 30.8\,[l]$$

식 [3-25]에 의하여 팽창 탱크 용량 V를 구한다.

먼저 $P_0 = 1.6 + 1.033 = 2.633\,[\text{kg}/\text{cm}^2]$

$P_1 = 3.0 - 0.4 + 1.033 = 3.633\,[\text{kg}/\text{cm}^2]$

$P_2 = 5 \times 0.9 - 0.4 + 1.033 = 5.133\,[\text{kg}/\text{cm}^2]$, $\Delta v = 30.8\,[l]$를 식 [3-25]에 대입하면

$$V = \left[\frac{3.633 \times 5.133}{(5.133 - 3.633) \times 2.633}\right] \times 30.8 = 145\,[l]$$

답 145 $[l]$

(2) 팽창관의 설치 높이

팽창관은 그림 3-20과 같이 급탕관에서 수직으로 연장시켜 고가 탱크 또는 팽창 탱크에 개방시킨다.

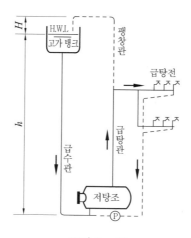

그림 3-20

고가 탱크(팽창 탱크)의 최고 수위면으로부터의 팽창관의 수직 높이 H는 다음과 같이 구한다.

$$H > h\left(\frac{\rho_1}{\rho_2} - 1\right) [\text{m}] \qquad\qquad [3-26]$$

여기서, h : 고가 탱크에서의 정수두 (m)

ρ_1 : 가열 전 물의 밀도 (kg / l), ρ_2 : 가열 후 물의 밀도 (kg / l)

5-5 급탕관의 관경 결정

급탕관의 관경은 앞서 설명한 급수 설비의 관경 계산 방법과 동일한 방법으로 구한다. 급탕관은 금속의 부식을 고려하여 내식성 재료를 사용하는 것이 좋다.

예제 16. 그림 3-21의 급탕 설비 배관에서 각부의 관경을 구하라. (단, 각층은 세면기 10개에 급탕한다. 재료는 동관을 사용함.)

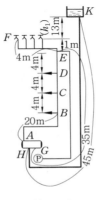

그림 3-21

해설 급수관의 관경 계산과 같이 고가 탱크에서 급탕전까지 거리 즉 $KHAB \sim F$ 까지 길이를 구한다.

  $l = 45 + 20 + (4 \times 4) = 81$ [m]

4층 허용마찰 손실 수두 $= 14 - 3 - 1 = 10$ [mAq] $= 10000$ [mmAq]

(기구의 필요최저 압력은 0.3 kg / cm³, 배관의 국부 상당 관 길이는 직관 길이 50 %로 본다.)

$$R_4 = \frac{10000}{81(1+0.5)} = 82 \text{ [mmAq / m]} \qquad R_2 = \frac{18000}{73(1+0.5)} = 164 \text{ [mmAq / m]}$$

$$R_3 = \frac{14000}{77(1+0.5)} = 121 \text{ [mmAq / m]} \qquad R_1 = \frac{22000}{69(1+0.5)} = 213 \text{ [mmAq / m]}$$

위생기구의 급탕 부하는 급수 부하 단위의 2/3보고 각 층의 급탕 부하 단위 합계는

  $2 \times 10 \times 2 / 3 = 13$

앞의 2장 급수 설비 그림 2-18과 허용 마찰 손실 수두 R을 이용하여 구한 관경을 표 3-10에 표시한다.

표 3-10

I	배관 부분	AB	BC	CD	DE
II	기구 부하 단위	52	39	26	13
III	유수량 [l / min]	110	80	70	35
IV	허용마찰 수두 R [mmAq / m]	213	164	121	82
V	관경 [mm]	32	32	32	25

6. 급탕 배관 시공상 주의사항

급탕 설비의 배관 설계 및 시공은 다음 사항을 주의하여 시공하여야 한다.

6-1 배관과 구배

배관의 구배는 온수의 순환을 원활하게 하기 위해 현장 조건이 허용하는 한 급구배로 하는 것이 좋다. 상향 공급 방식에 있어서는 급탕 수평 주관은 선상향(앞올림) 구배로 하고 복귀관은 선하향(앞내림) 구배로 한다. 하향 공급 방식에는 급탕관 및 반탕관 모두 하향(앞내림) 구배로 한다.

배관 구배는 중력 순환식은 1/150, 강제 순환 방식은 1/200 정도로 하는 것이 좋다.

6-2 공기배기

물이 가열되면 그 속에 함유되어 있는 공기가 분리된다. 이 공기는 배관 계통 중 ㄷ자형 배관부 등에 괴어 탕물의 순환을 저해하므로 구배를 주거나 동시에 ㄷ자형 배관을 피해야 한다.

배관 시공에서 부득이 굴곡 배관을 해야 할 경우에는 그곳에 괼 공기를 배제하기 위해 공기빼기 밸브를 설치해야 한다. 배관 도중의 스톱 밸브, 글로브 밸브 등은 공기의 체류를 유발하기 쉬우므로 슬루스 밸브를 사용하는 것이 좋다.

6-3 배관의 신축

(1) 관의 신축과 팽창계수

관내의 수온이 오르내리면 그에 따라 관경과 길이가 신축한다. 관경 신축량은 근소하지만 길이의 신축량은 커서 직선 배관이 길 때에는 관 이음쇠 · 밸브류 및 기타 서포트 등에 큰 응력이 생겨 이음쇠가 파손되기도 한다. 신축량은 관 길이와 온도 변화에 비례하며 다음과 같이 계산한다.

$$L = 1000 lc\Delta t \qquad\qquad [3-26]$$

여기서, L : 신축량(mm)

l : 온도 변화 전의 관 길이(m)

c : 관의 선팽창계수

Δt : 온도 변화(℃)

표 3-11 관의 선팽창계수

관 종류	선팽창계수	관 종류	선팽창계수
연철관	0.000012348	동 관	0.00001710
강 관	0.00001098	황동관	0.00001872
주철관	0.00001062	연 관	0.00002862

표 3-12 각종 관의 선팽창량 (mm / 100 m)

관 종류		강 관	동 관	황동관
선팽창계수		0.1098×10^{-4}	0.1710×10^{-4}	0.1872×10^{-4}
온 도	0 ℃	0	0	0
	20 ℃	22.0	68.4	37.4
	40 ℃	43.9	84.2	74.9
	60 ℃	65.9	102.6	112.3
	80 ℃	87.8	136.8	149.3
	100 ℃	109.8	171.0	187.2

(2) 신축 이음쇠

배관의 신축·팽창량을 흡수 처리하기 위해서는 신축 이음쇠가 사용되며, 그 종류에는 스위블 조인트 (swivel joint)·신축 곡관 (expansion loop)·슬리브형 신축 이음쇠(sleeve type)·벨로스형 신축 이음쇠(bellows type) 등이 있다.

스위블 조인트는 2개 이상의 엘보를 사용하여 신축을 흡수하는 것으로 신축과 팽창으로 누수의 원인이 되는 것이 결점이다.

신축 곡관은 고압 배관에도 사용할 수 있는 장점이 있으나 1개의 신축 길이가 큰 것이 결점이며, 고압 배관의 옥외 배관에 적합하다.

일반적으로 가장 많이 사용되는 이음쇠는 슬리브형 이음쇠와 벨로스형 이음쇠이며, 보통 1개의 신축이음쇠로 30 mm 전후의 팽창량을 흡수한다. 따라서 강관은 보통 30 m, 동관은 20 m마다 신축 이음을 1개씩 설치하는 것이 좋다.

다음에 배관이 콘크리트 벽이나 슬랩을 관통하는 곳에서 슬리브를 넣어 슬리브 속으로 관을 통하여 관이 자유롭게 신축하도록 함으로써 배관의 고장이나 건물의 손상을 방지한다.

바닥 매설 배관을 할 때에는 콘크리트 바닥에 홈을 만들어 보온재로 피복하여 부설한 후 홈 위에 뚜껑을 덮으면 후일 수리 등을 할 때 편리하다.

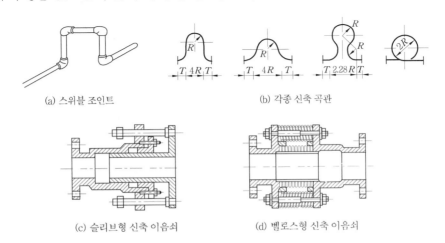

(a) 스위블 조인트　　　　　　　　(b) 각종 신축 곡관

(c) 슬리브형 신축 이음쇠　　　　(d) 벨로스형 신축 이음쇠

그림 3-22 각종 신축 이음쇠

6-4 보온 및 마무리 재료

배관에 있어서 보온재를 선택할 때에는 다음과 같은 점을 고려하여 선택한다.
① 안전 사용 온도 범위
② 열전도율
③ 물리적 · 화학적 강도
④ 내용년수
⑤ 단위 중량당 가격
⑥ 구입의 난이성
⑦ 공사 현장에서의 적응성
⑧ 불연성

저탕조 및 배관계는 전부 완벽하게 보온 피복하여 열손실을 최소 한도로 막는다. 보온재로 적합한 것으로는 우모 · 펠트 · 라크울 · 아스베스토스 · 마그네시아 · 규조토 등을 들 수 있다.

저탕조나 보일러 주위는 아스베스토스 또는 규조토와 시멘트를 섞어 물반죽하여 2, 3회에 걸쳐 두껍게 바른다. 이때 중간에 철망을 넣어 보강함으로써 떨어지는 것을 방지한다. 보온 피복 두께는 3~5 cm 정도로 하고 그 위를 마포 등으로 감싼 다음 표면에 페인트칠을 한다.

각 관경의 크기에 따라 제작된 원통형 규조토 커버를 사용하면 관의 고장 수리시에 편리하다. 배관의 만곡부는 관의 신축으로 피복에 균열이 생기기 쉬우므로 석면 로프를 감아 둔다.

6-5 관의 지지

배관을 적당한 지지기구로 지지하는 것은 배관의 유지 관리나, 누수의 방지 및 장치의 안전상 특히 중요하며, 지지기구를 선택할 때에는 다음과 같은 점을 고려하여 선택해야 한다.
① 관 및 관 내의 유체, 보온재를 포함한 전 중량을 지지하는 데 충분한 강도를 보유할 것
② 온도의 변화에 따른 관의 신축을 감당할 수 있을 것
③ 배관 시공에 있어서 그 구배를 손쉽게 조절할 수 있는 구조일 것
④ 지진 및 그 밖의 진동이나 충격에 대해서 충분히 견디어낼 수 있을 것
⑤ 관이 자체 무게로 처지는 것을 방지하기 위하여 적당한 간격으로 배관을 지지할 것

6-6 배관 기기의 시험과 검사

배관 기기의 시험과 검사는 급수 장치의 경우와 같은 방법으로 하되 수압시험은 피복하기 전 적어도 실제로 사용하는 최고 압력의 2배 이상의 압력으로 10분 이상 유지될 수 있어야 한다.

단, 신축 이음쇠에 직접 사용 압력의 2배를 작용시키면 누수하는 경우가 있으므로 일단 짧은 관으로 접속하여 시험한 다음 신축 이음쇠로 교환하는 것이 바람직하다.

제 **4**장   배수 및 통기 설비

1. 배수 설비 계획

1-1   배수 설비 계획

다음 그림 4-1은 배수 설비 계획의 순서도를 나타낸 것이다. 건물에서의 배수는 무엇보다도 하수도까지 신속하게 보내질 수 있도록 계획되어야 할 것이다. 따라서 계획 단계에서 순서도와 같은 검토가 필요하다.

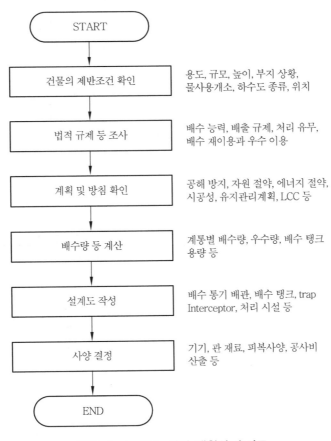

그림 4-1 배수 설비 계획의 순서도

1-2 배수 종류

인간생활을 위해 공급된 물은 증발하지 않는 한 모두 배수로 처리된다. 따라서 건물 또는 그 부지내의 배수는 다음과 같이 4가지로 분류할 수 있다.

　① 오수 : 주로 인체로부터의 배설물로 대변기·소변기·오물 싱크·비데·변기 소독기 등에서 나오는 배수를 말하며 하수도 처리구역 이외에서는 그 부지내의 오수 정화조에서 정화 처리해야 한다.

　② 잡배수 : 세면기·싱크류·욕조 등에서 나오는 일반 구정물의 배수로 하수도 처리구역 이외에서는 합류처리시설에서 처리하거나 하수도에 방류한다.

　③ 빗물 배수 : 옥상이나 마당에 떨어지는 빗물 배수 (깨끗한 용수도 포함된다)로 그대로 방류하여도 된다.

　④ 특수 배수 : 공업폐수 등과 같이 유독·유해물을 함유한 물이나 방사능을 다량으로 함유한 물의 배수로 직접 배수계통이나 하수도에 방류할 수 없다. 따라서 반드시 그 유해성을 확인하여 처리하여야 한다.

1-3 배수 방식

배수 방법은 처리 방법에 따라 분류 배수 방식과 합류 배수 방식으로 대별할 수 있다. 배수의 수질도 이 처리 방법에 따라 크게 달라질 수 있으며 또 지역에 따라 배수의 수질 기준을 다르게 하고 있다.

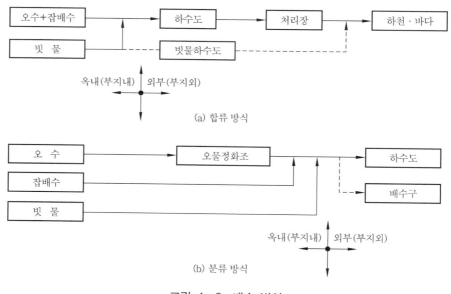

그림 4-2 배수 방식

(1) 합류 배수 방식

그림 4-2의 (a)와 같이 오수·잡배수의 구별없이 양자를 모아서 배수하는 방식으로서, 이 방식은 합류 하수관이 설치되어 있는 지역 또는 오수·잡배수의 합류처리시설을 설치한 건

물에서만 가능한 방식이다.

(2) 분류 배수 방식

그림 4-2의 (b)와 같이 건물 내의 배수를 오수와 잡배수 그리고 빗물로 나누어 각각 배출하는 방식이며, 앞에서 설명한 합류 배수 방식을 채용할 수 없는 건물에서는 오수를 정화조에서 처리한 후 잡배수와 빗물을 합류하여 배출한다.

표 4-1은 배수의 수질기준을 나타낸 것으로 허용한도를 넘는 배수는 반드시 제해(除害)시설을 해야 한다. 그리고 하수도 방류수에 대해 엄격한 기준이 정해져 있는 경우는 그 기준에 따른다.

표 4 - 1 배수의 수질 기준

항 목	허용 한도
온 도	45 ℃(40 ℃)
수소 이온 농도	5~9(5.8~8.6)
생물 화학적 산소 요구량(BOD)	600 mg / l (300)
부유 물질(SS)	600 mg / l (300)
노르말 헥산 유출물질	
함유량 { 광유류	5 mg / l
함유량 { 동식물류	30 mg / l
페놀류 함유량	5 mg / l
크롬 함유량	2 mg / l
동 함유량	3 mg / l
아연 함유량	5 mg / l
철(용해성) 함유량	10 mg / l
망간(용해성) 함유량	10 mg / l
불소 함유량	15 mg / l

㈜ ( ) 내는 평균치를 표시한 것임.

1-4 배수의 재이용 계획

물의 수요가 급격히 많아짐에 따라 안정적인 물공급을 위해서는 무엇보다도 물이용의 합리적인 대책이 필요하다. 이 대책의 하나로서 물을 순환시켜 사용하는 것이 중수도(잡용수도)이다.

우리 나라에서는 아직 이 시스템에 의한 중수도 개발이 실행되지 않고 있지만 선진 외국에서는 이에 대한 활용이 보편화 되어가고 있는 실정이다. 중수도 원수로는 주로 잡용수가 사용되지만 냉각배수, 하수처리수 등도 사용된다. 중수도의 이용 용도는 수세식 변소 용수가 대부분이고 기타 세정용수, 냉각용수, 살수용수 등으로도 사용되고 있다.

수자원 대책을 위한 중수도 보급을 위해서는 앞으로 기술적, 재정적, 법제적인 측면에서 신중하게 검토하여야 할 것이다. 그림 4-3은 각종 배수 재이용의 flow pattern도를 나타낸다. 배수 재이용 계획 수립에는 먼저 건물의 특성에 맞는 flow pattern의 적용이 중요하다.

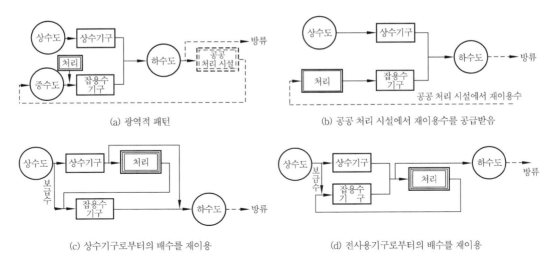

(a) 광역적 패턴

(b) 공공 처리 시설에서 재이용수를 공급받음

(c) 상수기구로부터의 배수를 재이용

(d) 전사용기구로부터의 배수를 재이용

그림 4-3 각종 배수 재이용의 flow pattern

그림 4-4는 일반 건축물의 배수 재이용 계획의 실례도이다. 배수 재이용 계획을 할 때 고려해야 할 사항은 다음과 같다.

① 재이용수와 그 배수(수원)의 수량과 수질의 안정성
② 재이용수의 사용 범위
③ 수요량의 균형
④ 요구수량과 수질에 알맞은 처리 시설
⑤ 공급 시설의 안정성
⑥ 경제성
⑦ 오용방지
⑧ 2차적인 장애 요인

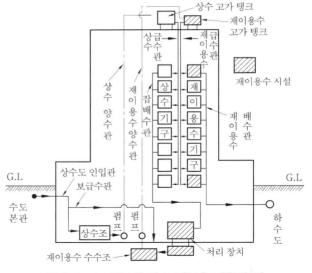

그림 4-4 건물의 배수 재이용 계획의 예

2. 옥내 배수 설비

옥내의 물을 배수하는 데는 중력식과 기계식의 2종류가 있다. 건물의 1층 이상이 공공 하수관보다 높은 위치에 있는 경우에는 중력 작용에 의하여 높은 데서 낮은 곳으로 자연히 흘러 내리게 하여 배수되는데 이를 중력 배수식(gravity drainage system)이라고 하며, 지하실 등 공공 하수관보다 낮은 곳의 배수는 일단 최하층 바닥에 설치된 배수 피트에 모아 오수 펌프를 이용하여 공공 하수관으로 배출하는데 이를 기계 배수식(mechanical drainage system)이라고 한다.

그림 4-5는 옥내 배수 및 통기관의 계통도이다.

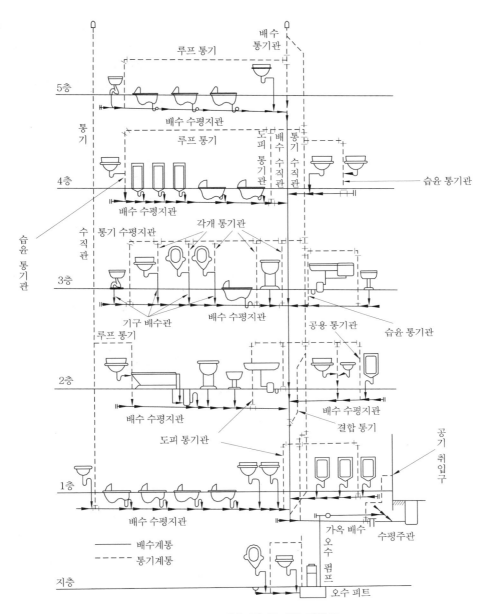

그림 4-5 배수 및 통기관 계통도

배수관의 종류는 다음과 같다.
① 기구 배수관　② 배수 수평 지관
③ 배수 수직 주관　④ 배수 수평 주관

2-1 트랩(trap)

배수관은 급수관의 경우와는 달리 보통 중력의 작용에 의해 물이 흐르므로 관 속 가득히 흐르는 일은 거의 없다. 또한 기구에서 배수되지 않을 때는 관 속은 비어 있게 되며, 따라서 하수 본관 및 가옥 배수관에서 발생한 해로운 하수 가스가 위생 기구를 통하여 집안으로 침입하게 된다. 이것을 방지하기 위해 배수 계통 요소에 부착하는 기구를 트랩이라고 한다.

트랩은 배수 계통 중 일부분에 물을 저수함으로써 물은 자유로이 유통시키지만 공기나 가스는 유통하지 못하게 하는 기구로서 배수 설비에는 없어서는 안될 중요한 것이다.

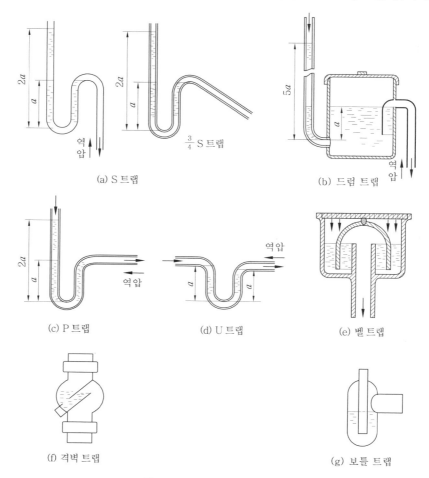

그림 4-6 트랩의 기본형의 예

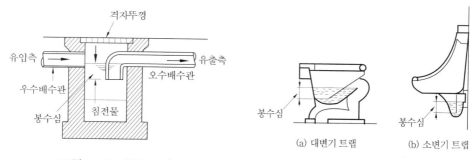

그림 4-7 빗물 트랩

그림 4-8 조립 트랩

(1) 트랩의 구비 조건

트랩은 다음과 같은 조건을 갖추어야 한다.

① 구조가 간단할 것

② 자체의 유수로 배수로를 세정하고 유수면은 평활하여 오수가 정체하지 않을 것

③ 봉수가 없어지지 않는 구조일 것

④ 가동부의 작용이나 감추어진 내부 칸막이에 의해 봉수를 유지하는 식이 아닐 것

⑤ 내식성·내구성 재료로 만들어져 있을 것

(2) 트랩의 기본형

트랩의 종류는 그림 4−6에서와 같이 다양하지만 그 중에서 가장 많이 쓰이는 것은 S 트 랩·P 트랩·U 트랩·드럼 트랩·벨 트랩 등이다.

P 트랩·S 트랩·U 트랩은 관 트랩의 일종으로 비교적 소형으로 자정작용이 있지만 봉수 가 파괴되기 쉬운 결점이 있다. 그래서 이들 트랩을 사이펀식 트랩이라고도 한다. 드럼 트랩 은 드럼상의 수조로 되어 있어 봉수파괴의 염려는 없지만 자정 작용이 없어 침전물이 정체 되기 쉽다. 벨 트랩은 벨형 기구를 배수구에 씌운 모양의 트랩으로 바닥 배수에 사용된다.

U 트랩은 가옥 트랩으로서 옥내 배수 수평 주관의 말단 등 가옥 내 배수 기구에 부착하여 공공 하수관으로부터의 해로운 하수 가스가 집안으로 침입하는 것을 방지하는 데 사용된다 (그림 4−11 참조).

그림 4−7은 빗물 배수에 응용된 트랩의 예이다. 그림 4−8은 대변기나 소변기처럼 위생도 기와 일체가 된 조립 트랩을 나타낸 것으로 기구 기능에 따라 다양한 형이 있다.

(3) 트랩의 봉수 (seal water)

배수관에 있어서 트랩의 기능은 하수가스의 실내 침 입을 방지하는 것이 목적이다. 그림 4−6에서 a는 봉 수의 깊이이며, 이 깊이는 5~10 cm로 하는 것이 보통 이다. 5 cm 이하면 봉수를 완전하게 유지할 수 없으며, 따라서 트랩으로서의 역할을 다하지 못하게 된다.

또 봉수 깊이를 너무 깊게 하면 유수의 저항이 증대 하여 통수능력이 감소되므로 트랩 통수로의 세척력이 약해져 트랩 밑에 침전물이 쌓여 트랩이 막히는 원인이 된다.

한편 트랩의 봉수는 다음과 같은 작용에 의해 그 양 이 줄거나 없어지는 경우가 있다.

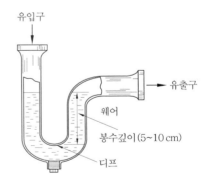

그림 4−9 트랩의 봉수

① 자기 사이펀 작용 : 배수시에 트랩 및 배수관은 사이펀관을 형성하여 기구에 만수된 물이 일시에 흐르게 되면 트랩 내의 물이 자기 사이펀 작용에 의해 모두 배수관 쪽으로 흡인 되어 배출하게 된다. 이 현상은 S 트랩의 경우에 특히 심하다.

② 흡출 작용 : 수직관 가까이에 기구가 설치되어 있을 때 수직관 위로부터 일시에 다량의 물이 낙하하면 그 수직관과 수평관의 연결부에 순간적으로 진공이 생기고 그 결과 트랩 의 봉수가 흡입 배출된다.

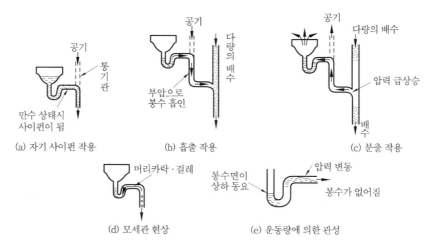

그림 4-10 배수 트랩의 봉수 파괴 원인

③ 분출 작용 : 트랩에 이어진 기구 배수관이 배수 수평 지관을 경유 또는 직접 배수 수직
  관에 연결되어 있을 때, 이 수평 지관 또는 수직관 내를 일시에 다량의 배수가 흘러내리
  는 경우 그 물덩어리가 일종의 피스톤 작용을 일으켜 하류 또는 하층 기구의 트랩 속
  봉수를 공기의 압력에 의해 역으로 실내 쪽으로 역류시키기도 한다.

④ 모세관 현상 : 트랩의 오버플로관 부분에 머리카락 · 걸레 등이 걸려 아래로 늘어뜨려져
  있으면 모세관 작용으로 봉수가 서서히 흘러내려 마침내 말라버리게 된다.

⑤ 증 발 : 위생기구를 오래도록 사용하지 않는 경우 또는 사용도가 적고 사용하는 시간
  간격이 긴 기구에서는 수분이 자연 증발하여 마침내 봉수가 없어지게 된다. 특히 바닥
  을 청소하는 일이 드문 바닥 트랩에서는 물의 보급을 게을리하면 이런 현상이 자주
  일어난다.

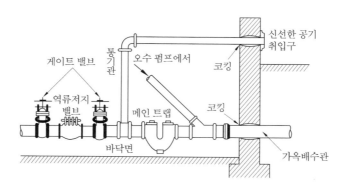

그림 4-11 가옥의 U 트랩 연결도

⑥ 운동량에 의한 관성 : 보통은 일어나지 않는 현상이나 위생 기구의 물을 갑자기 배수하는
  경우, 또는 강풍 · 기타의 원인으로 배관 중에 급격한 압력 변화가 일어난 경우에 봉수
  면에 상하 동요를 일으켜 사이펀 작용이 일어나거나 또는 사이펀 작용이 일어나지 않더
  라도 봉수가 배출되는 경우가 있다. 이것은 통기관을 설치하여도 막을 수 없다.

2-2 조집기(interceptor)

조집기는 배수 중에 혼입한 여러 가지 유해물질이나 기타 불순물 등을 분리해 내기 위한 것으로 구조는 트랩의 형식으로 된 것이 대부분이지만 그 목적은 트랩과는 다르다. 조집기의 종류와 그 사용 용도는 다음과 같다.

① 그리스 조집기(그리스 트랩) : 이것은 일반 트랩의 목적 외에 주방으로부터의 배수 중에 합류되어 있는 지방분을 트랩 내에서 응결시켜 이것을 제거하고 지방분이 배수관 중에 유입하는 것을 막기 위함이다 (그림 4-12 참조).

② 가솔린 조집기(가솔린 트랩) : 가솔린 조집기는 휘발성 기름을 취급하는 차고 등지에서 사용되는 것으로 가솔린을 트랩의 수면에 띄워 배기관을 통하여 휘발방산시킨다 (그림 4-13 참조).

③ 모래 조집기(샌드 트랩) : 배수 중에 진흙·모래 등을 다량으로 함유하고 있을 때 이것을 분리하기 위해 사용한다.

④ 모발 조집기(헤어 트랩) : 모발이 배수관 중에 유입하는 것을 막기 위해 사용한다.

⑤ 석고 조집기(플라스터 트랩) : 병원의 치과 또는 외과의 깁스실에 설치하는 조집기로서 금은재(金銀材)의 부스러기나 플라스터를 걸러 낸다.

⑥ 세탁장 조집기(런드리 트랩) : 이것은 영업용의 세탁장에 설치하여 단추·끈 등의 세탁 불순물이 배수관 중에 유입하지 않도록 설치한다.

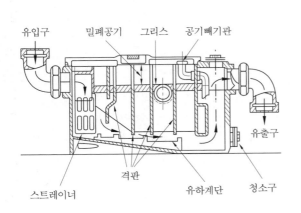

그림 4-12 소형 그리스 조집기

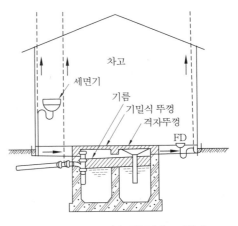

그림 4-13 가솔린(오일) 조집기

2-3 배수관의 관경과 구배

옥내 배수관의 구배는 되도록 급한 구배로 하는 것이 좋으나 필요 이상 급하게 하면 오히려 배수의 능률을 나쁘게 한다. 배관의 구배를 너무 급하게 하면 관내의 유수가 너무 빨리 흘러 고형물이 남게 된다. 반대로 구배를 너무 완만히 하면 유속이 떨어져 오물을 씻어내리는 힘이 약해진다.

배수관의 관경도 필요 이상으로 크게 하면 오히려 배수의 능력이 저하된다. 동일한 유량에 대해서 관경을 무턱대고 크게 하면 물은 얕은 흐름이 되고 또한 유속도 감소하므로 고형물을 밀어내는 힘이 약해져 물만이 흐르게 되고 따라서 고형물이 처져 배수관이 막히는 원인이 된다.

일반적으로 배수관의 관경과 구배는 유속이 0.6~1.2 m/s 정도로 유수 깊이가 관말에서 만류(滿流)가 될 때를 표준으로 한다. 표 4-2는 배수 수평관의 최소 구배를 나타낸 것으로 1/50 이상의 급구배는 트랩에서 자기 사이펀 작용이 발생하기 쉽기 때문에 구배 결정에 유의하여야 한다. 또는 관경이 200 mm 이상이며 유속이 0.6 m/s를 넘는 경우는 유속이 0.6 m/s 이하가 되지 않는 범위에서 표 4-2의 최소구배보다 다소 완만하게 배관하여도 된다.

표 4-2 배수 수평관 구배(기울기)

관 경(mm)	구 배
65 이하	최소 1/50
75, 100	최소 1/100
125	최소 1/150
150 이상	최소 1/200

㊅ HASS-206 (일본의 급배수 설비 기준)

3. 통기관 설비

통기관의 설치 목적은 첫째, 사이펀 작용 및 배압으로부터 트랩의 봉수를 보호하고 둘째, 배수관내의 흐름을 원활하게 하며 셋째, 배수관내에 신선한 공기를 유통시켜 배수관 계통의 환기를 도모하여 관내를 청결하게 유지하는 것으로 요약된다. 이와 같은 목적을 위하여 설치된 관 또는 그 계통을 통기관(통기 계통)이라 한다. 이 중에서도 통기관의 가장 중요한 역할은 트랩의 봉수를 보호하는 일이다.

3-1 통기관의 종류

① 각개 통기관(individual vent pipe or back vent pipe) : 위생 기구마다 통기관이 하나씩 설치되는 것으로 통기 방식 중에서 가장 이상적이며, 이 방식에 의하면 각종 위생 기구의 트랩이 그 본래의 사명을 다할 수 있고 또 배수 계통의 기능을 완전하게 할 수 있다.

② 루프 통기관(loop vent pipe) : 2개 이상의 트랩을 보호하기 위하여 최상류에 있는 기구 배수관을 배수 수평 지관에 연결한 다음에 하류측에서 통기관을 세워 통기 수직관에 연결한 관을 말한다. 이 통기관이 감당할 수 있는 기구수는 8개 이내이며, 통기 능률은 각개 통기관에 비해 뒤떨어진다.

③ 신정 통기관(stack vent pipe) : 배수 수직관 상부에서 관경을 축소하지 않고 연장하여 대기 중에 개구한 통기관을 말한다.

④ 도피 통기관(relief vent pipe) : 루프 통기식 배관에서 통기 능률을 촉진시키기 위해서 설치하는 관으로 관경은 배수관의 1/2 이상이 되어야 하며 최소 32 mm 이상이 되어야 한다.

⑤ 습윤 통기관(wet vent pipe) : 통기와 배수의 역할을 함께 하는 통기관을 말한다.

⑥ 공용 통기관 : 그림 4-14의 각종 통기관 계통에서 보는 바와 같이 2개의 위생 기구가 같은 레벨로 설치되어 있을 때 배수관의 교점에서 접속되어 수직으로 올려 세운 통기관을 말한다.

⑦ 결합 통기관(yoke vent pipe) : 고층 건축물에서 도피 통기관을 설치하는 것과 같은 이유로 5층째마다 배수 수직 주관과 통기 수직 주관을 연결하여 설치한 관으로 보통 통기 수직 주관과 같은 관경으로 하지만 50 mm 이하이면 효과적인 통기 작용이 이루어지지 않는다.

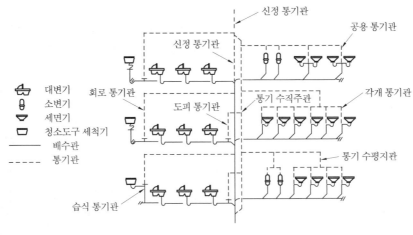

그림 4 - 14 통기 계통도

3-2 통기 배관 방식

배수 및 통기 배관법은 급수 배관과는 달리 위생 기구와 트랩, 트랩과 통기관 및 배수관과의 접속 관계가 복잡하여 시공상 고려하여야 할 문제점이 많다. 통기 배관시 주의하여야 할 사항들은 다음과 같다.

(1) 각개 통기관

이 통기관은 되도록 트랩에 접근시켜 기구의 일수면(溢水面)보다 15 cm 정도 높은 곳에서 통기 수평 지관에 접속시킨다.

(2) 루프 통기관

루프 통기식 배관에 의해 통기할 수 있는 기구의 수는 8개 이내이고, 통기 수직관과 최상류 기구까지의 루프 통기관의 연장은 7.5 m 이내가 되어야 한다.

이 통기 방식에서는 배수 수평 지관이 간혹 통기관의 역할도 하게 되므로 기구 배수관을 배수 수평 지관의 정면에 연결하지 말고 그림 4-15와 같이 수평 지관 측면에 Y자로 접속해야 한다. 이와 같이 통기의 역할도 함께 하는 배수관을 습윤 통기관(wet vent pipe)이라 한다.

한편, 동일 수평 지관에 연결된 2개 이상의 기구에서 거의 동시에 배수되거나 또는 상층으로부터 배수 수직관을 흘러내리는 물이 서로 마주칠 때에는 루프 통기식 배관에 의해 공기의 순환이 방해되어 트랩이 배압을 받아 봉수가 깨뜨려지는 경우가 있다. 이 현상을 방지하기 위해서는 배수 수평 지관 최하류의 기구 배수관 접속점 바로 밑 하류에서 도피 통기관 (relief or bypass vent pipe)을 빼낸다. 도피 통기관의 관경은 배수관의 관경의 1/2 이상이어야 하되 최소한 32 mm 이하가 되어서는 안 된다.

(3) 결합 통기관

고층 건축물에 있어서는 도피 통기관을 설치하는 것과 같은 이유로 5층째마다 배수 수직 주관과 통기 수직 주관을 연결하여 결합 통기관을 설치한다. 결합 통기관은 통기 수직 주관과 동일한 관경의 관으로 하지만 50 mm 이하이면 효과적인 통기 작용이 이루어지지 않는다.

그림 4-16은 결합 통기관을 욕실 조합 기구의 배수에 이용한 예이다. 이와 같이 결합 통기관을 이용하면 배수 수직 주관의 배수 능력을 최대한으로 발휘할 수 있다.

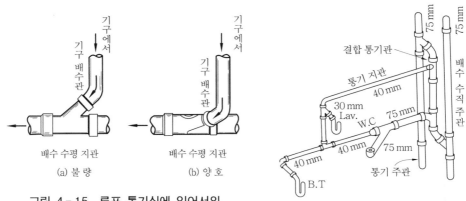

그림 4-15 루프 통기식에 있어서의
기구 배수관의 접속

그림 4-16 욕실 조합 배관 예

(4) 각개 통기관과 동수 구배선

각개 통기관의 배수관에의 접속점은 기구의 최고 수면과 배수 수평 지관이 수직관에 접속되는 점을 연결한 동수 구배선보다 상위에 있도록 배관하는 것이 바람직하다. 각개 통기관의 접속점이 동수 구배선보다 하위에 있으면 기구 배수의 경우 오수가 자주 통기관 속으로 흘러들어와 그 수면에 떠있는 오물이 관벽에 부착하여 관이 막히는 원인이 된다.

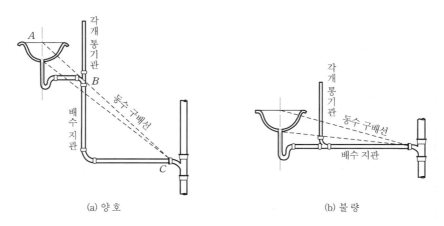

그림 4-17 각개 통기관과 동수 구배선

예제 1. 다음 그림에서 세면기 관 계통의 동수 구배선을 만족하려면 배관 L의 최소 길이를 얼마로 해야 하는가?

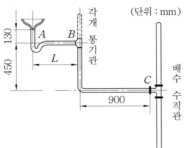

(단위 : mm)

해설 $\dfrac{L}{130} = \dfrac{L+900}{130+450}$

$\therefore L = 260 \ [\text{mm}]$

동수 구배 $S = \dfrac{H}{L} = \dfrac{130}{260} = \dfrac{1}{2}$

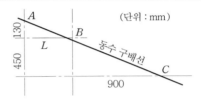

(단위 : mm)

답 260 [mm]

(5) 금지해야 할 통기관의 배관

① 바닥 아래의 통기관은 금지해야 한다. 우리나라에서는 아직 법적으로 정해진 급배수 설비 기준이 없으나 통기관의 수평관을 바닥 밑으로 빼내어 통기 수직관에 연결하는 소위 바닥 아래의 통기관 배관은 하지 말아야 한다. 만일 바닥 밑으로 통기관을 빼내는 경우 배수 계통의 어느 한 곳이 막히면 그곳보다 상류에서 흘러내리는 배수가 배수관 속에 충만하여 통기관 속으로 침입하게 되므로 통기관이 제 구실을 할 수 없게 된다.

② 오물 정화조의 배기관은 단독으로 대기 중에 개구해야 하며, 일반 통기관과 연결해서는 안 된다.

③ 통기 수직관을 빗물 수직관과 연결해서는 안 된다.

④ 오수 피트 및 잡배수 피트 통기관은 양자 모두 개별 통기관을 갖지 않으면 안 된다. 또 이 통기 수직관은 간접 배수 계통의 통기 수직관이나 신정 통기관에 연결해서는 안 된다.

⑤ 통기관은 실내 환기용 덕트에 연결하여서는 안 된다.

⑥ 간접 배수 계통의 통기관, 간접 배수 계통의 신정 통기관 및 통기 수직관은 일반 가정 오수 계통의 신정 통기관과 통기 수직관 및 통기 헤더에 연결하지 말고 단독으로 대기 중에 개구해야 한다.

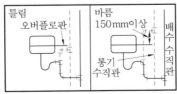

(a) 통기관은 오버플로선 이상으로 입상시 킨 다음 통기 수직관에 연결한다.

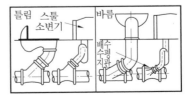

(b) 루프 통기 방식인 경우 기구 배수관은 배수 수평 지관 위에 수직으로 연결하 지 말아야 한다.

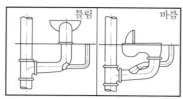

(c) 연관의 굴곡부에 다른 배수 지관을 접속해서는 안 된다.

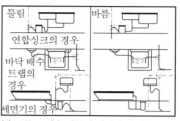

(d) 2중 트랩을 만들지 말아야 한다.

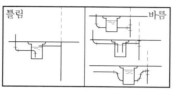

(e) 트랩의 청소구를 열었을 때 금방 냄새가 누설하면 안 된다.

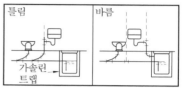

(f) 자동차 차고내의 배수관은 반드시 가솔린 트랩내에 끌어들여야 한다.

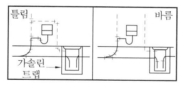

(g) 가솔린 트랩의 통기관은 단독으로 옥상까지 입상하여 대기 중에 개구하여야 한다.

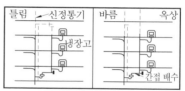

(h) 간접(특수) 배수 수직관의 신정 통기는 다른 일반 배수 수직관의 신정 통기 또는 통기 수직관에 연결시키지 말고 단독으로 옥상까지 입상시켜 대기 중으로 개구하여야 한다.

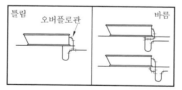

(i) 오버플로관은 트랩의 유입구측에 연결하여야 한다.

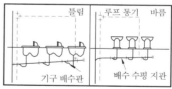

(j) 루프 통기관은 최상류 기구로부터의 기구 배수관이 배수 수평 지관에 연결된 직후의 하류측에서 입상하여야 한다.

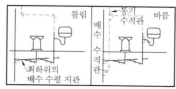

(k) 통기 수직관은 최하위의 배수 수평 지관보다 더욱 낮은 점에서 배수관과 45° Y 조인트로 연결하여야 한다.

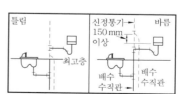

(l) 통기 수직관 정부는 그대로 옥상까지 입상시키거나 최고층 기구의 오버플로선보다 더욱 높은 점에서 배수 수직관의 신정 통기관에 연결하여야 한다.

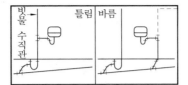

(m) 빗물 수직관에 배수관을 연결하여서
는 안된다.

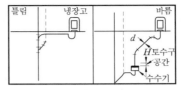

(n) 냉장고로부터의 배수를 일반 배수에
연결하지 말고 간접(특수)배수관으로
하여 수수기에 배출하여야 한다.
(토수구공간 H는 배수관경 d 이상으로 한다.)

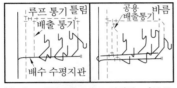

(o) 서로 배향하여 2열로 설치한 기구를
루프 통기관 1개의 배수 수평 지관에
전담시켜서는 안 된다.

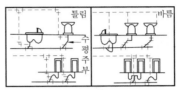

(p) 바닥 아래에서 빼내는 각 통기관에는
횡주부를 형성시키지 말것.

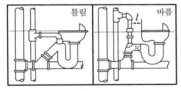

(q) 정부에 통기부 트랩을 만들지 말것(l
은 $2d$ 보다 짧게 하지 말것).

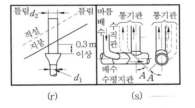

(r) 동결 · 강설에 의하여 통기구부가 폐쇄될 우려가 있는 지방에서는 $d_2 > 75\,mm$일 때는 d_2
는 d_1 보다 1 구경 큰 관경으로 하고, 그 관경을 변경하는 개소는 지붕 아랫면에서 0.3 m
떨어진 하부일 것.

(s) 배수 수평 지관에서 통기관을 빼내는 경우 관의 맨 위에서 수직으로 입상시키거나 A는
45° 보다 작게 할 것.

그림 4 – 18 틀리기 쉬운 배수 · 통기 배관도

예제 2. 다음 그림 (a)~(d)에 표시된 위생기구의 배관 방법 중 틀린 것을 지적하라.

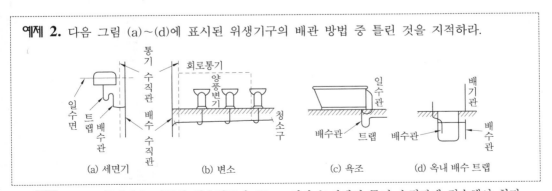

(a) 세면기   (b) 변소   (c) 욕조   (d) 옥내 배수 트랩

해설 (a) ×, 통기관은 기구의 일수면보다 15 cm 이상 높이에서 통기 수직관에 접속해야 한다.
(d) ×, 트랩 유출구의 곡관에 접속하고 수면 아래로 입하시켜 유출구를 봉수하지 않으면 안
된다.

예제 3. 다음 각 기구의 배수관과 통기관 배관에서 잘못된 것을 바르게 도시하라.

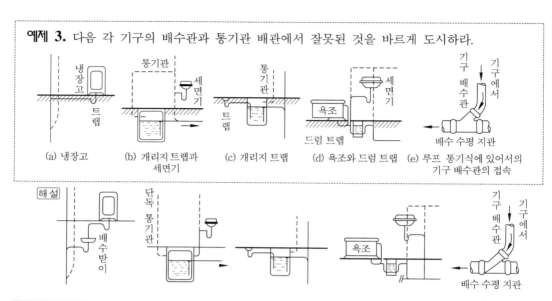

(a) 냉장고   (b) 개리지 트랩과 세면기   (c) 개리지 트랩   (d) 욕조와 드럼 트랩   (e) 루프 통기식에 있어서의 기구 배수관의 접속

해설

예제 4. 다음 (a), (b) 두 가지 욕조 배수 트랩 설치 중 잘못된 것은 어느 것인가? 그 이유를 설명하라.

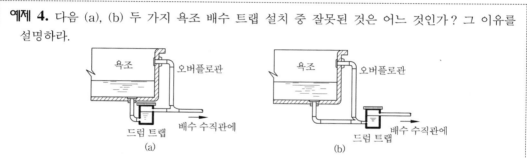

해설 (a)가 잘못되었음. 오버플로(overflow)관을 트랩의 앞쪽에 설치해야 한다. 그렇지 않으면 취기가 욕조내로 침입하므로 (b)와 같이 배관해야 한다.

예제 5. 다음 그림 (a)~(f)는 배수 및 통기 배관도를 나타낸 것이다. 바르게 도시된 배관도는?

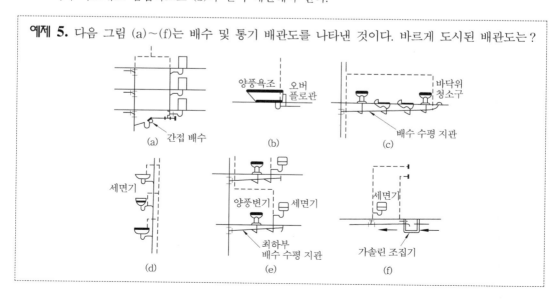

해설 (d)와 (f)가 바른 배관도이다.
(a) 단독 통기관이 필요하다.
(b) 오버플로(overflow)관의 트랩이 필요하다.
(c) 환상 통기관은 배수 수평 지관 최상류 기구 아래에서 입상시켜야 한다.
(e) 최하부 배수 수평 지관의 접속점이 잘못되었다. 통기 수직관은 최하부 배수 수평 지관 접속점 아래 배수 수직관에서 45° 각도로 연결해야 한다.

3-3 특수 통기 방식

(1) Sovent System

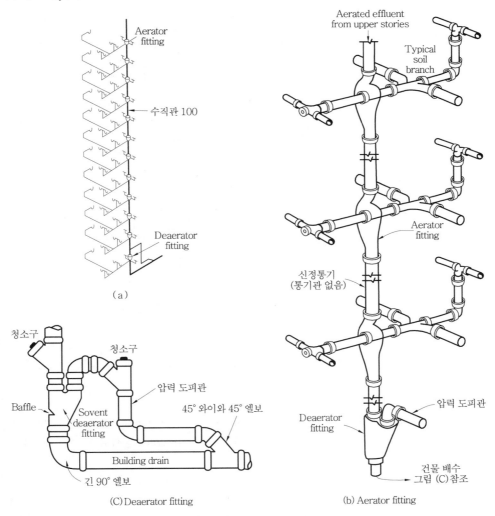

그림 4-19 Sovent System

1961년 Fritz Sommer (스위스)가 개발한 것으로 통기관을 따로 설치하지 않고 수직관 하나만으로 즉, 신정 통기관만으로 배수와 통기를 겸하고 있는 시스템이다. 여기에는 2개의 특수 이음쇠가 사용되는데, 배수 수직관 각 층에 설치하는 Aerator Fitting과 배수 수평 지관 및 배수 수직관 아래에 설치하는 Deaerator Fitting으로 구성된다.

Aerator Fitting은 수직관내에서 배수와 공기를 제어하고, 배수 수평 지관에서 유입하는 배수와 공기를 수직관 중에서 효과적으로 혼합시킨다.

Deaerator Fitting은 배수가 배수 수평 주관에 원활하게 유입하도록 공기와 배수를 분리한다. 즉, 이 시스템은 공기 혼합 이음쇠와 공기 분리 이음쇠를 이용한 배수 및 통기 겸용 기능을 갖추고 있다.

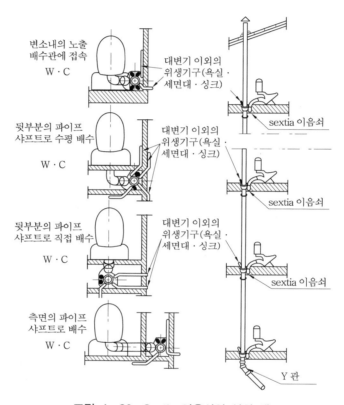

그림 4 - 20 Sextia 이음쇠의 설치 예

(2) Sextia System

1967년 프랑스의 Roger Legg 등이 개발하여 CSTB(Centre Scientifique et Technique du Bâtiment)의 인정을 받은 것으로 주로 남쪽의 Aix - en - provence 지방에서 많이 사용하고 있다.

이 시스템은 배수 수직관의 각 층의 합류점에 설치하는 Sextia 이음쇠와 배수 수평 지관 및 수직관 아랫부분에 설치하는 Sextia 벤트관으로 이루어져 있다. Sextia 이음쇠는 수평 지관에서의 유수에 선회력을 주어 관내 통기를 위한 공기 코어를 유지하도록 하고, 벤트관은 수직관에 유하해온 유수에 선회력을 주어 수평 주관의 공기 코어를 연장시킨다. 이 시스템은 층수의 제한없이 고층 · 저층에 모두 사용이 가능하며 신정 통기만을 사용하므로 통기 및 배수 계통이 간단하고 배수 관경이 적어도 되며 소음도 적다. Sextia Fitting에는 6개의 위생 기구와 1개의 대변기의 접속이 가능하다.

4. 배수관 및 통기관의 관경 결정법

4-1 옥내 배수관의 관경

현재 사용되고 있는 배수관의 관경 결정방법은 ASA (American Standard Association)에서 채용된 NPC (National Plumbing Code)에 의한 기구배수부하 단위법과 일본의 HASS (Heating, Air - conditioning and Sanitary Standards) 206의 정상유량법으로 대별된다.

전자는 최대배수시 유수량에 의한 기구의 배수 특성을 고려한 방법이며 후자는 러시아워의 기구 사용 빈도에 따른 정상유량으로 배수관에 미치는 부하의 겹침을 정확히 파악하고 기구배수량과 함께 부하유량을 보다 정확하게 예측할 수 있는 방법으로 소개되고 있다. 여기에서는 종래부터 사용되어 온 기구배수부하 단위법에 대하여 논한다.

옥내 배수관의 관경은 트랩, 기구 배수관, 배수 수평 지관, 배수 수직 주관, 배수 수평 주관의 순인데, 배수 흐름의 방향으로 관경을 축소해서는 안 된다.

옥내 배수관 계통에 있어서 수평관은 관경의 1/2 또는 최대 유수시에도 관의 2/3 이상으로 유수면이 높아지지 않도록 관경을 정하는 것이 좋다. 그러므로 관 상부의 공간에는 공기가 흐르게 되므로 통기의 역할도 겸하게 된다.

기구배수부하 단위법은 구경 30 mm의 트랩을 갖는 세면기의 배수량을 28.5 l/min으로 하고 여기에 기구의 동시 사용률과 기구 종류에 따른 사용 빈도수 및 사용자수를 감안한 기구 배수 부하 단위(fixture unit value as load factors)를 결정하였으며, 세면기의 기구 배수 부하 단위를 1로 하고 이것을 근거로 하여 표 4-3과 같이 각종 기구의 배수 부하 단위를 정하였다.

그러나 이것만으로는 모든 종류의 위생 기구를 평가하기는 곤란하므로 표에 없는 것은 다음과 같이 개략치를 사용한다.

트랩 구경이 32, 40, 50, 65, 75, 100 mm일 때 기구 배수 부하 단위는 1, 2, 3, 4, 5, 6으로 한다.

표 4-3 각종 기구의 배수 부하 단위

기 구	부 호	부속 트랩의 구경(mm)	기구 배수 부하 단위 (fu)	기 구	부 호	부속 트랩의 구경(mm)	기구 배수 부하 단위 (fu)
대변기	WC	75	8	청소수채	SS	65	3
소변기	U	40	4	세탁수채	LT	40	2
비 데	B	40	2.5	연합수채	CS	40	4
세면기	Lav	30	1	오물수채		75	4
소형수세기	WB	25	0.5	요리수채(주택용)	KS	40	2
음수기	F	30	0.5	요리수채(영업용)	KS	40~50	2~4
욕조(주택용)	BT	40~50	2~3	배선수채	PS	40	2
욕조(공중용)	BT	50~75	4~6	배선수채	PS	50	4
샤워(주택용)	S	40	2	화학실험수채	LS	30	0.5
샤워(아파트)	S	50	3	접시세척기			1.5
욕실 조합 기구	BC		8	바닥배수	FD	50~75	1~2

표 4-4 트랩 및 기구 배수관의 최소 관경

기 구	관경 (mm)	기 구	관경 (mm)	기 구	관경 (mm)
음수기	32	오물수채	75	요리수채(영업용)	50
세면기 · 수세기	32	욕 조	40	조합수채	40
대변기	75	양식욕조	50	세탁수채	40
소변기(벽걸이)	40	샤 워	50	청소용수채	50
소변기(스툴)	50	공동목욕탕	75	양식욕조	40~50
비 데	40	요리수채(주택용)	40	바닥배수	75

표 4-5 배수 수평 지관 및 수직관의 허용 최대 배수 단위

관경 (mm)	감당할 수 있는 허용 최대 단위수											
	배수 수평 지관			3층 건물 또는 지관 간격 3을 가진 1수직관			3층 건물 이상의 경우					
							1수직관에 대한 합계			1층분 또는 1지관 간격의 합계		
	실용 배수 단위	할인율 (%)	미국규격 (배수 단위)	실용 배수 단위	할인율 (%)	미국규격 (배수 단위)	실용 배수 단위	할인율 (%)	미국규격 (배수 단위)	실용 배수 단위	할인율 (%)	미국규격 (배수 단위)
(a)	(b)		(c)	(d)		(e)	(f)		(g)	(h)		(i)
30	1	100	1	2	100	2	2	100	2	1	100	1
40	3	100	3	4	100	4	8	100	8	2	100	2
50	5	90	6	9	90	10	24	100	24	6	100	6
65	10	80	12	18	90	20	38	90	42	9	100	9
75	14	70	20*	27	90	30☆	54	90	60☆	14	90	61*
100	96	60	160	192	80	240	400	80	500	72	80	90
125	216	60	360	432	80	540	880	80	1100	160	80	200
150	372	60	620	768	80	960	1520	80	1900	280	80	350
200	840	60	1400	1760	80	2200	2880	80	3600	480	80	600
250	1500	60	2500	2660	70	3800	3920	70	5600	700	70	1000
300	2340	60	3900	4200	70	6000	5880	70	8400	1050	70	1500
375	3500	50	7000	–	–	–	–	–	–	–	–	–

㈜ ※표 : 대변기 2개 이내 포함, ☆표 : 대변기 3개 이내 포함.
① 이 표는 미국규격으로 American Standard National Plumbing Code, Minimum Requirements for Plumbing ASA 1955임.
② 실용 배수 단위는 미국규격 배수 단위에 할인율을 적용한 것임.

예제 6. 사무실 건축물에 다음의 위생기구가 설치되어 있을 때 이들 위생기구 전체로부터 배수를 받아들이는 배수 수평 지관의 관경을 구하라.

대변기(W.C) 10, 소변기(U) 5, 세면기(Lav) 4, 바닥 배수(F.D) 2, 청소 수채(S.S) 1

[해설] 표 4-3에서 총기구 배수 단위수를 구하면

기구명	f.u×개수	Σf.u
W.C	8×10	80
U	4×5	20
Lav	1×4	4
F.D	2×2	4
S.S	3×1	3

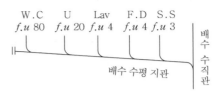

㊟ 총 배수 기구 단위수=111

　표 4-5의 (b)에서 최대 배수 단위 111에 가까운 216을 선택하고 이것을 좌로 더듬어 (a)열에서 배수 수평 지관의 관경으로서 125 mm를 채용한다.
　결국 125 mm관을 사용하면 기구 배수 단위수로는 216에 상당하는 배수량을 받을 수 있게 되는 것이다.　　　　　　　　　　　　　　　　　　　　　　　　　　　　**답** 125 [mm]

예제 7. 예제 6에서 기구 전체로부터의 배수를 유통하기 위한 배수 수직관의 관경을 구하라.

[해설] 최대 배수 단위가 111이므로 표 4-5의 (d)에서 27과 192의 사이가 되지만 안전한 쪽을 취해서 100 mm 관을 배수 수직관으로 사용하면 배수 단위수 합계 192에 상당하는 배수량을 흘려보낼 수 있다.
　그러나 배수 수평관의 관경이 125 mm이므로 수평 지관과 동일한 관경으로 하면 더욱 좋다.
　　　　　　　　　　　　　　　　　　　　　　　　　　　　　　　　　　답 125 [mm]

예제 8. 6층 사무실 건축물에 있어서 각층의 기구수는 예제 6과 같다고 하고 이들의 전 배수량을 동일 배수 수직관으로 흐르게 한다. 배수 수직 주관의 관경은 얼마로 해야 하는가?

[해설] 배수 단위수 111에 상당하는 배수량을 받아들이는 배수 수평 지관 6개가 배수 수직 주관에 접속되므로 이 수직관이 담당하는 총배수 단위수는 111×6=666, 지관 간격은 5가 되므로 표 4-5(f)에서 666에 가까운 880을 취하면 배수 수직관의 관경은 125 mm이다. 그리고 지관 간격마다 (h)열의 배수 단위수 160을 초과하는 수평 지관이 없으므로 이 관경으로 충분하다.
　　　　　　　　　　　　　　　　　　　　　　　　　　　　　　　　　　답 125 [mm]

예제 9. 예제 8의 배수 수직관이 배수를 받아서 배출하기 위한 가옥 배수 수평 주관 및 부지 하수관의 관경을 구하라.

[해설] 배수 총단위수는 666, 가옥 배수 수평 주관의 구배를 1/100로 하면 표 4-6의 (d)에서 배

수 단위수 960을 좌로 취해 (a)열에서 가옥 배수 수평 주관의 관경을 200 mm로 한다. 부지 하수관의 관경도 동일한 관경으로 한다.　　　　　　　　　　　　　　　🖪 200 [mm]

표 4-6 가옥 배수 수평 주관 및 부지 하수관의 허용 최대 배수 단위

관경 (mm)	구											배
	1 / 192			1 / 96			1 / 48			1 / 24		
	실용 배수 단위	할인율 (%)	미국규격 (배수 단위)	실용 배수 단위	할인율 (%)	미국규격 (배수 단위)	실용 배수 단위	할인율 (%)	미국규격 (배수 단위)	실용 배수 단위	할인율 (%)	미국규격 (배수 단위)
(a)	(b)		(c)	(d)		(e)	(f)		(g)	(h)		(i)
50	–	–	–	–	–	–	21	100	21	26	100	26
65	–	–	–	–	–	–	22	90	24	28	90	31
75	–	–	–	18	90	20※	23	85	27※	29	80	36※
100	–	–	–	104	60	180	130	60	216	150	60	250
125	–	–	–	234	60	390	288	60	480	345	60	575
150	–	–	–	420	60	700	504	60	840	600	60	1000
200	840	60	1400	960	60	1600	1152	60	1960	1380	60	2300
250	1500	60	2500	1740	60	2900	2100	60	3500	2520	60	4200
300	2340	60	3900	2760	60	4400	3360	60	5600	4020	60	6700
375	3500	50	7000	4150	50	8300	5000	50	10000	6000	50	12000

㊟ ※표 : 대변기 2개 이내로 함

예제 10. 다음 그림에서 가옥 배수 수평 주관 AD에 유입되는 배수 수직관 a, b, c의 배수 단위가 각각 168, 30, 508일 때 배수 수평 주관 aA, bB, cC, 그리고 가옥 배수 수평 주관 AD의 관경은 얼마로 하면 되는가?

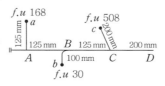

해설 ① 배수 수평 주관 aA간의 배관 구배를 1 / 100로 하고, 표 4-6의 (d)열에서 f.u 234이므로 관경은 125 mm이면 적당하다.
② AB간과 동일한 관경으로 하면 된다. 그러므로 125 mm로 한다.
③ bB간의 배관 구배를 1 / 50로 하면 표 4-6의 (f)열에서 f.u는 130이므로 관경은 100 mm이면 적당하다.
④ BC간은 a와 b 양 수직관에서 합류되므로 f.u=168+30=198이므로 (e)열에서 f.u 180이므로 AB간과 동일한 관경 125 mm로 하면 된다.
⑤ cC간은 표 4-6의 (d)열에서 f.u 960이므로 허용 관경은 200 mm 이상이어야 한다.
⑥ CD간은 a, b, c의 수직관이 합류하므로 f.u=168+30+508=706, 표 4-6의 (d)열에서 f.u 960이므로 관경은 200 mm이면 된다.

　　　　　　　　　　🖪 aA : 125 [mm], AB : 125 [mm], bB : 100 [mm]
　　　　　　　　　　　 BC : 125 [mm], cC : 200 [mm], CD : 200 [mm]

예제 11. 각 층에 변소 설비, 즉 대변기(세정 밸브) 4, 소변기 5, 세면기 4, 청소 수채 2 등이 설치되어 있는 건물이 있다. 이 건물의 다음 그림에 표시된 ①, ②, ③, ④, ⑤의 기구 배수 단위수와 관경을 구하라.

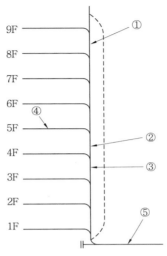

해설 표 4-3에서 총기구 배수 단위수를 구하면

대 변 기　$8 \times 4 = 32$ f.u
소 변 기　$4 \times 5 = 20$ f.u
세 면 기　$1 \times 4 = \ 4$ f.u
청소수채　$3 \times 2 = \ 6$ f.u
　　　　합 계 62 f.u

① 배수 수직관의 배수 단위수가 62 f.u이므로 표 4-5의 (f)에서 수직관 1에 대한 실용 배수 단위수가 400이므로 관경은 100 mm이면 된다.

② 배수 수직관의 배수 단위수는 9층에서 5층까지 합계 $62 \times 5 = 310$ f.u이므로 ①과 같은 방법으로 표에서 구하면 100 mm이다.

③ 배수 수직관의 배수 단위수는 9층에서 4층까지 합계 $62 \times 6 = 372$ f.u이므로 ②와 같은 방법으로 표에서 구하면 100 mm이다.

④ 배수 수평 지관 (각 층 동일)의 배수 단위수는 62 f.u이므로 표 4-5 (b)에서 96을 취하면 관경은 100 mm이다.

⑤ 가옥 배수 수평 주관은 배수 총단위가 558 f.u이므로 표 4-6에서 구배 1 / 100을 취하면, (d)에서 960을 얻어 관경 200 mm를 구할 수 있다.

　　답 ① 100 [mm], ② 100 [mm], ③ 100 [mm], ④ 100 [mm], ⑤ 200 [mm]

4-2 빗물 배수관의 관경

빗물 수직관 및 빗물 배수 수평 주관은 U 트랩을 거쳐 합류관에 접속되어야 한다. 빗물 배수관의 관경은 지붕 면적과 최대 강우량을 기초로 하여 구하는 것이 합리적인 방법이다. 예를 들면 어떤 지방의 최대 강우량이 120 mm / h이면 환산 지붕 면적＝실제 지붕 수평 면적 $\times \dfrac{120}{100}$ 으로 구할 수 있다.

다음 표는 강우량이 100 mm/h일 때 빗물 수직관 및 빗물 배수 수평관의 관경을 나타낸 것이다.

표 4-7 빗물 수직관 및 빗물 배수 수평관의 관경

관 경(mm)	허용 최대 수평 지붕 면적(m²)			
	빗물 배수 수평관			빗물 수직관
	구배 1 : 96	구배 1 : 48	구배 1 : 24	
(a)	(b)	(c)	(d)	(e)
50	–	–	–	67
65	–	–	–	121
75	76	108	153	204
100	175	246	349	427
125	310	438	621	804
150	497	701	994	1254
200	1068	1514	2137	2694
250	1928	2713	3846	–
300	3094	4366	6187	–
375	5528	7803	11055	–

4-3 빗물 및 가옥 배수 합류관의 관경

빗물 및 가옥 배수를 1개의 관으로 모아 배수하는 합류관의 관경은 수평 투영 지붕 면적을 기구 배수 단위로 환산하여 이것에 가옥 배수의 배수 단위를 합산한 합계 배수 단위수를 기준으로 하여 구한다.

지붕 면적의 배수 단위 환산은 다음과 같은 방법으로 한다.

① 수평으로 투영한 지붕 면적이 93 m²까지는 배수 단위수를 256으로 한다.

② 93 m²를 초과할 때는 초과분 0.36 m²마다 1배수 단위를 가산한다.

$$배수기구 \ 단위수 = 256 + \frac{수평 \ 지붕 \ 면적 - 93}{0.36}$$

③ 최대 강우량이 100 mm/h 이외의 지역에 있어서는

$$배수기구 \ 단위수 = \left(256 + \frac{수평 \ 지붕 \ 면적 - 93}{0.36}\right) \times \frac{그 \ 지역의 \ 최대 \ 강우량}{100}$$

예제 12. 가옥의 오수 배수기구 단위수의 합계가 706이고, 수평 지붕 면적이 308 m²일 때 1개의 부지 하수관에 합류시켜 배수하는 경우, 이 합류관의 필요 관경을 구하라.

[해설] 배수기구 단위수 $= 256 + \dfrac{308 - 93}{0.36} = 854$

가옥 오수 배수기구 단위수 합계가 706이므로 배수기구 합계 단위수=854+706=1560

합류관(부지 하수관)의 구배를 1/96로 하면 표 4-6의 (d)열에서 실용 배수 단위가 1740이므로 허용 관경은 250 mm까지이다. **[답]** 250 [mm]

예제 13. 합계 배수 단위수 706에 상당하는 가옥 배수와 3/10의 구배를 가진 지붕 면적 308 m²의 빗물 이외에 오수 펌프에서 200 l/min의 오수가 합류하는 경우, 이 합류관의 소요 관경을 구하라.

[해설] 오수 펌프에서의 양수 200 l/min은 $200 \times \dfrac{2.23}{3.8} = 118$ m² (양수량 3.8 l/min이 수평 투영 지붕 면적 2.23 m²에 상당하는 것으로 환산한다.)

배수기구 단위수 $= 256 + \dfrac{118-93}{0.36} = 326$

앞 예제에 의해 계산된 합계 배수기구 단위수=326+1560=1886

표 4-6의 (d)열에서 2760까지 허용되는 관경은 300 mm이다.　　　　　📋 300 [mm]

4-4 통기관의 관경

통기관의 관경을 결정할 때는 무엇보다도 배수관을 흐르는 배수의 유량과 유속이 가장 중요한 요소가 된다. 다량의 물이 배수관 속을 흐르는 경우 관내의 어떤 부분은 압력이 증가하고 어떤 부분은 압력이 저하된다. 이것을 정상 압력(대기압)으로 유지하기 위해서는 다량의 공기가 통기관을 통하여 급속도로 흐르지 않으면 안된다.

고층건물의 경우 수직관을 흘러내리는 배수의 유속은 매우 커지는데, 이에 반하여 통기관 내의 공기는 관벽과 공기 사이의 마찰 저항으로 통기관이 가늘고 길면 공기의 유속이 감소하고 따라서 유량이 감소되며 그 결과 트랩의 봉수에도 영향을 미치게 된다. 그러므로 이것을 방지하기 위해서는 통기관의 길이에 따라 관경을 크게 하여야 한다.

통기관의 관경도 앞의 배수관경 결정과 마찬가지로, 기구 배수 부하 단위와 통기관 길이에 의한 마찰저항에서 관경을 구하는 NPC에 의한 방법과 통기관의 단위 길이당 허용 압력차에서 등마찰 손실법에 의해 관경을 구하는 정상유량법이 있다. 여기에서도 NPC에 의한 관경 계산 방법에 대하여 논한다.

(1) 각개 통기관의 관경

각개 통기관의 관경은 최소 1 1/4B(32 mm) 이상 또는 각개 통기관에 접속하는 배수관 구경의 1/2 이상으로 한다. 배수 단위수가 2인 경우에 한하여 1 1/4B(32 mm)의 통기관이 허용된다.

그러나 통기관이 수평 배수관 또는 수직 통기관으로 사용될 때는 배수 단위수에 의하여 결정된 배수관 구경의 1/2까지 통기관의 구경을 축소하여도 된다. 통기관의 구경은 그것에 접속되는 오수 또는 잡배수관의 구경의 1/2보다 작아서는 안 된다.

(2) 통기 수직관의 관경

통기 수직관의 관경을 결정하려면 표 4-8을 이용한다. 이 표는 기구 배수 단위수의 누계와 배수관의 관경, 통기관의 관경 및 그 최대 관 길이 사이의 관계를 나타낸 것이다.

(3) 루프 통기관의 관경

루프(회로 또는 환상) 통기관의 관경은 배수 수평 지관의 관경 또는 통기 수직관의 관경의 1/2 이상으로 한다. 루프 통기관의 관경을 구하려면 표 4-12를 사용한다.

표 4-8 통기 수직관의 관경과 최대 길이

배수 수직관의 관경 (mm)	접속 허용 기구 배수 단위수	통기관의 관경(mm)								
		32	40	50	65	75	100	125	150	200
		통기관의 최대 관 길이(m)								
(a)	(b)	(c)	(d)	(e)	(f)	(g)	(h)	(i)	(j)	(k)
32	2	9	–	–	–	–	–	–	–	–
40	8	15	45	–	–	–	–	–	–	–
40	10	9	30	–	–	–	–	–	–	–
50	12	9	22.5	60	–	–	–	–	–	–
50	20	7.8	15	45	–	–	–	–	–	–
65	42	–	9	30	90	–	–	–	–	–
75	10	–	9	30	60	180	–	–	–	–
75	30	–	–	18	30	150	–	–	–	–
75	60	–	–	15	24	120	–	–	–	–
100	100	–	–	10.5	30	78	300	–	–	–
100	200	–	–	9	27	75	270	–	–	–
100	500	–	–	6	21	54	210	–	–	–
125	200	–	–	–	10.5	24	105	300	–	–
125	500	–	–	–	9	21	90	270	–	–
125	1100	–	–	–	6	15	60	210	–	–
150	350	–	–	–	7.5	15	60	120	390	–
150	620	–	–	–	4.5	9	37.5	90	330	–
150	960	–	–	–	–	7.2	30	75	300	–
150	1900	–	–	–	–	6	21	60	210	–
200	600	–	–	–	–	–	15	45	150	390
200	1400	–	–	–	–	–	12	30	120	360
200	2200	–	–	–	–	–	9	24	105	330
200	3600	–	–	–	–	–	7.5	18	75	240

표 4-9 각종 위생기구의 통기관 관경

기 구 명	통기관의 최소 관경(mm)	배수 단위수	기 구 명	통기관의 최소 관경(mm)	배수 단위수
세면기·수세기	32	1	욕 조	32	2~3
음수기	32	1	샤워바드	32	2~3
대변기	50	8	공동욕조	40	4
소변기	32	4	요리수채(주택용)	32	2
스툴소변기	40	4	요리수채(영업용)	40	4
비 데	40	2.5	세탁수채	40	2
오물수채	50	8	청소수채	40	3

예제 14. 그림 4-5 배수 및 통기관 계통도의 배수 수직 주관 좌측의 각종 배수 수평 지관의 관경을 구하라.

해설 각 층의 배수 단위수 합계를 구하여 표 4-5의 (b)열에서 허용 배수 단위수에 의한 필요 관경을 구하면 된다.

표 4-10 각 층의 배수 수평 지관 관경 계산표

층 수	기구명 및 개수	통기 방식	개수×배수 단위수= 합계 배수 단위수	배수 수평 지관 관경(mm)
5층	S.S 1 W.C 3 Lav 1	루 프	1×3= 3 3×8=24 1×1= 1 계 28	100
4층	S.S 1 U 3 W.C 2	루 프	1×1= 1 3×4=12 2×8=16 계 29	100
3층	S.S 1 Lav 1 U 2 W.C 2	각 개	1×3= 3 1×1= 1 2×4= 8 2×8=16 계 28	100
2층	Lav 1 B.T 1 W.C 1 L.T 1 K.S 1	루 프	1×1= 1 1×3= 3 1×8= 8 1×2= 2 1×2= 2 계 16	100
1층	W.B 1 W.C 4 Lav 2	루 프	1×0.5=0.5 4×8=32 2×1= 2 계 34.5	100
			총계 135.5	
비 고	그림 4-5		표 4-3	표 4-5 (b)열

예제 15. 그림 4-5 배수 및 통기관 계통도의 배수 수직관 우측의 각 층 및 지하실의 배수 수평 지관의 관경을 구하라.

해설 앞 예제와 동일한 방법으로 계산한다.

표 4 - 11 각 층의 배수 수평 지관 관경 계산표

층 수	기구명 및 개수	통기 방식	개수×배수 단위수 = 합계 배수 단위수	배수 수평 지관 관경(mm)
4층	Lav 2	루 프	2×1= 2	40
3층	C.F 1 L.T 1	루 프	1×4= 4 1×2= 2 계 6	65
2층	Lav 1 W.B 1 U 1	각 개	1×1= 1 1×0.5=0.5 1×4= 4 계 5.5	65
1층	U. 3	루 프	3×4=12	75
			총계 25.5	
지하층	U. 1 Lav. 1 F.D 1	루 프	1×4= 4 1×1= 1 1×2= 2 계 7	65

표 4 - 12 루프 (회로 또는 환상) 통기관의 관경

오수 또는 잡배수관의 관경(mm)	접속할 수 있는 기구 배수 단위수	루프 통기관의 관경(mm)					
		40	50	65	75	100	125
		최장 수평 거리(m) (이 표의 수치 이하여야 한다)					
(a)	(b)	(c)	(d)	(e)	(f)	(g)	(h)
40	10	6	–	–	–	–	–
50	12	4.5	12	–	–	–	–
50	20	3	9	–	–	–	–
75	10	–	6	12	30	–	–
75	30	–		12	30	–	–
75	60	–		8	24	–	–
100	100		2.1	6	15.6	60	–
100	200		1.8	5.4	15	54	–
100	500		–	4.2	10.8	42	–
125	200	–	–	–	4.5	21	60
125	1100	–	–		3	12	42

예제 **16.** 앞의 예제에서 각 배수 수평 지관을 합류하는 배관 수직관·가옥 배수 수평 주관 및 부지 하수관의 관경을 구하라.

해설 ① 배수 수직관 : 각 층 누계 배수 단위수=135.5+25.5=161이므로 표 4-5의 (f)열에서 400 의 좌측 관경 100 mm가 배수 수직관의 관경이다.

② 가옥 배수 수평 주관 : 수평 주관의 구배 1:96=1/100, 표 4-6의 (d)열에서 161을 만족하는 234의 허용 관경은 125 mm이다.

③ 대지(부지) 하수관 : 지하층의 오수 펌프에서의 양수량을 100 l/min으로 하고 100 l/min의 양수는 $100 \times \dfrac{2.23}{3.8}=59$ m², 이것이 수평 투영 지붕 면적의 우수량에 상당한다. 이것에 해당 하는 배수 단위수는 256이다.

합계 배수 단위수=161+256=417, 따라서 표 4-6에서 합류관의 관경을 구하면 150 mm이다.

🖪 배수 수직관 : 100 [mm], 가옥 배수 수평 주관 : 125 [mm], 대지(부지) 하수 관경 : 150 [mm]

예제 17. 그림 4-5의 3층 각개 통기의 통기 지관 관경을 구하라.

해설 배수 단위수의 누계를 구하면 다음과 같다.

S.S	3×1= 3
Lav	1×1= 1
U	4×2= 8
W.C	8×2=16
합계 배수 단위수=28	

표 4-13에서 허용되는 배수 단위수 28 이상일 때는 36을 취해서 65 mm를 통기 지관의 관경 으로 한다.　　　　　　　　　　　　　　　　　　　　　　　　　　　🖪 65 [mm]

표 4-13

통기관 관경(mm)	허용 배수 단위	통기관 관경(mm)	허용 배수 단위
32	1	65	36
40	8	75	72
50	18	100	384

예제 18. 그림 4-5의 4층 및 5층의 루프 통기관의 관경을 결정하여라.

해설 기구 배수 단위수의 누계를 구하면

(4층)		(5층)	
Lav	1×1= 1	S.S	3×1= 3
U	4×3=12	W.C	8×3=24
W.C	8×2=16	Lav	1×1= 1
합계 배수 단위수=29		합계 배수 단위수=28	

배수 수평 지관의 관경은 모두 100 mm이므로 표 4-12에서 (a)열의 100 mm 중 (b)열에서 29 보다 많은 100의 줄을 우로 취해서 15.6 m를 위로 더듬어 (f)열에서 루프 통기관의 관경을 선 택한다.　　　　　　　　　　　　　　　　　　　　　　　　　　　🖪 75 [mm]

5. 배수 및 통기 배관 시공상의 주의사항

5-1 발포(發泡) zone

발포 zone에서는 기구 배수관이나 배수 수평 지관을 접속하는 것을 피해야 한다. 아파트와 같은 공동 주택 등에서는 세탁기·주방 싱크 등에서 세제를 포함한 배수가 위에서 배수되면, 아래층의 기구 트랩의 봉수가 파괴되어 세제 거품이 올라오는 경우가 있다.

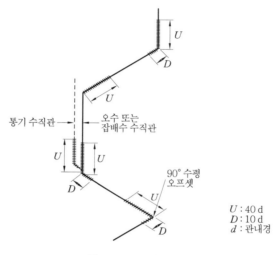

그림 4-21 발포 zone

위층에서 세제를 포함한 배수는 수직관을 거쳐 유하(流下)함에 따라, 물 또는 공기와 혼합하여 거품이 생기고 다른 지관에서의 배수와 합류하면 이 현상은 더욱 심해진다. 물은 거품보다 무겁기 때문에 먼저 흘러내리고 거품은 배수 수평 주관 혹은 45° 이상의 오프셋부의 수평부에 충만하여 오랫동안 없어지지 않는다. 수평관 내에 거품이 충만하면 배수와 함께 수직관을 유하해온 공기가 빠질 곳이 없어지므로, 통기 수직관이 설치되어 있는 경우에는 대부분 통기 수직관으로 공기가 빠지게 되고 동시에 거품도 빨려 올라가는데, 통기 수직관 내에 어느 정도 높이까지 거품이 충만하면 배수 수직관 아래의 압력 상승으로 트랩의 봉수가 파괴되어 거품이 실내로 불어내어지게 된다. 통기 수직관이 없는 신정 통기 방식은 거품이 수평관에 충만하면 이와 같은 현상이 생긴다.

그림 4-21은 실험에 의해 밝혀진 발포 zone의 위치이다. 부득이 이 위치에 기구 배수관이나 배수 수평 지관을 접속해야 할 때에는 도피 통기관을 압력 상승이 없는 곳에 설치해야 한다.

5-2 배수관의 구배

배수 수평관은 자정작용이 있어야 한다. 그러므로 0.6 m/s 이상의 유속을 유지케 하여 배수중에 흐르는 각종 고형물을 흘려보낼 수 있는 구배가 되어야 한다 (표 4-2 참조).

5-3 배수구 공간

간접 배수가 불가피한 곳에서는 배수구 공간을 충분히 두어야 한다. 간접 배수관의 관경이 25 mm 이하, 30~50 mm, 65 mm 이상일 때는 각각 최소 50 mm, 100 mm, 150 mm의 배수구 공간을 두어야 한다. 간접 배수가 필요한 곳은 다음과 같다.

① 냉장고, 식기세척기, 음료용기, 세탁기 기타 이와 비슷한 기기 배수관
② 멸균기, 소독기 기타 이와 비슷한 기기의 배수관
③ 급수 펌프, 공조기 기타 이와 비슷한 기기의 배수관
④ 급수 탱크 등의 배수관과 넘침관

5-4 수직 주관

배수 및 통기 수직 주관은 되도록 파이프 샤프트내에 배관하고 변기는 될 수 있는 대로 수직관 가까이에 설치한다.

5-5 청소구(clean out)

배수 배관은 관이 막혔을 때 이것을 점검 수리하기 위한 배관 굴곡부나 분기점에 반드시 청소구를 설치해야 한다. 청소구를 필요로 하는 곳은 다음과 같다.

① 가옥 배수관과 부지 하수관이 접속되는 곳
② 배수 수직관의 최하단부
③ 수평 지관의 최상단부
④ 가옥 배수 수평 주관의 기점
⑤ 배관이 45° 이상의 각도로 구부러지는 곳
⑥ 수평관(관경 100 mm 이하)의 직진 거리 15 m 이내마다, 100 mm 이상의 관에서는 직진 거리 30 m 이내마다 설치
⑦ 각종 트랩 및 기타 배관상 특히 필요한 곳

5-6 배관의 이음쇠

배수에는 여러 가지 고형물이나 불순물 등이 수반하므로 배관의 내면에 돌출부나 턱이 있으면 그곳에 찌꺼기가 걸려 관이 막히는 원인이 되므로 이음쇠는 반드시 배수용 이음쇠를 사용해야 한다.

지관과 주관의 접속에는 반드시 Y관 또는 90°Y관을 사용하고 상향 수직관에는 90°곡관을 사용해야 한다. 수평관을 구부릴 때는 45°Y관과 45°곡관을 조합하여 곡률 반경을 크게 함으로써 유수의 저항을 되도록 감소시킨다. 그리고 반드시 청소구를 설치한다. 수평 지관을 배수 수직관에 접속하려면 TY관을 쓰고 수평관에 경사를 준다.

5-7 시공상 주의점

① 통기관은 기구 일수선(넘침선)까지 올려 세운 다음 배수 수직관에 접속해야 한다.
② 자동차 차고 내의 바닥 배수는 가솔린을 함유하므로 일단 이것을 개라지 트랩에 모아 가스를 분리 분산시킨 다음 가옥 배수관에 방류한다. 개라지 트랩의 통기관은 단독으로

옥상까지 올려 대기 중에 개구해야 하며, 다른 통기관에 접속해서는 안 된다.

③ 2중 트랩이 안되도록 배관해야 한다.

④ 기구 배수관의 곡관부에 다른 배수 지관을 접속해서는 안 된다.

⑤ 드럼 트랩 등 트랩의 청소구를 열었을 때 하수 가스가 누설되지 않게 배관해야 한다.

⑥ 용조(溶槽)의 일수관(溢水管)은 트랩의 상류에 접속되도록 배관을 해야 한다.

5-8 배관의 피복

배수관의 피복은 방로와 방음을 목적으로 하는 것이다.

(1) 방 로

배수의 경우에도 관내를 흐르는 물의 온도가 주변 공기의 노점보다 낮을 때에는 관 표면에 물방울이 맺히므로 방로를 해야 한다. 배수관을 설치하는 장소에 따라, 또 급수에 사용되는 물이 상수인가 우물물인가에 따라 방로용 피복의 시공 여부와 그 두께가 정해진다.

(2) 방 음

물이 배수관을 흐르면 으레 소리가 난다. 특히 배수관이 노출되게 배관된 때나 호텔이나 아파트의 파이프 샤프트내에서는 그 소리가 상당히 시끄러우므로 방로 못지 않게 방음을 위하여 피복을 해야 한다. 특히 소음공해에 대한 규제가 심하므로 충분한 주의를 해야 한다.

(3) 피복 재료 및 두께

배수관용 피복 재료로서는 최근 불연 재료가 많이 쓰이고 있다. 특히 고층 건축물인 경우에는 불연 재료로 시공하는 것이 바람직하다.

특수 목적에 쓰이는 것은 예외로 하고 방로용 피복 재료는 일반적으로 다음과 같은 조건을 갖춘 것이라야 한다.

① 실용상 지장을 주는 화학 변화를 일으키지 않는 것

② 방로 시공면을 부식하지 않는 것

③ 수분을 흡수하여도 원형이 변하지 않는 것

④ 가능하면 흡습성이 없는 것

⑤ 경제적으로 값이 싼 것

일반적으로 방로 피복을 하는 시공면의 온도가 그 주변 온도보다 낮은 경우에는, 시공 후 절연재 표면 온도가 실내의 노점 온도 이하로 되면 절연재 표면에 이슬이 맺힌다. 따라서 절연재의 두께는 적어도 표면 온도가 노점 온도 이상이 되도록 정해야 한다.

그러나 배수관은 일반 급수관과 같은 압력관의 경우처럼 만수 상태로 흐르는 것이 아니므로 특히, 두께에 관하여는 급수관처럼 정확을 기할 필요는 없고 10 mm 정도를 표준으로 한다. 피복재 위에는 테이프를 감고 페인트칠을 하여 마무리를 한다.

5-9 배수 및 통기 배관의 시험

배수 통기 계통의 배관 공사가 완료되면 트랩이나 각 접속 부분의 수밀 및 기밀 상태의 완전 여부를 시험해 볼 필요가 있다. 종래에는 통수 시험만을 실시해 왔으나 이것으로는 수압이 없는 자연 유수는 누설하지 않지만 악취·비위생적인 하수 가스의 누설 따위는 발견할 수 없다. 그러므로 더 엄밀한 시험을 실시할 필요가 있다. 시험 방법에는 다음과 같은 방법이 있다.

표 4 – 14 시험의 종류와 표준치

시험 종별		수압·만수 시험			기압 시험	연기 시험	박하 시험
최소 시험 압력		3 mAq	만수	설계도서에 기재한 펌프 양정의 2배	0.35 kg / cm² 또는 250 mmHg	연기 25 mmAq	박하 25 mmAq
최소 유지시간 (분)		30	30	60	15	15	15
배수계통	건물내 배수관	0			0	0	0
	대지 배수관		0				
	건물내 우수관	0			0		
	배출 펌프 송출관			0			
통기 계통		0			0	0	0
비 고			배수탱크 포함	압력은 배관의 최저부에서의 사항임			박하량 50 g / 수직관 길이 7.5 m

㈜ HASS – 206에 의한 것임.

(1) 수압 시험

배수 계통 전부를 한번에 시험하는 경우와 부분적으로 구분해서 시험하는 경우가 있다. 어느 경우나 그 배관계의 최고 위치의 개구부를 제외하고는 다른 모든 개구부를 시험 폐전 (testing plug)으로 밀폐하고 최고 개구부까지 물을 충만시킨 다음 3 m 이상의 수두에 상당하는 수압을 가하여 이 수압에 30분 이상 견디어야 한다.

(2) 기압 시험

다른 개구부는 모두 밀폐하고 공기 압축기로 한 개구부를 통해 공기를 압입하여 0.35 kg / cm² 게이지압이 될 때까지 압력을 올렸을 때 공기를 보급하지 않고 15분간 이상 그 압력이 유지되어야 한다. 압력이 강하하면 배관계의 어느 부분에서 공기가 새는 것을 뜻한다. 누설 개소를 알려면 접속 부분 등 누설할 만한 곳에 비누물을 발라 기포가 생기느냐의 여부를 시험하면 된다.

(3) 기밀 시험

기밀 시험은 최종 시험(final test)이며 연기 시험과 박하 시험 등이 있다.

① 연기 시험(smoke test) : 배수·통기 전 계통이 완성된 후에 전 트랩을 봉수하고 제연기 속에서 기름 또는 석탄 타르에 적신 종이나 면을 태워 전 계통에 자극성 연기를 송풍기로 불어 넣고 연기가 수직관 꼭대기에서 나오기 시작하면 이 개구부를 밀폐한 다음 수두 25 mm(1″)에 해당하는 압력을 가하여 15분간 이상 유지하고 누설하는 곳이 없으면 합격이다. 만약 새는 곳이 있으면 연기 냄새로 쉽게 판별이 된다.

② 박하 시험(peppermint test) : 전 개구부를 밀폐한 다음 각 트랩을 봉수하고 배수 주관에 약 57 g의 박하유를 주입한 다음 약 3.8 *l*의 온수를 부어 그 독특한 냄새에 의해 누설하는 곳을 확인하는 방식이다.

이상의 배관 시험이 끝나고 위생기구가 설치되면 통수 시험을 하여 누수를 검사한다. 특히 방로·방음 피복은 배관 시험이나 검사가 끝난 다음 시공해야 누설 개소를 쉽게 발견할 수 있다.

6. 배수 및 통기 배관 재료

배수나 통기 배관 재료에는 다음과 같은 것이 사용된다.
① 주·강제품 : 주철관·아연 도금 강관
② 비철 금속 제품 : 연관·동관·황동관
③ 시멘트 제품 : 수도용 석면 시멘트관·철근 콘크리트관·원심력 철근 콘크리트관
④ 도기 제품 : 도관·토관
⑤ 합성 수지 제품 : 플라스틱관
이상에서 배수나 통기용 배관에 가장 많이 쓰이는 것은 배수용 주철관·아연 도금 강관·연관 등이다.

주철관 등은 가격도 비교적 싸고 내구성·내식성도 풍부하여 많이 쓰이고 있으나 최소 구경이 50 mm까지이므로 그 이하의 소구경 지관에는 사용할 수 없다.

아연 도금 강관은 외관이 좋아 노출 배관에 좋다. 또 연관은 가소성이 크므로 도기와 배관할 경우 배관의 무리를 도기에 적게 전가하게 되어 좋다.

동관·황동관은 재질은 매우 우수하나 가격이 비싸 특수한 경우 이외에는 쓰이지 않는다. 시멘트 제품 도기 제품 등은 내식성과 강도는 인정이 되나 내구성에 있어서는 일반 금속관에 미치지 못한다.

제 5 장   배수 처리 설비

1. 배수 처리 설비 계획

건물에서 배출되는 모든 배수는 오수 및 분뇨 처리에 관한 법에 의거 처리토록 되어 있는 바 이 법에서 정의하는 용어를 살펴보면 다음과 같다.

① "오수"라 함은 액체성 또는 고체성의 더러운 물질이 섞이어 그 상태로는 사람의 생활 이나 사업활동에 사용할 수 없는 물로서 사람의 일상생활과 관련하여 수세식 변소·목 욕탕·주방 등에서 배출되는 것을 말한다.

② "분뇨"라 함은 변소에서 제거되는 액체성 또는 고체성의 오염물질(정화조의 청소시 발 생하는 오니를 포함한다)을 말한다.

③ "오수 정화 시설"이라 함은 오수를 침전·분해 등 총리령이 정하는 방법에 따라 정화 하는 시설을 말한다.

④ "정화조"라 함은 수세식 변소에서 나오는 오수를 침전·분해 등 총리령이 정하는 방법 에 따라 정화하는 시설을 말한다.

오수 및 분뇨처리법과 함께 수질오염 방지를 위해 법으로 규제하는 내용을 요약하면 그림 5-1과 같다.

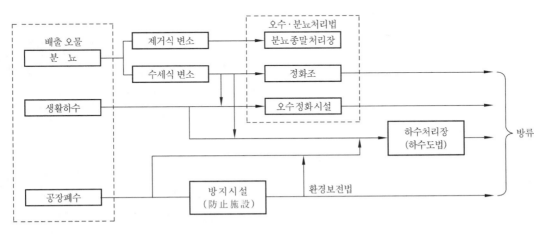

그림 5-1

그림 5-1은 건물 등에서 배출되는 각종 배수 처리와 관계된 관련법과 그 처리 과정을 간 략하게 보인 것으로 여기에서는 오수·분뇨처리법에 의한 정화조 그리고 오수 정화 시설에

대하여 논하고자 한다.

오수 처리 시설을 계획할 때 가장 중요한 것은 오수량을 추정하는 일이다. 사람의 오물 배출량은 성별·연령·음식물 섭취량에 따라 차이가 있으나 평균 배출량은 $1.0 \sim 1.3 \, l /$ 인·일 정도이며, 수세식 변소의 오수 배출량은 대략 $40 \sim 60 \, l /$ 인·일 정도로 보고 있다.

아직까지 우리나라의 경우 유입오수량과 수질에 대한 기준은 언급하고 있지 않으나 보통의 경우는 표 5−1과 같이 오수량, BOD 농도, BOD 부하량을 정하고 있다.

표 5−1 주택의 오수량과 수질

종 류	오수량 (m³ / 인·일)	BOD 농도 (g / m³)	BOD 부하량 (g / 인·일)	비 고
수세식 변소 오수	0.05	260	13	$260 \times \dfrac{0.05}{0.2} = 65$
주방 배수	0.03	600	18	$600 \times \dfrac{0.03}{0.2} = 90$
목욕탕·세탁 배수	0.12	75	9	$75 \times \dfrac{0.12}{0.2} = 45$
계	0.20	200 (평균)	40	계 200

예제 1. 평균 BOD가 200 ppm인 가정오수가 $1500 \, \mathrm{m^3} / d$ 유입하는 오물정화조의 1일 유입 BOD량을 계산하라.

[해설] (수질×수량)으로 표시되므로

$$\mathrm{BOD} \ 200 \, \mathrm{ppm} = \frac{200}{1000000} = 200 \, \mathrm{g} / \mathrm{m^3} \, [\mathrm{mg} / l]$$

$$\therefore \ 200 \, [\mathrm{g} / \mathrm{m^3}] \times 1500 \, [\mathrm{m^3} / d] = 300000 \, [\mathrm{g} / d] = 300 \, [\mathrm{kg} / d]$$

답 $300 \, [\mathrm{kg} / d]$

오수 정화 시설을 계획할 때는 건축법과의 관련사항을 검토하여야 하는데 관련법에 의하면 종말처리장의 처리구역안의 변소는 수세식으로 하여야 하며, 변소에서 배출되는 오물을 제 1 항의 하수도 이외에 방류하고자 할 때에는 위생에 지장이 없는 구조의 오수 정화 시설 또는 분뇨정화조를 설치하여야 한다고 규정하고 있다.

오수 처리 시설 및 단독정화조의 방류수 수질 기준을 요약하면 표 5−2와 같다.

오수·분뇨 처리에 관한 법에 의한 정화조 및 오수 정화 시설 관리 기준의 점검항목은 표 5−3, 표 5−4와 같다.

이들 점검항목 중 방류수 수질(정화조 용량 $200 \, \mathrm{m^3}$ 이상 또는 1일처리 용량 $200 \, \mathrm{m^3}$ 이상의 오수 정화 시설)은 표 5−2의 규정에 의거 6월마다 1회 이상 자가 측정하거나 측정대행자로 하여금 측정하게 하여야 하며 그 기록은 3년간 보존하게 한다. 그리고 처리대상 인원이 500인 이상인 오수 정화 시설 및 정화조에서 배출되는 방류수는 반드시 염소 등에 의해 소독하도록 규정하고 있다.

표 5-2 오수 처리 시설 및 단독정화조의 방류수 수질 기준

시설 구분	지 역	성 능		
		방류수의 BOD (mg / l)	BOD 제거율 (%)	부유 물질량 (mg / l)
오수 처리 시설	수변 구역	10 이하	-	10 이하
	특정 지역	20 이하	-	20 이하
	기타 지역	20 이하	-	20 이하
단독정화조	수변 구역	100 이하	65 이상	-
	특정 지역	100 이하	65 이상	-
	기타 지역	-	50 이상	-

토양침투처리방법에 의한 단독 정화조의 방류수 수질 기준은 다음과 같다.
㈎ 1차 처리 장치에 의한 부유물질 50퍼센트 이상 제거
㈏ 1차 처리 장치를 거쳐 토양 침투시킬 때의 방류수의 부유물질량 250 mg / l 이하

골프장 및 스키장에 설치된 오수 처리 시설의 방류수 수질 기준은 생물 화학적 산소 요구량 10 mg / l 이하, 부유물질량 10 mg / l 이하로 한다. 다만, 숙박 시설이 있는 골프장에 설치된 오수 처리 시설의 방류수 수질 기준은 생물 화학적 산소 요구량 5 mg / l 이하, 부유물질량 5 mg / l 이하로 한다.

[비고] ① 이 표에서 수변구역은 영 제2조의2 제3호에 해당하는 구역으로 하고, 특정지역은 영 제2조의2 제1호·제2호 및 제4호 내지 제7호에 해당하는 구역 또는 지역으로 한다.
② 수변구역 또는 특정지역이 하수도법 제6조의 규정에 의한 인가를 받은 하수종말처리시설, 동법 제6조의2의 규정에 의한 협의를 마친 마을하수도 또는 수질환경보전법 제26조의 규정에 의한 승인을 얻은 폐수종말처리시설의 예정처리구역에 해당되는 경우에는 당해지역에 설치된 단독정화조에 대하여 기타 지역의 방류수 수질 기준을 적용한다.
③ 특정지역이 수변구역으로 변경된 경우에는 변경당시 당해지역에 설치된 오수 처리 시설 및 단독정화조에 대하여 그 변경일로부터 3년까지는 특정지역의 방류수 수질 기준을 적용한다.
④ 기타지역이 수변구역 또는 특정지역으로 변경된 경우에는 변경당시 당해지역에 설치된 오수 처리 시설 및 단독정화조에 대하여 그 변경일로부터 3년까지는 기타지역의 방류수 수질 기준을 적용한다.
⑤ BOD란 생물 화학적 산소 요구량(Biochemical Oxygen Demand)의 약자로 오수 중의 오염원 물질이 되는 유기물이 오수 중에서 이것과 공존하는 미생물에 의해 분해하여 안정화하는 과정에서 소비되는 수중에 녹아 있는 산소의 감소를 20℃, 5일간 시료를 방치해서 측정한 값이며, 수중물질의 지표치이다.
⑥ BOD의 제거율이란 오물정화조의 유입수와 유출수 사이의 BOD의 차를 유입수의 BOD로 나눈 값이다.

$$\text{BOD 제거율 (\%)} = \frac{\text{유입수 BOD} - \text{유출수 BOD}}{\text{유입수 BOD}} \times 100$$

⑦ 이 표의 성능은 보통 상태하에서의 성능으로, 유출수의 BOD와 BOD의 제거율을 각각 요구하고 있다.
⑧ 1 l 중량은 100만 mg이므로 1 mg / l＝1 ppm＝1 g / m³이다.
⑨ SS(Suspended Solid) 부유물질
⑩ DO(Dissolved Oxygen) 용존산소는 20℃에서 흐르는 물의 DO는 약 9 ppm 어류가 살 수 있는 최저량은 5 ppm

표 5-3 정화조 점검항목

구 분		점 검 항 목
시설	부패 탱크 방법	스컴의 과다발생 및 악취발산 여부, 오니의 적정제거 여부, 방류수의 상태
	임호프 탱크 방법	침전실 및 소화실이 이상유무, 스컴의 과다발생 및 악취발산 여부, 오니의 적정제거 여부, 방류수의 상태
	폭기 방법	폭기조의 정상가동 여부 및 용존산소량, 스컴의 과다발생 및 악취발산 여부, 오니의 적정제거 여부, 방류수의 상태
	접촉 폭기 방법	접촉매체의 상태, 스컴의 과다발생 및 악취발산 여부, 오니의 적정제거 여부, 방류수의 상태
	살수 여상 방법	쇄석의 폐쇄 여부, 스컴의 과다발생 및 악취발산 여부, 오니의 적정제거 여부, 방류수의 상태
	살수형 부패 탱크 방법	각 배관의 폐쇄 여부, 스컴의 과다발생 및 악취발산 여부, 오니의 적정제거 여부, 방류수의 상태
	토양 침투 처리 방법	부유물질 감소 여부, 1차 처리수의 적정분배 여부, 지하 오수관 (트랜치) 폐쇄 여부, 지표에 식재된 잔디 등 식물의 활착 및 오수의 유출 여부, 오니의 적정제거 여부
기기류		주요 기기의 성능

표 5-4 오수 정화 시설 점검항목

구 분		점 검 항 목
시설	장기 폭기 방법	각 설비의 관리 상태, 폭기조의 용존산소량, 오니의 적정제거 여부, 방류수의 상태
	표준 활성 오니 방법	각 설비의 관리 상태, 활성오니조의 용존산소량, 오니의 적정제거 여부, 방류수의 상태
	접촉 산화 방법	각 설비의 관리 상태, 접촉폭기조의 용존산소량, 오니의 적정제거 여부, 방류수의 상태
	살수 여상 방법	각 설비의 관리 상태, 여상의 폐쇄 여부, 오니의 적정제거 여부, 방류수의 상태
	접촉 안정 방법	각 설비의 관리 상태, 접촉조의 용존산소량, 오니의 적정제거 여부, 방류수의 상태
	회전원판 접촉 방법	각 설비의 관리 상태, 회전원판의 생물막 상태, 오니의 적정제거 여부, 방류수의 상태
	현수미생물 접촉 방법	각 설비의 관리 상태, 접촉폭기조의 용존산소량, 오니의 적정제거 여부, 방류수의 상태
	분리 접촉 폭기 방법	각 설비의 관리 상태, 접촉폭기조의 용존산소량, 오니의 적정제거 여부, 방류수의 상태
	혐기 여상 접촉 폭기 방법	각 설비의 관리 상태, 여상의 폐쇄 여부, 접촉폭기조의 용존산소량, 오니의 적정제거 여부, 방류수의 상태
기기류		주요 기기의 성능

2. 오물 단독 처리 방식(정화조)

2-1 정화조 설치 기준

① 정화조의 규모는 처리대상 인원을 고려하여 세부사항의 기준에 적합하여야 한다.

② 정화조의 천장, 바닥 및 둘레 벽 등은 내수재료로 만들거나 또는 방수재를 사용하여 유효한 방수조치를 취하고 누수를 방지하여야 한다.

③ 정화조는 토압, 수압, 자중 및 기타 하중에 대하여 안전한 구조로 하여야 한다.

④ 정화조 천정이 뚜껑으로 이루어져 있을 때를 제외하고 각 탱크의 상부에 지름 60 cm 이상의 내수재로 만든 맨홀 뚜껑을 설치하여야 한다.

⑤ 부식 또는 변형이 일어나지 않는 재료를 사용하여야 한다.

⑥ 배기관 및 통기구 등 이물질이 유입되지 않는 구조로 하고 방충망을 설치하여야 한다.

⑦ 유입량 및 부하량 변동에도 처리 기능에 지장이 없거나 유입량 및 부하 변동량이 일정한 수준으로 유입되게 하여야 한다.

⑧ 악취를 발생할 우려가 있는 부분은 밀폐하거나 악취를 제거하여야 한다.

⑨ 기기류는 계속하여 가동될 수 있는 견고한 구조로 하고 진동 및 소음이 방지될 수 있는 구조로 하여야 한다.

⑩ 점검, 보수, 슬러지의 관리 및 청소를 용이하고 안전하게 할 수 있는 구조로 하여야 한다.

⑪ 오수의 온도가 내려감으로 인하여 처리 기능에 지장이 발생되지 아니하는 구조로 하여야 한다.

⑫ 오수 배관은 역류, 누수 또는 막히지 않는 구조로 하여야 한다.

⑬ 정화조의 성능은 BOD 제거율 50 % 이상으로 하여야 한다.

2-2 정화 처리 방식

표 5-5 단독 처리 방식의 예

분류	성능	처리 방식		처 리 과 정	처리대상인원 100 200 300 500 1000 2000 5000	비 고
		방식	장치 명칭			
단독 처리 장치	BOD 90 ppm 이하 제거율 65 % 이상	부패 탱크 방식	평면 산화	다실형 / 2중탱크 / 변형 2중탱크 → D / D / D → 지하모래여과		■ 위생상 지장이 있다고 지정하는 구역
			단순 폭기			☐ 지장이 없는 구역
			살수 여상			☐D 소독실
			지하모래여과			→ 오수
		장시간 폭기 방식	장시간 폭기(전폭기)	폭기실 → 침전 → 소독		
			분리 폭기	침전 분리 탱크 → 폭기실 → 침전실 → 소독		

정화 장치의 성능은 BOD 제거율 (%)과 방류수의 BOD(ppm)로 표시된다. 정화 방식에는 오물만 처리하는 단독 처리 방식과 오물과 잡배수까지 합류시켜 처리하는 방식이 있다. 단독

처리와 합류 처리를 비교해 볼 때 단독은 처리 대상 인원이 적은 경우이며, 합류는 처리 대상 인원이 많은 대용량 처리로서 방류수의 BOD의 성능도 더욱 우수해야 한다.

　단독 처리 방식(정화조)은 특정지역에서 BOD 제거율이 65％이고 방류수의 BOD가 100 ppm 이하까지 기대할 수 있는 성능을 가져야 하며 처리 과정은 1차 처리와 2차 처리 과정을 거치게 되며, 수질의 정도에 따라 1차와 2차 처리를 잘 조합하면 좋은 효과를 얻을 수 있다. 표 5-5는 단독 처리 방식의 처리 과정과 처리 대상 인원을 나타낸다. 이 방식은 미생물의 소화 작용과 산화 작용에 의한 정화 방식이다.

(1) 1차 처리 장치

　여기에서는 혐기성균을 생육시켜 소화 작용과 침전 작용이 이루어져야 한다. 특히 오수 중에 공기가 혼입되는 것을 막아야 하며, 오수는 10~16℃ 온도로 부패조에서 48시간 정도 혐기성 상태로 방치하는 것이 좋다. 1차 처리 장치에는 아래와 같은 방식이 있다.

① 침전실	④ 호 퍼
② 소화실	⑤ 슬 롯
③ 배기실	⑥ 오버랩

그림 5-2 2중 탱크형　　　　　그림 5-3 변형 2중 탱크형

　① 다실형 부패 탱크식 : 현재 가장 많이 이용되고 있는 방식으로 부패조는 2개조 이상으로 한다.
　② 2중 탱크형 : 그림 5-2와 같다.
　③ 변형 2중 탱크형 : 그림 5-3과 같다.

(2) 2차 처리 장치

　부패조에서 1차 처리된 오수를 호기성균을 생육시켜 안정된 물질로 산화시키는 일을 담당한다. 특히 산화를 촉진시키기 위해서는 공기의 유통이 잘 되게 산소 공급을 풍부하게 해야 한다.
　① 살수 여상형 : 지름이 5~7.5 cm 되는 경질의 쇄석층을 형성시켜 부패조에서 유입한 오수를 통과시킨다.
　② 평면 산화형 : 그림 5-4와 같이 오물을 정화시킨다.
　③ 단순 폭기형 : 압축 공기를 이용하여 공기를 공급시켜 산화를 촉진시킨다.
　④ 지하 모래 여과형 : 그림 5-6과 같이 오수를 모래층에 통과시켜 여과시킨다.

(3) 소독실

　2차 처리된 오수라도 다량의 세균이 포함되어 있으므로 약물을 주입시켜 세균을 박멸시킨다.

그림 5-4 평면 산화형　　　그림 5-5 폭기법　　　그림 5-6 지하 모래 여과형

(4) 장기간 폭기형

처리 대상 인원이 500인 이하의 경우에 이용되며, 폭기·침전·소독 작용을 행하는 것으로 24시간 이상 장시간 동안 산화시켜 오물을 정화한다.

2-3 정화조의 설계 순서

정화조의 설계는 다음과 같은 순서로 한다.

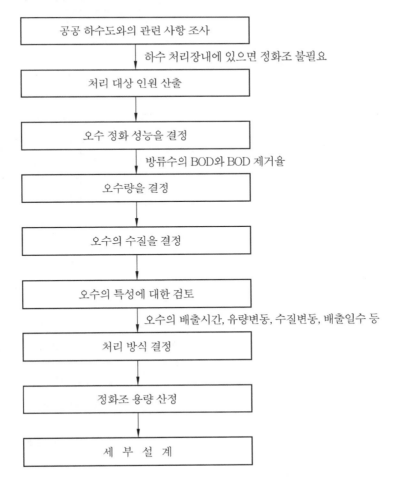

2－4 부패 탱크 방식의 정화조의 예

단독 처리 방식의 오물 정화 방식 중 다실형 부패 탱크식(1차 처리)과 살수 여상(2차 처리)을 조합한 정화조는 그림 5－7과 같다. 이 방식의 오물 정화 순서와 그 원리는 다음과 같다.

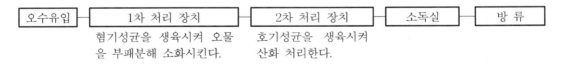

오수유입	1차 처리 장치	2차 처리 장치	소독실	방 류
	혐기성균을 생육시켜 오물을 부패분해 소화시킨다.	호기성균을 생육시켜 산화 처리한다.		

(1) 구 조

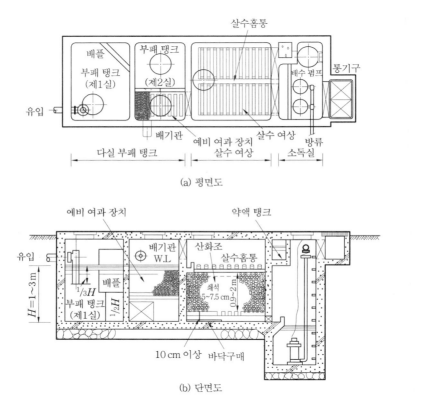

(a) 평면도

(b) 단면도

그림 5-7 부패 탱크식 정화조(다실형 부패 탱크＋살수 여상)

① 오물 정화조는 부패조·산화조 그리고 소독조의 순서로 조합한 구조로 할 것
② 오물 정화조의 천장·바닥·주벽과 격벽은 내수 재료로 만들고, 방수 모르타르를 바르거나 기타 이와 유사한 방수 재료로 누수가 없도록 할 것
③ 부패조·산화조 및 소독조에는 각각 안지름 40 cm 이상의 맨홀(manhole)을 설치하여 여기에 밀폐 가능한 내수 재료 또는 주철로 만들어진 뚜껑을 덮을 것
④ 부패조는 침전 분리조 및 예비 여과조를 조합한 구조로 할 것
⑤ 부패조의 오수를 저유하는 부분의 깊이는 1~3 m로 하고 사용 인원수에 따라 용적을 증가시킬 것

⑥ 산화조는 살포 여과상식으로 하고, 배기관 및 송기구를 설치하여 통기 설비를 할 것

⑦ 산화조의 살수 홈통의 밑면과 쇄석층이 윗면과의 거리는 10 cm 이상, 쇄석층의 두께는 90 cm 이상, 쇄석층의 체적은 부패조의 오수를 저유하는 부분의 용적의 1/2 이상, 쇄석 받이 밑면과 정화조 바닥과의 간격은 10 cm 이상으로 할 것

(2) 정화조의 용량 산정

표 5-6 단독 처리 정화조의 용량

처리 방식과 장치 명칭			산정부분의 명칭	유효 용량 산정	단위	적용 인원 (n)	유효 깊이 (m)
부패 탱크 방식	1차 처리 장치	다실형 2실형 3~4실형	유효 총용량	$V \geqq 1.5 + 0.1(n-5)$	m^3	$n \leqq 500$	1~3
			제1실의 유효 용량	$V_1 ≒ 2/3 V$	m^3		
			제1실의 유효 용량	$V_1 ≒ 1/2 V$	m^3		
		2중 탱크형	유효 총용량	$V \geqq 1.5 + 0.1(n-5)$	m^3	$n \leqq 500$	(1.5~4)
			침전실의 유효 용량	$V_s \geqq 0.02n$	m^3	$n \leqq 500$	
				$V_s \geqq 1 + 0.01(n-50)$		$50 < n \leqq 500$	
			소화실 유효 용량	$V_D \geqq 0.06n$	m^3	$n \leqq 500$	
		변형2중 탱크형	유효 총용량	$V \geqq 1.5 + 0.1(n-5)$	m^3	$n \leqq 500$	
			침전실의 유효 용량	$V_s \geqq 0.8(0.02n) = 0.016n$	m^3	$n \leqq 50$	
				$V_s \geqq 0.8 + 0.01(n-50)$	m^3	$50 < n \leqq 500$	
			소화실 유효 용량	$V_D \geqq 0.06n$	m^3	$n \leqq 500$	
	2차 처리 장치	살수 여상형	여재 용량	$V \geqq 0.75 + 0.05(n-5)$	m^3	$n \leqq 500$	0.9~2
		평면 산화형	유수 면적	$A \geqq 2 + 0.1(n-5)$	m^2	$n \leqq 200$	다실의 것 도 있다
		단순 폭기형	폭기실 용량	$V \geqq 0.2 + 0.02(n-5)$	m^3	$n \leqq 300$	(1~4)
		지하모래 여과형	여과 면적	$A \geqq 1.5n$	m^2	$n \leqq 500$	—
			트렌치 길이	$L \geqq 3n$	m		
장시간 폭기 방식	장시간 폭기 방식		유효 총용량	$V \geqq 0.75 + 0.05(n-5)$	m^3	$n \leqq 30$	(1~4)
				$V \geqq 2 + 0.06(n-30)$		$30 < n \leqq 500$	
			침전실과 소독실의 유효 용량	$V_s + V_c ≒ 0.11 + 0.01(n-5)$	m^3	$n \leqq 500$	
			소독실의 유효 용량	$V_c ≒ (1/10 \sim 1/15)(V_s + V_c)$	m^3		
	침전 분리 탱크가 달린 장시간 폭기형		침전 분리 탱크 유효 용량	$V_s \geqq 0.6 + 0.06(n-5)$	m^3	$n \leqq 500$	(1~4)
			폭기실·침전실 소독실의 유효 용량	$V_A + V_C + V_S$ $\geqq 0.4 + 0.04(n-5)$	m^3	$n \leqq 20$	
				$\geqq 0.46 + 0.04(n-20)$	m^3	$20 < n \leqq 30$	
				$\geqq 1.46 + 0.05(n-30)$	m^3	$30 < n \leqq 500$	

㈜ ① n : 처리 대상 인원, V : 총용량, V_A : 폭기실 용량, V_S : 침전실, V_D : 침전 분리 탱크 용량,

V_C : 소독실 용량, A : 면적, L : 길이

② 유효 깊이 중 ( )내 수치는 구조 기준에 규정되어 있지 않지만 통상 취해지고 있는 설계치이다.

③ 소화실 유효 용량이란 침전 호퍼 하단에서 10 cm 이하 부분의 용량을 말한다.

① 부패조 용량

5인까지	$V = 1.5 \,[\text{m}^3]$	[5-1]
5인 이상 500인 이하	$V = 1.5 + (n-5) \times 0.1$	[5-2]
500인 이상	$V = 51 + (n-500) \times 0.075$	[5-3]

여기서, n : 처리 대상 인원

② 산화조 용량 (산화조의 쇄석층의 용량을 말한다.)

$$V_1 = V \times \frac{1}{2} \,[\text{m}^3] \qquad\qquad [5-4]$$

③ 소독약의 1일 소요량

$$Q = n \cdot m \frac{P}{10000q} \,[l] \qquad\qquad [5-5]$$

여기서, m : 1인 1일 오수량 (50 l / 명)

P : 소요 ppm (필요 농도)

q : 소독약의 유효 염소 (%)

④ 배기관 및 송기구 (산화조)의 크기는 표 5-7에 따른다.

> **예제 2.** 사용 대상 인원 50명의 오물 정화조에 있어서 표백분 용액의 1일당 소요량을 구하라.
> (단, 표백분 용액 중의 염소량은 3 %, 염소 주입량은 10 ppm이라고 한다.)

[해설] 1인 1일당 표준 오수량은 50 l이므로 식 5-5에 의하여

1일의 오수량$= 50 l \times 50$ 명$= 2500 \,[l]$

염소 주입량은 10 ppm이므로

1일당 소요 염소량 $= 2500 \times \dfrac{10}{1000000} = 0.025 \,[l]$

$\dfrac{3}{100} x = 0.025$

$\therefore x = 0.84 \,[l]$

[답] 0.84 $[l]$

표 5-7 배기관과 송기구의 크기

산화조의 체적(m³)	배기관의 관경(cm)	송기구의 변길이(cm)
0.75	10 이상	25 이상
1.27	12 이상	30 이상
2.50	15 이상	40 이상
5.00	18 이상	45 이상
5.00 이상	20 이상	50 이상

㈜ ① 배기관의 관경은 산화조 체적 5 m³ 증가마다 2 cm 증가시킨다.

② 송기구 변길이는 산화조 체적 5 m³ 증가마다 배기관 유효 지름의 2배의 평방각으로 한다.

표 5-8 건축 용도별 분뇨정화조의 처리 대상 인원 산정 기준

건 물 용도별 번 호	건축물 용도			처리 대상 인원	
				단위당 산정 인원	산정 바닥 면적
(1)	집 회 시 설 관 계	가	공회당·집회당	동시 수용할 수 있는 인원(정원)의 1/2	
		나	극장·영화관·연예장	동시 수용할 수 있는 인원(정원)의 3/4	
		다	관람장 경기장 체육관	$n = \dfrac{20c+120u}{3} \times t \qquad t=0.5 \sim 3.0,$ n : 처리 대상 인원(명), c : 대변기 수(개) $u^{(1)}$: 소변기 수 또는 양용 변기 수(개) t : 단위 변소당 1일 평균 사용 시간(시간)	
(2)	주 택 시 설 관 계	가	주 택	연면적 100 m² 이하의 경우는 5명으로 하고 100 m²를 초과하는 부분의 면적에 대해서는 30 m² 이내마다 1명을 가산한다. 단, 연면적 220 m²를 초과하는 경우에는 모두 10명으로 한다.	
		나	공동주택	가구에 대해서 3.5명으로 하고 거실$^{(2)}$의 수가 2를 초과하는 경우는 거실 하나를 증가할 때마다 0.5명을 가산한다. 단, 가구가 거실 하나만으로 구성되었을 경우 2명으로 할 수 있다.	
		다	기숙사	1 m²당 0.2명	거실의 바닥 면적, 단, 고정 베드 등으로 정원이 확실한 것은 공동 주택의 기준에 따른다.
		라	학교기숙사·군대용 캠프 숙사·경로당·양로시설	동시에 수용할 수 있는 인원(정원)	
(3)	숙 박 시 설 관 계	가	여관·호텔·모텔	1 m²당 0.1명	거실의 바닥 면적
		나	합숙소	1 m²당 0.3명	
		다	유스호스텔·청년의집	동시에 수용할 수 있는 인원(정원)	
(4)	의 료 시 설 관 계	가	병원·요양소·전염병원	침상 1개당 1.5명	단, 외래자 부분은 진료소를 적용한다.
		나	진료소·병원	1 m²당 0.3명	거실의 바닥 면적
(5)	점 포 관 계	가	점포·마켓	1 m²당 0.1명	영업용도에 제공하는 바닥 면적
		나	요 정	1 m²당 0.1명	거실의 바닥 면적
		다	백화점	1 m²당 0.2명	영업용도에 제공하는 바닥 면적
		라	음식점·레스토랑·다방· 바·카바레	1 m²당 0.3명	
		마	시 장	$n = \dfrac{20c+120u}{8} \times t \qquad t=0.5 \sim 3.0$	

(6)	오 락 시 설 관 계	가	당구장 · 탁구장	$1\,m^2$당 0.3명	영업용에 제공하는 부분의 바닥 면적
		나	기원등	$1\,m^2$당 0.6명	
		다	볼링장 · 유원지 · 해수욕장 · 스케이트장	$n = \dfrac{20c + 120u}{8} \times t \qquad t = 0.4 \sim 2.0$	
		라	골프장 · 클럽하우스	18홀까지는 50명[3], 36홀은 100명[3]	
(7)	자동차 차 고 관 계	가	자동차차고 · 주차장	$n = \dfrac{20c + 120u}{8} \times t \qquad t = 0.4 \sim 2.0$	
		나	주유소	1영업소당 20명	
(8)	학 교 시 설 관 계	가	보육원 · 유치원 · 국민학교	동시에 수용할 수 있는 인원(정원)의 1/4	
		나	중학교 · 고등학교 · 대학교	동시에 수용할 수 있는 인원(정원)의 1/3 야간 과정이 있는 곳은 야간 인원의 1/4 가산	
		다	도서관	동시에 수용할 수 있는 인원(정원)의 1/2	
		라	대학부속도서관	동시에 수용할 수 있는 인원(정원)의 1/4	
		마	대학부속체육관	$n = \dfrac{20c + 120u}{8} \times t \qquad t = 0.5 \sim 1.0$	
(9)	사무실 관 계	가	사무실	$1\,m^2$당 0.1명	사무실[4]의 바닥 면적
		나	행정관청	$1\,m^2$당 0.2명	
(10)	작업장 관 계	가	공장 · 관리실	작업인원의 1/2	
		나	연구소 · 시험소	동시에 수용할 수 있는 인원(정원)의 1/3	
(11)	(1) ∼ (10) 의 용도 에 속하 지 않는 시설	가	역 · 버스정류장 · 공중변소	$n = \dfrac{20c + 120u}{8} \times t \qquad t = 1 \sim 10$	
		나	공중욕장	$1\,m^2$당 0.5명	탈의장[5]의 바닥 면적
		다	터키탕 · 사우나탕 등	$1\,m^2$당 0.3명	영업용도에 제공하는 부분의 바닥면적

㉾ (1) 여자전용 변소에 있어서는 변기수의 1/2을 소변기로 간주한다.
　(2) 거실이란 건축법상 거실를 말하며 작업 · 집회 · 오락 기타 이에 속하는 목적으로 사용하는 방을 말한다. (단, 공동주택에서의 부엌 · 식당은 제외)
　(3) 골프장의 클럽 하우스의 처리 대상 인원에는 종업원수를 별도로 가산한다.
　(4) 사무실이란 사장실 · 비서실 · 중역실 · 회의실 · 응접실을 포함한다.
　(5) 탈의장에는 카운터 및 벽에 붙은 로커 부분은 포함하지 않는다.

예제 3. 수퍼마켓 판매점의 바닥 면적이 $2700\,m^2$, 사무실 바닥 면적이 $220\,m^2$인 지하 1층, 지상 3층의 건축물이 있다. 이 건축물에 필요한 오물정화조를 설계하라.

해설 표 5-8에서 처리 대상 인원을 구하면
　(5)의 (가)에서 $n_1 = 2700 \times 0.1 = 270$명　(9)의 (가)에서 $n_2 = 220 \times 0.1 = 22$명
　처리 대상 인원의 합계 $n = n_1 + n_2 = 270 + 22 = 292$명
　처리 대상 인원이 300명 이하이므로 부패 탱크식 다실형 살수 여상형을 채택하면 다음과 같다.
　① 부패조의 용량 $V \geqq 1.5 + 0.1(292 - 5) = 30.2\,m^3$ 이상

이 부패조를 3개조로 나누어 그 비율을 $4:2:1$로 하면

$$제 1 \, 부패조 = 30.2 \times \frac{4}{7} = 18 \, [\text{m}^3]$$

$$제 2 \, 부패조 = 30.2 \times \frac{2}{7} = 9 \, [\text{m}^3]$$

$$제 3 \, 부패조 = 30.2 \times \frac{1}{7} = 4.5 \, [\text{m}^3]$$

② 산화조의 용량 (쇄석층의 용량) $= 30.2 \times \frac{1}{2} = 15.1 \, [\text{m}^3]$

③ 약액조의 유효 용량

식 [5-5]에 의하여 $n = 292$명, $m = 60 \, l/\text{d}$, $p = 15 \, \text{ppm}$, $q = 6 \, \%$로 하면

$$Q \geqq n \cdot m \cdot \frac{p}{10000q} = \frac{292 \times 60 \times 15}{100000 \times 6} = 4.38 \, [l/\text{d}]$$

10일분을 저유하면 약액조의 유효 용량은 43.8 l 이 계산치를 만족시키는 약액조의 용적은 소독조의 용적을 고려하여 길이 1.0 m×폭 1.0 m×깊이 0.8 m로 한다.

④ 배수 펌프의 용량은 1일분의 유입 오수량을 5시간에 배출할 수 있는 용량으로 하면 배수 펌프의 양수량 Q는

$$Q = \frac{5}{24} \, nq = \frac{5}{24} \times 292 \times 0.05 = 3.05 \, [\text{m}^3/\text{h}]$$

펌프 피트 유효 용량은 8~10분간의 펌프 양수량 정도로 하면 되므로

$$V = \frac{10}{60} \, Q = \frac{10}{60} \times 3.05 = 0.51 \, [\text{m}^3]$$

펌프 피트 용적은 길이 1.5 m×폭 1.0 m×깊이 0.7 m로 하면 된다.

3. 오수 정화 시설(중급 처리)

표 5-9 오수 정화 시설(합류 처리)

분류	성능	처리 방식 방식	처리 방식 장치명칭	처 리 과 정	처 리 대 상 인 원 100 200 300 500 1000 2000 5000	비 고
합류 처리 장치	BOD 60 ppm 이하 제거율 70 % 이상	살수 여상식	살수 여상	→U→⊗→D→		■ 위생상 지장이 있다고 지정하는 구역
			고속 살수 여상	→U→⊗→SP→D→		□ 지장이 없는 구역
		활성 오니법	장시간 폭기	→AT→SP→D→		→‖→ 스크린
			순환 수로 폭기	→폭기수로→SP→D→		⊗ 살수 여상
	BOD 30 ppm 이하 제거율 85 % 이상	활성 오니법	장시간 폭기	→‖→AT→SP→D→ ST		SP 침전지
			순환 수로 폭기	→‖→폭기수로→SP→D→CT→ST		CT 오니 저유 탱크
			표준 활성 오니	→‖→AT→SP→D→CT→ST		ST 오니 농축 탱크
			분수 폭기	→‖→AT→SP→D→CT→ST		AT 폭기 탱크
			오니 재폭기	→‖→AT→제폭기→SP→D→CT→ST		
		살수 여상식	표준 살수여상	→‖→SP→⊗→SP→D→CT→ST		

BOD 제거율 70% 이상, 방류수의 BOD 60 ppm 이하의 중급 처리 시설로서 오물과 잡배수를 합류 처리하는 시설에 한한다. 처리 방식에는 처리 대상 인원에 따라 살수 여상 방식·고속 살수 여상 방식·장시간 폭기 방식·순환 수로 폭기 방식 등 다음 네 가지 방법이 있으며 표 5-9에 그 처리 방식의 개략도를 나타낸다.

3-1 살수 여상 방식(trickling filter process)

처리 대상 인원이 101명~1000명 범위일 때 이용하면 좋으며, 이 방식의 계통도를 도시하면 그림 5-8과 같다.

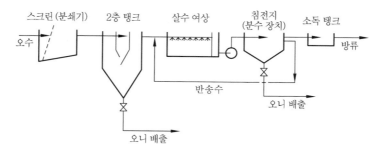

그림 5-8 살수 (고속) 여상 방식(중급 처리)

(1) 스크린

스크린은 여과 과정에서 펌프나 밸브 등에 지장을 주지 않도록 큰 이형물을 제거하는 장치이다. 분쇄 장치가 설치되어 있는 경우에는 유효 간격 50 mm 정도의 평강제로 된 격자 모양의 스크린과 유효 간격 20 mm 정도의 작은 스크린을 장치한 바이패스를 설치한다. 분쇄 장치를 설치하지 않은 경우에는 유효 간격 20 mm 정도의 가는 눈의 스크린을 설치한다. 처리 대상 인원이 500명 이하인 경우에는 스크린이 없어도 된다.

(2) 2층 탱크

① 침전실과 소화실을 각각 상하 구조로 하여 오수의 침전 작용과 소화 작용을 촉진한다.

② 2층 탱크 전체 유효 용량 V 는 변소·잡배수의 합계 오수량을 1일 1인당 0.2 m³ 이상으로 하여 다음 식으로 구한다.

$$V \leq 0.2n \; [\text{m}^3] \tag{5-6}$$

③ 침전지의 유효 용량 V_1 은 다음 식으로 구한다.

$$V_1 \geq 0.04n \; [\text{m}^3] \tag{5-7}$$

④ 소화실의 유효 용량, 즉 호퍼의 하단에서 30 cm 이하 부분의 용량 V_2 는 다음 식으로 구한다.

$$V_2 \geq 0.08n \; [\text{m}^3] \tag{5-8}$$

⑤ 침전실 호퍼의 구배는 수평면에 대해서 60° 이상으로 하고 호퍼 하단의 오버랩은 수평거리 15 cm 이상이 되도록 하며, 호퍼 슬롯의 폭은 8~15 cm로 한다.

(3) 살수 여상

① 회전식 살수기 또는 고정 노즐을 사용하여 여상면에 균등하게 살수한다.

② 여상 부분의 용량 V_3는 BOD 여상 부하 (여상 1 m³당 1일 유입 오수 BOD 부하량 kg/m³d)를 0.4 kg/m³·d라 하고, 주택을 대상으로 하여 처리 대상 인원 1인당 오수량을 0.07 m³ 이상이라고 하면 다음 식으로 용량을 구할 수 있다.

$$\text{주택을 대상으로 할 때 } V_3 \geqq 0.07n \text{ [m}^3]\qquad\qquad\text{[5-9]}$$

$$\text{기타의 경우 } V_3 \geqq \frac{dnq}{0.4\times1000}=\frac{dnq}{400} \text{ [m}^3]\qquad\text{[5-10]}$$

여기서, n : 처리 대상인원, d : 유입 오수의 BOD(ppm)
　　　　q : 1인 1일당의 평균 오수량 (m³)(보통 0.2 m³/명)

예 유입 오수의 BOD $d = 200$ ppm인 가정 오수 $nq = 250$ m³이 유입할 때

$dnq = 200$ g/m³$\times 250$ m³$= 50000 = 50$(kg−BOD/d) 부하량

그러므로 여상 부분의 용적 V_3는

$$V_3 = \frac{dnq}{400}=\frac{50}{400}=125 \text{ [m}^3]$$

③ 여재 부분의 깊이는 1.2~2 m로 한다.

④ 여재 받침과 노 밑면과의 간격은 20 cm 이상 띄우고 노 밑면은 1/100 이상의 구배로 한다.

⑤ 살수 노즐과 여상면과의 간격은 15 cm 이상으로 한다.

(4) 침전지

① 침전지의 유효 용량 V는 1일당 평균 오수량의 1/6 이상에 상당하는 용량으로 한다. 이 경우 반송수는 포함되지 않는다. 처리 대상 인원을 n, 1인 1일 평균 오수량을 q로 하면,

$$V \geqq \frac{1}{6}nq \text{ [m}^3]\qquad\qquad\qquad\text{[5-11]}$$

② 침전지의 밑면에 오니 스크레이퍼를 설치하지 않은 못에서는 밑면을 호퍼형으로 하고 그 구배는 60도 이상으로 한다.

(5) 소독 탱크

수세식 변소의 오물 정화조와 동등한 기능을 발휘할 수 있는 구조로 한다.

3-2 고속 살수 여상 방식(high rate trickling filter process)

처리 대상 인원 101~2000명 이상의 범위에서 처리 방식일 때 적용한다.

① 살수 여상의 노재 부분의 용적 V_3는 다음 식으로 구한다.

$$\text{주택을 대상으로 할 때 } V_3 \geqq 0.035n \text{ [m}^3]\qquad\qquad\text{[5-12]}$$

$$\text{기타의 경우 } V_3 \geqq \frac{dnq}{800} \text{ [m}^3]\qquad\qquad\text{[5-13]}$$

② 스크린·2층 탱크·침전지·소독 탱크 등은 살수 여상 방식과 같은 방법으로 장치한다.

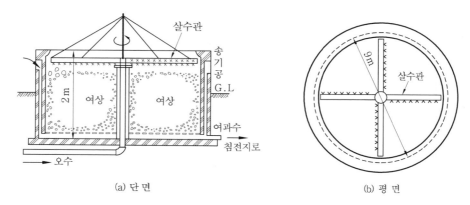

(a) 단 면   (b) 평 면

그림 5-9 회전 살수 여상 (단면 및 평면)

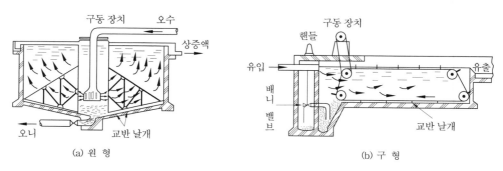

(a) 원 형   (b) 구 형

그림 5-10 오니 스크레이퍼 장치가 된 침전지

3-3 장시간 폭기 방식(extended aeration process)

이 방식은 스크린·폭기 탱크·침전지 및 소독 탱크를 조합한 구조로서 처리 대상 인원이 101~2000명의 범위일 때 적용된다.

(1) 스크린·분쇄 장치

스크린·분쇄 장치 등에 대해서는 살수 여상식과 동일하게 한다.

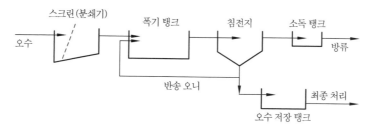

그림 5-11 장시간 폭기 방식(중급 처리)

(2) 폭기 탱크

폭기 탱크의 유효 용량 V는 다음 두 식 중에서 구하되 유효 수심은 1.5~4 m로 한다.

$$V \geqq \frac{d}{1000} \times \frac{nq}{0.3} \ [\text{m}^3]$$ [5-14]

$$V \geqq \frac{2}{3} nq \ [\text{m}^3]$$ [5-15]

여기서, n : 처리 대상 인원, d : 유입 오수의 BOD(ppm)
q : 1인 1일 평균 오수량(m³)(보통 0.25 m³ / 인)

(3) 침전지

① 침전지의 유효 용량 V_1은 1일 평균 오수량의 1 / 6 이상으로 한다.

$$V_1 \geqq \frac{1}{6} nq \ [\text{m}^3]$$ [5-16]

② 침전지에는 넘침둑을 설치하여 상등류를 넘치게 하되 넘침 부하(넘침 둑의 길이 1 m 당의 1일 평균 유출량 m³ / d)는 100 m³ 이하가 되도록 설계한다.

넘침둑의 길이 $L \geqq \dfrac{nq}{100}$ [5-17]

③ 반송 펌프의 용량은 1일 오수량의 2배로 한다.

(4) 소독 탱크

수세식 변소의 오물 정화조에 있어서의 소독조와 같은 구조로 한다.

예제 4. 150세대 주택 단지의 합류 처리용 장시간 폭기 방식 오물 정화조를 설계하고자 한다. 다음 사항을 계산하라. (단, 1세대당 5인 기준, 1인당 1일 오수량은 200 l, 유입 오수의 생물 화학적 산소 요구량(BOD 농도) 200 ppm, BOD 부하는 0.2 kg / m³ · d이다.)
① 폭기 탱크 유효 용량, ② 침전지 유효 용량, ③ 배수 펌프 용량

해설 식 [5-14]에 의해

유입 오수의 BOD 농도 $d = 200 \ \text{ppm} \ [\text{mg} / l]$
처리 대상 인원 $n = 5 \times 150 = 750$명, 오수량 $q = 0.2 \ [\text{m}^3 / \text{d}]$
BOD 부하 = 0.2 $[\text{kg} / \text{m}^3 \cdot \text{d}] = 200 \ [\text{g} / \text{m}^3 \cdot \text{d}]$

① 폭기 탱크의 용량 $V = \dfrac{dnq}{200} = \dfrac{200 \times 750 \times 0.2}{200} = 150 \ [\text{m}^3]$

② 식 [5-16]에 의해

침전지의 유효 용량 $V_1 \geqq \dfrac{1}{6} nq = \dfrac{750 \times 0.2}{6} = 25 \ [\text{m}^3]$

식 [5-17]에 의해

침전지의 넘침둑의 길이 $L \geqq \dfrac{nq}{100} = \dfrac{750 \times 0.2}{100} = 1.5 \ [\text{m}]$

침전지의 유효 수심 2 m일 때 물의 표면적 $= \dfrac{25}{2} = 12.5 \ [\text{m}^2]$

③ 배수 펌프 용량

송수량 $Q \geqq 2nq = 2 \times 750 \times 0.2 = 300 \ [\text{m}^3 / \text{d}] = 210 \ [l / \text{min}]$
펌프 양정 $H = 8$ m로 하면

소요 동력 $P = \dfrac{QH}{6120E} = \dfrac{210 \times 8}{6120 \times 0.5} ≒ 0.55 \ [\text{kW}]$ 🖪 ① 150 [m³], ② 25 [m³], ③ 0.55 [kW]

예제 5. 유입 오수의 유량(m³/d)과 BOD (mg/l) 농도가 옆 표와 같은 합류 처리(중급 처리) 오물 정화조에 있어서 다음 사항을 구하라. (단, 폭기 탱크 단위 용적당 BOD 부하율은 0.3 kg/m³·d이고, 방류수의 BOD 농도는 60 mg/l(ppm)이다.

① 폭기 탱크 유효 용량(m³)
② 필요 BOD 제거율(%)

오수구별	유입량 (m³/d)	BOD 농도 (mg/l)
수세식 변소	50	260
주방 배수	18	450
잡배수	32	80
합 계	100	

[해설] 유입 오수의 BOD 총량은

변소 오수 260×50=13000
주방 배수 450×18=8100
잡배수 80×32=2560

∴ 13000+8100+2560=23660 [g/d]=23.66 [kg/d]

① 식 [5-14]에 의해

$dnq = 23.66$ [kg/d], BOD 부하율=0.3 [kg/m³·d]

폭기 탱크의 유효 용량 $V \geqq \dfrac{23.66}{0.3} = 79$ [m³]

② BOD 제거율 $= \dfrac{dnq - d'nq}{dnq} = \dfrac{23.66 - 0.06 \times 100}{23.66}$

$= 0.746 = 75$ [%]

冒 ① 79 [m³], ② 75 [%]

예제 6. 처리 대상 인원이 800명인 오물 및 잡배수 합류 처리 정화조를 설치하고자 한다. 다음 사항을 계산하라. (단, 1인 1일당 유입 오수량 200 l, 유입 오수의 BOD 농도 200 mg/l (ppm), 폭기 탱크의 단위 용적당 BOD 부하는 0.3 kg/m³·d 이다.)

① 폭기 탱크 유효 용량(m³)
② 침전지 유효 용량
③ 1인 1일당 BOD량
④ BOD 제거율(%)

[해설] 식 [5-14]에 의하여

① 유입 오수의 BOD 농도 $d = 200$ mg/l [ppm]

유입 오수량 $q = 200$ [l/d] $= 0.2$ [m³/d] 처리 대상 인원 $n = 800$명

BOD 부하량 $= 0.3$ [kg/m³·d] $= 300$ [g/m³·d]

∴ $V \geqq \dfrac{dnq}{300} = \dfrac{200 \times 800 \times 0.2}{300} = 106.66 = 107$ [m³]

② 식 [5-16]에 의하여

침전지 유효 용량 $V_1 = \dfrac{1}{6} nq = \dfrac{800 \times 0.2}{6} = 27$ [m³]

③ BOD량 $= dnq = 200 \times 800 \times 0.2 = 32000$ [g/d] $= 32$ [kg/d]

④ BOD 제거율 $= \dfrac{\text{유입수의 BOD} - \text{방류수의 BOD}}{\text{유입수의 BOD}} \times 100 = \dfrac{dnq - d'nq}{dnq} \times 100$

$= \dfrac{200 \times 800 \times 0.2 - 60 \times 800 \times 0.2}{200 \times 800 \times 0.2} \times 100 = 70$ [%]

冒 ① 107 [m³], ② 27 [m³], ③ 32 [kg/d], ④ 70 [%]

3-4 순환 수로 폭기 방식

긴 순환 수로를 이용하여 장시간 폭기가 이루어지는 방식으로 다른 폭기 방식에 비해서 넓은 면적이 필요하다. 처리 대상 인원이 101~2000명일 때 적용한다.

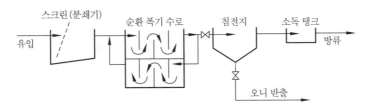

그림 5-12 순환 수로 폭기 방식(중급 처리)

(1) 스크린

순환 수로 폭기 방식에 있어서는 스크린을 순환 수로 앞에 설치한다.

(2) 순환 수로

① 순환 수로의 수심은 1.2 m 이하로 하고 측벽에는 구배를 주어 오수가 정체하지 않게 한다.

② 유수로의 유효 용량 V는 BOD 유수로 부하(유수로의 유효 용량 1 m³에 대한 1일당 유입수의 BOD kg / m³)가 0.2 kg / m³·d 이하가 되도록 정한다.

$$V \geqq \frac{dnq}{0.2 \times 1000} = \frac{dnq}{200} [\text{m}^3] \qquad\qquad [5-18]$$

여기서, d : 유입 오수의 BOD (ppm), n : 처리 대상 인원(명)
q : 1인 1일당의 평균 오수량 m³ / d (보통 0.2~0.25 m³ / d)

(3) 침전지

① 상등액이 넘쳐 흐르게 하고 오니를 적시에 제거할 수 있는 구조로 한다.
② 부유물이나 스컴(scum)이 유출되지 않도록 넘침둑 앞에 격자판 등을 설치한다.

(4) 소독 탱크

수세식 변소의 오물 정화조에 있어서의 소독조와 같은 구조로 한다.

4. 오수 정화 시설(고급 처리)

오물 및 잡배수의 고급 처리 시설로서 6가지 방식(표 5-9)이 있으며 오물과 잡배수를 합류해서 처리하는 경우에 한하여 적용한다.

4-1 장시간 폭기 방식(extended aeration process)

이 장시간 폭기 방식은 오니 저장 탱크가 달린 폭기 방식이고 처리 대상인원 501~5000명일 때 적용한다.

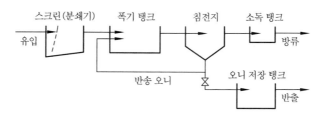

그림 5-13 장시간 폭기 방식(고급 처리)

(1) 스크린

중급 처리의 경우와 같은 방법으로 한다.

(2) 폭기 탱크

① 폭기 탱크의 유효 용량 V는 BOD 부하가 $0.2\,\text{kg}/\text{m}^3 \cdot d$ (처리 대상 인원이 2000명을 초과할 때에는 그 초과분의 $\dfrac{2}{3}$) 이하로 되게 하되 최소한 1일 평균 오수량 이상의 용량으로 한다.

이것을 식으로 표시하면

$$n \leq 2000\text{명일 때} \begin{cases} V \geq \dfrac{dnq}{0.2 \times 1000} = \dfrac{dnq}{200}\,[\text{m}^3] & [5-19] \\[3mm] V \geq nq\,[\text{m}^3] & [5-20] \end{cases}$$

여기서, d, n, q는 식 [5-10]의 경우와 같으며, 위의 2식 중에서 만족한 값을 취한다.

② 탱크의 유효 수심은 2~4 m로 한다.

③ 폭기는 기계식 또는 산기식으로 하고, 기계식일 때는 용존 산소 1 ppm 이상을 유지한다. 산기식의 경우에는 송기량 Q가 1일 평균 오수량의 24배(처리 대상 인원이 2000명을 초과할 때는 그 초과분의 18배) 이상이 되게 한다.

$$n \leq 2000\text{명일 때 } Q \geq 24nq\,[\text{m}^3] \qquad\qquad [5-21]$$

$$\begin{aligned} n > 2000\text{명일 때 } Q &\geq 48000q + 18(n - 2000q) \\ &= 6(3n - 2000)q\,[\text{m}^3] \end{aligned} \qquad [5-22]$$

(3) 침전지

① 침전지의 유효 용량 V_1은 1일 평균 오수량 nq의 $1/6$ (처리 대상 인원이 3000명을 초과하는 경우에는 그 초과분의 $1/8$) 이상으로 한다.

$$n \leq 3000\text{명일 때 } V_1 \geq \frac{1}{6}\,nq\,(\text{m}^3) \qquad\qquad [5-23]$$

$$\begin{aligned} n > 3000\text{명일 때 } V_1 &\geq 500q + \frac{1}{8}(n - 3000)q \\ &= \frac{1}{8}(n + 1000)q\,[\text{m}^3] \end{aligned} \qquad [5-24]$$

② 넘침 부하(넘침둑의 길이 1 m당 1일에 유출하는 오수량)를 $100\,\text{m}^3/\text{m}\cdot\text{d}$ 처리 대상 인원 3000명을 초과하는 경우에는 $130\,\text{m}^3/\text{m}\cdot\text{d}$ 이하가 되도록 해야 한다. 넘침둑의 길이 L은 다음 식으로 구한다.

$$n \leqq 3000\,\text{명일 때}\quad L \geqq \frac{nq}{100}\,[\text{m}] \tag{5-25}$$

$$n > 3000\,\text{명일 때}\quad L \geqq \frac{3000q}{100} + \frac{(n-3000)q}{130} = \frac{(n+900)q}{130}\,[\text{m}] \tag{5-26}$$

③ 오니 반송용 펌프 V_2 는 1일 평균 오수량의 2배(처리 대상 인원의 2000명을 초과하는 경우에는 1배) 이상에 상당하는 오니를 1일에 반송할 수 있는 용량 이상으로 한다.

$$n \leqq 2000\,\text{명일 때}\quad V_2 \geqq 2nq\,[\text{m}^3/d] \tag{5-27}$$

$$n > 2000\,\text{명일 때}\quad V_2 \geqq 4000q + (n-2000)q = (n+2000)q\,[\text{m}^3/d] \tag{5-28}$$

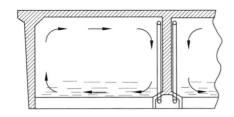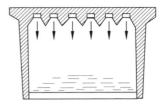

그림 5 - 14 산기식 공기 흡입 방식

(4) 오니 저장 탱크

유효 수심을 $2 \sim 5\,\text{m}$ 로 하고 밀폐할 수 있는 구조로 한다.

(5) 소독 탱크

수세식 변소의 오물 정화조의 소독조와 같은 기능을 갖도록 한다.

예제 7. 종업원 2800명이 있는 공장이 있다. 동일 부지내의 공장 건물 이외에 사무실 연면적 1400 m², 연구실 800 m², 식당 950 m², 수위실 50 m², 창고 1900 m², 종업원 아파트 3DK 48가구, 독신 아파트 160실이 있다. 이 공장에 설치해야 할 오수 처리 시설을 계산하라.

[해설] 표 5–8에서 처리 대상 인원 n 을 구하면

공 장 $n = 2800 \times \dfrac{1}{2} = 1400$ 명 　　　　사무실 $n = 1400 \times 0.1 = 140$ 명

연구실 $n = 60 \times \dfrac{1}{3} = 20$ 명(인원 60명) 　　수위실 $n = 50 \times 0.1 = 5$ 명

사 택 $n = 4 \times 48 = 192$ 명 　　　　　　　아파트 $n = 2 \times 160 = 320$ 명

창고·식당 $n = 90 \times \dfrac{1}{2} = 45$ 명(실인원 90명)

∴ 처리 대상 인원 합계 $= 2122$ 명

처리 대상 인원이 500명 이상이므로 오물과 잡배수 합류 처리를 해야 한다.

그리고 처리 대상 인원이 2000명 이상이므로 표 5–9 중에서 적당한 방식을 선택하면 된다.

BOD의 제거율 85 % 이상이고, 방류수의 BOD가 30 ppm 이하인 성능을 가진 고급 처리의 폭기 탱크 방식을 채택하면 다음과 같다.

① 폭기 탱크

식 [5–19]에 있어서 n : 2130명, q : 0.25 m³, d : 220 ppm

$n = 2000$ 명일 때 식 [5−19]은 $V = \dfrac{2000dq}{200} = \dfrac{dq}{0.1}$ 가 되므로

$$n > 2000 \text{명 경우} \begin{cases} V \geqq \dfrac{dq}{0.1} + \dfrac{d(n-2000)q}{0.3 \times 1000} = \dfrac{(n+1000)dq}{300} \\[3mm] V \geqq 2000q + \dfrac{2}{3}(n-2000)q = \dfrac{2}{3}(n+1000)q \end{cases}$$

윗식에 대입하면 된다.

$$V \geqq \frac{220 \times 0.25(2130 + 1000)}{300} \fallingdotseq 574 \ [\text{m}^3] \qquad V \geqq \frac{2(2130 + 1000)0.25}{3} \fallingdotseq 522 \ [\text{m}^3]$$

여기서 574 m^3를 폭기 탱크의 유효 용량으로 한다.

② 침전지

식 [5−23]에 있어서 $n = 2130$명, $q = 0.25 \text{ m}^3$이므로

$$V_1 \geqq \frac{1}{6} \times 2130 \times 0.25 = 88.7 \fallingdotseq 90 \ [\text{m}^3]$$

③ 오니 반송 펌프

식 [5−28]에 의하여

$$V_2 \geqq (2130 + 2000) \times 0.25 = 1032.5 \ [\text{m}^3 / \text{d}] \fallingdotseq 43 \ [\text{m}^3 / \text{h}]$$

답 폭기 탱크 유효 용량 : 574 [m³], 침전지 유효 용량 : 90 [m³]

오니 반송 펌프 용량 : 43 [m³ / h]

4−2 표준 활성 오니 방식(conventional activated sludge process)

이 방식은 장시간 폭기 방식에 준하는 구조로 하고 그 밖에 오니 농축 탱크를 구비한다. 처리 대상 인원 5001명 이상의 대규모 처리의 경우에 적합하다.

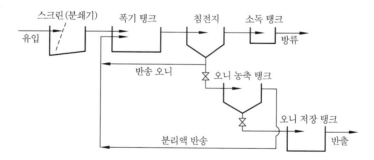

그림 5−15 표준 활성 오니 방식

[폭기 탱크]

① 폭기 탱크의 유효 용량 V 는 BOD 부하가 $0.6 \text{ kg} / \text{m}^3 \cdot d$ 이하가 되도록 하고, 또한 1

일 평균 오수량의 $\dfrac{1}{3}$ 에 상당하는 용량으로 한다.

$$V \geqq \frac{dnq}{0.6 \times 1000} = \frac{dnq}{600} \ [\text{m}^3] \tag{5−29 (a)}$$

$$V \geqq \frac{1}{3} nq \ [\text{m}^3 / d] \tag{5−29 (b)}$$

위의 두 식을 동시에 만족하는 값을 취한다.

② 폭기는 산기식 폭기의 경우 급기량 Q를 1일 평균 오수량의 10배 이상으로 한다.

$$Q \geq 10nq \, [\text{m}^3 / d] \tag{5-30}$$

4-3 분수 폭기 방식(step aeration process)

오수를 분할해서 폭기 탱크에 유입시킨다. 동일 폭기 탱크에 오수를 분할 주입함으로써 BOD 부하의 균등화를 도모하여 처리 효율을 높일 수 있다. 그러나 유지관리에 고도의 기술이 필요하며 대규모 처리에 적합하다.

① 폭기 탱크의 유효 수량 V는 다음 식으로 구한다.

$$\left.\begin{array}{l} V \geq \dfrac{dnq}{0.8 \times 1000} = \dfrac{dnq}{800} \, [\text{m}^3] \\[3mm] V \geq \dfrac{1}{4} nq \, [\text{m}^3] \end{array}\right\} \tag{5-31}$$

위의 두 식을 동시에 만족하는 값을 취한다.

② 급기량 Q는 1일 평균 오수량의 12배 이상으로 한다.

$$Q \geq 12nq \, [\text{m}^3 / d] \tag{5-32}$$

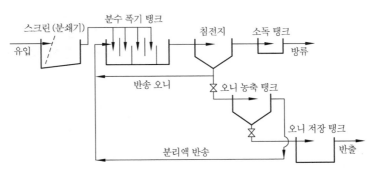

그림 5-16 분수 폭기 방식

4-4 오니 재폭기 방식(contact stabilization process)

침전지의 침전 오니만을 재폭기 탱크에 보내어 충분히(6~8 시간) 폭기시킨 다음 활성화한 오니를 폭기 탱크에 반송하여 오수와 혼합시킴으로써 폭기 시간을 1~1.5시간 단축할 수 있다.

① 폭기 탱크 및 재폭기 탱크의 유효 용량의 합계 V는 분수 폭기 방식과 같은 방식으로 계산한다.

$$\left.\begin{array}{l} V \geq \dfrac{dnq}{800} \\[3mm] V \geq \dfrac{1}{4} nq \end{array}\right\} [\text{m}^3] \tag{5-33}$$

이들 두 식을 동시에 만족하는 값을 취한다.

② 반송 오니 펌프 용량은 침전지에서 재폭기 탱크까지의 침전 오니량과 재폭기 탱크에서 폭기 탱크로 반송하는 반송 오니량 Q는 1일 평균 오수량에 상당하는 양의 오니를 반송

하는 것으로 해서 설계한다.

$$Q \geq nq \, [\mathrm{m^3} / d] \qquad\qquad [5-34]$$

③ 산기식으로 폭기하는 경우 급기량 Q 는 식으로 구한다.

$$Q \geq 12nq \, [\mathrm{m^3} / d] \qquad\qquad [5-35]$$

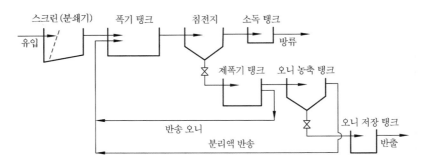

그림 5-17 오니 재폭기 방식

4-5 순환 수로 폭기 방식(oxidation ditch process)

처리 대상 인원 501~5000명 범위일 때 적용되는 것으로 이 방식은 넓은 면적을 필요로 하므로 경제적인 방법은 못되나 구조가 간단하고 처리 조작이 간편한 것이 특징이다.

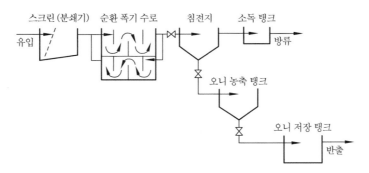

그림 5-18 순환 수로 폭기 방식

① 순환 수로의 유효 용량 V 는 유입 오수 BOD 수로 부하가 $0.1 \, \mathrm{kg} / \mathrm{m^3}$ 이하가 되도록 한다.

$$V \geq \frac{dnq}{0.1 \times 1000} = \frac{dnq}{100} \, [\mathrm{m^3}] \qquad\qquad [5-36]$$

② 수로 수심은 $1.2 \, \mathrm{m}$ 이하로 한다.

③ 유속은 $30 \, \mathrm{cm} / \sec$ 이하가 되도록 한다.

4-6 표준 살수 여상 방식(conventional trickling filter process)

처리 대상 인원 501명 이상에 적용되는 방식으로 계통도는 그림 5-19와 같다.

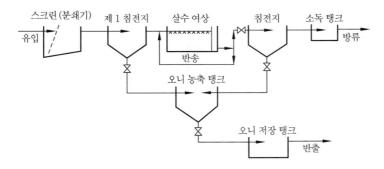

그림 5-19 표준 살수 여상 방식(고급 처리)

(1) 살수 여상

① 여재 부분의 용적 V는 다음 식으로 구한다.

$$n \leq 2000\text{명일 때 } V \geq \frac{dnq}{0.1 \times 1000} = \frac{dnq}{100} \, [\text{m}^3] \qquad [5-37]$$

$$n > 2000\text{명일 때 } V \geq \frac{2000dq}{100} + \frac{d(n-2000)q}{0.2 \times 1000}$$

$$= \frac{(n+2000)dq}{200} \, [\text{m}^3] \qquad [5-38]$$

② 여재 부분의 깊이는 1.2~2 m로 하며 통기 장치를 설치했을 때는 2 m 이상으로 한다.
③ 회전식 살수기 또는 고정 노즐에 의해 여상면에 균등하게 살수한다.
④ 쇄석의 굵기는 25~50 mm로 한다.
⑤ 살수 여상 배출수의 반송 펌프의 양수량 Q는 다음 식으로 구한다.

$$Q \geq nq \, [\text{m}^3 / d] \qquad [5-39]$$

(2) 침전지

제 1 침전지 및 최종 침전지의 유효 용량 V_1은 각각 1일 평균 오수량의 $\frac{1}{6}$ (처리 대상 인원이 3000명을 초과하는 경우에는 $\frac{1}{8}$)에 상당하는 용량 이상으로 한다.

$$n \leq 3000\text{명일 때 } V_1 \geq \frac{1}{6} \, nq \, [\text{m}^3] \qquad [5-40]$$

$$n > 3000\text{명일 때 } V_1 \geq 500q + \frac{1}{8} (n-3000)q$$

$$= \frac{1}{8} (n+1000)q \, [\text{m}^3] \qquad [5-41]$$

제 6 장   소화 설비

1. 개 요

1-1 방화 계획

건물의 방화 계획은 건축적인 방법(passive control method)과 설비적인 방법(active control method)으로 나누어 생각할 수 있다. 건물의 방화 계획은 화재시 신속한 소화 활동에 필요한 설비적 방법의 각종 소방 시설도 중요하지만 무엇보다도 건축적 방법에 대한 분석이 먼저 이루어져야 할 것이다. 이는 건축계획적 측면에서 볼 때 건축가들의 책무와도 관련된 중요한 사항이다. 지금까지 분석된 자료에 의하면 건물에서의 화재는 그 피해의 75%가 연기와 각종 가스에 의한 것으로 보고되고 있다.

$$\text{Fire} \begin{cases} \text{thermal} \begin{cases} \text{flame} \\ \text{heat} \end{cases} \text{건물 화재 피해의 } 25\% \\ \text{nonthermal} \begin{cases} \text{smoke} \\ \text{gases} \end{cases} \text{건물 화재 피해의 } 75\% \end{cases}$$

그림 6-1

따라서 건물에서 방화 계획은 화재시 연기와 각종 가스에 대한 건축계획적 측면에서의 실계획이 중요하다. 실내에서의 가스농도와 관련한 정량적 평가는 다음식으로 분석할 수 있다. 초기농도 $C_o[\text{m}^3/\text{m}^3]$에 대하여 문을 닫은 후 $t[\text{분}]$ 시간 후의 농도 $C[\text{m}^3/\text{m}^3]$는 다음식과 같다.

$$\frac{C}{C_0} = e^{-at} \tag{6-1}$$

이 식에서 a는 purging rate(분당 환기 횟수)로 위 식으로부터 다음과 같이 표시한다.

$$a = \frac{1}{t} \log_e \left(\frac{C_o}{C} \right) \tag{6-2}$$

(1) 연기 관리(smoke management)

① 연기 관리 요소 : 연기 관리를 위해서는 먼저 건물의 공기 유동과 관련한 건물의 부력 또는 굴뚝효과(buoyancy or stack effect), 기압(air pressure), 부압(negative), 정압(positive)에 분석이 중요하다. 최근에는 건물의 공조 설비 시스템(HVAC)과 연계한 가압 방연 시스템이 연기 관리에 이용되기도 한다.

② 연기의 차단(confinement) : 건축적인 방법으로 가능한 것으로 smoke barrier(curtain board)의 설치를 예로 들 수 있다.

③ 희석(dilution) : 화재시 대피를 돕기 위하여 위험 농도를 넘지 않게 유지하기 위한 것으로 fan 등을 이용한 희석 시스템을 고려할 수 있다.

④ 배기(exhaust) : 그림 6-3은 연기 배기 시스템을 이용한 연기 관리의 예를 나타낸 것이다. 그림 (a)는 보통 상태를 나타내고 있으며, 그림 (b)는 화재시의 경우로 zone 1의 배기를 위한 시스템으로 작동되고 있음을 알 수 있다. 그림 (c)와 (d)의 경우 zone은 구획하여 연기를 관리하는 예를 보여준 것으로, 그림 (d)는 화재시 zone 2에 (−)압을 걸어 연기확산을 막고 있음을 나타내고 있다.

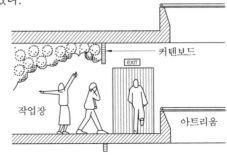

그림 6-2 Smoke barrier

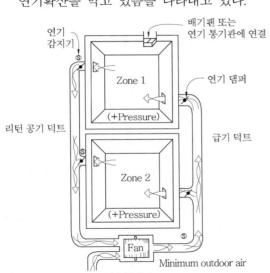

(a) 통상시

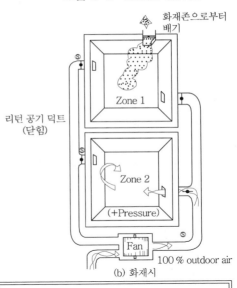

(b) 화재시

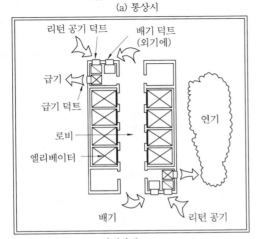

(c)　　　　화재발생

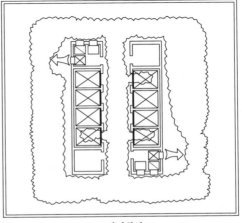

연기확산

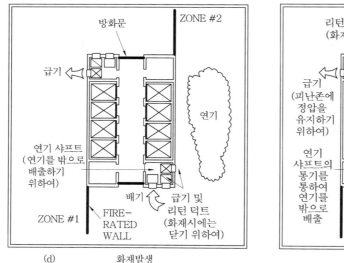
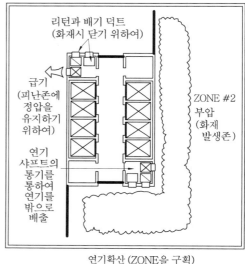

(d) 화재발생   연기확산 (ZONE을 구획)

그림 6-3 연기 배기 시스템을 이용한 연기 관리 예

1-2 소화 방법

　소화의 원리는 불의 삼각형(가연물, 산소, 열)이 성립되지 못하게 분쇄하는 것으로 연소 원리의 반대라고 생각하면 이해하기 쉽다.

　따라서 소화 방법도 이 불의 삼각형을 분쇄하는 방법에서 다음과 같이 4가지로 분류할 수 있다.

　① 냉각 소화 : 액체 또는 고체를 사용하여 열을 내리는 방법, 즉 불의 3각형 중 열을 제거하는 방법
　② 질식 소화 : 포말로 연소물을 감싸거나 불연성 기체, 고체 등으로 연소물을 감싸 산소공급이 이루어지지 않게 하는 방법
　③ 제거 소화 : 가연물을 제거하여 소화하는 방법
　④ 희석 소화 : 가연물 가스의 산소 농도와 가연물의 조성을 연소 한계점보다 묽게 하는 소화 방법

현재 사용되고 있는 소화약제와 그 소화 효과를 살펴보면 다음과 같다.

　① 물, 폼(foam) : 질식, 냉각 소화
　② 이산화탄소 : 질식, 희석 소화
　③ 할로겐화물 : 질식, 연쇄반응 억제
　④ 분 말 : 질식, 냉각 (약함), 연쇄반응 억제

여기에서는 주로 소방법과 소방법 시행령에 근거한 소방 시설의 설비 등에 대하여 논하고자 한다.

1-3 소방 시설의 종류

소방 시설의 종류는 소방법 시행령에서 소화 설비, 경보 설비, 피난 설비, 소화용수 설비 및 기타 소화 활동상 필요한 설비로 규정하고 있다.

표 6-1은 특수 소방 대상물을 나타내고, 표 6-2는 소방법 시행령에서 규정하고 있는 소방 시설의 종류를 나타낸다.

표 6-1 특수 장소 (특수 소방 대상물)

시 설 별	용 도 별
1. 근린 생활 시설	수퍼마켓, 일반음식점, 미용원, 의원, 헬스클럽, 당구장, 사진관, 학원 등
2. 위락 시설	유흥주점, 특수목욕장, 카지노업소, 무도장 등
3. 관람 집회 및 운동 시설	공연장, 집회장, 관람장, 체육관 등 운동장에 부수되는 건축물
4. 판매 시설	도매시장, 백화점, 소매시장, 상점 등
5. 숙박 시설	일반 숙박 시설, 관광 숙박 시설, 오피스텔 등
6. 노유자 시설	아동, 노인, 장애인 등 사회복지 시설
7. 의료 시설	일반병원, 격리병원 등
8. 아파트	
9. 업무 시설	동사무소, 경찰서, 소방서, 발전소, 금융업소 등
10. 통신 촬영 시설	방송국, 전신전화국, 촬영소 등
11. 교육 연구 시설	학교, 교육원, 연구소, 도서관, 직업훈련소 등
12. 전시 시설	전시장, 동·식물원 등
13. 공 장	물품의 제조·가공 등으로 이용하는 건축물
14. 창고 시설	창고, 하역장 등
15. 운수자동차 관련 시설	여객터미널, 철도역사, 공항, 주차장 등
16. 관광휴게 시설	야외음악당, 관망탑, 휴게소, 군휴양 시설 등
17. 종교 시설	종교집회장, 수도장 등
18. 동식물 관련 시설	축사, 가축시장, 도축장, 동물검역소 등
19. 위생등 관련 시설	분뇨 처리 시설, 폐기물 처리 시설, 장례식장 등
20. 교정 시설	교도소, 감화원 등
21. 위험물 저장 및 처리 시설	위험물 제조소, 가스 시설 등
22. 지하가	지하상가, 터널(궤도차량용을 제외) 등
23. 지하구	전력·통신용의 전선이나 가스 등의 배관 또는 출입이 가능한 지하공작물
24. 문화재	문화재로 지정된 건축물
25. 복합건축물	하나의 건축물 안에 2 이상의 항의 용도로 사용되는 것

표 6-2 소방 시설의 종류

구 분		소방용 설비의 종류
소방에 필요한 설비	소화 설비	1. 소화기 및 간이 소화용구 (물양동이·소화 수통·건조사·팽창 질석·소화 약제) 2. 옥내 소화전 설비 3. 스프링클러 설비 4. 물분무 소화 설비·포소화 설비·이산화탄소 소화 설비·할로겐화물 소화 설비 및 분말 소화 설비 5. 옥외 소화 설비
	경보 설비	1. 비상경보 설비 2. 비상방송 설비 3. 누전 경보기 4. 자동 화재탐지 설비 5. 자동 화재속보 설비 6. 가스 누설 경보기
	피난 설비	1. 미끄럼대·피난 사다리·구조대·완강기·피난교·피난 밧줄 기타 피난 기구 2. 유도등 또는 유도 표지 3. 비상 조명등 4. 방열복·공기 호흡기 등 인명 구조
소화 용수 설비		1. 소화 수조·저수지 기타 소화 용수 설비 2. 상수도 소화 용수 설비
기타 소화 활동상 필요한 시설		1. 제연 설비 2. 연결 송수관 설비 3. 연결 살수 설비 4. 비상 콘센트 설비 5. 무선 통신 보조 설비

2. 소방 설비의 종류와 설치 기준

2-1 소화전 설비

소화전 설비는 초기 화재 진압을 목적으로 주로 일반인이 조작하도록 되어 있는 옥내소화전, 옥외소화전이 있으며 소방대 전용 소화전인 방수구가 있다.

(1) 옥내소화전 설비

소방법 시행령에 의한 옥내소화전 설치 규정은 표 6-3과 같다.
한편, 옥내소화전의 표준치는 다음과 같다.

① 방수 압력 : $1.7 \, kg/cm^2$ (노즐 끝)
② 방수량 : 130 l/min
③ 노즐의 구경 : 13 mm

④ 호스의 구경 : 40 mm

⑤ 호스의 길이 : 15 m 또는 30 m

⑥ 소화전 높이 : 바닥면상 1.5 m 이하

⑦ 설치 간격 : 소화전과의 수평거리 25 m 이하

⑧ 저수조의 용량 : (옥내소화전 1개의 방수량)×(동시 개구수)×20 (분)　　　[6-3]
　　　　　　　　옥내소화전이 5개 이상 설치된 경우에는 5개로 한다.

⑨ 펌프의 1분당 토출량 : 옥내소화전이 가장 많이 설치된 층의 설치 개수 (5개 이상인 경우 5개로 한다)에 130 *l*를 곱한 양 이상이 되도록 할 것

표 6-3 옥내소화전·연결송수관 설비 및 비상콘센트 설비의 설치 기준[1]

범　위	설치 기준
옥내소화전 설비[2]	1. 연면적 3000 m² 이상인 소방대상물 (지하가중 터널을 제외한다)이거나 지하층·무창층 또는 층수가 4층 이상인 층중 바닥면적이 600 m² 이상인 층이 있는 것은 전층 1의 2. 지하가중 터널의 경우 길이가 1000 m 이상인 것 2. 제 1 호에 해당하지 아니하는 근린생활·위락·판매·숙박·노유자·의료·업무·통신촬영·공장·창고·운수자동차 관련 서설 및 복합건축물로서 연면적 1500 m² 이상이거나 지하층·무창층 또는 층수가 4층 이상인 층중 바닥면적이 300 m² 이상인 층이 있는 것은 전층 3. 제 1 호 및 제 2 호에 해당하지 아니하는 공장 및 창고 시설로서 별표 4에서 정하는 수량의 750배 이상의 특수가연물을 저장·취급하는 것 4. 건축물의 옥상에 설치된 차고 및 주차장으로서 주차의 용도로 사용되는 부분의 바닥면적이 200 m² 이상인 것
연결송수관 설비	1. 층수가 5층 이상으로서 연면적 6000 m² 이상인 것 2. 제 1 호에 해당하지 아니하는 소방대상물로서 층수가 7층 이상인 것 3. 제 1 호 및 제 2 호에 해당하지 아니하는 소방대상물로서 지하층의 층수가 3 이상이고 지하층의 바닥면적의 합계가 1000 m² 이상인 것 4. 지하가중 터널로서 길이가 2000 m 이상인 것
비상콘센트 설비	1. 층수가 11층 이상인 것은 11층 이상의 층 2. 지하층의 층수가 3 이상이고 지하층의 바닥면적의 합계가 1000 m² 이상인 것은 지하층의 전층 3. 지하가중 터널로서 길이가 500 m 이상인 것

㊀ 1) 다만, 가스 시설 또는 지하구의 경우에는 그러하지 아니하다.
　2) 다만, 가스 시설 또는 지하구의 경우에는 그러하지 아니하며, 아파트·업무 시설 또는 노유자 시설에는 호스릴 옥내소화전 설비를 설치할 수 있다.

그림 6-4는 옥내소화전 설비와 연결송수관 설비의 계통도이다. 그림에서와 같이 옥내소화전과 연결되는 지관 구경은 40 mm 이상으로 하며, 주관 배관 중 상향 수직관의 구경은 65 mm 이상으로 하여야 한다. 또한 연결송수관 설비의 배관과 겸용할 경우 주관의 구경은 100 mm 이상이어야 한다.

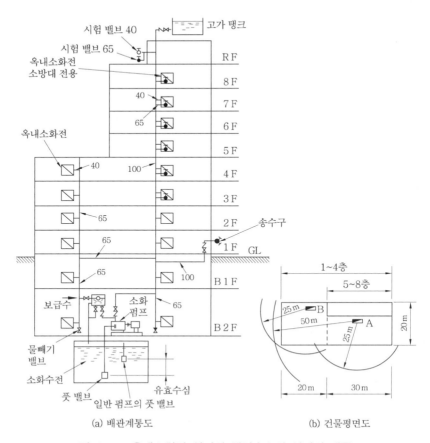

(a) 배관계통도 　　　　　(b) 건물평면도

그림 6-4 옥내소화전 설비와 연결송수관 설비의 계통도

(2) 옥외소화전 설비

소방법 시행령에 의한 옥외소화전의 설치 규정은 표 6-4와 같다. 또 옥외소화전의 표준 방수 압력·표준 방수량 및 수원의 수량 표준치는 다음과 같다.

① 표준 방수 압력 : $2.5 \, kg / cm^2$

② 표준 방수량 : 350 l / min

③ 수원의 수량 : 350 l / min × 2개 × 20분＝14 m^3 이상 　　　　　　[6-4]

　　　옥외소화전이 2개 이상 설치된 경우에는 2개로 함.

표 6-4 옥외소화전 설비의 설치 기준[1]

용 도 별	설치 기준 범위
일반 건축물	바닥면적의 합계가 9000 m^2 이상인 것.[2]
지정 문화재	연면적 1000 m^2 이상인 것
공장 및 창고 시설	별표 4에서 정하는 수량의 750배 이상의 특수가연물을 건축물 밖에 저장·취급하는 것.[3]

㈜ 1) 다만, 가스 시설·지하구 또는 지하가중 터널의 경우에는 그러하지 아니하다.

　2) 이 경우 동일구내에 2 이상의 건축물이 있는 때에는 그 건축물의 외벽 상호간의 중심선으로부터 수평거리가 지상 1층에 있어서는 3 m 이하, 지상 2층에 있어서는 5 m 이하인 것은 이를 1개의 건축물로 본다.

　3) 다만, 대기환경보전법 제 28 조에 의하여 비산먼지의 발생을 억제하기 위하여 살수 설비를 설치한 것을 제외한다.

(3) 연결송수관 설비

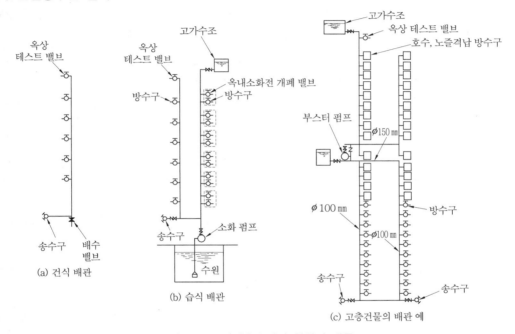

그림 6-5 연결송수관의 형식과 계통도

고층건물의 화재시의 소화 활동을 용이하게 하기 위하여 설치한다. 연결송수관의 송수구를 통하여 소방 펌프로 옥내에 송수하고 옥내 방수구에서 방수하여 소화작용을 한다. 특히 고층건물의 화재에 대해서는 외부에서 물을 공급하는 것이 거의 불가능하므로 고층건물에 있어서는 스프링클러를 설치하여 이에 접속된 연결송수관으로부터 물을 공급하여 소화하는 것이 바람직하다. 일반적으로 배관내에 물이 항상 차 있는 습식 방식이 이용되고 있지만 동결의 우려가 있는 곳에서는 건식 배관 방식을 채택한다.

연결송수관의 송수구·방수구의 표준치는 다음과 같다.

① 방수구의 방수 압력 : 3.5 kg / cm² 이상 (노즐 끝)
② 방수구의 방수량 : 450 l / min
③ 소방대 사용 노즐의 구경 : 19 mm (22 mm, 25 mm)
④ 쌍구형 송수원 구경(주관) : 100 mm
⑤ 소방대 사용 호스 : 65 mm
⑥ 방수구와 송수구의 연결 구경 : 65 mm
⑦ 송수구의 소방 펌프 송수 압력 : 7 kg / cm²

⑧ 방수구의 설치 높이 : 바닥면상 0.5~1.0 m

⑨ 송수구의 설치 높이 : 지반면상 0.5~1.0 m

(4) 호스 및 송수관의 마찰 손실 수두

호스의 유량에 따른 손실 수두는 표 6-5와 같다. 또한 옥내소화전의 표준 방수량 130 l/ min, 옥외소화전 표준 방수량 350 l/ min, 방수구의 표준 방수량이 450 l/ min이므로 유량에 따른 직관의 마찰 손실 수두는 표 6-6과 같다.

송수관의 마찰 손실 수두를 계산할 때에는 관 연결 부속, 밸브류 등의 국부 저항을 직관 길이로 환산하여 직관 연장을 가산한 전 마찰 손실 수두를 구해야 한다.

표 6-5 호스 100 m당 마찰 손실 수두(m)

유 량(l/ min)	호스의 호칭 지름		
	40(1½)	50(2)	65(2½)
130	26	7	–
350	–	38	6
450	–	–	19

표 6-6 직관의 마찰 손실 수두

유 량(l/ min)		관의 호칭 지름						
		40(1½)	50(2)	65(2½)	80(3)	100(4)	125(5)	150(6)
		마찰 손실 수두						
옥내소화전	130	14.7	5.10	1.72	0.17	0.17	0.059	0.024
	260	53.0	18.4	6.20	2.57	0.63	0.212	0.086
	390		39.2	13.2	5.47	1.35	0.453	0.184
	520			22.3	9.20	2.28	0.760	0.31
	650				14.20	3.41	1.15	0.47
옥외소화전	350			9.29	3.38	1.14	0.38	0.16
	700				16.2	4.12	1.40	0.57
방수구	450			16.3	6.8	1.65	0.561	0.23
	900			59.0	24.3	6.0	2.01	0.83

(5) 소화용 펌프의 크기

소화용 펌프의 전 양정은 각 수두를 합계한 값에 10~20 % 정도 더 여유를 두어 정해야 한다.

$$\text{펌프의 전 양정 } H = (h_1 + h_2 + h_3 + h_4 + h_5) \times 1.15 \qquad [6-5]$$

여기서, h_1 : 흡수두 (저수조 바닥에서 펌프까지의 높이 m)

h_2 : 양수두 (펌프에서 최고층 소화전까지의 높이 m)

h_3 : 소화 수관의 마찰 손실 수두, h_1 : 호스의 마찰 손실 수두

h_5 : 노즐의 소요 수압에 상당하는 수두＝17 m

펌프의 양수량 $Q = (표준 \ 방수량) \times (동시 \ 개구수) \times 1.2$ [6-6]

펌프의 소요 동력은 식 [2-11], [2-12]로 구하고 직결 전동기의 동력은 약 15 % 정도 여유를 두는 것이 좋다.

예제 **1.** 다음 그림의 옥내소화전 배관 계통도에서 ① 소화 펌프의 양수량(l / min), ② 펌프의 전양정, ③ 직결 전동기의 동력을 구하라.

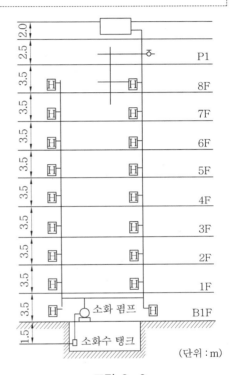

그림 6-6

해설 ① 식 [6-6]에 의하여

$$Q = 130 \times 2 \times 1.2 = 312 \, [l / min]$$

② 식 [6-5]에 의하여

실양정 $h_1 + h_2 = 1.5 + (3.5 \times 8) + 1.5 = 31 \, [m]$

마찰 손실 수두를 실양정의 30 %로 보면

$$h_3 = 31 \times 0.3 = 9.3 \, [m]$$

소화전 호스의 마찰 손실 수두는 표 6-5를 이용하면

$$h_4 = 30 \times \frac{26}{100} = 7.8 \, [m]$$

노즐의 수요 수압에 상당하는 수두 = 17.5 [m]

∴ 펌프의 전양정

$$H = (h_1 + h_2 + h_3 + h_4 + h_5) \times 1.15$$
$$= (31 + 9.3 + 7.8 + 17.5) \times 1.15 = 75 \, [m]$$

③ 펌프의 효율을 55 %로 보고

$$직렬 \ 전동기의 \ 동력 = \frac{QH}{6120E} \times 1.15$$
$$= \frac{312 \times 75}{6120 \times 0.55} \times 1.15$$
$$= 8 \, [kW]$$

답 ① 312 [l / min], ② 75 [m], ③ 8 [kW]

예제 **2.** 연결송수관의 송수구에서 최고층 방수구 (소방서 전용 소화전)까지의 수직 높이 46 m인 건축물에 있어서 직결 전동기의 동력을 구하라.

해설 소화 급수관의 연결 부속에 의한 마찰 손실 수두 = 16 [m]

호스내의 마찰 손실 수두 = 14 [m]

송수구에서 최고층 방수구까지의 수직 높이 = 46 [m]

방수 압력 3.5 kg / cm²에 상당하는 수두 = 35 [m]

합계 전 수두 = (16 + 14 + 46 + 35) × 1.15 = 130 [m]

연결 송수관의 소방 펌프의 송수 압력이 7 kg / cm²이므로

펌프의 소요 수두 $H = 130 - 70 = 60 \, [m]$

펌프의 소요 양수량 $Q = 450 \times 2 \times 1.2 = 1080 \, [l / min]$

펌프의 축마력 $= \dfrac{QH}{4500E} = \dfrac{1080 \times 60}{4500 \times 0.6} = 24 \, [PS]$

전동기의 소요 동력을 축마력의 20 % 증가로 보면, 1 PS = 0.75 kW이므로

직렬 전동기의 동력 = 24 × 0.75 × 1.2 = 22 [kW]

답 22 [kW]

2-2 스프링클러 설비

이 설비는 실내 천정에 장치해 실내 온도의 상승으로 가용 합금편이 용융됨으로써 자동적으로 화염에 물을 분사하는 자동 소화 설비이다. 또 가용편의 용융과 동시에 화재 경보 장치가 작동하여 화재 발생을 알림으로써 화재를 초기에 진화할 수 있다. 주로 고층 건축물·지하층·무창층 등 소방차의 진입이 곤란한 곳에 그 설치 규정을 강화하고 있다.

(1) 스프링클러 설비의 설치 기준

소방법 시행령에 의한 각종 건축물에 대한 스프링클러 설비의 설치 기준은 표 6-7과 같다.

표 6-7 스프링클러의 설치 기준[1]

호 별	용도별	설치 기준
제 1 호	관람집회 및 운동 시설	무대부분(무대부에 부설된 장치물실 및 소품실을 포함한다)의 바닥면적이 다음 각목의 기준 이상인 것 가. 지하층·무창층 또는 층수가 4층 이상인 층에 있는 경우에는 300 m² 나. 그밖의 층에 있는 경우에는 500 m²
제 2 호	판매 시설	바닥면적의 합계가 다음 각목의 기준 이상인 것은 전층 가. 층수가 3층 이하인 건축물에 있어서는 6000 m² 나. 층수가 4층 이상인 건축물에 있어서는 5000 m²
제 3 호	여관 또는 호텔	층수가 11층 이상인 건축물로서 여관 또는 호텔의 용도로 사용되는 층이 있는 것은 전층
제 4 호	아파트	층수가 16층 이상인 것은 16층 이상의 층 4의 2. 청소년 시설(숙박 시설이 있는 시설에 한한다) 또는 노유자 시설로서 연면적 600 m² 이상인 것
제 5 호	창 고	반자(반자가 없는 경우에는 지붕의 옥내에 면하는 부분)의 높이가 10미터를 넘는 랙크식 창고(선반 또는 이와 비슷한 것을 설치하고 승강기에 의하여 수납물을 운반하는 장치를 갖춘 것을 말한다)로서 연면적 1500 m² 이상인 것
제 6 호	공 장	공장 및 제 5 호에 해당하지 아니하는 창고 시설로서 별표 4[2]에서 정하는 수량의 1000배 이상의 특수가연물을 저장·취급하는 것
제 7 호	지하가	연면적 1000 m² 이상인 것(터널을 제외한다)
제 8 호	소방대상물 I	제 1 호 내지 제 6 호에 해당하지 아니하는 건축물(학교·아파트 및 냉동창고를 제외한다)의 지하층·무창층 또는 층수가 4층 이상인 층으로서 바닥면적이 1000 m² 이상인 층
제 9 호	소방대상물 II	제 1 호 내지 제 6 호 또는 제 8 호에 해당하지 아니하는 건축물(학교 및 아파트를 제외한다)로서 층수가 11층 이상인 것은 11층 이상의 층
제10호	소방대상물 III	제 1 호 내지 제 9 호에 부속된 보일러실 또는 연결통로 등
제11호	복합건축물	연면적 5000 m² 이상인 것은 전층
간이스프링클러 설치 소방대상물		다중이용업 중 지하층에 설치된 영업장의 바닥면적이 150 m² 이상인 것[3]

㈜ 1) 다만, 가스 시설 또는 지하구의 경우에는 그러하지 아니하다.
2) 소방법 시행규칙 제 28 조 소화 설비
3) 소방법 시행규칙 제 4 조의 2 다중이용업의 범위

(2) 스프링클러 설비의 배관법

스프링클러 설비는 크게 폐쇄형과 개방형으로 대별되며, 폐쇄형은 습식 배관 방식과 건식 배관 방식이 있다. 일반적으로 스프링클러 설비는 폐쇄형 습식 배관을 채택하고 있다.

① 개방형 스프링클러 배관 방식 : 이 방식은 폐쇄형 스프링클러 헤드로는 효과를 기대할 수 없는 경우에 사용된다. 특히 천장이 높은 무대부를 비롯하여 공장, 창고, 준위험물 저장소에 채택하면 효과적이다. 그림 6-7에 개방형 스프링클러 설비 계통도를 나타낸다.

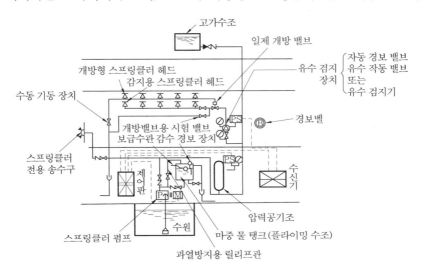

그림 6-7 개방형 스프링클러 설비 계통도

② 폐쇄형 건식 배관 방식 : 스프링클러 헤드에 급수하는 배수관에 가압된 공기가 들어 있어 수원에서 물을 인도하는 급수 본관과는 공기 밸브를 끼고 접속되어 있으며, 화재의 열로 헤드가 열리면 배관내의 공기압이 저하되면서 자동적으로 공기 밸브가 열리고 헤드에 급수되어 살수하게 된다.

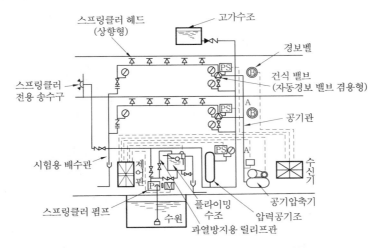

그림 6-8 폐쇄형 건식 스프링클러 설비 계통도

이 방법은 물이 동결할 우려가 있는 한랭지에서 많이 사용되고 있다. 그림 6-8은 폐쇄형 건식 배관의 계통도로 수원, 가압 송수 장치, 건식 밸브, 스프링클러 헤드, 시험 밸브, 송수구 등으로 구성되어 있다.

③ **폐쇄형 습식 배관 방식** : 항상 가압된 물이 스프링클러의 헤드까지 차 있어 화재시에는 헤드의 개구와 동시에 자동적으로 살수되어 소화 목적을 달성하게 된다. 그림 6-9는 폐쇄형 습식 배관의 계통도로 수원, 가압 송수 장치, 자동 경보 장치, 스프링클러 헤드, 시험 밸브, 송수구로 구성되어 있다.

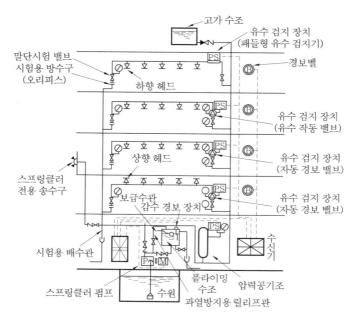

그림 6-9 폐쇄형 습식 스프링클러 설비 계통도

(3) 스프링클러 헤드의 구조

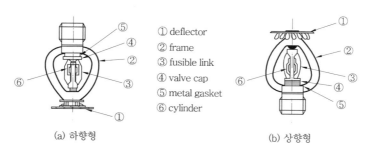

① deflector
② frame
③ fusible link
④ valve cap
⑤ metal gasket
⑥ cylinder

(a) 하향형   (b) 상향형

그림 6-10 폐쇄형 스프링클러 헤드의 구조

스프링클러 헤드의 모양은 매우 다양하지만 그 원리는 대부분 동일하다. 그림 6-10은 폐쇄형 스프링클러 헤드의 구조도이다. 평상시에는 가용편(fusible link)에 의해 관내 압력수의 유출을 막고 있다가 화재가 발생하면 실내 온도의 상승으로 가용편이 용해되어 관 속의 물이 살수된다. 이때 물은 플레임(frame)에 의해 받쳐져 있는 디플렉터(deflector)에 부딪쳐 화면에 균일한 밀도로 살수하는 구조로 되어 있다.

스프링클러 헤드를 구조적으로 분류하면 가용 합금형과 밸브형의 2종류로 나눈다. 보통은 가용 합금형이 많이 쓰이고 있는데, 그것은 퓨즈가 가용합금으로 되어 있어 화재시 밸브형보다 작동이 빨라 좋은 성능을 나타내기 때문이다.

밸브형은 특수한 유리 모양의 물질로 만든 원통형의 지수 밸브를 장치한 것으로서 이 밸브는 액체와 작은 기포를 넣어 밀폐한 것이므로 온도가 상승하면 액체가 팽창하여 마침내 그 압력에 의해 밸브가 터져 살수하게 된다.

(4) 스프링클러 헤드의 작동 온도

스프링클러 헤드의 가용편의 용융 온도는 설치 대상 건물 및 가용 합금의 종류에 따라 각각 다르지만 표준 용융 온도(방수 온도)는 67~75℃ 정도이다. 스프링클러 헤드의 방수압력은 $1 \, \text{kg} / \text{cm}^2$ 이상이고, 방수량은 $80 \, l / \text{min}$ 이상이 되어야 한다.

표 6-8 스프링클러 헤드의 작동 표준 온도

표시 온도 (작동 표준 온도)	설치실의 최고 온도	해당실의 종류	헤드의 색깔표시
보통 온도 79℃ 미만 중간 온도 79~121℃ 고온도 121~162℃ 초고온도 162~204℃ 초초고온도 204℃ 이상	39℃ 미만 39~64℃ 64~106℃ 106~148℃ 148℃ 이상	보통실 보일러실 등 불을 많이 취급하는 실 건조실 특수건조실 고온도건조실	흑 백 청 적 녹색

㊀ 68℃에 녹는 가용 합금의 예＝Bi 50％＋Pb 25％＋Cd 13％＋Sn 12％

(5) 스프링클러 헤드의 설치 간격과 배치법

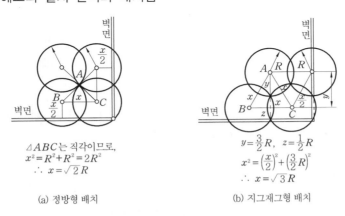

△ABC는 직각이므로,
$$x^2 = R^2 + R^2 = 2R^2$$
$$\therefore \, x = \sqrt{2} \, R$$

(a) 정방형 배치

$$y = \frac{3}{2} R, \quad z = \frac{1}{2} R$$
$$x^2 = \left(\frac{x}{2}\right)^2 + \left(\frac{3}{2} R\right)^2$$
$$\therefore \, x = \sqrt{3} \, R$$

(b) 지그재그형 배치

그림 6-11 스프링클러 헤드의 배치법

일반적으로 스프링클러 헤드 하나가 소화할 수 있는 면적은 $10 \, \text{m}^2$로 본다. 소방법 시행령이 정하는 규정에 따르면, 무대부에 있어서의 설치 간격은 1.7 m 이하, 또 표 6-1의 소방 대상물에 있어서는 2.1 m 이하 (내화 건축물에 있어서는 2.3 m 이하), 그리고 연소할 우려가 있는 부분의 개구부에는 그 윗 인방에 거리 2.5 m마다 스프링클러 헤드를 설치해야 한다고 규정하고 있다.

한편, 스프링클러 헤드의 설치 방법에는 지그재그형 배치법과 정방형 배치법의 2종류가 있으며, 이에 각 배치 간격은 표 6-9와 같다.

표 6-9 스프링클러 헤드의 배치 간격(m)

R	정방형 배치	지그재그형 배치		
	$x=\sqrt{2}R$	$x=\sqrt{3}R$	$y=\dfrac{3}{2}R$	$z=\dfrac{1}{2}R$
1.7	2.40	2.94	2.55	0.85
2.1	2.96	3.63	3.15	1.05
2.3	3.25	3.98	3.45	1.15
2.5	3.53	4.33	3.75	1.25
비 고	그림 6-11 (a)	그림 6-11 (b)		

예제 3. 철근 콘크리트 건물 (바닥면적 30 m×50 m)에 스프링클러 설비를 할 때 헤드의 총수를 구하라.

[해설] 정방형 배치로 한다면 R는 내화 구조물이므로 2.3 m이다. 따라서,

$$x=\sqrt{2}R=\sqrt{2}\times2.3=3.25\,[\text{m}]$$

그러므로 50 m÷3.25 m=15.4 → 16열 30 m÷3.25 m=9.2 → 10열

16×10=160개

지그재그형으로 배치한다면

$$x=\sqrt{3}R, \quad y=\frac{3}{2}R, \quad z=\frac{R}{2} \text{이므로} \quad x=3.98\,\text{m}, \quad y=3.45\,\text{m}, \quad z=1.15\,\text{m}$$

50 / 3.98=12.5 → 13개 짝수열은 14개

열수는 {30-(1.15×2)} / 3.45=8.03 → 9열

그러므로 9열 중 홀수측 4×13=52개, 짝수측 5×14=70개 합계 122개

🖬 정방형 160개, 지그재그형 122개

(6) 스프링클러 설비의 급수원

스프링클러 설비에 급수하는 급수원은 다음과 같은 조건을 갖추어야 한다.

① 수도 본관 : 수압 0.35 kg / cm² 이상이어야 한다.

② 고수위 저수지 : 저수량 900 m³ 이상으로 무제한 급수할 수 있어야 한다.

③ 고가 탱크 : 필요 낙차={(배관의 마찰 손실 수두)+10}×1.15

④ 압력 탱크 : 전양정 $H=\{(실양정)+(배관의 마찰 손실 수두)+10\}\times1.15$

⑤ 급수원의 저수량 : 저수량 Q는 헤드 하나의 규격 방수량이 80 l / min이고 20분간 살수할 수 있어야 하며(80×20=1.6 m³), 여기에 동시 방수 개구수를 곱한 양 이상이 되어야 한다.

$$Q \geqq 80\times20\times(동시\ 방수\ 개구수)=1.6\,[\text{m}^3]\times(동시\ 방수\ 개구수) \qquad [6-7]$$

스프링클러 설비에 사용되는 직관의 마찰 손실 수두는 표 6-10과 같다.

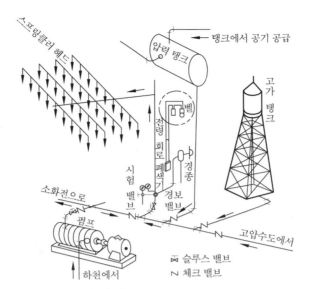

그림 6-12 스프링클러 설비의 급수원 계통도

표 6-10 직관의 마찰 손실 수두(100 m 당)

스프링클러 헤드의 동시 개구수	유 량 (l/m)	관의 호칭 지름(mm)								
		25(1)	32(1¼)	40(1½)	50(2)	65(2½)	80(3)	100(4)	125(5)	150(6)
		마찰 손실 수두(관 길이 100 m 당)								
1	80	39.27	12.32	5.33	1.65	0.489	0.211	0.056	0.021	0.009
2	160		40.42	19.21	5.96	1.77	0.762	0.209	0.074	0.032
3	240		95.7	51.74	17.81	5.96	2.51	0.61	0.21	0.084
4	320			97.83	30.34	8.99	3.32	1.09	0.369	0.154
5	400				39.41	13.21	5.50	1.36	0.457	0.187
7	560				78.24	22.7	9.34	2.31	0.74	0.321
10	800					41.05	18.47	4.61	1.54	0.621
15	1200					73.75	29.4	8.71	3.03	1.32
20	1600						54.12	14.82	5.16	2.24
30	2400							31.51	10.93	4.74

예제 4. 지하 2층, 지상 12층 건물에서 11층 이상에 다음과 같은 조건의 스프링클러를 설치하고자 한다. 아래 물음에 답하라.

    <조 건> ① 스프링클러 설치 개수 : 11층, 12층에 각 80개

             ② 스프링클러의 실지 높이 : 50 m (최상층)

             ③ 손실 수두 : 15 mAq

             ④ 펌프 효율 : 65 %, 동시 개구수 : 30

    <물 음> (1) 스프링클러 펌프의 수량(l/min)   (2) 스프링클러 펌프의 양정(m)

             (3) 스프링클러 펌프의 축동력(kW)   (4) 수원의 최소 유효 용량(m³)

해설 (1) 스프링클러의 수량 $Q = 1.2qN$

여기서, q : 규격 방수량 $(80 \; l \, / \, min)$, N : 동시 개구수

$$\therefore \; Q = 1.2 \times 80 \times 30 = 2880 \, [\, l \, / \, min]$$

(2) 스프링클러 펌프의 양정 $H = (h_1 + h_2 + 10) \times 1.15$

$$\therefore \; H = (50 + 15 + 10) \times 1.15 = 86 \, [\mathrm{m}]$$

(3) 스프링클러 펌프의 축동력 $= \dfrac{QH}{4500E} \times 0.75 \times 1.15$

$$= \dfrac{2880 \times 86}{4500 \times 0.65} \times 0.75 \times 1.15 = 73 \, [\mathrm{kW}]$$

(4) 수원의 최소 유효 용량 $= 1.6 \times 30 = 48 \; \mathrm{m^3}$

답 (1) 2880 $[\, l \, / \, min]$, (2) 86 $[\mathrm{m}]$, (3) 73 $[\mathrm{kW}]$, (4) 48 $[\mathrm{m^3}]$

(7) 경보 장치

스프링클러 소화 설비에는 헤드 개방과 동시에 신속 정확하게 일정한 범위에 화재를 알리는 경보 장치를 설치하여야 그 후속 조치는 물론 물에 의한 피해를 줄일 수 있다. 그 종류에는 수차식 경종과 압력 스위치 및 유수식 경종 등이 있다.

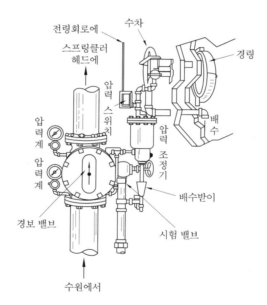

그림 6 - 13 스프링클러 설비의 자동 경보 장치

2 - 3 드렌처(drencher)

드렌처 설비는 건축물의 외벽·창·지붕 등에 설치하여 인접 건물에 화재가 발생하였을 때 수막을 형성함으로써 화재의 연소를 방지하는 방화 설비이다.

(1) 드렌처 헤드의 구조 및 배치

드렌처 헤드의 종류에는 구경 9.5 mm (3 / 8), 7.9 mm (5 / 16), 6.4 mm (1 / 4)의 3종류가 있으며, 설치 간격은 수평 거리 2.5 m 이하, 수직 거리 4 m 이하마다 1개씩 설치한다.

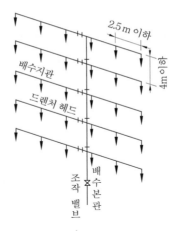

그림 6 - 14 드렌처 헤드   그림 6 - 15   드렌처 헤드의 배치도

(2) 드렌처 설비 배관 관경

배관의 관경은 관 속을 흐르는 유량에 따라 결정되며, 헤드 1개의 방수량의 방수 압력은 1 kg / cm² 이상이어야 한다. 드렌처 설비 급수 수원의 저수량은 다음과 같다.

$$수원의\ 저수량 \geq (헤드\ 1개의\ 방수량) \times (설치\ 개수) \times 20 \qquad [6-8]$$

헤드의 설치수가 5개 이상일 때는 5개로 한다.

표 6 - 11   헤드의 방수량 (방수 압력 1 kg / cm²)

헤드의 구경(mm)	6.4	7.9	9.5
방수량(*l* / min)	20 이상	35 이상	45 이상

표 6 - 12   드렌처 헤드의 허용수와 배관 관경

관 경(mm)	드렌처 헤드의 허용수		
	방수구(9.5 mm)	방수구(7.9 mm)	방수구(6.4 mm)
25	2	3	5
32	4	6	6
40	6	–	–
50	10		
65	20		
80	36		
90	55		
100	72		
125	100		
150	100 이상		

표 6 - 13 드렌처 헤드의 배치(창문 설치용)

수평지관의 열수	드렌처 헤드 방수구의 구경(mm)				
	2열 배치	3열 배치	4열 배치	5열 배치	6열 배치
최상열	9.5	9.5	9.5	9.5	9.5
제 2 열	7.9	7.9	9.5	9.5	9.5
제 3 열		6.4	7.9	7.9	7.9
제 4 열			6.4	7.9	7.9
제 5 열				6.4	6.4
제 6 열					6.4

2-4 소화기

표 6 - 14 소화기의 종류와 사용 대상 화재

소화기의 종류	적용하는 화재의 종류		
	A	B	C
산·알칼리 소화기	○	○	-
포말 소화기	○	○	-
2산화탄소 소화기	○	○	○
할로겐화물 소화기	-	○	○
분말 소화기	○	○	○
수조부착 펌프	○	-	-
물	○	-	-
건조 모래	-	○	-

소화기는 화재 발생 초기에 진화할 목적으로 수동으로 사용하는 소화 설비로서 소방법에 의해 설치가 의무화되어 있다. 소화기의 구조 및 기능에 대해서는 국가 규격에 의해 정해져 있고 소방법에 정하는 바에 따라 취급된다. 일반 화재를 종류별로 대별하면 다음과 같이 분류할 수 있다.

표 6 - 15 소화기구 설치 기준

소화기 종별	설치 기준
수동식, 간이소화용구	1. 연면적 33 m^2 이상 2. 1호에 해당하지 아니하는 시설로서 지정문화재 및 가스 시설
자동식 소화기	아파트로서 층수가 11층 이상인 것은 6층 이상의 층

① 보통 화재 : 목재·종이류·직물류 등 일반 가연물의 화재 .... 백색(A)
② 기름 화재 : 석유류 및 기타 가연성 액체·유지류 등의 화재 .... 황색(B)
③ 전기 화재 : 전기 시설 등의 전기 기기 및 기타 감전의 우려가 있는 화재 ...... 청색(C)

(1) 소화기의 설치 기준

소화기를 설치하는 기준은 그 건물의 용도에 따라 표준 단위 면적이 정해져 있고, 설치해야 할 소화기의 소화 능력 단위수의 합계가 건물의 연면적을 표준 단위 면적으로 나누어 얻은 수 이상이 되어야 한다.

$$설치해야 할 소화 능력 단위수 합계 \geq \frac{건물\ 연면적}{표준\ 단위\ 면적}$$

또 각 방화 대상물로부터의 거리는 보행 거리 20 m (대형 소화기는 30 m 이하) 이하가 되도록 설치해야 한다.

(2) 소화기의 종류

소화기는 사용 약제의 종류에 따라 다음과 같이 분류되며, 보통 사용되는 소화기는 총중량 28 kg 이하로 제한되어 있다.

① 산·알칼리 소화기   ② 포말 소화기
③ 2산화탄소 소화기   ④ 할로겐화물 소화기
⑤ 분말 소화기   ⑥ 물 소화기
⑦ 강화액 소화기

소화기에는 보통 화재·기름 화재 등 사용 목적에 적합한 표시를 해야 하며, 용기는 그 종류에 따라 정해진 내압·기밀 시험을 거쳐야 하고, 그 외면에는 다음과 같은 사항을 표시해야 한다.

① 사용 방법(조작 방법)
② 적응성과 소화 성능의 등급
③ 소화기의 종류, 소화제의 용량 또는 중량
④ 유효 방출 시간과 유효 사정 거리
⑤ 소화제의 충전 방법과 보수상의 주의
⑥ 형식 번호, 제조 년·월·일, 제조 번호, 제조자명(또는 기호)

표 6 - 16 각종 소화기의 크기와 성능

종　류	약액용량	지 름 (mm)	높 이 (mm)	총중량 (kg)	유효 방출 시간(sec)	유효 사정 거리(m)	적응성
산·알칼리	10.0 *l*	173	690	15.7	직사 50 분무 30	직사 8 분무 4	A, B
포 말	9.3 *l*	117	565	14.6	60	6~10	A, B
2산화탄소	2.0 kg	95	620	12.0	20	호온에서 1	B, C
2산화탄소	3.0 kg	130	500	15.0	40	호온에서 1	B, C
4염화탄소 (할로겐화물)	1.0 *l*	76	340	2.9	45	6	B, C
	2.8 *l*	115	655	6.9	45	6~8	B, C
	3.8 *l*	127	665	9.3	90	6~8	B, C
분 말	1.9 kg	85	502	5.2	10	5	B, C
분 말	8.0 kg	155	492	17.0	15	8	B, C
물	16.0 *l*	250	625	21.0	60	직사 10	A, B
강화액	8.8 *l*	168	665	18.5	직사 45 분무 25	직사 11 분무 6	A, B

㈜ 적응성의 B는 분무로 한 경우에만 해당한다.

2-5 연결 살수 설비

이 설비는 소방대 전용 소화전인 송수구를 통하여 실내로 물을 공급하여 소화 활동을 하는 것으로 지하층 등의 일반 화재 진압을 위한 설비이다.

스프링클러 설비와 유사하며 지하층에 해당하는 바닥면적의 합계가 150 m² 이상인 경우 설치하도록 되어 있다. 배관은 살수 설비 전용으로 하며 송수구는 쌍구형으로 한다. 설비의 구성은 송수구, 연결 살수관, 살수 헤드, 일제 개방 밸브와 선택 밸브로 되어 있다. 송수구에서 소방차에 의해 송수하며 살수 헤드에서 물을 분사하여 소화한다. 살수 헤드는 유효 반지름은 개방형 3.7 m 이하, 폐쇄형은 스프링클러의 설치 기준과 같다. 하나의 송수구역에 설치하는 살수헤드의 수는 개방형 헤드에 있어서는 10개 이하, 폐쇄형 헤드에 있어서는 20개 이하가 되도록 한다.

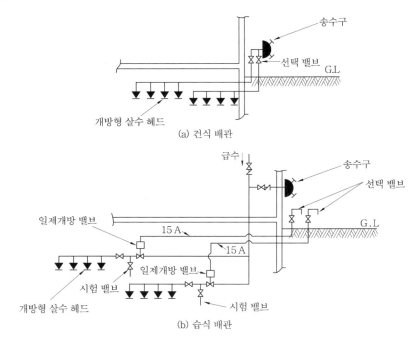

(a) 건식 배관

(b) 습식 배관

그림 6-16 연결 살수 설비 계통도

3. 특수 소화 설비

근대 산업의 발달에 수반하여 생산 공장이나 대규모 빌딩은 물론 주택·아파트에 있어서까지 화재 위험물의 종류가 다양하여 종전과 같이 소화에는 물이라는 고정 관념으로는 진화를 제대로 못할 뿐만 아니라 오히려 화재를 확대시키는 결과를 가져올 우려가 있다.

따라서 소화 설비도 특수한 것이 연구되어 건축 구조 가연물의 종류나 그 밖의 조건에 따라 이에 대응한 특수 소화 설비가 사용되지 않으면 안된다. 표 6-17에 특수 소화 설비의 종류와 방화 대상을 나타낸다.

표 6-17 특수 소화 설비의 종류와 방화 대상

소화 설비의 종류 / 방화 대상	물 분무 소화 설비	포소화 설비	이산화탄소 소화 설비	할로겐화물 소화 설비	분말 소화 설비
① 비행기 격납고		○			○
② 자동차수리 · 정비공장		○	○	○	○
③ 위험물저장 · 취급소, 주차장, 기계식 주차장(10대 이상)	○	○	○	○	○
④ 발전기 · 변압기 등의 전기실			○	○	○
⑤ 보일러실, 건조실, 기타 화기 취급실			○	○	○
⑥ 통신 기계실			○	○	○
비 고 (헤드 하나의 분출량)	30~180 l/min	75 l/min	60 kg/min	35~45 kg/min	20~50 kg을 30초 이내 방사

3-1 물 분무 소화 설비

이 소화 설비는 물을 분무장으로 분산 방사하며 분무수로 연소물을 덮어씌워 소화하는 것으로서, 고정식 분무 장치와 가반식 분무 장치로 분류할 수 있다. 이 소화 설비는 주차장 · 위험물 저장소 · 취급소 또는 통신 설비의 화재에 특히 유효하다.

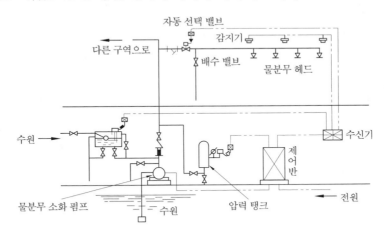

그림 6-17 물 분무 소화 설비의 계통도

(1) 물 분무 소화 설비의 소화 원리

물 분무 소화 설비의 소화 원리는 다음과 같다.

① 극히 미세한 분무수를 균일하게 살포하여 연소물을 덮어씌움으로써 물의 증발 작용이 가속화되어 증발열에 따른 냉각 작용으로 소화 작용이 이루어진다.

② 대량으로 발생하는 수증기가 연소면을 둘러쌈으로써 공기의 공급이 차단되어 질식 소화 작용이 이루어진다.

③ 물에 용해되는 가연 액체의 경우에는 급속한 희석 작용에 의해 연소가 정지된다.

④ 물에 용해되지 않는 가연 액체의 경우에는 불연성 에멀션(emulsion)을 형성하여 연소를 정지시킨다.

(2) 적용 방화 대상물

물 분무 소화 설비는 다음과 같은 방화 대상물에 적용하면 소화 작용이 유효하게 이루어진다.

① 석유 정제 공업 · 유지 공업 등의 각종 장치 및 유압 기계 장치

② 가연성 액체를 저장하는 개방형 탱크

③ 자동차의 차고 · 주차장 등 가연성 액체를 취급하는 장소

④ 통신 기기 · 전기 기기, 특히 변압기 등이 설치되어 있는 장소

⑤ 제분 및 기타 미립자 화재의 위험이 있는 장소

⑥ 고무 등의 가연물의 저장소 및 목재 건조실

⑦ 위험물을 취급하는 화학 공장의 여러 장치 · 연구실 · 실험실

(3) 물 분무 소화 설비의 수원

① 준위험물 또는 특수가연물을 저장 또는 취급하는 소방대상물

$$수원의 \ 저수량 \geq 10 \ l/min \cdot m^2 \times 20 \ min \times 바닥면적(m^2) \qquad [6-9]$$

바닥면적이 $50 \ m^2$ 초과시 $50 \ m^2$로 함

② 차고 또는 주차장

$$수원의 \ 저수량 \geq 20 \ l/min \cdot m^2 \times 20 \ min \times 바닥면적(m^2) \qquad [6-10]$$

(4) 물 분무 소화 설비의 기동 장치

수동식 기동 장치와 자동식 기동 장치로 분류되며, 수동식은 직접조작 또는 원격조작에 의해 개방 밸브를 개방토록 한 것이다. 자동식은 자동화재탐지 설비의 감지기의 작동 또는 폐쇄형 스프링클러 헤드의 개방과 함께 경보를 발하고 가압송수 장치 및 자동 개방 밸브가 개방될 수 있도록 한 것이다.

(5) 물 분무 헤드 성능

① 방사압력 : 소화용 $2.5 \sim 7.0 \ kg/cm^2$, 방호용 : $1.5 \sim 5.0 \ kg/cm^2$

② 방사량 : $10 \sim 180 \ l/min$

③ 방사각도 : $12 \sim 180°$

④ 유효사정거리 : $1 \sim 6 \ m$

3-2 포 소화 설비

포 소화 설비는 발포 방식에 따라 공기포에 의한 것과 화학포에 의한 것이 있다. 공기포는 포말 소화약제와 물을 혼합하여 수용액을 만들어 기계적으로 공기를 흡입하며 거품을 만들어낸다. 따라서 공기포를 기계포라고도 한다. 화학포는 2종류의 약제를 혼합해서 그 화학 반응에 의해 발생하는 탄산가스를 둘러싸고 생기는 미세한 화학포를 연소면에 끼얹어 연소면을 포말층으로 덮어씌움으로써 산소의 공급을 차단하여 소화하는 방법이다. 현재 화학포

는 소화기에 이용하는 이외는 사용되지 않고 있다.

　이 포 소화 설비는 질식소화 뿐만 아니라 포말에 포함되어 있는 물에 의한 냉각효과도 있다. 그림 6－18은 포 소화 설비 계통도를 나타낸 것으로 ① 수원 ② 원액탱크 ③ 포 소화 펌프 ④ 혼합장치 ⑤ 배관 ⑥ 포헤드 등으로 구성되어 있다.

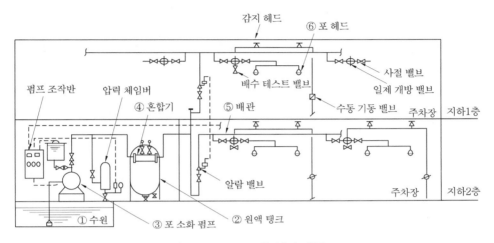

그림 6－18 포 소화 설비 계통도

(1) 공기 포 방식과 화학 포 방식의 비교

　① 공기 포는 소화 약제가 화학 포와 같은 분말이 아니고 액체이므로 습기가 높은 곳에서의 취급이 편리하고 또한 조합해서 발포시키는 기구가 단순하므로 자동 제어 방식이 용이하다.

　② 공기 포 소화법은 화학 포 소화법에 비해 설비비가 적게 들고 그 조작 및 관리가 간단 용이하여 숙련이 필요치 않고 관리비도 적게 든다.

　③ 공기 포 소화법은 물 분무·살수를 동시에 할 수 있다.

　④ 화학 포의 소화 약제는 흡수성이 강하여 안정성이 나빠 온도 변화에 따라 성능이 좌우되는 결점이 있으나 공기 포는 이와 같은 결점이 없다.

　⑤ 공기 포 소화법은 포 방출 속도가 빠르고 화학 포에 뒤지지 않는 소화 성능을 발휘하는 등 화학 포의 결점을 보완한 여러 가지 이점이 있다.

　포 소화 원액은 화학적으로 변질하기 쉬우므로 대략 3년마다 한 번씩 대체해야 하는데 이것은 화학 포의 경우에도 마찬가지이다.

(2) 소화 장치의 구성

　① 화학 포 장치의 구성 : 화학 포의 화학 반응식은 다음과 같다.

$$6NaHCO_3 + Al_2(SO_4)_3 \rightarrow 6CO_2 + 2Al(OH)_3 + 3Na_2SO_4$$

　즉, 중조와 황산 알루미늄을 혼합 반응시켜 탄산 가스를 핵으로 하는 포 소화 방식으로서, 혼합 장치에는 건식·습식·이동식 등이 있다. 포말 안정제로는 사포닌을 혼합한다.

　㈎ 건 식 : 중조 분말에 안정제를 혼합한 A제와, 황산 알루미늄 분말 B제를 각각 방습 처리된 별개의 건조 용기에 저장하고, 이 용기 아래에 설치된 고정 흡입기에 압력수

를 송수하여 양쪽 분말을 각각 별도로 흡입시켜 수용액으로 만든 다음 별개의 배관을 통해 송액하여 발포기에서 혼합되면 탄산 가스가 발생함과 동시에 무수의 포가 만들어지는 방식이다.

 (내) 습 식 : A제 및 B제의 수용액을 각각 별개의 용액 탱크에 저장하고 펌프에 의해 각각 서로 다른 배관을 통해서 송액하여 발포기에서 이들 두 약액을 혼합함으로써 발포 분사시키는 방식이다.

 (대) 이동식 : A제 및 B제의 분말 또는 두 약제를 혼합한 분말을 가반식 포말 발생기에 투입하고 압력수에 의해 이것을 흡입시켜 포를 발생케 하여 연소물에 방사하는 방식이다.

② 공기 포 소화 장치의 구성 : 공기 포 설비에는 고정식과 이동식이 있다. 고정식은 전 설비가 영구적으로 고정된 것이며, 지하 주차장이나 지하 상가와 같이 화재가 발생한 경우 연기가 충만하여 사람이 접근하기 곤란한 장소에 설치한다.

이동식은 포 호스 노즐식의 것으로 옥내 소화전의 경우와 동일하게 포 호스를 끌어내어 노즐 끝에서 분사하는 방식이다.

(3) 수원 및 가압 펌프

수원은 소화 설비에 급수하는 데 충분한 수량을 확보할 수 있어야 한다.

(4) 소화 원액 저장 탱크와 원액 혼합 장치

공기 포는 공기 포 발생제의 수용액에 공기를 혼합하여 포를 발생시키는 것으로서 공기 포 소화 원액 혼합 방식에는 다음과 같은 방식이 있다.

① 펌프 조합기 방식   ② 차압 조합기 방식
③ 관로 조합기 방식   ④ 압력 조합기 방식

3−3 탄산 가스 소화 설비(불연성 가스 소화 설비)

(1) 탄산 가스 소화 설비의 특성

대기 중의 산소는 연소를 촉진하는 역할을 하는 원소로서 연소에 제동을 걸려면 무엇보다 이 연소 촉진제 역할을 하는 산소의 공급을 억제해야 한다. 그러므로 불연성 가스를 실내에 방출함으로써 산소 함유율을 저하시켜 질식 소화하는 것이 불연성 가스 소화의 기본 원리이다. 불연성 가스로는 거의 탄산 가스가 사용되며, 이것을 압축 액화시켜 고압 용기에 봉입하여 사용하는데 탄산 가스 소화제의 특징은 다음과 같다.

① 무취무해하다.

② 유지·전기 절연물·금속 등에 대해서 화학 변화가 없고 소화에 사용한 후의 오염 손상이 전혀 없다. 따라서 불에 타지 아니한 물건이면 소화 배기만 하면 곧 사용할 수 있다.

③ 전기 절연도가 높다 (공기의 약 1.2배).

④ 가스체는 아주 협소한 틈으로도 침투시킬 수 있으므로 완전 소화시킬 수 있으며, 분사 헤드의 부착방향에 따른 사각이 생기지 않는다.

⑤ 저장 중 변질이 거의 없어 반 영구적으로 사용할 수 있으므로 유지비나 보충비가 들지 않는다.

⑥ 펌프내의 가스 압력 자체의 힘으로 방출되므로 동력원이 따로 필요하지 않으며 따라서 동력의 설비 및 그 유지 관리비가 필요치 않다.

이 소화 설비는 통신 기기실·창고·공장·대형 발전기 등의 소화 설비에 많이 이용되고 있다.

(2) 탄산 가스 소화 설비의 설치 방식

① 전지역 방출 방식(total flooding system) : 벽·바닥·천장에 의해서 밀폐된 구획 전체에 방사하여 실내의 산소 함유율을 저하시켜 질식 상태로 함과 동시에 증발열과 기체의 팽창에 따른 냉각 효과도 곁들여 소화의 목적을 달성하는 방식이다. 실내의 어떤 화재에도 적용된다.

② 국소 방출 방식(local application system) : 방화 대상물 주위에 전혀 벽이 없는 경우, 벽이 있더라도 큰 개구부가 있는 경우, 또는 구획 중의 일부분을 대상으로 하는 경우 등에는 방화 대상물에 대해 국부적으로 일시에 다량의 불연성 가스를 직접 방사할 수 있도록 분무 헤드를 고정해서 설치하는 방식이다.

③ 이동식(hoses nozzle system) : 국소 방출식에 가반식 호스와 노즐을 연결하여 소화하는 방식이다. 화재 현장에 용이하게 접근할 수 있고 유효하게 소화 활동을 할 수 있는 특징이 있다. 호스의 접속구를 중심으로 하여 15 m 이내에 있는 화재를 효과적으로 소화할 수 있으며, 호스의 길이는 20 m가 표준이다.

그림 6-19에 이산화탄소 소화 설비 계통도를 나타낸다.

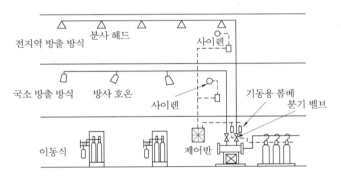

그림 6-19 이산화탄소 소화 설비 계통도

3-4 할로겐화물 소화 설비

(1) 할로겐화물 소화 설비의 소화 원리

4염화 탄소(CCl_4)나 1염화 1브롬화 메탄(CH_2ClBr)은 상온에서는 물보다 무거운 무색 투명의 액체인데 연소로 인하여 온도가 상승하면 바로 불연성의 무거운 기체로 변하는 증발성 액체이다. 그러므로 연소물에 이것을 방사함으로써 탄산 가스 소화 설비의 경우와 마찬가지로 산소 함유율을 저하시켜 질식 소화 작용을 하는 동시에 증발열에 의한 냉각 소화 작용도 곁들여 화재를 진화하게 된다. 그러나 발생한 기체에는 염화 수소 가스(HCl)나 포스겐($COCl_2$), 기타 유독 가스가 함유되므로 사용 후 실내의 환기에 주의해야 한다.

(2) 소화 설비의 구성

소화 설비의 구성은 분말 소화 설비와 비슷하며, 소화액을 압송하기 위한 동력원으로서의 공기 또는 질소를 압축·충전한 용기를 사용한다. 이 용기의 압력 조정기·배관·소화액 저장 탱크 등은 분말 소화 설비나 탄산가스 소화 설비와 거의 동일하며, 설치 방식도 위의 두 소화 설비의 경우와 같이 전 지역 방출 방식·국소 방출 방식·이동식 등 세 가지 방식이 있다.

표 6-18 증발성 액체의 특성

분자식	분자량	상온에서의 상태	액체의 비중 (20℃)	비점 ℃ (1기압)	기체밀도 (공기=1)	응고점 ℃
CF_2ClBr	165.4	기 체	1.38	-3.4	5.7	-165.5
CF_3Br	148.9	기 체	1.57	-57.8	5.2	-168.0
$C_2F_4Br_2$	259.8	액 체	2.18	47.3	9.0	-110.5
CCl_4	153.8	액 체	1.61	76.7	5.3	-22.6
CH_2ClBr	129.4	액 체	1.95	67.8	4.5	-86.0

(3) 분사 헤드의 개수 및 배치

① 전지역 방출 방식 : 방화 구획의 용적 $1\,m^3$당 $0.6\,l$의 비율로 계산한 표준 방사량을 2분 이내에 방사할 수 있는 능력을 보유하고, 구획내에 균일하게 증발성 액체를 방사하도록 헤드의 개수와 위치를 정하여 설치한다.

② 국소 방출 방식 : 방화 대상물의 표면적 $1\,m^2$당 $2\,l$의 비율로 계산한 표준 방사량을 2분 이내에 방사할 수 있는 능력을 보유하고 방화 대상물이 분사 헤드의 유효 거리 내에 있도록 설치한다.

표 6-19 소화액의 표준 저장량

방출 방식	표준 방사량	표준 저장량 $Q[l]$
전지역 방출 방식 국소 방출 방식	$0.6\,l/m^3$ $2\,l/m^3$	$Q \geqq 0.6$ (방화 구획의 용적 m^3) $Q \geqq 2$ (방화 대상물의 표면적 m^2)
이동식 방출 방식	모든 분사 노즐을 동시에 사용했을 때 표준 방사량으로 1분간 방사할 수 있는 양 이상	

3-5 분말 소화 설비

(1) 소화 원리

분말 소화제는 중조($NaHCO_3$)의 미분말인데, 중조는 흡수성이 강하므로 저장 중에 공기 속의 수분을 흡수하여 굳어진다. 이것을 방지하기 위해 방습제로 중조의 각 미분말 입자의 표면을 피복하여 흡수성을 없애고 또한 윤활제를 혼합하여 물과 같은 유동성을 지니게 한다.

이것을 연소물에 방사하면 화재의 열에 의해 100℃에서 열 분해하고 이때 다량의 탄산 가스가 발생하여 질식 소화 작용를 하는 동시에 열 분해할 때 중조 1 kg에 대해 200 kcal의 열을 흡수하므로 냉각 소화 효과도 있다.

$$2NaHCO_3 \xrightarrow{\text{열흡수}} Na_2CO_3 + CO_2 + H_2O \uparrow$$

더구나 중조가 미분말이므로 이 화학 반응이 동시에 급속히 이루어져 공기의 공급을 차단하는 질식 작용이 효과적으로 이루어져 진화하게 된다. 그러나 분말 설비는 질산 섬유계와 같이 성분에 산소를 함유하고 있는 물질, Na, K, Mg 금속과 같이 화학 반응이 활발한 물질 등의 화재에는 부적당하므로 사용하지 않는 것이 좋다.

(2) 소화 설비의 구성

① 전 지역 방출 방식(total flooding system) : 탄산 가스 소화 설비의 경우와 같이 밀폐된 구획에 설치된 방사 헤드에서 분말 소화제를 방사하여 전 지역을 질식 소화하는 방식이다.

② 국소 방출 방식(local application system) : 주위에 벽이 없는 경우 또는 벽이 있어도 큰 개구부가 있는 경우 방화 대상물을 유효하게 포함하도록 고정분사 헤드를 배치하는 방식이다.

③ 이동식 방출 방식(hoses nozzle system) : 용이하게 접근할 수 있는 방화 대상물에 대해 호스와 노즐로 분말 소화제를 방사하는 방식이다.

표 6 - 20 소화분말의 표준 저장량

방출 방식	표준 방사량	소화분말 저장 탱크의 필요 저장량 Q [kg]
전지역 방출 방식	$0.62 \text{ kg} / \text{m}^3$	$Q \geq 0.62 \times (\text{용적 m}^3)$
국소 방출 방식	$2.4 \text{ kg} / \text{m}^2$	$Q \geq 2.4 \times (\text{표면적 m}^2)$
이동식	$50 \sim 150 \text{ kg} / \text{min}$	$Q \geq (50 \sim 150) \times (\text{동시 개구 노즐 수})$

(3) 분사 헤드의 개수 및 배치

① 전 지역 방출 방식 : 방화 구획 용적 1 m³당 0.62 kg의 비율로 계산한 표준 방사량 이상을 1분간 이내에 방사하는 능력을 보유하고 구획 내에 균일하게 소화 분말을 방사하도록 설계해야 한다.

② 국소식 방출 방식 : 방화 대상물의 표면적 1 m²당 2.4 kg의 비율로 계산한 표준 방사량 이상을 1분간 이내에 방사할 수 있는 능력을 보유하고 방화 대상물의 모든 표면이 분사 헤드의 유효 거리 내에 있게 배치한다.

③ 이동식 방출 방식 : 모든 노즐에서 동시에 방사했을 경우 표준 방사량 이상으로 1분간 방사할 수 있는 양 이상이 되도록 설계한다.

4. 경보 설비

경보 설비는 화재 발생을 신속하게 알리기 위한 설비로서 소방법에 의하여 자동 화재 탐지 설비, 전기 화재 경보기, 자동 화재 속보 설비, 비상 경보 설비(비상벨, 자동식 사이렌, 방송 설비) 등으로 분류하여 규정하고 있다.

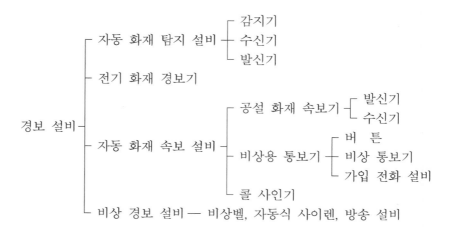

4－1 경보 설비의 구성과 종류

(1) 자동 화재 탐지 설비(사설 화재 속보기)

　건물 내에 화재가 발생했을 때 자동적으로 감지하여 내부 관계자에게 알리는 장치로서 감지기·수신기 전원 벨·전원 설비로 구성되어 있으며, 보조 설비로는 수동 발신기를 병용하는 일이 많다. 또 소화 설비는 화재의 감지와 소화 작용이 동시에 이루어지는 구조로 되어 있는 경우가 있다.

　① 감지기 : 감지기는 크게 온도상승에 의한 것과 연기 발생의 감지에 의한 2가지가 있다. 온도상승에 의한 것은 화재로 인하여 발생하는 열을 이용하여 자동적으로 감지하고 이것을 수신기에 알리는 장치로서 고체, 액체, 기체의 열팽창에 의한 변형, 용융, 증발, 전기저항의 변화, 열기전력 등을 응용한 것이 있다. 감지기의 중요부는 열전도율이 높고, 열용량이 적으며, 수열면적은 커야 하고 열의 흡수가 용이한 표면상태로 만드는 것이 기능상 필요하다. 기능상으로 분류하면 차동식·정온식·보상식으로 구분된다.

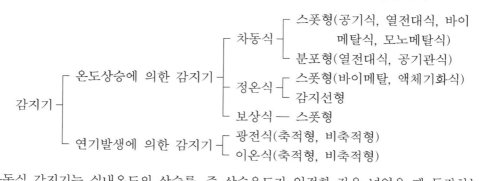

　　차동식 감지기는 실내온도의 상승률, 즉 상승온도가 일정한 값을 넘었을 때 동작하는 것으로 난방, 취사 및 기상의 변화와 같이 보통의 온도변화, 즉 정상적으로 상승하는 온도에 작동한다. 정온식은 실온이 일정온도 이상으로 상승하였을 때 작동하는 것으로 실온이 높을 때에 화재가 발생하면 비교적 조기에 발견이 될 수 있으나 실온이 낮은 경우에는 감지되기까지 시간이 걸린다. 보상식은 차동식의 단점을 보완한 것으로 차동·정온양식의 장점을 따서 차동성을 가지면서 고온에서도 반드시 작동하도록 한 것이다. 그

리고 스폿형은 일국소의 열효과, 즉 온도상승에 의하여 동작하는 것으로 일명 점재형이라고도 한다.

분포형은 일명 선상화재감지기라고도 하며 공기관을 천정에 매설하여 광범위하게 열효과를 관내의 공기 압력 상승의 형으로 누적하여 관의 말단으로서 전기접점 기구가동에 사용하는 것이다. 즉, 화재에 의하여 발생한 열이 실내의 넓은 범위에 분산하여 버려도 그 열효과를 누적적으로 감응하는 이점이 있다. 따라서 스폿형과 분포형은 각각 장·단점이 있으므로 간단하게 우열을 말하기는 곤란하다.

연기발생감지에 의한 화재 감지기로서는 연기 감지기(smoke detector)가 있으며 이것은 이온화식과 광전식의 2종류로 구분되고 있다. 이온화식은 검지부에 연기가 들어가는 데 따라 이온전류가 변화하는 것이고, 광전식은 검지부에 연기가 들어가는 데 따라 광전소자의 입사광량이 변화하는 것을 이용하여 화재를 감지하는 것이다. 이들 연기감지기는 비축적형과 축적형이 있다. 비축적형은 연기의 순간적인 농도를 검출하여 작동하는 곳이고, 축적형은 연기를 축적하여 작동하는 것으로 감도에 따라 1종·2종·3종으로 구분되면 통상 20~30초 경과 후 작동하게 되어 있다.

㈎ 차동식 스폿형 감지기 : 그 주위 온도가 일정한 온도 상승률 이상으로 올랐을 때 작동한다. 감도의 차이에 따라 1종과 2종이 있으며, 1종은 내화 건축물 이외 또는 내화 건축물 중에서 온도 변화가 매우 적은 장소에 부착한다. 2종은 내화 건축물 중에서 비교적 온도 변화율이 적은 장소로서 일반 사무실·작업장·백화점 등에 부착된다(그림 6-20 참조).

그림 6-20 차동식 스폿형 감지기(공기식)

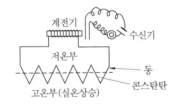

그림 6-21 차동식 스폿형 감지기(열전대식)

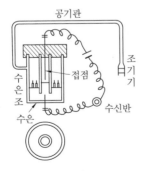

그림 6-22 차동식 분포형 감지기(공기관식)

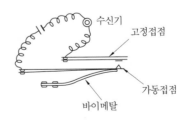

그림 6-23 정온식 스폿형 감지기(바이메탈식)

㈏ 정온식 스폿형 감지기(바이메탈식) : 바이메탈이 열에 의해 변형함으로써 접점이 열려 작동한다. 작동온도는 0℃에서 150℃까지의 범위이며, 따라서 종류에 따른 작동 시험을 해야 한다(그림 6-23).

㈐ 차동식 분포형 감지기(공기관식) : 차동식 스폿형의 공기실 대신 공기관 (외경 2.1 mm의 동관)을 감열부로 하여 실내의 천정 아래에 둘러치고 그 양단을 검출부에 접속한 것이다. 검출부 1개가 담당하는 공기관의 길이는 100 mm 정도이다 (그림 6-22).

㈑ 차동식 분포형 감지기(열전대식) : 서로 다른 종류의 금속 접합부에 온도차를 주면 기전력이 발생하는 원리를 이용한 것이다.

㈒ 정온식 감지선형 감지기 : 외관이 전선상의 것이며 일정 온도에서 연화하는 플라스틱으로 피복한 선2본을 꼬아 열에 의해 플라스틱이 연화하면 양쪽 선이 접촉하여 전류가 흐름으로써 작동한다.

② 화재 단계에 따른 감지기 종류 : 그림 6-24는 화재 4단계에 따른 감지기 타입을 나타낸 것으로 초기 화재 감지기로는 이온화식과 광전기식 그리고 광전자식이 효과적임을 알 수 있다.

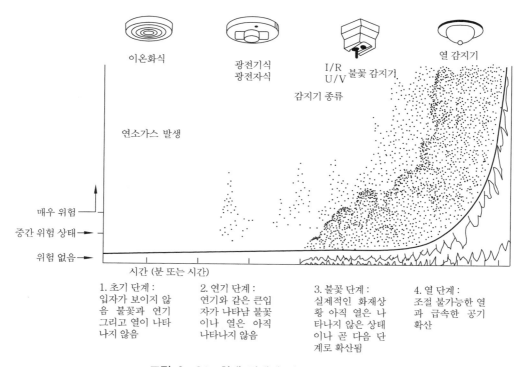

그림 6-24 화재 단계에 따른 감지기 종류

③ 설치 높이와 감지면적에 다른 감지기 종류 : 소방 시설의 설치 기준에 의한 설치높이에 따른 감지기의 종류는 표 6-21과 같으며 감지기의 감지면적은 표 6-22와 같다.

④ 수신기 : 감지기(또는 발신기)로부터 신호를 받아 벨을 울리고 램프를 점등시킴으로써 화재 발생 위치를 자동적으로 표시하는 장치로서 그 성능에 따라 각 발신 부분에서 공통의 신호를 별개의 전선로를 통하여 각각 수신하는 P형과 발신부별로 고유 신호를 동일 통신로를 통하여 신호하는 M형이 있고, 이밖에 P형과 M형의 기능을 함께 갖춘 R형이 있다.

⑤ 발신기 : 기능에 따라 P형·M형·R형으로 나누어진다.

표 6-21 설치 높이에 따른 감지기 종류

부착 높이	감지기의 종류
4미터 미만	차동식 스폿형 차동식 분포형 보상식 스폿형 정온식 · 이온화식 또는 광전식
4미터 이상 8미터 미만	차동식 스폿형 차동식 분포형 보상식 스폿형 정온식 스폿형 특종 또는 1종 이온화식 1종 또는 2종 광전식 1종 또는 2종
8미터 이상 15미터 미만	차동식 분포형 이온화식 1종 또는 2종 광전식 1종 또는 2종
15미터 이상 20미터 미만	이온화식 1종 또는 광전식 1종

표 6-22 감지기의 감지면적 (단위 : m²)

부착 높이 및 소방대상물의 구분		차동식 스폿형 1종	2종	보상식 스폿형 1종	2종	정온식 스폿형 특종	1종	2종
4미터 미만	주요 구조부를 내화구조로 한 소방대상물 또는 그 부분	90	70	70	70	70	60	20
	기타 구조의 소방대상물 또는 그 부분	50	40	50	40	40	30	15
4미터 이상 8미터 미만	주요 구조부를 내화구조로 한 소방대상물 또는 그 부분	45	35	45	35	35	30	
	기타 구조의 소방대상물 또는 그 부분	30	25	30	25	25	15	

(2) 전기 화재 경보기

전등이나 전력 배선에서 누전이 발생한 경우 자동적으로 경보 작동을 하는 것으로, 경보 뿐만 아니라 자동적으로 그 회로를 차단하는 것도 있다.

(3) 자동 화재 속보 설비

이 화재 속보 설비는 작동 기능에 따라 다음과 같은 종류로 나뉜다.

① 공설 화재 속보기 : 화재를 발견한 사람이 소방 기관에 알리기 위한 것으로 발신기 · 수신기 · 전원 설비로 구성되어 있고 보통 가로등에 설치된다. 때에 따라 건물내에 발신기를

설치하는 경우도 있다.

② 비상 통보기 : 건물 내부에서 화재 또는 비상 사태가 발생한 경우 적절한 위치에 배치된 푸시 버튼을 누름으로써 자동적으로 전화선을 통하여 소방 기관에 통보되는 장치이다. 장치의 주체는 통보기이나 전화기·소화 발생 통보 버튼·확인 램프·전원 설비로 구성되어 있다.

③ 콜 사인기 : 건물내에 설치된 비상용 푸시 버튼에 의하여 초단파 라디오 발신기를 작동시켜 미리 정해진 특정 신호로 수신기에 발신함으로써 통보하는 장치이다. 푸시 버튼은 전원을 필요로 하나 초단파 라디오는 무선으로 송신하는 것이므로 전화 설비가 없는 곳에서도 설비할 수 있다.

4-2 화재 경보 설비의 설치 기준

소방법 시행령에 의한 전기 화재 경보기, 자동 화재 속보 설비, 비상 경보 설비 등의 설치 기준은 표 6-23과 같다.

표 6-23 경보 설비 설치에 관한 기준[1]

경보 설비 종류	설치 기준
비상 경보 설비	1. 연면적 400 m² 이상인 것(지하가중 터널 제외), 지하층 또는 무장층의 바닥면적 150 m² 이상인 것(공연장의 경우 100 m² 이상) 2. 지하가중 터널로서 길이가 500 m 이상인 것 3. 상시 50인 이상의 근로자가 작업하는 옥내작업장
비상 방송 설비	연면적 3500 m² 이상이거나 층수가 11층 이상 또는 지하층의 층수가 3 이상인 것
누전 경보기[2]	계약전류용량이 100 A를 초과하는 것
자동 화재 탐재 설비	1. 근린생활(일반목욕장 제외)·위락·숙박·의료 시설 및 복합건축물로서 연면적 600 m² 이상인 것 2. 일반목욕장, 관람집회 및 운동 시설, 통신촬영 시설, 관광휴게 시설, 지하가, 판매 시설, 아파트 및 기숙사, 업무 시설, 운수자동차 관련 시설, 전시 시설, 공장 및 창고 시설로서 연면적 1000 m² 이상인 것 3. 교육연구·종교·동식물 관련·위생등 관련 시설 및 교정 시설로서 연면적 2000 m² 이상인 것 4. 제 2 호에 해당하지 않는 공장 및 창고 시설로서 별표 4에서 정하는 수량의 500 배 이상의 특수가연물을 저장·취급하는 것 5. 지하구로서 행정자치부령이 정하는 것 6. 청소년 시설 또는 노유자 시설로서 연면적 400 m² 이상이고, 수용인원이 100인 이상인 것
자동 화재 속보 설비	1. 판매 시설·숙박·의료·통신촬영·전시·공장 및 창고 시설로서 바닥면적 1500 m² 이상인 층이 있는 것 2. 노유자 시설로서 바닥면적 500 m² 이상인 층이 있는 것 3. 교육연구 시설 중 청소년 시설의 바닥면적이 500 m² 이상인 층이 있는 것

㉾ 1) 다만, 가스 시설 또는 지하구의 경우에는 그러하지 아니한다.

　2) 내화구조가 아닌 건축물로서 벽·바닥 또는 반자의 전부나 일부를 불연재료 또는 준불연재료가 아닌 재료에 철망을 넣어 만든 것에 한한다.

제 7 장 위생기구 설비

1. 위생기구

위생기구 (sanitary fixtures)란 건축물에 있어서 급수·급탕 및 배수를 필요로 하는 장소에 설치하는 기구의 총칭으로서 급수관과 배수관 중간에 설치하여 한번 사용한 물 또는 오폐물 등을 받아 배수관으로 흘려보내는 역할을 담당할 각종 용기와 장치를 말한다. 그리고 여기에 부속되어 정착되는 급배수관과 접속용 이음쇠 및 부착용 건물의 소기구도 포함된다. 보통 위생기구는 다음과 같이 분류한다.

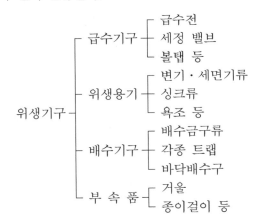

1-1 위생기구의 소요 개수

표 7-1 건물의 종류별 평상시 사용 인원

건물종별	사용인원(인 / m²)	건물종별	사용인원(인 / m²)
사무실	0.2	공회당	1.5(객석)
백화점	1.00	극 장	1.5(객석)
점 포	0.16	도서관	0.4
연구실	0.06	여 관	0.24
공장 (앉아 일할 때)	0.3	호 텔	0.17
공장 (서서 일할 때)	0.1	숙박소	0.6
공동주택	0.16	국민학교	0.25
기숙사	0.20	중학교	0.14
병 원	침상 1개당 3.5	고등학교·대학교	0.10

㉾ 유효 연면적 m²당 사용 인원(인 / m²)

위생기구수는 건물내의 상주 인원수, 외래방문자수, 건물의 사용기간 등을 분석하여 사용자의 생리적 요구를 만족시킬 수 있는 경제적인 설치가 요구된다. 아직까지 우리나라의 경우 통일된 설비 기준은 없지만 무엇보다도 법규의 최저수에 대한 규정이 있는 경우는 그것에 따라야 할 것이다. 표 7-1은 건물의 유효면적에 대한 건물 사용 인원을 나타낸 것이고 표 7-2, 7-3은 위생기구 소요수 산출에 대한 표준적인 수치를 나타낸 것이다.

표 7-2 위생기구의 소요수 (기구 1개에 대한 사용 인원수)

건물 종류별 사용 상태		대변기		소변기	세면기	수세기	비 고
		남	여				
공장·작업장	100인 이하 100인 이상	20 30	20 30	15 20	20~25		
공장기숙사	100인 이하 100인 이상 500인 이상	15 20 25	15 20 25	15 20 25	5~10		부 속 기숙사
주차장	여객전용 (최대 동시 상주 인원) 직원용	25 25	25 25	남자용 대변기 : 소변기 : 여자용 대변기=4 : 8 : 3 남자용 대변기 : 소변기=7 : 10			철 도 기 준
학 교	초등과정 중등과정	40 50	15 20	20 25	20~25	50~70	
학교기숙사	중등과정	10	10	10	5~10	50~70	
유치원	80인 이하 81인 이상 240인까지 241인 이상	20 30 40	20 30 40	20 30 40	20~25	50~70	㉖ 유아수 200인 경우 $\frac{80}{20} + \frac{200-80}{30} = 8$개
아동 복지 시설	모자기숙사 보육원 조산 시설 양호 시설	– 20 – 15	20 20 20 15	– 20 – 15	5~10	50~70	아동 복지 시설 최저 기준
도서관	성 인 아 동	80 40	30 15	40 20	20~25	50~70	열람자 정원수
수 영 장		60	40	60	60		
객석의 바닥면적 극장 영화관 연예장 관람장 공회당 집회장	300 m² 이하 30 m²마다 300~600 m² 40 m²마다 600~900 m² 60 m²마다 900 m² 이상 120 m²마다	1 1 1 1	1 1 1 1	5 5 5 5			
호텔·여관		객실 5개당 대1, 소1					
공동주택		주거 2~3마다 1개씩 대·소변기는 같은 수로					

㉖ 대변기·소변기는 기준에 의한 최저 소요수임.

표 7 - 3   위생기구의 소요수 (기구 1개에 대한 건물의 유효면적 m² / 개)

건 물	대변기	소변기	세면기	수세기	청소용수채	싱 크
사무실	120~170 (30~60)	150~180 (25~50)	150~180 (30~60)	300~350 (50~120)	400~550 (100~150)	300~350 (55~100)
은 행	80~140 (20~40)	80~120 (20~40)	80~120 (20~40)	150~250 (35~80)	300~500 (80~130)	200~250 (20~40)
병 원	80~100 (17~50)	30~60 (8~25)	30~60 (8~25)	150~200 (30~90)	300~400 (50~180)	45~80 (8~25)
백화점	130~160	140~180	140~180	450~550	280~320	400~500
아파트·호텔	35~60	50~80	50~80	50~120	250~300	60~90

㊟ 대변기 1개의 사용 남녀 비율 - 일반건물 남 : 여=2 : 1, ( ) 안의 숫자는 기구 1개에 대한 사용인원수 (인/개)

예제 1. 학생수 1080명(남녀 각각 540명)을 수용하는 3층 건물의 중학교가 있다. 이 중학교의 위생기구 소요수를 구하라.

해설 표 7-2에 의해서

대변기 : $\frac{540}{50} ≒ 11개$, 여 $\frac{540}{20} ≒ 27개$

소변기 : 남 $\frac{540}{25} ≒ 22개$

세면기 : 남+여 $\frac{1080}{22} ≒ 49개$

수세기 : 남+여 $\frac{1080}{60} ≒ 18개$

각층의 위생기구 분배표는 다음과 같다.

표 7 - 4

구분 \ 종류	층 수	대변기	소변기	세면기	수세기	청소수채
남자 변소	1	4	8	7	3	1
	2	4	8	7	3	1
	3	4	8	7	3	1
		계 12	계 24			
여자 변소	1	9	–	10	3	1
	2	9	–	10	3	1
	3	9	–	10	3	1
		계 27				
합 계		39	24	51	18	6

㊟ ① 학교의 위생기구는 쉬는 시간에 집중적으로 사용되므로 개수에 여유를 두어 설치해야 한다.
② 직원 변소는 별도 설치

예제 **2.** 연면적 8930 m²인 6층 사무소 건물의 위생기구 소요수를 구하라.

해설 표 2-2에 의하여 유효면적을 56 %로 본다.

유효 연면적 : $8930 \times 0.56 = 5000 \text{ m}^2$

기구의 사용인원수 = $5000 \text{ m}^2 \times 0.2$인 / m² = 1000인(표 7-1)

남·녀 인원 구성비는 남 750인, 여 250인으로 본다.

표 7-3에 의해 각 위생기구 소요수를 계산한다.

대변기 : 남 $\dfrac{750}{45} = 17$개, 여 $\dfrac{250}{22} = 12$개

소변기 : 남 $\dfrac{750}{37} = 21$개

세면기 : 남+여 $\dfrac{1000}{45} = 23$개

수세기 : 남+여 $\dfrac{1000}{80} = 13$개

청소용 싱크 : $\dfrac{1000}{125} = 8$개

이상의 개수를 6층 건물에 할당하면 다음 표와 같다.

표 7-5

기 구	남·여별	1층	2층	3층	4층	5층	6층	합 계
대변기	남	3	3	3	3	3	3	18
	여	2	2	2	2	2	2	12
소변기	남	4	4	4	3	3	3	21
세면기	남	2	2	2	2	2	2	24
	여	2	2	2	2	2	2	
수세기	남	2	1	1	1	1	1	13
	여	1	1	1	1	1	1	
청소용 싱크	여	1	1	1	1	1	1	6

1-2 위생기구의 조건

현재 위생기구로 사용되고 있는 재질은 대부분 도기 제품이며, 이외에도 에나멜 철기 제품, 플라스틱 제품, FRP(Fiberglass Reinforced Plastic) 제품, 스테인리스 제품, 동 및 동합금 제품, 니켈 또는 크롬도금 제품 등이 사용되고 있다. 위생기구가 갖추어야 할 조건은 다음과 같다.

① 흡수성이 작아야 한다.
② 항상 청결하게 유지되어야 하며 표면이 매끄럽고 위생적이어야 한다.
③ 내식성, 내마모성, 내노화성, 내구성이 우수해야 한다.
④ 기구의 제작이 용이해야 한다.
⑤ 조립이 간단하고 확실해야 한다.

2. 위생기구와 도기

2-1 도기의 장·단점

위생기구로 사용되는 도기는 다음과 같은 장·단점을 지니고 있다.

(1) 장 점

① 경질이고 산·알칼리에도 침식되지 않으며 내구성이 풍부하다.
② 겉면이 백색이고 평활하여 조금만 더러워져도 눈에 잘 띄고 청소하기 쉬우므로 위생적이다.
③ 흡수성이 없고 오수나 악취 등이 흡수되지 않으며 변질도 안된다.
④ 제작 기술의 향상에 따라 매우 복잡한 형태의 기구도 제작할 수 있다.

(2) 단 점

① 탄력성이 없고 충격에 약하므로 파손되기 쉽다.
② 파손되면 보수할 수 없다.
③ 팽창 계수가 아주 작으므로 금속 기구 (급·배수관)나 콘크리트와의 접속에는 특수 공법이 요구된다.
④ 형상을 만들어 고온도로 구워내야 하므로 10~15%의 수축이 있고 수축률이 일정하지 않아 정밀한 치수를 기대할 수 없다.

2-2 도기의 종류와 시험

위생도기는 소지의 질에 따라 용화소지질(V), 화장소지질(A), 경질도기질(E) 등이 있다. 도기의 종류는 L - 수세기·세면기류, C - 대변기류, U - 소변기류, S - 청소용 수채류, T - 세척용 탱크류, B - 비데, BA - 욕실 기구류 등으로 이들의 모양과 치수 및 허용 오차는 KS에 표시되어 있다.

시험 방법은 침투·급랭·관입·세정·배수로·누수 시험, 외관 검사 등이 있다. 표 7-6은 위생도기의 소지의 질에 따른 특징과 시험 내용을 나타낸 것이다.

3. 도기 이외의 위생기구

도기 이외의 기구로는 에나멜 철기 제품, 플라스틱 제품, FRP 제품, 스테인리스 제품 등이 많이 사용되고 있다.

에나멜 철기 제품은 강판 또는 주철에 특수한 유리질 에나멜약을 도금한 것으로 마무리면이 매끄럽고 도기보다 강한 것이 특징이다. 형상을 자유롭게 만들 수 있으며 내식성과 내구성이 우수하나 무겁고 값이 비싸다. 강판제는 양산할 경우 값이 싸나 주철제에 비해 내구성은 떨어진다. 플라스틱 제품은 경량으로 취급이 용이하며 감촉이 부드럽고 보온성이 있는 것이 특징이다. 내식성, 내구성이 우수하지만 열에 약한 것이 흠이다. FRP는 유리섬유 강화 플라스틱으로 강도가 강하여 욕조, 물탱크, 정화조 등에 많이 사용된다.

스테인리스 제품은 스테인리스 강판을 프레스 가공 또는 용접가공한 것으로 주방 싱크, 욕조에 많이 사용되며 가공성이 좋고 경량으로 취급이 용이하며 내구성도 높다.

표 7-6 위생도기의 특징과 시험 방법

위생도기 종류	용화소지질	화장소지질	경질소지질
특 징	도기의 소지를 특별히 잘 소성한 것으로 소지의 파편에서도 거의 흡수성이 없는 용화질의 것이므로 위생도기로는 가장 우수하다. Vitreous china의 첫자를 따서 V로 표시한다.	내화 점토를 주원료로 하는 소지 표면에 용화소지질의 피막을 입힌 것을 말한다. 표면의 용화소지질이 떨어져서 화장소지가 노출되면 물을 흡수하게 되므로 이 제품을 현장 조립할 때 특히 조심해야 한다. All clay의 첫자를 따서 A로 표시한다.	용화소지질보다 품질이 못하다. 외관으로는 용화소지질과 구별이 잘 안되지만 보다 다공질이므로 흡수하기 쉬우며 특히 한랭지에 있어서는 소지에 침투한 물의 동결 때문에 겉껍질이 벗어져 떨어지므로 유약 처리가 완전한 것을 선택해야 한다. Earthen ware의 첫자를 따서 E로 표시한다.
침 투 시 험	도기의 건조한 파편을 농도 1%의 적색 잉크 속에 1시간 침적시켜 파편에서의 침투도가 3 mm 이하일 때 합격품으로 한다.	-	침투도 25 mm 이하이면 합격으로 한다.
급 랭 시 험	도기의 건조한 파편을 로안에서 1시간 이상 가열한 후 수중에 급랭하고 다음에 적색잉크에 담가 어느 부분도 균열이 생기지 않아야 한다. 가열 온도와 물의 온도차는 110℃로 한다.	용화소지질과 동일한 방법으로 행한다.	용화소지질과 동일한 방법으로 행한다.
관 입 시 험	도기의 파편을 오터 클레이브에 넣고 1시간 동안 규정 압력이 되도록 가열하고 ±0.3기압의 압력차를 1시간동안 유지한다. 가열을 중지하고 증기를 배출한 후 약 1시간 동안 방치한 다음 파편을 꺼내 적색 잉크에 침적시켜서 소지 및 유약 어느 것에도 균열이 생기지 않으면 합격품으로 한다. 규정 압력은 10기압이다.	용화소지질과 같은 방법으로 행하며 규정 압력은 5기압이다.	용화소지질과 같은 방법으로 행하며 규정 압력은 5기압이다.

4. 위생기구의 종류

4-1 대변기

(1) 대변기의 종류와 세정 방식

대변기는 양식과 일반용 변기의 두 종류로 대별되며, 이들 변기는 그 세정 방식에 따라 다시 다음과 같이 6종류로 나누어진다.

① 세출식(wash-out type) 변기 : 오물을 일단 변기의 얕은 수면에 받아 변기 가장자리의 여러 곳에서 사출되는 세정수로 오물을 씻어내리는 방식이다. 이 방식은 다량의 물을 사용하지 않으면 오물이 트랩 수면에 떠있는 경우가 있어 양식 변기에는 현재 거의 사용되지 않고 있다.

② 세락식(wash-down type) 변기 : 오물이 트랩의 수면에 떨어지면 변기의 가장자리에서 사출되는 세정수의 일부가 변기의 벽을 씻어내리고, 또 나머지 물은 트랩 바닥면에 일시에 떨어져 오물을 배기관으로 밀어넣어 수면의 상승에 의해 오물을 흘러내리게 하는 방식이다. 일반적으로 변기는 유수면이 넓고 건조면이 작을수록 변기벽을 더럽히는 기회가 적어 좋기는 하나 유수면을 넓게 하면 오물을 밀어 넣는 면이 넓어지고 수면의 상승이 낮아 수세 효과를 거둘 수 없는 경우가 있다. 이 방식은 수세시에 큰 소음이 나고 일반용 변기에서는 낙차가 높아 용변 때 물이 튀어오르는 결점이 있다.

③ 사이펀식(syphon type) 변기 : 구조는 세락식과 비슷하나 트랩 배수로가 다소 좁고 굴곡이 많아 유속이 둔화되기 때문에 배수로를 만수 상태로 유지하여 사이펀 작용을 일으켜 오물을 흡입해서 제거하는 방식이다. 이 방식은 사이펀 작용으로 오물을 흡입하는 것이므로 유수면을 넓게 하여도 무방하다. 트랩 배수로는 좁을수록 사이펀이 일어나기 쉬우며 소요 수량도 적게 든다. 이 방식에는 또 세락(wash-down)식과 역트랩(reverse trap)형이 있다.

A : 50 mm 이상

그림 7-1 세출식 변기

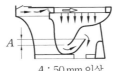

A : 50 mm 이상

그림 7-2 세락식 변기

A : 65 mm 이상

그림 7-3 사이펀식 변기

④ 사이펀 제트식(syphon-jet type) 변기 : 리버스 트랩형의 사이펀식 변기의 트랩 배수로 입구에 분수구를 만들어 그 분수에 의해 빠르고 강력한 사이펀 작용을 일으키게 하여 그 흡입 작용으로 세정하는 방식이다. 이 방식은 유수면을 넓게, 봉수 깊이를 깊게, 트랩 지름을 크게 할 수 있으므로 현재의 수세 변기로서는 가장 좋은 것으로 인정되고 있다.

⑤ 블로 아웃식(blow‑out type) 변기 : 이것은 사이펀 제트식과 비슷하나 다른 점은 사이펀 작용보다 제트 작용에 중점을 두고 있는 점이다. 그 작용은 변기 가장자리에서 세정수를 적게 내뿜고 분수 구멍에서 분수압으로 오물을 불어내어 배출하는 것이다. 따라서 트랩 수로에 굴곡을 만들 필요가 없고 그 내경도 크게 할 수 있어 오물이 막히는 일이 적다. 그러나 급수압이 $1\,kg/cm^2$ 이상이어야 하고 따라서 소음이 커지므로 호텔·주택 등에는 그다지 적합하지 않으나 학교·공장 기타 공공 건물에는 널리 사용되고 있다.

⑥ 사이펀 보로텍스 (syphon vortexs type) 변기 : 최고급 변기로 알려져 있다. 사이펀 작용에 의한 와전 작용으로 강력한 흡입력이 작용하여 배수 능력이 우수하다. 급수압은 $0.7\,kg/cm^2$ 이상이 필요하다.

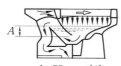
A : 75 mm 이상

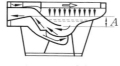
A : 50 mm 이상

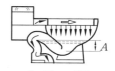
A : 65 mm 이상

그림 7‑4　사이펀 제트식　　그림 7‑5　블로 아웃식 변기　　그림 7‑6　사이펀 보로텍스식 변기

최근에는 이상의 변기 외에도 절수 및 강제 배수 방식의 변기가 있으며 절수형은 1회에 보통 $2\sim3\,l$의 절수가 가능하다. 강제 배수 방식은 종래의 중력 배수가 아닌 진공 또는 압송 배수 방식으로 특수 목적에 사용된다. 각종 변기의 세정 방식에 따른 1회 세정에 사용되는 수량 및 가장 많이 흐를 때의 유수량은 다음 표 7‑7과 같다. 표 7‑8은 각종 위생기구에서 역류하는 악취를 방지하기 위해 필요한 봉수의 깊이를 나타낸다.

표 7‑7　대변기 세정용수

세정 방식	최저 소요 수압 (kg/cm^2)	최대 유수량 (l/min)	1회 사용 수량 (l)
세 출 식	0.18	110~130	10~12
세 락 식	0.18	110~130	12
사이펀식	0.45	130~150	13~16
사이펀제트식	0.45	130~150	13~16
블로아웃식	0.7	110~130	12
사이펀 보로텍스식	0.7	110~130	12

표 7‑8　위생기구별 봉수 깊이

기구의 종류			봉수 깊이(mm)
대 변 기	일 반 용	트랩 달림	50 이상
		사이펀 제트식	65 이상
	양 식	세 락 식	50 이상
		사이펀식	65 이상
		사이펀 제트식	75 이상
소 변 기		스 톨	50 이상
		벽걸이 스톨	
세면기 및 수세기 트랩 조리장 수채 트랩 청소용 수채 트랩			50 이상
바닥 배수 트랩 2 A			50 이상
바닥 배수 트랩 2½, 3, 4 A			65 이상

(2) 좋은 대변기의 조건

우수한 대변기의 조건으로는 건조면적이 작고 유수면이 넓어야 하며, 세정시 소음이 작아야 한다. 그리고 세정수가 적어야 하며, 배수로 내경이 커야 한다. 또한 봉수의 깊이(50~100 mm)가 적당해야 하고, 좌면이 넓어야 한다. 좋은 변기의 순서로는 ① 사이펀 제트식, 사이펀 보로텍스식, 블로아웃식 ② 사이펀식 ③ 세락식 ④ 세출식이라고 할 수 있을 것이다.

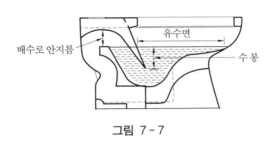

그림 7-7

(3) 대변기 세정 급수 장치

대변기의 세정 급수 방식에는 여러 가지 방식이 있지만 세정 급수 방식에 따라 대별하면 다음과 같다.

$$세정\ 급수\ 방식 \begin{cases} 세정\ 탱크식(하이\ 탱크식 \cdot 로\ 탱크식) \\ 세정\ 밸브식 \\ 기압\ 탱크식 \end{cases}$$

이들 방식의 특징은 다음 표와 같다.

표 7-9 각 세정 방식의 특징

검토 항목	플러시 밸브식	로 탱크식	하이 탱크식
① 수압의 제한	있음(0.7 kg/cm² 이상)	없 음	없 음
② 급수관경의 제한	있음(구경 25 mm 이상)	15 mm면 됨	15 mm면 됨
③ 장 소	별로 크지 않음	크게 차지함	차지하지 않음
④ 구 조	복잡함	간단함	간단함
⑤ 수 리	곤란함	용이함	곤란함(비쌈)
⑥ 공 사	설치 용이	설치 용이	설치 곤란(비쌈)
⑦ 소 음	약간 큼	적 음	상당히 큼
⑧ 연속 사용	할 수 있음	할 수 없음	할 수 없음

① 하이 탱크식(high tank system) : 하이 탱크식은 고수조식 또는 하이 시스턴식이라고도 한다. 높은 곳에 세정 탱크를 설치하고 급수관을 통하여 물을 채운 다음 이 물을 세정관을 통하여 변기에 사출함으로써 세정 목적을 달성하는 것이다.

㈎ 수동 사이펀관식 하이 탱크 : 그림 7-8의 (a)는 수동 사이펀관을 사용한 가장 일반적인 하이 탱크 방식이다. 탱크로는 도기 제품 등이 가장 많이 사용되고, 용량은 보통 15 *l* 이며, 급수관은 15 mm 또는 10 mm관을 사용한다.

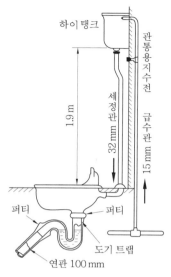

(a) 하이탱크식 세정 장치의 관 접속도   (b) 탱크내 사이펀관 장치도

그림 7−8 수동 사이펀관식 하이 탱크

이 방식의 사수 기구를 기술하면, 그림 7−8(b)에서 탱크의 저면 b에 사이펀관을 고무 패킹 사이에 끼우고 너트로 죈다. 그 하단에는 황동제품, 니켈 도금 또는 크롬 도금의 세정관(32 mm)이 너트에 접속된다. 사이펀 밸브 V는 레버 d의 끝에 쇠사슬로 연결되고, 레버의 다른 끝에는 손잡이용 쇠사슬이 연결된다.

손잡이를 당기면 레버 작용에 의해 사이펀 밸브는 밸브 시트에서 떨어져 탱크 속의 물이 세정관으로 흘러내리기 시작하고 이때 역U자관 내에 사이펀 작용이 일어난다. 손잡이를 놓아 밸브가 밸브 시트에 다시 내려 앉아도 사이펀 작용은 계속되어 역U자관의 하단 l에서 빨아올려 세정관으로 흘려 보낸다.

탱크내의 수면이 점점 내려가서 U자관의 하단 l에서 공기가 흡입되면 비로소 사이펀 작용이 정지되고 사수도 자동적으로 정지된다. 한편 볼탭에서의 급수는 탱크 내의 일정량의 물이 찰 때까지 계속된 후 자동적으로 정지된다.

세정 탱크의 높이는 변기 위 가장자리에서 1.9 m를 표준으로 한다.

하이 탱크식의 장·단점을 간추려 보면 다음과 같다.

[장 점]
　① 급수관이 가늘어도 된다.
　② 수압은 물이 탱크에 유입한 정도이면 되고 1층에서 $0.3 \, \text{kg} / \text{cm}^2$로도 충분하다.

[단 점]
　① 쇠사슬이 끊기거나 레버가 벗겨지는 고장이 잦다.
　② 높은 곳에 있으므로 수리가 곤란하다.
　③ 세정 때 소리가 너무 요란하다.
　④ 수동용 손잡이가 볼품이 없다.

(나) 시스턴 밸브식 하이 탱크 : 이 방식은 하이 탱크식에 시스턴 밸브나 시스턴 플러시를 장치한 것으로 앞의 결점을 보완한 방식이다. 이 방식에서는 탱크내에 사이펀관을 달 필요가 없고 탱크에는 볼탭에 의해 일정량의 물이 저수된다. 그림 7-8에서 보는 바와 같이 세정관의 도중, 변기에서부터 위쪽으로 40~50 cm되는 곳에 시스턴 밸브를 접속한다. 이 방식에서는 수위 상승으로 물이 넘쳐 흐르는 것을 막기 위하여 오버플로로관을 장치하게 되어 있다.

이 방식의 장·단점은 다음과 같다.

[장 점]

① 쇠사슬이 끊기거나 레버가 벗겨지는 고장이 없다.

② 세정때 소음이 별로 나지 않는다.

③ 수동용 쇠사슬이 필요 없다.

④ 탱크내에 사이펀을 장치할 필요가 없다.

⑤ 급수관이 가늘어도 된다.

⑥ 낮은 수압으로도 세정 목적을 달성할 수 있다.

[단 점]

① 높은 곳에 설치되어 있으므로 고장 때 수리하기가 힘들다.

② 오버플로로관을 따로 설치해야 한다.

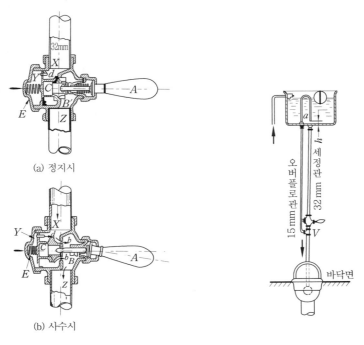

그림 7-9 시스턴 밸브   그림 7-10 시스턴 밸브 접속도

② 로 탱크식(low system) : 저수조식 또는 로 시스턴식이라고도 하며, 탱크에는 도기 제품이 사용된다. 세정수의 수압이 낮으므로 세정관이 굵어야 하며(50 mm), 저항을 줄이고

단시간에 소요량을 사수하여 세정 목적을 달성하도록 되어 있다. 급수관의 관경은 15 mm 정도로 충분하다.

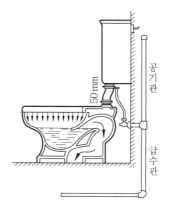

그림 7 - 11 로 탱크식 접속도

하이 탱크식과 로 탱크식을 비교하면 다음과 같은 장·단점이 있다.

[장·단점]

① 로 탱크식은 하이 탱크식보다 다소 물의 사용량이 많지만 세정 때 소음이 적다.

② 로 탱크식은 탱크가 낮은 위치에 있으므로 고장이 났을 경우 수리하기 쉬우며, 단수가 되더라도 물을 공급하여 세정할 수 있다.

③ 수도 직결의 경우 로 탱크식은 아주 저압의 지역에서도 사용할 수 있으나 설치 면적을 많이 차지한다.

이상과 같은 점으로 보아 최근 주택·호텔 등에는 로 탱크식이 보다 합리적이므로 이 방식이 많이 채용되고 있다.

③ 세정 밸브식(flush valve system) : 급수관에서 플러시 밸브를 거쳐 변기 급수구에 직결되고 플러시 밸브의 핸들을 작동함으로써 물이 사출되어 변기 속을 세정하는 것이다. 이 것은 급수관의 관경이 25 mm 이상이어야 하므로 가정용 수도 인입관이 20 mm 정도인 일반 주택에서는 사용하기가 곤란하고, 학교·호텔·사무실 등에 적합하다.

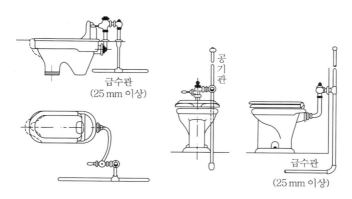

그림 7 - 12 플러시 밸브 접속도

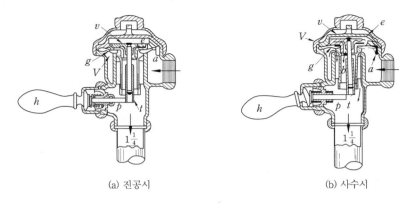

(a) 진공시   (b) 사수시

그림 7-13 플러시 밸브

④ 기압 탱크식(pressure tank system) : 기압 탱크는 철판제 원통형이고 그림 7-14와 같이 상부에 공기 밸브 A가 장치되어 있어 이 밸브에서 공기관 p가 탱크 속 밑으로 뻗어 있다.

지금 급수관에서 물이 탱크 속으로 유입하여 수위가 상승하면, 탱크 속의 공기는 공기관 p를 통하여 A에서 외부로 배출된다. 수위가 공기관의 하단까지 닿으면 공기의 배출구가 막히므로 탱크 속의 공기는 압축되어 급수압에 상당하는 기압이 될 때까지 상승하고 압력이 평형 상태가 되면 급수는 정지한다. 그러나 팽이형 밸브 K가 체크 밸브의 작용을 하므로 급수관의 수압이 시간적으로 변화가 있을 경우 저수시의 최대 급수압에 상당하는 압력까지 탱크 속의 기압은 상승하게 된다.

플러시 밸브의 핸들 H를 작동하면 탱크 속의 물은 플러시 밸브를 통하여 사수되고 공기 밸브에서 공기관을 통하여 탱크 속의 공기가 흡입되는 동시에 급수관에서 나오는 물도 함께 사수되어 플러시 밸브가 자동적으로 닫히고 사수가 정지된다. 즉, 기압 탱크는 소구경 급수관(15 mm)으로 조금씩 압력수를 저수해 놓고 그 물을 플러시 밸브에 의해 단시간에 세차게 사수하게 된다. 따라서 세정 밸브식에서는 25 mm 이상의 급수관이 필요한 데 반하여 기압 탱크식에서는 15 mm관으로 세정 밸브를 사용하는 것이 특징이다.

또 기압 탱크식에서는 플러시 밸브의 갑작스런 개폐로 인한 수격 작용(water hammering)도 탱크에 의해 흡수되므로 이를 방지할 수 있다.

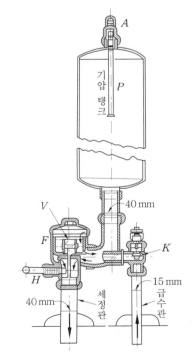

그림 7-14 기압 탱크식 세정 밸브

⑤ 역류 방지기(back - syphon breaker) : 세정 밸브에 의한 급수관 직결 세정 방식에 있어서 대변기의 트랩에 고형물이 끼이면 오수가 변기에 가득차서 변기 급수구까지 잠기게 된다. 이와 같은 상태일 때 단수 등에 의해 급수관이 감압되었을 경우, 역사이펀 작용이 일어나 변기내의 오수가 급수관 속으로 빨려 들어가게 된다. 이와 같은 비위생적인 현상을 막기 위해 고안된 것이 역류 방지기이며, 이를 일명 진공 방지기라고도 한다.

그림 7-15는 그 예이며, 플러시 밸브 바로 밑에 역류 방지기를 부착하고 그 밑에 세정관을 연결하여 변기의 급수구에 접속되어 있다. 그 작용을 살펴보면, 세정수 사수시에는 그림 7-15 (a)의 고무 제품의 링 모양의 밸브가 수압에 의해 위로 밀려 올라가 물이 흘러 내린다. 그런데 한편 진공 작용 (역류 작용)이 일어나면 그림 7-15 (b)의 왼쪽 화살표와 같이 공기를 흡입하여 역류를 완전히 방지하게 된다. 이와 같은 역압 현상은 세면기·욕조·수채 등에서도 일어날 수 있으므로 모든 급수전의 출구는 기구의 물이 넘치는 면보다 3~5 mm 정도 높이 부착해야 한다.

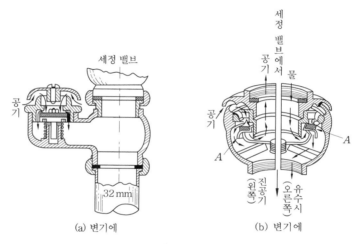

그림 7-15 역류 방지기

4-2 수세기·세면기

수세기·세면기는 설치 방법에 따라 나사못 고정식, 백 행거식, 브래킷식 등이 있으며 급수전의 종류에 따라 독립 수전형, 혼합 수전형이 있다.

4-3 소변기

소변기는 벽걸이형과 자립형으로 대별되며 작동 방식에 따라 세락식과 블로아웃식이 있다. 소변기 세정 방법에는 수동식과 자동식이 있으며, 수동식은 플러시 밸브 또는 소변기 수전을 사용하여 세정하는 방식을 말한다. 자동식은 하이 탱크에 자동 사이펀관을 연결하여 세정하는 방법과 자동 급수 밸브에 의한 방법이 있다. 자동 급수 밸브식은 광전관 혹은 적외선으로 인체를 감지하여 세정을 하므로 최근에는 절수 대책의 하나로 많이 채용되고 있는 방식 중 하나이다. 그림 7-16과 그림 7-17에 각종 소변기의 종류와 자동 급수 밸브식 소변기 세정 장치를 나타낸다.

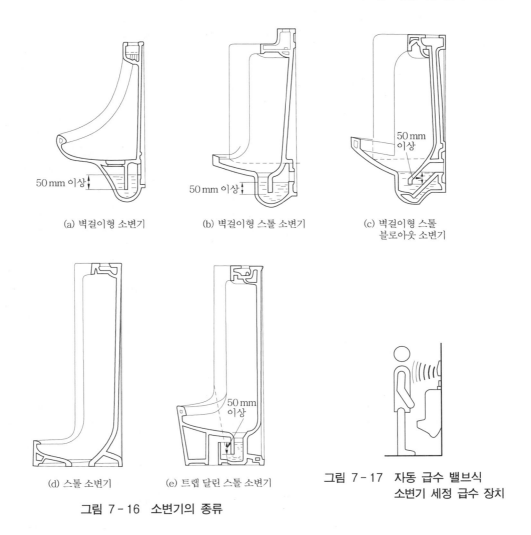

(a) 벽걸이형 소변기 (b) 벽걸이형 스톨 소변기 (c) 벽걸이형 스톨 블로아웃 소변기

(d) 스톨 소변기 (e) 트랩 달린 스톨 소변기

그림 7 - 16 소변기의 종류

그림 7 - 17 자동 급수 밸브식 소변기 세정 급수 장치

4-4 세척용 탱크 · 수채 · 비데 · 수음기

세척용 탱크에는 로 탱크와 하이 탱크가 있으며 결로를 방지하기 위해 방로 가공한 것도 있다. 그리고 합리적으로 수세 기능을 갖춘 것과 화장실 구석에 설치할 수 있는 것도 있다.

수채에는 용도에 따라 세탁 · 실험용 · 오물 수채 등이 있으며 오물 수채에는 사이펀 제트식도 있다. 수음기는 입형과 벽걸이형이 있으며 설치 장소는 복도 · 엘리베이터 홀 · 탕비실 등 외래 방문객이나 종업원들이 손쉽게 이용할 수 있도록 하는 것이 좋다.

(1) 음료용 냉수 공급 장치

알맞은 음료용 냉수는 기분을 쾌척하게 하고 작업 능률을 향상시켜 준다. 미국의 National Plumbing Code에 의하면 극장에서 100명에 1개, 일반 건물에는 75명에 1개를 설치하도록 규정하고 있으며, 설치 간격은 30 m 이내마다 시설하는 것이 바람직하다고 보고 있다.

표 7-10 각 건물별 소요 온도와 소요 냉수량

건 물	소요 온도 (℃)	소요 냉수량 (l/인/h)
학교·사무실	7~10	0.125~0.32
보통 공장	7~10	0.54
중공업 공장	10~13	0.38
열을 취급하는 공장	13~16	0.95
레스토랑	4.5~7	0.38 l/식/h
극 장	7~10	0.38 l/100객석/h
병 원	7~10	0.315 l/베드/h
호 텔	7~10	0.4 l/객실당/h
공용 수음기	7~10	75~130 l/개소/h
백화점 수음기	7~10	1.5~1.9 l/개소/h

㈜ 수량에는 마실 때 소비되는 수량도 포함되었음.

① 냉수 온도와 소요 냉수량 : 냉수 온도와 소요 냉수량은 표 7-10과 같으며 대략 일반 사무실은 0.02~0.05 l/m²·h, 호텔은 0.06~0.1 l/m²·h이다.

② 공급 방식 : 음료용 냉수 공급 방식에는 국소식과 중앙식이 있다.

표 7-11 냉수 방식의 비교표

항 목 \ 종 류	중앙 냉수식 프레서형	국소 냉수식 프레서형	국소 냉수식 보 틀 형
설비비(급수 개소가 많은 경우)	보틀형보다 비싸다	비싸다	싸 다
설비비(급수 개소가 적은 경우)	비싸다	보틀형보다 비싸다	싸 다
미 관	가장 좋다	좋 다	나쁘다
시 공	다소 어렵다	다소 어렵다	용이하다
배관의 유무	필요하다	필요하다	필요없다
관 리	용이하다	용이하다	어렵다

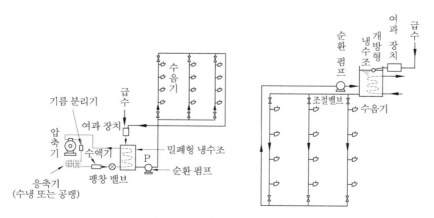

그림 7-18 음료용 냉수 장치

5. 위생 설비 유닛

위생 설비의 유닛은 구미에서 실용화되어, 우리나라에서도 오래전부터 실용화되고 있다. 위생 설비를 유닛화하는 목적은 현장 작업의 공정을 최소한으로 줄이고 전체 공사의 능률을 향상시킴과 동시에 다음과 같은 장점이 있다.

① 공기의 단축
② 공정의 단순화·시공의 정밀도 향상
③ 계획 및 설계 작업 경감
④ 현장 관리 작업 경감
⑤ 방수 처리 및 양생 작업 경감
⑥ 건설 노동력 부족 보완
⑦ 성능 품질의 안정

설비 유닛화는 건축 공사에서 복잡한 설비 공사를 일괄하여 공장에서 하나의 유닛으로 완성하여 현장에 반입 조립함으로써 현장 작업을 단순화시킬 수 있지만, 양산하기 때문에 획일적이고 각 개인의 요구 조건을 충분히 만족시킬 수 없는 단점이 있다.

현재 설비 유닛으로 개발되어 실용화되고 있는 것은 욕실·욕조·플로어·주방·세면·샤워·설비코어·컴포넌트식 패널 배관 유닛 등을 들 수 있다.

제 8 장   가스 설비

1. 도시 가스

1-1   도시 가스의 원료와 특성

도시 가스란 도시 가스의 원료(고체·액체·기체)인 석탄·코크스·나프타·LPG·천연 가스를 제조·정제·혼합하여 소정의 발열량으로 조정한 것을 말한다. 그러므로 도시 가스는 원료별로 조성이 서로 다르기 때문에 비중뿐만 아니라 연료의 특성이 달라지므로 가스의 배관 설계나 기구 선정에 특히 주의를 해야 한다.

도시에서 사용되고 있는 가스는 연료용인 주방용·냉난방용은 물론 상공업용에 이르기까지 그 사용 범위가 다양해졌다. 표 8-1은 연료용 가스를 원료별로 분류한 것이다. 그리고 표 8-2는 각종 가스의 조성 예를 나타낸 것이며 표 8-3은 도시 가스의 공급 가스 종류별 기호를 나타낸 것이다.

표 8-1 연료용 가스의 종류

원 료	명 칭	제 법	비 고
석 탄 (코크스)	석탄 가스 발생로 가스	석탄의 건류 공기와 수증기의 혼합기를 코크스 밑에서 불어 넣는다.	석탄을 원료로 하는 방법은 고체 연료에서 액체 연료로의 에너지 혁명으로 인해 점점 줄어드는 추세에 있다.
석 유	기름 가스 나프타 가스 LPG SNG	석유 분해의 방법에 따라 열분해식 기름 가스와 접촉 분해식 기름 가스의 2종류가 있다. 나프타란 석유 중의 경질류분의 총칭으로 가스화 방법에 따라 ICI식 개질 가스, CRG식 개질 가스, 사이클릭식 나프타 분해 가스의 3종류가 있다. 석유 제품의 제조시 부생하는 프로판·부탄 등을 액화한 것이다. 나프타에 특수 촉매를 사용하여 스팀 분해한 것이다.	현재 주류를 이루고 있는 가스나, 원료의 저경황화가 강요되고 있는 등 문제가 있다.
천연 가스	천연 가스 LNG	주로 메탄을 주성분으로 한 가스로 가스정·석유정에서 산출한다. 1 기압, −162℃에서 액화한다. 위의 가스를 액화한 것이다.	가스 원료의 무공해성 및 열량이란 점에서 장차 위의 가스에 대신해야 할 성질의 것이다.

표 8-2 각종 가스의 조성 예

조 성 (용적 %)	석탄 가스	기름 가스	증열수성 가스	발생로 가스	천연 가스	LPG 변성 가스	도시 가스 A	도시 가스 B
CO	9	3	23	27	–	22.2	8 이하	8 이하
H_2	48	16	44	10	–	63.2	39~44	27~42
N_2	5	7	8	56	0.3	4.7	15~20	10~26
CH_4	31	37	9	–	99.6	4.1	19~23	18~28
CO_2	2	3	10	6	–	5.5	2~3	5~18
O_2	1	1	1	1	–	0.3	4~5	1~4
C_mH_n	4	32	5	–	0.1	–	4~15	4~14
비 중 (공기=1)	0.45	0.75	0.65	0.91	0.556	0.41	0.48~0.52	0.53~0.70
발열량 (kcal / m^3)	5500	9600	4100	1150	9550	2800	4500	5000

표 8-3 도시 가스의 공급 가스 종류와 기호

항 목			웨베지수 (WI) 13000 (높음) ←―――→ 4000 (낮음)
연소 속도 종별	느림 ↕ 빠름	A B C	13A, 12A, 11A, 6A, 5A, 5AN, 4A 6B, 5B, 4B 7C, 6C, 5C, 4C

표 8-4 연소속도의 종별

연소속도 종별	연소속도 범위	
A	13.5+0.002 041 WI 이상	40.8+0.004 082 WI 이하
B	19.5+0.004 859 WI 이상	30.5+0.009 379 WI 이하
C	17.1+0.007 558 WI 이상	22.6+0.014 535 WI 이하

㊀ 웨베지수(Wöbbe Index)는

$$WI = \frac{H}{\sqrt{d}}$$

여기서, H : 가스의 고발열량(kcal / Nm^3), d : 가스 비중

우리나라에서 공급되는 도시 가스는 과거에는 도시 가스 회사마다 가스 종류와 발열량이 크게 달라 각종 연소 기구의 사용이 크게 불편하였으나 현재는 표 8-5의 가스 종류 중 LNG를 도시가스화한 13A나 부탄과 프로판을 도시가스화한 6C로 거의 통일되어 사용하기 때문에 편리하게 되었다. 그리고 도시 가스가 공급되지 않는 곳은 LPG 저장 탱크를 통하여 단위지역이나 아파트 단지 등에 공급되기도 한다.

현재 우리나라에서 도시가스화한 13A와 6C를 비교하여 보면 13A는 6C에 비해 웨베지수 가 크고 연소속도가 늦다.

표 8-5 가스의 종류와 특성(예)

종 류	발열량 (kcal / Nm³) (저발열량~고발열량)	비 중 (공기 = 1.00)
4A	3600~4500	0.81
5AN	4200	0.82
5A	4500~5000	0.79
6A	7000	1.23
4B	3600	0.79
5B	4500	0.81
6B	5000	0.61
4C	3600	0.72
5C	4500~5000	0.67
6C	4200~5000	0.54
7C	4500~4800	0.46
11A	9000~9500	0.67
12A	9000~11000	0.66
13A	10000~11000	0.69
프로판 가스	24000	1.50

㊟ ① A, B, C는 가스의 연소 속도를 나타낸 것으로 A는 느림, B는 중간, C는 빠름을 표시함.

② 고발열량(gross calorific value)은 연소 가스 중의 연소에 의해 생긴 수중기의 잠열을 포함한 발열량을 말하며, 잠열을 포함하지 않는 발열량을 저발열량(net calorific value)이라 한다.

③ 발열량의 단위 중 N은 표준 상태(Normal condition)를 나타내는 점으로 0℃, 1기압에 있어서의 상태를 말한다.

(1) LP 가스 (Liquefied Petroleum gas)

LP 가스는 석유의 탄화수소 가스 중 액화하기 쉬운 탄소수 3과 4의 탄화수소 가스로서 프로판(C_3H_8), 프로필렌(C_3H_6), 부탄(C_4H_{10}), 부틸렌(C_4H_8) 및 약간의 에탄(C_2H_6), 에틸렌(C_2H_4)을 포함하고 있다. 이들 가스는 발열량이 크며, 비중이 공기보다 크고, 연소시 이론공기량이 많다. 그러므로 가벼운 도시 가스와는 다르므로 배관 설계와 기기 사용시는 특별한 주의를 요한다. 천연 가스와 같이 공급 가스 중에 일산화탄소가 포함되어 있지 않으므로 안전하지만, 불완전 연소하면 일산화탄소가 생성하므로 완전 연소시켜 사용하는 것이 좋다. 우리 나라에서는 도시 가스 중 주로 나프타와 LP 가스를 주원료로 공급하였으나 점차 LNG를 주원료 하는 시설로 전환되고 있는 추세이다.

(2) LN 가스(Liquefied Natural gas)

LN 가스는 액화 천연 가스를 말하는 것으로 메탄 (CH_4)을 주성분으로 하는 천연 가스를 냉각하여(1기압하에서 -162℃) 액화시킨 것이다. 이 가스는 공기보다 가볍기 때문에 누설이 된다 해도 공기 중에 흡수되기 때문에 안전성이 높은 것이 장점이다. 그러나 작은 용기에 담아서 사용할 수가 없고 반드시 대규모 저장 시설을 갖추어 배관을 통해서 공급해야 하는 단점을 지니고 있다. LN 가스는 현재 연료로 사용되고 있는 가스 중에서 발열량이 높고 무공해성이어서 연료용으로는 대단히 우수한 장점을 지니고 있어 금후 이 가스의 사용이 기대된다.

표 8-6 가스 연소시의 소요 공기량·배기량

가스 명칭	가스 발열량 (kcal / m³)	가스 1 m³ 연소시		
		소요 공기량 (m³)	배기량 (m³)	배기온도 150℃의 경우 (m³)
도시 가스	3600 5000	4~5 6~7	5~6 7~8	8~9 10~12
천연 가스	9000	11~14	12~14	18~22
LP 가스	22000	26~32	27~33	40~50

(3) 나프타 (Naphtha)

원유를 150~220℃ 정도에서 증류시킨 조제 석유를 말하는 것으로, 비등점 200℃ 이하의 유분 속에 경질의 것이 도시 가스의 원료로 쓰인다.

1-2 가스 설비의 구성

가스 설비의 구성은 원료에서부터 제조·압송·저장·압력 조정·소비 설비에 이르기까지의 과정에 필요한 설비를 말한다. 각 과정별 주요 설비는 다음과 같다.

① 제조 설비 : 제조 또는 발생 설비, 정제 설비 등

② 공급 설비 : 홀더, 압송기, 정압기(governor), 도관, 가스미터, 가스 콕 등

③ 소비 설비 : 접속구 (고무관 등), 기구, 기타 기구의 부속 설비(급배기) 등

그림 8-1은 도시 가스의 공급 계통도를 나타낸다.

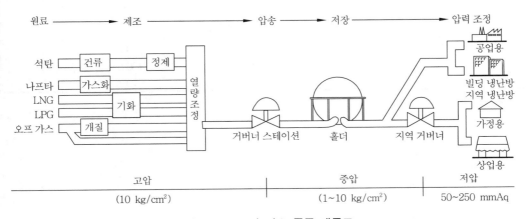

그림 8-1 도시 가스 공급 계통도

■ 가스 공급 방식

가스 공급 방식은 압력에 따라 분류되며, 고압·중압·저압을 각 수송 방식에 병용하는 것이 보통인데, 수요가로의 공급은 중앙 또는 저압으로 공급되고 고압은 먼곳의 수송용으로 이용되고 있다. 표 8-7은 각 공급 방식의 특징과 압력을 나타낸 것이다.

표 8-7 가스 공급 방식의 비교

가스 공급 방식	공급 압력	특 징
저압 공급 방식	1.0 kg / cm² 이하	홀더 압력을 이용해서 저압 배관만으로 공급하므로 공급 계통이 간단하고 공급 구역이 좁으며 공급량이 적은 경우에 적합하다. 홀더 압력과 수요가의 압력차가 100~200 mmAq 정도로 공급 가스량이 많은 경우, 큰관의 저압 본관이 필요하다.
중압 공급 방식	1.0~10 kg / cm²	공장에서 중압으로 송출하여 정압기에 의해 저압으로 정압시켜 수요가 공급하는 방식이다. 가스 공급량이 많거나 공급 구역이 넓어 저압 공급으로는 배관비가 많아지는 경우 채택된다. 이 방식에는 저압 공급과 병용하는 경우가 있다. 이 경우 공급의 안전성이 높다.
고압 공급 방식	10 kg / cm² 이상	공장에서 고압으로 보내서 고압 및 중압의 공급 배관과 저압의 공급용 지관을 조합하여 공급하는 방식을 말한다. 이 방식은 공장에서의 수송 능력이 크기 때문에 먼곳에 많은 양의 가스를 공급하는 경우 채용된다.

그림 8-2에 저압 공급 방식의 예를 나타낸다. 가스 소비 장소에서 대용량 기기의 부하 변동으로 일반 소비 기기에서 가스 압력의 변동이 생길 경우에 대비하여 미터를 보일러 등과 같은 대용량 소비 기구와 일반 소비 기기로 나누어 배관한 예이다.

표 8-8은 저압 가스의 공급 압력을 나타낸 것으로 단위는 mmAq이다.

표 8-8 저압 가스의 공급 압력 　　　　　　　(단위 : mmAq)

가스의 종류 　　 압력 종별	도시 가스			LP 가스
	11A, 12A, 13A	4A, 4B, 4C, 5A, 5B, 5C, 5AN, 6C, 6B, 7C	6A	
최고 가스 압력	250	200	220	330
표준 가스 압력	200	100	150	280
최저 가스 압력	100	50	70	200

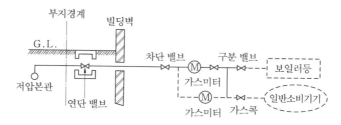

그림 8-2 저압 공급 방식

1-3 수송량과 관경

가스의 배관 설계에는 수송 공식으로 다음 식이 사용된다.

(1) 저압의 경우

$$Q = K\sqrt{\frac{D^5 H}{SL}} \qquad\qquad [8-1]$$

여기서, Q : 유량 (m³/h), H : 압력차 (mmAq), L : 관 길이(m)
　　　S : 가스 비중 (공기=1), D : 관의 내경(cm), K : 유량 계수 (0.7055)

(2) 중·고압의 경우

$$Q = K\sqrt{\frac{(P_1^2 - P_2^2)D^5}{SL}} \qquad\qquad [8-2]$$

여기서, Q : 유량 (m³/h), P_2 : 끝 압력(kg/cm²·abs), D : 관내 안지름(cm), S : 가스 비중
　　　(공기=1), L : 관의 길이(m), K : 유량 계수 (52.31), P_1 : 처음 압력(kg/cm²·abs)

그림 8-3은 압력차 5 mmAq, 10 mmAq, 비중 0.64인 가스의 유량 계산도의 한 예이다. 가로, 세로에 각각 관 길이와 유량을 표시한다.

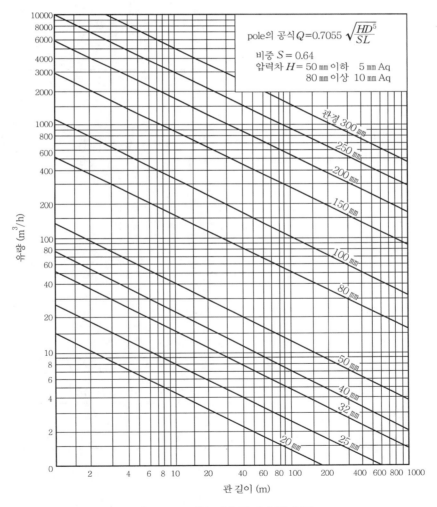

그림 8-3 저압 가스의 수송량 선도

표 8 - 9 저압가스관 수송량표 (m³ / h)

관 길이(m) / 관경(A)	5	10	20	30	40	50	80	100
20	6.05	4.38	3.03	2.47	2.14	1.91	1.51	1.35
25	11.1	7.82	5.53	4.51	3.91	3.49	2.76	2.47
32	21.2	15.0	10.6	8.67	7.51	6.72	5.31	4.75
40	31.1	22.0	15.6	12.7	11.0	9.84	7.78	6.96
50	56.8	40.1	38.4	23.2	20.1	18.0	14.2	12.7

관 길이(m) / 관경(A)	50	100	200	500	800	1000	1200	1500
80	69.7	51.6	36.5	23.1	18.2	16.3	14.9	13.1
100	142	100	70.9	44.9	35.5	31.7	29.0	25.9
150	373	264	186	118	93.2	83.4	76.1	68.1
200	748	529	374	236	187	167	153	137
250	1280	908	642	406	321	287	262	234
300	2020	1430	1011	639	505	452	413	369

㊜ 이 표는 Pole 공식에 의한 것으로 비중은 0.64로 압력차가 50A 이하는 5 mmAq, 80A 이상은 10 mmAq로 한 것임.

예제 1. 다음 그림은 주택용 가스 배관도이다. 각 구간의 관경을 구하라. (단, 가스본관에서 가장 원거리 기구 H까지의 거리는 30 m (Z-H)이고 Z-E간은 12 m임.

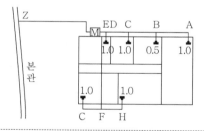

[해설] 각 구간을 통과하는 유량과 그림 8-3에서 관경을 구한다.

표 8 - 10

구 간	AB	BC	CD	DE	EZ	EF	FH
유량 (m³ / h)	1.0	1.5	2.5	3.5	5.5×0.7=3.9	2.0	1.0
압력 강하 (mmAq)	5 / 18 m	5 / 18 m	5 / 18 m	5 / 18 m	20 / 12 m	5 / 18 m	5 / 18 m
관 경	20A	20A	20A	25A	25A	20A	20A

단, 5 mmAq / 18 m ≒ 28 mmAq / 100 m, 20 mmAq / 12 m=167 mmAq / 100 m임.
  E-Z간은 20 A, 공급관은 25 A로 한다.
※ 가스 기구의 동시 사용률이 일반 가정은 70 %, 영업용 주방은 80 % 이상으로 본다. 가스 공급본관의 최소 구경은 25A이며, 분기관은 20A이다.

1-4 배관 설계

건물 부지내의 가스 설비 배관 설계는 보통 다음 그림 8-4와 같은 순서로 한다.

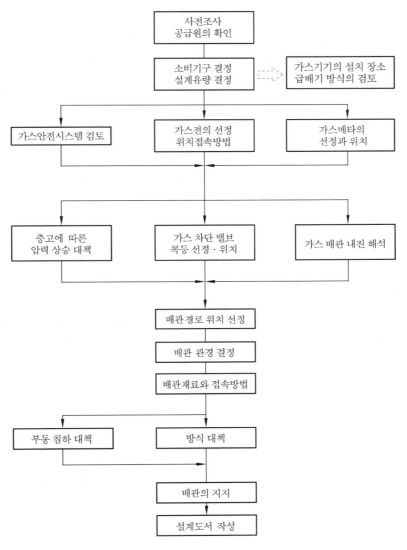

그림 8-4 가스 설비 설계 순서

(1) 가스 기구 설치 위치

가스 기구는 용도 및 성능을 고려하여 안전하고 사용하기 쉬운 장소에 설치하며 다음과 같은 사항에 특히 주의해야 한다.

① 용도에 적합하고 사용하기 쉬울 것
② 열에 의한 주위의 손상 등이 없을 것
③ 연소에 의한 급·배기가 가능할 것
④ 가스 기구의 손질이나 점검이 용이할 것

(2) 사용량 추정

유량 표시는 도시 가스의 경우 m³ / h, 액화 석유 가스 (LPG)일 때는 kg / h가 유리하다.

(3) 가스미터의 크기와 설치 위치

설계 유량을 통과시킬 정도의 크기의 가스미터를 선정하는 것이 좋지만 1개의 미터로서 능력이 부족한 경우는 여러 개를 병렬로 연결시킨다. 설치상 주의할 점은 다음과 같다.

① 가스미터의 계량 성능에 영향을 주는 장소가 아닐 것
② 가스미터의 검침 · 검사 · 교환 등의 작업이 용이하고 미터 콕의 조작에 지장이 없는 장소일 것
③ 전기 개폐기 · 전기 미터에서는 60 cm 이상 떨어질 것

(4) 배관 위치

① 외부로부터 부식과 손상이 될 우려가 있는 장소를 피하며, 가능하면 온도 변화를 받지 않는 장소를 택할 것
② 시공 관리가 손쉬운 장소를 택할 것
③ 필요한 콕 (cock)과 물빼기 장치 등의 설치가 가능할 것
④ 건물의 주요 구조부를 관통하지 말 것
⑤ 인접 전기 설비와는 충분한 거리를 유지할 것(60 cm 이상)

(5) 배관 구경

정해진 배관 위치에서 배관 길이를 계산하고, 가스 사용량에서 가스 수송 공식을 사용하여 배관 구경을 결정한다.

(6) 배관 재료

배관 재료는 강관으로 나사 접합이 주로 사용되지만, 초고층 건물에서는 고압인 경우 강관을 용접이음 하는 경우가 많다.

(7) 배관 설계상의 주의사항

① 초고층 건물의 경우 위층에 있어서는 가스공급압력이 변화하므로 영향이 큰 경우에는 배관 설계시에 충분한 고려를 한다 (공기보다 무거운 가스에서는 압력강하가, 공기보다 가벼운 가스에서 압력상승이 일어난다)(표 8−11 참조).
② 배관 도중에 신축 흡수를 위한 이음을 할 것
③ 건물의 규모가 크고 배관 연장이 길 경우는 계통을 나누어 배관할 것

표 8−11 각 고도에서의 압력차 (mmAq)

높이(m) \ 가스비중	0.5	0.65	1.2	1.5
0	0	0	0	0
50	+32.3	+22.7	−12.9	−32.3
100	+64.7	+45.3	−25.9	−64.7
150	+97.0	+68.0	−38.8	−97.0
200	+129.3	+90.6	−51.7	−129.3

㉾ $H = 1.293(1-S)h$, H : 압력차 (mmAq), S : 비중, h : 높이 (m)

1-5　가스 계량기(가스미터)

가스 계량기는 가스 사용량을 계량하기 위한 것으로 가스 종류, 가스 사용량에 따라 결정된다. 현재 사용되고 있는 가스 계량기는 도시 가스용, LP 가스용, 도시 가스와 LP 가스 겸용이 있으며 구조상 분류하면 다음과 같다.

표 8-12　가스 계량기 성능

구　분		막식 가스 계량기	루츠 계량기
특　징	장　점	① 염가이다. ② 설치 후 유지 관리에 수고가 필요 없다.	① 큰유량계량에 적합하다. ② 큰유량에서는 막식 가스 계량기에 비해 설치 스페이스가 작다.
	단　점	큰유량에서는 설치 스페이스가 크다.	① 스트레이너 설치 및 설치후 윤활유의 교환, 스트레이너 청소 등의 유지관리가 필요하다. ② 소유량은 적정한 계량 불가능 염려가 있다.
최고 사용 압력 (kgf / cm²)		0.1	5 (2500 m³ / h 이상은 1)
최고 사용 온도 (℃)		-10~60	-10~60
고정 자세		수 직	루츠축 수평 유입방향 상하

보통 가스 계량기는 실측식이 많이 사용되며, 실측식은 일정 용적의 용기를 설치하고 그 용기를 통하여 가스가 몇 번 측정되었는가 적산하는 방법을 말한다. 추측식은 유량과 일정한 관계에 있는 다른 변화량(즉, 흐름 도중에 있는 날개바퀴의 회전수 등)에 의해 간접적으로 계량하는 방식이다.

실측식 습식은 주로 가스 계량기 검사기준용으로 사용되며 건식 계량기의 막식은 저압의 소용량에 보통 사용된다. 그리고 회전식은 저·중압의 대용량 공업용에 사용된다. 추측식은 여러 종류가 있으며 터빈, 임펠러식과 와류식은 중압의 대용량 공업용으로 많이 쓰인다.

2. LP 가스 설비

LP 가스는 액화 석유 가스로 주로 용기(bomb)에 의해 가정용 연료 뿐만 아니라 가스 절단 등 공업용으로 많이 사용되며, 일명 프로판 가스 (propane gas)라고도 한다.

LP 가스의 특성은 다음과 같다 (표 8-13　물리적 특성 참조).

① 발열량이 크며 연소시에 필요한 공기량이 너무 많다.

② 비중이 공기보다 크다.

③ 생성 가스에 의한 중독 위험성이 있으며 완전 연소시켜 사용토록 하는 것이 좋다.

④ 정상 압력하에서는 기체이지만 압력을 가하든지 냉각하면 쉽게 액화하는 탄화 수소류
이다.

표 8 - 13 프로판의 물리적 특성

항 목	프 로 판
분자식	C_3H_8
분자량	44
가스 비중 (0℃, 1 atm)	1.52
액비중 (0℃)	0.53
비점 (1 atm)	-42.0℃
증기압 (20℃)	$7.4\,kg/cm^2$
발열량 (1 atm) 1 kg당 1 Nm³당	12040 kcal 23560 kcal
연소 범위	2.1~9.5 %
용해성(유지류나 천연고무를 용해한다)	

2-1 LP 가스 용기

LP 가스 용기는 강판제의 내용적 120l 이하의 용기로서 온도 48℃에서 압력 $18.6\,kg/cm^2$ 이하의 액화 석유가스를 충전하는데 쓰인다. 그리고 충전되는 LP 가스량에 의해 10 kg ·20 kg·50 kg형이 있다.

2-2 용기 설치 방법

LP 가스는 용기나 조정기를 제외하고는 일반 도시 가스의 배관 설계와 같으나 특히 용기나 조정기를 설치할 때 고려할 사항은 다음과 같다.

① 용기는 옥외에 두고 2 m 이내에는 화기의 접근을 금할 것

② 용기는 40℃ 이하로 보관할 것

③ 용기 등에는 습기에 의한 부식 방지를 고려할 것

④ 용기는 충격을 금하며, 안전한 장소에 설치할 것

⑤ 통풍이 잘 되게 할 것

⑥ 직사광선을 피할 것

3. 연소기구와 급배기

최근의 주택 구조는 생활 환경의 향상과 더불어 점점 기밀화 되어 가고 있으며, 또한 연소 기구에 의한 가스 중독 사고도 더욱 위험한 요소로 대두되고 있는 실정이다. 그러므로 충분

한 급배기 설비를 갖추어야 한다. 연소기구의 연소 형태는 개방 연소형, 반밀폐 연소형, 밀폐 연소형 등이 있으며 이중 밀폐 연소형 채용이 바람직하다. 건물의 급배기 방식은 가스 기구의 형식·크기 및 설치 조건에 따라 여러 가지가 있지만 다음 그림 8-5에 가스기구의 급배기 방식을 나타낸다.

가스가 연소에 필요한 이론상 공기량과 배출가스량은 연료의 조성에 따라 계산되는데 표 8-14는 많이 사용되는 가스의 이론상 공기량과 배출가스량의 표준을 나타낸 것이다.

표 8-14   이론 공기량·이론 배출가스량

가스 종류		발열량	이론 공기량	이론 배출가스량
도시 가스	13A	11000 kcal / m³	0.995 m³ / 1000 kcal	1.095 m³ / 1000 kcal
	12A	9500 kcal / m³	0.999 m³ / 1000 kcal	1.105 m³ / 1000 kcal
	6B	5000 kcal / m³	0.908 m³ / 1000 kcal	1.074 m³ / 1000 kcal
LP 가스		12000 kcal / kg	0.992 m³ / 1000 kcal	12.9 m³ / kg

㊟ ① 이론 공기량은 연료를 완전 연소시키는데 필요한 최소 공기량으로서 연료의 조성 및 연료 방정식에 의해 계산된다.

② 이론 가스배출량은 연료의 조성에 의해 계산되는 완전 연소에 있어서의 최소의 연소가스량

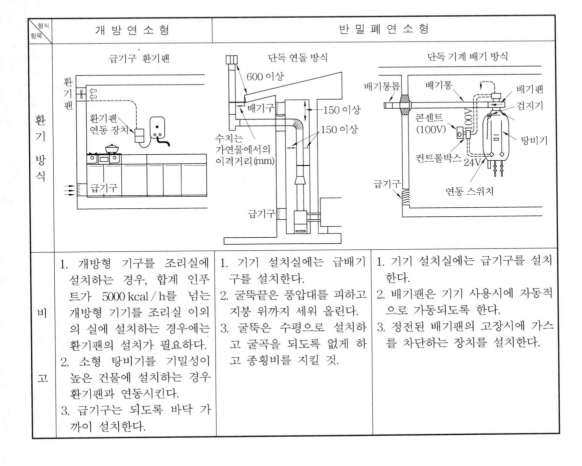

형식 / 항목	개 방 연 소 형	반 밀 폐 연 소 형	
환 기 방 식	급기구 환기팬	단독 연돌 방식	단독 기계 배기 방식
비 고	1. 개방형 기구를 조리실에 설치하는 경우, 합계 인푸트가 5000 kcal / h를 넘는 개방형 기기를 조리실 이외의 실에 설치하는 경우에는 환기팬의 설치가 필요하다. 2. 소형 탕비기를 기밀성이 높은 건물에 설치하는 경우 환기팬과 연동시킨다. 3. 급기구는 되도록 바닥 가까이 설치한다.	1. 기기 설치실에는 급배기구를 설치한다. 2. 굴뚝끝은 풍압대를 피하고 지붕 위까지 세워 올린다. 3. 굴뚝은 수평으로 설치하고 굴곡을 되도록 없게 하고 종횡비를 지킬 것.	1. 기기 설치실에는 급기구를 설치한다. 2. 배기팬은 기기 사용시에 자동적으로 가동되도록 한다. 3. 정전된 배기팬의 고장시에 가스를 차단하는 장치를 설치한다.

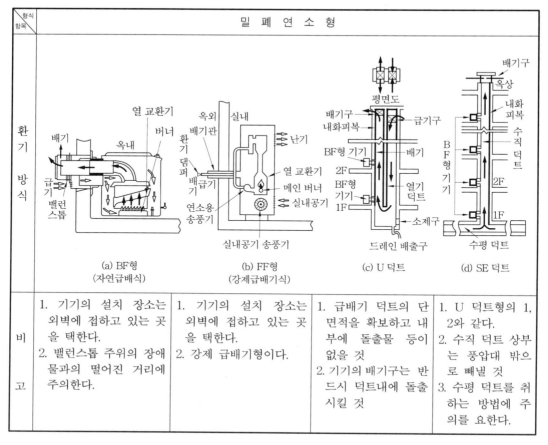

그림 8-5 가스기구의 급배기 방식

4. 가스 경보 설비

다음 표 8-15와 표 8-16은 누출 경보기의 검지구역과 설치조건 그리고 가스 누출 경보 설비를 나타낸 것이다.

표 8-15 누출 경보기의 검지구역과 설치조건

가스의 종류		연소기에서의 수평 거리(m)	검지의 설치 높이(m)
도시 가스	비중이 공기보다 경량일 경우	8 이내	천장면 등의 하방 0.3 이내
	비중이 공기보다 중량일 경우	4 이내	바닥면의 상방 0.3 이내
LP 가스의 경우		4 이내	바닥면의 상방 0.3 이내

표 8-16 가스 누출 경보 설비(도시 가스 설비의 경우)

구 분	대 상	복 합	경보 방식	개 념 도
실내 경보형	Ⅰ 단독주택	경보기	경보 설정(폭발 하한계의 1/4이하)에 이르면 적색램프가 점화되고, 그 상태가 20초 이상 계속되면 버저가 울린다.	경보기
실외 경보 버저형	Ⅱ 아파트·맨션 등의 집합주택	경보기 +실외 경보 버저	실내 경보형과 같이, 실내에서 경보를 발하고 그 상태가 40초 이상 계속되면 실외 경보 버저가 울린다.	실외 경보 버저 / 경보기
집중 관리 시스템	Ⅲ 맨션 등의 집합주택, 백화점 등의 건물	경보기 +집중관리반	실내 경보형과 같이 경보 상태가 설정시간 이상 계속하면 집중관리반에서 경보한다. 또 실내에서 전원을 끄면 집중관리반에서 경보한다.	관리인실등 / 경보기 / 집중관리반
	Ⅳ 특정 지하상가 등·특정 지하실등	경보기 +집중관리반 +비상 전원 장치 +음성 경보 장치	Ⅲ과 같이 작동한다. 기타 지진에 의해 정전했을 경우라도 비상 전원 장치에 의해 기능이 유지된다. 또 음성 경보 장치에 의해 피난유도가 가능하다.	가스 누출 경보 설비 / 신호선 방재 센터등 스피커 / 비상 전원 / 전원선 / 집중관리반
마이컴 제어기 연동형	Ⅴ 마이컴 제어식 계량기 설치 수요가	경보기 +마이컴 제어식 계량기	실내 경보와 같이, 실내에서 경보를 발하고, 그 상태가 1분 이상 계속되면 마이컴 제어식 계량기가 차단한다.	경보기+경보기 어댑터 / 마이컴 제어식 계량기
업무용 자동 가스 차단 장치	Ⅵ 업무용 수요가	경보기 +조작반 +자동 차단 밸브	실내 경보와 같이, 실내에서 경보를 발하고 그 상태가 1분 이상 계속되면 자동차단 밸브가 차단한다.	경보기 / 조작기 / 감지기 차단기

M·E·M·O

공기 조화 설비

제 3 편

제1장   공기 조화 설비의 계획과 설계

제2장   실내 환경과 공기 조화

제3장   공기 조화 부하 계산

제4장   공기 조화 설비의 방식

제5장   직접 난방

제6장   공기 조화 장치

제7장   공기 분배 장치

제8장   냉온 열원 장치

제9장   자동 제어와 중앙 관제

제10장   방음과 방진

제11장   환기 · 배연

제12장   배관용 재료와 부속품 및 도시 기호

제 1 장　　공기 조화 설비의 계획과 설계

1. 공기 조화의 의의와 목적

공기 조화란 주어진 실내공간에서 사람 또는 물품을 대상으로 온도, 습도, 기류, 공기 분포, 부유분진, 臭氣, 세균, 유해 가스 농도를 그 실의 사용목적에 적합한 상태로 유지시키는 것을 말한다. 난방의 목적은 실내온도를 높여서 따뜻하게 하는데 있고, 냉방의 목적은 실내온도를 냉각시켜 차갑게 하는 데 있다. 그러므로 공기 조화 설비는 난방·냉방을 목적으로 하는 난·냉방 설비와는 그 목적이 구별된다.

공기 조화는 사용목적에 따라 쾌감용·산업용·의료용 공기 조화로 분류된다. 쾌감용 공기 조화는 사람을 대상으로 주로 보건위생과 쾌적감 유지를 위한 것이며, 산업용 공기 조화는 각종 산업에서의 생산품목과 저장품을 위한 것이고, 의료용 공기 조화는 의료활동을 위한 것이다. 본 장에서는 인간을 대상으로 실내환경 유지를 위한 쾌감용 공기 조화 (comfort air conditioning)에 대하여 논하기로 한다.

2. 공기 조화의 계획

2-1　개 요

공기 조화 계획이란 대상이 되는 건물에 대해 그 건물의 특성, 입지조건, 경제사정, 에너지 사정, 기타 주변사정 등을 고려하여 가장 알맞은 공조 시스템을 결정하여 건물의 기능적 성능을 충분히 발휘할 수 있도록 하는 것을 말한다.

그리고 공조 계획은 건축 계획의 초기 단계에서부터 건축 의장, 구조 및 건축 설비 등도 계획에 포함시켜 균형잡힌 건축물이 될 수 있도록 계획되어야 한다.

최근에는 새로운 환경변화와 그 요구사항이 매우 다양해져 이에 대한 것도 계획에 포함시켜야 할 것이다. 최근의 환경변화와 그 요구 사항을 요약하면 다음과 같다.

(1) 실내 환경의 고급화 추구

연간공조, 체감온도의 연중 균일화 및 자연환경에 대한 요구

(2) 에너지 절약 기술의 필요성

쾌적성과 에너지의 효율성을 보장할 수 있는 시스템 요구

(3) 인텔리전트빌딩 시스템 추구

정보통신, 사무자동화, 빌딩자동화 시스템의 요구

(4) 컴퓨터를 이용할 설계 기술

도면의 상세화, 표준화, 신속한 작업과 각종 시뮬레이션 기술

(5) 설비 시스템 유지관리

사후관리의 편리성, 개보수 그리고 시스템의 내구성 요구

따라서 과거의 공조 설비 계획보다는 다양한 환경에 대한 요구들을 충족할 수 있는 계획의 수립이 요망된다.

2-2 공조 계획 순서

공조 계획과 설계는 제1편의 그림 1-2에서와 같이 기획, 기본 계획, 기본 설계, 실시 설계의 순서로 행하는 것이 보통이다. 초기 기획에서는 전체적 계획의 윤곽을 결정한다. 즉 공조를 필요로 하는가, 난방만으로도 되는가 등이다. 기본 계획 및 기본 설계에서는 새로운 방식의 검토와 자료수집을 통하여 실시 설계에 필요한 기초를 다지며 최종적으로 실시 설계를 한다.

이들 계획 과정에서는 항상 급배수 위생 설비 및 전기관계 등 관련 설비와의 영향을 고려하여 수립되어야 한다. 그러므로 이 계획을 총괄하는 계획자와 더불어 각 분야의 전문가를 두어 문제성 있는 내용은 항상 검토하여야 한다. 그림 1-1은 공조 계획에 있어서 4단계(기획, 기본 계획, 기본 설계, 실시 설계)별 업무내용과 고려사항 그리고 결과물을 나타낸 것이다.

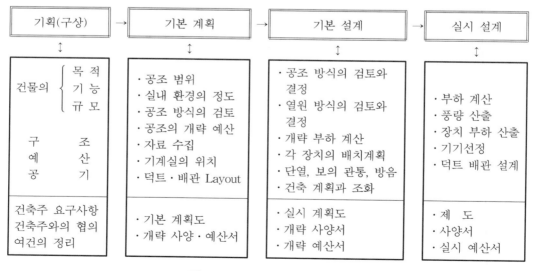

그림 1-1 공기 조화 계획의 순서

그림 1-2는 기본 계획을 위한 설계조건(전제조건, 목적, 선택조건)을 나타낸 것이다.

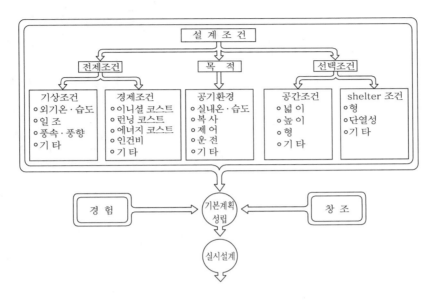

그림 1-2 공기 조화의 기본 계획 조건

2-3 공조 방식의 결정을 위한 요인

① 에너지 절약 : 건물 설계 방법이나 공조 설비 계획에서 에너지 절약 방법을 모색한다.

② 개별 제어 : 실내의 온·습도를 조건에 맞게 조절하기 위해 각 zone마다 제어하는 것을 말한다.

③ 중간기 등의 외기 냉방

④ 조닝 : 에너지 절약의 한 방법으로 공조를 하는 구역을 나누어 각 구역마다 공조계통을 설정한다. 조닝은 열부하의 특성에 의한 것과 실의 사용목적에 의한 것이 있다. 조닝은 크게 외부 존(perimeter zone or exterior zone)과 내부 존(interior zone)으로 할 수 있으며, 또 외부 존은 각 방위별로 나누기도 한다.

⑤ 연간 공조와 기간 공조

⑥ 기타 요인 : 기타 요인으로는 설비비, 운전비, 보수관리비, 시간외 운전, 설비의 변경, 공해에 대한 고려 등의 요인이 있다.

3. 공조 설비의 구성

그림 1-3의 공조 설비의 기본 구성도의 예를 나타낸다. 공조 장치의 구성은 열원 설비, 열반송 설비, 공기조화기 설비, 공기반송 설비, 자동 제어 설비, 배연 설비, 환기 설비 등으로 되어 있으며 경우에 따라서는 이 기본 장치를 생략하거나 발전시켜 구성하기도 한다.

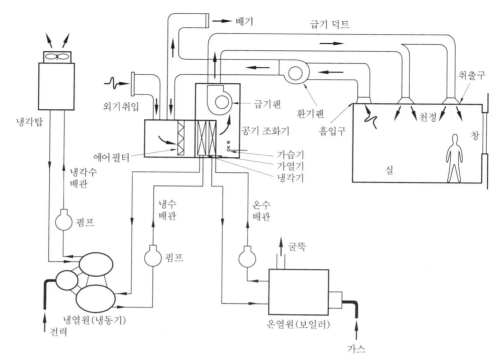

그림 1-3 공조 설비의 기본 구성도

4. 설비 용량과 소요면적

공조 계획을 행하는 데 있어서 열원 용량의 개략치를 미리 추정하여 그 값을 기초로 하여 열원기기의 규모를 알아내는 것은 매우 중요한 과정의 하나이다. 그림 1-4와 그림 1-5는 각 장치의 개략 규모를 알아보기 위한 것이다.

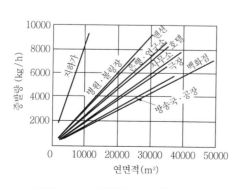

그림 1-4 연면적과 보일러 용량

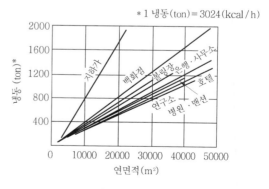

그림 1-5 연면적과 냉동기 용량

또, 사무소 건축에 있어서 소요 스페이스는 다음과 같이 구한다.

(1) 일반 사무소 건축

$$A_M = 0.0320\,A + 140\,[\mathrm{m}^2] \qquad\qquad [1-1]$$

(단, $A \geqq 6000\ \mathrm{m}^2$)

(2) 초고층 사무소 건축

$$A_M = 0.0618A - 10 \qquad\qquad [1-2]$$

A_M = 기계 설비 면적(m²)

여기서, A : 건물 연면적(m²)

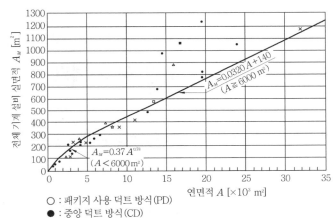

○ : 패키지 사용 덕트 방식(PD)
● : 중앙 덕트 방식(CD)
△ : 각층 유닛 방식(FU)
× : 중앙+팬코일 유닛 방식(CD+FC)
☆ : 중앙+인덕션 유닛 방식(CD+IU)
■ : 중앙+각층 유닛 방식(CD+FU)
□ : 중앙+각층+팬코일 유닛 방식(CD+FU+FC)

그림 1-6 일반 사무소 건축의 연면적과 전체 기계 설비실 면적과의 관계
(그림 중의 선은 경계 설계시의 평균적인 값)

5. 공조 설비의 평가지표

공조 설비의 평가는 연간 열부하계수(PAL : Perimeter Annual Load)와 공조 에너지 소비 계수(CEC : Coefficient of Energy Consumption)에 의해 행한다. 건물의 외피구조의 단열성능 평가의 지표가 되는 연간 열부하계수는 다음과 같이 정의한다.

$$\mathrm{PAL} = \frac{\text{외주 zone의 연간 열부하(Mcal/년)}}{\text{외주 zone의 바닥면적(m}^2)} \qquad\qquad [1-3]$$

건물 외주공간에 대해 연간 외주에서 출입하는 열량이 사무소 건물에서는 80×(규모 보정 계수), 점포에서는 100×(규모 보정계수) [Mcal / m² · 연] 이하가 되게 외부조건이나 내부조건을 설정하여 종합적으로 건물의 에너지 절약을 하기 위한 계수이다.

그리고 공조 설비의 에너지 이용 효율 평가의 지표가 되는 공조 에너지 소비계수는 다음과 같이 정의한다.

$$CEC = \frac{연간\ 에너지\ 소비량}{연간\ 가상\ 공조\ 부하} \qquad\qquad [1-4]$$

CEC의 수치는 작을수록 공조 설비 효율이 높다는 것을 의미한다. 사무소 1.6, 점포 1.8 이하로 되어 있다.

이상의 PAL은 건축물의 단열규제이며, CEC는 공조 설비 시스템의 에너지 소비량을 규제하기 위함이다. 따라서 CEC의 산출과정에서 소비에너지량은 에너지 절약형인 공조 설비 설계인지의 여부를 가리기 위해 사용하는 사항이다. CEC가 공조용 에너지 소비량을 추정키 위해 사용되어서는 안 된다.

6. 에너지 절약을 위한 공조 계획

6-1 건축 계획적인 방법(passive control method)

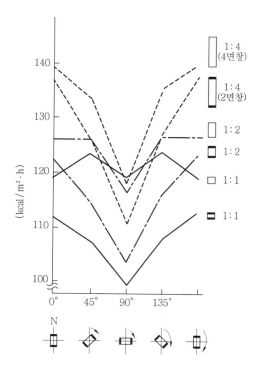

그림 1-7 기준층 평면의 각종 형상·방위와 최대 냉방 부하 분석 예

건축 계획에 의한 에너지 절약은 가장 확실한 절약 방법의 하나이다. 에너지 절약을 위해 건축 계획적으로 고려해야 할 요소는 다음과 같다.

① 건물의 형상과 방위
② 각 실의 배치
③ 기계실 배치
④ 배관 스페이스
⑤ 건물의 각 부 성능
⑥ 공조 공간의 축소
⑦ 자연력의 이용

이상은 건축 설계시 고려하여야 할 건축적 방법의 에너지 절약의 요점들이다. 그림 1−7은 기준층 면적 1,000 m²인 건물의 형상과 방위에 따른 냉방 부하를 분석한 것으로 2면창을 가진 정방형 건물이 가장 유리함을 알 수 있다.

6−2 설비 계획적인 방법(active control method)

6−1에서는 건축적 방법의 에너지 절약방법에 대하여 논하였으나, 여기에서는 공조 설비 시스템 설계에서의 에너지 절약방법에 대하여 논하고자 한다. 공조 설비 계획에서 에너지 절약을 위한 요점은 다음과 같다.

① 환경 수준의 적정화
② 적절한 여유와 제어
③ 필요 부분의 운전
④ 효율 유지

표 1−1에 공조 설비의 구체적인 에너지 절약방법의 예를 들었다.

표 1-1 공조 설비의 에너지 절약방법

항 목		구체적인 방법(예)
환경수준의 적정화		① 실내의 온·습도 조건 평가 ② 도입 외기 평가 ③ 환기 횟수의 평가 ④ 동시 냉·난방의 중지
적절한 여유와 제어	시스템 효율 향상 및 손실의 저감	① 과잉 설계의 방지 ② 반송계 동력의 절감 　㉠ 큰 온도차에 의한 반송량을 줄임 　㉡ 변류량 방식에 의한 동력의 절감 　㉢ 풍(유)속 저감에 의한 동력의 절감 ③ 히트 펌프 방식에 의한 보조열원(전기)의 운전 억제 ④ 혼합 손실을 수반하는 시스템의 중지 ⑤ 덕트·배관의 단열 강화 누출 방지
	제어의 개선	① 적절한 조닝과 자동 제어에 의한 과열·과냉의 방지 ② 열원 설비의 적정한 대수 분할·고효율 운전 ③ 야간 잉여 전력 사용과 측열조의 유효 이용 ④ 반송동력계의 동력 절감(변류량 제어, 군관리 제어) ⑤ 피크 부하의 저감에 의한 시스템·기기 효율의 향상 　㉠ 시동시의 외기도입 억제 　㉡ 건물의 예열 이용에 의한 부하의 경감 　㉢ 최대 부하시 도입 외기량의 억제 ⑥ 재실 인원에 적합한 도입 외기량의 제어 ⑦ 컴퓨터에 의한 최적 운전 제어
	배열 이용 에너지의 유효 이용	① 배열회수 이용 　㉠ 전열 교환기, 현열 교환기(히트 파이프를 포함)의 이용 　㉡ 배열회수(열 회수 시스템에 의한 히트 펌프) ② 대규모 장치에 의한 다단적 이용 　㉠ 증기터빈에 의한 것(背壓터빈·抽氣터빈을 이용한 열병합 발전) 　㉡ 내연 엔진 및 가스 터빈에 의한 소내 에너지 방식 　㉢ 쓰레기 소각열의 이용
효율 유지	기기 효율의 향상	① 과잉 용량 설정의 방지 ② 고효율(부분 부하시도 포함)기기의 채용
	낭비의 억제	① 보일러 파일럿의 상시 연소 및 통풍의 방지
	양호한 보수	① 열 교환기의 청소 ② 에어 필터의 청소 ③ 노후 기재의 교체
자연 에너지의 이용		① 외기 냉방의 적극적 채용 ② 태양열의 이용 ③ 태양열 냉·난방의 채용 ④ 지열의 냉·난방에 대한 이용

　이상의 건축적 방법과 설비적 방법의 에너지 절약은 별도의 계획이 아니라 건축가와 설비 설계자가 에너지 절약을 위한 기본 계획에 의하여 공동으로 노력하여야 할 중요한 사항이다. 더욱이 일반 사무소 건물의 경우 건물의 전소비 에너지 중 약 47%가 공조용 에너지라는 사실을 감안할 때 에너지 절약 계획은 매우 중요하다.

6-3 기존 건물의 에너지 절약

기존 건물의 공조 시스템의 에너지 절약 방안은 ① 운전 제어에 의한 방법, ② 보수 관리에 의한 방법, ③ 시스템 개조에 의한 방법으로 대별되며 그 내용은 다음과 같다.

(1) 운전 제어에 의한 방법

① 설정 온도 변경
  ㉠ 일반실인 경우 thermostat 설정치 변경(여름 26 ℃에서 27~28 ℃로, 겨울 22 ℃에서 18~20 ℃로)
  ㉡ 침실인 경우 야간 설정치 변경(시각별 예정표 채용)
  ㉢ 거실 이외의 실, 거실보다 여름은 높게, 겨울은 낮게 설정

② 외기량 줄임
  ㉠ 필요 외기량의 기준치 검토(건물관리법에 따른 최소 필요 외기량)
  ㉡ 취입 외기량 조정
  ㉢ 외기량 제어(CO_2 농도 제어 등)

③ 과냉·과열 방지
  ㉠ thermostat의 설정치 확인
  ㉡ 자동 제어 장치 검토
  ㉢ zoning 검토
  ㉣ humidistat 설정치 확인

④ 공조 방식의 변경
  ㉠ 재열 정지
  ㉡ 2중 덕트 방식의 정지
  ㉢ 3관식, 4관식 정지
  ㉣ 1차 배기량을 줄임(팬 코일 유닛 방식)
  ㉤ 예냉, 예열시 취입 외기량 중지
  ㉥ 기동시각의 최적화
  ㉦ 조명의 감소

⑤ 기기의 효율 운전
  ㉠ 고품질 열매 채용(저온 냉수, 고온수, 고압 증기)
  ㉡ 보일러 냉동기의 존 관리
  ㉢ 냉동기의 증발온도, 응축온도 확인

(2) 보수관리에 의한 방법

① 기기의 청소
  ㉠ 에어 필터(air filter) 청소
  ㉡ 공기 코일 청소
  ㉢ 냉동기 응축기, 증발기의 물측관내 청소
  ㉣ 배관내 청소

② 기기의 교환
  ㉠ 부식, 마모 등 성능이 떨어진 기기의 교환

(3) 시스템 개조에 의한 방법

① 건축적 개선 방안
  ㉠ 외벽 단열 강화
  ㉡ 일사의 방지(블라인드, 이중창, 반사필름 등)
  ㉢ 건물 침기량 방지(틈새 밀폐, 전실 설치, 회전문 등)
  ㉣ 실내 조명 제어

② 공조 방식
  ㉠ 취입 외기용 댐퍼 제어 장치 부착
  ㉡ 재열 제어 장치
  ㉢ 복열원 방식의 정지(2중 덕트 방식, 3관식, 4관식)
  ㉣ 변유량 방식으로 개조
    VAV 방식(VAV 유닛, 송풍기 제어)
    VWV 방식(2방 밸브 제어, 대수 제어 운전)
  ㉤ 공조 방식의 변경(CAV → VAV, 중앙식 전공기식 → 수·공기식)

③ 열매 방식
  ㉠ 외기 냉방 방식
  ㉡ 전열 교환기(heat exchanger)
  ㉢ 히트 펌프 (heat pump) 방식
  ㉣ 태양열 이용 방식
  ㉤ 축열 탱크

④ 자동 제어 장치
  ㉠ 팬·코일 유닛의 개별적 제어 도입
  ㉡ 외기 취입량의 자동 제어
  ㉢ 기기의 군관리 운전
  ㉣ 예냉, 예열 시각의 최적화
  ㉤ 전력 수요 제어 운전

⑤ 기 타
  ㉠ 노후기기 교환
  ㉡ 공기코일 열수 증가
    송풍온도차를 크게 함 (유량 감소)
    이용수온차를 크게 함 (유량 감소)
  ㉢ 부스터 펌프 설치
  ㉣ 기기, 배관, 덕트의 단열 강화
  ㉤ 국소배기 장치의 채용

제 2 장 실내 환경과 공기 조화

1. 인체의 에너지 대사

인체의 에너지는 음식과 산소의 섭취에 의해 만들어지며, 신진대사와 근육 운동에 의해 열이 생산된다. 그 생산열량은 주로 몸 표면 및 호흡으로 방열된다. 인체는 항온동물이므로 생산열량과 방산열량의 균형을 유지하도록 주위의 열환경 변화에 따라 체온조절 기능을 가짐으로써 체온을 일정하게 유지하고 있다.

기초대사란 공복시 대체로 쾌적한 환경에서 편안히 누운 자세로 있을 때의 인체의 단위 시간당의 생산열량을 말한다. 이것은 연령 및 성별에 따라 차이를 보인다. 앉은 자세로 편안히 있을 때의 생산열량은 기초 대사의 2할 만큼이나 증가한다. 에너지 대사율(RMR : Relative Metabolic Rate)은 작업으로 인하여 증가한 열량 즉, 노동대사의 기초대사에 대한 비로 정의된다. 작업시의 단위 인체 표면적, 단위 시간당의 생산열량 M [kcal / m² · h], 기초대사를 B [kcal / m² · h]라고 하면 RMR은 다음과 같이 표시된다.

$$\text{RMR} = \frac{M - 1.2B}{B} \qquad [2-1]$$

작업에 따른 RMR의 값은 많은 연구기관의 조사에 의해 여러 가지 조건에 대해 정해져 있으며, 식사나 독서 0.4, 타이핑 1.4, 도보(80~90 m / min) 3.0, 계단 오르내리기 6.1 정도이다. 표 2-1은 작업조건에 따른 RMR과 생산열량 등의 기준치를 나타낸다.

표 2-1 성년 남녀 작업 강도별 생산 열량 기준치

작업 강도	RMR	실동률(%)	작업시간 중의 생산열량 (kcal)	기본시간 중의 생산열량 (kcal)	1일 생산 열량 (kcal)	1일 섭취 열량 (kcal)
경작업	남 0~1.0	80	730	1300	2030	2250
(經作業)	여 0~1.0	80	580	1050	1630	1810
중작업	남 1.0~2.0	80~75	1000	1300	2300	2560
(中作業)	여 1.0~2.0	80~75	840	1050	1890	2100
강작업	남 2.0~4.0	75~65	1460	1300	2760	3060
(强作業)	여 2.0~4.0	75~65	1160	1050	2210	2460
중작업	남 4.0~7.0	65~50	1920	1300	3120	3480
(重作業)	여 4.0~7.0	65~50	1530	1050	2580	2860
격작업 (激作業)	남 7.0 이상	50 이하	2730	1300	3670	4080

㈜ · 21~60세까지의 기초대사 하중 평균치, 남 1370 kcal, 여 1099 kcal
   · 작업 시간 8시간, 기본생활 시간 16시간
   · 실동률=실작업 시간 / 전작업 시간

인체의 열수지는 단위 인체 표면적당, 단위 시간에 대해 다음 식으로 표시된다.

$$S=(1-\eta)M-(C+R+E+L) \qquad [2-2]$$

여기서, S : 체내 비적량 $(\text{kcal}/\text{m}^2 \cdot \text{h})$

η : 작업 효율

C : 전도 및 대류에 의한 방열량 $(\text{kcal}/\text{m}^2 \cdot \text{h})$

R : 복사에 의한 발열량 $(\text{kcal}/\text{m}^2 \cdot \text{h})$

E : 수분 증발에 의한 발열량 $(\text{kcal}/\text{m}^2 \cdot \text{h})$

L : 호흡과 기침에 의한 가열량 $(\text{kcal}/\text{m}^2 \cdot \text{h})$

전 발열량에 의한 C, R, E, L의 각각의 비율은 26 %, 42 %, 30 %, 2 % 정도이다.

2. 열환경의 평가와 쾌적지표

사람은 신체의 열수지차에 의해 더위와 추위의 정도를 느낀다. 열수지에 관계가 있는 인체 주위의 열환경 요소는 물리적 변수(physical variables)인 온도, 습도, 기류 및 주벽의 복사열과 개인적 변수(personal variables)인 활동량, 착의량을 들 수 있다. 그리고 물리적 변수인 4요소를 보통 열환경의 요소라고 말한다.

우리들이 느끼는 온감에 대해 이들 각 요소 중 한 요소만이 작용하는 것이 아니고 개인적 변수의 조건과 물리적 변수인 4요소의 각종 조합에 의해 총합적으로 작용하고 있다. 따라서 열환경을 평가하기 위해서는 이들 전요소를 고려하는 것이 이상적이기는 하지만, 요소가 많아질수록 평가가 복잡해지고 직감성이 상실되므로 이들 복수의 요소를 고려한 총합적인 단일 척도로 열환경을 평가할 수 있다면 실용적으로 매우 편리하다.

이와 같은 개념을 바탕으로 물리적 변수(physical variables)인 열환경의 4요소와 개인적 변수(personal variables)는 인체의 활동량과 착의량을 조합하여 하나의 지표로 표시한 것을 열쾌적지표(thermal comfort index)라고 한다. 이 지표는 각 요소를 조합한 열환경에 있어서의 재실자의 주관적 온감 상태를 통계적으로 처리한 것이다.

이와 같은 열환경을 단일지표로 나타내는 연구는 1910년경부터 시작되어 많은 지표가 연구결과로 제시되었으나 여기에서는 공조 설계와 관계가 깊은 몇 가지 지표에 대하여 논하고자 한다.

표 2-2는 각종 온열 환경지표를 나타낸 것으로 대부분 개인적 변수인 활동량과 착의량을 일정 조건하에 물리적 변수를 고려한 지표들이다.

표 2- 2 온열 환경지표

온열 환경지표	DB	RH	V	MRT	Met	Clo
Effective Temperature 유효온도	○	○	○		좌업 경작업	약 1 Clo
Globe Temperature 흑구온도	○		○	○		
Resultant Temperature 합성온도	○	○	○	○	경작업	평상복
Equivalent Warmth 등가온	○	○	○	○	안정시	평상복
Corrected Effective Temperature 수정유효온도	○	○	○	○	좌업 경작업	평상복
Operative Temperature 작용온도	○		○	○		
Humid Operative Temperature 습작용온도	○	○	○	○	○	○
New Effective Temperature 신유효온도	○	○	○	○	1 Met	0.6 Clo
Discomfort Index 불쾌지수	○	○				
Bioclimatic Chart 생체 기후도	○	○	○	○	좌업	1 Clo
Predicted Mean Vote (PMV) 예상 평균 냉온감 신고	○	○	○	○	○	○
Resultant Mean Vote (RMV) 평균 쾌적도 결과	○	○	○	○	○	○

㊟ DB : 기온, RH : 상대습도, V : 기류, MRT : 열방사, Met : 대사량, Clo : 착의량
　RMV : Fanger가 채택했던 PMV를 피험자의 쾌적도에 대한 응답을 토대로 하여 한국동력자원연구소에서 연구한 온열 환경지표임.

(1) Met (활동량)

대사량을 표시하는 단위이며 안정시 대사를 기준으로 한 것이다. 1 Met는 다음과 같다.

$$1[\,Met\,]=50[\,kcal/m^2\cdot h\,]=58.2[\,W/m^2\,]$$

(2) Clo (착의량)

무차원의 보온력 단위이며, 안정 상태에서 쾌적하고 평균 피부온도 33 ℃를 유지하기 위하여, Clo는 기온 21.2 ℃, 상대습도 50 %, 기류 0.1 m / s의 조건에서 신체 표면적의 방열량이 1 Met의 대사와 평형되는 착의 상태를 기준으로 한 것으로 다음과 같이 의복의 열전도 저항으로 표시한다.

$$1[\,Clo\,]=0.18[\,m^2\cdot h\cdot℃/kcal\,]=0.155[\,m^2\cdot℃/W\,]$$

표 2-2 이외에도 많은 온열 환경지표들이 제시되었으나 다음은 일반적으로 많이 사용되는 지표를 소개한다.

2-1 작용온도(OT : Operative Temperature)

체감에 대한 기온과 주벽의 복사열 및 기류의 영향을 조합시킨 지표로서 습도의 영향을 고려하지 않았다. 작용온도는 다음과 같이 정의한다.

$$OT = \frac{t_a \cdot h_c + h_r \cdot MRT}{h_r + h_c}$$ [2-3]

여기서, h_r : 복사 전달률 (kcal / m² · h ℃),　　　 t_a : 건구온도 (℃)

　　　　h_c : 대류 전달률 (kcal / m² · h ℃),　　　 MRT : 평균 복사온도 (℃)

미풍 속의 실내에서는 $h_c = h_r$가 되고, 따라서 OT = (MRT + t_a)/2가 된다. 작용온도에 습도의 영향을 가미한 체감 지표가 습작용온도(HOT : Humid Operative Temperature)이다. 평균 복사온도 MRT는 다음과 같이 구한다.

$$MRT = \frac{\sum t_i \cdot A_i}{\sum A_i}$$ [2-4]

여기서, t_i : 벽체 표면온도 (℃), A_i : 벽체 표면적 (m²)

2-2 유효온도 (ET : Effective Temperature)

유효온도는 기온, 습도, 풍속의 3요소가 체감에 미치는 총합 효과를 단일 지표로 나타낸 것이다. 이것은 기온, 습도, 풍속의 조합을 임의로 바꿀 수 있는 A실과 습도 100 %, 무풍 상태로 일정하며, 기온을 임의로 설정할 수 있는 B실과의 양실에서 다수의 체험자의 반응을 근거로 하여 A실의 상태와 같은 온감을 주는 B실의 기온을 유효온도라고 한 것이다. 풍속, 착의(着衣) 상태 등의 조건에 따른 ET를 구하는 도표가 발표되었으나 풍속이 서로 다른 조건 하에서 상의를 입은 통상 착의의 경작업자에 적용할 수 있는 ET를 도시하면 그림 2-1과 같다.

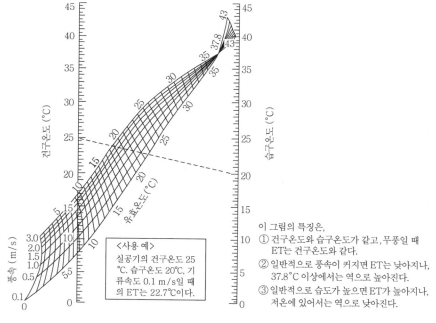

<사용 예>
실공기의 건구온도 25 ℃. 습구온도 20℃, 기류속도 0.1 m/s일 때의 ET는 22.7℃이다.

이 그림의 특징은,
① 건구온도와 습구온도가 같고, 무풍일 때 ET는 건구온도와 같다.
② 일반적으로 풍속이 커지면 ET는 낮아지나, 37.8℃ 이상에서는 역으로 높아진다.
③ 일반적으로 습도가 높으면 ET가 높아지나, 저온에 있어서는 역으로 낮아진다.

그림 2-1

그러나 유효온도에는 열방사 (thermal radiation)의 영향이 고려되지 않았으므로 건구온도 대신에 흑구온도 (globe temperature)를 사용하여, 복사열에 대한 영향을 고려한 지표를 수정 유효온도 (CET : Corrected Effetive Temperature)라고 한다.

ET 또는 CET는 체감을 잘 나타내는 지표로서 최근까지 널리 사용되어 왔다.

2-3 불쾌지수 (DI : Discomfort Index)

이것은 일반적인 열환경 평가 지수라고 하기보다는 불쾌감지수라고 할 수 있으며, 기후의 불쾌도를 표시하는 지수로 미국 기상국에서 채용하였다. 기온과 습도만의 영향을 고려한 불쾌지수는 다음과 같이 표시한다.

$$DI = 0.72(t_a + t_w) + 40.6 \hspace{3cm} [2-5]$$

여기서, t_a : 건구온도 (℃), t_w : 습구온도 (℃)

2-4 신 유효온도(ET* : New Effective Temperature)

착의량 0.6 Clo, 작업량 1.0 Met의 조건에서 4가지 열환경 요소를 고려한 단일 지표로 그림 2-2에 그 쾌적범위를 나타낸다.

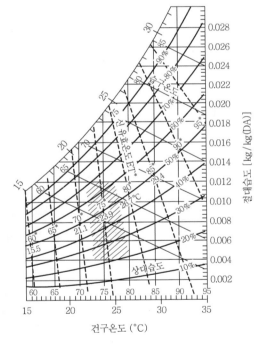

그림 2-2 신 유효온도 선도(ET*)

2-5 예상 평균 온냉감 신고(PMV : Predicted Mean Vote)

P. O. Fanger에 의해 제안된 것으로 1984년 ISO-7730에 의해 채택되었다. PMV 스케일을 +3 (hot), +2 (warm), +1(slightly warm), 0 (neutral), -1(slightly cool), -2 (cool), -3 (cold)으로 정하였다. 그림 2-2는 PMV와 PPD와의 관계를 나타낸 것으로 일반적으로 쾌적 범위는 다음 조건이 추천되고 있다.

$$-0.5 < PMV < +0.5, \; i.e., \; PPD < 10 [\%]$$

즉, 이것은 예상 평균 온냉감 신고가 −0.5에서 +0.5 사이에서는 불쾌감을 느끼는 사람의 비율이 10 % 미만이 되어야 한다는 것을 말한다. PMV는 Met와 Clo를 일정한 값으로 하여 4가지 물리적 변수를 포함한 단일 지표이다.

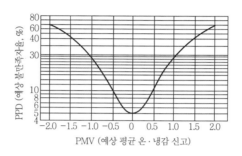

그림 2-3 PPD(Predicted Percentage of Dissatisfied)와
PMV(Predicted Mean Vote)의 관계

3. 실내 환경

3-1 열 쾌적 영역(thermal comfort zone)

사람에게는 최소의 생리적 노력에 의해 생산 열량과 방열량이 평형을 이루는 덥지도 춥지도 않는 열환경 상태의 어떤 범위가 존재한다. 이 환경의 범위가 쾌적 영역이 된다. 그러나 쾌적 영역은 개인차, 생리적·심리적 특성 그리고 활동 상태에 따라 크게 차이가 있다. 그러므로 이와 같은 쾌적 범위의 설정은 실내 환경 기후를 알맞게 유지시켜야 하는 건축가에게 있어서는 가장 중요한 기본 개념의 하나이다. 이 범위는 쾌적 환경 범위이지만 에너지 절약과도 밀접한 관계가 있다. 특히 실내환경의 쾌적 범위의 설정은 최소한의 실내환경 유지에 필요한 에너지 소비량을 예측할 뿐만 아니라 최소의 에너지 투입만으로 실내에서 요구되는 환경을 유지케 할 수 있을 것이다.

지금까지 연구 발표된 온열 환경 지표에 의한 쾌적 범위들은 우리의 조건이 아님을 인식하여야 할 필요가 있다. 왜냐하면 쾌적 환경조건은 인체조건, 생활 방식, 냉·난방 방식 등에 따라 크게 달라진다는 사실을 감안하면 더욱 그렇다. 따라서 우리의 실정에서 효율적 에너지 소비를 유도하기 위해서는 좀더 많은 연구를 토대로 하여, 보다 설득력 있는 자료가 제시되어야 할 것이다.

3-2 실내 환경 기준

쾌감용 공기 조화의 실내 환경 기준의 목표는 보건위생과 쾌감이 주가 되지만, 에너지의 합리적 이용, 경제성, 법적 규제 조건을 고려하여 결정하여야 한다. 표 2-3은 중앙 관리 방식의 공기 조화 설비에서 건물의 환경 위생 유지에 필요한 기준을 나타낸 것이다.

표 2-3 중앙 관리 방식의 공기 조화 설비의 실내 환경 기준

1. 부유 분진량	공기 1 m³당 0.15 mg 이하
2. CO 함유율 (1산화탄소)	10 ppm 이하
3. CO_2 함유율 (탄산가스)	1000 ppm 이하
4. 온 도	17 ℃ 이상 28 ℃ 이하
5. 상대 습도	40 % 이상 70 % 이하
6. 기 류	0.5 m/s 이하

표 2-4는 이산화탄소의 허용 농도와 유해도를 나타낸다.

표 2-4 이산화탄소의 허용 농도와 유해도

농 도 (용적 %)	의 의	적 요
0.07	다수 계속 재실하는 경우의 허용 농도 (Pettenkofer의 설)	CO_2 자체의 유해한도가 아니고 공기의 물리적 화학적 현상이 CO_2 증가에 비례하여 악화하는 것으로 가정했을 때의 오염 지표로서의 허용 농도를 뜻한다.
0.10	일반적인 허용 농도 (Pettenkofer의 설)	
0.15	환기 계산에 사용되는 허용 농도 (Rietschel의 설)	
0.2~0.5	상당히 불량하다고 인정된다.	
0.5 이상	가장 불량하다고 인정된다.	
4~5	호흡 중추를 자극하여 호흡의 횟수가 증가한다. 호흡 시간이 길면 위험하다. O_2의 결핍이 수반되면 장애가 빨리 오고 결정적이 된다.	
~8~	10분간 호흡하면 호흡곤란, 안면홍조, 두통을 일으킨다. O_2의 결핍을 수반하면 장애가 더욱 현저하게 된다.	
18 이상	치명적이다.	

4. 공기의 성질과 공기 조화

4-1 습공기의 성질

공기는 산소 (O_2), 질소 (N_2), 아르곤 (Ar), 이산화탄소 (CO_2), 수증기 (H_2O)의 혼합기체로 지표 부근의 대기의 조성은 표 2-5와 같다.

표 2-5 **표준 상태에서의 건조 공기의 성분 조성**(지표부근의 대기)

성 분	N_2	O_2	Ar	CO_2
용적 조성 (%)	78.09	20.95	0.93	0.03
중량 조성 (%)	75.53	23.14	1.28	0.05

㈜ 표준상태란 0℃, 760 mmHg, g=9.8 m/s² 일 때를 말함.

수증기를 포함한 대기를 습공기(moist air, humid air)라고 하고, 수증기를 포함하지 않는 공기를 건조 공기(dry air)라 한다. 불포화 습공기를 서서히 냉각시키면 공기 속의 수분이 증기의 형태로만 존재할 수 없는 어느 한계에 도달하는데 이 공기를 포화 공기라고 한다. 이것을 더욱 냉각시키면 수증기의 일부가 작은 물방울이 되어 증기 속에 떠돌게 되며 이 물방울을 김 또는 안개라고 한다.

습공기의 열량을 문제로 하는 공기 조화에서는 공기 중의 이 수증기량이 가장 중요한 문제가 된다. 수증기량은 온도에 따라 변화하고 온도가 높을수록 다량으로 함유할 수 있다. 이 수증기량의 함유 정도에 따라서 포화 (습)공기, 불포화 (습)공기라고 한다. 일반적으로 습공기라고 하면 불포화 습공기를 말한다.

공기 조화의 목적을 달성하기 위해서는 온도와 습도, 즉 온도 변화에 따른 수증기량의 관계를 깊이 연구하여야 할 것이다.

4-2 습도의 표시 방법

표 2-6 **습도의 표시 방법**

용 어	기 호	단 위	정 의	ASHRAE 표시
절대습도	x	kg/kg(DA)	건조한 공기 1 kg 속에 포함돼 있는 습한 공기중의 수증기량	humidity ratio. absolute humidity
상대습도	φ	%	수증기 분압 $h(P)$와 같은 온도의 포화 수증기압 $h_s(P_s)$와의 비 $\varphi = 100\,(P/P_s)=100\,(h/h_d)$	relative humidity
비교습도 (포화도)	ψ	%	절대습도 x와 동일온도의 포화공기의 절대습도 x_0와의 비 $\psi=100\,(x/x_0)$	degree of saturation
습구온도	t'	℃	습구온도계로 표시한 온도	wet bulb temperature
노점온도	t''	℃	습한 공기를 냉각시켜 포화 상태로 될 때의 온도	dew point temperature
수증기분압	h P	mmHg kg/cm²	습공기 중의 수증기의 분압	partial pressure of vapor in moist air

㈜ DA : Dry Air

상대습도에서 $\varphi=0\%$는 건조 공기를 말하며, $\varphi=100\%$는 포화공기를 나타낸다. 절대습도는 1 kg의 건조공기와 x[kg]의 수증기 혼합기체로 나타내며 공기온도가 변해도 x의 값은 변하지 않는다.

4-3   비용적과 비중량

건조한 공기 1 kg (DA) 속에 포함되어 있는 습공기의 용적을 비용적이라 하고 단위는 [m³ / kg(DA)]로 나타낸다. 또 습공기 1 m³ 속에 포함되어 있는 건조한 공기의 중량을 비중량이라 하고 단위는 [kg (DA) / m³]로 비용적의 역수와 같다.

표준공기의 비용적과 비중량은 각각 0.83 m³ / kg, 1.2 kg / m³이다. 그리고 표준공기 1 kg을 온도 1 ℃ 올리는 데 필요한 열량, 즉 중량비열은 0.24 kcal / kg ℃이다. 또 표준공기 1 m³를 온도 1 ℃ 올리는 데 필요한 열량, 즉 용적비열은 0.24 kcal / kg ℃×1.2 kg / m³≒0.29 kcal / m³ · ℃이다.

4-4   현열과 잠열

건조 공기 1 kg당의 습공기 속에는 현열(sensible heat) 및 잠열(latent heat) 형태로 포함되는 열량의 습공기가 존재한다. 이 중 현열은 습공기의 온도 변화에 따라 출입하는 열을 말하며, 잠열은 상태 변화에 따라 출입하는 열을 말한다. 그리고 현열과 잠열을 합하여 엔탈피라고 부르며 그 기준은 0 ℃이다. t [℃]의 건조 공기의 엔탈피는 $C_{pa} \cdot t$이며 같은 온도의 수증기의 엔탈피는 0 ℃ 물을 기준으로 하여 $C_{pw} \cdot t + r_o$이므로 온도 t, 절대습도 x의 습공기의 엔탈피 i [kcal / kg(DA)]는 다음과 같다.

$$i = C_{pa} \cdot t + x (C_{pw} \cdot t + r_o) \qquad\qquad [2-6]$$

여기서, C_{pa} : 건조공기의 중량비열 (kcal / kg · ℃)

   t : 온도 (℃)

   x : 절대습도 [kg / kg (DA)]

   C_{pw} : 수증기의 중량비열 (kcal / kg · ℃)

   r_0 : 0 ℃의 수증기의 증발 잠열 (kcal / kg)

여기서, 습공기의 물성치 $C_{pa} = 0.24$, $C_{pw} = 0.441$, $r_0 = 597$을 대입하면 i는 다음과 같다.

$$i = 0.24t + x(0.441t + 597) \qquad\qquad [2-7]$$

4-5   습공기선도(psychrometric chart)

전압이 일정한 습공기의 상태를 나타내는 여러 가지 특성치의 관계를 나타내는 그림을 습공기선도라고 하며 그 표시 방법에는 여러 가지가 있다. 그 중 중요한 것으로는 엔탈피 i와 절대습도 x를 사교좌표에 잡은 $i - x$ 선도 (Mollier 선도) 및 건구온도 t와 절대습도 x를 직교좌표에 잡은 $t - x$ 선도 (Carrier 선도)가 있으며, 보통은 공기의 전압이 760 mmHg인 경우에 대해 표시되어 있다. 이러한 선도는 공조 설계를 할 때 흔히 사용되며, 습공기의 특성치 가운데 어느 것이든 둘만 알면 다른 모든 특성치를 구할 수 있는 편리한 도표이다. 그림 2-4는 $i - x$ 선도를 나타낸 것이다.

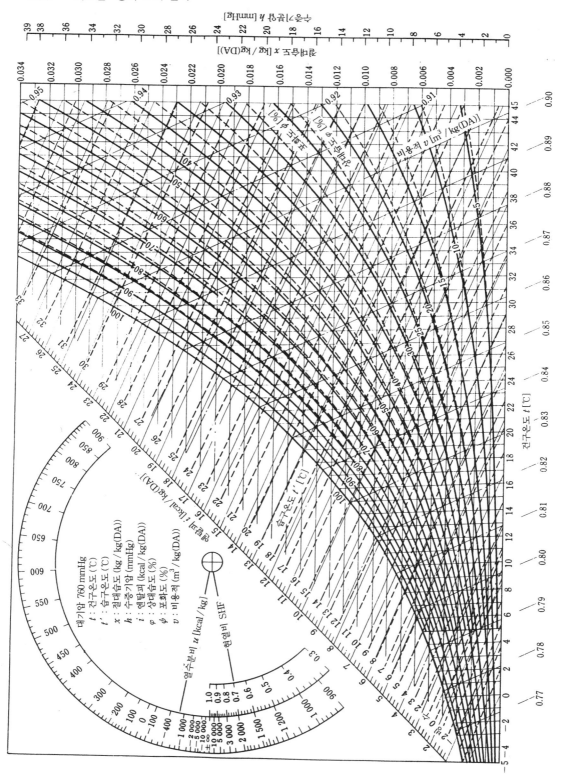

그림 2-4 습공기선도

또 그림 2-5는 공기의 상태와 습공기선도를 나타낸 것으로 A점에 있어서 건구온도, 습구온도, 절대습도, 수증기압, 엔탈피, 상대습도, 포화도, 비용적, 노점온도를 구할 수 있다.

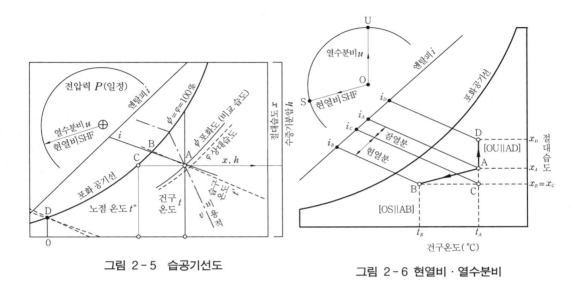

그림 2-5 습공기선도

그림 2-6 현열비·열수분비

현열비(SHF : Sensible Heat Factor)는 그림 2-6에서와 같이 현열 변화량과 엔탈피 변화량의 비를 나타내는 것으로 다음과 같다.

$$\text{SHF} = \frac{C_{pa} \cdot \varDelta t}{\varDelta i} = \frac{C_{pa}(t_A - t_B)}{i_A - i_B} \qquad [2\text{-}8]$$

여기서, C_{pa} : 공기의 중량비열 (kcal / kg · ℃)

　　　　$\varDelta t$: 온도변화량 (℃)

　　　　$\varDelta i$: 엔탈피 변화량 [kcal / kg(DA)]

또, 열수분비의 U는 그림 2-6에서와 같이 공기 상태변화에 따른 엔탈피의 변화량과 절대습도의 변화량의 비를 나타낸다.

$$U = \frac{\varDelta i}{\varDelta x} = \frac{i_D - i_A}{x_D - x_A} \qquad [2\text{-}9]$$

여기서, $\varDelta i$: 엔탈피 변화량 [kcal / kg(DA)]

　　　　$\varDelta x$: 절대습도 변화량 [kg / kg(DA)]

(1) 공기 조화의 각 과정

공기 조화 설비의 목적은 새로운 조건에 대하여 들어오는 공기의 조건을 변화시키는 것이다. 이와 같은 변화를 공기 조화의 과정(process)이라 한다. 그림 2-7은 습공기 선도상의 각 과정을 나타낸 것이다. 대부분의 과정이 모두 직선으로 표시된다.

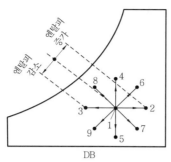

1→2 : 현열 가열 (sensible heating)
1→3 : 현열 냉각 (sensible cooling)
1→4 : 가습 (humidification)
1→5 : 감습 (dehumidification)
1→6 : 가열 가습 (heating and humidifying)
1→7 : 가열 감습 (heating and dehumidification)
1→8 : 냉각 가습 (cooling and humidifying)
1→9 : 냉각 감습 (cooling and dehumidification)

그림 2-7 공기 조화의 각 과정

(2) 선도상의 기초적 도시법

습공기 선도상에서 공기의 상태 변화량을 구하는 방법의 예를 설명한다.

① 현열 가열과 현열 냉각 (절대습도가 같은 선상에 있을 때의 변화)

$$q_{HC}(\text{or } q_{CC}) = G(i_2 - i_1) = 0.24\,G(t_2 - t_1)\ [\text{kcal}/\text{h}] \qquad [2-10]$$

여기서, q_{HC} : 가열량 (kcal/h), q_{CC} : 냉각량 (kcal/h), G : 공기량 (kg/h)

여기에서 가열기 전후에서의 풍량 $Q\,[\text{m}^3/\text{h}]$와 공기량 $G\,[\text{kg}/\text{h}]$ 변화는 $Q_1 = v_1 G$, $Q_2 = v_2 G$로 표시하며 여기에서 v는 비용적(m³/kg·DA)을 나타낸다. 표준상태에서의 v_0는 0.83 m³/kg·DA이므로 이때 q_{HC}는 다음과 같이 표시한다.

$$q_{HC} = \frac{Q}{0.83}(i_2 - i_1) = 0.29\,Q(t_2 - t_1) \qquad [2-11]$$

예제 1. 건구온도 22 ℃, 상대습도 50 %인 습공기 1000 m³/h를 30 ℃로 가열하였다. 가열량 (kcal/h)를 구하라.

해설 습공기선도에서 $x = 0.0082$ kg/kg·DA이므로 식 [2-7]을 이용한다.

$i_1 = 0.24 \times 22 + 0.0082(597 + 0.441 \times 22) = 5.28 + 4.97 = 10.25$

$i_2 = 0.24 \times 30 + 0.0082(597 + 0.441 \times 30) = 7.2 + 5.00 = 12.2$

가열량 $= \dfrac{1000}{0.83}(12.2 - 10.25) = 2349\ [\text{kcal}/\text{h}]$

선도를 이용하여 직접 구할 수도 있다.   답 2349 [kcal/h]

② 가습과 감습(온도가 같은 선상에 있을 때의 변화)

$$q_{HC}(\text{or } q_{CC}) = G(i_2 - i_1)$$
$$= 597G(x_2 - x_1)\ [\text{kcal}/\text{h}] \qquad [2-12]$$

0 ℃의 수증기의 증발잠열은 597 kcal/kg이다.

$$L = G(x_2 - x_1)\ [\text{kcal}/\text{h}] \qquad [2-13]$$

여기서, L : 수량 (kg/h)

③ 가열 가습과 냉각 감습(앞의 ①, ②의 혼합 상태)

$$q_{HC}(\text{or } q_{CC}) = G(i_2 - i_1)\ [\text{kcal}/\text{h}] \qquad [2-14]$$

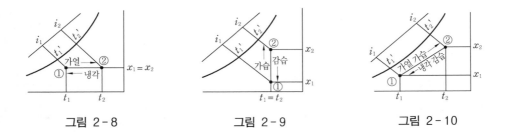

| 그림 2 - 8 | 그림 2 - 9 | 그림 2 - 10 |

④ 단열 혼합 (그림 2 - 11의 ①과 ②로 표시되는 습한 공기를 단열혼합해서 ③의 공기로 할 경우)

$$t_3 = \frac{m}{m+n} t_1 + \frac{n}{m+n} t_2 \ [\text{℃}] \qquad\qquad [2-15]$$

$$t_3{'} = \frac{m}{m+n} t_1{'} + \frac{n}{m+n} t_2{'} \ [\text{℃}] \qquad\qquad [2-16]$$

$$x_3 = \frac{m}{m+n} x_1 + \frac{n}{m+n} x_2 \ [\text{kg / kg(DA)}] \qquad\qquad [2-17]$$

$$i_3 = \frac{m}{m+n} i_1 + \frac{n}{m+n} i_2 \ [\text{kcal / kg(DA)}] \qquad\qquad [2-18]$$

⑤ by-pass factor

가열기 및 냉각기를 통과하는 공기가 완전히 열교환을 하게 된다면 냉각코일을 통과하는 공기 ①은 열교환기의 표면 온도의 포화공기 상태 ②가 되어야 하나 실제로는 ③의 상태로 된다. 이 경우 ①, ②선상에 단열 혼합의 생각을 적용하는 것이다. 즉 ①은 처리 전의 공기이며 ②는 포화공기이고, ③은 ①의 공기를 $BF : (1-BF)$의 비율로 혼합한 것이다.

$$t_3 \fallingdotseq t_1 \times BF + t_2 \times (1-BF)$$

$$BF = 1 - CF$$

$$BF = \frac{t_3 - t_2}{t_1 - t_2} \qquad\qquad [2-19]$$

여기서, CF : Contact Factor

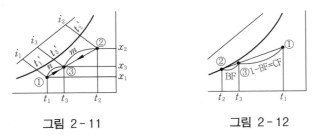

| 그림 2 - 11 | 그림 2 - 12 |

예제 2. 건구온도 26 ℃, 상대습도 50 %인 공기 1000 m³과 건구온도 32 ℃, 상대습도 68 %인 공기 500 m³를 혼합하였다. 혼합공기의 건구온도 t_3와 절대습도 x_3를 구하라.

[해설] 식 [2-15]의 $t_3 = \dfrac{m}{m+n} t_1 + \dfrac{n}{m+n} t_2$는

$t_3 = t_1 + \dfrac{n}{m+n}(t_2 - t_1)$이 되므로

$t_3 = 26 + \dfrac{500}{1000 + 500}(32 - 26) = 28\,[\text{℃}]$

또 식 [2-17]의 $x_3 = \dfrac{m}{m+n} x_1 + \dfrac{n}{m+n} x_2$는

$x_3 = x_1 + \dfrac{500}{1000 + 500}(x_2 - x_1)$이 된다.

$x_3 = 0.0105 + \dfrac{500}{1000 + 500}(0.0205 - 0.0105) = 0.0138$

[답] $t_3 = 28\,[\text{℃}]$,

$x_3 = 0.0138\,[\text{kg/kg} \cdot \text{DA}]$

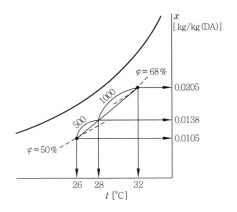

그림 2-13

예제 3. 온도 32 ℃, 상대습도 68 %인 외기 2000 m³/h를 실내온도 26 ℃, 상대습도 50 %인 실내도입하였다. 이때의 현열부하와 잠열부하가 각각 28710 kcal/h, 5880 kcal/h이다. 이때 다음 사항을 구하라.
(1) SHF   (2) 취출공기량 (m³/h), 취출공기온도 15 ℃
(3) 혼합점의 상태(t, x, i)   (4) 냉각코일의 냉각능력(kcal/h)   (5) BF

[해설] (1) $\text{SHF} = 28710 / 34590 = 0.83\,[\text{m}^3/\text{h}]$

(2) 취출공기량 Q

$Q = \dfrac{28710}{0.29(26 - 15)} = 9000\,[\text{m}^3/\text{h}]$

(3) 혼합점에서의 t, x, i

Return Air는 $9000 - 2000 = 7000\,[\text{m}^3/\text{h}]$

따라서 $2000 : 7000 = 1 : 3.5$

$t = 26 + (32 - 26) \times (1 \div 4.5) = 27.3\,[\text{℃}]$

$x = 0.0105 + (0.0205 - 0.0105) \times (1 \div 4.5)$

$= 0.0127\,[\text{kg/kg} \cdot \text{DA}]$

$i = 14.2\,[\text{kcal/kg} \cdot \text{DA}]$

(4) 냉각코일의 냉각능력

$q_c = \dfrac{Q}{v_0}(i - i_d) = \dfrac{9000}{0.83}(14.2 - 9.36)$

$= 52481\,[\text{kcal/h}]$

(5) $\text{BF} = \dfrac{(t_d - t_a)}{(t - t_a)} = \dfrac{15 - 13}{27.3 - 13} = 0.14$

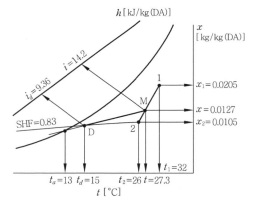

그림 2-14

[답] (1) 0.83 (2) 9000 [m³/h] (3) $t = 27.3\,[\text{℃}]$, $x = 0.0127\,[\text{kg/kg} \cdot \text{DA}]$,
$i = 14.6\,[\text{kcal/kg} \cdot \text{DA}]$ (4) 50963 [kcal/h] (5) 0.14

(3) 공조 방식의 상태 변화 예

그림 2-15는 대표적인 단일 덕트 방식의 공조 시스템으로 그림 2-16의 (a), (b)에 냉방시, 난방시의 상태변화를 나타낸 것이다. 그리고 그림 2-17은 재열 방식일 때의 상태 변화도이

며 그림 2-18은 가변풍량(VAV) 방식을 때의 상태변화도이다. 그림 2-19는 bypass 제어 방식의 공조 시스템으로 이때의 난방시·냉방시의 상태변화도를 그림 2-20에 나타낸다.

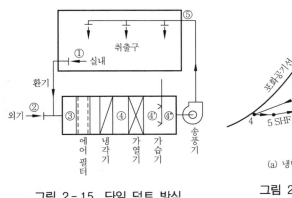

그림 2-15 단일 덕트 방식

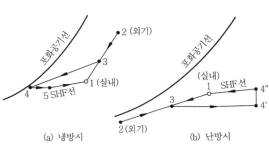

그림 2-16 단일 덕트 방식 ($i-x$ 선도)

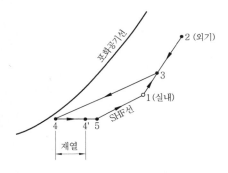

그림 2-17 재열 방식

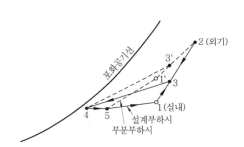

그림 2-18 단일 덕트 가변 풍량 방식

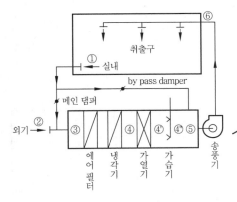

그림 2-19 bypass 제어 방식

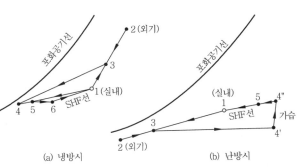

그림 2-20 bypass 제어 방식 ($i-x$ 선도)

4-6 공기 조화

(1) 송풍량과 송풍온도 결정

실내온도를 일정하게 유지하기 위한 송풍량과 실내 현열 부하 등은 다음과 같다.

$$q_s = C_p G(t_r - t_s) \qquad [2-20]$$

여기서, q_s : 실의 현열 부하(kcal / h)

　　　　C_p : 공기의 중량비열(kcal / kg · ℃)

　　　　G : 송풍량(kg / h)

　　　　t_r : 실내 공기온도(℃)

　　　　t_s : 송풍 공기온도(℃)

또, 실의 현열 부하 q_s는 다음과 같이 표시된다.

$$q_s = C_p r Q(t_r - t_s) \qquad [2-21]$$

여기서, Q : 송풍량(m³ / h), r : 공기의 비중량(kg / m³)

C_p를 0.24 kcal / kg · ℃, r을 1.2 kg / m³이라 하면 q_s는 각각 다음 식과 같다.

$$q_s = 0.24 G(t_r - t_s) \qquad [2-22]$$

$$q_s = 0.29 Q(t_r - t_s) \qquad [2-23]$$

실내온도를 일정하게 유지하기 위한 필요 송풍량은 다음 식과 같다.

$$G = \frac{q_s}{0.24(t_r - t_s)} \qquad [2-24]$$

$$Q = \frac{q_s}{0.29(t_r - t_s)} \qquad [2-25]$$

필요 송풍 공기 온도는 다음 식과 같다.

$$t_s = t_r - \frac{q_s}{0.24G} \qquad [2-26]$$

$$t_s = t_r - \frac{q}{0.29Q} \qquad [2-27]$$

t_r과 t_s의 온도차는 송풍량 Q와 밀접한 관계가 있다. 온도차가 크면 송풍량이 적어지나 실내공기 분포가 나쁘다. 또 결로의 원인이 되는 경우가 있다. 온도차가 적으면 송풍량 Q가 많아지며 실내기류가 나쁘다. 일반 공기 조화에서의 송풍에 의한 환기 횟수는 6~15회 / h 정도이다. 표 2-7은 허용 최대 취출구 온도차를 나타낸다.

표 2-7 허용 최대 취출구 온도차(℃)

취출구의 설치 높이(m)		2	3	4	5	6
벽부착 수평향 취출구	풍량 큼	6.5	8.3	10	12	14
	풍량 적음	9	11	13	15	17
천정부착 anemostat		9.5	16	16	18	18

㊟ 취출구 설치 높이는 바닥면에서의 높이임.

(2) 취출 공기 상태 결정

습공기 선도상에서의 실내 공기의 상태점과 실 열부하에 의해 SHF를 구하여 SHF의 선상을 실내 공기 상태점과 일치시키며, 같은 SHF선상에서 취출 공기 상태의 교점이 송풍온도선이 된다.

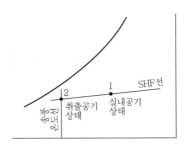

그림 2-21 취출 공기 상태

예제 4. 어떤 냉방실을 온도 26 ℃, 습도 50 %로 유지하려고 할 때 송풍량, 환기 횟수, 취출 공기의 상태를 구하라. (단, 실의 현열 부하 8500 kcal / h, 잠열 부하 1600 kcal / h, 실의 용적 190 m³임.)

해설 ① 송풍량 취출 온도차를 10 ℃로 하고 식 [2-25]에 의하여 구한다.

$$Q = \frac{8500}{0.29 \times 10} = 2931 \ [\text{m}^3 / \text{h}]$$

② 환기 횟수

$$n = \frac{2931}{190} = 15.4 \ [\text{회} / \text{h}]$$

③ 취출 공기의 상태 : 송풍온도 $26 - 10 = 16$ [℃]

$$\text{SHF} = \frac{8500}{8500 + 1600} = 0.84$$

선도상에서 구하면 그림 2-22와 같다.

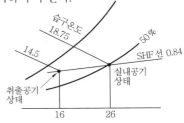

그림 2-22 냉방용 취출 공기 상태

예제 5. 어떤 난방실을 온도 22 ℃, 습도 40 %로 유지하려 할 때 취출 공기 상태를 구하라. (단, 송풍량 3000 m³ / h, 현열 부하 −9223 kcal / h, 잠열 부하 −400 kcal / h임.)

해설 송풍온도 t_s는 식 [2-27]에서 구한다.

$$t_s = 22 - \frac{(-9223)}{0.29 \times 3000} = 33 \ [℃]$$

$$\text{SHF} = \frac{9223}{9223 + 400} = 0.96$$

위의 두 결과를 이용하여 습공기 선도상에서 구하면 그림 2-23과 같다.

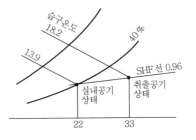

그림 2-23 난방용 취출 공기 상태

(3) 공기조화기의 냉각 부하와 제습 부하

냉각 부하 (kcal / h)는 식 [2-10]으로 구하며 제습 또는 가습 부하시 응축수량 (kg / h)은 식 [2-13]에 의하여 구한다.

제3장 공기 조화 부하 계산

1. 개 요

공기 조화 부하란 실내에서 목적하는 온도, 습도를 유지하기 위하여, 공기의 상태에 따라 냉각, 가열, 감습, 가습 등을 하는데 필요한 열량을 총칭하는 것으로, 이 중에서 가열하여야 할 부하를 난방 부하(heating load), 냉각하여야 할 부하를 냉방 부하(cooling load)라고 한다. 공기 조화를 하는 건물에서는 1년간을 통해 대체로 두 부하 중 하나가 존재하고 경우에 따라서는 두 부하가 동시에 같은 건물 내에 생기는 경우도 있다.

공기 조화 부하 계산은 공기 조화 설계에 있어서 가장 기본이 되는 과정으로 부하의 상태를 조사하기 위해 최대 부하 계산과 기간 부하 계산 방법 등이 있다. 전자는 대체로 공조 설비 용량 추정에 이용되며, 후자는 부하변동에 대한 합리적인 공조 계획을 하거나 운전비 등을 산출하는 데 이용된다.

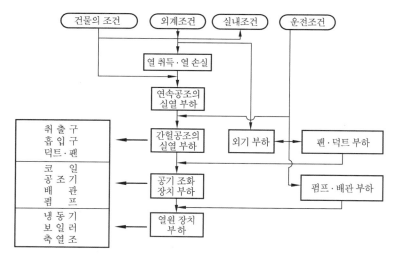

그림 3-1 공기 조화 부하의 관계

그림 3-1은 공기 조화 부하 계산 절차의 흐름을 나타낸 것이다. 그림 3-1과 같이 공기 조화 부하는 여러 가지 형태의 것이 있으며, 부하의 발생 순서별로 간략하게 설명하면 다음과 같다.

① 실내가 소요 온·습도로 일정하게 항상 유지되어 있을 때, 실내에 유입되는 열량과 실외로 유출되는 열량을 각각 열 취득(heat gain), 열 손실(heat loss)이라고 한다.

② 연속 공조의 실 열부하는 실온을 24시간 일정하게 유지하기 위해 필요한 제거 열량과 공급 열량을 말하며, 이 값은 열 취득과 열 손실과는 다르다. 왜냐하면 건물에 축열된 복사열이 시간이 경과된 뒤에 열부하로 작용하기 때문이다.

③ 간헐 공조의 실 열부하는 연속 공조의 실 열부하에 실내 축열량을 제거하기 위한 열량 즉 축열 부하가 작용한다.

④ 공기 조화 장치 부하란 일반적으로 난방 부하 또는 냉방 부하라고도 한다. 공조기가 감당할 부하는 앞에서 논한 실 열부하에 외기 부하와 팬과 덕트에서의 부하를 가산한 것으로 코일 부하 또는 공조기 부하라고 한다.

⑤ 열원 장치 부하는 공조기 부하에 펌프 및 배관으로부터의 부하 열 손실 또는 열 취득을 가산한 부하를 말한다.

2. 냉방 부하

2-1 서 론

건물에서 열 취득과 냉방 부하는 상당한 차이가 있다. 냉방 부하는 그림 3-2에서 보는바와 같이 축열 효과의 영향으로 열 취득과 크게 다름을 알 수 있다. 다음 그림 3-3은 건물의 열 취득과 축열 그리고 냉방 부하의 관계를 나타낸 것으로 열 취득으로부터 축열 과정을 거쳐 냉방 부하로 작용하는 열 흐름을 보여 준다. 이에 따라서 냉방 부하 계산은 여러 가지 방법이 있음을 알 수 있는데, 우선 상당온도차 (TETD : Total Equivalent Temperature Differential)법과 전달함수법(TFM : Transfer Function Method)은 열 취득만을 고려한 방법임을 알 수 있다. 그리고 냉방 부하 온도차 (CLTD : Cooling Load Temperature difference)법과 냉방 부하 팩터(CLF : Cooling Load Factor)법은 열 취득에 의한 실내의 축열 부하를 반영한 부하 계산 방법임을 알 수 있다.

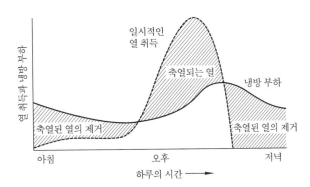

그림 3-2 축열 효과에 따른 일시적인
열 취득 냉방 부하의 비교

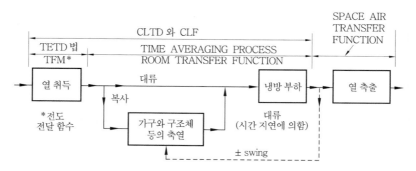

그림 3-3 건물의 열 취득과 축열 및 냉방 부하

부하 계산은 설비 시스템 용량 추정이나 에너지 소비량의 예측을 위하여 꼭 필요한 것으로 좀더 실제에 가까운 결과를 얻기를 원하지만 어떤 부하 계산은 실제와 꼭 맞는 부하 계산법은 존재하지 않는다. 그리고 보다 정밀한 부하 계산을 위해서는 신뢰성 있는 데이터의 이용도 매우 중요하다. 최근에는 다양한 상용프로그램이 개발되어 사용되고 있으나 무엇보다도 부하 계산에 관한 기본적 이론과 계산식에 대한 이해가 필요하다.

2-2 냉방 부하의 종류

냉방 부하의 종류는 표 3-1과 같다. 냉방 부하는 표에서 보는 바와 같이 실 부하, 장치 부하, 열원 부하 등으로 대별되며, 보통 실 부하에 장치 부하(공기조화기 부하)를 합한 것을 냉방 부하라고 말한다.

표 3-1 냉방 부하의 종류

부하의 종류		내 용	현열(S), 잠열(L)
실 부하	외피 부하	·전열 부하(온도차에 의하여 외벽, 천장, 유리, 바닥 등을 통한 관류 열량)	S
		·일사에 의한 부하	S
		·틈새 바람에 의한 부하	S, L
	내부 부하	실내 발생열 {조명기구	S
		인체	S, L
		기타의 열원기기	S, L
장치 부하		·환기 부하(신선 외기에 의한 부하)	S, L
		·송풍기 부하	S
		·덕트의 열 손실	S
		·재열 부하	S
		·혼합 손실(2중 덕트의 냉·온풍 혼합 손실)	S
열원 부하		·배관 열 손실	S
		·펌프에서의 열 취득	S

건물의 실에 있어서 열 취득의 주요 인자는 그림 3-4와 같다.

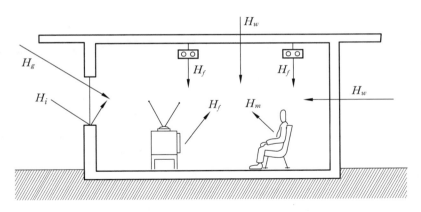

그림 3 - 4 열 취득의 주요 인자

그리고 열 취득 인자를 기본으로 한 냉방 부하의 정량적 계산식은 2-4에서 자세하게 소개한다.

2-3 냉방 부하 계산의 설계조건

(1) 실내조건

냉방 부하 계산에 있어서 실내 온·습도는 매우 중요한 설계조건의 하나이다. 왜냐하면 실의 사용 목적에 따라 그 조건이 각기 다르며, 또한 사람의 경우에 있어서도 쾌적 온도의 범위가 서로 다르기 때문이다. 표 3-2는 일반적으로 사용되는 실내 온도 조건을 나타낸다.

표 3 - 2 실내 온습도 조건 (여름)

구 분	적용 건물	이상적		일 반	
		℃ (DB)	% (RH)	℃ (DB)	% (RH)
보 통	주택·사무실·병원·학교	23~24.5	50~45	25~26	50~45
단시간 체류	은행·백화점	24.5~25.5	50~45	25.5~27	50~45
SHF가 작은 경우	극장·교회·식당	24.5~25.5	55~50	25.5~27	60~50
공 장		25~27	55~45	27~29.5	60~50

(2) 외기조건

최대 냉방 부하는 가장 불리한 상태일 때의 조건으로 구한 부하로 이는 냉방 장치 용량을 결정하는 데 도움을 주나, 부하가 최대일 때를 위한 장치 용량이므로 매우 비경제적이 되기 쉽다. 그래서 ASHRAE의 TAC (Technical Advisory Committee)에서 위험률 2.5 %~10 % 범위 내에서 설계 조건을 삼을 것을 추천하고 있다. 위험률 2.5 %의 의미는 예를 들어 어느 지역의 냉방기간이 3000시간이라면 이 기간 중 2.5 %에 해당하는 75시간은 냉방 설계 외기 조건을 초과한다는 것을 의미한다. 그림 3-5에 출현빈도 2.5 %의 의미와 냉방 TAC 온도와의 관계를 나타낸다. 표 3-3은 우리나라의 주요 도시의 TAC 2.5 %로 계산한 냉방 설계용 외기조건을 나타낸 것이다.

표 3-3 냉방 설계용 외기조건

도시명	건구온도 (℃)	습구온도 (℃)	도시명	건구온도 (℃)	습구온도 (℃)
서 울	31.1	25.8	대 구	32.9	26.4
인 천	29.7	25.9	부 산	29.7	26.0
수 원	30.0	25.9	울 산	32.3	26.8
전 주	31.9	26.6	목 포	31.1	26.3
광 주	31.9	26.3			

㊟ 이 표는 TAC 2.5 %로 계산한 1960~1969년까지의 10년 평균치임.

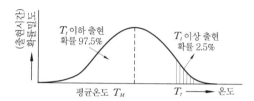

그림 3-5 출현 빈도 2.5 %의 의미와 냉방 TAC 온도 T_t의 관계

2-4 냉방 부하 계산 기본 공식

(1) 벽체 (지붕)를 통한 열 부하 H_w [kcal / h]

① 일사의 영향을 무시할 때

$$H_w = KA(t_0 - t_i) \text{ [kcal / h]}$$ [3-1]

② 일사의 영향을 고려할 때

$$H_w = KA(t_{sol} - t_i) = KA\,\Delta t_e \text{ [kcal/h]}$$

여기서, K : 벽체의 열관류율 (kcal / m² · h · ℃), A : 벽체 면적 (m²), t_i : 실내온도(℃),

t_o : 외기온도 (℃), t_{sol} : 상당외기온도 (℃), Δt_e : 상당온도차 (℃)

여기서 벽체의 열관류율 (heat transmission coefficient)은 다음 식으로 구한다.

$$\frac{1}{K} = \frac{1}{\alpha_0} + \frac{d_1}{\lambda_1} + \frac{d_2}{\lambda_2} + \cdots + \frac{d_n}{\lambda_n} + \frac{1}{C} + \frac{1}{\alpha_i}$$ [3-3]

여기서, α_i, α_o : 내외벽 표면 열전달률 (kcal / m² · h · ℃) (표 3-5)

λ : 재료의 열전도율 (kcal / m · h · ℃) (표 3-4)

d : 재료의 두께 (m), C : 공기층의 열전달률 (kcal / m² · h · ℃) (표 3-6)

예제 1. 다음 구조물의 열관류율을 계산하라.

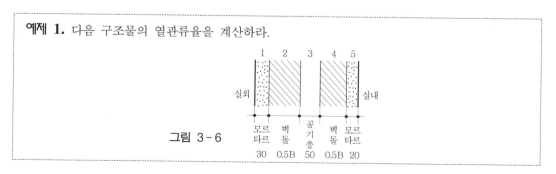

그림 3-6

해설 식 [3-3], 표 3-4, 3-5, 3-6을 이용하여 계산한다.

$$K = \cfrac{1}{\cfrac{1}{\alpha_0} + \cfrac{d_1}{\lambda_1} + \cfrac{d_2}{\lambda_2} + \cfrac{1}{C} + \cfrac{d_4}{\lambda_4} + \cfrac{d_5}{\lambda_5} + \cfrac{1}{\alpha_i}}$$

$$K = \cfrac{1}{\cfrac{1}{20} + \cfrac{0.03}{0.93} + \cfrac{0.1}{0.53} + 0.21 + \cfrac{0.1}{0.53} + \cfrac{0.02}{0.93} + \cfrac{1}{8}}$$

$$= \cfrac{1}{0.05 + 0.032 + 0.19 + 0.21 + 0.19 + 0.021 + 0.125}$$

$$= \cfrac{1}{0.818}$$

$$= 1.22 \, [\text{kcal} / \text{m}^2 \cdot \text{h} \cdot ℃]$$

답 $1.22 \, [\text{kcal} / \text{m}^2 \cdot \text{h} \cdot ℃]$

그리고 상당 외기온도(sol-air temperature)란 불투명한 벽면 또는 지붕면에서 태양열을 받으면 외표면온도는 차츰 상승하게 되는데, 이 상승되는 온도와 외기온도를 고려한 온도를 말한다. 이 온도는 열평형 방정식에 의해서 다음과 같이 유도된다.

$$t_{sol} = t_o + \frac{\alpha}{\alpha_o} I$$

여기서, α : 흡수율

I : 일사의 세기 $(\text{kcal} / \text{m}^2 \cdot \text{h})$

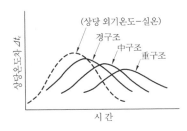

그림 3-7　상당 온도차의 변동

그림 3-7은 상당 온도차의 시간별 변화를 나타낸 것으로 중구조물(重構造物)일수록 그 변화량의 폭이 적은 것을 알 수 있다. Δt_e는 일사량, 구조체, 실온 등에 따라 그 값이 다르다. 실내온도가 26℃이고 외기온도가 t_o인 지역의 상당온도차를 Δt_e라고 할 때, 실내의 온도가 t_i', t_o'인 지역의 $\Delta t_e'$는 다음과 같이 구한다.

$$\Delta t_e' = \Delta t_e + (t_o' - t_o) - (t_i' - 26) \, [℃] \qquad\qquad [3-5]$$

구조체에 흡수되는 열량 H는 다음과 같이 구한다.

$$H = \alpha I + \alpha_o(t_o - t_s) \, [\text{kcal} / \text{m}^2 \cdot \text{h}] \qquad\qquad [3-6]$$

여기서, t_s : 구조체 표면온도(℃)

이때 벽체에 흡수되는 열량은 time-lag 효과를 가져오게 되는데, time-lag의 크기는 건물의 외피의 열용량에 좌우되며, 구성재료의 밀도와 질량이 증가할수록 time-lag는 길어진다.

(2) 유리창을 통한 열 부하 H_g [kcal / h]

일사에 의한 직접 열 취득과 온도차에 의한 열관류에 의해 열 부하가 생긴다.

$$H_g = K_s \cdot A_g \cdot I + K_g \cdot A_g (t_o - t_i) \text{ [kcal / h]}$$

여기서, K_g : 유리창의 열류관율 (kcal / m^2 · h · ℃), A_g : 유리창 면적 (m^2)

K_s : 차폐계수 (표 3-7), I : 일사량 (kcal/m^2 · h)

(3) 틈새바람에 의한 외기 부하 H_i [kcal / h]

현열량 H_{is}와 잠열량 H_{il}를 구하면 다음과 같다.

$$H_{is} = 0.29 \, Q(t_o - t_i) \text{ [kcal / h]} \qquad [3-8]$$

$$H_{il} = 716 \, Q(x_o - x_i) \text{ [kcal / h]} \qquad [3-9]$$

여기서, Q : 풍량 (m^3/h)

x_i : 실내의 절대습도 (kg / kg)

x_o : 실외의 절대습도 (kg / kg)

위 식 중에 0.29 kcal / m^3 · ℃는 용적비열로 공기의 중량비열 0.24 kcal / kg · ℃×공기의 비중량 1.2 kg / m^{3}를 나타내며, 716 kcal / m^{3}은 수증기의 용적 증발잠열로 수증기의 증발잠열 597 kcal / kg×공기의 비중량 1.2 kg / m^{3}를 나타낸다. 또 틈새 바람의 풍량 Q는 틈새법, 면적법, 환기회수법 등으로 계산하는데 면적법과 환기회수법의 식은 각각 다음과 같다.

$$Q = B \cdot A \text{ (면적법)} \qquad [3-10]$$

$$Q = n \cdot V \text{ (환기회수법)}$$

여기서, B : 창문으로부터의 틈새바람의 풍량 (m^3 / m^2 · h) (표 3-9)

A : 창문면적 (m^2)

n : 환기회수 (회 / h) (표 3-10)

V : 실의 용적 (m^3)

그러나 틈새바람에 의한 외기 부하를 정확하게 계산하는 데는 상당한 무리가 뒤따른다. 왜냐하면 틈새바람은 그 양이 풍속, 건물의 높이, 구조, 창과 문의 기밀성 등 여러 가지 요소의 영향을 받기 때문이다. 그러므로 부하 계산에는 무엇보다도 정확한 데이터의 적용에 유의하여야 할 것이다.

예제 2. 실면적 600 m^2, 천장높이 2.5 m인 실의 틈새바람에 의한 외기 부하를 구하라. (단, 건구온도: 실내 22 ℃, 실외 0 ℃, 절대습도 : 실내 0.0082 kg / kg, 실외 0.0019 kg / kg임.)

해설 식 [3-8]과 식 [3-9]을 이용하여 계산한다.

표 3-10에 의하여 풍량 $Q = 1500 \times 0.5 = 750$ [m^3 / h]

$H_{is} = 0.29 \times 750(22-0) = 4785$ [kcal / h]

$H_{il} = 716 \times 750(0.0082 - 0.0019) = 3383$ [kcal / h]

$H_i = 4785 + 3383 = 8168$ [kcal / h]

겨울철의 경우는 $(t_o - t_i)$, $(x_o - x_i)$를 $(t_i - t_o)$, $(x_i - x_o)$로 바꾸어 계산한다. 답 8168 [kcal / h]

표 3- 4 각종 건축 재료의 열전도율, 열전도 비저항, 용적비열

재료 NO.		재료명	열전도율 (λ) (kcal/m · h · ℃)	열전도 비저항 (r) (m · h · ℃/kcal)	용적비열 ($C_p · \gamma$) (kcal/m³ · ℃)
1	금속판	동	333	0.0030	819
2		알루미늄	204	0.0049	567
3		황 동	83	0.0121	782
4		철(연강)	41	0.0242	821
5		스테인리스강 (18−8)	22	0.0470	766
6	비금속	대리석	1.36	0.741	561
7		화강암	1.87	0.535	562
8		흙	0.53	1.9	378
9		모래 (건조한 것)	0.42	1.92	340
10		자 갈	0.53	2.4	370
11		물	0.52	1.9	997
12		얼 음	1.90	0.526	449
13		눈 (200 kg/m³)	0.13	7.69	98
14		눈 (600 kg/m³)	0.55	1.82	294
15	콘크리트 콘크리트	보통 콘크리트	1.41	0.71	481
16		경량 콘크리트	0.45	2.22	447
17		발포 콘크리트	0.30	3.30	308
18		신더 콘크리트	0.69	1.45	427
19	미장재료	모르타르	0.93	1.07	551
20		회반죽	0.63	1.6	330
21		플라스틱	0.53	1.9	485
22		흙 벽	0.77	1.3	317
23	목 재	소나무	0.15	6.49	388
24		삼 목	0.08	12.0	187
25		노송나무	0.09	11.4	223
26		졸참나무	0.16	6.45	363
27		나 왕	0.14	7.35	247
28		합 판	0.11	9.00	266
29	시멘트 석 고 2차 제품	석고 보드	0.18	5.46	204
30		펄라이트 보드	0.17	5.75	196
31		석면 시멘트판	1.09	0.92	302
32		플렉시블 보드	0.53	1.89	311
33		목모 시멘트판	0.13	7.9	147
34	요 업 제 품	타 일	1.10	0.91	624
35		보통벽돌	0.53	1.9	332
36		내화벽돌	1.00	1.0	468
37		유 리	0.67	1.5	483
38	아스팔트 수 지	아스팔트	0.63	1.6	491
39		아스팔트루핑	0.09	11.0	255
40		아스팔트타일	0.28	3.6	476
41		리놀륨	0.16	6.2	357
42		고무타일	0.34	2.9	676
43		베이클라이트	0.20	5.0	483

44	섬유판 기 타	연질 섬유판	0.05	19.8	110
45		경질 섬유판	0.15	6.80	476
46		후 지	0.18	5.5	224
47		모직포	0.11	8.8	118
48	무기질 섬 유	암 면	0.05	18.4	13.4
49		유리면	0.04	26.5	4.0
50		광재면	0.04	25.0	150
51		암면 성형판	0.05	19.0	165
52		유리면 성형판	0.03	29.0	150
53	발포수지	발포 경질 고무	0.03	31.7	25.4
54		발포 페놀	0.03	30.5	17.5
55		발포 폴리에틸렌	0.03	39.1	20.3
56		발포 폴리스틸렌	0.05	21.2	15.0
57		발포 경질 폴리우레탄	0.02	46.7	7.3
58	기 타	규조토	0.08	12.0	95.6
59		마그네시아	0.07	14.0	46.6
60		보온 벽돌	0.12	8.5	131
61		발포유리	0.07	15	30.6
62		탄화코르크	0.05	21.5	66.6
63		경 석	0.09	11.0	132
64		신 더	0.04	28	100
65		띠 억새등	0.06	16	56.7
66		톱 밥	0.11	9.0	100
67		양 모	0.10	10	51.8

표 3-5 벽체 표면의 열전달률 α_i, α_o

표면의 위치		대류의 방향	열전달률 $(kcal/m^2 \cdot h \cdot ℃)$
실내쪽	수 평	상향 (천장면)	9.5
	수 직	수평(벽면)	8
	수 평	하향 (바닥면)	5
실외쪽		수평·수직	20

㈜ 벽체의 표면 열전달률 α는 대류 열전달률과 복사 열전달률의 값을 합한 것으로 풍속과 표면의 복사률에 따라 값이 달라진다.

표 3-6 공기층의 열저항 개략치($m^2 \cdot h \cdot ℃/kcal$)

조 건	대류 방향	공기층의 두께 10 mm 정도	공기층의 두께 20 mm 이상
밀폐	벽 면	0.18	0.21
	하 향	0.18	0.26
	상 향	0.18	0.18
비밀폐	벽 면	0.04	0.05
	하 향	0.04	0.05
	상 향	0.04	0.05

표 3-7 차폐계수 K_s

유 리	블라인드의 색	차폐계수	유 리	블라인드의 색	차폐계수
보통 단층	없 음 밝은색 중간색	1.0 0.65 0.75	보통 복층	없 음 밝은색 중간색	0.9 0.6 0.7
흡열 단층	없 음 밝은색 중간색	0.8 0.55 0.65	외측 흡열 내층 보통	없 음 밝은색 중간색	0.75 0.55 0.65
보통 2중 (중간 블라인드)	밝은색	0.4	외측 보통 내측 거울	없 음	0.65

표 3-8 유리 열관류율 K_g [kcal / m^2 · h · ℃]

종 별	K_g	종 별	K_g
1중 유리 (여름)	5.1[1]	유리블록 (평균)	2.7
1중 유리 (겨울)	5.5[2]	흡열유리	
2중 유리		블루페인 3~6 mm	5.7[2]
공기층 6 mm	3.0	그레이페인 3~6 mm	5.7[2]
공기층 13 mm	2.7	그레이페인 8 mm	5.4[2]
공기층 20 mm 이상	2.6	서모페인 12~18 mm	3.0[2]

㊟ 평균 풍속 1) 3.5 m/s, 2) 7 m/s

표 3-9 창문으로부터의 틈새바람의 풍량 B [m^3 / m^2 · h]

명 칭		소형창 (0.75×1.8 m)			대형창 (1.35×2.4 m)		
		문풍지 없음	문풍지 있음	기밀 섀시	문풍지 없음	문풍지 있음	기밀 섀시
여 름	목제 섀시	7.9	4.8	4.0	5.0	3.1	2.6
	기밀성 나쁜 목재 섀시	22.0	6.8	11.0	14.0	4.4	7.0
	금속제 섀시	14.6	6.4	7.4	9.4	4.0	4.6
겨 울	목제 섀시	15.6	9.5	7.7	9.7	0.0	4.7
	기밀성 나쁜 목재 섀시	44.0	13.5	22.0	27.8	8.6	13.6
	금속제 섀시	29.2	12.6	14.6	18.5	8.0	9.2

㊟ 문풍지는 weather strip

표 3-10 환기 횟수 n [회 / h]

냉방시	실용적 (m^3)	500 이하	500	1000	1500	2000	2500	3000 이상
	환기 회수 (회/h)	0.7	0.6	0.55	0.50	0.42	0.40	0.35

난방시	건축 구조	상급 구조	중급 구조	하급 구조
	콘크리트조 (금속 섀시)	0.5 이하	0.5~1.5	-
	벽돌조 (목재 섀시)	-	1.5~2.5	-
	목조 (양식, 목재 섀시)	1~2	2~3	-
	목조 (목재 섀시)	2~3	3~4	4~6

(4) 인체로부터의 발열량 H_m [kcal / h]

인체로부터 에너지 대사에 의해 발생하는 현열량 H_{ms} 와 잠열량 H_{ml} 은 각각 다음 식으로 표시된다.

$$H_{ms} = Nh_s \hspace{6cm} [3-12]$$

$$H_{ml} = Nh_l \hspace{6cm} [3-13]$$

여기서, N : 인원수 (인)

h_s : 발생 현열량 (kcal/h · 인) (표 3-11)

h_l : 발생 잠열량 (kcal/h · 인) (표 3-11)

표 3-11 인체의 발열량 (kcal / h · 인)

작업 상태	예	전발열량	실온별 현열 및 잠열 (kcal / h·인), 기온 (℃)									
			21		24		26		27		28	
			h_s	h_l	h_s	h_l	h_s	h_l	h_s	h_l	h_s	h_l
착 석	극 장	88	65	23	58	30	53	35	49	39	44	44
가벼운 작업	학 교	101	69	32	61	40	53	48	49	52	45	56
사무소 업무, 가벼운 보행	사무소 · 호텔 · 백화점	113	72	41	62	51	54	59	50	63	45	68
앉았다 섰다 하는 일	은 행	126	73	53	64	62	55	71	50	76	45	81
앉아서 하는 일	식당 객실	139	81	58	71	68	62	77	56	83	48	91
착석 작업	공장의 가벼운 일	189	92	97	74	115	62	127	56	133	48	141
보통 댄스	댄스홀	215	101	114	82	133	69	146	62	153	56	159
보행(4.8 km / h)	공장의 중작업	252	116	136	96	156	83	169	76	176	68	184
볼 링	볼링장	365	153	212	132	233	121	244	117	248	113	252

예제 3. 300 m×20 m인 사무소 건물의 인체발열량을 구하라. (단, 실온은 26 ℃, 사무소의 유효면적 0.2인 / m²임.)

해설 건물내 주거인원 0.2 인 /m²×600 m²=120 인

표 3-11에 의해 인체 발열량

$H_m = (54+59) \times 120 = 13560$ [kcal / h]

답 13560 [kcal / h]

(5) 조명과 각종기기의 발열량 H_f [kcal / h]

실내조명과 실내기구의 발열량은 표 3-12에 나타낸다.

표 3-12 실내기구의 발열량(kcal / h)

기　　　　구	현　열(SH)	잠　열(LH)
전등·전열기 (kW당)	860	0
형광등	1000	0
커피 끓이기 1.8 *l* (가스)	100	25
토스터 15×28×23 cm (전열)	610	110
가정용 가스 스토브	1800	200
미장원 헤어드라이어 (115 V, 6.5 A)	470	80
전동기 (94~375 W)	1060	0
전동기 (0.375~2.25 kW)	920	0
전동기 (2.25~15 kW)	740	0
냉장고·선풍기·전기 시계 0~0.4 kW	1400	
0.75~3.7 kW	1100	
5.5~15 kW	1000	

3. 난방 부하

다음 그림 3-8에 난방 부하 계산을 위한 주요 열손실 인자를 나타낸다. 난방 부하는 냉방 부하 계산보다는 간단하다. 왜냐하면 일사에 의한 열취득 영향이나 인체나 기기 발열량 등을 고려하지 않아도 되기 때문이다. 오히려 이와 같은 열은 실내온도 상승요인이 되기 때문에 안전율로 생각하는 것이 보통이다.

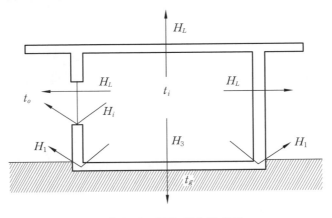

그림 3-8 주요 열손실 인자

3-1 난방 부하 계산의 설계 조건

(1) 실내온도 조건

표 3-13은 난방시 실내온도 조건을 나타낸다. 실내온도 측정 위치는 보통 바닥위 1.5 m의 높이에서, 외벽으로부터 1 m 이상 떨어진 곳을 기준으로 삼고 있다. 특히 천장의 높이 3 m 이상이 되는 경우의 실내온도는 다음과 같이 정한다.

$$t_m = 0.05t(h-3) + t \qquad\qquad [3-14]$$

여기서, t_m : 실내 평균 온도(℃), t : 호흡선(바닥면상 1.5 m)에서의 온도(℃)

h : 천장높이(m)

표 3-13 난방시 실내온도 조건

종 류	온 도(℃)	종 류	온 도(℃)
주택거실	16~24	병원 일반	21~23
침 실	12~14	수 술 실	21~35
학교교실	21~23	신생아실	24~37
극 장	20~22	호 텔	21~24
기계공장	15~18	주물공장	10~15

(2) 외기온도 조건

난방 부하 계산에서 가장 중요한 요소는 시시각각으로 변하는 외기온도 기준을 어떻게 삼을 것이냐 하는 것이다. 물론 가장 불리한 조건을 설계 기준으로 삼는 것이 가장 안전하다고 할 수 있겠으나, 이것을 실제 설계용으로 취할 경우에는 필요 이상의 난방 설비 용량의 증대를 가져오게 될 것이다.

표 3-14는 위험률 2.5 %를 적용한 전국 주요 도시의 외기 조건을 나타낸 것이다.

표 3-14 난방 설계용 외기온도 조건

지 역	서 울	인 천	수 원	대 구	전 주	울 산	광 주	부 산	목 포
건구온도(℃)	−11.9	−11.2	−12.8	−8.2	−8.6	−7.0	−7.1	−5.8	−4.9

㉾ 통계년(1960~1969)

이 외기조건은 2.5 %의 위험률을 내포하고 있으므로 엄밀을 요구하는 항온실이나 생명에 관계되는 병원의 중환자실 등에서는 이 온도보다 2~3 ℃ 정도 낮은 값을 쓰는 것이 좋다.

3-2 난방실의 열 부하 계산

(1) 전열 손실

난방시의 부하 계산은 일반적으로 냉방 부하와는 달리 태양복사의 영향이나 외기온도의 주기적 변화 등을 계산에 넣지 않고 일정 온도차에 의한 정상 열전도의 계산만 하는 것이 보통이다. 전열 손실 H_L 은 다음 식으로 계산한다.

$$H_L = K \cdot k_1 \cdot k_2 \cdot A \cdot \varDelta t \qquad\qquad [3-15]$$

여기서, K : 열관류율(kcal/m^2·h·℃), k_1 : 방위계수(표 3-15)

k_2 : 천장높이에 따른 할증계수(표 3-16), A : 면적(m^2), $\varDelta t$: 실내외 온도차(℃)

표 3-15 방위계수 k_1

방 위	N, NW, W	SE, E, NE, SW	S
방위계수	1.1	1.05	1.0

표 3-16 천장 높이에 따른 할증계수 k_2

난방 방식	천장 높이 (m)			난방 방식	천장 높이 (m)		
	5 이하	5~10	10 이상		5 이하	5~10	10 이상
온방 난방 낮은 벽의 수평 취출구	1.00~1.05	1.05~1.15	1.15~1.20	저온복사 난방 바닥 난방 ⎫ 천장 난방 ⎬	1.00 1.00	1.00 1.00~1.05	1.00 —
천장 취출구	1.00~1.05	1.05~1.10	1.10~1.20				
자연대류 난방	1.00	1.00~1.05	—	고온복사 난방 (높은 위치)	—	—	1.00~1.05
고온복사 난방 (중간 높이)	1.00	1.00~1.05	1.05~1.10				

전열개소로는 외벽·유리창·천장·지붕·바닥·칸막이 등을 들 수 있다. 그리고 비난방식으로써 복도나 지붕밑의 공기 속의 온도는 그림 3-9와 같이 계산한다. 또 비난방식의 간단한 온도 계산방법은 다음과 같다.

$$t_m = \frac{t_o + t_i}{2} \qquad\qquad [3\text{-}16]$$

여기서, t_m : 비난방실 온도 (중간온도) (℃)

t_o : 외기온도 (℃), t_i : 난방실 온도 (℃)

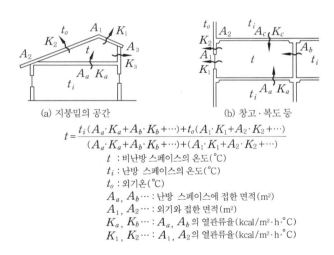

(a) 지붕밑의 공간   (b) 창고·복도 등

$$t = \frac{t_i(A_a \cdot K_a + A_b \cdot K_b + \cdots) + t_o(A_1 \cdot K_1 + A_2 \cdot K_2 + \cdots)}{(A_a \cdot K_a + A_b \cdot K_b + \cdots) + (A_1 \cdot K_1 + A_2 \cdot K_2 + \cdots)}$$

t : 비난방 스페이스의 온도(℃)
t_i : 난방 스페이스의 온도(℃)
t_o : 외기온(℃)
A_a, A_b … : 난방 스페이스에 접한 면적(m²)
A_1, A_2 … : 외기와 접한 면적(m²)
K_a, K_b … : A_a, A_b의 열관류율(kcal/m²·h·℃)
K_1, K_2 … : A_1, A_2의 열관류율(kcal/m²·h·℃)

그림 3-9 비난방 공간의 온도 계산법

그리고 지하층의 벽, 바닥벽에서의 열 손실 H_L 은 다음 식으로 계산한다.

$$H_L = K_g A (t_i - t_g) \,[\text{kcal/h}] \qquad\qquad [3\text{-}17]$$

여기서, K_g : 지하층의 벽과 바닥의 열관류율 (kcal/m²·h·℃), t_g : 지중온도 (℃)

여기서 열관류율 계산에 토양은 1 m까지 포함시킨다. 보통 지하층의 벽과 바닥의 열 손실은 식 [3-17]을 이용하기도 하지만 지표 부근의 벽이나 바닥면, 둘레의 가장 자리에서는 외기를 빠지는 열이 많으므로 perimeter factor법을 쓰기도 한다.

표 3-17 지하층의 벽, 바닥 열 손실 (패리미터 팩터법)

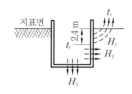

지표에서 지하층 바닥까지 거리	q [kcal/m·h·℃]
0 m (지표면)	0.89
0.6 m	1.12
1.2 m	1.34
1.8 m	1.56
2.4 m 이상	1.78

㊟ 계산법

(1) 지표에서 2.4 m까지의 벽에서의 열 손실 H_1은

$$H_1 = L \times q \times (t_i - t_o) \ [\text{kcal / h}]$$

여기서, L : 벽의 주위길이(페리미터) [m], q : 페리미터 팩터, t_i : 실내온도(℃), t_o : 외기온도(℃)

(2) 지하 2.4 m 이하의 벽에서 열 손실 H_2는

$$H_2 = A_W \times K_W \times (t_i - t_g) \ [\text{kcal/h}]$$

여기서, A_W : 지하 2.4 m 이하 부분의 벽면적(m²), K_W : 벽의 열관류율(kcal/m²·h·℃), t_g : 지중온도(℃)

(3) 바닥에서의 열 손실 H_3는

$$H_3 = A_F \times K_F \times (t_i - t_g) \ [\text{kcal/h}]$$

여기서, A_F : 바닥면적(m²), K_F : 바닥의 열관류율 (kcal/m²·h·℃)

(2) 틈새바람

난방 부하 계산에 있어서 틈새바람에 의한 열 손실은 상당히 중요하다. 앞서 틈새바람의 풍량 Q를 계산하는 방법 중 면적법과 환기회수법 등을 소개하였으므로 여기서는 틈새법 (crack method)에 대하여 설명하기로 한다.

틈새바람에 의한 손실 열량은 식 [3-8]과 같이 계산하며, 이 식 중 Q의 계산방법인 틈새법은 대단히 정확한 계산 방법으로 알려져 있다. 이 방법은 창문틈의 단위길이당 풍량을 구하고 여기에 창문틈의 길이를 곱하여 풍량 (m³/h)를 구하는 방법이다.

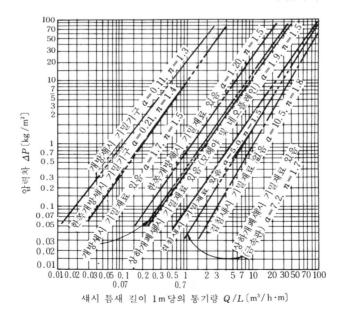

그림 3-10 금속제 섀시의 통기 특성

창문틈 내외의 압력차가 Δp일 때 통기량 Q는 다음 식으로 표시한다.

$$Q = \alpha A \left(\frac{2g}{\gamma} \right)^{1/n} \cdot \Delta p^{1/n} \qquad\qquad [3-18]$$

여기서, α : 유량계수 ($\zeta = 1/\alpha^2$ 압력손실계수), γ : 공기의 비중량 (kg/m³)
A : 틈새의 단면적 (m²), Δp : 압력차 (kg/m²), g : 중력가속도 (9.8 m/s²)

모세관과 같은 틈새에서는 통과하는 공기의 유속이 작으므로 레이놀즈수가 작아지며, 유속 또는 통기량은 압력차에 비례하고 이때 $n=1$이 되고, 큰 개구인 경우에는 $n=2$가 된다. 그러나 창문이나 출입문 주위의 틈새와 같은 경우에는 $n=1\sim2$의 중간 정도가 된다. 창문 섀시의 틈새인 경우에는 틈새 1m당의 통기량과 압력차의 관계가 실험에 의해 측정되어 있으며 그림 3-10은 이것을 나타낸 것이다.

(3) 외기 도입에 따른 부하

실내온도를 대상으로 하는 가열 부하로는 실내 열 손실 외에 도입 외기를 실온까지 가열하는 데 필요한 외기 부하를 가산하여야 한다. 이 외기 도입에 따른 부하 계산은 식 [3-8]에 따른다. 난방실의 실온유지를 위한 부하로는 앞서 논한 실의 열 손실 부하와 외기 부하 그리고 다음에 논하는 가습 부하의 합이 된다.

(4) 가습 부하

도입하는 외기나 창문을 통한 틈새바람 등의 건조한 공기가 실내로 들어오면 실내의 절대습도가 내려간다. 이것을 방지하고 일정한 습도를 유지하기 위해서는 송풍공기에 적당량의 수증기를 공급한다. 이 송풍공기에 공급해야 할 가습량과 가습에 따른 부하는 다음 식과 같다.

① 가습량(kg/h) = 1.2×절대습도차(kg/kg·DA)×(외기도입+틈새바람) [m³/h]   [3-19]
② 가습 부하 (kcal/h) = 가습량(kg/h)×539 [kcal/kg]   [3-20]

식 [3-19] 중 1.2는 풍량 (m³/h)을 중량표시 (kg/h)로 바꾸기 위한 계수이고, 표준 공기의 비용적 0.83 (m³/kg)의 역수인 비중량 (kg/m³)을 표시한다.

예제 4. 다음 그림 3-11의 사무소 건물의 부하를 구하라.

단, ① 온도조건 외기 : 32.6 ℃ (여름), 0 ℃ (겨울)
                실내 : 26 ℃ (여름), 22 ℃ (겨울)
② 구조체 열관류율 (kcal/m²·h·℃) : 외벽 1.85, 유리창 5.6, 바닥 1.64, 지붕 0.84
③ 틈새바람에 의한 외기 부하는 없는 것으로 본다.
④ 조명은 형광등을 설치한 것으로 본다.

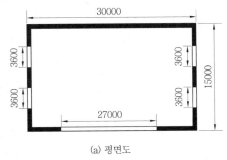

(a) 평면도

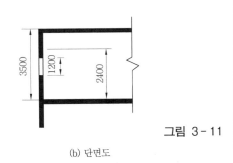

(b) 단면도

그림 3-11

[해설] 부하 계산표는 표 3-18, 3-19와 같다.

표 3-18 부하 계산 (여름)

벽 체	방위	가로×세로	면 적	열관류율	10 시		12 시		14 시		16 시	
		m×m	m²	kcal/m·h·℃	Δt	kcal/h	Δt	kcal/h	Δt	kcal/h	Δt	kcal/h
유리창	S	27×1.2	32.4	5.6	6.6	1198	6.6	1198	6.6	1198	6.6	1198
외 벽	S	(30×3.5)−32.4	72.6	1.85	2.9	389	5.6	752	8.4	1128	10.0	1343
유리창	W	7.2×1.2	8.64	5.6	6.6	319	6.6	319	6.6	319	6.6	319
외 벽	W	(15×3.5)−8.64	43.86	1.85	3.0	243	4.3	349	6.4	519	10.7	868
외 벽	N	30×3.5	105.0	1.85	3.2	622	4.5	874	5.7	1107	6.7	1301
유리창	E	7.2×1.2	8.64	5.6	6.6	319	6.6	319	6.6	319	6.6	319
외 벽	E	(15×3.5)−8.64	43.86	1.85	10.0	811	12.6	1022	12.2	990	11.3	917
바 닥		30×15	450.0	1.64	3.3	2435	3.3	2435	3.3	2435	3.3	2435
지 붕		30×15	450.0	0.84	9.4	3553	11.1	4196	13.5	5103	15.9	6010
일 사			차폐계수		일사량		일사량		일사량		일사량	
유리창	S	32.4 m²	0.65		101	2217	156	3285	101	2127	28	907
유리창	W	8.64 m²	0.65		39	337	43	372	312	1752	493	2769
유리창	E	8.64 m²	0.65		312	1752	43	372	39	337	28	242
소 계 ①					14105		15493		17334		18628	

① 구조체 부하 (현열)

	② 실내 부하 (현열)	kcal / h		③ 실내 부하 (잠열)	kcal / h
인 체	450 m²×0.2 인/m²×54 kcal/인	4864		90인×59 kcal/h·인	5310
틈새바람	0.29× m³/h×(−) ℃			716× m³/h×(−) kg/kg	
형광등	1.0×450 m²×25 w/m²	11250			
백열등	0.86× m²× w/m²				
기 타					
소 계 ②		16114		소 계 ③	5310

④ 실내 현열 부하 합계 (①+②)	10 시	12 시	14 시	16 시
	30219	31607	33448	34742
⑤ 전부하 (①+②+③)	35529	36917	38758	40052
단위 면적당 부하 (kcal/h·m²)				89

표 3-19 부하 계산 (겨울)

벽 체	방 위	방위계수	가로×세로	면 적	열관류율	온도차	kcal / h
			m×m	m²	kcal/m²·h·℃		
유리창	S	1.0		32.4	5.6	22	3992
외 벽	S	1.0		72.6	1.85	22	2955
유리창	W	1.1		8.64	5.6	22	1171
외 벽	W	1.1		43.86	1.85	22	1964
외 벽	N	1.1		105.0	1.85	22	4700
유리창	E	1.05		8.64	5.6	22	1118
외 벽	E	1.05		43.86	1.85	22	1874
바 닥				450.0	1.64	11	8118
지 붕		1.2		450.0	0.84	22	9979
전 부 하							35871
단위면적당 부하 (kcal/h·m²)							80

구조체 부하

4. 공기 조화 부하 계산방법

공기 조화 계산 방법으로는 발달과정이나 목적·수단에 따라 여러 가지가 발표되어 실용화되고 있으며, 이는 모두가 공조 부하의 특성을 조사하여 공조 설비 용량산정이나 일정기간 동안의 러닝 코스트(running cost) 등을 산출해 내기 위함이다.

이와 같은 부하의 상태를 조사하기 위한 계산방법으로는 최대 부하 계산방법과 기간 부하 계산방법이 있다.

4-1　최대 부하 계산방법

이 방법은 정상 상태(steady state)의 부하 계산방법의 하나로 어떤 건물의 실에 대하여 최대 냉방 부하 또는 최대 난방 부하를 계산하는 방법이다. 이 결과를 근거로 하여 송풍량이나 장치용량을 산출하는 것이다. 그러므로 출현이 예상되는 가장 추운 외기조건하에서 최대 난방 부하를 구하며, 또 가장 더운 외기조건하에서 최대 냉방 부하를 구한다. 이 기상조건을 설계 외기조건이라 부르고, 온·습도, 일사량, 풍속 등의 값은 일정기간 동안 정상치로 가정하거나, 1주일을 주기로 완전히 같은 변화(정상주기)를 반복하는 것으로 하여 수계산 처리가 가능토록 한 것이다.

이 방법은 외기조건을 가정했기 때문에 겨울철 열용량이 있는 벽을 관류하는 열량을 계산하는 데 정상 상태에서만 성립하는 식을 쓸 수 있으며, 여름철에 대해서는 상당 외기 온도차를 도입하여 같은 식으로 계산이 가능한 것이다.

4-2　기간 부하 계산방법

이 방법은 비정상 상태(unsteady state)의 부하 계산방법의 하나로 1년간 또는 어떤 일정 기간에 걸쳐 시시각각으로 변하는 외기 및 실내조건 등에 대응하여 정확한 부하 계산이 가능한 방법이다.

최대 열부하를 구하는 데에는 앞서 설명한 바와 같이 그 지역에서 예상되는 가장 불리한 설계 외기조건을 가정했듯이, 기간 부하 계산에도 평균 기상 데이터가 필요하다. 이와 같이 기상데이터를 쓰는 한 열부하 계산에 있어 정상 상태나 주기적 정상 상태로 가정할 수 없으므로 동적 열부하 계산방법에 의하지 않으면 안 된다.

동적 열부하 계산에는 최대 열부하 계산에 비하여 수년 동안 정리 수집된 많은 양의 기상 자료들을 필요로 하며, 계산량 또한 방대하여 컴퓨터 프로그램에 입력시켜 계산한다.

간단한 방식으로 계산이 가능한 기간 부하 계산방법인 난방 도일법(heating degree day method)과 확장 도일법(extended degree day method)은 다음과 같다.

(1) 난방 도일법

주로 건물의 난방기간 동안의 부하를 구하는 데 이용된다.

$$H_{SE} = t \cdot k \cdot HD \, [\text{kcal / 년}] \qquad\qquad [3-21]$$

여기서, H_{SE} : 기간 난방 부하 (kcal /년),　t : 1일 평균 난방시간 (h / d)

k : 열관류율 (kcal / m^2·h·℃)×면적(m^2), HD : 난방도일 (℃·day / 년)

(2) 확장 도일법

이 방법은 난방 도일법이 내외의 온도차만을 고려하여 계산한 데 비하여, 일사 및 내부발생열 등을 고려하고 냉방을 포함한 연간 열부하 계산방법이다. 연간 열부하 H_r [kcal / 년]는 기간 난방 부하 H_{SH} 와 기간 냉방 부하 H_{SC} 이 합으로 표시되며 각각 다음 식과 같다.

$$H_r = H_{SH} + H_{SC} \qquad\qquad [3-22]$$

$$H_{SH} = 24 \cdot k_H \cdot k \cdot EHD, \quad H_{SC} = 24 \cdot k_C \cdot k \cdot ECD \qquad [3-23]$$

여기서, H_r, H_{SH}, H_{SC} : 연간 열부하, 기간 난방 부하, 기간 냉방 부하 (kcal / 년)

$\quad k_H$, k_c : 지역별 보정계수 (사무소건물 $k_H = 0.5 \sim 0.8$, $k_C = 1.0$)

$\quad k$: 총 열통과율 (kcal / h · ℃), EHD, ECD : 확장 난방 도일, 확장 냉방 도일 (℃ · day / 년)

연간 총 공조 부하는 연간 열 부하에 내부 발열 부하와 기타 외기 부하 등을 합하면 된다.

$$H_T = H_r + H_B + H_C \qquad\qquad [3-24]$$

여기서, H_r : 연간 공조 부하 (kcal / 년), H_B : 내부 발열 부하 (kcal / 년)

$\quad H_C$: 취입 외기 부하 (kcal / 년)

5. 간헐 공조와 실 열부하

지금까지의 부하 계산에 대한 것은 냉방이든 난방이든 실온을 24시간 일정하게 유지하기 위한 연속 공조의 경우이다. 그러나 실제에는 간헐 공조가 많고, 이때는 공조 정지시에 실온 및 건물의 공조 장치 자체의 온도가 변하므로 이것을 운전개시 후 원상으로 회복시키기 위해서는 연속 공조의 경우보다 더 많은 최대 부하가 걸린다.

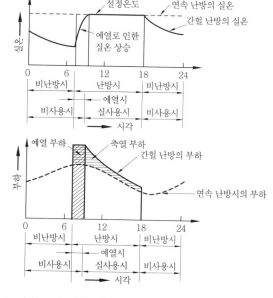

그림 3-12 간헐 난방시의 실온 변동과 부하 변동

앞의 그림 3-12는 간헐난방시의 실온 변동과 부하 변동을 나타낸 것이다.

이 그림에서 보는 바와 같이 난방 필요시각에 앞서 운전을 개시하여 실온을 설정온도로 올리는 것을 예열이라 하고, 이때의 운전 부하를 예열 부하라 한다. 예열시간이 길면 예열 부하는 감소하며, 반대로 예열시간이 짧으면 예열 부하가 크게 되어 장치용량에도 충분한 여유가 필요하다. 간헐 난방 사용시간의 부하와 연속 난방 부하와의 차를 축열 부하라 하며, 이것은 건물 구조체의 온도가 비난방시에 설정온도를 벗어나게 되므로 이것을 난방시에 실온에 가깝게 하기 위한 필요한 부하이다.

이 예열 부하와 축열 부하의 계산은 응답계수 (response factor)의 개념으로 계산을 하지만 좀 복잡하다. 일반적으로 연속 난방 부하의 20~40 %값을 예열 부하로 본다.

6. 공기 조화 부하의 계산도

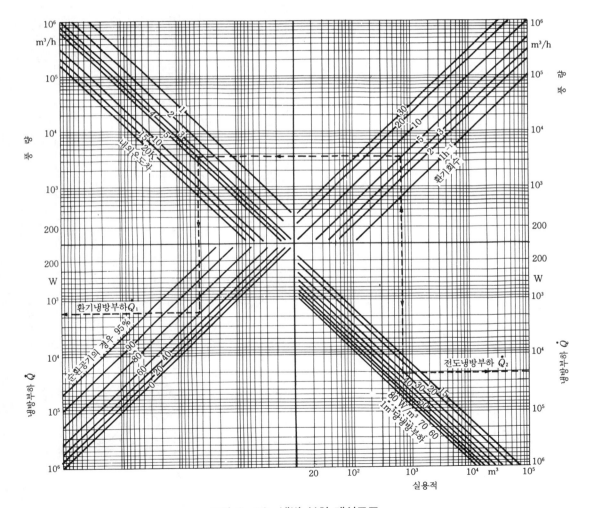

그림 3-13 냉방 부하 계산도표

공기 조화 부하를 예측하는 간단한 도표를 소개한다. 그림 3-13과 그림 3-14는 독일 기술자 협회에서 발행한 arbeitsmappe heiztechnik, raumlufttechnik, sanitärtechnik에서 인용한 것이다.

그림 3-13은 냉방 부하를 계산하는 도표로 예를 들어 실용적 $700\,\text{m}^3$, 환기 횟수 시간당 5회, 실내외 온도차 $4\,\text{K}$, 순환 공기의 비율 $60\,\%$, $1\,\text{m}^3$당 냉방 부하를 $30\,\text{W}$라 할 때 도표를 통하여 구하면 환기에 의한 냉방 부하 $Q_1 ≒ 1700\,\text{W}$, 전도에 의한 냉방 부하 $Q_2 ≒ 20300\,\text{W}$가 된다. 그러므로 총 냉방 부하는 $22000\,\text{W}$가 된다.

그림 3-14는 온풍 난방 부하 계산도표로 실용적 $700\,\text{m}^3$, 환기 횟수 시간당 3회, 실내온도차 $20\,\text{K}$, 순환 공기 비율 $80\,\%$, $1\,\text{m}^3$당 난방 부하 $30\,\text{W}$라 할 때 환기에 의한 난방 부하 $Q_L ≒ 2500\,\text{W}$, 전도에 의한 난방 부하 $Q_T ≒ 21500\,\text{W}$가 된다. 그러므로 총 난방 부하는 $24000\,\text{W}$가 된다.

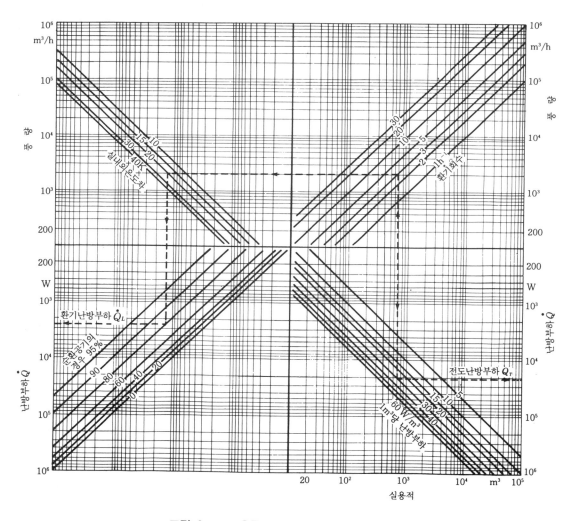

그림 3-14 온풍 난방의 난방 부하 계산도표

제 4 장　공기 조화 설비의 방식

1. 열원 방식

1-1　열원 방식의 분류

　공기 조화 설비에 사용되는 열원 에너지는 화석연료 (석탄, 석유), 도시 가스, 전기 등이 사용되며, 한편 도시폐기물의 소각열과 건물의 배열 등도 이용된다. 최근에는 자연 에너지 이용을 통한 에너지 절약뿐만 아니라 자원 에너지 절약도 새롭게 인식되고 있다.
공조용으로 사용되는 열원 방식은 표 4-1과 같이 분류된다.

표 4-1　열원 방식의 분류

일반 열원 방식	전동냉동기+보일러 방식 흡수냉동기+보일러 방식 흡수냉·온수기 방식 히트 펌프 방식 Geothermal or Ground Coupled 히트 펌프
특수 열원 방식	열회수 방식(전열 교환 방식, 승온 이용 방식) 축열 방식(빙축열 방식, 수축열 방식) 태양열 이용 방식 total energy system cogeneration system 지역 냉·난방 방식

　대부분의 경우 일반 열원 방식이 사용되었으나 최근에는 환경보호, 배열의 유효 이용, 에너지 절약 등으로 특수 열원 방식이 많이 채용되고 있다. 그림 4-1은 열원 방식에 있어서 에너지 압력과 출력의 흐름을 나타낸 것이다.

1-2　열원 방식 선정시 고려할 점

① 운전·관리　　　　　② 실적·신뢰성
③ 효율·제어성　　　　④ 설치·공간
⑤ 에너지원　　　　　　⑥ 경제성

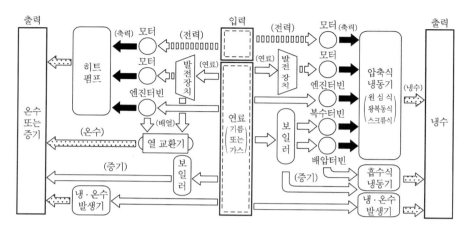

그림 4-1　열 발생 메카니즘

2. 공조 방식

2-1　공조 방식의 선정

실내의 쾌적한 공기환경 유지를 목적으로 하는 공조 설비는 에너지 절약을 위한 외기 냉방, 외기량 취입제어, 변풍량(VAV), 배열회수(전열교환기) 등의 기술뿐만 아니라 고도정보화 내지는 국제화에 따른 24시간 사회의 출현에 부응할 수 있는 다양한 공조 방식 등이 한층 요구되고 있는 현실이다.

따라서 공조 방식의 선택과 관련하여 고려할 사항은 다음과 같다.
① Life Cycle Cost(초기 cost, running cost)　　② 요구 공기환경 ③ 안전성
④ 신뢰성　　　⑤ 유연성　　　⑥ 유지관리 성능 ⑦ 시공성
⑧ 제어성　　　⑨ 외관　　　⑩ 스페이스

그리고 공조 시스템 선정에는 온·습도, 청정도, 소음 등을 고려한 실내 환경 조건과 실의 열 부하 특성 그리고 운전시간 등에 따른 건물의 조닝(그림 4-2) 분석이 요구되며, 또한 공조 시스템의 분산 배치 방식과 집중 배치 방식에 대한 것도 검토되어야 할 것이다.

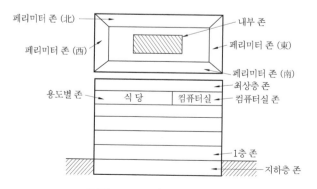

그림 4-2　건물의 조닝 예

원래 공조 설비가 쾌적 환경을 위한 것이라면 각 실, 각 부위의 부하 특성에 대응한 개별 제어보다는 개인의 쾌적감을 제어할 수 있는 퍼스널 공조 시스템이 이상적일 것이다. 그림 4-3은 퍼스널 공조 시스템의 개념도이다.

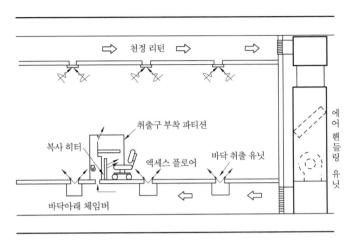

그림 4 - 3 퍼스널 공조 시스템

2-2 공조 방식의 분류

일반적인 공조 방식의 분류는 표 4-2와 같다.

표 4 - 2 공조 방식의 분류

구 분	열 반송 매체에 의한 분류	시스템 명칭	세분류
중 앙 방 식	전공기 방식 (all air systems)	정풍량 단일 덕트 방식	존 리히트, 터미널 리히트
		변풍량 단일 덕트 방식	
		이중 덕트 방식	멀티 존 방식
	공기-수 방식 (air-water systems)	팬코일 유닛·덕트 병용	2관식, 3관식, 4관식
		인덕션 유닛 방식	2관식, 3관식, 4관식
		복사 냉·난방 방식 (패널 에어 방식)	
	수 방식 (all water or hydronic systems)	팬코일 유닛 방식	2관식, 3관식, 4관식
개 별 방 식	냉매 방식 (refrigerant systems)	룸에어컨 패키지 유닛 방식 (중앙식) 패키지 유닛 방식 (터미널 유닛 방식) 히트 펌프	

이들 각 방식의 특징은 다음과 같다.

(1) 전공기 방식

〈장 점〉

① 온·습도, 공기청정, 취기의 제어를 잘 할 수 있다.

② 실내의 기류 분포가 좋다.

③ 공조실내에 수배관이 필요없으므로 OA기기에 물 피해가 염려되지 않는다.

④ 외기냉방, 배열회수가 쉽다.

⑤ 실내에 설치되는 기기가 없으므로 실의 유효 스페이스가 증대된다.

⑥ 운전 및 보수관리를 집중화할 수 있다.

⑦ 겨울철 가습이 용이하다.

〈단 점〉

① 덕트 스페이스가 크다.

② 반송 동력이 커진다.

③ 공조 기계실을 위한 큰 면적이 필요하다.

전공기 방식은 사무소 건물이나 병원의 내부 존, 청정도가 요구되는 병원의 수술실, 공장, 배기풍량이 많은 연구소, 레스토랑, 큰 풍량과 높은 정압이 요구되는 극장에 적합하다.

(2) 공기-수 방식

〈장 점〉

① 유닛 제어에 의한 개별 제어가 가능하다.

② 전공기식에 비해 반송동력이 적다.

③ 덕트 스페이스, 공조 기계실의 스페이스가 적어도 된다.

〈단 점〉

① 실내송풍량이 적고 유닛에 고성능 필터를 사용할 수 없어 청정도가 낮다.

② 실내에 수배관이 필요하며 물에 의한 사고가 우려된다.

③ 유닛의 보수점검에 손이 많이 간다.

④ 외기 냉방, 배열회수가 어렵다.

공기-수 방식은 사무소, 병원, 호텔의 多室건축 등의 외부 존에 사용된다.

(3) 수 방식

〈장 점〉

① 개별 제어, 개별 운전이 가능하다.

② 반송동력이 적다.

③ 덕트 스페이스, 공조 기계실이 필요치 않다.

〈단 점〉

① 습도, 청정도, 기류분포의 제어가 곤란하다.

② 실내에 수배관이 필요하다.

③ 외기냉방을 할 수 없다.

　수 방식은 사무소 건물의 패리미터 처리용, 여관, 주택 등 주거인원이 적고 틈새바람에 의한 외기 도입이 가능한 건물에 채용된다.

(4) 냉매 방식

〈장 점〉

① 개별 제어, 개별 운전이 가능하다.

② 반송동력이 적다.

③ 덕트 스페이스, 기계실면적이 적어도 된다.

④ 운전, 취급이 간단하다.

⑤ 고장시 다른 것에 영향이 없고 적용성(flexibility)이 풍부하다.

〈단 점〉

① 습도, 청정도, 기류 분포의 제어가 곤란하다.

② 외기 냉방을 할 수 없다.

③ 소음, 진동이 크다.

④ 내구성이 비교적 낮다.

　이상과 같은 특징으로 주택, 호텔객실, 소점포 등 비교적 소규모건물이나 24시간 계통인 컴퓨터실, 수위실 등에 사용되지만 최근에는 사무소나 일반건물에도 많이 채용되고 있다. 표 4-3에 이들 방식의 비교를 나타냈다.

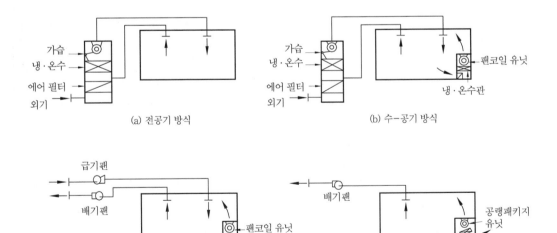

그림 4-4 공조 방식의 분류

표 4-3 각종 공조 방식의 비교

분류 (열원)	분류 (열매)	대표적인 공조 방식	(ㄱ) 설비비	(ㄴ) 팬·펌프 동력비	(ㄷ) 에너지 혼합 손실	(ㄹ) 기계실 스페이스	(ㅁ) 덕트·배관 스페이스	(ㅂ) 개별 제어	(ㅅ) 시간외 운전	(ㅇ) 외기 냉방	(ㅈ) 설계·시공 기술	(ㅊ) 패리미터 존	(ㅋ) 인테리어 존	(ㅌ) 사무소 건물의 등급
중앙 방식	전공기 방식	(1) 정풍량 단일 덕트 방식	소~중	중	소~중	중~대	중~대	—	가	가	보	○	◎	—
		(2) 변풍량 단일 덕트 방식	중	소~중	소	중	대	가	가	가	고급	◎	◎	중~고
		(3) (정풍량) 이중 덕트 방식	중~대	대	대	대~중	대	가	가	가	고급	○	◎	[고]
		(4) 단일 덕트 재열 방식	중~대	중	중	대	대	가	가	가	고급	○	○	[고]
	공기·수 병용 방식	(5) 각층 존 유닛 방식	중	소	소	중~대	대	—	가	—	보	○	○	중
		(6) FC 유닛 방식 덕트 병용 (2관식)	소~중	소	중	소	소	[가]	—	—	보	◎	—	중
		(7) FC 유닛 방식 덕트 병용 (4관식)	중~대	소	소	소	소	가	—	—	고급	◎	—	고
		(8) 유인 유닛 방식 (2관식)	중	소~중	중	중	소	가	—	—	보	◎	—	중
		(9) 유인 유닛 방식 (3관식)	중~대	소~중	소	중	소	가	—	—	고급	◎	—	고
		(10) 복사 냉·난방 덕트 병용 (3관식)	대	소	소	중	중	가	가	—	고급	○	○	[고]
개별 방식	냉매 방식	(11) 패키지 유닛 방식	소~중	소	소	소	소	가	가	—	용이	○	○	중
		(12) 패키지 유닛 방식 (중앙 방식)	소~중	소	소	소	중	—	가	—	용이	○	○	중

㊟ ① 정풍량 단일 덕트 방식 가운데 각 층 설치에서 단독으로 운전할 수 있는 사항의 채용이 많다. 이와 각 존 유닛 방식과 구별해야 한다.
  ② 설비비의 대중소는 개략치이다.
  ③ 개별 제어의 가능이란 개별 제어용의 자동 장치가 설치되는 것을 기재한다.
  ④ FC 유닛 방식 덕트 병용은 패리미터 존에서 FC 유닛을 설치, 인테리어 존에 덕트를 사용한 공조 방식에 의한다. 인테리어 존 방식의 복합은 생략했다.
  ⑤ 시간외 운전이란 통상 예로 8시 30분에서 17시 30분 정도 이외의 잔업 근무 및 야간의 경우를 말한다.
  ⑥ ○표보다 ◎표 편이 더욱 적합한 것을 예시한다.
  ⑦ 중, 고는 중급, 고급 건물에 적합하다는 것을 예시한다.

2-3 정풍량 단일 덕트 방식 (constant air volume single duct system)

가장 기본적인 공조 방식으로 오래 전부터 사용되고 있으며, 중앙에서 air handing unit이나 패키지형 공조기 등을 써서 실내 또는 환기 덕트내 thermostat 또는 humidistat에 의해 각 실의 조건에 맞게 조절된 냉풍 또는 온풍을 하나의 덕트와 취출구를 통하여 각 실에 보내서 공조하는 방식이다.

이 방식의 특징은 송풍량을 일정하게 하고 실내의 열 부하 변동에 따라 송풍온도를 조절하는 방식이다. 그림 4-5는 가장 일반적인 단일 덕트 방식이며 그림 4-6은 각 층에 공조기를 설치하여 부하에 대응하게 한 시스템으로 분산 유닛 방식이라고 한다.

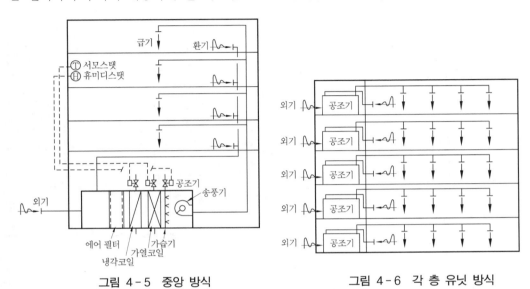

그림 4-5 중앙 방식　　　　　그림 4-6 각 층 유닛 방식

이 방식은 일정온도로 송풍하게 되므로 부하 특성이 비교적 고른 사무소 건물의 내부 존이나 극장, 스튜디오, 클린룸 등 같은 한 계통의 공조에 적합하며 다음과 같은 장·단점을 들 수 있다.

〈장 점〉

① 온·습도 조정, 공기 청정, 냄새 제거 등은 높은 효율로 처리할 수 있다.

② 중앙의 기계실과 실내가 분리되므로 방음, 방진 처리가 가능하다.

③ 외기의 엔탈피가 실내의 엔탈피보다 낮은 경우에 외기의 도입량을 증가시켜 공기 조화 부하를 감소시킬 수 있다. 조건이 좋은 경우 냉동기를 사용하지 않고 외기의 도입만으로 외기 냉방을 할 수 있다.

④ 냉·난방의 최대 부하시, 외기 도입이 부하를 증대시키는 경우 전열 교환기를 사용하여 실내의 배기로부터 열 회수를 할 수 있다.

⑤ 설비비는 일반적으로 계통수가 적을 경우 다른 방식보다 적게 든다.

⑥ 재열에 의한 에너지 손실이나, 이중 덕트에서와 같이 혼합손실이 없으므로 운전비가 적게 든다.

⑦ 공조기가 중앙에 집중되므로 보수관리가 용이하다.

〈단 점〉

① 부분적 부하 변동에 대처하기 어렵다.

② 재열 계통이 없을 경우 실내 습도가 문제가 된다.

③ 중앙 기계실의 소요면적은 수·공기 방식이나 전수 방식보다 넓은 면적을 필요로 한다.

이상은 단일 덕트 정풍량 방식의 기본적 특성에 대한 설명이다. 현재 이 방식의 단점을 보완한 것으로는 재열을 위한 터미널 리히터 방식과 존 리히트 방식이 있으며, 에너지 절약을 목적으로 전열 교환기를 장치한 시스템 에어 핸들링 유닛 방식도 있다.

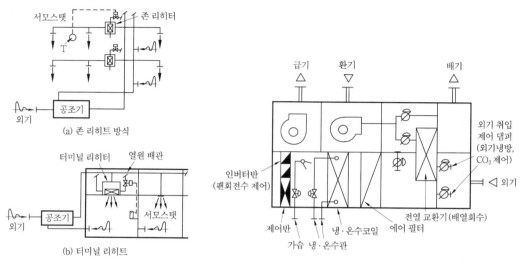

그림 4-7 리히트 방식

그림 4-8 시스템 에어 핸들링 유닛

2-4 가변 풍량 단일 덕트 방식(variable air volume single duct system)

공기 조화 대상실의 부하 변동에 따라 송풍량을 조절하는 전공기식 공조 방식이다. 실내의 현열 부하, 풍량, 실내온도, 송풍온도와의 관계는 앞의 2장 (4-6)과 같다.

공조를 하기 위해서는, 실내 현열 부하 q_s의 변화에 따라 송풍온도 t_s를 변화시키거나 풍량 Q를 증감시키면 되는데 t_s의 조절에 의한 것이 정풍량 방식이고, Q의 조절에 의한 것이 가변 풍량 방식이다. 이 방식의 구성은 중앙의 공기 조화 장치와 공기 반송 장치, 그리고 가변 풍량 유닛 등으로 이루어진다. 가변 풍량 유닛은 형식에 따라 바이패스형, 스로틀형, 인덕션형이 있다. 그림 4-9와 그림 4-10에 각각 가변 풍량 단일 덕트 방식과 VAV 유닛 구성도를 나타낸다.

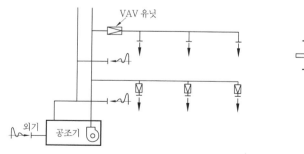

그림 4-9 가변 풍량 단일 덕트 방식

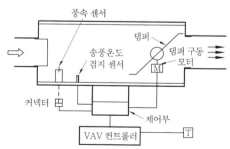

그림 4-10 VAV 유닛 구성도

VAV 시스템은 열 평형의 입장에서 보면 이론적으로 0~100 % 제어가 가능하지만 실제로는 환기를 위한 최소 환기량을 위해 신선한 공기를 공급하여야 하고 또한 취출구는 실내공기 분포를 검토하여 선정하여야 한다. 이 시스템의 장점을 살리기 위해서는 정확한 부하 분석, 건물의 용도, 제어 등급 등을 고려하며 평면, 입면 등이 같은 동일 건물이라도 건설되는 위치와 방향에 따라 절대 동일한 것이 될 수 없다는 것에 유의하여 프로젝트별로 시스템 설계가 이루어져야 할 것이다.

VAV 방식은 정풍량 방식이나 팬코일 유닛에 의한 수 방식에 비하여 다음과 같은 장·단점이 있다.

〈장 점〉

① 동시 부하율을 고려하여 공조기 및 관련 설비 용량을 작게 하여 설비비를 줄일 수 있다 (최대 부하시보다 약 20~30 % 설계 풍량을 줄일 수 있다).

② 실내 부하 변동에 따라서 송풍량이 감소되므로 송풍동력이 절약된다.

③ 열매인 공기의 양을 직접 변화시키므로 부하변동에 대한 제어성이 신속하여 쾌적성이 높다.

④ 개별 제어가 가능하다.

⑤ 외기 냉방이 가능하고 연간 공조가 용이하다.

⑥ 기기 설비를 중앙화하여 공기 필터 점검이 간단하며 고도의 공기 청정화를 유지한다.

⑦ 칸막이 변경 또는 부하 변동시 유연성이 있다.

⑧ 취출구의 풍량 조정 작업이 간편하며 시운전 및 air balancing 실시가 용이하다.

⑨ 열 회수 시스템을 조합할 수 있다.

〈단 점〉

① 저 부하시 송풍량이 감소하여 기류 분포가 나빠진다.

② 환기 성능이 떨어질 경우가 많다.

③ 다량의 VAV 유닛이 필요하다.

이상 VAV 시스템은 교축형 변풍량 방식과 바이패스형 변풍량 방식으로 분류되며 교축형은 부하 변동에 따라 송풍량을 변동시켜 동시에 팬 제어를 하므로 매우 에너지 절약형이지만 바이패스형은 부하 변동이 있더라도 취출풍량이 일정하여 팬 제어에 의한 에너지 절약을 기대할 수 없다는 단점이 있다. 표 4-4는 VAV와 CAV 시스템을 비교한 것이다. t_r, t_s를 각각 26 ℃, 16 ℃로 한 경우로 VAV 시스템은 송풍량 변화로 개별 공조가 가능함을 알 수 있다.

표 4-4 VAV 시스템과 CAV 시스템의 비교

구 분		q_s [kcal / h]	VAV 시스템		CAV 시스템	
			Q [m³/h]	t_s [℃]	Q [m³/h]	t_s [℃]
시 간	10 : 00	2000	690	16.0	2069	22.7
	12 : 00	4000	1379	16.0	2069	19.3
	14 : 00	6000	2069	16.0	2069	16.0
	16 : 00	5000	1724	16.0	2069	17.7
	18 : 00	4000	1379	16.0	2069	19.3
	20 : 00	3000	1034	16.0	2069	21.0

㉜ ① $Q = q_s / 0.29 (t_r - t_s)$

② $t_s = 26 - q_s / 0.29 \times 2069$

2—5 2중 덕트 방식(dual duct system)

2중 덕트 방식은 냉풍·온풍의 2개의 덕트를 설비하여 말단에 혼합 유닛으로 냉풍·온풍을 혼합해 송풍함으로써 실온을 조절하는 전 공기식의 조절 방식이다.

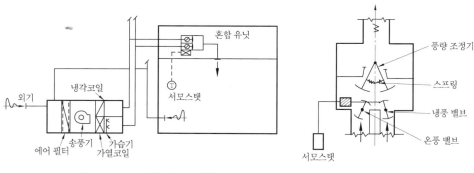

그림 4 - 11 이중 덕트 방식   그림 4 - 12 혼합 유닛 구조

2중 덕트 방식의 장·단점은 다음과 같다.

〈장 점〉

① 개별 조절이 가능하다.

② 냉·난방을 동시에 할 수 있으므로 계절마다 냉·난방의 전환이 필요하지 않다.

③ 전 공기식 방식이므로 냉·온수관이나 전기 배선을 실내에 설치하지 않아도 되며, 공조기가 중앙에 설치되므로 운전 보수가 용이하다. 또한 중간기나 겨울철에도 외기에 의한 냉방이 가능하다.

④ 칸막이나 공사비의 증감에 따라서 계획을 임의로 바꿀 수 있다.

⑤ 열매가 공기이므로 실온 변화에 대한 응답이 빠르다.

〈단 점〉

① 설비비·운전비가 많이 든다.

② 덕트가 이중이므로 차지하는 면적이 넓다.

③ 습도의 완전한 조절이 힘들다.

④ 혼합 유닛이 매우 비싸다.

이와 같은 장·단점을 볼 때 이 방식의 채용이 기대되는 건물은 개별 제어가 필요한 건물, 냉·난방 부하 분포가 복잡한 건물, 전풍량 환기가 필요한 곳 (예 : 회의실·병실·연구실·식당 등)임대 사무실과 같이 장래 대폭적인 변경 가능성이 많은 건물 등을 들 수 있다.

그리고 열적 특성이 2중 덕트 방식과 동일한 중간규모 이하의 건물에서 채용되고 있는 멀티존 방식이 있다. 그림 4—13과 같이 냉풍과 온풍을 만들고 각 지역 (zone)별로 이들을 혼합 공기로 한 후 각각의 덕트에 보낸다. 하나의 유닛만으로 여러 개의 지역을 조절할 수 있기 때문에 배관이나 조절 장치를 한 곳에 집중시킬 수 있다.

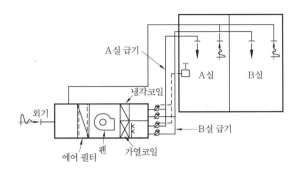

그림 4-13 멀티 존 방식

2-6 팬코일 유닛 방식(fan coil unit system)

팬코일 유닛 방식은 전동기 직결의 소형 송풍기, 냉·온수 코일 및 필터 등을 구비한 실내형 소형 공조기(fan-coil unit)를 각 실(천장 또는 바닥형)에 설치하여 중앙 기계실로부터 냉수 또는 온수를 공급하여 공기 조화를 하는 방식이다. 이 방식의 장·단점은 다음과 같다.

〈장 점〉

① 각 유닛마다 조절할 수 있으므로 각 실 조절에 적합하다.

② 전 공기식에 비해 덕트 면적이 작다.

③ 장래의 부하 증가에 대하여 팬코일 유닛의 증설만으로 용이하게 계획될 수 있다.

〈단 점〉

① 일반적으로 외기 공급을 위한 별도의 설비를 병용할 필요가 있다.

② 유닛이 실내에 설치되므로 건축 계획상 지장이 있는 경우가 있다.

③ 다수 유닛이 분산·설치되므로 보수·관리가 곤란하게 된다.

④ 전 공기식에 비해 다량의 외기 송풍량을 공급하기 곤란하므로 중간기나 겨울의 효과적인 외기 냉방을 하기가 힘들다.

⑤ 소량의 송풍으론 능력이 적으므로 고성능 필터를 사용하기가 힘들다.

⑥ 실내용 소형 공조기이므로 고도의 공기 처리를 할 수 없다.

이상과 같은 장·단점으로 보아 호텔의 객실·아파트·주택 및 사무실 건물의 외주부에 적용되며, 직접 난방을 채용하고 있는 기존 건물의 공기 조화에도 적용시킬 수 있다.

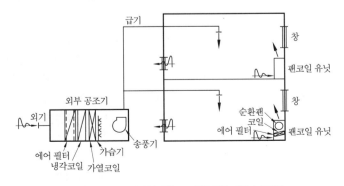

그림 4-14 단일 덕트 + 팬코일 유닛 방식

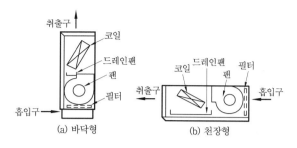

그림 4-15 팬코일 유닛

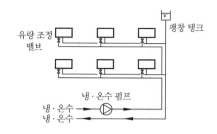

그림 4-16 2관식 방식

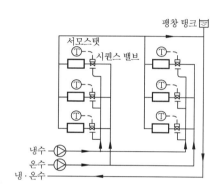

그림 4-17 3관식 변유량 개별 방식

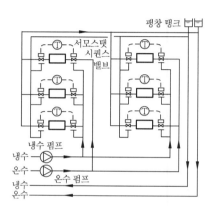

그림 4-18 4관식 변유량 개별 방식

그러나 극장, 공장과 같은 대공간이나 병원의 수술실, 클린룸 등과 같은 청정도와 온습도 조건이 엄격한 곳에는 부적당하며 유닛이 실내에 설치되므로 저소음 레벨이 요구되는 방송국 스튜디오에도 부적당하다.

팬코일 유닛의 배관에는 2관식, 3관식, 4관식 등이 있다.

2관식은 냉온수 겸용 방식으로 그림 4-16에서와 같이 계절별로 각각 냉·온수를 사용한다. 3관식은 그림 4-17에서와 같이 냉수 공급관, 온수 공급관, 냉·온수 환수관으로 구성되며 환수관에서는 열 손실이 생기지만 배관을 존별로 구분하면 열 손실을 줄일 수 있다. 그림 4-18은 4관식을 나타낸 것으로 냉·온수 계통이 독립되어 있어서 각 유닛과 계통별로 동시에 냉·난방 운전을 할 수 있다. 이 방식은 혼합 손실은 없으나 배관량이 증가하여 공사비와 배관 스페이스가 증대한다.

팬코일 유닛은 그림 4-14에서와 같이 팬코일 유닛과 단일 덕트를 조합하여 사용하는 경우와 팬코일 유닛을 단독으로 사용하는 경우가 있다. 전자의 경우에는 대상공간을 외부 존과 내부 존으로 구분하여 외피 부하(일사 부하, 벽체, 유리의 관류 부하)를 팬코일 유닛이 담당하고 외부 존의 인체 현열, 잠열 부하, 조명 부하 및 신선공기의 공급 그리고 겨울철 가습도 내부 존 계통의 공조기가 담당하거나 외부 존의 인체 현열 부하 또는 조명 부하를 팬코일 유닛에 부담시키는 방법이 있다.

이 방식에서 내부 존의 전공기식 공조기를 사용하지 않고 외부 존의 팬코일 유닛으로 건물의 운전개시 초기에 예열용으로 사용하면 에너지 사용이 적어지고 합리적 운전이 가능하다. 팬코일 유닛만을 사용하는 경우 가습이 곤란하여 습도 제어가 곤란해진다.

2-7 유인 유닛 방식 (induction unit system)

이 방식은 실이 많은 건물의 외부 존에 적합한 방식이며, 부하의 변동에 따라 실온을 제어할 수 있다. 실내에 유인 유닛을 설치하고 중앙에 1차 공기를 처리하는 공조기를 설치하여 여기서 조정된 1차 공기를 실내의 유인 유닛의 노즐에서 불어내므로 2차 공기를 유인한다. 유인된 2차 공기는 유닛 내의 코일에 의해 냉각, 가열하는 방식이다. 이 방식은 열매에 따라 전공기식과 수·공기식이 있으며, 그림 4-19는 수·공기식 유인 유닛 방식을 나타낸 것이다.

〈장 점〉

① 각 실 제어를 낮은 비용으로 할 수 있다.

② 1차 공기와 2차 냉·온수를 별도로 공급함으로써 재실자의 기호에 맞는 실온을 선정할 수 있다.

③ 1차 공기를 고속 덕트로 공급하고, 2차측에 냉·온수를 공급하므로 열반송에 필요한 스페이스를 최소화 할 수 있다.

④ 중앙 공조기는 처리 풍량이 적어서 소형으로도 된다.

⑤ 제습, 가습, 공기 여과 등을 중앙기계실에서 행한다.

⑥ 유닛에는 팬 등의 회전 부분이 없으므로 수명이 길고 일상점검은 온도 조절과 필터 청소뿐이다.

⑦ 송풍량이 전공기식에 비하여 적고 실내 부하의 대부분은 2차 냉수에 의하여 처리되므로 열반송 동력이 적다.

〈단 점〉

① 1차 공기량이 비교적 적어서 냉방에서 난방으로 전환할 때의 운전방법이 복잡하다.

② 송풍량이 적어서 외기 냉방 효과가 적다.

③ 자동 제어가 전공기 방식에 비하여 복잡하다.

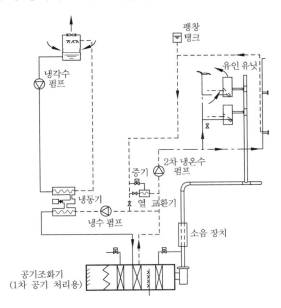

그림 4-19 유인 유닛 방식(수+공기식)

④ 1차 공기로 가열하고 2차 냉수로 냉각(또는 가열)하는 등 가열, 냉각을 동시에 행하여 제어하므로 혼합 손실이 발생하여 에너지가 낭비된다.

⑤ 팬 코일 유닛과 개별 제어가 불가능하다.

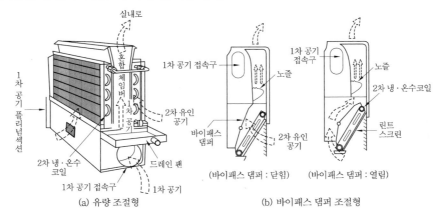

그림 4-20 실내 유인 유닛

그리고 그림 4-21은 전공기식 유인 유닛 방식을 나타낸 것으로 전공기식에는 조명열 이용 유인 유닛과 가열 코일이 내장된 유인 유닛이 있다. 조명열 이용 유인 유닛은 조명 발열을 이용하여 실온 조절이 가능하다. 또한 가열 코일이 내장된 유인 유닛은 유인된 공기를 가열 조절이 가능한 것으로 실온 제어가 용이하다.

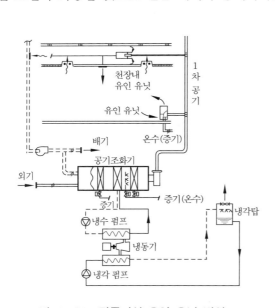

그림 4-21 전공기식 유인 유닛 방식

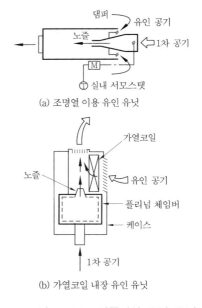

그림 4-22 전공기식 유인 유닛

2-8 복사 냉·난방 방식(panel air system)

복사 냉·난방 방식은 일명 패널 에어 방식(panel air system)이라고도 하며, 일반적으로

천창 패널 및 바닥 등에 매설한 배관에 냉수 또는 온수를 보내어 실내 현열 부하의 50~70 %를 처리하고 동시에 외기를 포함한 공기를 냉각 감습하거나 가열 감습하여 송풍함으로써 잔여실내 현열 부하와 잠열 부하를 처리한다.

이 방식은 구미에서는 고층건물의 고급사무실에 많이 이용되고 있으나, 덕트와 병용하여 사용하지 않는 한 여름에는 패널면에 결로가 발생할 우려가 있다. 그러나 실내의 현열비 (sensible heat factor)가 극히 크고 또한 실온이 높을 때에는 덕트 없이도 냉·난방이 가능 하게 된다.

〈장 점〉

① 복사를 이용하므로 쾌감도를 높일 수가 있다.

② 냉·난방 부하를 직접 냉·온수에 의하여 제거하므로 전공기 방식에 비하여 덕트 면적 을 적게 할 수 있다.

③ 조명 발열이 클 때에는 이것을 수냉식의 조명기구로 처리할 수 있다.

④ 복사 부하를 직접 제거함으로써 실온의 제어성을 향상시킬 수 있다.

〈단 점〉

① 방열면 및 그에 따르는 배관 설비, 제어 설비가 필요하다.

② 제어가 부적당하게 되면 냉각면에 결로가 생길 염려가 있다. 특히 잠열 부하가 많은 공 간에는 부적당하다.

또한 종래 천장이나 바닥 매설 배관이 아닌 그림 4-24와 같은 시스템의 냉·난방 방식이 채용되기도 한다. 이 시스템의 경우 냉방시 냉각면의 결로 발생 위험이 있다.

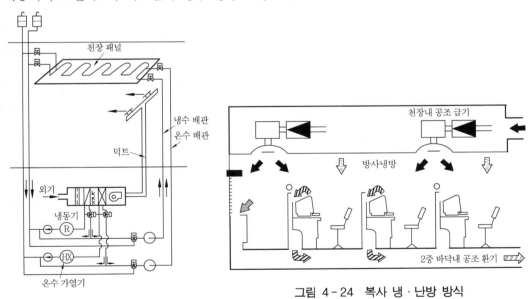

그림 4-23 패널 에어 방식

그림 4-24 복사 냉·난방 방식

2-9 개별 방식 (열원 분산 방식)

개별 방식은 패키지 유닛 방식과 히트 펌프 유닛 방식으로 분류된다.

패키지 유닛은 소용량의 직팽형 냉동기와 송풍기, 에어 필터, 가습기, 자동 제어기 등이 내장된 표준 공조기로 공장에서 생산된 것을 말한다. 패키지 유닛에는 냉방 전용형(난방은 난방용 코일 내장)과 히트 펌프형으로 대별되며 이는 각각 수냉식(수열원)과 공랭식(공기열원)으로 나누어진다.

패키지 유닛은 룸 에어컨디셔너라고 하는 0.4~22 kW 정도에서부터 업무용, 상업용 등에 사용되는 0.75~120 kW의 용량이 있으며 용도에 따라 전외기용, 대풍량용, 소풍량용, 전산실용 등의 기종이 있다. 최근에는 풍량 제어(VAV)와 냉매 유량 제어(VRV) 뿐만 아니라 전열 교환기를 장치하여 고성능 제어가 가능한 기종까지 등장하고 있다.

패키지 유닛의 열원은 전기 에너지이기 때문에 열원 선택이 한정되지만 소비 에너지가 큰 건물에서는 열원을 집중화시켜 보다 안정된 에너지 이용을 가능케 할 수 있다.

이 방식의 장·단점은 다음과 같다.

〈장 점〉

① 공장에서 다량 생산하므로 가격이 저렴하고 품질이 보증된다.

② 설치와 조립이 간편하고 공사기간이 짧다.

③ 비교적 취급이 간편할 뿐만 아니라 증축, 개축, 유닛의 증설에 유리하다.

④ 유닛별 단독 운전과 제어가 가능하다.

〈단 점〉

① 동시 부하율 등을 고려한 저감 처리가 가능하지 않으므로 열원 전체 용량은 중앙 열원보다 커지게 되는 경향이 있다.

② 중앙식에 비해 냉동기, 보일러의 내용년수가 짧다.

③ 압축기, 팬, 필터 등의 부품수가 많아 보수비용이 증대된다.

④ 온습도 제어성이 떨어진다.

이 방식은 사무소 건물, 점포, 회관에 적합하며 24시간 계통의 실내에 대해 부분적으로 사용된다. 최근에는 유닛의 고급화와 더불어 대규모 사무소건물과 병원 등에도 사용되고 있다.

패키지 유닛 방식은 덕트 병용 방식과 개별 분산 방식이 있으며 개별 분산 방식은 룸 에어컨디셔너, 멀티 유닛 에어컨디셔너, 패키지 유닛 방식, 폐회로식 수열원 히트 펌프 방식이 있다. 룸 에어컨디셔너는 창문형, wall through형, 분리형(6장 참조) 등이 있다. 그림 4-25에 wall through형, 그리고 그림 4-26, 4-27에 multiunit형 공조기를 나타낸다.

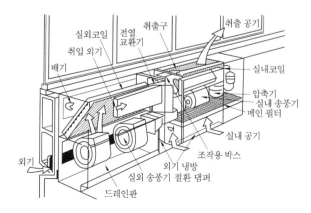

그림 4-25 wall through형 공기열원 히트 펌프 유닛

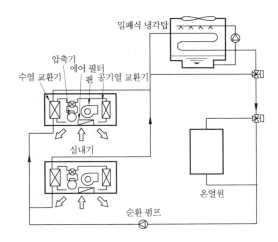

그림 4 - 26 멀티형 에어컨디셔너 (수열원 방식)

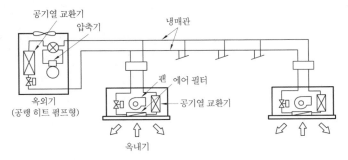

그림 4 - 27 멀티 유닛형 에어컨티셔너(냉매 방식)

2-10 바닥 취출 공조 방식

바닥 취출 공조 방식은 최근 들어 많이 채용하는 방식의 하나로 사무소 등의 OA기기의 증가로 인한 부하에 효과적으로 대응할 수 있을 뿐만 아니라 대체적으로 재실자의 욕구를 크게 만족하는 것으로 평가되고 있다. 그림 4-28은 바닥 취출 공조 방식을 나타낸 것이다.

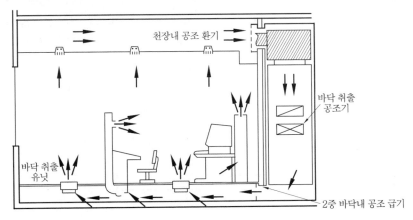

그림 4 - 28 바닥 취출 공조 방식

3. 특수 공조 방식

3-1 클린룸 (clean room)

클린룸은 ICR (Industrial Clean Room)과 BCR (Biological Clean Room)로 분류하며 ICR은 전자공업이나 정밀기계공업에서 요구되는 청정작업 환경을 만들기 위함이며, BCR은 식품공장, 약품공장, 병원의 수술실 등의 생물입자에 대한 청정을 목적으로 한다.

클린룸은 초고성능 에어 필터(HEPA-high efficiency particulate air filter, ULPA-ultra low penetration air filter)의 사용에 의해 공기 중의 0.1~0.3 μm으로 크기의 미립자를 계수 99.97~99.9997 % 이상 제거 성능을 발휘할 수 있다.

BCR의 경우 대부분의 박테리아와 바이러스는 공기 중의 부유입자에 부착되어 있기 때문에 고성능 필터에서 공기를 청정시켜 무균 상태로 만들어낸다.

표 4-5 Fed. Std. 209D 청정도 클래스 상한 농도 (개 / ft^3)

입경 (µm)	청정도 클래스					
	1	10	100	1000	10000	100000
0.1	35 (1236)	350 (12360)	NA.	NA.	NA.	NA.
0.2	7.5 (265)	75 (2649)	750 (26486)	NA.	NA.	NA.
0.3	3 (106)	30 (1059)	300 (10594)	NA.	NA.	NA.
0.5	1 (35)	10 (353)	100 (3531)	1000 (35315)	10000 (353147)	100000 (3531470)
5.0	NA.	NA.	NA.	7 (247)	70 (2472)	700 (24720)

㊟ NA.는 해당이 없음을 표시함. ( )내는 개 / m^{3}의 단위로 환산한 것을 표시한 것임.

현재 사용되고 있는 클린룸의 청정도 클래스는 표 4-5와 같다. 청정도를 나타내는 클래스는 1 ft^{3}의 공기 중에 0.5 μm 크기 입자가 몇 개 있는가로 표시된다. 즉 클래스 1은 1ft^{3}의 공기 중에 0.5 μm 크기의 입자가 1개 이상 포함되면 안 된다는 것을 나타낸다.

또 최근에는 초 LSI 제조공장에서는 수퍼 클린룸이라 하여, 0.3~0.1 μm에서 클래스 10 이하의 클린룸이 실용화되고 있다. 표 4-6에 클린룸의 실내기류 방식별 비교를 나타낸다.

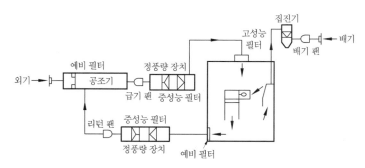

그림 4-29 의약품 공장의 공조 플로 예

표 4-6 클린룸의 실내 기류 방식별 비교

기류 방식	청정도	풍속 (m/s)	환기 횟수 (회/h)	측면 약도	취출구·흡입구	장 점	단 점	가격비
수직 정류 방식 (down flow 방식)	클래스 100	0.25 ~0.30	200 ~600		(1) 취출 천장의 80 % 이상 (2) 흡입 바닥의 40 % 이상, 요면에서도 가능	(1) 효과가 완전하다. (2) 작업인원·작업상태에 따른 영향이 적다. (3) 운전개시후 곧 정상상태가 된다. (4) 먼지가 쌓이거나 재부유가 매우 적다. (5) 관리가 용이하다.	(1) 천장부의 베드스페이스에 주의를 요한다. (난류방지를 위해) (2) 필터 교환이 불편하다. (3) 설비비가 매우 비싸다. (4) 실의 확장이 곤란하다.	100
수평 정류 방식 (cross flow 방식)	클래스 100	0.45 ~0.50	200 ~600		(1) 취출 벽의 80 % 이상 (2) 흡입 벽의 40 % 이상, 천장에서도 가능	(1) 운전개시후 곧 정상 상태가 된다. (2) 구조가 간단하다.	(1) 상류의 영향이 하류에 나타난다. (2) 사람·기기류배열·관리에 주의를 요한다. (3) 설치비가 크기이다. (4) 실의 확장이 곤란하다.	30 ~50
	클래스 1000	—	100 ~200					50 ~80
비정류 방식 (conventional 방식)	클래스 10000	—	30 ~60		(1) 취출 필터 취출구가 좋다. (2) 흡입 바닥면 가까이 로부터	(1) 구조가 간단하다. (2) 설비비가 싸다. (3) 실의확장이 비교적 용이 하다. (4) 크린벤치를 이용하면 고청정도가 확보된다.	(1) 기류가 난류 때문에 오염 입자가 실내에 순환할 우 려가 있다. (2) 정상상태로 될 때까지 시 간이 걸린다. (3) 사람·기기류배열·관리에 주의를 요한다.	10 ~40
	클래스 100000	—	20 ~30					

〔주〕 가격비의 숫자 수직층류 방식의 가격을 100으로 했을 경우의 대체적인 가격비임.

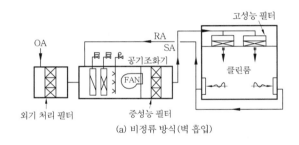

(a) 비정류 방식(벽 흡입)

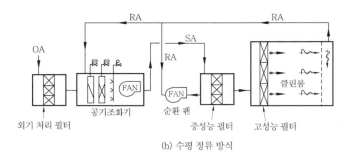

(b) 수평 정류 방식

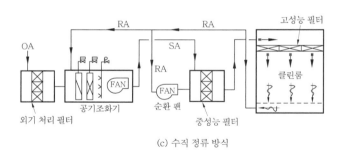

(c) 수직 정류 방식

그림 4-30 클린룸의 실내 기류 방식과 공조 시스템 예

무균실인 바이오클린룸 (bioclean room)은 공중미생물 중에 바이러스는 0.01 μm보다 더욱 작은 것이 있는데, 단체(單体)로 부유하지 않고, 분진에 부착되어 0.2~2 μm 정도의 크기라고 한다. 이 부유분진을 포집하는데, 앞의 클린룸 장치와 거의 같은 방식으로 장치를 한다.

바이오 클린룸의 미생물 제거의 목적은, 인간의 감염 방지, 의약품 등의 품질 유지 등을 대상으로 하는 미생물은 위험성이 작은 일반 잡균 및 존재할 가능성이 작은 병원 미생물이다.

한편 바이오 해저드 방지의 목적은, 인간에의 감염방지를 위해 병원 미생물의 존재가 확실한지, 또는 재차 DNA 실험처럼, 돌연변이에 의해 병원성이 생길 가능성이 있는 미생물을 제거하는 것이다. 재결합 DNA 실험 지침에서는 물리적 봉쇄 정도에 따라 P_1, P_2, P_3, P_4의 4개 레벨로 구분되어 있다. 그림 4-31은 P_3 레벨 실험실의 시스템이다.

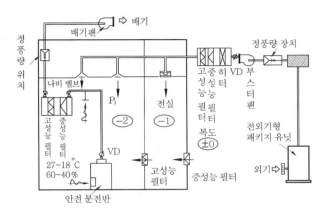

그림 4 - 31 재결합 DNA 실험실 (P₃)의 공조 플로

3-2 전산실

전산실에는 소형 컴퓨터에서부터 대형 컴퓨터까지 다양하게 설치되고 있다. 이들 실에서의 공조 계획의 특징은 다음과 같다.

① 24시간 계통과 일반계통이 혼재한다.

② 인간 대상과 시스템 대상이 혼재한다.

③ 내부 발열이 큰 실과 작은 실이 혼재한다.

공조 방식 결정을 위한 필요조건은 표 4-7, 공조 방식의 분류는 표 4-8, 그리고 컴퓨터실의 공조 방식의 특징과 비교는 표 4-9와 같다.

표 4-7 컴퓨터실 공조 검토 필요조건

검토 필요조건	비 고
높은 시스템 신뢰성	공조기의 back up, 물에 의한 사고 방지, 방재 성능
엄격한 환경 제어 조건	정밀도가 높은 기기, 자동 제어 시스템
24시간 운전에 대처	고효율 운전(에너지 절약), 보수시 대응
장래의 증설, 재배치에 대한 대처	부하 증가에 대처, 재배치시 병행 운전 대처 (부하면에서 보면 1.5~2배 정도 되는 것도 있다)

표 4-8 컴퓨터실의 공조 방식의 분류

송풍 방식	① 바닥아래 송풍 방식(프리액세스, 취출) ② 바닥위 송풍 방식(천장 덕트 취출) ③ 바닥아래, 바닥위 병용 방식(프리액세스, 천장 덕트 취출 병용 방식) ④ 바닥위 송풍 방식(직취 방식)
공 조 기	① 패키지 유닛 방식(공랭형, 수냉형) ② 에어핸들링 유닛
설치 장소	① 컴퓨터 실내 노출 설치 방식 ② 공조기계실 설치 방식

표 4-9 컴퓨터 공조 방식의 비교

공조 방식	특징과 비교
① 바닥아래 송풍 방식 (프리액세스 취출 방식) RA, 실내, 컴퓨터, 천장, SA, 바닥(프리 액세스)	· 컴퓨터에 일정 온도의 공기 공급이 용이하다. · 급기의 청정도가 ②보다 높다. · 바닥온도가 낮게 되고 불쾌감을 느끼는 경우가 있다.
② 바닥위 송풍 방식 (천장 취출 방식) SA, RA	· 컴퓨터의 급기온도가 ①, ③보다 변동하기 쉽다. · 바닥온도가 낮게되지 않아 오퍼레이터가 좋다.
③ 바닥아래, 바닥위 병용 방식 SA, RA, SA	· 컴퓨터에 일정온도의 공기 공급이 용이하다. · 실내온·습도가 ①보다 제어하기 쉽고 오퍼레이터환경도 좋아진다. · 설비비, 운전비가 고가이다.
④ 바닥위 송풍 방식 (직취 방식) SA, RA	· 실내 기류 분포, 온도 분포가 제일 나쁘다. · 온·습도조건, 청정도조건이 국소적으로 불만족한 경우가 있다. · 설비비, 운전비가 제일 싸다.

제 5 장   직접 난방

1. 난방 계획

1-1   난방 방식의 분류

직접 난방 설비는 증기 보일러, 온수 보일러, 온풍로 등의 열원 설비로부터 가열된 증기, 온수, 온풍 등의 열매를 직접 실내의 방열 장치에 공급하여 난방하는 방식을 말한다. 온풍로 난방은 공기 조화 설비에 의한 온풍 난방과 열원 설비인 온풍로로 가열된 1차 열매인 공기를 직접 난방실 내로 도입한다는 점에서 직접 난방 방식에 포함시키며, 1차 열매인 증기에 의해 가열된 2차 열매 온수를 사용하는 경우에도 직접 난방이라고 한다. 직접 난방 방식은 간접 난방 방식에 비해 설비가 간단하고 취급이나 유지 관리가 용이하나 실내 습도의 조절이나 공기의 청정도 유지가 곤란하다.

직접 난방 방식은 방열체의 방열 형식에 따라 대류 난방, 복사 난방으로 분류하며, 사용 열매에 따라 온수 난방, 고온수 난방, 증기 난방, 온풍 난방 등으로 분류한다. 대류 난방은 실내에 방열기를 설치하여 난방하는 것으로 방열기의 방열량 중 70~80 %가 대류에 의한 것이다. 복사 난방은 벽·바닥·천장 등을 직접 가열하여 이 방열체로부터의 방열량이 50~70 %가 복사에 의한 것을 말한다.

표 5-1과 표 5-2는 각종 난방 방식의 분류와 난방 방식에 대한 비교를 나타낸다. 이들 방식 중 대부분의 경우 증기 난방, 온수 난방, 복사 난방 등이 난방 방식으로는 가장 많이 이용된다.

표 5-1 난방 방식의 분류

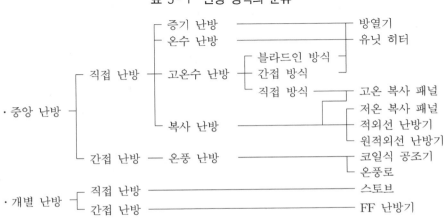

표 5-2 직접 난방 방식의 비교

난방 방식	열매 종류	쾌감도	실의 상하 온도 분포	온습도 조절
온수 난방	온 수	A	B	C
고온수 난방	고온수	B	B	C
복사 난방	온 수	A	A	C
증기 난방	증 기	B	B	C
온풍 난방	공 기	C	C	A

㈜ ① 성능은 A, B, C 순서로 유리함을 나타냄.
　　② 온수, 고온수, 증기 난방의 평가는 방열기를 이용한 대류 난방으로 본 것임.

1-2 각종 난방 방식의 특징

여기서는 건물에 이용되는 난방 방식 중 증기 난방, 온수 난방, 복사 난방의 특징에 대하여 설명하고자 한다.

(1) 난방 효과

그림 5-1에서 보는 바와 같이 복사 난방은 실내의 상하 온도차가 적고, 대류 난방인 증기, 온수 난방 등에서는 상하의 온도차가 크므로 실내 환경 분포가 좋지 않음을 나타낸다. 이와 같은 온도차는 증기 난방이 더 많은 차이를 보인다. 따라서 천정이 높거나 실의 개방 상태가 빈번한 곳은 복사 난방이 더 유리하다. 그러므로 난방 효과는 복사 난방, 온수 난방, 증기 난방 순서로 유리하다.

(2) 열용량

증기 난방에 비해 온수 난방이나 복사 난방은 큰 열용량을 갖고 있으므로, 예열이나 방열량 조정에 시간이 걸린다. 따라서 간헐 난방이나 단시간 사용하는 경우 예열 부하가 크기 때문에 불리하며, 이때는 증기 난방이 유리하다. 그러나 온수 난방이나 복사 난방은 열용량이 크기 때문에 난방을 중지하여도 난방 효과가 유지되는 장점이 있다.

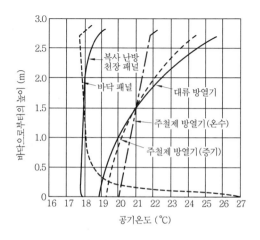

그림 5-1 각종 난방 방식에 따른 수직 온도 분포 비교

(3) 부하 변동에 대한 제어

증기 난방에서는 방열기 밸브로 발열량 조절이 곤란하지만, 온수 난방은 온수의 순환수량과 온수 온도를 조절하여 방열량 조절이 가능하다.

(4) 설비비

온수 난방은 증기 난방에 비해 일반적으로 소요 방열 면적이 커지게 되며, 또한 배관도 굵어지게 된다. 따라서 설비비도 일반적으로 높게 된다. 복사 난방에서는 때에 따라 특수한 건축 구조를 요하게 되므로 대류 난방에 비해 설비비가 많이 든다.

(5) 적용 제한

온수 난방에서는 보일러 및 방열기에 대하여 층 높이에 따라 수압이 작용하므로, 고층 건물에 대해서는 적용이 제한된다. 주철제 보일러의 경우 온수는 $3\,kg/cm^2$ 이하, 증기는 $1\,kg/cm^2$ 이하에 사용한다.

(6) 부식과 동결

온수를 사용하는 경우 일반적으로 보일러 및 관 내면의 부식이 적다. 그러나 동결이 우려되는 경우 부동액을 사용하게 되므로 추가로 비용이 들게 된다. 증기를 사용하는 경우는 방열기 및 관내에 거의 물이 없지만, 관말 트랩 등에서는 방출되지 않고 남은 응축수가 동결하여 증기 트랩이 파손되는 경우가 있다. 또한 증기의 환수관은 부식이 다른 것에 비해 빠르다.

1-3 직접 난방 설비의 용량 표시 방법

직접 난방 설비의 용량은 방열량 표시 방법인 상당 방열 면적(EDR＝Equivalent Direct Radiation) m^2와 시간당 방열량 kcal/h로 표시하는 방법이 있다.

상당 방열 면적(EDR)이란 실내온도 18.5 ℃, 열매온도가 증기 102 ℃, 온수 80 ℃의 표준 상태에서 얻어지는 표준 방열량 Q_0 [kcal/m^2·h]로 방열기의 전방열량 Q [kcal/h]를 나누어 얻어지는 값으로 표시된다.

$$EDR = \frac{Q}{Q_o} \ [m^2]$$

[5-1]

표 5-3은 증기 및 온수용 방열기의 표준 방열량을 나타낸다. 열매온도와 실내온도가 표준 상태가 아닐 경우에는 다음 식으로 보정한다.

$$EDR = \frac{Q}{Q_o/C} \ [m^2]$$

[5-2]

표 5-3 방열기의 표준 방열량

열매 종류	표준 방열량 Q_0 [kcal/m^2·h]	표준 상태에서의 온도 (℃)	
		열매온도	실내온도
증 기	650	102	18.5
온 수	450	80	18.5

C는 보정계수로써 열매가 증기일 때와 온수일 때 각각 다음과 같이 표시한다.

증기일 경우 $C = \left(\dfrac{83.5}{t_s - t_r} \right)^n$ [5-3]

온수일 경우 $C = \left(\dfrac{61.5}{(t_{w1} + t_{u2})/2 - t_r} \right)^n$ [5-4]

여기서, t_s : 증기온도 (℃), t_r : 실내온도 (℃), t_{w1}, t_{u2} : 방열기 입구 및 출구에서의 온도 (℃)

n : 주철제 방열기, 강판제 패널 방열기일 때는 1.3, 대류형 방열기일 때는 1.4

직접 난방 설비에서 증기 난방의 경우 방열기 내의 응축 수량은 방열기의 방열량을 그 증기 압력에서의 증발 잠열로 나누면 된다. 즉, 응축 수량 W는 다음 식으로 표시된다.

$$W = \frac{\text{방열기의 방열량}(\text{kcal}/\text{m}^2 \cdot \text{h})}{\text{방열기 내의 압력에 대한 증기의 증발 잠열}(\text{kcal}/\text{kg})} \, [\text{kg}/\text{m}^2 \cdot \text{h}] \quad [5\text{-}5]$$

예를 들면 방열 면적 $1\,\text{m}^2$ 당 어느 정도의 증기가 응축하는가를 절대 압력 $1.1\,\text{kg}/\text{cm}^2$에 대하여 구해보면, 이 때의 증발 잠열은 $539\,\text{kcal}/\text{kg}$이므로 매시 $650\,\text{kcal}/\text{m}^2 \cdot \text{h}$를 방열하기 위해서는

$$W = \frac{650}{539} = 1.21 \, [\text{kg}/\text{m}^2 \cdot \text{h}]$$

즉, 응축 수량은 방열 면적 $1\,\text{m}^2$ 당 $1.21\,\text{kg}/\text{h}$가 된다. 일반적으로 표준 상태에서의 방열 면적 $1\,\text{m}^2$ 당 응축 수량은 $1.21\,\text{kg}/\text{h}$이다.

1-4 방열기(radiator)

직접 난방 설비에 있어서의 방열기는 직접 실내에 설치하여 증기 또는 온수를 통하여 그 방산열로 실내 온도를 높이며, 더워진 실내 공기는 대류 작용에 의해 실내를 순환하여 난방의 목적을 달성한다. 방열기는 방열면으로부터의 복사에 의한 방열도 다소 있기는 하나 주로 대류에 의한 난방 방식이다 (표 5-4 방열기의 방열 특성 참조).

표 5-4 방열기의 방열 특성

방열기의 종류	복사 방열률 (%)	대류 방열률 (%)	방열기의 종류	복사 방열률 (%)	대류 방열률 (%)
주철제 방열기	30~40	60~70	팬 콘벡터	5 이하	95 이상
강판제 패널형 방열기	40~50	50~60	바닥 복사 패널(저온)	55 전후	45 전후
콘벡터	10~20	80~90	천장 복사 패널(고온)	70 전후	30 전후

방열기는 그 열효율을 높이고 내구성이 뛰어난 재료로 만들어지는 것이 필요 조건이며, 따라서 보통 주철제가 많이 사용되고 있으나 강판제나 강관을 그대로 방열기로 사용하는 경우도 있다.

강판제 방열기는 가볍고 판 두께가 얇으므로 열의 전도·방산은 주철제에 비해 우수하나 내구성이 약간 뒤진다.

강관으로 만든 방열기는 방열률이 좋으나 모양이 좋지 않은 관계로 특별한 경우를 제외하고는 잘 사용되지 않는다.

주철제 방열기는 여러 개의 섹션을 조립하여 임의의 부하에 대응하는 것으로 필요한 섹션

수는 다음과 같이 산출한다.

$$증기 \ 난방의 \ 경우 \quad N_s = \frac{H_L}{650\,a} \qquad\qquad [5-6]$$

$$온수 \ 난방의 \ 경우 \quad N_w = \frac{H_L}{450\,a} \qquad\qquad [5-7]$$

여기서, H_L : 난방 부하 (kcal / h), a : 방열기 section당 방열 면적(m^2)

(1) 방열기의 종류

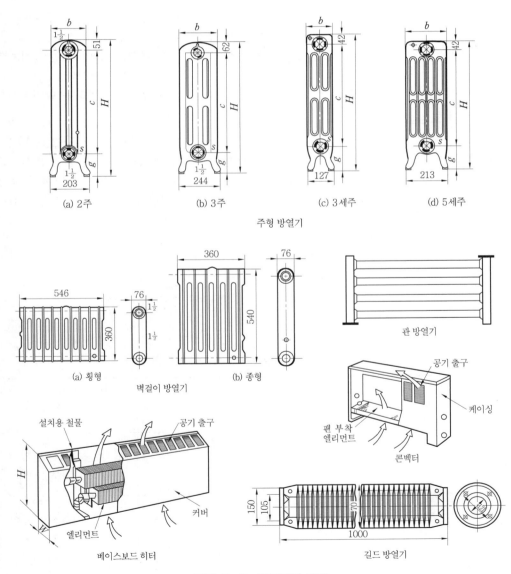

그림 5 - 2 **방열기의 종류**

방열기는 그 형상·재료 및 사용 열매의 종류에 따라 다음과 같이 분류할 수 있다.

① 형상에 따른 분류 : 주형 방열기(column radiator), 벽걸이 방열기(wall radiator), 길드 방열기(gilled radiator), 대류 방열기(convector), 관 방열기(pipe radiator), 베이스 보드 방열기(base board radiator)

② 재료에 따른 분류 : 주철제, 강판제, 기타 특수 금속제

③ 열매의 종류에 따른 분류 : 증기용, 온수용

- 주형 방열기 : 2주, 3주, 3세주, 5세주 방열기 등이 있다.
- 벽걸이 방열기 : 횡형(가로형)과 입형(세로형) 등이 있다.
- 길드 방열기 : 메이커에 따라 형상과 치수가 조금씩 다르다.
- 대류 방열기 : 대류 작용을 촉진하기 위하여 철제 캐비닛 속에 핀 튜브를 넣은 것으로 외관도 미려하고 열효율이 좋아 널리 사용되고 있다.
- 관 방열기 : 관을 조립하여 관의 표면적을 방열면으로 사용한 것으로 고압 증기에도 사용할 수 있다.
- 베이스 보드 방열기 : 대류형 방열기와 마찬가지이나 낮은 바닥에 설치하는 방열기이다.

(2) 방열기의 호칭법

방열기의 호칭은 종류별·섹션수에 따라 2주는 Ⅱ, 3주는 Ⅲ, 3세주는 3, 5세주는 5, 벽걸이는 W, 횡형은 H, 종형은 V로 표시한다. 예를 들면, 3세주 650을 18섹션 조합한 것은 3−650×18로 표시한다. 도면상으로 표시할 때는 원을 3등분하여 그 중앙에 방열기 종별과 형을 표시하고, 상단에 섹션수를, 하단에 유입관과 유출관 관경을 표시한다. 예를 들면 다음과 같다.

3 주형 방열기, 높이 650mm, 섹션수 15, 유입관과 유출관의 관경 3/4인치

벽걸이 세로형 방열기, 섹션수 3, 유입관과 유출관의 관경 1/2인치

그림 5-3 방열기 도시법

표 5-5 주철제 방열기의 성능 (1섹션당)

| 형 식 | | | 방열 면적 (m^2) | 내용적 (l) | 중량 (空) (kg) | 열용량 (kcal / ℃) | | 비 고 |
주 형	높이 H (mm)	폭 W (mm)				空	만수시	
3세주형	800	117	0.19	0.80	6.00	0.75	1.55	1섹션의 길이 50 mm
	700	117	0.16	0.73	5.50	0.60	1.33	
	650	117	0.15	0.70	5.00	0.58	1.28	
	600	117	0.13	0.60	4.50	0.48	1.08	
5세주형	800	203	0.33	1.20	10.00	1.10	2.30	1섹션의 길이 50 mm
	700	203	0.28	1.10	9.10	1.00	2.20	
	650	203	0.26	1.00	8.30	1.92	1.92	
	600	203	0.23	0.90	7.20	0.82	1.72	
벽걸이형	360	540	0.6	5.70	18.90	2.30	8.00	횡 형
	540	360	0.6	5.10	19.60	2.30	7.40	입 형

표 5-6 콘벡터의 방열 능력

(a) 온수용 콘벡터의 표준 상태 방열 능력   (단위 : kcal / h)

케이싱 높이(mm)	케이싱 폭(mm) / 케이싱 길이(mm)	500	700	800	1000	1200	1400	1600	1800
700	175	650	980	1140	1460	1780	2100	2430	2750
	225	820	1200	1400	1800	2190	2580	2980	3370
	270	900	1300	1520	1940	2350	2770	3180	3600
600	175	520	790	920	1190	1450	1720	1980	2250
	225	680	1010	1170	1510	1840	2170	2500	2840
	270	750	1100	1280	1630	1980	2330	2690	3040
500	175	400	610	720	930	1150	1360	1570	1790
	225	550	820	950	1230	1500	1770	2050	2320
	270	600	890	1040	1330	1620	1910	2200	2490

(b) 증기용 콘벡터의 표준 상태 방열 능력   (단위 : kcal / h)

케이싱 높이(mm)	케이싱 폭(mm) / 케이싱 길이(mm)	500	700	800	1000	1200	1400	1600	1800
700	175	730	1150	1370	1790	2220	2650	3080	3510
	225	890	1430	1700	2250	2800	3350	3910	4460
	270	960	1590	1890	2500	3120	3740	4360	4970
600	175	650	980	1150	1480	1810	2150	2480	2820
	225	880	1300	1520	1960	2400	2830	3270	3700
	270	940	1450	1700	2210	2710	3220	3730	4240
500	175	580	820	940	1180	1420	1650	1890	2130
	225	870	1190	1350	1670	1990	2310	2630	2950
	270	920	1250	1410	1740	2070	2390	2720	3050

표 5-7 베이스 보드 히터의 치수

(a) 증기용 방열기의 방열량 (kcal / h) 증기 102 ℃, 실온 18 ℃

높이 H [mm]	폭 W [mm]	형식 / 엘리먼트 유효 길이(mm)	600	800	1000	1200	1600	2000	2600	3000
255	135	증기용 1단식	690	910	1140	1370	1830	2290	2740	3430
385	135	증기용 2단식	1120	1490	1870	2250	2990	3740	4490	5610

(b) 온수용 방열기의 방열량 (kcal / h) 평균 온수 온도 75 ℃, 실온 18 ℃

높이 H [mm]	폭 W [mm]	형식 / 엘리먼트 유효 길이(mm)	600	800	1000	1200	1600	2000	2600	3000
255	135	온수용 1단식	400	530	660	790	1060	1330	1730	1990
385	135	온수용 2단식	760	860	1090	1300	1740	2170	2820	3250

예제 1. 어떤 실의 난방 부하가 5000 kcal / h일 때, 방열기의 상당 방열 면적(EDR)과 방열기의 섹션수를 구하라. (단, 증기온도는 111.4 ℃(증기압 0.5 kg / cm², 실온 19 ℃이고, 방열기는 주철제 3세주형, 높이 650 mm를 쓰는 것으로 한다.)

해설 표준 상태가 아니므로 식 [5-2]에 의해 보정하여 EDR을 구한다.

보정계수 $C = \left(\dfrac{83.5}{111.4 - 19}\right)^{1.3} = 0.877$

$\text{EDR} = \dfrac{Q}{Q_0 / C} = \dfrac{5000}{650 / 0.877} = 6.75 \, [\text{m}^2]$

주철제 3세주형 높이 650 mm 짜리의 section 방열 면적은 표 5-4에 의해 0.15 mm²이므로, 섹션수는 다음과 같다.

섹션수 $= \dfrac{6.75}{0.15} = 45$

🖹 EDR＝6.75 [m²], 섹션수＝45

1-5 난방 설비용 배관 부속품

(1) 방열기 밸브 (radiator valve)

방열기 밸브는 온수 또는 증기의 유량을 조정하는 것을 목적으로 하며, 열매의 종류에 따라 증기 난방용과 온수 난방용의 두 가지 종류가 있다. 증기용은 디스크 밸브를 사용한 스톱 밸브형이 많고, 온수용은 유체의 마찰 저항을 감소시키기 위해 콕 (cock)식이 많이 사용된다.

또 방열기 밸브는 유체의 흐름 방향에 따라 앵글형·직선형, 코너형이 있다. 방열기 밸브의 핸들은 열의 불량 도체로 내수·내열성의 합성수지 등으로 제작되며, 밸브의 디스크는 내열·내압성의 고무 등으로 제작된다.

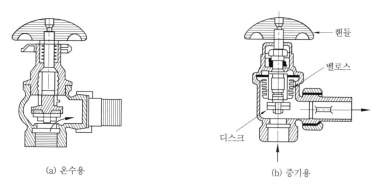

(a) 온수용   (b) 증기용

그림 5-4 방열기 밸브

(2) 2중 서비스 밸브 (double service valve)

이 밸브는 한랭지 배관에서 주로 사용된다. 특히 하향 급기식 배관에서는 방열기 밸브를 닫기 때문에 하향 수직관 내의 응축수가 동결할 때가 있는데 이의 방지를 위해 방열기 밸브와 열동 트랩을 조합한 밸브를 사용하는데 이를 2중 서비스 밸브라 한다.

(3) 리턴 콕 (return cock)

온수의 유량을 조절하기 위해 사용하는 것으로 주로 온수 방열기의 환수 밸브로 사용된다. 유량 조절은 리턴 콕의 캡을 열고 핸들을 부착하여 콕의 개폐도에 의해 조절한다.

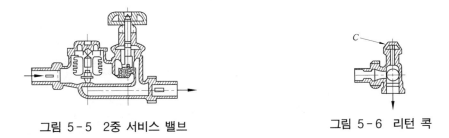

그림 5-5 2중 서비스 밸브   그림 5-6 리턴 콕

(4) 공기빼기 밸브 (air vent valve)

수동식과 자동식이 있다. 자동식으로는 열동식과 버저식 외에 병용식이 있고, 수동식으로는 온수 난방 설비의 방열기 상부에 설치하는 소형의 *P*콕도 있다. 또한 제품의 종류에 따라 진공 역류 방지기가 부착된 것과 벨로스나 다이어프램 밸브에 의해 밸브 속이 진공 상태가 되어 역류를 방지하는 것도 있다.

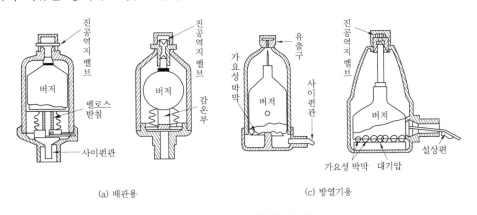

(a) 배관용   (c) 방열기용

그림 5-7 각종 공기빼기 밸브

공기빼기 밸브는 중력 환수식 증기 난방 장치의 방열기 배관과 온수 난방 등에 쓰인다. 방열기에 설치할 경우 공기는 증기보다 무거우므로 증기 유입구의 반대측 하부에 부착하는 것이 좋으나, 응축수가 밸브에 유입할 우려가 있으므로 방열기 높이 2/3 정도의 위치에 부착하는 것이 바람직하다.

(5) 증기 트랩 (steam trap)

증기 트랩은 방열기의 환수구(하부 tapping) 또는 증기 배관의 최말단 등에 부착하여 증기관내에 생긴 응축수만을 보일러 등에 환수시키며 생증기의 누출을 방지하기 위하여 사용하는 장치이다. 따라서 응축수가 원활하게 배출되지 못하면 증기 공간 내에 응축수가 차오르게 되며 결국 유효한 가열 면적이 감소하며, 워터해머의 발생 가능성이 높아져 배관이 손상될 수 있다. 그리고 가열 온도가 불균일하여 제품의 불량이 초래되며 증기 배관 및 설비 내부의 부식 또는 재질의 노화를 촉진시켜 설비 수명이 단축된다.

그 종류로는 트랩내의 벨로스(bellows)가 있는 방열기 트랩(radiator trap), 주로 고압 증기의 관말 트랩이나 증기 사용 세탁기, 증기 탕비기 등에 많이 사용되는 버킷 트랩(bucket trap), 그리고 저압 증기용의 기기 부속 트랩으로 많은 양의 응축수를 처리하기 위해 사용되는 플로트 트랩(float trap) 등 그 종류가 다양하다.

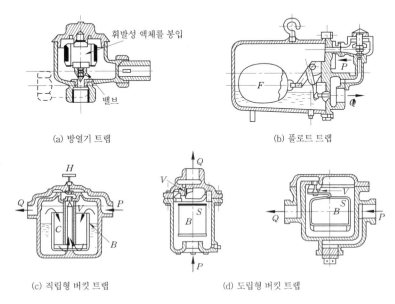

(a) 방열기 트랩
(b) 플로트 트랩
(c) 직립형 버킷 트랩
(d) 도립형 버킷 트랩

그림 5-8 증기 트랩

(6) 감압 밸브 (pressure reducing valve)

감압 밸브는 고압 배관과 저압 배관과의 사이에 설치하여 저압측의 증기 사용량의 증감에 관계없이 또는 고압측 압력의 변동에 관계없이 밸브의 리프트를 자동적으로 조절하여 증기 유량과 저압측의 압력을 일정하게 유지하는 작용을 한다.

밸브의 작동은 2차측(저압)의 압력을 검지하여 벨로스·다이어프램 또는 피스톤에 의해 밸브의 개구면적을 가감토록 되어 있다. 감압 밸브의 감압비는 허용치에 따라 1단 감압과 2단 감압을 하는 경우가 있고, 유량 변동이 매우 클 때는 두 개의 감압 밸브를 병렬로 연결하는 경우도 있다.

(7) 인젝터(injector)

인젝터는 증기 보일러의 급수 장치로서 증기 노즐·혼합 노즐·방출 노즐로서 구성되며, 증기 밸브를 열어 인젝터의 핸들을 열면 증기 노즐로부터의 고속 증기 분류에 의한 인젝터 작용과 흡상되는 물과 혼합하여 응축할 때의 진공 작용으로 강력하게 물이 빨아들여져서, 혼합 노즐을 거쳐 방출 노즐에 도달하여 속도가 늦춰지면서 보일러에 급수된다. 이때 방출 노즐의 주위는 진공이 되므로 인젝터 체크가 자동적으로 닫혀 공기 침입이 방지되고 필요 이상의 물은 오버 플로에서 인젝터 체크를 밀어 올려 넘쳐 나간다. 인젝터의 급수량과 급수 압력은 증기 압력, 흡상 물의 온도, 흡상 높이 등에 따라 변화하므로 알맞은 것을 택해야 한다.

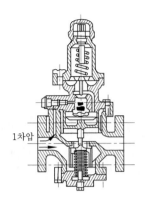

그림 5-9 감압 밸브

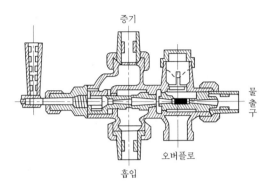

그림 5-10 인젝터

2. 증기 난방

2-1 개 요

증기 난방 (steam heating)은 보일러에서 물을 가열하여 발생된 증기를 각 실에 설치된 방열기로 보내어 이 수증기의 증발 잠열로 난방을 하는 방식이다. 방열기 내에서 수증기는 증발 잠열을 빼앗기므로 응축이 되며, 이 응축수는 트랩에서 증기와 분리되어 환수관을 통하여 보일러에 환수된다. 증기 난방의 장·단점은 다음과 같다.

〈장 점〉

① 증발잠열을 이용하기 때문에 열의 운반 능력이 크다.

② 예열 시간이 온수 난방에 비해 짧고 증기의 순환이 빠르다.

③ 방열 면적을 온수 난방보다 작게 할 수 있으며, 관경이 가늘어도 된다.

④ 설비비와 유지비가 싸다.

〈단 점〉

① 난방의 쾌감도가 낮다.

② 난방 부하의 변동에 따라 방열량 조절이 곤란하다.

③ 소음이 많이 난다.

④ 보일러 취급에 기술을 요한다.

증기 난방은 여러 방식에 따라 분류되며 대부분 사용 증기 압력, 응축수 환수 방식, 환수 배관 방식, 증기 공급 배관 방식으로 분류하며, 그 내용은 표 5-8과 같다.

표 5-8 증기 난방법의 분류 및 종류

분　류	종　류	분　류	종　류
증기 압력	① 고압식 ② 저압식 ③ 진공식	환수 배관 방식	① 습식 환수 배관 ② 건식 환수 배관
응축수 환수 방식	① 중력 환수식 ② 기계 환수식 ③ 진공 환수식	배관 방식	① 단관식 ② 복관식

(1) 사용 증기 압력에 따른 분류

사용되는 증기 압력에 따라 다음과 같이 분류된다.

① 고압식 : 게이지 압력 $3 \sim 1 \, \mathrm{kg/cm^2}$

② 저압식 : 게이지 압력 $0 \sim 1 \, \mathrm{kg/cm^2}$

③ 베이퍼식 : 게이지 압력 $0.2 \, \mathrm{kg/cm^2} \sim$ 진공압

④ 진공식 : 게이지 압력 $1 \, \mathrm{kg/cm^2}$에서 진공압 $200 \, \mathrm{mmHg}$ 정도의 증기를 이용

고압식은 지역 난방(district heating)이나 공장 등에서 쓰이며, 배관을 가늘게 할 수 있으나, 방열면의 온도가 높기 때문에 난방에 의한 쾌감도는 낮다. 보통은 저압식과 진공식에 많이 쓰인다.

진공식은 방열기 내의 압력을 조절하여 그 온도를 광범위하게 변화시켜 방열량을 조절할 수 있는 이점이 있다.

(2) 응축수 환수 방법에 따른 분류

중력 환수식, 기계 환수식, 진공 환수식으로 분류된다. 중력 환수식은 응축수 구배를 충분히 둔 환수관을 통해 중력만으로 보일러에 환수하는 방식으로, 소규모의 저압 증기 설비로서 보일러와 방열기의 높이차를 충분히 유지할 수 있는 경우에 쓰이나 현재는 거의 쓰이지 않는다.

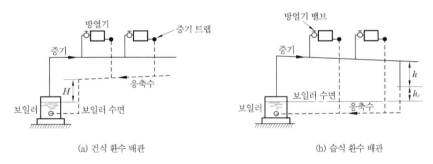

(a) 건식 환수 배관   (b) 습식 환수 배관

그림 5-11 중력 환수식

그림 5-11은 중력 환수식을 나타낸다. 그림 (a)는 보일러 수위와 환수 주관과의 높이차 H가 보일러의 최고 사용 증기 압력에 상당하는 수두보다 항상 커야 한다. 그리고 그림 (b)의 환수관 말단 수면은 관의 마찰 손실 h_f만큼 보일러 수면보다 높아지게 되므로 증기 주관은 이보다 더욱 높게 해 주어야 하며, 보통 $h \geqq 400 \, \mathrm{mm}$로 하고 있다.

기계 환수식은 환수관을 수수 탱크에 접속하여 응축수를 이 탱크에 모아 펌프로 보일러에 수송하는 방식이므로 보일러의 위치는 방열기와 동일한 바닥면 또는 높은 위치가 되어도 지장이 없다. 즉, 중력 환수식의 배관을 그대로 두고 환수 주관과 수수 탱크와의 사이는 중력식으로 조작하고 수수 탱크에 모인 응축수만을 펌프로 보일러에 송수하는 방식이다.

따라서 응축수 수수 탱크의 설치 높이는 최저 위치에 있는 방열기보다 낮은 위치에 있어야 한다. 이 난방 장치에 있어서 응축수 펌프의 소요 수두(양정)는 그림 5-12를 참조하여 다음 식으로 구한다.

$$H \geqq h + h_b + h_f \tag{5-8}$$

여기서, H : 응축수 펌프의 소요 수두 (mAq)

　　　　h : 보일러의 수면과 응축수 수수 탱크 수면과의 수위차 (mAq)

　　　　h_b : 보일러의 최고 증기압에 상당하는 수두 (mAq)

　　　　h_f : 보일러 급수관의 마찰 손실 수두 (mAq)

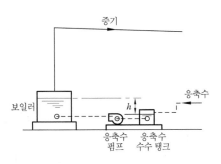

그림 5-12 기계 환수식

진공 환수식은 저압 증기 난방에서의 기계 환수의 한 방식이며, 환수관의 말단에 진공 펌프를 접속하여 응축수와 관내의 공기를 흡인해서 증기 트랩 이후의 환수관 내를 진공압으로 만들어 응축수의 흐름을 촉진하는 것이다. 이에 의해 환수의 흐름이 원활해지므로 환수 관경을 적게 할 수 있고, 배관 기울기에 구애됨이 없이 리프트 이음 (lift fitting)이 가능케 된다. 진공 급수 펌프는 진공압 250 mmHg 정도로 운전되는 경우가 많다.

이 방식은 세 가지 응축수 환수 방식 중 증기의 순환이 가장 빠르며, 방열기 · 보일러 등의 설치 위치에 하나도 제한을 받지 않는다. 따라서 대규모 난방에서는 이 방식이 많이 채택된다. 그림 5-13은 진공 환수식에 의한 저압 증기 난방 방식의 대표적 구성을 나타낸 것이다.

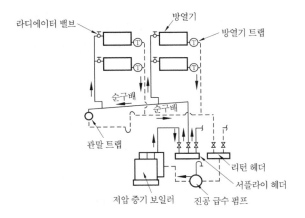

그림 5-13 저압 증기 난방 방식

(3) 환수 배관 방식에 따른 분류

그림 5-11의 (a), (b)와 같이 중력 환수식에는 건식 환수 배관 방식과 습식 환수 배관 방식이 있다.

(4) 배관 방식에 따른 분류

단관식과 복관식이 있으며, 단관식은 증기와 응축수가 동일관 내에 흐르도록 한 것으로 증기 트랩을 쓰지 않고, 방열량의 조절은 방열기 밸브에 의하여 행한다. 이 방식은 현재 잘 채용되지 않고 있다.

복관식은 증기관과 환수관을 별개의 관으로 하고, 방열기마다 증기 트랩을 설치하여 응축수만을 환수관을 통하여 보일러로 환수시킨다. 대부분의 난방 배관은 복관식을 채용하여 증기의 흐름 방향에 따라 상향 공급 방식과 하향 공급 방식으로 분류하기도 한다.

2-2 관경 결정법

(1) 마찰 저항과 국부 저항

배관내를 증기가 유동할 때 증기의 마찰 저항 때문에 그 흐름이 방해되어 증기 압력이 강하한다. 이것을 마찰 저항 손실이라고 하며, 증기 배관의 관경을 결정하는데 꼭 필요한 사항이다. 일반적으로 직관의 마찰 저항은 Darcy-Weisbach식에 의해 계산된다.

$$\Delta P_f = f \frac{l}{d} \cdot \rho \frac{v^2}{2\,g} \; [\mathrm{kg/m^2}] \qquad\qquad [5-9]$$

여기서, ΔP_f : 마찰 저항에 의한 압력 손실(압력 강하)($\mathrm{kg/m^2}$)

ρ : 증기의 비중량($\mathrm{kg/m^3}$)

f : 마찰 손실 계수

v : 증기의 평균 유속($\mathrm{m/sec}$), d : 관의 안지름(m)

g : 중력 가속도($\mathrm{m/sec^2}$), l : 배관의 길이(m)

그림 5-15에 식 [5-9]와 기타 식을 이용하여 게이지 압력 $0\,\mathrm{kg/cm^2}$ 때의 증기 유량과 마찰 손실과의 관계를 선도로 만든 것을 나타낸다. 그리고 압력 $0\,\mathrm{kg/cm^2}$ 이외의 증기에 대해서도 마찰 손실 및 기타를 구할 수 있도록 하부 및 우측에 보충 선도가 추가되어 있다.

그리고 배관도중 엘보나 티 등의 이음쇠와 밸브류의 저항을 국부 저항이라 하며, 이것과 같은 마찰 저항을 갖는 동일 관경의 직관 길이(상당 관 길이)로 표시하면 유리하다.

국부 저항에 의한 압력 손실은 다음 식으로 구한다.

$$\Delta P_d = \zeta \frac{\rho}{2\,g} v^2 \; [\mathrm{kg/m^2}] \qquad\qquad [5-10]$$

여기서, ΔP_d : 국부 저항에 의한 압력 손실(압력 강하) ($\mathrm{kg/m^2}$)

ζ : 국부 저항 계수(표 5-11)

이 국부 저항은 같은 압력 손실을 주는 직관 길이로 환산할 수 있으며, 이것을 국부 저항 상당 관 길이라 한다. 이것은 식 [5-9]와 [5-10]을 이용하여 구할 수 있다.

$$l = \frac{\zeta}{f} \; [d] \qquad\qquad [5-11]$$

그림 5-14는 표 5-11의 국부 저항 계수의 값을 써서 만든 국부 저항의 상당 관 길이를 구하는 선도이다. $1\,\mathrm{kg/cm^2}$의 증기를 기준으로 만든 것이지만, 다른 압력의 증기나 일반 수 배관에 대해서도 5 % 오차로서 사용할 수 있다.

표 5-9 증기 배관의 허용 압력 강하

초기 증기 압력 (kg / cm^2)	관 길이 100 m 당 압력 강하 (kg / cm^2/100 m)	증기관내 전 압력 강하 (kg / cm^2)
진공 환수식	0.03~0.06	0.07~0.14
0	0.007	0.005
0.07	0.03	0.005~0.02
0.15	0.03	0.04
0.35	0.06	0.1
0.7	0.12	0.2
1.0	0.23	0.3
2.0	0.5	0.3~0.7
3.5	0.5~1.2	0.7~1.0
7	0.5~1.2	1.0~1.75
10	0.5~2.3	1.75~2.0

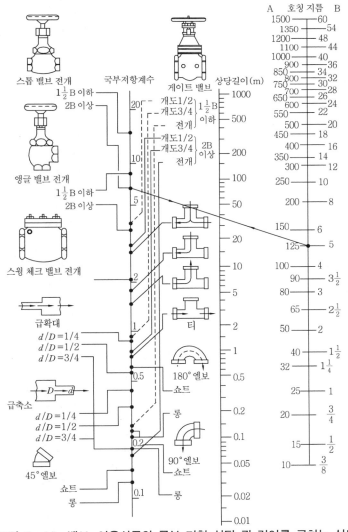

그림 5-14 밸브, 이음쇠류의 국부 저항 상당 관 길이를 구하는 선도

표 5-10 허용 증기 속도 (m/s)

관 경(mm)	20	25	32	40	50	65	80	90	100
역구배 수평관 (구배 1/80)	6.6	7.5	8.7	9.0	—	—	—	—	—
복관 상향 급기 수직관	9.1	10.3	12.2	13.5	16.0	18.3	19.2	21.0	21.9
단관 상향 급기 수직관	8.2	9.4	11.0	11.4	12.0	12.2	12.2	12.2	12.2

표 5-11 밸브·이음쇠류의 국부 저항 계수

종 류	ζ	종 류	ζ	종 류	ζ
스톱 밸브 전개 40 A 이하	15.0	체크 밸브 (스윙형) 전개	2.0	급축소 $d/D=1/4$	0.42
50 A 이상	7.0	180° 엘보 쇼트	0.60	1/2	0.36
앵글 밸브 전개 40 A 이하	8.5	롱	0.24	3/4	0.20
50 A 이상	3.9	90° 엘보 쇼트	0.27		
게이트 밸브 40 A 이하 전개	0.28	롱	0.20	티	3.0
개폐도 3/4	0.91	45° 엘보 쇼트	0.15		
개폐도 1/2	4.3	롱	0.13	티	1.5
게이트 밸브 50 A 이상 전개	0.18	급확대 $d/D=1/4$	0.88		
개폐도 3/4	0.73	1/2	0.55	티	0.7
개폐도 1/2	3.2	3/4	0.20		

(2) 허용 증기 속도와 증기 유량표

표 5-12 저압 증기관의 용량표 　　　　(단위 : 상당 방열면적 EDR [m²])

압력강하 / 관경(A)	순구배 수평관 및 하향 급기 수직관 (복관식 및 단관식)						역구배 수평관 및 상향 급기 수직관			
	$R=$압력 강하 (kg/cm²/100 m)						복관식		단관식	
	0.005	0.01	0.02	0.05	0.1	0.2	수직관	수평관	수직관	수평관
	A	B	C	D	E	F	G[1]	H[3]	I[2]	J[3]
20	2.1	3.1	4.5	7.4	10.6	15.3	4.5	—	3.1	—
25	3.9	5.7	8.4	14	20	29	8.4	3.7	5.7	3.0
32	7.7	11.5	17	28	41	59	17.0	8.2	11.5	6.8
40	12	17.5	26	42	61	88	26	12	17.5	10.4
50	22	33	48	80	115	166	48	21	33	18
65	44	64	94	155	225	325	90	51	63	34
80	70	102	150	247	350	510	130	85	96	55
90	104	150	218	360	520	740	180	134	135	85
100	145	210	300	500	720	1040	235	192	175	130
125	260	370	540	860	1250	1800	440	360		240
150	410	600	860	1400	2000	2900	770	610		
200	850	1240	1800	2900	4100	5900	1700	1340		
250	1530	2200	3200	5100	7300	10400	3000	2500		
300	2450	3500	5000	8100	11500	17000	4800	4000		

㊟ 1) G란은 $R=0.005$ 및 0.01에 사용해서는 안 된다. A란 또는 B란을 쓴다.

　　2) I란을 $R=0.005$에 써서는 안 된다. A란을 쓴다.

　　3) 수직관 및 방열기로의 접속용 수평관 구배는 1/24 이상으로 해야 한다. 이 구배를 취할 수 없을 때 또는 수평관이 2.5 m 이상으로 되는 경우에는 표보다 한 치수 큰 관경으로 선정한다.

표 5-10은 응축수가 안전하게 흐를 수 있는 최대 유속을 실험으로 구한 것이며, 실제의 증기관에서는 안전을 고려하여 더 낮은 유속으로 설계해야 한다. 이와 같이 제한 유속을 고려하고, 또한 증기 유량 대신에 상당 방열 면적 EDR [m²]을 단위로 한 저압 증기관의 용량표를 표 5-12에 나타낸다. 이 표는 온도 102 ℃의 포화 증기를 기준으로 하여 환산한 것으로 1 kg / cm² 이상의 고압 증기에는 사용할 수 없다.

이 표는 관 길이 100 m 당의 직관부 압력 손실을 기준으로 하여 표시하고 있으므로, 증기관 계통에 대해 100 m 당의 압력 강하를 결정한 후 이용하는 것이 보통이다. 또 역구배관이나 수직관 등에서는 100 m 당의 압력 손실 여하에 관계없이 제한 속도의 초과가 허용되지 않기 때문에 관경 결정에 쓰이는 난이 제한되고 있다.

(3) 환수관의 용량

표 5-13은 미국에서 수년간 실험을 통하여 작성한 저압 증기의 환수관 용량표를 나타낸 것이다.

표 5-13 저압 증기의 환수관 용량표　　　(단위 : 상당 방열면적 EDR [m²])

압력강하 관경(A)	수 평 관(K)									수 직 관				
	R=0.005		0.01		0.02		0.05		0.1	진 공 식(L)				건식 (M)
	습식	건식	습식 및 진공식	건식	습식 및 진공식	건식	습식 및 진공식	건식	진공식	R=0.001	0.02	0.05	0.1	
20	22.3	–	31.6		44.5	–	69.6		99.4	58.3	77	121	76	17.6
25	39	19.5	58.3	26.9	77	34.4	121	42.7	176	93	130	209	297	41.8
32	67	42	93	54.3	130	70.5	209	88	297	149	209	334	464	92
40	106	65	149	89	209	114	334	139	464	316	436	696	975	139
50	223	149	316	195	436	246	696	293	975	520	734	1170	1640	278
65	372	242	520	334	734	408	1170	492	1640	826	1190	1860	2650	
80	585	446	826	594	1190	724	1860	910	2650	1225	1760	2780	3900	
90	863	640	1225	835	1760	1020	2780	1300	3900	1710	2410	3810	5380	
100	1210	955	1710	1250	2410	1580	3810	1950	5380	2970	4270	6600	9300	
125	2140	–	2970	–	4270	–	6600	–	9300	4830	6780	10850	15200	
150	3100	–	4830	–	6780	–	10850	–	15200					

(4) 증기 배관 설계

증기관 및 환수관은 보일러의 초기 압력 및 중력을 이용하여 증기 또는 환수를 흐르게 하고 있으므로 배관 설계에서는 전압력 강하를 절대로 보일러의 초기 증기압을 넘게 해서는 안되며, 실용상은 초기 증기압의 1 / 3 정도로서 전압력 강하로 한다.

전압력 강하량 ΔP [kg / cm²]가 결정되면, 보일러에서 최원거리까지의 배관 길이 l [m]을 구하고 다음 식으로 직관 100 m 당 압력 강하 R [kg / cm² · 100 m]을 구한다.

$$R = \frac{100 \cdot \Delta P}{l(1+k)} \qquad\qquad [5-12]$$

이 식의 전압력 강하량 ΔP는 보일러에서의 증기 압력과 방열기에서의 증기 압력차를 나타낸다. 그리고 k는 밸브류, 이음쇠 등의 국부 저항 상당 관 길이를 나타내는 것으로 보통 0.5~1.0 범위내에서 사용된다. 표 5-9에는 일반적으로 사용되는 증기 배관의 허용 압력 강하를 나타낸다.

　게이지압 $2\,kg/cm^2$ 이상의 고압 증기 배관에서는 관내 증기 유속에 따라 관경을 결정할 때가 있으며, 순수 배관은 관 안지름을 $d\,[mm]$라 하면 $0.2\,d\,[m/s]$ 정도를 최대 유속 표준으로 하고, 보일러 출구관은 $25~40\,m/s$, 주관 $30~40\,m/s$, 과열 증기 $60\,m/s$ 정도를 쓰는 경우가 있다. 이와 같이 속도법으로 관경을 결정하더라도 허용 전압력 강하는 초기 증기압의 $1/3$ 정도를 넘어서는 안 된다.

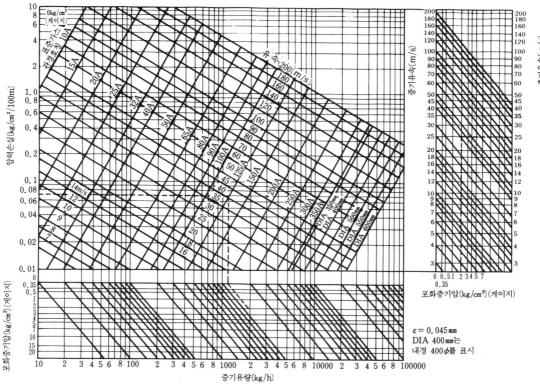

그림 5-15 증기 유량 선도

게이지 압력[kg/cm²]	0	0.35	0.5	1	2	3	4	5	7		
온　　　도(℃)	100	108.3	111.4	120.1	133.2	143.2	151.4	158.3	169.8	183.3	200.5	213.9
엔탈피 (i)[kcal/kg]	639	642	643	646	651	654	656	658	661	664	667	669
증발잠열 r[kcal/kg]	539	533	532	526	517	510	504	499	490	478	463	450

㈜ 이 그림 이용 방법은 예를 들어 포화 증기압 $2\;kg/cm^2$의 증기 $2000\,kg/h$를 $125\,A$의 관으로 보내고 싶을 때 관 길이 $100\,m$ 당 마찰 저항 손실과 관내 실내 유속을 구해 보면 다음과 같다. 먼저 하부의 유량 $2000\,kg/h$의 점에서 포화증기압 $2\,kg/cm^2$까지 수직으로 세워 사선에 평행으로 올린 후 본 표에 수선을 세워 $125\,A$와의 교점에서는 손실 압력을 읽으면 $0.07\,kg/cm^2/100\,m$가 구해진다. 이때 유속은 $41\,m/s$지만 우측 선도에 의해 압력 $2\,kg/cm^2$일 때의 실제 유속은 $25\,m/s$가 된다.

예제 2. 다음 그림과 같은 저압 증기 난방의 Ⓐ~Ⓓ의 각 부분의 관경을 구하라. (단, ① 증기 관 내의 허용 전압력 강하 0.13 kg / cm² 이하, ② 국부 저항 상당 관 길이는 직관 길이의 80 %)

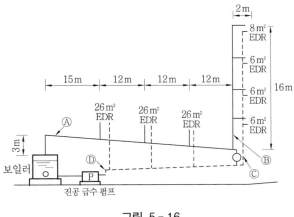

그림 5-16

[해설] 직관 100 m 당 압력 강하 R을 식 [5-12]에 의하여 구한다. 보일러로부터 가장 원거리에 있는 방열기까지의 거리는 계산에 의해 72 m가 된다.

$$R = \frac{0.13}{72(1+0.8)} \times 100 \fallingdotseq 0.1 \, kg / cm^2 / 100 \, m$$

증기 주관 (수평관) Ⓐ는 총 EDR이 $(26 \times 3) + (8+6+6+6) = 104 \, m^2$이 되므로 표 5-12의 E란을 이용하여 구하면 50 A가 된다 (50 A는 EDR 115 m²까지를 감당할 수 있다). 수직관 Ⓑ는 EDR 26 m²이므로 G란을 이용하면 40 A가 된다. 환수 관경은 표 5-13을 이용하여 구하면, Ⓒ 는 20 A, Ⓓ는 25 A가 되지만 환수 주관은 32 A 이상의 관을 사용한다.

🔑 Ⓐ=50 A, Ⓑ=40 A, Ⓒ=32 A, Ⓓ=32 A

2-3 증기 난방 설계 순서

증기 난방의 설계 순서를 그림으로 나타내면 다음과 같다.

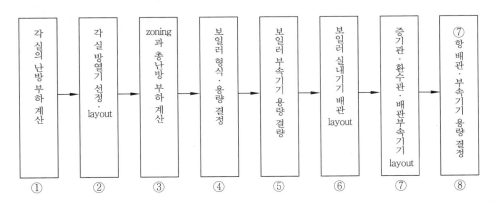

그림 5-17 증기 난방의 설계 순서

① 난방 부하 계산 : 3장 (난방 부하)에 의해 계산한다.

② 각실의 방열기 선정 · layout : 난방 부하에 대해 필요한 방열기를 설정한다. 방열기 한 개의 방열 면적은 10 m² 이하가 되도록 한다. 방열기 용량 결정시 예열을 고려하여 지역의 추위의 정도에 따라 설계 난방 부하보다 10~15 %까지 할증하는 경우가 있다.

③ zoning과 총 난방 부하 계산 : 각실의 방열기 용량이 결정되었으면 방위별 부하 특성이 다른 실별로, 또는 사용 시간별로 zoning하고 계통별 방열기 용량과 합계에 의해 총난방 부하를 산정한다. 그리고 총 난방 부하에는 난방 부하 외에도 급탕 부하, 공기 조화 부하 등도 포함시킨다.

④ 보일러 형식 · 용량 결정 : ③에서 구한 총 난방 부하에 10~20 %의 배관 손실을 더하고, 여기에 또 다시 15~20 %의 예열 부하를 가산하여 가열 용량을 결정한다. 그리고 건물의 용도와 규모, ②에서 선정한 방열기의 종별 등에 의해 전체 시스템을 결정하고 증기압이 결정된다. 이 결과를 검토하여 보일러를 선정한다.

⑤ 보일러 부속기기 용량 결정 : ④에서 결정한 보일러에 의해 저유조, 서비스 탱크, 급유 펌프, 보일러 급수 장치, 응축수 수수 탱크 등의 용량을 결정한다.

⑥ 보일러 실내기기 · 배관의 layout : ⑤에서 결정한 기기 용량에 따라 카탈로그 등에서 기기를 선정하고, 그 치수를 확인하여 보일러실 내에 배치한다. 보일러실에는 보일러를 중심으로 연료 공급 장치, 연소 장치, 연도, 스팀 헤더, 리턴 헤더, 응축수 수수 탱크, 보일러 급수 장치, 보일러실 환기 장치 등이 배치된다. 이들 설비는 법규상 검토는 물론 후일의 수리 등을 충분히 고려하여 배치되어야 한다.

⑦ 증기관 · 환수관 · 배관 부속기기 layout : 2−4의 증기 난방 배관법을 참조한다.

2−4 증기 난방 배관법

(1) 증기 주관에서 상향 수직관을 분기할 때의 배관

① 단관식의 경우 : 그림 5−18의 (a)와 같이 증기 주관에서 T이음 상향, 또는 (b)와 같이 45° 상향으로 세워 증기 주관 상층부에서 증기를 도입하도록 한다. 또 열팽창에 의한 신축을 흡수시키기 위하여 증기 주관과 상향 수직관과의 연결부는 2개 이상의 엘보를 써서 스위블 이음으로 한다. 이때 수평관은 선 상향 구배로 하여 상향 수직관에서의 응축수가 정체하지 않고 주관에 흘러내리도록 한다.

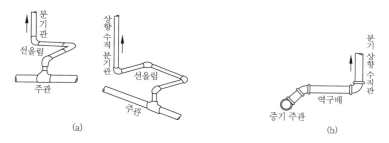

그림 5−18 증기 주관에서 상향 수직관 분기(단관식)

② 복관식의 경우 : 복관식에 있어서는 급기 상향 수직관 내에 발생한 응축수를 환수 주관으로 배제할 필요가 있다. 건식 환수관의 경우에는 그림 5-19의 (a)와 같이 열동식 트랩을 통하여 환수관의 응축수 및 기타 공기를 배제하고, 습식일 경우에는 그림 (b)와 같이 트랩이 필요치 않고 직접 습식 환수관에 연결하여 응축수를 배제한다.

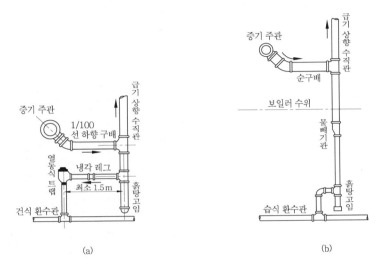

그림 5-19 증기 주관에서 상향 수직관 분기(복관식)

(2) 증기 주관에서 하향 수직관을 분기할 때의 배관

하향 급기식에 있어서 최고층의 천장 위의 증기 주관에서 급기 수직관을 분기할 때는 그림 5-20과 같이 T이음을 하향으로 또는 45° 하향으로 세워 스위블 이음으로 내리 세운다.

그림 5-20 하향 수직관 분기

(3) 급기 하향 수직관 하단의 트랩 배관

하향 급기식에 있어서 급기 하향 수직관 최하단은 관내 응축수를 배제하기 위하여 환수관에 연결하지 않으면 안 된다. 건식 환수관에 연결할 때는 그림 5-21과 같이 열동식 트랩을 통하여 접속하고, 하향 수직관 하단에는 찌꺼기 배출구를 만들어 제거할 수 있도록 한다.

습식 환수관일 때는 트랩을 필요로 하지 않으며 직접 환수관에 연결한다(그림 5-19 (b)의 아랫부분 참조).

(4) 증기 주관을 도중에서 위로 꺾을 때의 트랩 배관

증기 주관을 선 하향 구배로 배관하면 그 연장이 길어져서 건축 구조와의 관계상 부득이 배관 도중에서 올려 세울 필요가 있는 경우 또는 보 등의 장해물이 있는 곳에서 올려 세울 필요가 있는 경우에는 그림 5-22와 같이 관내의 응축수를 배출하기 위해 물빼기관을 달 필 요가 있다. 이때 환수관이 건식인 때에는 그림과 같이 반드시 스팀 트랩을 경유하여 연결하 여야 한다.

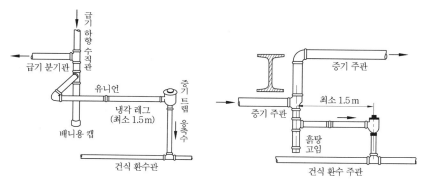

그림 5-21 급기 하향 수직관   그림 5-22 증기 주관 도중의 입상 개
하단의 트랩 배관   소의 트랩 배관

(5) 환수관이 출입구나 보(beam)와 교차할 때의 배관

환수관이 출입구나 보와 마주칠 때는 그림 5-23과 같이 배관을 루프형으로 하여 그 위쪽 관으로 공기를 유통시키고 아래쪽 관으로 응축수가 흐르게 한다.

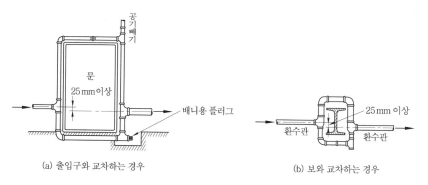

(a) 출입구와 교차하는 경우   (b) 보와 교차하는 경우

그림 5-23 환수관이 장해물과 마주쳤을 때의 배관법

(6) 증기 주관의 관말 트랩 배관

증기 주관의 관 끝에서 주관 안의 응축수를 건식 환수관에 배출하기 위해서는 그림 5-24 와 같이 배관한다. 즉, 주관과 같은 관경으로 하향 수직관을 세우고 그 하부에 찌꺼기 고임 부를 만들어 트랩에 찌꺼기가 혼입하는 것을 방지하여 열동 트랩에 의해 응축수와 공기를

건식 환수관에 보낸다.

증기 주관에서부터 트랩에 이르는 냉각 레그(cooling leg)는 완전한 응축수를 트랩에 보내는 관계로 보온 피복을 하지 않으며, 또 냉각 면적을 넓히기 위해 그 길이도 1.5 m 이상으로 한다. 증기 주관이 길어져 응축수가 다량으로 흐를 때는 플로트 열동식 트랩(F.T)을 사용한다. 또 트랩의 고장 수리·교환 등에 대비하여 그림 (b)와 같이 바이패스를 달아 두는 것이 편리하다.

고압 증기의 경우 환수관이 높은 곳에 있을 때는 그림 (c)와 같이 버킷 트랩을 사용함으로써 환수를 어느 높이까지 할 수 있다. 이 경우 양수할 수 있는 높이 H는 증기 주관과 환수관 내에 있어서의 압력차에 의해 결정되며, 트랩 및 공기빼기 밸브 등은 반드시 고압용을 사용해야 한다.

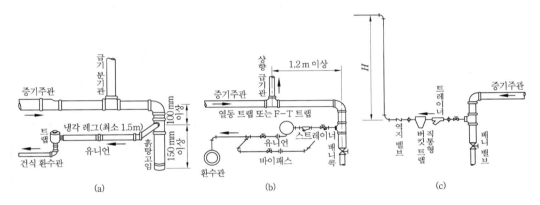

그림 5 - 24 증기 주관 관말 트랩 배관

(7) 증기 배관 도중의 서로 다른 관경의 관 이음

배관 도중 관경이 서로 다른 증기관을 접속하는 경우에는 그림 5-25와 같이 편심 이경 이음을 사용하여 응축수 고임이 생기지 않게 한다.

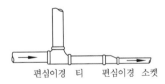

그림 5 - 25 이경관의 접속

(8) 보일러 주변의 배관

저압 증기 난방 장치에 있어서 환수 주관을 보일러 하단에 직접 접속하면 보일러 내의 증기 압력에 의해 보일러 내의 수면이 안전 수위 이하로 내려간다. 또 환수관의 일부가 파손되어 물이 샐 때는 보일러 내의 물이 유출하여 안전 수위 이하가 되고 보일러는 빈 상태로 된다. 이런 위험을 막기 위하여 그림 5-26과 같이 밸런스관을 달고 안전 저수면보다 높은 위치에 환수관을 접속하는데 이런 배관법을 하트포드(hartford) 접속법이라고 한다.

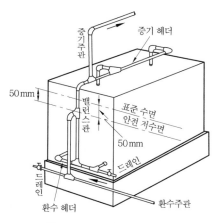

그림 5-26 하트포드 접속법

이 접속법은 증기압과 환수압과를 밸런스시킬 뿐만 아니라, 환수 주관 안에 침적된 찌꺼기를 보일러에 유입시키지 않는 특징도 있다. 밸런스관의 관경은 보일러의 크기에 따라 표 5-14에 의하면 된다.

표 5-14 하트포드 접속법의 밸런스관의 관경

보일러 화상 면적(m^2)	밸런스관 관경(mm)
0.37 이하	40
0.37~1.4	65
1.4 이상	100

(9) 리프트 이음 배관

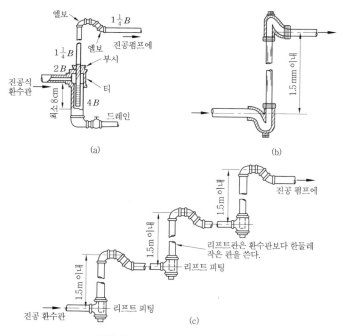

그림 5-27 리프트 이음 배관

진공 환수식 난방 장치에 있어서 부득이 방열기보다 높은 곳에 환수관을 배관하지 않으면 안될 때 또는 환수 주관보다 높은 위치에 진공 펌프를 설치할 때는 그림 5-27과 같이 리프트 이음(lift fittings)을 사용하면 환수관에 응축수를 끌어올릴 수 있다. 이것은 리프트 이음까지는 환수가 구배에 따라서 자연 유하하여 리프트 이음의 하부에 고이며, 따라서 환수관의 통기가 막힌다. 그러나 진공 펌프의 작동으로 이 리프트 이음 전후에서 압력차가 생겨 물을 끌어올리게 된다.

이 수직관은 주관보다 한 치수 가느다란 관으로 하는 것이 보통이며, 빨아올리는 높이는 1.5 m 이내이고, 또 2단, 3단 직렬 연속으로 접속하여 빨아올리는 경우도 있다. 드레인은 난방을 정지했을 때 동결을 방지하는 역할을 하기도 한다.

(10) 방열기 주변의 배관

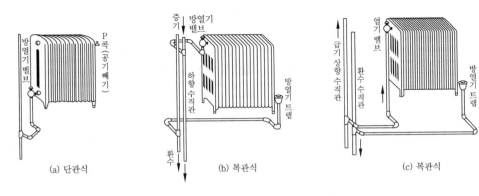

(a) 단관식   (b) 복관식   (c) 복관식

그림 5-28 **방열기 주변의 배관**

방열기의 설치 위치는 열 손실이 가장 많은 곳에 설치하되 실내 장치로서의 미관에도 유의하여 설치할 것이며, 벽면과의 거리는 보통 5~6 cm 정도가 가장 적합하다.

이 배관법의 요점을 들면 다음과 같다.

① 열 팽창에 의한 배관의 신축이 방열기에 미치지 않도록 스위블 이음으로 하는 것이 좋다.

② 증기의 유입과 응축수의 유출이 잘 되게 배관 구배를 정한다.

③ 방열기의 방열 작용이 유효하게 배관해야 하며, 진공 환수식을 제외하고는 공기빼기 밸브를 부착해야 한다.

④ 방열기는 적당한 구배를 주어 응축수 유출이 용이하게 이루어지게 하며, 또 적당한 크기의 트랩을 단다.

(11) 증기관 도중의 밸브 종류

증기 배관의 도중에 밸브를 다는 경우 글로브 밸브는 응축수가 괴게 되므로 되도록 슬루스 밸브를 사용한다. 글로브 밸브를 달 때에는 밸브축을 수평으로 하여 응축수가 흐르기 쉽게 해야 한다.

(12) 증발 탱크(flash tank) 주변 배관

고압 증기의 응축수는 그대로 대기에 개방하거나 저압 환수 탱크에 보내면 압력 강하 때문에 일부가 재증발하여 저압 환수관내의 압력을 올려 증기 트랩의 배압을 상승시킴으로써 트랩 능력을 감소시키게 된다. 이것을 방지하기 위하여 고압 환수를 증발 탱크로 끌어 들여 저압하에서 재증발시켜 발생한 증기는 그대로 이용하고, 탱크내에 남은 저압 환수만을 환수 관에 송수하기 위한 장치를 말하는 것으로, 그 주변 배관을 그림 5-29에 나타낸다.

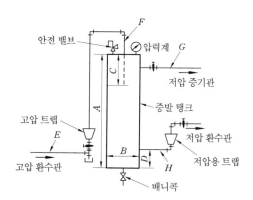

그림 5-29 증발 탱크 주변 배관

(13) 스팀 헤더(steam header)

보일러에서 발생한 증기를 각 계통으로 분배할 때는 일단 이 스팀 헤더에 보일러로부터 증기를 모은 다음 각 계통별로 분배한다. 스팀 헤더의 관경은 그것에 접속하는 관내 단면적 합계의 2배 이상의 단면적을 갖게 하여야 한다. 또 스팀 헤더에는 압력계, 드레인 포켓, 트랩 장치 등을 함께 부착시킨다. 스팀 헤더의 접속관에 설치하는 밸브류는 조작하기 좋도록 바닥 위 1.5 m 정도의 위치에 설치하는 것이 좋다.

(14) 배관 구배

표 5-15는 증기 난방의 배관 구배를 표시한 것이다. 지관의 구배는 주관의 신축에 의하여 구배가 변화하여 지장이 생기지 않도록 충분한 구배를 둔다.

표 5-15 증기 난방의 배관 구배

증 기 관	순구배(선 하향) 1/250 이상 역구배(선 상향) 1/50 이상
환 수 관	순구배 1/250 이상

(15) 감압 밸브 주변 배관

그림 5-30에 감압 밸브의 주변 배관도를 나타낸다. 감압 밸브 선정시는 1차측과 2차측의 압력차에 특히 주의해야 한다. 왜냐하면 감압 밸브의 유량은 저압측 압력이 고압측의 약 50 % 이상이 되면 밸브 통과 속도가 최대치가 되어 일정 유량 이상은 흐를 수 없게 되기 때문 이다. 압력차가 클 경우는 2개의 감압 밸브를 직렬 접속하여 2단 감압한다. 그리고 여름과 겨울처럼 감압 밸브 유량을 크게 다르게 사용하고자 할 때는 대·소 2개의 감압 밸브를 병 렬 접속하여 전환 사용한다.

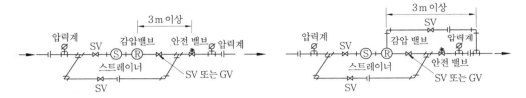

(a) 밸런스 파이프를 필요로 하지 않은 감압 장치   (b) 밸런스 파이프를 필요로 하는 감압 장치

㈜ 바이패스의 관경은 1차측의 관경보다 1~2 사이즈 적게 한다.

SV : 글로브 밸브, GV : 게이트 밸브

그림 5 - 30 감압 밸브 주변 배관

3. 온수 난방

3-1 개 요

온수 난방 (hot water heating)은 현열(sensible heat)을 이용한 난방으로, 보일러에서 가열된 온수를 복관식 또는 단관식의 배관을 통하여 방열기에 공급하므로 난방의 목적을 달성한다.

온수 난방의 장·단점은 다음과 같다.

〈장 점〉

① 난방 부하의 변동에 따라 온수 온도와 온수의 순환수량을 쉽게 조절할 수 있다.

② 현열을 이용한 난방이므로 증기 난방에 비해 쾌감도가 높다.

③ 방열기 표면 온도가 낮으므로 표면에 부착한 먼지가 타서 냄새나는 일이 적다.

④ 난방을 정지하여도 난방 효과가 지속된다.

⑤ 보일러 취급이 용이하고 안전하다.

〈단 점〉

① 예열 시간이 길다.

② 증기 난방에 비해 방열 면적과 배관의 관경이 커야 하므로 설비비가 많이 든다.

③ 열용량이 크기 때문에 온수 순환 시간이 길다.

④ 한랭시 난방을 정지하였을 경우 동결이 우려된다.

온수 난방은 사용 온수 온도, 온수의 순환 방법 또는 배관 방법에 따라 표 5-16과 같이 분류된다.

표 5 - 16 온수 난방법의 분류 및 종류

분 류	종 류	
온수 순환 방법에 의한 분류	① 중력 순환식	② 강제 순환식
배관 방식에 의한 분류	① 단관식	② 복관식
온수 온도에 의한 분류	① 보통 온수 방식	② 고온수 난방

(1) 온수 순환 방식에 의한 분류

순환 방식에 따라 분류하면 중력 순환식 온수 난방법(gravity circulation system)과 강제 순환식 온수 난방법(forced circulation system)이 있다. 중력식은 배관 속을 흐르는 온도가 높은 온수와 낮은 온수의 밀도차에 의하여 생기는 대류 작용에 의한 순환력을 이용하여 자연 순환시키는 방법이다. 따라서 방열기는 보일러보다 항상 높은 장소에 위치해야 한다.

이 방식은 장치가 간단하고 취급이 간편하기 때문에 주택 등 소규모 건축에 많이 채용되며, 자연 순환력이 약하기 때문에 큰 건축물에는 사용할 수가 없다.

강제 순환식은 순환 펌프를 사용하여 관내 온수를 강제적으로 순환시키는 방법이다. 따라서 큰 건물에 있어서도 순환이 자유롭고 신속하며 균일하게 공급할 수 있다.

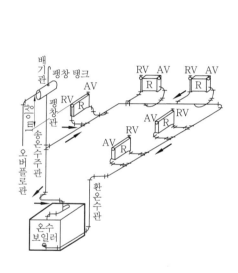

그림 5-31 단관 중력 환수식 온수 난방

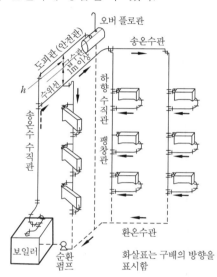

그림 5-32 단관 강제 순환식 온수 난방

(2) 배관 방식에 의한 분류

온수 공급관과 환온수관은 동일관으로 하느냐, 별도의 관으로 하느냐에 따라 단관식(one pipe system)과 복관식(two pipe system)으로 분류된다. 또한 방열기에 대한 온수의 공급 방향에 따라서 상향식(up feed)과 하향식(down feed)으로 분류하기도 한다.

단관식은 송온수관과 환온수관이 하나의 관으로 되어 있는 것으로 두 가지 배관 방식이 있다. 그 하나는 1개의 순회하는 주관에 방열기에의 송온수관 및 환온수관을 연결하는 방식이며, 다른 하나는 1개의 상향 수직관에 방열기에의 송온수관 및 환온수관을 연결하는 방식이다.

따라서 방열기를 통과하여 온도가 내려간 온수가 다시 주관으로 돌아가 고온의 온수와 혼합되어 다음 방열기로 공급되는 것이므로 앞으로 나아갈수록 온수 온도가 낮아진다. 그러므로 방열기의 방열 면적을 주관의 선단일수록 증가시키지 않으면 안 된다.

또한 하나의 방열기를 개폐하면 이것이 다른 방열기에 미치는 영향이 큰 것도 결점의 하나이다(그림 5-31, 5-32 참조).

　복관식은 송온수관과 환온수관이 별개로 되어 있는 배관 방식이다. 단관식에 비하여 설비비가 필연적으로 많이 들게 마련이나 역환수(reverse return) 배관 방식을 채택하면 각 방열기마다 온수의 유량을 균등하게 분배하게 되므로, 배관 도중의 열손실을 무시한다면 각 방열기에 보내는 온수 온도를 일정하게 할 수 있다. 그러므로 복관식은 주관 내의 온도 변화가 없고 방열기 밸브의 개폐에 의해 방열량을 임의로 조절할 수 있으며 다른 방열기에 영향을 미치는 일이 적다.

　일반 건물에는 이 방식이 널리 채용되고 있다. 그림 5-33은 역환수 배관 방식에 의한 온수 난방 배관도를 나타낸 것이다.

　복관식에서 채택하는 환수 배관 방식에는 그림 5-34와 같이 직접 환수식과 역환수식이 있으며, 역환수식은 온수의 유량을 균등하게 분배하기 위하여 각 방열기마다의 배관 회로 길이를 같게 하는 방식을 말한다.

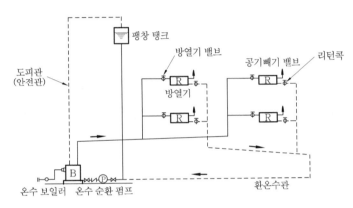

그림 5 - 33　강제 순환식 온수 난방

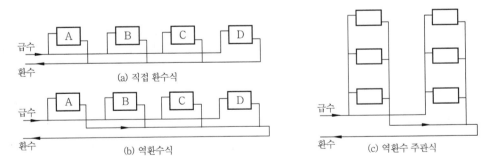

그림 5 - 34　직접 환수식과 역환수식

(3) 온수 온도에 의한 분류

　보통 온수 방식과 고온수 방식이 있다. 보통 온수 방식은 가장 일반적으로 사용되는 것으로 열매로서는 85~90℃의 온수를 사용하고 주철제 보일러와 개방식 팽창 탱크를 사용한다.

　고온수 방식은 100~150℃의 온수를 열매로 하여 난방하는 방법이며, 강관제 보일러를 사용하고 밀폐식 팽창 탱크를 사용하여 그 안의 공기를 가압하여 온수를 순환시킨다. 따라서 고압 증기의 혼입에 의하여 온수 순환력이 커지며, 순환 펌프를 사용하지 않고도 보통 중력 순환식의 경우보다 작은 관경으로 급탕할 수 있다. 또 보통 중력식에서는 불가능한 보일러와 동일한 바닥면에 방열기를 설치하여도 온수 순환이 가능하다.

특히 왕복 온수의 온도차를 크게 할 수 있고, 동일 수량당의 방열량을 크게 할 수 있으므로 배관이 가늘고 방열기는 적어도 된다. 그러나 단, 주철제 방열기는 쓸 수 없으며, 지역 난방과 같이 배관이 길어지는 경우에 유리하다.

고온수의 공급 온도는 100℃ 이상이며, 때로는 200℃를 넘는 온도가 이용되는 수도 있으나 150~180℃ 정도가 사용되는 수가 많다. 공급 온수와 환수의 온도차는 50~80℃ 정도가 사용되나, 이와 같은 고압 고온의 물을 직접 실내 방열기에 공급하는 것은 온도, 압력의 점에서 위험성이 많으므로, 방열기에는 저압·저온수를 공급하고 있다.

그를 위해서는 그림 5-35와 같이 고온수를 감압 후 방열기에서의 저온의 환수를 일부 혼합해서 온수 온도를 낮춰서 이용하는 브리드인 방식이나, 그림 5-36과 같이 수-수 열교환기를 사용해서 저온수를 만드는 간접 방식 등이 사용된다.

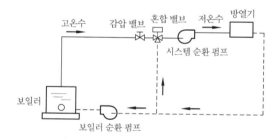

그림 5-35 브리드인 방식(고온수 난방)

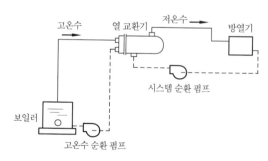

그림 5-36 간접 방식(고온수 난방)

공장의 직접 난방, 고온 복사 난방, 유닛 히터에 의한 온풍 난방 등에서는 고온수를 직접 사용하는 수도 있다.

고온수 설비의 가압 방식으로서는 밀폐식 팽창 수조에 고압 질소 가스를 봉입하는 방법, 보일러의 증기 드럼을 이용하는 방법, 가압 펌프를 이용하는 방법, 더욱이 정수두를 이용하는 방법 등도 있다.

단점은 여러 종류의 특수 고압 기기가 필요하고, 취급 관리가 곤란하며, 특별한 기술을 필요로 하는 것 등이다. 또 방열기 표면이 100℃ 전후가 되므로 증기 난방의 경우와 같이 고온으로 인하여 생기는 결점이 따르며 배관 중에 이상한 소리가 나는 수가 있다. 이 방식은 이러한 결점 때문에 보통 잘 사용되지 않고 있다.

3-2 관경 결정법

배관의 관경을 결정하기 위해서는 온수 순환량과 배관의 저항을 먼저 알아야 한다.

(1) 온수 순환수량

온수 난방 장치의 각 방열기에서 필요한 순환수량 G [kg /h]는 다음 식으로 구한다.

$$G = \frac{Q}{(t_1 - t_2) \cdot c} \qquad\qquad [5-13]$$

여기서, Q : 방열기의 방열량(kcal / h)

$\qquad\qquad t_1$: 방열기 입구의 온수 온도 (℃)

$\qquad\qquad t_2$: 방열기 출구의 온수 온도 (℃)

$\qquad\qquad c$: 비열(kcal / kg · ℃)

동일 방열량 Q에 대해 온도차 $(t_1 - t_2 = \varDelta t)$를 크게 하면 순환수량은 적게 된다. 중력식에서는 온도차를 크게 하면 동시에 자연 순환 수두도 증가하므로 관경은 더욱 가늘게 되어 유리하게 되지만, 순환수량이 너무 적어지면 온수의 순환에 불균형을 일으키기 쉬우므로 주의하여야 한다.

강제 순환식에서는 온도차가 크면 순환 펌프 용량이 적게 되어 설비비는 싸게 되지만, 순환의 균등과 가열의 신속을 고려하여 온도차를 적게 하고 유량을 크게 하는 경우가 많다.

식 [5-13]의 순환수량 G [kg /h]를 물의 밀도 (kg/ l)로 나누어 주면 용적유량 (l / h)으로 표시된다.

(2) 배관 저항

배관의 저항 R [mmAq / m]은 다음 식으로 구한다.

$$R = \frac{H_w}{l(1+k)} = \frac{H_w}{l+l'} \qquad\qquad [5-14]$$

여기서, H_w : 이용할 수 있는 순환 수두 (mmAq)

$\qquad\qquad l$: 보일러에서 가장 먼거리에 있는 방열기까지의 직관 길이(m)

$\qquad\qquad l'$: l 에 있어서의 국부 저항 상당 관 길이(m)

$\qquad\qquad k$: 직관 저항과 국부 저항과의 비 (l_i' / l_i)

단, 중력식 온수 난방에 있어서는 순환 수두 H_w는 다음 식에 의하여 구한다.

$$H_w = 1000(\rho_o - \rho_i)h \qquad\qquad [5-15]$$

여기서, ρ_o : 방열기 출구 온수의 밀도(kg / l)

$\qquad\qquad \rho_i$: 방열기 입구 온수의 밀도(kg / l)

$\qquad\qquad h$: 보일러 중심에서 방열기 중심까지의 높이(m)

예제 3. 중력 순환식 온수 난방에 있어서 공급 온수의 온도가 85 ℃이고, 환수되는 온수 온도가 65℃일 때 자연 순환 수두를 구하라. (단, 방열기 출구 온수의 밀도 $\rho_o = 980.59\,\mathrm{kg/m^3}$, 방열기 입구 온수의 밀도 $\rho_i = 968.65\,\mathrm{kg/m^3}$이고, 보일러 중심에서 방열기 중심까지의 높이는 8 m이다.)

[해설] 식 [5−15]에 의하면 밀도의 단위가 kg/m³로 되어 있으므로

$$H_w = (980.59 - 968.65) \times 8 = 95.52\,[\mathrm{kg/m^2}]$$

단위를 kg/cm²로 바꾸면 0.009552 kg/cm²가 된다.

이것을 다시 mmAq로 바꾸면 95.52 mmAq가 된다.

[답] 95.52 [mmAq]

표 5-17 중력식 온수 난방의 순환 수두 (mmAq)

고온 / 저온	90℃	85℃	80℃	75℃	70℃	65℃
60℃	18.0	14.6	11.4	8.35	5.42	2.65
65	15.2	12.0	8.75	5.69	2.77	—
70	12.5	9.15	5.98	2.92	—	—
75	9.55	6.24	3.06	—	—	—
80	6.49	3.31	—	—	—	—
85	3.31	—	—	—	—	—

표 5−17은 각 온도에 대한 $(\rho_o - \rho_i)$, 즉 높이 m 당 순환 수두 (mmAq)를 표시한 것이다. 강제식 온수 난방의 순환 수두 $H_w\,[\mathrm{mmAq}]$는 순환 펌프의 양정을 그대로 순환 수두로서 사용한다.

수두는 임의로 선정할 수 있으나 수두를 작게 하면 배관이 굵어지고, 반대로 수두를 크게 취하면 배관이 가늘게 된다. 전자는 배관비가 많이 드는 대신 펌프 동력비가 적게 든다.

표 5-18 국부 저항의 직관 저항에 대한 비율 (κ)

난방 장치의 규모	$\kappa = \dfrac{\text{국부 저항의 합계}}{\text{직관 저항의 합계}}$
주택 기타 소건축물	1.0~1.5
사무실 건축물 기타 건축	0.5~1.0
지역 난방	0.2~0.5

강제 순환식 온수 난방 장치의 순환 수두는 순환 펌프의 양정을 결정한 다음 배관계 단위 마찰 저항을 구하는 방법과 단위 마찰 저항을 결정한 다음 필요한 순환 펌프 양정을 결정하는 방법이 있다.

표 5-19 온수에 대한 철관의 저항표

호칭 지름 (B)	1/2	1	1½	2	2½	3	4	5	6	8	10
실내경(mm)	16.1	27.6	41.6	52.3	67.9	80.7	105.3	130.3	155.2	203	253
압력 강하 R[mmAq/m]	상 단 … 순환량 (G)[kg/h] 하 단 … 유속 (m/s)										
0.050	10.3 0.02	46.5 0.025	140 0.03	275 0.04	550 0.045	870 0.05	1350 0.06	3330 0.07	5250 0.08	10850 0.10	18700 0.11
0.070	12.5 0.02	56.5 0.03	174 0.04	335 0.045	665 0.06	1070 0.06	2258 0.08	4000 0.09	5300 0.1	13150 0.12	23850 0.14
0.10	15.4 0.02	69.0 0.035	213 0.045	413 0.06	820 0.07	1310 0.08	2700 0.09	4950 0.14	7750 0.12	18050 0.14	29000 0.17
0.15	19.6 0.03	87.0 0.045	270 0.06	520 0.07	1030 0.09	1660 0.1	3450 0.12	6250 0.14	9750 0.15	29250 0.18	36250 0.20
0.20	23.0 0.035	102 0.03	320 0.07	613 0.08	1210 0.4	1965 0.11	4060 0.14	7300 0.15	11400 0.18	23550 0.20	42250 0.24
0.30	29.0 0.04	130 0.07	400 0.09	770 0.1	1670 0.13	2450 0.14	5100 0.17	9250 0.20	14400 0.22	29500 0.26	5300 0.30
0.50	39.5 0.06	175 0.09	535 0.12	1030 0.14	2150 0.17	3280 0.19	4800 0.22	12300 0.26	19000 0.30	39000 0.34	70000 0.40
0.70	47.5 0.07	211 0.1	650 0.14	1250 0.17	2450 0.2	3950 0.22	8250 0.28	14800 0.32	23000 0.36	47000 0.42	84000 0.48
1.0	59 0.09	260 0.13	800 0.17	1530 0.2	3030 0.24	4850 0.28	10000 0.34	13000 0.38	28400 0.42	57500 0.5	102500 0.6
1.5	74 0.11	328 0.46	1010 0.22	1900 0.26	3800 0.3	6100 0.34	12500 0.42	22600 0.48	34900 0.55	71500 0.65	128000 0.75
2.0	87 0.13	390 0.19	1180 0.26	2250 0.3	4500 0.36	7100 0.4	14600 0.48	26500 0.55	41000 0.65	84000 0.75	149500 0.85
3.0	110 0.16	480 0.24	1470 0.32	2820 0.36	5550 0.44	8830 0.50	18150 0.60	33000 0.70	50500 0.80	104500 0.95	186000 1.1
4.0	129 0.18	565 0.28	1725 0.36	3300 0.44	6500 0.55	10500 0.60	21300 0.70	38600 0.85	59000 0.95	121500 1.1	217000 1.2
5.0	145 0.22	635 0.32	1950 0.42	3750 0.50	7400 0.60	11750 0.65	24100 0.80	43600 0.95	66500 1.1	137500 1.2	245000 1.4
7.5	182 0.26	800 0.36	2450 0.55	4700 0.65	9250 0.75	14700 0.85	30000 1.0	54500 1.2	82500 1.3	170500 1.5	303500 1.7
10.0	213 0.30	940 0.46	2870 0.60	5470 0.70	10760 0.85	17160 0.95	35000 1.2	63500 1.4	96500 1.5	199500 1.8	352500 2.0
20.0	314 0.44	1375 0.65	4200 0.90	7975 1.1	15750 1.3	24900 1.4	50900 1.7	92200 2.0	141000 2.2	288500 2.6	510000 3.0
30.0	392 0.55	1725 0.85	5250 1.1	9920 1.3	19650 1.6	31050 1.8	63100 2.2	115000 2.6	176000 2.8	257500 3.0	
50.0	516 0.75	2280 1.1	6930 1.4	13150 1.7	29900 2.0	40900 2.4	83000 2.8	151000 3.2	231000 3.6		
100.0	752 1.1	3330 1.6	10100 2.2	19000 2.6	37500 3.0	59100 3.4	87500 3.6				
200.0	1100 1.6	4800 2.4	14600 3.2	27700 3.6							
300.0	1370 2.0	5970 3.0									

표 5-20 국부 저항의 직관 상당 관 길이(m)

관경(mm) (B)	15 ($\frac{1}{2}$)	20 ($\frac{3}{4}$)	25 (1)	32 ($1\frac{1}{4}$)	40 ($1\frac{1}{2}$)	50 (2)	65 ($2\frac{1}{2}$)	80 (3)	100 (4)	125 (5)	150 (6)
엘 보	0.5	0.6	0.9	1.1	1.4	1.6	1.9	2.5	3.6	4.2	4.8
티	0.3	0.4	0.5	0.7	0.8	1.0	1.2	1.5	2.0	2.5	3.0
티	1.2	1.4	1.7	2.3	2.9	3.6	4.2	5.2	7.3	8.8	10.0
티 (이경 ½ B)	0.5	0.6	0.9	1.1	1.4	1.6	1.9	2.5	3.6	4.2	4.8
티 (이경 ¼ B)	0.4	0.6	0.7	0.9	1.1	1.2	1.7	2.1	2.8	3.6	4.2
이경 소켓 (¼ B 축소)	2.4	3.0	3.6	4.5	6.0	7.5	9	12	15	18	24
이경 소켓 (½ B 축소)	1.5	2.4	3.0	3.6	4.5	6	6	9	12	15	18
이경 소켓 (¾ B 축소)	1.2	1.5	1.8	3.0	3.0	4.5	4.5	6.0	7.5	9.0	10.5
게이트 밸브 (전 개)	0.1	0.2	0.2	0.2	0.3	0.4	0.4	0.5	0.7	0.9	1.1
글로브 밸브 (전 개)	5.5	7.6	9.1	12.1	13.6	18.2	21.2	26	36	42	51
앵글 밸브 (전 개)	2.7	4.0	4.5	6.0	7.0	8.2	10.3	13.0	16.0	18.2	32.2
리턴 밸브	0.4	0.7	0.8	1.0	1.2	1.7	2.2	2.8	—	—	—
방 열 기 보 일 러	0.9	1.4	1.9	2.4	2.8	3.8	4.7	5.7	—	—	—
방열기콕	1.6	2.2	2.8	3.6	4.2	5.3	—	—	—	—	—

예제 4. 다음 그림과 같은 온수 난방 설비 배관도에서 순환 펌프의 양정과 A~N 구간의 온수 순환 수량을 구하라. (단, ① 방열기 출입구 온도차는 10℃, ② 각 방열기 지관 길이는 1 m, ③ 국부 저항 상당 관 길이는 배관 길이의 100 %, ④ 1 m당 마찰 손실 수두는 20 mmAq)

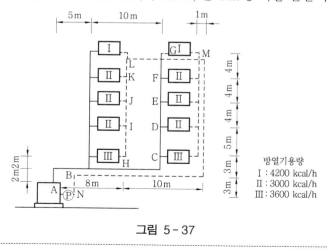

그림 5-37

해설 ① 순환 펌프의 양정

보일러에서 최원거리까지의 거리는 다음과 같다.

공급관 : $2+15+2+5+4+4+4+1=37$ m

환수관 : $1+1+4+4+4+5+3+10+8+3=43$ m

합　계 : $37+43=80$ m

국부 저항 상당 관 길이는 배관 길이의 100 %이므로, 전배관 길이는 $80×2=160$ m

$3200×1.15=3680$ mmAq가 된다.

② 각 방열기의 순환 수량

식 [5-13]에 의해

I의 경우 : $\dfrac{4200}{60×10×1}=7\,[\,l\,/\min]$

II의 경우 : $\dfrac{3000}{60×10×1}=5\,[\,l\,/\min]$

III의 경우 : $\dfrac{3600}{60×10×1}=6\,[\,l\,/\min]$

각 구간 순환 수량은 다음 표와 같다.

구간	AB	BC	CD	DE	EF	FG	HI	IJ	JK	KL	LM	MN
순환 수량 (l/ min)	56	28	22	17	12	7	6	11	16	21	28	56

3-3　팽창 탱크 (expansion tank)

온수 난방 장치 중에서는 물의 온도 변화에 따라 온수의 용적이 증감하게 된다. 팽창량은 4℃의 물을 100℃까지 높였을 경우 팽창 체적 비율이 약 4.3 %에 이르며, 따라서 항상 이 정도의 팽창에 대한 여유를 갖지 않으면 안 된다. 이에 대응하기 위해 설치하는 것이 팽창 탱크이다.

온수의 온도 변화에 의한 물의 체적 팽창과 수축량은 다음 식으로 구할 수 있다.

$$\varDelta v=\left(\dfrac{1}{\rho_2}-\dfrac{1}{\rho_1}\right)v \qquad [5-16]$$

여기서, $\varDelta v$: 온수의 팽창과 수축량 (l)

ρ_1 : 불 때기 시작한 때의 물의 밀도 (kg/ l)

ρ_2 : 가열한 온수의 밀도 (kg/ l)

v : 난방 장치 내의 전 수량 (l)

예제 5. 온수 난방 장치에서 탱크 내의 물이 20000 l이고 물의 온도가 각각 10℃, 85℃인 경우 온수의 팽창량을 구하라. (단, 가열한 온수의 밀도 0.9686 kg/ l, 불 때기 시작한 때의 물의 밀도 0.9997 kg/ l이다.)

해설 식 [5-16]에 의하여

$$\varDelta v=\left(\dfrac{1}{0.9686}-\dfrac{1}{0.9997}\right)20000=648\,[\,l\,]$$

답 648 [l]

이와 같은 물의 팽창과 수축을 밀폐 배관계통에서 흡수하지 않으면 팽창시에 관내에 이상 고압이 발생하고, 수축시에는 배관 계통에 공기 침입을 초래하는 등 배관계통의 고장 등의 원인이 되기도 한다.

밀폐한 배관내에서 물이 팽창할 때의 압력 상승은 다음 식으로 표시한다.

$$\varDelta p = k \frac{\varDelta v}{v}$$ [5-17]

여기서, $\varDelta p$: 압력 상승 (kg / cm^2)

k : 체적 팽창 계수 (일반 온도 범위에서는 2.2×10^4 kg / cm^2)

이와 같은 상승 압력을 흡수 처리하기 위하여 팽창 탱크를 설치하는데, 팽창 탱크는 개방식(open type)과 밀폐식(closed type)의 두 종류가 있다.

(1) 개방식 팽창 탱크

개방식 팽창 탱크는 저온수 난방에 쓰인다. 탱크는 그림 5-38의 (a)와 같이 수위 변동폭을 식 [5-16]에서 구한 팽창수량의 2~3배 정도로 하고, 또 수조에 접속하는 각종 배관은 표 5-21과 같이 한다.

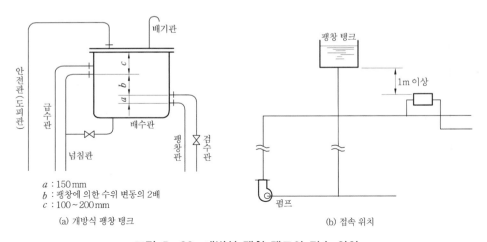

a : 150mm
b : 팽창에 의한 수위 변동의 2배
c : 100~200mm

(a) 개방식 팽창 탱크   (b) 접속 위치

그림 5-38 개방식 팽창 탱크와 접속 위치

표 5-21 팽창 탱크의 접속 관경 (단위 : mm)

탱크 용량 (l)	급수관	배수관	넘침관	검수관	배기관
1000 이하	20	15	32	20	25
1000~4000	25	20	40	20	25
4000 이상	32	25	50	20	25

또한 일반 장치에 있어서 방열 면적과 팽창 탱크와의 관계는 표 5-22와 같다.

표 5-22 개방식 팽창 탱크 용량표

방열 면적의 합계	팽창 탱크 (l)	방열 면적의 합계	팽창 탱크 (l)
약 32 m^2 까지	70	약 130 m^2 까지	150
42 m^2 까지	80	160 m^2 까지	230
60 m^2 까지	90	185 m^2 까지	270
80 m^2 까지	110	210 m^2 까지	300
100 m^2 까지	130		

(2) 밀폐식 팽창 탱크

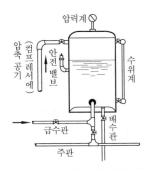

그림 5-39 밀폐식 팽창 탱크

100℃ 이상의 고온수 난방 설비에서 채택되는 방식으로 팽창 탱크의 용량은 다음 식으로 구한다.

$$V_t = \frac{\Delta v}{P_o(1/P_1 - 1/P_2)}$$
[5-18]

여기서, V_t : 팽창 탱크의 용량(l)

Δv : 팽창 수량(l)

P_o : 밀폐식 팽창 탱크의 봉입 절대압력(kg/cm^2)

P_1 : 가열전 절대압력(kg/cm^2)

P_2 : 장치 허용 최대 절대압력(kg/cm^2)

이 식은 2편의 식 3-25와 같이 표시되기도 한다.

(3) 팽창관과 안전 장치

온수 난방 장치에 있어서의 안전 장치로서는 온도에 따른 체적 팽창을 도출(escape)시키기 위해 팽창관을 팽창 탱크에 접속하는 방법과 과열 증기가 발생했을 때 이것을 도출시키기 위해 보일러에 안전관(도피관)을 세워 팽창 탱크의 수면상에 나오게 하는 등의 방법이 취해진다. 안전관 및 팽창관의 크기는 다음과 같다.

① 팽창관을 팽창 탱크의 밑부분에 접속하는 경우 팽창관 d_1은 다음 식으로 구한다.

$$d_1 = 14.9 H^{0.356} \text{ [mm]}$$
[5-19]

여기서, H : 온수 보일러의 전열 면적(m^2)

② 안전관을 팽창 탱크의 수면상에 나오게 하고, 따로 팽창 탱크관을 팽창 탱크의 하부에 접속하는 경우

$$\left.\begin{array}{ll} \text{안전관의 관경} & d_2 = 15 + \sqrt{20H} \ [\text{mm}] \\ \text{팽창관의 관경} & d_3 = 15 + \sqrt{10H} \ [\text{mm}] \end{array}\right\} \qquad [5\text{-}20]$$

위의 식으로 계산한 각 관경의 값은 5-23과 같다.

표 5-23 팽창관 및 안전관의 관경

보일러의 전열 면적 (m²)	$d_1[\text{mm}]$	보일러의 전열 면적 (m²)	$d_2[\text{mm}]$	보일러의 전열 면적 (m²)	$d_3[\text{mm}]$
5	25	7	25	15	25
5~11	32	7~21	32	15~42	32
11~17	40	21~30	40	42~70	40
17~34	50	30~72	50	70~144	50
34~69	60	72~140	65		
69~112	80				
112~170	90				

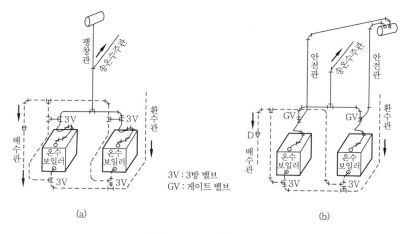

(a) 3V : 3방 밸브
    GV : 게이트 밸브   (b)

그림 5-40 안전 장치

온수 보일러의 온수 출구 및 환수구에는 밸브를 설치하되 부주의로 밸브가 닫힌 채로 운전하는 경우의 위험을 방지하기 위해 특수 구조의 3방 밸브(three-way valve)를 설치한다. 3방 밸브는 주관로가 닫힌 경우 반드시 옆 구멍이 열리게 되어 있고, 따라서 배수를 위해 옆 구멍이 열리면 증기와 체적 팽창도 이 구멍으로 도출하게 되어 장치의 안전을 유지하게 된다. 그림 5-40은 온수 출구와 밸브와의 사이에 안전관을 세워 팽창관의 수면상에 개구함으로써 도출시키고 있는 경우이다.

3-4 온수 난방의 설계법

일반적으로 온수 난방 설비에서는 보통 온수 난방이 널리 사용되며, 이에 대한 설계 순서는 다음과 같다.

① 각 실의 손실 열량을 계산한다.

② 강제식 또는 중력식 중에서 하나를 채용한다.

③ 방열기의 입구 및 출구의 온수 온도를 결정하고 방열량과 온수 순환량을 구한다.

④ 각 실의 손실 열량을 방열량으로 나누어 각 실마다 소요 방열 면적을 구하고, 방열기를 실내에 적당히 배치하여 각각 방열 면적을 할당한다.

⑤ 주철제 방열기・컨벡터・베이스보드 등에서 사용 형식을 결정한다.

⑥ 방열기와 보일러를 연결하는 합리적인 배관을 계획한다.

⑦ 순환 수두를 구한다.

⑧ 보일러에서 가장 먼 방열기까지의 경로에 따라 측정한 왕복 길이를 l로 하여 배관 저항을 구한다.

⑨ 관경을 정하기 위한 온수 순환량을 구한 다음 압력 강하를 사용하여 온수에 대한 철관의 저항표에서 관경을 결정한다. 주경로 이외의 분기관도 ⑧항의 배관 저항을 사용하여 관경을 정한다.

⑩ ①~⑨에 따라 관경이 전부 결정되면 검산을 한다. 검산 방식은 다음과 같다.
온수 순환량과 관경에서 각각 다른 배관 각부의 압력 강하를 구하여 다음에 적합하도록 관경을 보정한다.

$$H_w = \sum (l_i + l_i')R_i \qquad\qquad [5-21]$$

여기서, H_w : 순환 수두 (mmAq)

$\sum$: 보일러에서 한 방열기에 이르는 배관 각부의 합계, l_i : 직관의 길이(m)

l_i' : 국부 저항의 상당 직관 길이, R_i : 배관 각부의 압력 강하 (mmAq / m)

⑪ 다음에 H_w와 $H_w = \sum(l_i + l_i')R_i$가 일치하지 않을 때에는 오리피스 (oriffice)를 삽입하거나 또는 방열기 출구에 리턴 콕을 설치하여 이것을 조절하여 저항을 가한다.

⑫ 보통 온수 난방에서는 개방식 팽창 탱크를 옥상 또는 계단 상부에 설치하여 동결하지 않도록 보온한다. 이 탱크의 용량은 표 5-22와 같다.

⑬ 다음에 보일러의 용량을 결정하고 주철제 보일러 및 이에 따른 연소기・순환 펌프, 기타 부속 기구를 결정한다.

4. 복사 난방

4-1 개 요

복사 난방 (panel heating, radiant heating)은 방을 구성하는 벽체에 열원을 매설하고 벽면을 그대로 가열면으로 하여 그 복사열로 방을 난방하는 방법이다. 방열기를 사용하는 대류 난방에서는 방열량의 70~80 %가 대류열에 의하는데 대해 복사 난방은 50~70 %의 복사열에 의한다.

인체에서의 열 방산은 전도・대류・증발 및 복사의 전열 현상에 의해 이루어지지만 이에 의한 방산 열량은 실내의 공기 온도・습도・기류 및 방을 둘러싼 벽체 온도 등에 따라 다르다.

보통의 난방에서는 실내의 공기 온도를 상승시키는 데 중점을 두고 있는 관계상 전도·대류에 의한 인체에서의 열 방산은 극히 적고, 유리 창문이나 바닥·벽 등을 적당한 온도로 가열하여 인체에서의 복사열의 방산량을 억제하고, 실내 공기 온도는 보통의 난방에 비해 낮게 하므로 전도·대류에 의한 열 발산이 많아진다.

대체로 옷을 입은 인체의 표면 온도는 25~28℃이고, 쾌감도의 양호 조건은 방의 4면 벽체의 표면 온도가 17~21℃의 경우라고 하며, 이때의 인체에서의 복사 열량은 $35\,kcal\,/\,m^2\cdot h$ 정도이다. 어른의 신체 표면은 대체로 $1.4\,m^2$이므로 전복사 열량$=35\times1.4=49\,kcal\,/\,h$일 때가 쾌감 조건의 하나의 가름으로 되어 있다.

복사 난방의 장·단점은 다음과 같다.

〈장 점〉

① 대류식 난방에서는 바닥면에 가까울수록 온도가 낮고, 천장면에서 가까울수록 온도가 높아지는데 대해 복사 난방 방식은 실내의 온도 분포가 균등하고 쾌감도가 높다.

② 방열기가 필요치 않으며 바닥면의 이용도가 높다.

③ 방이 개방 상태에서도 난방 효과가 있으며 평균 온도가 낮기 때문에 동일 방열량에 대해서 손실 열량이 비교적 적다.

④ 대류가 적으므로 바닥면의 먼지가 상승하지 않는다.

〈단 점〉

① 열용량이 크기 때문에 외계 온도의 급변에 대해서 곧 방열량을 조절할 수 없다.

② 가열 코일을 매설하는 관계상 시공·수리, 방의 모양을 바꿀 때 불편하며, 건축 벽체의 특수 시공이 필요하므로 설비비가 많이 든다.

③ 회벽 표면에 균열이 생기기 쉽고 매설 배관인 관계상 고장이 났을 때 발견하기가 곤란하다.

④ 열 손실을 막기 위한 단열층이 필요하다.

4-2 패널의 구조와 패널용 파이프 코일

(1) 패널의 종류

복사 난방에서의 가열면을 패널이라고 하고, 복사 난방(radiant heating)을 일명 패널 난방(panel heating)이라고도 한다. 패널은 가열 코일을 설치하는 위치에 따라 다음과 같은 종류로 나뉜다.

① 바닥 패널 : 바닥면을 가열면으로 하는 것으로 가열면의 온도를 너무 높게 할 수 없으므로(30℃ 이하), 열량 손실이 큰 방에 있어서는 바닥면만으로는 방열량이 부족할 때가 있다. 시공은 비교적 용이하다.

② 천장 패널 : 천장면의 시공이 어려운 것이 단점이다. 가열면의 온도를 50℃ 정도까지 올릴 수 있으므로 열량 손실이 큰 방에도 적합하다. 천장이 높은 공회당이나 극장 등에는 부적합하다.

③ 벽 패널 : 시공상 특수한 벽체 구조로 하지 않으면 실외에는 열 손실이 크고, 실내에 있어서는 가구 등에 의해 방열이 방해되는 확률이 높다. 바닥 또는 천장 패널의 보조로서 창틀 부근 등에 설치한다.

(2) 패널의 구조

그림 5-41은 패널의 구조를 나타낸 것이다. 파이프 아래에는 단열재 시공을 하여 공기층을 두었다.

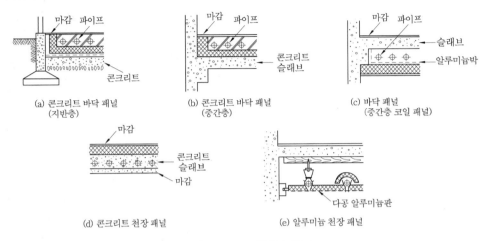

(a) 콘크리트 바닥 패널 (지반층)

(b) 콘크리트 바닥 패널 (중간층)

(c) 바닥 패널 (중간층 코일 패널)

(d) 콘크리트 천장 패널

(e) 알루미늄 천장 패널

그림 5-41 패널의 구조

(3) 파이프 코일의 배관 방식

그림 5-42는 코일의 배관 방식을 표시한 것이다. (a), (b), (c)는 밴드 코일식이며 유량을 균등하게 배분할 수 있다. 그러나 (a)와 (b)는 흐름의 끝으로 갈수록 온수의 온도가 저하하므로 온도 분포가 균등하게 되지 않을 수도 있다. (d)는 그리드(grid) 코일식으로 온수의 유량을 균등하게 분배하기 곤란한 점이 있다.

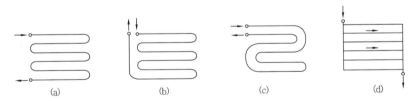

(a) (b) (c) (d)

그림 5-42 파이프 코일의 배관 방식

4-3 복사 난방 배관법

(1) 여러 개 파이프 코일을 연결하는 방법

한 계통의 송온수 주관, 환온수 주관에 여러 개의 파이프 코일을 연결하는 경우 그림 5-43의 (a)에 표시한 배관으로 하면 $P \cdot Q$와 R에의 송온수·환온수 주관 관로는 각각 전체 길이가 달라지며, 그 저항 손실도 달라진다. 그러므로 각 코일의 유량을 조정하는 것이 곤란하지만, (b)와 같이 하면 코일 $P \cdot Q \cdot R$로 돌아가는 관로의 전체 길이는 어느 것이나 같아지며, 따라서 그 저항 손실이 균등하게 되고 유량도 같아진다. 이런 배관을 역환수 배관(reverse return) 방식이라 한다.

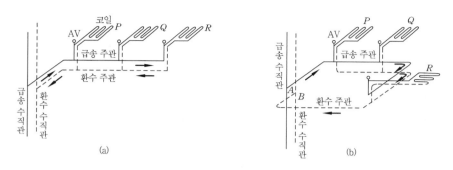

그림 5 - 43 파이프 코일의 연결 배관법

(2) 복사 난방의 배관 계통

그림 5-44의 (a), (b)는 강제 순환식의 배관 계통을 표시한 것이다. 배관은 관내 공기가 팽창 탱크에 모이도록 구배를 두어 배관하고, 배관의 최고 높은 곳에는 공기빼기 밸브 (A.V)를 단다. 팽창 탱크 및 부분의 배관은 온수 난방 배관에서 기술한 바와 같이 배관한다.

그림 (a)는 유량 조절을 수동으로 하는 경우이고, (b)는 실내에 부착한 서모스탯의 작용에 의하여 자동 조절하는 방식의 배관 계통이다.

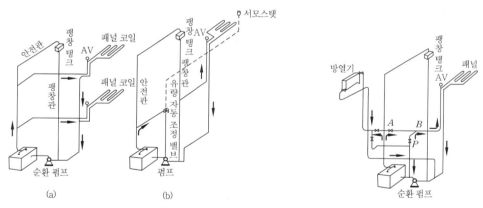

그림 5 - 44 복사 난방 배관 계통   **그림 5 - 45 대류식과 복사식의 병용 배관**

그림 5-45는 응접실이나 식당 등 일정한 시간에만 사용하는 방은 대류식으로 하고, 항상 사용하는 방은 복사식으로 하는 경우의 배관 계통도를 나타낸 것이다. 이 경우 대류식과 복사식은 이용하는 온수 온도가 각각 다르며, 대류식은 70~90 ℃, 복사식은 35~50 ℃이다. 그러므로 보일러 온수(70~90 ℃)는 좌우 양쪽으로 나뉘어 보내어지며, 패널 코일에의 송온수 주관 B에 순환 펌프의 토출관을 연결하여 온도가 저하된 환온수를 혼입하여 적당 온도로 내린다.

온수 온도의 조절은 슬루스 밸브 *P*에 의해 환수의 유량을 조절함으로써 이루어지며, 한 편 환온수의 일부는 보일러에 보내져 재차 가열된다.

4-4 저온 복사 난방의 설계

(1) 평균 복사 온도(MRT), 비가열면의 평균 복사 온도(UMRT)

복사 난방 설계에 필요한 이들 두 가지 형태의 온도는 다음과 같이 구한다.

① 평균 복사 온도 : 이것은 패널면을 포함한 실내 표면의 평균 온도이며, 다음 식으로 구한다.

$$\text{MRT} = \frac{\sum (t_s \cdot A + t_p \cdot A_p)}{\sum (A + A_p)} \qquad [5-22]$$

여기서, t_s : 실내의 비가열면의 표면온도 (℃)

$$t_s = t_i - \frac{k}{\alpha_i} (t_i - t_o) \qquad [5-23]$$

여기서, t_i : 실내온도 (℃), t_o : 외기온도 (℃)

k : 비가열면의 열관류율 (kcal / m² · h · ℃)

α_i : 실내측 비가열면의 열전달률 (kcal / m² · h · ℃)

A : 실내의 비가열면의 표면적(m²), t_p : 패널 표면온도 (℃), A_p : 패널 표면적(m²)

② 비가열면의 평균 복사 온도 : 패널면을 제외한 실내 표면의 평균 온도이며, 다음 식으로 구한다.

$$\text{UMRT} = \frac{\sum t_s \cdot A}{\sum A} \qquad [5-24]$$

(2) 복사 난방실의 열환경 평가

복사 난방실의 열환경 평가지표는 여러 가지가 있으며, 2장의 열환경의 평가와 쾌적지표에서 작용온도 외에도 다음의 효과온도 t_e 에 의해 평가되고 있다.

$$t_e = 0.58 t_i + 0.48 \text{MRT} - 2.2 \qquad [5-25]$$

그림 5-46은 방의 사용 상태에 적합한 효과온도와 이 온도를 만드는 데 필요한 MRT와 실내 공기온도와의 관계를 표시하는 그래프이다.

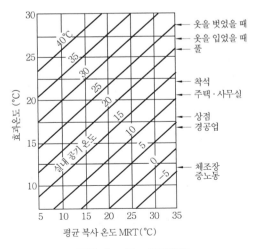

그림 5-46 효과온도

(3) 가열면에서의 방열

복사에 의한 방열량 q_r [kcal / m^2 · h]과 대류에 의한 방열량 q_c [kcal / m^2 · h]는 각각 다음과 같다.

$$q_r = 4.3 \left\{ \left(\frac{t_p + 273}{100} \right)^4 - \left(\frac{UMRT + 273}{100} \right)^4 \right\} \qquad [5-26]$$

$$q_c = k(t_p - t_i)^n \qquad [5-27]$$

여기서, k, n : 정수 (천장 패널 : $k = 0.12$, $n = 1.25$, 바닥 패널 : $k = 1.87$, $n = 1.31$,
벽 패널 : $k = 1.53$, $n = 1.32$)

식 [5−26]을 그래프로 만든 것을 그림 5−47에, 그리고 식 [5−27]을 그림 5−48에 나타낸다.

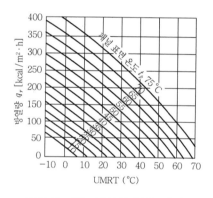

그림 5−47 복사에 의한 방열량　　　　　그림 5−48 대류에 의한 방열량

가열면의 총방열량은 $q = q_r + q_c$가 된다. 방의 난방 부하를 H [kcal / h]라 하면 가열면의 필요 면적 A [m^2]는

$$A = \frac{H}{q} \ [\text{m}^2] \qquad [5-28]$$

로 구할 수 있다. 그리고 구조체에 매설한 파이프에서 실내측으로 흐르는 발열량 q는 다음 식으로 표시할 수 있다.

$$q = \frac{\lambda}{\delta} (t_a - t) \qquad [5-29]$$

여기서, λ : 가열 구성 재료의 열전도율 (kcal / m · h · ℃)
δ : 가열면 구성 재료의 두께 (m)
t_a : 가열면 구성 재료의 뒷표면 온도 (℃)
t : 가열면 구성 재료의 실내측 표면 온도 (℃)

한편, 가열면의 평균 온도 t와 필요 방열량 q를 알고 있으면 가열면의 배면온도 t_a는

$$t_a = q \frac{\delta}{\lambda} + t \qquad\qquad [5-30]$$

가 된다. 또 반대측으로 흐르는 손실 열량 q_L은 다음과 같다.

$$q_L = \frac{\lambda'}{\delta'}(t_a - t_o) \qquad\qquad [5-31]$$

여기서, λ' : 실내와 반대측의 열전도율 (kcal / m · h · ℃)
δ' : 실내와 반대측의 두께(m)
t_o : 실내와 반대측 표면의 온도 (℃)

그러므로 파이프 표면의 방열량 q_p는 q와 q_L의 합계가 된다. 공기층 내에 배관한 경우의 관내 온수온도와 길이 1 m 당 배관에서 공기층으로 방열된 열량을 그림 5−49에 나타낸다. 이 그림을 이용하여서 가열면 1 m^2 당의 필요 배관 길이와 온수온도를 구한다.

콘크리트 등에 매설하는 경우의 방열은 매설 깊이와 배관의 피치 등에 관계가 있으며, 그림 5−50과 같이 매설된 파이프에서의 방열량은 다음과 같다.

$$q = KA(t_p - t) \qquad\qquad [5-32]$$
$$q_L = K'A(t_p - t_o) \qquad\qquad [5-33]$$

여기서 K와 K'는 가열측과 반대측의 겉보기 열관류율 (kcal / m^2 · h · ℃)로 각각 다음과 같다.

$$\left.\begin{array}{l} \dfrac{1}{K} = \dfrac{(a+b)}{2\lambda_o} + \dfrac{\delta}{\lambda} \\[3mm] \dfrac{1}{K'} = \dfrac{(c+d)}{2\lambda_o} + \dfrac{\delta'}{\lambda'} \end{array}\right\} \qquad\qquad [5-34]$$

λ_o는 파이프를 매설한 콘크리트의 열전도율 (kcal / m · h · ℃)를 나타내고, 온수온도에 파이프 표면온도 t_p 보다 1~2℃ 정도 높게 결정한다.

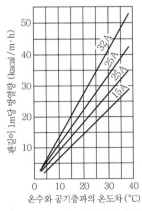

그림 5-49 공기층내의 배관에서 방열

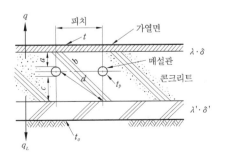

그림 5-50 매설 파이프에서 방열

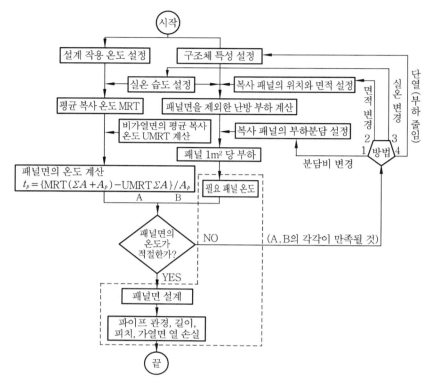

그림 5-51 복사 패널 설계 순서도

(4) 복사 난방 설계상 주의사항

① 가열면 표면온도 : 가열면의 온도는 높을수록 복사 방열은 크지만, 주거 환경을 고려하여 적절한 온도가 되도록 한다. 표 5-24에 각 패널에 따른 표면 온도를 나타낸다.

표 5-24 패널 표면온도

종 류		패널 표면온도 (℃)	
		보 통	최 고
바닥 패널		27	35
벽 패널	플라스터 마감	32	43
	철판 (온수)	71	—
	철판 (증기)	81	—
천장 패널(플라스터 마감)		40	54
전선 매설 패널		93	—

② 매설 배관의 관경 : 일반적으로 바닥 매설 배관은 20~40 A의 가스관 3/8~5/8B의 동관, 천장의 경우는 이보다 작은 관경의 가스관을 쓴다. 보통 바닥 매설은 25 A, 천장 매설은 15 A의 가스관을 많이 사용한다.

③ 배관 피치 : 방열량을 고르게 할 경우 피치는 적게, 매설 깊이는 깊게 하는 것이 온도 분

포가 고르게 되어 바람직하지만, 경제적인 면에서는 20 cm~30 cm 정도가 적당하다.

④ 매설 깊이 : 표면 온도 분포와 열응력으로 인한 바닥의 균열 등을 고려하여, 적어도 관 위에서 표면까지의 두께를 관경의 1.5~2.0배 이상으로 한다.

⑤ 온수 온도와 온도차 : 온수 온도는 콘크리트에 매설한 경우 최고 60℃ 이하로 평균 50℃ 정도가 많이 쓰이고 있다. 공기층일 경우 일반 온수 난방과 같이 평균 80℃까지 써도 된다. 순환 온수의 온도차는 가열면의 온도 분포를 균일하게 한다는 점에서 5~6℃ 이내로 한다.

4-5　기타 복사 난방

복사 난방은 저온 복사 난방 외에 앞서 분류에서 논한 바와 같이 고온 복사 난방, 적외선 및 원적외선 복사 난방이 있다. 그림 5-52 고온 복사 난방 패널을 나타낸 것으로 용접 타입과 매달은 타입의 개념도이다. 이 방식은 대형 공장과 같은 면적이 넓고 천정이 높은 건물에서 채용하고 있다. 사용되는 열매는 150~200℃의 고온수 또는 증기가 사용된다.

그림 5-53은 적외선 난방기를 나타낸다. 복사열이 직접 인체에 도달하므로 공장, 체육관 외에도 차고, 창고, 백화점의 입구와 같은 개방 작업장의 국부 난방에 유효하다. 설치 높이가 4 m 이하인 경우 두부가 과열되어서 불쾌감을 주게 될 수도 있다.

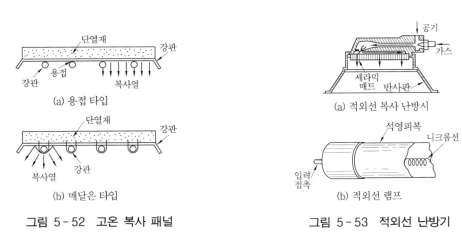

(a) 용접 타입

(b) 매달은 타입

그림 5-52　고온 복사 패널

(a) 적외선 복사 난방시

(b) 적외선 램프

그림 5-53　적외선 난방기

5. 온풍 난방

5-1　개 요

온풍로 난방은 온풍로로 가열한 공기를 직접 실내로 공급하는 난방 방식으로, 증기·온수 난방 방식에 비해 시스템 전체의 열용량이 적고, 장치도 간단하며 설비비도 적게 든다. 특히 이 방식은 예열 시간이 짧아 실온 상승이 빠르며, 온도 조절, 풍량 조절, 습도 조절, 환기도 가능하지만, 소음과 온풍로의 내구성이 문제가 되며, 또 취출 온도차가 35~50℃나 되어 정밀한 온도 제어가 곤란하므로 난방의 쾌적도 면에서는 공조 방식보다 뒤떨어진다.

이 방식은 주택·점포 등 비교적 소규모 건물에 설치가 용이하며, 운전 시간이 비교적 짧은 건물에 유리하다.

5-2 온풍로의 구성과 성능

온풍로의 구성은 버너, 연소실, 공기-연소 가스 열교환부, 송풍기, 공기 여과기, 가습 장치 등으로 되어 있으며, 송풍기와 공기 여과기가 본체에 내장되어 있는 것과 별도로 되어 있는 것이 있다. 온풍기는 전원과 연료 공급관을 접속하기만 하면 소정의 능력이 발휘되는 구조로 되어 있다. 그림 5-54는 송풍기가 내장되어 있는 온풍로를 나타낸 것이다. 온풍로는 열풍을 직접 취출시키는 방식과 덕트 접속 방식이 있으며, 그림 5-55는 덕트 접속 방식에 의한 코일식 온풍 난방 시스템을 나타낸다.

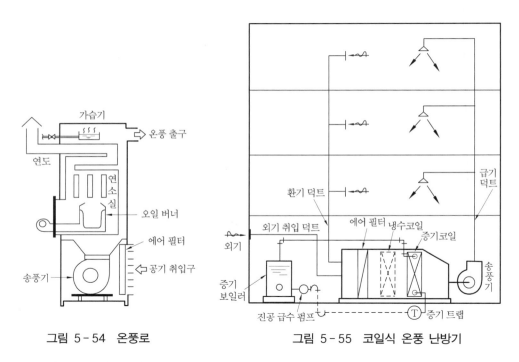

그림 5-54 온풍로　　　　　　　　그림 5-55 코일식 온풍 난방기

송풍기와 공기 여과기가 별도로 되어 있는 온풍 시스템은 송풍량, 정압 등을 자유롭게 선택할 수 있으므로 그림 5-56과 같은 레이아웃에 의해 일부 공기를 바이패스시켜 취출 온도차의 개선을 꽤할 수 있다.

온풍로는 1대당 출력이 수 천 kcal / h에서 100만 kcal / h를 넘는 것까지 각종 용량의 것이 제작되고 있다. 사용 연료는 액체·기체·고체 연료 등이 사용된다.

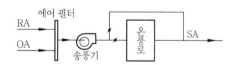

그림 5-56 송풍기와 온풍로의 레이아웃 예

제 6 장 공기 조화 장치

1. 공기조화기의 구성

공기조화기는 공조 시스템의 기본 구성 요소의 하나로 공기를 여과, 가열, 냉각, 감습, 가습 등 정화 처리하여 공조 공간으로 보내기 위한 장치를 말하는 것으로, 다음과 같은 기기들로 구성되어 있다.

① 공기여과기(air filter) - 靜電式, 여과식, 충돌 접착식
② 공기가열기(air heater) - 온수코일, 증기코일, 전기히터
③ 공기냉각기(air cooler) - 공기코일(냉수형, 직접 팽창형 또는 DX형)
④ 공기가습기(air humidifier) - 증기취출식, 물분무식, 기화식
⑤ 공기감습기(air dehumidifier) - 공기세정기(air washer), 공기코일(냉수형, 직접 팽창형 또는 DX형)
⑥ 송풍기(blower)

이들 기기는 보통 그림 6-1과 같은 순서로 배치·조립되고 있다.

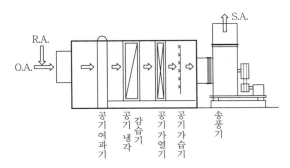

그림 6-1 공기조화기의 기본 구성

공기조화기는 그림 6-1의 기본형 외에 다양한 형식이 있으며, 공조 방식에 따라 일부 기기를 생략한 것, 변형시킨 것과 또 냉동기를 조합시킨 것도 있다.

2. 공기조화기의 종류

공기조화기는 중앙식 공조 방식에 이용되는 것과 개별식 공조 방식에 이용되는 것으로 나누어지며, 전자는 공조 기계실에 설치되어 덕트를 통해 각 실로 송풍하는데 대해, 후자는 공

조 공간내에 설치되어 외부에서 냉·온수, 냉매 등의 공급을 받아 각 실에 알맞은 공조 목적을 달성토록 한다. 최근의 경향은 중앙식과 개별식을 조합시킨 공조 방식을 채용하는 경우가 많다.

표 6-1 공기조화기의 분류

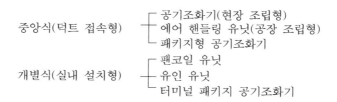

또, 공기조화기를 그 구성 기기에 따라 분류하면 냉동기가 내장되어 있는 것과 냉동기가 없이 외부에서 냉수 등의 공급을 받는 것의 두 가지 형태로 나누어지며 그 형식, 용량, 설치 장소 등에 따라 그림 6-2와 같이 분류된다.

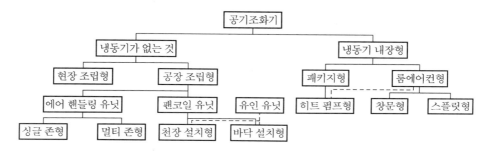

그림 6-2 공기조화기의 구성기기에 따른 분류

공기조화기는 원래 현장 조립형이 대부분이었으나, 현재는 메이커에 의해 규격화되어 공장에서 제작·조립된 것을 현장에 반입·설치하므로 현장에서는 간단한 접속 배관과 배선 공사만 하면 되는 형식의 것이 보편화되고 있는 실정이다. 그림 6-3은 공장 조립형의 에어 핸들링 유닛의 예를 나타낸 것이다. 최근에는 송풍량, 취입공기량 등을 최적화 할 수 있는 높은 제어 기능을 가진 것도 있다. 모든 에어 핸들링 유닛은 덕트를 접속하여 사용한다.

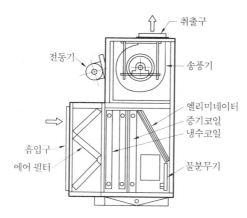

그림 6-3 에어 핸들링 유닛 (공장 조립식)

3. 중앙식 패키지형 공기조화기

중앙식 패키지 유닛은 그림 6-4와 같이 압축기, 응축기 등의 냉동용 기기와 송풍기, 가열기, 가습기, 에어 필터, 자동 제어기구 등을 하나의 케이싱에 수납하여 공기 조화의 기능을 달성하기 위한 것으로 규격품으로써 공장에서 생산된다. 패키지 유닛의 압축기용량은 0.75~100 kW 정도이며 냉방전용 유닛(난방 운전은 증기코일, 온수코일 혹은 전열에 의함)과 냉·난방용의 히트 펌프형의 유닛이 있다.

냉방전용 유닛에는 수냉식과 공랭식이 있다. 히트 펌프형의 경우도 수냉(수열원), 공랭(공기 열원)의 2가지 방식이 있다.

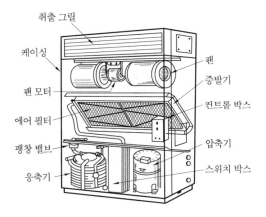

그림 6-4 중앙식 패키지형 공기조화기

4. 실내 설치형 공기조화기

실내 설치형 공기조화기는 팬코일 유닛과 유인 유닛이 있다. 팬코일 유닛은 송풍기, 냉·온수 코일, 에어 필터 등으로 구성되며 바닥과 천정 설치형이 있다.

송풍기는 다익 송풍기 또는 관류 송풍기가 사용되며 전동기에 직결된다. 전동기에는 단상 100 V가 주로 사용되며 회전수는 수단계 또는 연속적으로 조절하여 용량을 제어한다. 그림 6-5는 바닥설치형 팬코일 유닛의 예를 나타낸 것이다.

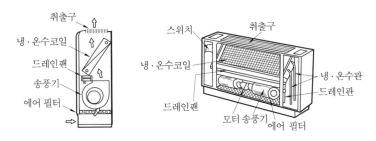

그림 6-5 팬코일 유닛(바닥 설치형)

유인 유닛은 중앙 공조기로부터 공급되는 1차 공기를 노즐에서 고속으로 취출하여 유인한 주위의 공기와 1차 공기를 혼합하여 취출하므로 공기 조화를 행한다. 그림 6-6과 같이 유인된 공기를 냉·온수 코일에 의해 냉각, 가열하는 것을 수-공기식 유인 유닛이라 한다. 또 그림 6-7과 같이 유인된 공기의 냉각, 가열을 행하지 않는 것, 혹은 가열만 행하는 것을 공기식 유인 유닛이라 한다.

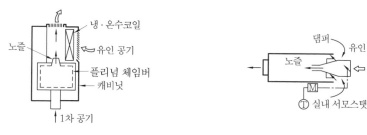

그림 6-6 수-공기식 유인 유닛   그림 6-7 공기식 유인 유닛

5. 분산식 패키지형 공기조화기

분산식 패키지형 공조기에는 일체형과 압축기 등을 별도로 설치한 분리형이 있다. 일체형에는 그림 6-8, 그림 6-9과 같이 창문 설치형, 월스루(wall through)형이 있다. 분리형은 그림 6-10, 그림 6-11과 같이 스플리트(split)형과 멀티 유닛(multi unit)형이 있다. 옥내에 설치하는 기종은 바닥, 벽, 천장 설치형이 있다.

이들은 모두 공기 열원에 의한 히트 펌프식이지만, 옥내설치형 패키지 유닛에는 수열원에 의한 히트 펌프식도 있다. 이것은 주로 공기 열원에 의한 난방이 곤란한 한냉지와 열회수 방식을 채용하는 경우 사용된다.

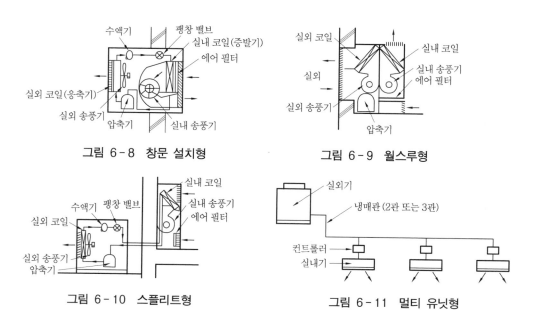

그림 6-8 창문 설치형   그림 6-9 월스루형

그림 6-10 스플리트형   그림 6-11 멀티 유닛형

6. 공기여과기(air filter)

에어 필터는 공기 중의 진애, 유해 가스 등의 제거를 목적으로 하는 공기 정화 장치로 공기 조화 장치의 일부로써 이용된다. 진애용 에어 필터는 정화의 원리에 의해 표 6-2와 같이 분류한다. 또한 진애의 포집 성능에 의해 표 6-3과 같이 분류한다.

표 6-2 정화 원리에 의한 필터의 분류

방 식	정화 원리
정전식	정전기에 의해 분진을 흡착 제거한다.
여과식	여과 매체에 의해 분진을 여과 제거한다.
충돌점착식	점착제에 의해 분진을 점착 제거한다.

표 6-3 포집 성능에 의한 분류

	조진용시험법 중량법(%)	조진용시험법 비색법(%)	고성능용시험법 계수법(%)
초고성능 필터	-	-99 이상	
고성능 필터	90 이상	80 이상	50 이상
중성능 필터	80~90	25~80	(5~50)
조진용 필터	20~80	5~25	(2~5)

진애용 에어 필터의 성능으로는 포집률, 압력 손실, 포집 용량 등이 있다. 표 6-4는 일반적으로 사용되고 있는 진애용 에어 필터의 종류와 성능을 표시한다. 유해 가스를 제거하는 가스 필터를 흡착제의 흡착 작용에 의해 취기와 가스 등을 제거하며, 보통 활성탄 필터가 사용된다.

표 6-4 필터의 종류와 성능

종 류	적응입경(μm)	적응진애 농도	포집휴율 (%)	공기저항 (mmAq)
건식 유닛형 평 판 형	약 3 이상	중	60~80 (중량법) 10~30 (비색법)	3~15
U형, W형 고성능 필터 (HEPA 필터)	0.5 ~ 1 이상 1 이하	소~중 소	30~95 (비색법) 99.97 (계수법)	5~25 25~50
건식 권취형 필터 점착식 회전형 필터 (멀티 패널 필터)	약 3 이상	중~대	50~85 (중량법) 10~30 (비색법)	5~15
전기집진기 이단하전식 여재유전식	1 이하	소	85~90 (비색법) 70 (비색법)	6~18 3~20

㊿ 비색법은 대기먼지의 경우, 계수법은 DOP 경우를 표시함.

포집효율 $\eta = (1 - C_2/C_1) \times 100 [\%]$

C_1 : 상류의 분진농도, C_2 : 하류의 분진농도

6-1 유닛형 필터

유닛형틀에 여과재를 고정했으며, 건식과 점착식이 있는데, 공조용에는 일반적으로 건식이 사용된다. 여과재는 유리섬유, 비직물 합성섬유, 다공질의 고분자화합물 등이 사용된다. 포집률은 섬유의 굵기, 충전밀도, 여과재 두께에 따라 다르다. 일반적으로 미세섬유를 사용하면 미세한 분진까지 포집가능하며, 포집률도 크고, 공기저항도 커진다.

유닛형은 포집률이 작은 것부터 큰 것까지 다양하다. 그림 6-12의 패널형은 가장 간단하며, 포집률도 작아, 공조기분진 퇴적방지용이나, 고성능 필터의 프레 필터로 큰 분진포집에 사용된다. 삽입형 필터나 대형(袋形) 필터는 패널형보다 미세한 여과재를 사용해서 1 μm 정도까지의 분진도 포집하고, 포집률을 크게 한 것이며, 그림처럼 유닛 전 면적에 대해 여과면적이 커지는 형상이며, 여과통과속도를 줄여서 공기저항의 증가를 억제한다. 이것은 일반 공조용에서 약간 청정도가 높은 장치나 클린룸 중간 필터 등에 사용되고 있다.

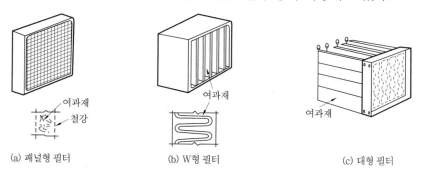

(a) 패널형 필터   (b) W형 필터   (c) 대형 필터

그림 6-12 건식 유닛형 필터

6-2 고성능 필터

유닛형 필터의 일종인데, 0.3 μm 정도의 미세한 분진까지 높은 포집률로 제거하기 위해 제작되었다. 그림 6-13처럼 미세한 유리섬유나 석면섬유의 여과재를 접어, 여과 면적을 크게 한다. HEPA 필터(High Efficiency Particle Air filter)라고 하는 것은 0.3 μm의 입자포집률이 99.97 % 이상이며, 클린룸, 바이오 클린룸이나 방사성물질을 취급하는 시설 등에 사용된다.

이러한 고성능 필터에는 유닛 주위에서의 누출이 없는 고정법이나 시공이 특히 필요하다. 또 고성능 필터의 수명을 연장하기 위해 앞단에 프레 필터나 중간 필터를 사용해서 고성능 필터는 미세한 입자의 포집에만 사용된다.

6-3 권취형 필터

롤 상태로 한 유리섬유나 비직물 여과재를 그림 6-14와 같은 장치로 약간씩 감아 가면서 장시간 사용하게 되어 있다. 감는 것은 타이머식과 차압 스위치로 필터 전후 압력이 일정치가 되면 감는 것이 있다. 포집률은 높지 않지만, 보수관리가 용이하므로, 일반 공조용으로 널리 사용된다.

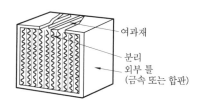

그림 6-13 고성능 필터(HEPA 필터)

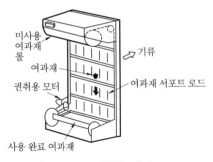

그림 6-14 권취형 필터

6-4 전기집진기

전기집진기는 전리부의 전장내를 통해 하전된 입자를 집진부 전극으로 끌어당겨 부착시키며, 그림 6-15 (a) (b)의 2단 하전식과, 그림 (c)의 여과재 유전식이 있다. 그림 (a)는 집진전극에 포집되는 방식이며, 포집된 분진은 가끔 하전을 정지해서 세정에 의해 제거한다. 세정은 소형에서는 집진부를 해체해서 하지만, 대형은 고정식 또는 주행식 세정 노즐에서 물을 취출해서 세정한다. 극판을 회전시켜 세정조를 통해 연속적으로 운전하는 것도 있다. 그림 (b)는 집진전극에 부착한 입자가 응집해서 큰 입자가 되어 재비산한 것을 하류의 권취형 여과재로 포집 제거하는 방식이다. 세정하지 않고 장시간 운전이 되며, 보수관리도 용이하다. 권취형 필터 대신에 대형(袋形) 필터를 사용하는 것도 있다. 그림 (c)는 1단하전이며, 권취형 유도전 여과재가 전극의 일부를 구성하고 있어, 여기서 분진을 포집한다. 이것은 세정을 하지 않으므로 보수관리가 용이하다.

전기집진기에서는 긴 섬유상의 분진이 들어가면 전극부에서 방전을 일으킬 경우가 있으므로, 프레 필터가 사용된다. 그림 (a)의 전극포집식에는 전극에 부착한 분진이 응집해서 재비산하는 경우가 있으므로, 아프터 필터도 사용된다.

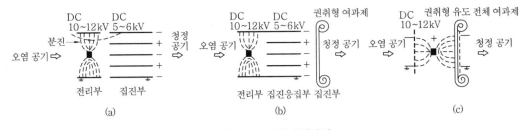

그림 6-15 전기집진기

7. 공기가습기와 감습기

7-1 가습기

공기가습기에는 증기취출식, 물분무식, 기화식의 3방식이 있다. 표 6-5에 각각의 특징과 기종을 나타낸다.

표 6-5 각종 가습 방식으로 사용되는 기종과 특징

방 식	기 종	특 징
증기취출식	전열식, 전극식, 적외선식, 증기 보일러식	불순물이 방출하지 않으며 온도강하가 없다.
물분무식	원심력식, 초음파식, 2유체식 고압스프레이식	불순물이 방출하며 온도강하가 있다.
기화식	에어샤워식, 적하식, 회전식, 모세관식	불순물이 방출하지 않으며 포화온도 이하에서 방출한다.

7-2 감습기

여름철 냉방시에 잠열 부하를 제거하는 감습 장치로서는 일반적으로 냉각 분무의 공기 세정기나 공기냉각 코일 등을 사용하여 냉각하며, 동시에 그 속에 포함되어 있는 수증기를 응축시켜서 소요의 절대습도까지 감습한다.

공업용 감습 장치에는 **흡습성**이 있는 고체 또는 액체에 공기를 접촉시켜서 감습하는 **흡수 방식**에 의한 것 등이 있다.

7-3 공기세정기(air washer)

공기세정기는 아주 작은 물방울과 공기를 직접 접촉시킴으로써 공기를 냉각하거나 또는 감습·가습을 하기 위하여 사용된다.

구조를 살펴보면 그림 6-16의 (a)~(c)에 표시한 것과 같이 공기가 지나가는 분무실과 아랫부분의 수조로 구성되며, 분무수는 공기와 접촉하여 열 교환 및 급습을 한 후 수조에 떨어지는 장치로 되어 있다.

분무실은 단면이 되도록 정방형에 가깝고 아연 철판으로 제작하여 보강하는 것이 좋다. 또한 분무실과 수조는 리벳으로 이음하고 누수 방지를 위해 납땜을 하며 내면은 충분한 방청 도장을 해야 한다.

분무실의 공기 출입구쪽에는 루버를 설치하여 공기의 흐름을 균일하게 하고 분무수가 분무실 밖으로 튀어 나가는 것을 막아야 한다. 또한 공기를 출구쪽에는 그림 (d)와 같이 일리미네이터(eliminator)를 설치하여 공기 중의 물방울이 송풍기 때문에 공기세정기에서 빠져 나가는 것을 방지해야 한다.

수조에는 스프레이 헤더(spray header)를 설치하고 여기에 세운 스탠드 파이프를 통해 분무 노즐(spray nozzle)을 설치하여 물을 분무시킨다. 또한 일리미네이터의 상부에는 플러싱 노즐(flushing nozzle)을 설치하여 그 분무수로 하여금 일리미네이터의 표면에 부착한 먼지를 제거한다.

공기실 내에 설치된 분무 노즐의 압력은 대개 $1.4 \sim 2.5 \, \mathrm{kg/cm^2}$ 정도이나 보통 1개의 노즐에서의 분무압력은 $0.5 \, \mathrm{kg/cm^2}$ 정도면 된다. 공기실 내를 통과하는 공기의 표준 풍속은 $2.5 \sim 3.5 \, \mathrm{m/s}$ 정도이다.

공기세정기에서는 철판제의 케이싱 내부의 기류에 대해 1열 내지 여러 열의 분무 노즐을 적당히 배치하고 물을 분무한다. 노즐군의 기류 방향의 열수를 뱅크라 하며 1열의 것을 1뱅크, 2열의 것을 2뱅크라 한다.

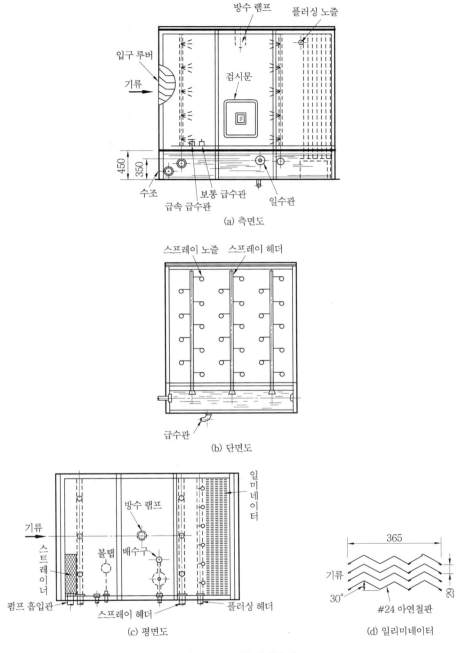

그림 6 - 16 공기세정기

　노즐로부터의 분무수의 분출 방향이 기류에 대하여 마주 보는 것을 역류라 하며 동일 방향의 것을 평행류라 한다. 또한 2열 또는 3열의 것이 서로 마주 보고 분무될 경우 이를 대향류라 한다. 또한 장치의 효과를 높이기 위한 방식으로는 한 번 분무하여 하부 수조에 모인 것을 다시 분무하는 2단(2 stage) 분무식이 있다.

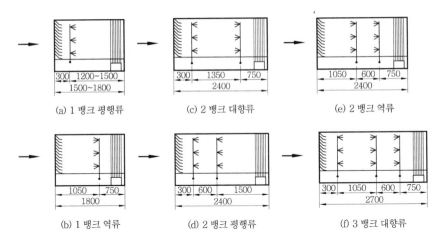

(a) 1 뱅크 평행류   (c) 2 뱅크 대향류   (e) 2 뱅크 역류

(b) 1 뱅크 역류   (d) 2 뱅크 평행류   (f) 3 뱅크 대향류

그림 6-17 공기세정기의 형식

8. 공기냉각기 및 공기가열기

공기를 냉각, 가열하는 데는 열매(또는 냉매)와 공기를 직접 또는 간접적으로 열 교환하는 방법이 있으며 코일은 관속에 열매를, 외부에 공기를 통하게 하여 간접적으로 열 교환이 일어나게 하는 방법이다. 또한 열 교환 면적의 증대를 목적으로 팬식관, 평판 팬코일, 엘로 팬코일이 사용된다. 관속에 흐르는 열매에 따라 냉수 (온수)코일, 증기코일, 직팽코일(direct expansion코일)로 나누어진다.

공기 냉각·감습을 위해서는 냉수코일과 직팽코일이 사용된다. 그리고 공기 가열에는 증기코일, 온수코일, 전기히터 등이 사용되며 특히 전기히터는 온도 제어나 취급이 용이하나 전력비가 비싸므로 소용량 설비의 보조 열원으로 사용하는 경우가 많다.

제 **7** 장 공기 분배 장치

1. 공기 분배 장치의 구성

공기 분배 장치는 실내 공간의 공기 조화를 위해 중앙의 공기 조화 장치에서 잘 조절된 공기를 실내로 보내기 위한 제반 장치를 말하는 것으로, 송풍기, 덕트, 외기취입구, 취출구, 흡입구, 풍량 조절 댐퍼 등으로 구성되어 있다.

2. 실내 공기 분배

2-1 실내 공기 분포

실내 공기 분포는 공기 조화 시스템의 성능을 평가하는 중요한 요소의 하나이다. 쾌적한 환경의 공기 조화는 실내의 거주역에서 균일한 실온 분포와 적절한 기류 속도가 유지되어야 하며, 이와 같은 환경은 취출구와 흡입구의 배치, 취출구의 형식, 취출 공기의 속도·온도·풍량 등에 크게 좌우된다.

실내 기류의 최적치는, 냉방의 경우 0.25~0.3 m/s, 난방은 0.1~0.25 m/s 정도이며, 표 7-1은 거주 공간에서의 허용 기류 속도를 나타낸다. 허용치를 초과한 기류 속에 오랫동안 노출되어 있으면 불쾌감을 느끼게 된다. 또 실내기류의 이동이 없는 停滯域에서는 오염된 공기 등이 정체되어 더욱 불쾌감을 가중시킨다. 이와 같은 정체역의 형성은 여러 가지로 분석될 수 있지만, 불합리한 취출구 배치, 풍속과 풍량 부족, 실내 장애물 등에 의해 발생된다.

표 7-1 거주 공간의 허용 기류 속도

조 건	실내온도(℃)	속도(m/s)
냉방시	27	0.5
	26	0.35
	25	0.3
난방시	－	0.5

그림 7-1, 7-2, 7-3, 7-4는 바닥과 벽 그리고 천정에 위치한 취출구로부터의 실내의 기류 분포를 나타낸 것이다. 특히 냉풍과 온풍 취출시 실내의 층고에 따른 온도 분포는 취출 모드에 따라 상당한 온도 성층화를 보이고 있다. 그림 7-1은 패리미터존에 설치한 바닥디퓨저의 경우로 난방의 경우 비교적 실내상하의 온도분포는 균일하나 냉방의 경우는 천정쪽에 심한 온도 성층을 보이고 있다.

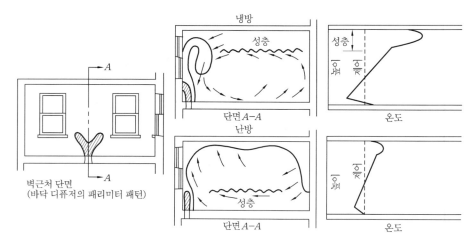

그림 7-1 패리미터 바닥 디퓨저의 실내 기류 분포 패턴

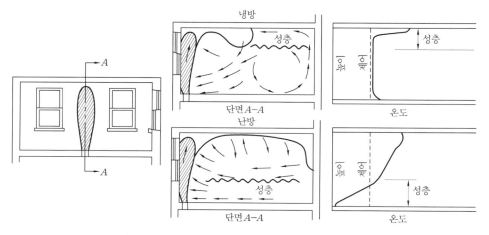

그림 7-2 바닥 레지스터의 실내 기류 분포 패턴

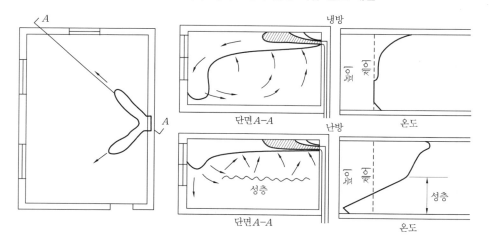

그림 7-3 높은 측벽 레지스터의 실내 기류 분포 패턴

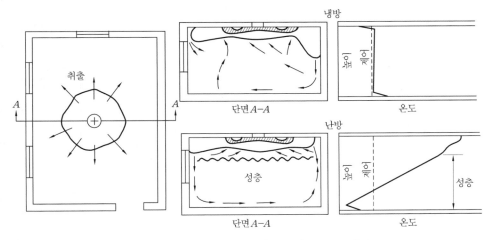

그림 7 - 4 천장 디퓨저의 실내 기류 분포 패턴

그리고 그림 7-2, 7-3, 7-4에 있어서는 냉동 취출시에는 비교적 상하의 균일한 온도분포를 보이고 있으나 온풍 취출시는 상하에 심한 온도 성층화 현상이 일어나고 있다. 이는 실내의 쾌적감뿐만 아니라 에너지 절약에도 관계되는 것으로 균일한 온도 유지를 위한 제어가 필요하다.

2-2 공기 분배 방법과 에너지 절약

실내의 열환경의 양부는 공기 분배 방법(air distribution method)과 공기 처리 방법(air treatment method)에 따라 좌우된다.

"The right air to the right place in the right way" 이 말은 실내 공기 분배와 더불어 에너지의 효율적 이용을 가능케 할 수 있는 말로서 앞으로 이를 실현하기 위한 기술개발에 더욱 기대를 갖게 한다.

요즘에는 거주 및 작업 공간에서의 환경의 요구 조건이 크게 변모하고 있을 뿐만 아니라 환경과 에너지 문제의 중요성이 더욱 부각되고 있다. 따라서 공조 공간에서의 적절한 공기 분배 방법은 실내 환경 개선과 에너지 절약에도 매우 효과가 클 것으로 기대된다.

난방의 경우 과거에는 신체의 일부를 덮어서 환경을 조절하였다고 한다면 현재는 물론 미래에는 더운 균일한 공기와 온도분포로 실 전체의 쾌적을 요구하게 될 것이며, 또 일정 지역만의 쾌적환경이 유지되기를 원하게 될 것이다. 따라서 거주 및 작업 공간의 환경과 에너지 문제 해결을 기대할 수 있는 공기 분배 방법에 대한 문제는 앞으로 큰 관심이 될 것이다. 공기 분배 방법은 다음과 같이 3가지로 분류할 수 있다.

① 피스톤 공기 분배(piston air distribution)
② 상승 온난 기류 제어 공기 분배(thermally controlled air distribution)
③ 제트 컨트롤 공기 분배(jet-controlled air distribution)

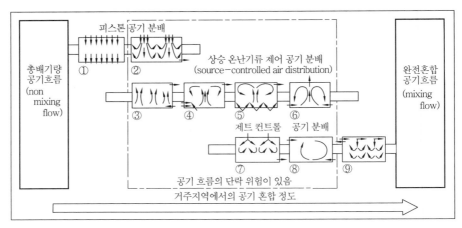

그림 7-5 공기 분배 방법

그림 7-5는 3가지 형태의 공기 분배 방법을 나타낸 것으로, 또한 이들 3가지 형태는 각각의 공기 분배 방식(①~⑨)에 따라 거주지역에서의 공기 혼합 정도를 잘 나타내고 있다. 즉, 왼쪽 분배 방법에서 오른쪽으로 갈수록 공기 혼합 정도가 커지는 분배 방법임을 알 수 있다. 그리고 피스톤 공기 분배는 총배기량 형태의 공기흐름이고, 제트 컨트롤 공기 분배는 완전혼합 형태의 공기흐름이 되는 분배 방법이다. 또한 상승 온난기류 제어 공기 분배는 앞의 2가지 분배 형태의 중간에 해당하는 분배 방법이다. 그림 중 일점쇄선 안의 공기 분배 방식은 공기흐름의 단락위험이 있는 방식이다. 표 7-2에 공기 분배 방법에 따른 장·단점을 소개한다.

표 7-2 공기 분배 방법과 장·단점

공기 분배 방법	장 점	단 점
피스톤 공기 분배 (piston air distribution)	1. 오염 물질 제거에 가장 효과적임 2. 공기흐름량이 아주 많은 곳에서 기류 이동이 아주 좋음 3. 온도 구배가 적음	1. 실온보다 공급공기온도가 매우 높거나 낮을 때는 좋지 않음 2. 공기유동량이 적은 곳에서는 흐름의 장애가 일어나기 쉽다. 3. 바닥, 천장, 벽을 전부 이용하기 위해서는 큰 급·배기 장치가 필요함
상승 온난기류 제어 공기 분배 (thermally controlled air distribution)	1. 성층화와 오염물의 혼합이 적음 (거주영역의 오염 농도가 평균보다 낮을 때) 2. 낮은 풍속 3. 적은 난류 4. 냉방시 동력이 감소된다.	1. 난방에는 좋지 않음 (공기흐름의 단락위험이 큼) 2. 흐름패턴이 쉽게 동요되며 회복이 느림 3. 급기 장치 주변 존의 드래프트 위험 4. 큰 온도 구배 (불쾌감 위험과 난방시 난방 동력이 증가됨) 5. 큰 급·배기 장치를 위한 바닥 공간이 필요함
제트 컨트롤 공기 분배 (jet-controlled air distribution)	1. 실온보다 공급 공기온도가 낮거나 높아도 됨 2. 안정된 흐름패턴과 동요가 되어도 회복이 빠름 3. 실내온도가 균일함 (난방시 난방비가 감소됨) 4. 급·배기 장치의 위치에 신축성이 있음	1. 오염 물질이 실내에 확산됨 2. 급·배기 장치의 위치가 적절치 못하거나 공급 공기의 조절이 잘못되었을 때 공기 흐름의 단락위험이 있음 3. 냉방 부하가 클 때 드래프트의 위험이 있음 4. 큰 난류 현상 5. 냉방시 냉방동력이 증가됨

push pull 개념의 피스톤 공기 분배 방식은 주로 클린룸, 병원의 수술실에 유효한 방식이며, 제트 컨트롤 공기 분배 방식은 가장 보편적인 방식으로 층고가 높은 실에 매우 유효하다.

스웨덴의 Fläkt사는 제트 컨트롤 방식의 원리를 이용한 공조 환기 방식(그림 7-5의 ⑨)을 개발하였는데 이는 무더운 엔진실의 공기환경 개선이 주목적이었다. 이는 소구경의 air jet nozzle과 원형 덕트 그리고 팬 유닛으로 구성되며 노즐로부터 불어낸 고속의 운동량을 이용하여 조화된 공기를 실내 전체로 운송하여 환기와 난방을 동시에 행하는 설비이다. 이 시스템은 소구경의 노즐로부터 불어내는 jet 기류(30 m/s 이상)의 추진력을 이용하여 공조 덕트에서의 공기를 수평형 노즐에 의하여 반송하고 수직 노즐로 거주역까지 공기를 보내 온도 분포를 균일하게 함으로써 거주공간의 열환경을 크게 향상시킬 뿐만 아니라 자연 환기량의 증가로 인한 에너지 낭비를 막을 수 있다.

이 시스템(그림 7-5의 ⑨)은 층고가 높은 공장, 수영장 등의 난방과 지하주차장들의 환기에 매우 효과적이다. 그림 7-6은 이 시스템을 층고 6 m인 수영장에 설치하여 시스템 작동에 따른 수직온도 분포를 나타낸 것이다.

그림에서와 같이 시스템 작용에 따라 상층부의 고온과 저층부의 공기가 혼합되어 거주역의 온도가 균등해지는 것을 알 수 있다. 따라서 온도 성층화의 조절에 따라 벽면, 천장면으로부터의 열 손실을 줄일 수 있을 뿐만 아니라 환기 부하도 크게 줄일 수 있어서 환경 개선과 에너지 절약에 효과적인 시스템으로 평가된다.

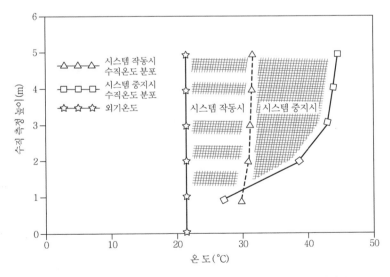

그림 7-6 제트 컨트롤 시스템 작동에 따른 수직온도 변화 분포

3. 취출구와 흡입구의 종류

표 7-3 취출구의 종류

분 류	명 칭	풍향조정		비 고
복 류 취 출 구 (a)	아 네 모 형	베인 가동 베인 고정		천장 디퓨저
	팬 형	팬 가동 팬 고정		
축 류 취 출 구 (b)	노 즐	고 정		
	팡 카 루 버	수 진		수진형의 노즐
	그 릴 형	고정 { 펀칭 메탈 고정 베인 베인 가동		
	슬 롯 형	고 정 베인 가동		
면 상 취 출 구 (c)	다 공 판	고정(펀칭 메탈)		
		베인 가동		펀칭 메탈 내측에 가동 베인
	천 정 패 널			반자를 취출구 패널로 한 것
선 상 취 출 구 (d)	라 인 디 퓨 저	베인 가동 베인 고정		

㊟ a, b, c, d는 취출구의 형태로 그림 7-7 참조

복류 취출구	
축류 취출구	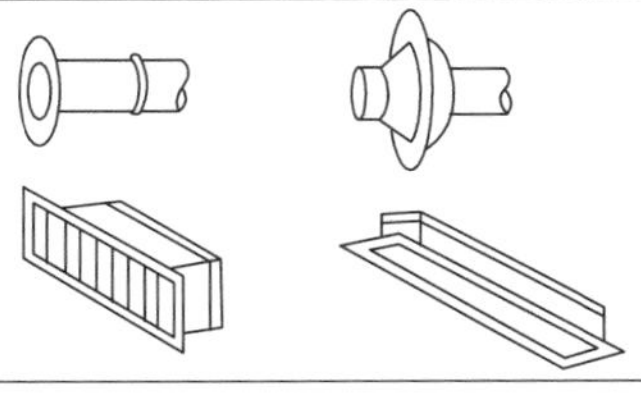
면상 취출구	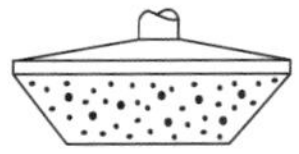
선상 취출구	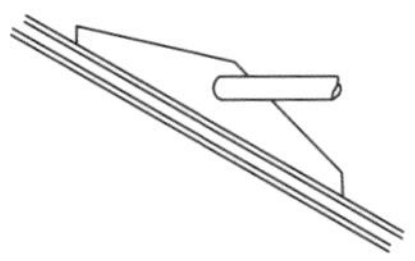

그림 7-7 각종 취출구

취출구와 흡입구의 종류는 매우 다양하며, 설치하는 장소에 따라서도 여러 가지로 분류된다. 표 7-3은 취출구의 분류와 명칭, 풍향 조정 등을 나타낸 것이다.

흡입구는 취출구와는 달리 기류의 방향성이나 유인성의 관계가 적으며, 종류는 그릴형, 팬형, 슬롯형, 다공판 등이 있다. 표 7-4에 취출구와 흡입구의 종류, 설치 장소를 나타낸다.

표 7-4 취출구·흡입구의 종류와 설치 장소

설치 장소	취출구	흡입구
천 장	아네모형, 팬형, 슬롯형, 노즐형, 라인 디퓨저, 다공판	팬형, 그릴형, 슬롯형, 다공판, 라인형
벽 면	유니버설형, 그릴형, 슬롯형, 노즐형, 라인 디퓨저, 다공판	그릴형, 스롯형, 다공판
바닥면	슬롯형	슬롯형, 그릴형, 다공판, 매시룸형
창 대	슬롯형, 유니버설형	
실내에 노출하는 덕트에 취부하는 것	아네모형, 팬형, 유니버설형, 그릴형, 노즐형	그릴형, 팬형

㊟ ① 노즐형은 용적이 큰 실에 사용된다.
　② 다공판은 클린룸 등에서 사용된다.
　③ 매시룸 (mash room)형은 극장 등에서 사용된다.

4. 취출구와 흡입구의 특성

4-1 축류 취출구의 취출 기류

　그림 7-8은 취출 기류 특성을 나타낸 것이다. 취출 기류는 거리 x가 증가함에 따라 중심 속도 v_x가 감소한다. 공기 취출속도 v_0와 v_x가 같은 범위를 취출 기류의 제1역이라 한다.

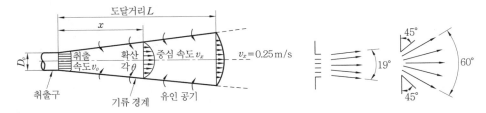

그림 7-8 축류 취출구의 취출 기류 (등온 취출시)   그림 7-9 베인 부착시의 취출구의 기류 확산

　v_x가 $1/\sqrt{x}$에 비례하여 감소하는 범위를 취출 기류의 제2역이라 한다. v_x가 $1/x$에 비례하여 감소하는 범위를 취출 기류의 제3역이라 한다. v_x가 0.25 m/s보다 작은 범위를 취출 기류의 제4역이라 한다. 그리고 v_x가 0.25 m/s로 될 때까지의 거리 L을 도달거리라 한다. 간단한 형상의 경우 도달거리는 계산에 의해 구할 수 있지만 일반적으로 실험에 의해 구한 값을 사용한다.

　노즐이나 그림의 확산각 θ는 약 20° 정도이나, 그림 7-9에서와 같이 그림의 베인각도를 넓히면 확산각도는 60°까지 증가한다. 그러나 확산각이 증가할수록 도달거리는 감소하게 된다. 주위의 공기 온도와 같은 온도의 공기를 취출하는 것을 등온 취출이라 하며, 냉·난방과 같이 주위의 공기 온도와 다른 공기를 취출하는 것을 비등온 취출이라 한다. 비등온 취출시 기류는 부력에 의해 냉풍일 때는 하강하고 온풍일 때는 상승한다.

그림 7-10에 비등온시 수평 취출 기류를 나타낸다. 이 경우 기류의 중심속도는 거리 x가 증가함에 따라 감소하고 기류 온도는 점차 실온에 가까워진다.

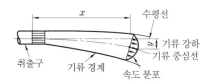

그림 7-10 비등온 취출시 기류 (냉풍의 경우)

4-2   복류(radial) 취출구의 취출 기류

취출 기류의 확산 반지름은 취출구로부터 멀어짐에 따라 속도가 감소하므로 도달거리를 고려하여 결정한다. 최대 확산 반지름은 그림 7-11과 같다. 1개의 취출구를 사용한 경우 실내의 거주域에서 0.10~0.20 m/s의 기류속도가 유지되는 범위이다.

기류의 최소 확산 반지름은 그림 7-12와 같다. 2개의 취출구를 사용한 경우 실내 거주역에서 0.10~0.25 m/s의 기류 속도를 유지하는 범위이다.

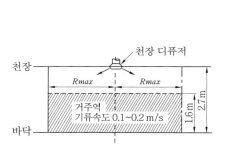

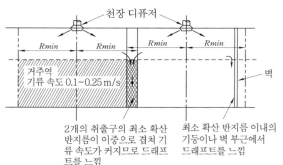

그림 7-11 복류 취출구의 최대 확산 반지름   **그림 7-12 복류 취출구의 최소 확산 반지름**

4-3   흡입구의 흡입기류

흡입구의 흡입기류는 그림 7-13과 같다. 흡입면 부근에서 거의 균일한 흡입속도가 유지되며, 흡입구로부터의 거리를 r이라 하면 그 속도는 v_r는 $1/r^2$에 비례하여 감소한다.

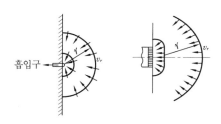

그림 7-13 흡입구의 흡입기류

4-4 취출구와 흡입구의 공기 저항

취출구와 흡입구의 공기 저항은 기구의 종류와 베인, 댐퍼 등의 상태에 따라 차이를 보이며, 거의 풍속의 제곱에 비례하여 증가한다. 풍속은 neck부분의 평균 풍속이 쓰여지며 neck velocity라고 한다. 그릴형은 취출구와 흡입구 풍속으로서 바깥테를 뺀 전면적(前面積)의 평균 풍속이 사용되며 이것을 face velocity라 한다. 이와 같은 neck velocity와 face velocity에 대한 저항계수들은 실험에 의해 구한다.

4-5 취출구와 흡입구의 발생 소음

취출구와 흡입구에서는 기류에 따른 소음이 발생한다. 소음의 발생은 풍속이 커지는 만큼 증가하며 기구의 종류와 베인, 댐퍼 등의 상태에 따라 다르다. 다음 표 7-5, 7-6은 각각 흡입구의 허용 풍속과 취출구의 허용 풍속을 나타낸 것이다.

표 7-5 흡입구의 허용 풍속

흡입구의 위치	허용 풍속 (m/s)	흡입구의 위치	허용 풍속 (m/s)
거주지역 바닥에 있을 때	4.0	도어 그릴 또는 벽 그릴	2.5~5.0
거주지역 내의 좌석에서 멀 때	3.0~4.0	도어의 언더컷	3.0
거주지역 내의 좌석에서 가까울 때	2.0~3.0	주택	2.0

표 7-6 취출구의 허용 풍속

건물의 종류	허용 풍속 (m/s)	건물의 종류	허용 풍속 (m/s)
방송국	1.5~2.5	영화관	5.0~6.0
주택, 아파트, 교회, 극장, 호텔	2.5~3.8	일반사무실	5.0~6.3
침실, 음향처리된 개인사무실		상점	7.5
개인사무실	2.5~4.0	상점 (1층)	10.0

5. 덕트 설계

5-1 덕트내의 기류

(1) 압력과 정압

덕트내의 공기가 주위에 미치는 압력 P_s를 정압이라 한다. 공기의 흐름이 없고 덕트의 한쪽 끝이 대기에 개방되어 있을 때는 정압 $P_s=0$이다. 공기의 흐름이 있을 때는 흐름 방향의 속도에 의해 생기는 압력이 있다. 이것을 동압 P_v (속도압)이라 한다. 정압과 동압의 합계를 전압 P_T이라 한다. 동압 P_v는 다음 식과 같다.

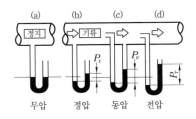

그림 7-14 덕트의 압력

$$P_v = \frac{v^2}{2g} \, r \fallingdotseq \left(\frac{v}{4.04} \right)^2 \qquad\qquad [7-1]$$

여기서, v : 풍속 (m/s)

r : 공기의 비중량 $(1.20 \, \text{kg} / \text{m}^3 - 20\,^\circ\text{C}, \, 60\,\%)$

P_v : 동압 $(\text{kg} / \text{m}^2 \text{ or mmAq})$

(2) 덕트내의 전압·동압·정압

이들 관계는 그림 7-15와 같다. 그림에서 각 구간의 압력 손실은 다음과 같다.

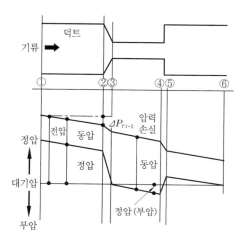

그림 7-15 덕트내의 전압·동압·정압

$$① \rightarrow ② \;\; \varDelta P_{T1-2} = \lambda \frac{l_{1-2}}{d_1} \cdot \frac{v_1^{\,2}}{2g} \, r = \varDelta P_{S1-2} \qquad [7-2]$$

여기서, $\varDelta P_{T1-2}$: ① → ② 구간 전압 손실(mmAq)

$\varDelta P_{S1-2}$: ① → ② 구간 정압 손실(mmAq)

λ : 마찰계수

d_1 : 직관 ① → ②의 원형 덕트 지름 (m)

l_{1-2} : ① → ②의 길이 (m)

v : ① → ②의 유속 (m / s)

구간 ① → ②의 경우에는 풍속의 변화가 없기 때문에 동압 변화는 전압 손실과 정압 손실이 동일하다.

$$② \rightarrow ③ \;\; \varDelta P_T = \zeta \cdot \frac{v^2}{2g} \, r \qquad\qquad [7-3]$$

ζ는 국부 손실계수이며 동압 P_v는 속도가 증가했기 때문에 증가한다. 그 증가량은 다음과 같다.

$$\varDelta P_{v2-3} = \frac{r}{2g} \left(v_3^{\,2} - v_2^{\,2} \right) \qquad\qquad [7-4]$$

이 동압의 증가량은 베르누이 정리에 의해 정압의 감소량이 된다. 구간 ③ → ④에서는 덕트 구경이 작으므로 유속이 빠르고, 단위 길이당의 마찰 손실은 구간 ① → ②가 크며, 압력 하강선의 구배가 급하게 된다. 구간 ④ → ⑤는 유로가 확대되기 때문에 국부 손실이 있다. 이 밖에 동압은 유속이 감소하기 때문에 적어진다. 감소량은 다음 식과 같다.

$$\Delta P_{v4-5} = \frac{r}{2g}(\ v_4^{\ 2} -\ v_5^{\ 2})$$ [7-5]

한편, 정압은 동압이 감소했으므로 그 만큼 증가한다. 증가량은 다음 식과 같다.

$$\Delta P_{s4-5} = R \cdot \Delta P_{v4-5} = R\left(\frac{v_4^{\ 2}}{2g}r - \frac{v_5^{\ 2}}{2g}r\right)$$ [7-6]

R은 정압 재취득 계수라 하며, 동압의 감소분 중 어느 정도가 정압으로 변환되었는가를 나타내는 계수이다. 구간 ⑤ → ⑥은 구간 ① → ②와 마찬가지로 유속의 변화가 없으므로 동압은 일정하며, 전압·정압은 모두 마찰 손실에 의해 동일하게 감소된다.

5-2 덕트의 압력 손실

(1) 직관 덕트의 압력 손실(원형 덕트)

$$\Delta P_T = \lambda\frac{l}{d}\cdot\frac{v^2}{2g}\cdot r = \lambda\frac{l}{d}\cdot P_v$$ [7-7]

여기서, ΔP_T : 직관부 압력 손실(mmAq)

$\quad\quad \lambda$: 저항 계수

$\quad\quad l$: 직관부 길이 (m)

$\quad\quad d$: 직관부 지름 (m)

$\quad\quad v$: 유속 (m/s)

(2) 덕트의 국부 압력 손실

$$\Delta P = \zeta\cdot\frac{v^2}{2g}\cdot r = \zeta\cdot P_v$$ [7-8]

여기서, ζ : 국부 손실 계수

$\quad\quad v$: 풍속 (m/s)

$\quad\quad P_v$: 동압 (mmAq)

$\quad\quad \Delta P$: 국부 압력 손실 (mmAq)

(3) 상당 관 길이

곡관 부분 등의 저항 손실을 표시하는 방법으로서 이것과 같은 압력 손실을 갖는 동일 구경의 직관 덕트 길이(l')로 표현하는 경우가 있다. 이 l' 를 국부 저항의 상당 관 길이라 한다.

$$\Delta P = \zeta\cdot\frac{v^2}{2g}\cdot r = \lambda\frac{l'}{d}\cdot\frac{v^2}{2g}\cdot r$$ [7-9]

$$\therefore l' = \frac{\zeta}{\lambda}\cdot d \ \text{또는} \ \frac{l'}{d} = \frac{\zeta}{\lambda}$$

표 7-7 국부저항의 손실계수표

명 칭	그 림	계 산 식	손 실 계 수						참 고
(1) 장방형 엘보 (90°)		$\Delta P_T = \lambda \dfrac{l'}{d}$ $\times \dfrac{v^2}{2g} r$	H/W	$r/W=0.5$	0.75	1.0	1.5		ASHRAE
			0.25	$l'/W=25$	12	7	3.5		
			0.5	33	16	9	4		
			1.0	45	19	11	4.5		
			4.0	50	35	17	6		
(2) 베인 부착 장방형 엘보 (소형 베인)		$\Delta P_T = \zeta \dfrac{v^2}{2g} r$	1 매판의 베인 $\zeta=0.35$ 성형한 베인 $\zeta=0.10$						ASHRAE
(3) 원형 덕트의 엘보 (성형)		$\Delta P_T = \lambda \dfrac{l'}{d}$ $\times \dfrac{v^2}{2g} r$	$R/d=0.75$ 1.00 1.5 2.0		$l'/d=23$ 17 12 10				ASHRAE
(4) 급확대		$\Delta P_T = \zeta \dfrac{v_1^2}{2g} r$	$\dfrac{A_1}{A_2}$	0.1	0.2	0.4	0.6	0.8	Fan Eng.
			ζ	0.81	0.64	0.36	0.16	0.04	
(5) 급축소		$\Delta P_T = \zeta \dfrac{v_2^2}{2g} r$	$\dfrac{A_2}{A_1}$	0.1	0.2	0.4	0.6		Fan Eng.
			ζ	0.34	0.32	0.25	0.16		
(6) 점차 확대		$\Delta P_T = \zeta \dfrac{r}{2g}$ $\times (v_1 - v_2)^2$	$\theta=5°$	10	20	30	40		ASHRAE
			$\zeta=0.17$	0.28	0.45	0.59	0.73		
(7) 점차 축소		$\Delta P_T = \zeta \dfrac{v_2^2}{2g} r$	$\theta = 30°$ 45° 60° $\zeta = 0.02$ 0.04 0.07						Carrier
(8) 변형			$\theta < 14°$, $\zeta=0.15$						Carrier
(9) 원형 덕트의 분류		분기관 분류손실 $\Delta P_T = \zeta_{1-3} \dfrac{v_1^2}{2g} r$	분기관 분류 손실계수 ζ_{1-3}						ASHRAE
			v_3/v_1	0.4	0.6	0.8	1.0	1.2	1.4
			ζ_{1-3}	1.1	1.2	1.3	1.3	1.4	1.6
		직통관 분류손실 $\Delta P_T = \zeta_{1-2} \dfrac{v_1^2}{2g} r$	직통관 분류 손실계수 ζ_{1-2}						
			v_2/v_1	0.3	0.4	0.5	0.6	0.8	1.0
			ζ_{1-2}	0.20	0.15	0.10	0.06	0.02	0

(10) 분류 (원추형 취출)		직통관 (1 → 2)	(9)의 직통관과 동일					Boulder dam Report
		분기관 (1 → 3) $\Delta P_T = \zeta_B \dfrac{v_3{}^2}{2g} r$	v_3/v_1	0.6	0.7	0.8	1.0	1.2	
			ζ_B	1.96	1.27	0.89	0.50	0.37	
			상기는 $A_1/A_3 = 8.2$ 및 $A_1/A_2 = 2$일 때는 상기보다 30 % 증가한다.						
(11) 장방형 덕트의 분기		직통관 (1 → 2) $\Delta P_T = \zeta \dfrac{v_1{}^2}{2g} r$	$v_2/v_1 < 1.0$일 때는 대개 무시함 $v_2/v_1 \geqq 1.0$일 때는 $\zeta = 0.46 - 1.24x + 0.93x^2$ $x = \left(\dfrac{v_3}{v_1}\right) \times \left(\dfrac{a}{b}\right)^{1/4}$						신 진
		분기관 $\Delta P_T = \zeta_B \dfrac{v_1{}^2}{2g} r$	x	0.25	0.5	0.75	1.0	1.25	
			ζ_B	0.3	0.2	0.3	0.4	0.65	
			단, $x = \left(\dfrac{v_3}{v_1}\right) \times \left(\dfrac{a}{b}\right)^{1/4}$						
(12) 장방형 덕트의 합류		직통관 (1 → 3) $\Delta P_T = \zeta \dfrac{v_3{}^2}{2g} r$	v_1/v_3	0.4	0.6	0.8	1.0	1.2	1.5	신 진
			$\dfrac{A_1}{A_3}$ =0.75	-1.2	-0.3	0.35	0.8	1.1	–	
			0.67	-1.7	-0.9	-0.3	0.1	0.45	0.7	
			0.60	-2.1	-1.3	-0.8	0.4	0.1	0.2	
		합류관 (2 → 3) $\Delta P_T = \zeta_B \dfrac{v_3{}^2}{2g} r$	v_2/v_3	0.4	0.6	0.8	1.0	1.2	1.5	
			ζ_B	-1.30	-0.90	-0.5	0.1	0.55	1.4	
(13) 장방형 덕트내 4매 댐퍼 (평행 익)		$\Delta P_T = \zeta \dfrac{v_1{}^2}{2g} r$	θ [도]	0	10	15	20	30	40	Pohle
			ζ	0.83	0.93	1.05	1.35	2.57	5.19	
			θ [도]	45	50	60	70	75		
			ζ	7.08	10.4	23.9	70.2	144		
(14) 원형 덕트내 댐퍼 1매		$\Delta P_T = \zeta \dfrac{v_1{}^2}{2g} r$	θ [도]	10	15	20	30	40	Máca, Fr.
			ζ	0.52	0.95	1.54	3.80	10.8	
			θ [도]	45	50	60	70		
			ζ	20	35	118	751		

5-3 덕트 설계

(1) 덕트내의 풍속

덕트에는 송풍 덕트와 환기 덕트의 2가지 종류가 있으며, 표 7-8은 덕트내의 풍속을 나타낸 것이다.

표 7-8 덕트내의 풍속

명 칭	저속 방식						고속 방식	
	권장 풍속 (m/s)			최대 풍속(m/s)			권 장	최 대
	주 택	공공건물	공 장	주 택	공공건물	공장	임대빌딩	
* 공기 도입구	2.5	2.5	2.5	4.0	4.5	6.0	3.0	5.0
팬흡입구	3.5	4.0	5.0	4.5	5.5	7.0	8.5	16.5
팬토출구	5~8	6.5~10	8~12	8.5	7.5~11	8.5~14	12.5	25
주덕트	3.4~4.5	5~6.5	6~9	4~6	5.5~8	6.5~11	12.5	30
분기 덕트	3.0	3~4.5	4~5	3.5~5	4~6.5	5~9	10	22.5
분기수직 덕트	2.5	3~3.5	4	3.25~4	4~6	5~8	–	–
* 필 터	1.25	1.5	1.75	1.5	1.75	1.75	1.75	1.75
* 히팅코일	2.25	2.5	3.0	2.5	3.0	3.5	3.0	3.5
* 에어와셔	2.5	2.5	2.5	2.5	2.5	2.5	2.5	2.5
리턴 덕트	–	–	–	3.0	5.0~6.0	6.0	–	–

㈜ *표는 전면적 풍속, 기타는 자유면적(프리 에어리어) 풍속 ASHRAE Guide & Modern Air Conditioning

(2) 덕트 설계 방법

덕트의 설계 방법은 등속법, 등마찰법, 전압법 등이 있으며, 등속법은 개략적인 덕트 크기를 결정하는데 유리하다. 이 방법은 공기 속도를 가정하고 이것과 공기량 (m^3/min)을 이용하여 마찰저항과 덕트 크기를 구한다.

등마찰법은 단위길이당의 마찰저항의 값을 일정하게 하여 덕트의 단면을 결정한다. 각 덕트의 길이가 다른 경우는 우선 기준 경로를 등마찰법으로 설계한다. 그리고 다른 경로는 기준경로의 전압력 손실을 그 경로의 덕트 상당 길이로 나눈값을 단위길이당 마찰 저항치로 설계하며, 압력손실을 기준 경로의 전압력 손실에 가깝게 한다. 이 경우 풍속은 허용 최대 풍속을 넘지 않도록 한다. 단위 길이당 마찰 저항은 보통 0.08~0.2 mmAq/m이 사용된다. 이 방법은 덕트 경로의 길이에 비례하여 저항이 증가하기 때문에 각 취출구마다 풍량 조정이 필요하다.

(20℃, 60% 760 mm Hg)

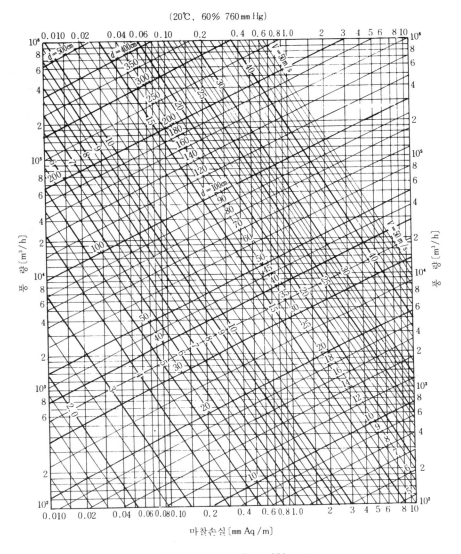

그림 7-16 덕트 저항 도표

예제 1. 다음 그림 7-17의 급기 덕트의 치수를 등마찰법으로 하여 결정하라. 단, 덕트의 높이는 30 cm 이내로 하고 각 취출구의 풍량 Q는 그림과 같다.

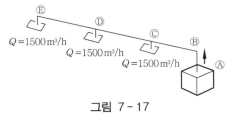

그림 7-17

해설 단위 마찰 저항은 0.1 mmAq / m로 하여 그림 7-16의 유량 선도와 표 7-8의 허용 풍속을 고려하여 관경을 결정한다. 그리고 장방형 덕트는 표 7-10을 이용하여 구한다. 결과는 표 7-9와 같다.

표 7-9

구 간	풍 량 Q[m³ / h]	단위 마찰 저항 (mmAq / m)	덕트 지름 d [m]	덕트내 풍속 v [m / s]	장방형 덕트(cm)	
					긴 변	짧은 변
ABC	4500	0.1	49	6.7	70	30
CD	3000	0.1	42	6.1	50	30
DE	1500	0.1	32	5.2	30	30

표 7-10 장방형 덕트 상당 관경

짧은변 / 긴변	5	10	15	20	25	30	35	40	45	50	60	70	80	90	100	110	120	130	140	150
5	5.5																			
10	7.6	10.0																		
15	9.1	13.3	16.4																	
20	10.3	15.2	18.9	21.9																
25	11.4	16.9	21.0	24.4	27.3															
30	12.2	18.3	22.9	26.6	29.9	32.8														
35	13.0	19.5	24.5	28.6	32.2	35.4	38.3													
40	13.8	20.7	26.0	30.5	34.3	37.8	40.9	43.7												
45	14.4	21.7	27.4	32.1	36.3	40.0	43.3	46.4	49.2											
50	15.0	22.7	28.7	33.7	38.1	42.0	45.6	48.8	51.8	54.7										
55	15.6	23.6	29.9	35.1	39.9	43.9	47.7	51.1	54.3	57.3	62.8									
60	16.2	24.5	31.0	36.5	41.4	45.7	49.6	53.3	56.7	59.8	65.6									
65	16.7	25.3	32.1	37.8	42.9	47.4	51.5	55.3	58.9	62.2	68.3	73.7								
70	17.2	26.1	33.1	39.1	44.3	49.0	53.3	57.3	61.0	64.4	70.8	76.5								
75	17.7	26.8	34.1	40.2	45.7	50.6	55.0	59.2	63.0	66.6	73.2	79.2	84.7							
80	18.1	27.5	35.0	41.4	47.0	52.0	56.7	60.9	64.9	68.7	75.5	81.8	87.5							
85	18.5	28.2	35.9	42.4	48.2	53.4	58.2	62.6	66.8	70.6	77.8	84.2	90.1	95.6						
90	19.0	29.9	36.7	43.5	49.4	54.8	59.7	64.2	68.6	72.6	79.9	86.6	92.7	98.4						
95	19.4	29.5	37.5	44.5	50.6	56.1	61.1	65.9	70.3	74.4	82.0	88.9	95.2	101.1	106.5					
100	19.7	30.1	38.4	45.4	51.7	57.4	62.6	67.4	71.9	76.2	84.0	91.1	97.6	103.7	109.3					
110	20.5	31.3	39.9	47.3	53.8	59.8	65.2	70.3	75.1	79.6	87.8	95.3	102.2	108.6	114.6	120.3				
120	21.2	32.4	41.3	49.0	55.8	62.0	67.7	73.1	78.0	82.7	91.4	99.3	106.6	113.3	119.6	125.6	131.2			
130	21.9	33.4	42.6	50.6	57.7	64.2	70.1	75.7	80.8	85.7	94.8	103.1	110.7	117.7	124.4	130.6	136.5	142.1		
140	22.5	34.4	43.9	52.2	59.5	66.2	72.4	78.1	83.5	88.6	98.0	106.6	114.6	122.0	128.9	135.4	141.6	147.5	153.0	
150	23.1	35.3	45.2	53.6	61.2	68.1	74.5	80.5	86.1	91.3	101.1	110.0	118.3	126.0	133.2	140.0	146.4	152.6	158.4	164.0
160	23.7	36.2	46.3	55.1	62.9	70.6	76.6	82.7	88.5	93.9	104.1	113.3	121.9	129.8	137.3	144.4	151.1	157.5	163.5	169.3
170	24.2	37.1	47.5	56.4	64.4	71.8	78.5	84.9	90.8	96.4	106.9	116.4	125.3	133.5	141.3	148.6	155.6	162.2	168.5	174.5
180	24.7	37.9	48.5	57.7	66.0	73.5	80.4	86.9	83.0	98.8	109.6	119.5	128.6	137.1	145.1	152.7	159.8	166.7	173.2	179.4
190	25.3	38.7	49.6	59.0	67.4	75.1	82.2	88.9	95.2	101.2	112.2	122.4	131.8	140.5	148.8	156.6	164.0	171.0	177.8	184.2
200	25.8	39.5	50.6	60.2	68.8	76.7	84.0	90.8	97.3	103.4	114.7	125.2	134.8	143.8	152.3	160.4	168.0	175.3	182.2	188.0

전압법은 덕트 각 부분의 국부저항은 전압 기준에 의해 손실계수를 이용하여 구하며, 각 취출구까지의 전압력 손실이 같아지도록 덕트 단면을 결정한다. 이 경우 기준 경로의 전압력 손실을 먼저 구하고 다른 취출구에 이르는 덕트 경로는 이 기준 경로의 전압력 손실과 거의 같아지도록 설계한다. 기준 경로와 전압력 손실의 차는 댐퍼, 오리피스 등에 의해 조정한다. 또 이 경우는 덕트 각 부분의 풍속이 허용 최대 풍속을 넘지 않도록 한다. 덕트 설계 순서는 그림 7-18과 같다.

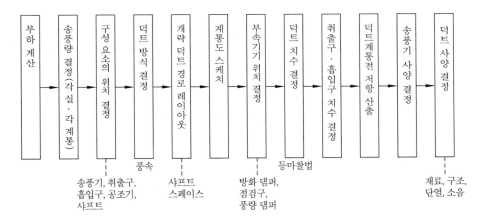

그림 7-18 덕트 설계 순서

5-4 덕트의 구조와 시공

(1) 덕트의 분류

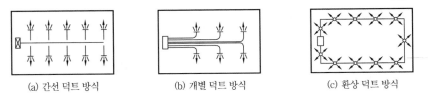

(a) 간선 덕트 방식   (b) 개별 덕트 방식   (c) 환상 덕트 방식

그림 7-19 덕트 배치 방식

덕트는 주덕트(main duct)와 분기 덕트(branch duct)로 대별할 수 있다. 주덕트는 덕트 배치의 간선을 이루는 것이며, 분기 덕트는 주덕트에서 분기되어 각기 필요한 장소에 배치되며 이것을 지관이라 한다.

덕트를 배치 방식에 따라 분류하면 그림 7-19와 같이 3가지 형식이 있다. 그림 (a)와 간선 덕트 방식은 가장 간단한 것이며 설비비가 싸고 덕트 스페이스가 적어도 된다.

그림 (b)의 개별 덕트 방식은 취출구마다 덕트를 단독으로 설비하는 방식으로 가정용 온풍로에 많이 사용되고 있다. 또한 풍량 조절이 용이하며 최근 공기 조화에 채용되는 멀티 존 방식도 바로 이 방식이다. 덕트 수가 많아지므로 설비비는 (a)의 경우보다 높아지며 덕트 스페이스도 많이 차지한다.

그림 (c)의 환상 덕트 방식은 덕트 끝을 연결하여 루프를 만드는 형식으로 말단 취출구의 압력 조절이 용이하다.

덕트내를 흐르는 공기 풍속의 크기에 따라 분류하면 저속 덕트 방식과 고속 덕트 방식으로 나눌 수 있다. 일반적으로 풍속이 빨라지면 덕트의 저항이 커지는 관계로 덕트내의 압력이 고압이 된다. 따라서 고속 덕트 방식은 고압 덕트 방식이라고 할 수 있다. 저속 덕트 방식은 풍속 10~15 m/s 이하를 말하며 고속 덕트 방식은 풍속 20~25 m/s를 말한다.

고속 덕트를 압력에 따라 분류하면 중압과 고압 덕트 방식으로 분류할 수 있다. 고속 덕트 방식에 있어서도 덕트내의 압력은 송풍기에 가까운 부분과 말단에 가까운 부분에 따라 동일 방식일지라도 그 중에 중압 부분과 고압 부분이 있다.

(2) 덕트의 형상과 구조

덕트의 형상은 장방형이나 원형이며, 최근에는 스파이럴 원형 덕트도 사용되고 있다. 장방형 덕트는 스페이스에 따른 형상 제한을 적당하게 조절, 종횡 치수를 선정할 수가 있으므로 편리하나 반면에 강도면에서 약해지므로 고속·고압을 채용하는 경우에도 반드시 보강을 고려해야 한다.

원형 덕트는 강도면에서는 우수하나 스페이스면에 있어서 대형의 것은 제한을 받는 경우가 있다. 고속 덕트인 경우에는 원형 덕트가 유리하며 스파이럴 원형 덕트는 강도면에서 내압에 약하므로 고압 덕트에는 부적당하다. 그림 7-20은 덕트의 구조를 나타낸 것이다.

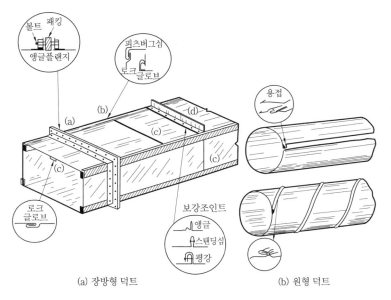

(a) 장방형 덕트   (b) 원형 덕트

그림 7-20 덕트의 구조

덕트용 재료로는 가장 일반적인 것이 아연 도금 철판이며, 알루미늄판·동판 등도 사용되나 특수한 경우에만 한정된다.

최근 미국에서는 비교적 소형의 것에 글래스파이버제의 덕트가 사용되기도 한다. 이것은 덕트 구조체 자체에 보온성이 있고 흡음성이 좋은 특색이 있다. 또한 종이 제품도 있는데 주로 원형 덕트에 사용되며 표면에 알루미늄판을 붙여서 내습성과 표면을 평활하게 유지하고, 경량이면서 설치가 간편한 이점이 있어 유리하다.

덕트의 이음은 피츠버그 심(pittsburgh seam), 또는 버튼 펀치 스냅 심이 쓰이지만 최근에는 심 가공기의 보급으로 조립이 용이한 버튼 펀치 심이 많이 쓰인다. 철판을 이을 때는 글로브 심이 쓰이며 판 두께에 용접하는 경우도 있다. 덕트는 내부 풍압에 의한 진동을 방지하기 위하여 적당한 보강을 하여야 한다.

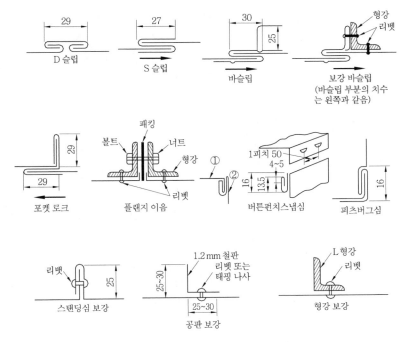

그림 7-21 SMACNA 공법

(3) SMACNA 공법에 의한 덕트

SMACNA(Sheet Metal & Air conditioning Contractors National Association)공법은 미국의 덕트 공기 조화업자 협회에서 채용되고 있는 저속 덕트용이며 종래 공법에 비하여 이음부 및 이음매의 형상이 기계 가공에 적합한 것으로 작업 능률이 좋다.

변 길이 2100 m/m 이하의 덕트에서는 형강을 쓰는 일이 별로 없으므로 自重이 적어지며 지지방법도 간단하게 된다. 종래 공법과 별로 차이는 없으나 그림 7-21은 그 공법을 나타낸 것이다.

(4) 덕트 부속품

덕트에 쓰이는 주요 부속품은 다음과 같다.

① 풍량 조절 댐퍼(volume damper)

풍량 조절 댐퍼는 덕트 내를 흐르는 풍량을 조절 또는 폐쇄하기 위해 쓰이는 부속품으로 다음과 같은 것이 있다.

㈎ 단익 댐퍼(single blade damper) : 이것은 버터플라이 댐퍼(butterfly damper)라고도 하며 주로 소형 덕트에 사용된다.

㈏ 다익 댐퍼(multi blade damper) : 일명 루버 댐퍼(louver damper)라고도 하며 2개 이상의 날개를 가진 것으로 대형 덕트에 사용된다.

㈐ 스플리트 댐퍼(split damper) : 덕트 분기부에서의 풍량 조절에 사용된다.

㈑ 슬라이드 댐퍼(slide damper) : 덕트 도중에 홈틀을 만들어 1장의 철판을 삽입하고 이것을 이동하여 풍량을 조절하는 댐퍼로 주로 전체의 개폐를 목적으로 사용한다.

㈤ 클로스 댐퍼(cloths damper) : 원형 덕트용 댐퍼로 철판 날개 대신에 섬유질 또는 글
래스클로스(glass cloths)를 쓴 것이다. 클로스에 의해 원형 단면을 교축하여 풍량을
조절한다. 클로스이기 때문에 기류에 의한 발생음이 적고 풍량을 덕트의 중심부에서
기류가 흐르는 방향으로 고르게 조절할 수 있다.

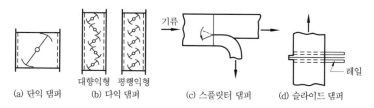

그림 7 - 22 풍량 조절 댐퍼

② 방화 댐퍼(fire damper)

방화 댐퍼는 화재 발생시 덕트를 통하여 다른 실로 연소되는 것을 방지하기 위해 쓰이
는 것이며 덕트내의 공기 온도가 72 ℃ 정도 이상이면 댐퍼 날개를 지지하고 있던 가용
편이 녹아서 자동적으로 댐퍼가 닫히도록 되어 있다.

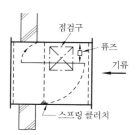

그림 7 - 23 방화 댐퍼

③ 가이드 베인(guide vane)

덕트의 구부러진 부분의 기류를 안정시키기 위해 사용하는 것이다.

그림 7 - 24 구형 엘보의 가이드 베인

(5) 덕트의 소음 방지

덕트를 통해 전달되는 소음을 방지하기 위해서는 다음과 같은 여러 가지 방법이 있다.
① 덕트의 도중에 흡음재를 부착한다.
② 송풍기 출구 부근에 플리넘 체임버를 장치한다.

③ 덕트의 적당한 장소에 소음을 위한 흡음 장치(셀형·플레이트형)를 설치한다.

④ 댐퍼 취출구에 흡음재를 부착한다.

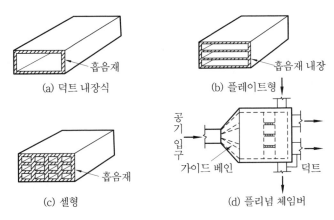

그림 7-25 흡음 장치

6. 송풍기

6-1 송풍기의 종류

송풍기는 정압에 따라 2가지로 분류하는데, 보통 $1000\,mmAq \sim 1\,kg/cm^2$ 의 토출압력을 가진 것을 블로어(blower)라고 하며, 토출압력이 $1000\,mmAq$ 미만의 송풍기를 팬(fan)이라 한다. 일반적으로 공기 조화 설비에는 팬이 많이 사용된다.

표 7-11은 건축 설비용의 송풍기를 총괄한 것이다. 공기 조화용의 형식은 덕트 방식에 따라 다르며, 저속용에는 다익 송풍기 또는 리밋 로드 팬이, 고속 덕트용에는 사일런트 팬 또는 익형 송풍기가 사용되고 있다.

기계실·전기실 등의 환기용에는 다익 송풍기·리밋 로드 팬, 또한 주방·변소 등 국소 배기용에는 다익 축류형 송풍기가 사용된다. 실험실·축전기실 등은 그 배기에 부식성 가스가 함유되는 경우가 있으므로 배풍 및 송풍에는 경질 염화 비닐성의 다익 송풍기가 사용된다. 냉각탑·증발기 등의 소형의 냉각용 송풍기에는 다익 송풍기가, 대형에는 축류팬이 사용된다. 특수 용도로서 에어 커튼용의 것이 있으나 일반적으로 다익 송풍기가 사용되고 있다.

표 7-11 공조 및 냉동기에 사용되는 송풍기

종 류		풍량 (m^3/min)	압력(수주 mm)	용 도
원심송풍기	다익 송풍기	10~2900	10~125	국소 통풍·저속 덕트·에어 커튼용
	리밋 로드 송풍기	20~3200	10~150	공업용, 송·배풍용
	사일런트 송풍기	60~900	125~250	고속 덕트용
	익형 송풍기	60~3000	125~250	고속 덕트용·냉각탑용 냉각팬
축류형 송풍기		15~10000	0~55	급속 동결실용

표 7 - 12 송풍기 날개의 형상

종 류	원 심 송 풍 기					축 류 형 송 풍 기
	터 보 팬		익형송풍기 (에어필팬)	리밋로드 팬	다익 송풍기 (시로코팬)	(프로펠러팬)
	보 통 형	사일런트팬				
날개의 형상						
정압 (mmAq)	30~1000	100~250	100~250	10~150	10~150	0~50
효 율 (%)	60~70	70~85	70~85	55~65	45~60	50~85

6-2 송풍기의 특성

송풍기의 특성 곡선은 그림 7-26과 같으며, 풍량의 변동에 대하여 전압, 정압, 효율, 축동력을 나타낸다.

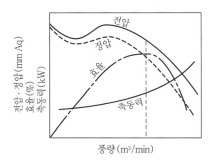

그림 7-26 송풍기의 특성곡선(다익형의 경우)

송풍기 전압 p_t [mmAq]는 다음 식으로 표시한다.

$$p_t = p_{t2} - p_{t1} \tag{7-10}$$

여기서, p_{t1} , p_{t2} 는 흡입구와 토출구에서의 전압 (mmAq)을 나타낸다. 또 송풍기 정압 p_s [mmAq]는 다음 식과 같다.

$$p_s = p_t - p_d \tag{7-11}$$

여기서, p_d : 토출구에서의 동압 (mmAq)

6-3 송풍기 축동력

송풍기의 전압 p_t 에 대해 송풍량 Q [m³ / min]를 송풍하는 데 필요한 이론동력 W_a 는

$$W_a = \frac{Q}{6120}(p_{t2} - p_{t1}) = \frac{Q \cdot P_t}{6120} \tag{7-12}$$

송풍기의 전압 효율 η [%]는 다음 식으로 표시된다.

$$\eta = \frac{W_a}{W_s} \times 100 \tag{7-13}$$

여기서, W_s는 축동력(kW)으로 다음과 같이 표시된다.

$$W_s = \frac{W_a}{\eta} \times 100 = \frac{Q \cdot P_t}{6120\eta} \times 100 \qquad [7-14]$$

예제 2. 다음 그림 7-23의 급기 덕트의 치수를 구하라.

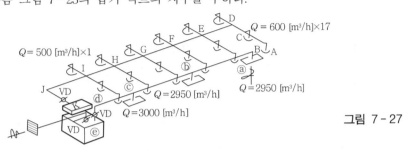

그림 7 - 27

해설 단위 마찰 저항은 0.1 mmAq/m로 하여 그림 7-16의 유량 도표와 표 7-14를 이용하여 구하면 표 7-13과 같다.

표 7 - 13

구 간	종 류	풍량 (m³)	풍속 (m/s)	덕트치수 $W \times H$ [mm]	저항 계수	단위마찰저항 (mmAq/m)	관 길이 (m)	저 항 (mmAq)	비 고
A	취출구	600						5	
A B	덕 트	600	4.1	250×200		0.1	1.0	0.1	
B	엘 보	600	4.1	250×200		0.1	2.75	0.275	$l'/w = 11$
B C	덕 트	600	4.1	250×200		0.1	4	0.4	
C D	덕 트	1200	4.8	300×250		0.1	4	0.4	
D E	덕 트	1800	5.3	450×250		0.1	5	0.5	
E F	덕 트	3600	6.3	600×300		0.1	5	0.5	
F G	덕 트	5400	7.0	700×350		0.1	5	0.5	
G H	덕 트	7200	7.5	850×350		0.1	5	0.5	
H I	덕 트	9000	7.8	900×400		0.1	5	0.5	
I J	덕 트	10700	8.2	1000×400		0.1	5	0.5	
J	엘 보	10700	8.2	1000×400		0.1	9	0.9	$l'/w = 9$
J K	덕 트	10700	8.2	1000×400		0.1	5	0.5	
J K	V D	10700	8.2	1000×400	0.83			3.5	$\xi = \left(\dfrac{v}{4.04}\right)^2$
K	급 축	10700	8.2	1000×400	0.25			1.03	$A_2/A_1 = 0.4$
K	급 확	10700	8.2	1000×400	0.36			1.49	$A_1/A_2 = 0.4$
a	흡입구	2950	6.0	500×300				5	
a b	덕 트	2950	6.0	500×300		0.1	1.0	1.0	
b c	덕 트	5900	7.1	750×350		0.1	10	1.0	
c d	덕 트	8900	7.8	1050×350		0.1	7	0.7	
d	엘 보	8900	7.8	1050×350		0.1	9	0.9	$l'/w = 9$
d e	덕 트	8900	7.8	1050×350		0.1	2	0.2	
d e	V D	8900	7.8	1050×350	0.83			3.1	$\zeta(v/4.04)^2$
e	급 확	8900	7.8	1050×350	0.36			1.35	$A_1/A_2 = 0.4$
								29.845	

㈜ 취출구와 흡입구의 마찰 저항은 3~6 mmAq임.

표 7-14 덕트 치수표 (0.1mmAq/m)

풍량 CMH	W	H	풍량 CMH	W	H	풍량 CMH	W	H	풍량 CMH	W	H
100	100	100		400	200		750	200	5400	600	400
150	150	100		550	150	2800	500	300		700	350
200	150	150	1300	350	250		600	250		800	300
	200	100		400	200		800	200	5600	600	400
250	150	150		600	150	2900	500	300		700	350
	250	100	1400	350	250		600	250		850	300
300	200	150		450	200	3000	500	300	5800	650	400
	300	100	1500	350	250		650	250		750	350
350	200	150		450	200	3200	450	300		900	300
	350	100	1600	400	250		550	300	6000	650	400
400	200	200		500	200		650	250		750	350
	250	150	1700	400	250	3400	500	300		900	300
	350	100		500	200		550	300	6250	650	400
450	200	200	1800	350	300		700	250		800	350
	250	150		450	250	3600	500	350		950	300
	400	100		550	200		600	300	6500	700	400
500	200	200	1900	350	300		750	250		800	350
	300	150		450	250	3800	500	350		950	300
550	200	200		550	200		600	300	6750	700	400
	300	150	2000	400	300		750	250		850	350
600	250	200		450	250	4000	550	350		1000	300
	300	150		600	200		650	300	7000	750	400
650	250	200	2100	400	300		800	250		850	350
	350	150		500	250	4200	550	350		1050	300
700	250	200		600	200		650	300	7250	750	400
	350	150	2200	400	300		850	250		900	350
750	300	200		500	250	4400	600	350		1100	300
	350	150		650	200		700	300	7500	800	400
800	300	200	2300	400	300		850	250		900	350
	400	150		500	250	4600	600	350		1100	300
850	300	200		650	200		700	300	7750	800	400
	400	150	2400	450	300		900	250		950	350
900	300	200		550	250	4800	650	350		1150	300
	450	150		700	200		750	300	8000	800	400
950	350	200	2500	450	300		950	250		950	350
	450	150		550	250	5000	650	350		1150	300
1000	350	200		700	200		800	300	8250	850	400
	450	150	2600	450	300		1000	250		1000	350
1100	300	250		550	250	5200	650	350		1200	300
	350	200		750	200		800	300	8500	750	450
	500	150	2700	450	300		1000	250		850	400
1200	300	250		600	250					1000	350

풍 량	덕트 크기		풍 량	덕트 크기		풍 량	덕트 크기		풍 량	덕트 크기	
CMH	$W \times H$ [mm]		CMH	$W \times H$ [mm]		CMH	$W \times H$ [mm]		CMH	$W \times H$ [mm]	
8750	800	450		1100	450		1500	450	32000	1600	600
	900	400		1200	400	20000	1200	550		1750	550
	1050	350	14000	1000	500		1350	500		2000	500
9000	800	450		1100	450		1500	450	33000	1500	650
	900	500		1300	400	21000	1250	550		1600	600
	1050	350	14500	1000	500		1400	500		1800	550
9250	800	450		1150	450		1600	450	34000	1500	650
	950	400		1350	400	22000	1300	550		1700	600
	1100	350	15000	1050	500		1450	500		1900	550
9500	850	450		1200	450		1700	450	35000	1550	650
	950	400		1400	400	23000	1350	550		1700	600
	1100	350	15500	1100	500		1500	500		1900	550
9750	850	450		1200	450		1700	450	36000	1600	650
	950	400		1400	400	24000	1400	550		1750	600
	1150	350	16000	1100	500		1550	500		1950	550
10000	850	450		1250	450		1800	450	37000	1600	650
	1000	400		1450	400	25000	1300	600		1800	600
	1150	350	16500	1150	450		1400	550		2000	550
10500	900	450		1300	500		1600	500	38000	1650	650
	1000	400		1500	400	26000	1350	600		1850	600
	1200	350	17000	1150	500		1500	550		2050	550
11000	900	450		1300	450		1700	500	39000	1700	650
	1050	400		1550	400	27000	1400	600		1900	600
	1250	350	17500	1200	500		1550	550		5100	550
11500	950	450		1350	450		1750	500	40000	1750	650
	1100	400		1600	400	28000	1400	600		1900	600
	1300	350	18000	1100	550		1600	550		2150	550
12000	1000	450		1250	500		1800	500	41000	1750	650
	1150	400		1400	450	29000	1450	600		1950	600
	1350	350	18500	1100	550		1600	550	42000	2200	550
12500	1000	450		1250	500		1850	500		1650	700
	1150	400		1400	450	30000	1500	600		1800	650
	1400	350	19000	1150	550		1650	550		2000	600
13000	950	500		1300	500		1900	500	43000	1700	700
	1050	450		1500	450	31000	1550	600		1800	650
	1200	400	19500	1150	550		1700	550		2050	600
13500	950	500		1300	500		1950	500			

제 8 장   냉온 열원 장치

공기 조화 시스템을 구성하는 열원 설비는 溫熱源 기기의 보일러와 冷熱源 기기의 냉동기로 대별되며, 이들 두 기기는 각각 열의 공급과 배출을 목적으로 한다.

1. 보일러(boiler)

1-1 보일러의 종류

현재 공기 조화와 급탕 설비, 난방 설비 등에 사용되는 보일러는 표 8-1과 같다.

표 8-1 보일러의 종류

보일러의 종류(효율 %)		열 매	용 량 (t/h)	주 요 용 도
주철제 보일러 (75~85)		증 기	0.3~3	중·소 건물의 급탕 및 난방용
		온 수	$2.5 \times 10^4 \sim 200 \times 10^4$ kcal/h	
노통연관 보일러 (75~90)		증 기	0.5~15	대규모 건물의 고압증기 보일러와
		고온수	$30 \times 10^4 \sim 800 \times 10^4$ kcal/h	지역 난방의 고온수 보일러로 쓰임
수관 보일러 (80~90)		증 기	0.5~2	대규모 병원·호텔의 고압증기를 필요로 하는 곳, 급탕 및 난방용
관류 보일러 (80~90)	소 형	증 기	0.2~2	난 방 용
	대 형	증 기	100 이상	발 전 용
		고온수	500×10^4 kcal/h 이상	지역 난방용
입형 보일러(70~75)		증 기	0.1~1	주택의 난방·급탕용
전기 보일러(95~98)		온 수	$10 \times 10^4 \sim 80 \times 10^4$ kcal/h	전전기식 공조 보조 열원용
주택용 소형 보일러(80~90)		온 수	$1 \times 10^4 \sim 3.5 \times 10^4$ kcal/h	급탕·난방용

① **주철제 보일러** : 조립식이므로 용량을 쉽게 증가시킬 수 있으며, 반입이 자유롭고 수명이 길다. 사용압력이 증기용 압력은 1 kg/cm^2 이하, 온수용은 수두 50 m 이하로 제한된다.

② **노통연관 보일러** : 부하의 변동에 대해 안정성이 있으며, 수면이 넓어 급수 조절이 쉽다. 그리고 수처리가 비교적 간단하며 현장공사가 거의 필요치 않다. 그러나 기동시간이 길고, 주철제에 비해 가격이 비싸다. 사용 압력은 $7 \sim 10 \text{ kg/cm}^2$ 정도이다.

③ **수관 보일러** : 기동시간이 짧고 효율이 좋으나, 고가이며 수 처리가 복잡하다. 다량의 고압증기를 필요로 하는 병원이나 호텔 등에 쓰이는 외에도 지역난방의 대형 원심 냉동기 구동을 위한 증기 터빈용으로도 사용된다.

④ **관류 보일러** : 증기 발생기라고도 불리며, 하나의 관내를 흐르는 동안에 예열, 가열, 증발,

과열이 행해져 과열 증기를 얻기 위한 것이며, 보유 수량이 적기 때문에 시동시간이 짧고 부하변동에 대해 추종성이 좋으나 수 처리가 복잡하고 고가이며 소음이 높다.

⑤ 입형 보일러 : 설치면적이 적고 취급이 간단하며 소용량의 사무소, 점포, 주택 등에 쓰이며 효율은 다른 보일러에 비해 떨어지지만 구조가 간단하고 가격이 싸다.

⑥ 전기 보일러 : 심야 전력을 이용하여 가정 급탕용에 사용하면 유리하다. 그리고 태양열이용 시스템 열회수 공조용 보조 열원에 이용되기도 한다.

1−2 보일러의 능력과 효율 표시 방법

① 보일러 마력(boiler horse power) : 1시간에 100 ℃의 물 15.65 kg을 전부 증기로 증발시키는 증발능력을 1보일러 마력이라 하고, 1마력의 상당 증발량은 15.65 kg / h이다.

1보일러 마력 = 15.65 [kg / h] × 539 [kcal / kg] = 8435 [kcal / h]

단, 전열면적 0.929 m² 를 1마력이라 한다.

② 상당 방열 면적(EDR, m²) : 표준 상태에 사용하는 방열기의 단위면적당 방열량으로 증기 난방의 경우 650 [kcal /m² · h], 온수 난방의 경우 450 [kcal /m² · h]이다.

③ 전열 면적(heating surface) : 보일러의 연소실에서 연료를 연소하는 경우 발생하는 열에 따라서 한쪽이 가열되고, 그 반대쪽에 물이 접근하여 열을 물에 전하는 면적(m²)을 말한다.

④ 환산 증발량 : 상당 또는 기준 증발량이라고도 하며, 실제 증발량(단위시간에 발생하는 증기량 kg / h를 말하는 것으로 사용하는 연료에 따라 좌우된다.)이 흡수한 전 열량을 가지고 100 ℃의 온수에서 같은 온도의 증기로 할 수 있는 증발량을 말한다.

$$G_e = \frac{G_s(i_s - i_w)}{539} \qquad [8-1]$$

여기서, G_e : 환산 증발량(kg / h), G_s : 실제 증발량(kg / h)

i_s : 실제의 증기 엔탈피(kcal / kg), i_w : 급수의 엔탈피(kcal / kg)

표 8−2 보일러의 능력 비교표

상당 증발량 (kg / h) (100 ℃ 대기압)	유효 열량 (kcal / h)	보일러 마력	상당 방열 면적 (m²) (EDR)
1	539	0.0639	0.829
0.454	245	0.029	0.376
0.00186	1	0.00012	0.0015
0.00047	0.252	0.00003	0.00039
15.65	8435	1	12.977
1.21	650	0.0772	1
0.112	60.48	0.0929	0.0929

예제 1. 급수 온도 5 ℃에서 증기의 절대압력 5 kg /cm²의 포화증기 1000 kg / h을 발생시켰을 때 환산 증발량 kg / h를 구하라. 단, 포화증기의 엔탈피는 656.25이다.

해설 식 [8−1]에 의하여 구한다.

$$G_e = \frac{1000(656.25 - 16)}{539} = 1188 \, [kg / h]$$

답 1188 [kg / h]

1-3 보일러의 용량 결정

보일러의 용량은 건물의 난방 부하 외에도, 급탕 부하, 손실 부하, 예열 부하 등을 고려하여 결정해야 한다. 보통 위의 4가지 부하를 전부 고려한 보일러 출력을 정격출력(kcal / h)이라 하며, 상용출력은 정격출력에서 예열 부하를 뺀 나머지 부하를 말한다. 일반적으로 상용출력(kcal / h)은 정격출력에서 산출한다. 주철제 보일러의 상용출력은 정격출력÷1.35, 연관 보일러의 경우는 정격출력÷1.15로 계산한다.

보일러의 정격출력을 식으로 표시하면 다음과 같다.

$$K = \frac{(H_r + H_g)(1 + \alpha)\beta}{k} \qquad\qquad [8-2]$$

여기서, K : 보일러의 정격출력 (최대능력) (kcal / h)

H_r : 손실 열량 계산에 의하여 구한 방열기의 소요 방열량 (kcal / h)

H_g : 급탕부하, 기타 소요 열량(kcal / h) – 대략 10 ℃의 물을 70 ℃로 가열하면 급탕량 1 l / h에 대해 60 kcal / l

α : 배관의 열 손실 $\begin{cases} \text{온수 난방의 소규모의 경우 : } \alpha = 35\,\% \\ \text{증기 난방의 대규모의 경우 : } \alpha = 25\,\% \end{cases}$

β : 보일러의 예열 부하

k : 저질열량의 석탄을 사용함에 따른 출력 저하 계수

예제 2. 증기 난방에서 상당 방열 면적이 500 m²이고 매시간 최대 급탕량이 800 l / h일 때 보일러의 정격출력을 계산하라.

해설 보일러의 정격출력은 난방·급탕·손실·예열 부하의 합으로 계산되며, 또 난방·급탕·손실 부하의 합을 상용출력이라 한다. 식 [8-2]를 이용하여 구한다.

$K = \frac{(H_r + H_g)(1 + \alpha)\beta}{k}$ 에서 각각을 구하여 대입한다.

난방 부하 H_r : 650 [kcal /m² · h]×500 [m²] = 325000 [kcal / h]

급탕 부하 H_g : 800 [l / h]×60 [kcal / l] = 48000 [kcal / h]

손실 부하 α는 0.25로 보아 상용출력을 계산하면

$(H_r + H_g)(1 + \alpha) = (325000 + 48000)(1 + 0.25) = 466250$ (표 8-3에서 β를 구한다.)

그러므로 정격출력은 $K = \dfrac{(325000 + 48000)(1 + 0.25)\,1.4}{1} = 652750$ [kcal / h]

답 652750 [kcal / h]

표 8-3 보일러의 예열 부하 β

소요 전열량 (kcal/h) 식 [8-2]의 $(H_r + H_g)(1 + \alpha)$	보일러의 예열 부하 β
25000 이하	1.65
25000~50000	1.60
50000~150000	1.55
150000~300000	1.50
300000~450000	1.45
450000 이상	1.40

표 8-4 저질탄 사용으로 인한 출력 저하 계수 k

석탄의 발열량 (kcal/kg)	보일러 효율(%)	계 수 k
6900	70	1.00
6600	68	0.94
6100	65	0.82
5500	61	0.69
5000	57	0.58

1-4 보일러의 급수

보일러의 급수에 사용하는 펌프로는 위싱턴형 급수 펌프·터빈 펌프가 있고, 난방 장치용 특수 펌프로는 콘덴세이션 펌프·기동식 진공 급수 펌프·전동식 급수 펌프 등이 있다.

이 밖에 보일러 급수 장치로는 보일러에서 발생한 증기를 사용하여 스팀제트 작용으로 급수하는 분사식 펌프와 리턴 트랩 등이 많이 사용된다. 보일러의 용수로는 수돗물이 바람직하지만 우물물을 사용할 때는 수질을 검사하여 경도가 높은 물은 이온 교환 수지 기타의 방법으로 연화하여 급수하지 않으면 안 된다.

1-5 보일러용 굴뚝의 결정

보일러의 굴뚝은 다음 식에 의하여 구한다.

$$Q \leq (147A - 27\sqrt{A})\sqrt{H} \qquad\qquad [8-3]$$

여기서, Q : 고체 연료의 소비량 (kg / h)

A : 굴뚝의 최소 단면적 (m²)

H : 굴뚝의 높이 (보일러의 화상면에서 굴뚝 끝까지) (m)

식 [8-3]으로 구한 굴뚝의 크기는 표 8-5와 같다.

1-6 보일러실의 조건

(1) 보일러실의 크기

보일러의 운전·조작 및 보수 등에 필요한 충분한 공간을 확보해야 한다.

(2) 보일러실의 구조

보일러실은 다음과 같은 조건을 갖추어야 한다.

① 내화 구조일 것

② 보일러실에는 두 개 이상의 출입문이 있어야 하며, 그 하나는 보일러의 반입·반출이 용이할 수 있는 크기일 것

③ 천장의 높이가 보일러의 최상부에서 1.2 m 이상 될 것

④ 채광·통풍 등 안전 위생 시설이 잘 갖추어져 있을 것

⑤ 보일러 외벽에서 벽까지의 거리는 0.45 m 이상 되어야 할 것

표 8-5 굴뚝의 크기

원형 굴뚝의 최소부 지름 (cm)	최소 단면적 (m²)	유효면적 $E = A - 0.18\sqrt{A}$ [m²]	굴뚝의 높이 H [m]									각형 굴뚝의 한변의 길이 (cm)
			15	16	17	18	20	24	30	38	55	
			연료 소비량 Q [kg/h]									
35	0.0962	0.0383	22.5	23.2	24.0	24.6	26.0	28.5				30
40	0.1257	0.0602	35.0	36.2	37.0	38.3	40.0	44.2				34
45	0.159	0.0853	49.8	51.2	53.0	54.4	57.2	62.7				39
50	0.196	0.114	66.0	68.5	70.5	72.5	76.5	84.0				44
55	0.238	0.148	86.0	89.0	91.5	94.0	99.5	109				48
60	0.283	0.185	107	110	114	117	124	135	152			53
65	0.332	0.226	131	135	140	144	151	166	186			53
70	0.385	0.274	159	164	169	174	184	201	225	254		62
80	0.593	0.372	261	223	230	236	250	273	307	344		71
90	0.936	0.489	293	308	318	323	360	402	452	452	543	80
100	0.785	0.621			354	395	416	456	510	575	690	90
120	1.131	0.935				595	625	686	770	865	1040	107
140	1.540	1.310					880	960	1075	1210	1450	124
160	2.011	1.748						1280	1435	1620	1940	142
180	2.545	2.521						1650	1850	2080	2500	160
200	3.142	2.314							2310	2600	3120	177
240	4.524	4.130							3400	3820	4580	213
280	5.309	4.884								4500	5420	230
320	8.043	7.518								6950	8350	284
360	10.179	9.589								8860	10630	320
400	12.566	11.911								11000	13200	356

(3) 보일러실의 위치

① 배치 관계상 건물 중앙부 난방 부하의 중심에 있는 것이 좋다.
② 굴뚝의 위치는 되도록 보일러에 가까울 것
③ 석탄 및 연료의 반출입이 편리한 위치이고 충분한 공간을 가져야 한다.
④ 보일러실에 되도록 가깝게 보일러 기사실·전기실을 두어 조직상 연락이 편하도록 할 것

(4) 보일러 및 보일러실의 관리

보일러와 보일러실의 관리에 있어서는 다음 사항에 유의해야 한다.
① 보일러실에는 무용자의 출입을 금지시킬 것
② 꼭 필요한 경우 이외에는 인화 물질의 반입을 금지할 것
③ 불을 땔 때에는 반드시 수면계를 확인하고 규정 높이까지 급수할 것
④ 점화할 때는 미리 댐퍼의 상태를 점검하고 이것을 개방한 채 점화할 것
⑤ 수면계·압력계·안전 밸브 등은 매일 점검하고 언제나 양호한 가동 상태에 있도록 할 것
⑥ 매년 1회 성능 검사를 받을 것
⑦ 청소 등으로 보일러 내에 들어갈 때는 환기를 충분히 하고, 증기압이 있는 다른 보일러와의 관 연락을 차단할 것

⑧ 보일러 취급 기사의 면허증·자격·성명을 보일러실의 눈에 잘 띄는 장소에 게시할 것, 또 배관도·기계 상세도·주의사항 등도 함께 게시할 것

⑨ 보일러 내의 물이 혼탁하게 되었을 때는 전부 새 물로 교환할 것

⑩ 온수 보일러는 가동을 쉬는 동안에도 물을 가득 채워 부식을 막을 것이며, 증기 보일러에서는 물을 빼고 건조시켜 둘 것

⑪ 증기관 밸브는 급속히 열지 않도록 할 것, 급히 열면 배관 이음 등에 충격이 가해져 누수의 원인이 된다.

2. 냉동기

2-1 냉동 원리

(1) 냉동기의 구성과 원리

물체를 그 주위의 대기 온도 이하로 냉각하는 것을 냉동(refrigeration)이라 하며, 이와 같은 목적을 부분적으로 달성하는 것을 냉각 (cooling)이라 한다. 냉동을 하는 데는 여러 가지 방법이 있으나 보통 냉동 장치에는 증발하기 쉬운 액체를 증발시켜 그 잠열을 이용하는 방법이 사용된다.

그림 8-1은 냉동 계통의 개략도를 나타낸 것이다. 이것은 가장 많이 이용되는 증기 압축식으로서 주요 부분은 압축기(compressor)·응축기(condenser)·팽창 밸브(expansion valve)·증발기(evaporator)로 구성되며, 냉동 장치 안에는 증발하기 쉬운 냉매가 봉입되어 있다. 압축기는 냉매 가스를 흡수·압축한 후 응축기로 보내면 고온·고압의 냉매 가스는 응축기 내에서 물 또는 공기로 냉각되어 응축열을 방출하고 액화한다.

이 고압의 냉매액은 팽창 밸브를 지나 증발기에서 저온 열원으로부터의 열을 흡수하고, 가스가 된 냉매는 다시 압축기에 되돌려 보내져 냉동 작용을 되풀이 한다.

이와 같은 일정량의 액체가 연속적으로 순환하는 것을 냉동 사이클이라 한다. 냉동기는 저온측으로부터 열을 흡열하는 것을 주목적으로 하며, 열 펌프는 고온측에 방열하는 것을 주목적으로 하고 있다.

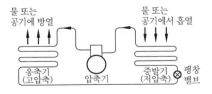

그림 8-1 냉동 계통도

(2) 냉동기의 성적 계수

냉매의 각 상태에서의 모든 특성을 표시하는 선도에는 몰리에르 선도 (mollier diagram)가

있다. 일명 $P-i$ 선도라고도 하며, 횡축에 엔탈피 i [kcal / kg], 종축에 냉매의 절대 압력 P [kg / cm²]를 나타내는 것으로써 선도상의 눈금을 읽음으로써 냉동 능력, 압축일, 방열량의 계산에 편리하도록 되어 있다. 선도상의 냉동 사이클의 변화는 다음과 같다.

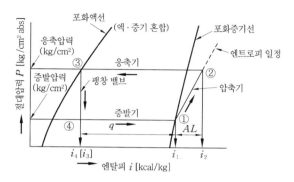

그림 8-2 몰리에르 선도상의 냉동 사이클

① 과정 ④~① : 이 과정은 냉동 효과를 나타내는 과정으로서 주위의 냉각 물체에서 열량 q를 흡수하며, 저온체에서 흡수한 열량, 즉 냉동 효과는 다음과 같다.

$$q = i_1 - i_4 = i_1 - i_3 \qquad\qquad [8-4]$$

② 과정 ①~② : 이것은 ①의 증기를 압축기에서 압축하는 과정으로서 압축일, 즉 선도상의 AL에 해당한다.

$$AL = i_2 - i_1 \qquad\qquad [8-5]$$

③ 과정 ②~③ : 이 과정은 저온 열원에서 흡수한 열량과 외부로부터 받은 일을 방출하는 과정으로서 다음과 같다.

$$q + AL = i_2 - i_3 \qquad\qquad [8-6]$$

④ 과정 ③~④ : 이것은 ③의 고압 액체가 팽창 밸브를 통과하는 동안 단열 팽창을 하여 ④의 낮은 온도 및 압력 상태로 변화하는 과정이다. 저온 열원에서 흡수한 열량을 q, 고온쪽에서 방열하는 열량을 Q, 외부로부터 받을 일을 AL이라고 하면 다음 관계식이 성립한다.

$$Q = q + AL \qquad\qquad [8-7]$$

위의 식에서 저온쪽에서 흡수하는 열량 q보다 고온쪽에서 방출하는 열량 Q가 크다는 것을 알 수 있는데, 이것이 냉동기의 중요한 특징이다.

물체를 냉각시키기 위한 목적으로 사용되는 냉동기는 동일한 일에 대해서 흡수하는 열량 q가 클수록 경제성이 높고, 열 펌프에서는 방출하는 열량 Q가 클수록 경제성이 높다고 할 수 있다.

냉동의 성적을 표시하는 척도로 쓰여지는 성적 계수 또는 동작 계수(COP : Coefficient Of Performance)는 다음과 같이 정의된다.

냉동기의 성적 계수

$$COP = \frac{\text{저온체로부터의 흡수열량(냉동효과)}}{\text{압축일}} = \frac{i_1 - i_4}{i_2 - i_1} = \frac{q}{AL} \quad [8-8]$$

예제 3. 냉동 용량이 10냉동톤인 냉동기의 성적 계수가 5.0일 때 냉동기의 압축일을 구하라.

[해설] 식 [8-8]에 의하여

$$COP = \frac{q}{AL} \rightarrow AL = \frac{3320 \times 10}{5.0} = 6640$$

📝 6640 [kcal /kg]

예제 4. 어떤 제빙 공장에서 43 냉동톤의 냉동 부하에 대한 냉동기가 있다. 압축기·증발기·응축기 출구의 엔탈피가 각각 453 kcal / kg, 397 kcal / kg, 128 kcal / kg일 때 냉동 효과 및 성적 계수를 구하라.

[해설] ① 냉동 효과 = 397 − 128 = 269 [kcal / kg]

② 성적 계수 $= \dfrac{i_1 - i_4}{i_2 - i_1} = \dfrac{269}{453 - 397} = 4.8$

📝 ① 269 [kcal/kg], ② 4.8

예제 5. 20 ℃의 물을 공급하여 0 ℃의 얼음 5톤을 만드는 데 160 kWh를 소비하였다면 이 냉동기의 성적 계수 COP를 구하라.

[해설] $COP = \dfrac{\text{냉동 효과}}{\text{냉동일}}$, $\varepsilon = \dfrac{100 \times 5000}{160 \times 860} = 3.63$

📝 3.63

예제 6. 암모니아의 $P-i$ 선도에서 냉동기의 증발온도 −15℃, 응축온도가 30℃인 표준 사이클에서 다음 값을 구하라.
① 냉동 효과
② 압축일
③ 성적 계수

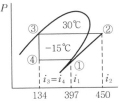

[해설] ① 냉동 효과 $q = i_1 - i_4$

$$q = 397 - 134 = 263 \ [\text{kcal / kg}]$$

② 압축일 $AW = i_2 - i_1$

$$AW = 450 - 397 = 53 \ [\text{kcal / kg}]$$

③ 성능 계수 $\varepsilon_r = \dfrac{q}{AW} = \dfrac{263}{53} = 4.96$

📝 ① 263 [kcal / kg], ② 53 [kcal / kg], ③ 4.96

(3) 냉동 능력

냉동기의 냉동 능력은 냉동톤(ton of refrigeration)으로 표시하며, 1 냉동톤은 0 ℃의 물 1ton을 24시간 동안에 0 ℃의 얼음으로 만드는 능력을 말한다.

$$1\text{냉동톤} = \frac{1000\text{kg} \times 79.7\text{kcal / kg}}{24\text{h}} = 3320 \ [\text{kcal / h}]$$

이것을 일명 1 CGS 냉동톤이라고도 한다. 또 미국에서는 냉동톤을 다음과 같이 표시한다.

$$1 \ \text{U.S.RT} = \frac{2000\text{1b} \times 144\text{B.T.U/1b}}{24\text{h}} = 12000 \ [\text{B.T.U/h}]$$

이것을 1CGS RT로 환산하면 1U.S.RT = 12000 B.T.U/h×0.252 kcal / B.T.U = 3024 kcal / h 가된다. 표 8-6은 각 국의 냉동 능력을 비교한 것이다.

표 8-6 각 국 냉동 능력 비교표

단 위	kcal / h	kcal / 24 h	B.T.U / h	B.T.U / 24 h
일본 냉동톤	3320	79700	13174.8	316194
미국 냉동톤	3024	72576	12000.0	288000
영국 냉동톤	3600	86400	14285.8	342860

2-2 냉동기의 종류

현재 공조용 등 냉열원 기기로 사용되는 냉동기의 종류는 표 8-7과 같다.

표 8-7 냉동기의 종류

방 식	종 류		냉 매	용 량	용 도
증기 압축식	왕복동식 냉동기 (reciprocating 냉동기)		R-12, R-22 R-500, R-502	1~400 kW	룸에어컨(소용량) 냉동용
	원심식 냉동기 (turbo 냉동기)		R-11, R-12 R-113	밀폐형: 80~1600 USRt	일반 공조용
				개방형: 600~10000 USRt	지역 냉방용
	회전식	로터리식 냉동기	R-12, R-22 R-21, R-114	0.4~150 kW	룸에어컨(소용량) 선박용
		스크루식 냉동기	R-12, R-22	5~1500 kW	냉동용, 히트 펌프용
	증기 분사식 냉동기		H₂O	25~100 USRt	냉수 제조용
흡수식	흡수식 냉동기		H₂O LiBr (흡수액)	50~2000 USRt	일반 공조용 폐열, 태양열 이용

(1) 압축식 냉동기

그림 8-3에 압축식 냉동기의 구성과 압축식 냉동 사이클을 나타낸다. 압축식 냉동기의 주요 구성은 압축기·응축기·팽창 밸브·증발기로 이루어져 있다. 냉각 작용은 증발기 내에서 주위의 증발 잠열을 흡수함으로써 이루어지며, 냉동 원리는 앞서 설명한 바와 같다.

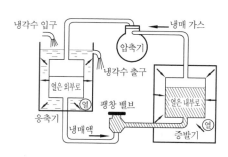

그림 8-3 압축 냉동 사이클

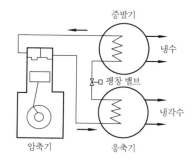

그림 8-4 왕복동식 냉동기

이와 같이 압축 냉동 사이클에 의해 냉각 작용을 하는 냉동기에 사용하는 동작유체인 냉매(refrigerants)의 온도는 임계온도(critical temperature)보다 낮아야 하는데 그렇지 않으면 냉매는 액화하지 않는다. 또 냉매의 온도는 융해점보다 높아야 하는데 그렇지 않으면 냉매가 고체로 변하게 된다. 일반적으로 이상적인 냉매는 다음과 같은 성질을 가져야 한다.

① 낮은 비등점을 갖을 것
② 기화에 따른 높은 잠열을 갖을 것
③ 압축에 의해 쉽게 액화할 것
④ 상태가 안정되어 있고 독성이 없으며 부식성이 없을 것

공기나 물을 냉매로 사용할 수도 있지만 일반적으로는 다음과 같은 물질이 많이 사용된다. 냉매로는 프레온(Freon), 암모니아(NH₃), 탄산가스(CO_2)가 사용되나 최근에는 환경보호를 위해 CFCs (chlorofluorocarbons)와 새로운 냉매인 HCFCs (hydrochlorofluorocarbons)가 사용되고 있다. 이는 온실 가스 배출 저감과 오존층 파괴를 막기 위해서 1987년의 몬트리올협정에 따른 것이다. 그림 8-5는 압축식 냉장고의 구조를 나타낸 것이다.

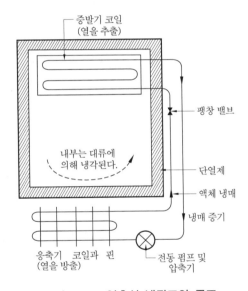

그림 8-5 압축식 냉장고의 구조

3. 히트 펌프 시스템(heat pumps system)

3-1 히트 펌프 원리

압축식 냉동 사이클에서는 주로 증발기에서의 흡열만을 열원으로 이용하고 있으나 히트 펌프식 냉동 사이클에서는 증발기의 흡열과 응축기에서의 배열을 모두 다 이용할 수 있다. 따라서 히트 펌프 시스템에서는 주변 환경의 모든 사물들이 열원이 될 수 있으며 특히 충분한 양과 온도만 유지된다면 꽁꽁 얼은 땅속에서도 열을 뽑아내어 이용할 수 있다.

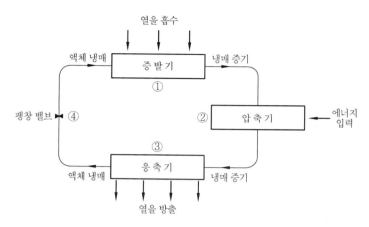

그림 8-6 히트 펌프 사이클

히트 펌프의 원리를 일반적인 압축식 냉동 사이클을 통하여 살펴보면 (그림 8-6 참조) 다음과 같다.

① 의 과정 : 증발기 코일(evaporator coil)이 낮은 온도의 열원에 위치하여 증발 냉매에 의해 열을 흡수한다.

② 의 과정 : 냉매가 압축됨에 따라 냉매의 온도가 상승하며, 전동 모터에 의해 에너지가 추가로 공급된다.

③ 의 과정 : 냉매가 응축하면서 유용한 온도의 열 에너지를 방출한다. 응축기 코일 (condenser coil)은 공기나 혹은 다른 매체를 가열하는 데 사용된다.

④ 의 과정 : 냉매가 팽창되고 사이클이 반복되도록 증발한다.

히트 펌프의 열원은 공기(air), 물(water), 땅속(earth)을 이용할 수 있다. 따라서 히트 펌프의 열 추출 코일(증발기)은 항상 같은 온도를 유지하는 열원 속에 위치하는 것이 가장 이상적이다.

대기는 열원으로 가장 많이 사용되는데 열용량이 너무 적다는 단점이 있다. 대기의 온도는 또 계속 변화하는데 기온이 낮게 되면 COP_H도 떨어진다. 환기 시스템의 배기를 열원으로 사용하면 일정한 온도를 가진 유효한 열원이 될 수 있다.

히트 펌프의 열 추출 코일을 땅 속에 묻으면 지중의 저급 열을 효과적인 열원으로 이용할 수도 있다. 지중 온도는 비교적 일정한 온도를 유지하지만 이를 유효하게 사용하려면 넓은 면적의 땅을 이용하여야 하는 불편함이 있다. 이와 같이 지중 열원을 뽑아내어 이용하는 것을 geothermal heat pump system이라 한다.

만일 히트 펌프의 운전 조건하에서 물이 얼지 않고 계속 공급될 수만 있다면 물은 훌륭한 열원이 될 수 있다. 하천이나 호수 또는 바닷물과 폐수를 열원으로 사용할 수 있다.

3-2 히트 펌프의 효율

히트 펌프의 효율은 난방을 위한 성적 계수(coefficient of performance)로 나타낸다. 즉 히트 펌프의 성적 계수(COP_H)는 히트 펌프를 작동하는 데 필요한 에너지에 대한 발생열의 비율이다.

앞의 그림 8-2는 몰리에르 선도상의 냉동 사이클이다. COP_H는 응축기의 방열량 (발생된 열에너지)과 압축기의 압축작업(히트 펌프의 입력 에너지)의 관계를 말하는 것으로 다음과 같이 표시한다.

$$COP_H = \frac{응축기의\ 방열량}{압축기의\ 압축작업량} = \frac{q+AL}{AL}$$

$$= \frac{i_2-i_4}{i_2-i_1} = \frac{(i_2-i_1)+(i_1-i_4)}{i_2-i_1} = 1+\frac{i_1-i_4}{i_2-i_1} \qquad [8-9]$$

그러므로 히트 펌프의 성적 계수는 냉동기의 성적 계수보다 1만큼 크게 된다. 이 결과를 볼 때 COP_H는 항상 공급된 에너지보다 더 많은 에너지를 생산해낸다는 뜻이 된다. 따라서 히트 펌프는 다른 어떤 시스템보다 전기를 효율적으로 사용하게 된다. 위 식을 온도로 표시된 방정식에서 보면 열원의 온도가 낮아지면 COP_H도 낮아지는 것을 알 수 있는데 이는 추운 날씨에는 히트 펌프의 효율이 떨어지는 것을 의미한다.

실제 조건에서 얻을 수 있는 히트 펌프의 COP_H는 2와 3사이의 값이다. 이 값은 순환용 송풍기와 펌프를 작동하고, 열 추출 코일(heat extraction coil)에서 서리를 제거하며, 필요한 경우 보조 난방을 위한 열을 제공하는 등의 추가 에너지를 포함하여 계산한 것이다.

3-3 히트 펌프의 종류

히트 펌프의 종류는 열원의 종류에 따라 그림 8-7과 같이 생각할 수 있다.

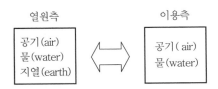

열원측   이용측

공기(air) 물(water) 지열(earth) ⟺ 공기(air) 물(water)

그림 8-7 히트 펌프 종류

그림 8-7에서 보는 바와 같이 히트 펌프 시스템은 열원과 이용측의 조합에 의해 다양한 종류로 세분될 수 있다. 이중에서 특히 지열을 이용하는 것을 Geothermal or Ground Coupled Heat Pumps라고 부른다. 이 시스템은 COP_H (약 4~5 정도)가 상당히 높기 때문에 최근에 큰 관심을 갖고 있다.

그림 8-8은 공기 열원 히트 펌프로 냉·난방을 위한 시스템이다. 이 시스템은 트랜스퍼 밸브 (transfer valve)를 작동시켜 냉·난방의 전환이 가능하도록 되어 있다. 겨울에는 외부 열 교환기(outside heat exchanger)는 증발기가 되고, 내부 열 교환기(inside heat exchanger)는 응축기가 되어 실내에 공기를 공급하여 난방을 하고, 여름에는 그 반대가 된다.

보통 열 펌프는 냉동 사이클과 마찬가지로 열 기관의 역(逆)사이클이며, 고온측에 열을 전하는 것이 주목적인데 여기 소개된 것은 냉·난방이 가능한 시스템이다.

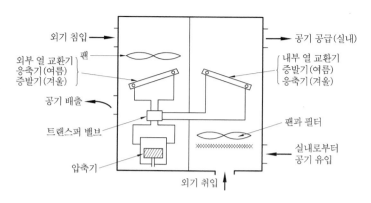

그림 8-8 공기 열원 히트 펌프 시스템

그림 8-9는 난방을 목적으로 하는 태양열을 이용한 수열원 히트 펌프 시스템의 구성도이다. 태양에 의해 온도 이상으로 보지(保持)되어 물탱크 A를 저열원으로 하고, 펌프 C로서 증발기 B내의 증발한 증기를 압축하여 응축기 D로 응축시켜 방열하게 한다. D는 난방용 방열기이며, 이때의 열원 A는 인공적인 태양열 집열판 등을 이용하는 경우와 지열을 이용하는 경우가 있다. 그림에서 사방 밸브(four way valve) E를 조절하여 흐름의 방향을 역으로 하면 D는 증발기, B는 응축기가 되며, 열 이동 방향은 역으로 되어 D는 냉방용 방열기가 된다.

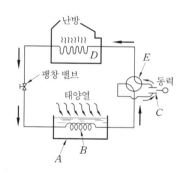

그림 8-9 수열원 열 펌프 구성도

그림 8-10은 수열원 히트 펌프 시스템으로 일명 chiller라고도 부른다.

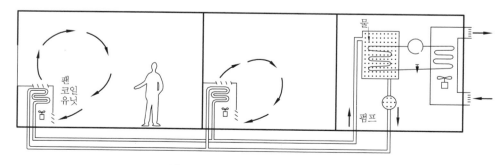

그림 8-10 수열원 히트 펌프 시스템

4. 냉온수기(흡수식 냉동기)

4-1 작동 원리

흡수식 냉동기는 냉수만을 생산하는 것과 냉온수를 생산하는 것이 있다. 물은 압력이 낮은 용기 내에서는 5 ℃ 정도의 낮은 온도에서도 증발 (비등)한다. 여기에 코일을 설치하여 물을 떨어뜨리면 코일내의 물은 증발 잠열로 열을 빼앗겨 냉수가 된다. 냉수는 부하를 감당하고 12 ℃ 정도가 되어 돌아와 약 7 ℃로 냉각되어 나간다. 용기 안은 6~7 mmHg의 진공 상태지만 물 (냉매)이 증발함에 따라 압력이 상승한다. 이로 인하여 진공 상태를 유지할 수 없게 되어 냉각 효과를 잃게 되므로 증기를 제거해야 한다. 이 증기를 제거하기 위하여 NaCl이나 LiBr 수용액 등을 사용한다. 이 수용액이 수증기를 계속 흡수하게 된다. 이 원리로 용기내의 진공도가 유지되며, 흡수식이란 명칭도 이 NaCl이나 LiBr이 수증기를 흡수하는 성질에서 비롯된 것이다.

그러나 이 흡수 작용은 무한한 것이 아니며 일정한 수분을 흡수하면 희석된 수용액은 쓸 수 없게 된다. 따라서 희석된 수용액에 열을 가하여 증기를 분리시켜 주는 것이다. 분리된 고온의 증기는 냉각시켜 물로 되돌린다. 이상이 일반적인 흡수식 냉동기의 냉동 사이클이다.

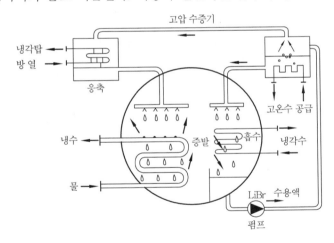

그림 8-11 흡수식의 작동 원리

4-2 흡수식 냉동기의 구성

흡수식 냉동기는 증발기·흡수기·발생기(재생기)·응축기의 4개 부문으로 구성되어 있으며, 물질의 용해 농도의 차를 이용하여 가스 압축에 해당하는 일을 대신한다. 그림 8-12는 흡수식 냉동 사이클을 나타낸 것이다. 이것은 LiBr가 저온수에 잘 용해되며, 또 고온의 물에는 용해하기 어려운 성질을 이용한 것으로서, LiBr와 물을 사용한 흡수식 냉동기의 경우에는 LiBr가 냉매, 물은 흡수제 역할을 한다.

냉동 사이클의 작용 방법은 다음과 같다.

① 증발기 내에서 냉수로부터 열을 흡수, 물은 증발하여 수증기가 되어 흡수기로 들어간다.

② 흡수기내에서 수증기는 LiBr 수용액에 흡수되며, 희석 수용액은 발열 때문에 냉각수에 의해 냉각되어 발생기에 보내진다.

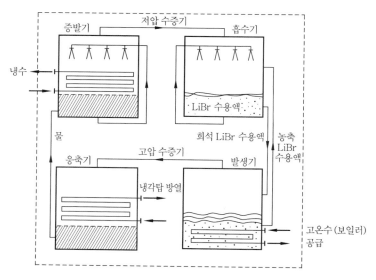

그림 8-12 흡수식 냉동 사이클

③ 발생기 내에서 고온수나 고압 증기에 의해 가열되어 희석 수용액 중 수증기는 응축기로 보내어지고 농축 수용액은 흡수기로 되돌아간다.

④ 발생기로부터 유입된 수증기는 저압의 응축기에서 응축되어 물이 되며 증발기로 들어간다.

이와 같이 흡수식은 압축기 대신에 LiBr의 농도 변화를 이용하여, 또 기포액 수송에는 기포 펌프를 사용하여 가동 부분을 전혀 갖지 않는 것이 특징이다.

이상은 1중 효용 (단효용형)에 대한 시스템이다. 그러나 2중 효용 시스템을 채용하면 단효용의 30 % 이상의 효율을 높힐 수 있다. 그림 8-13은 단효용형과 2중 효용형 재생기를 비교한 것이다.

보통 증발기에서 냉매 증발량은 1USRT 당

$$\frac{3024\,[\text{kcal}/\text{h}]}{594.3\,[\text{kcal}/\text{kg}]} = 5\,[\text{kg}/\text{h}]$$

따라서 단효용에서는 5 kg / h의 냉매 증기를 하나의 재생기에서 만들어야 하나 2중 효용에서는 고온재생기에서 3 kg / h, 저온재생기에서 2 kg / h를 만들어 합계 5 kg / h가 된다. 따라서 재생에 필요한 열량은 3 kg / h이면 된다. 또한 냉각수 부하도 2 kg / h이면 되므로 냉각수량이나 냉각탑용량이 작아도 된다. 2중 효용형 흡수식 냉동기는 다음과 같은 특징이 있다.

① 증기소비량이 절감된다.

② 소형, 경량화 할 수 있다.

③ 고효율을 위한 튜브 설계를 할 수 있다.

④ 운전이 용이하다.

⑤ 보수 및 점검이 용이하다.

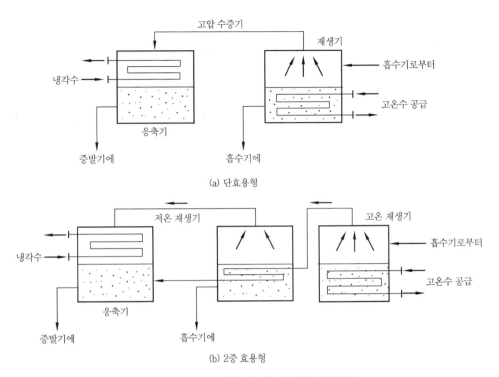

고압 수증기

재생기

흡수기로부터

냉각수

고온수 공급

응축기

증발기에

흡수기에

(a) 단효용형

저온 재생기

고온 재생기

흡수기로부터

냉각수

고온수 공급

응축기

증발기에

흡수기에

(b) 2중 효용형

그림 8-13 단 및 2중 효용형 재생기

5. 냉각탑 (cooling tower)

냉각탑은 냉온 열원 장치를 구성하는 기기의 하나로, 수냉식 냉동기에 필요한 냉각수를 순환시켜 이용하기 위한 장치이다. 필요한 순환 냉각수는 냉각탑에서 물과 공기의 접촉에 의해 냉각시키며, 냉각탑 출구수온과 냉각탑 입구 공기의 습구온도의 차는 보통 4~5℃이다.

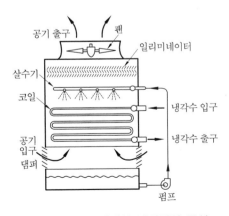

공기 출구

팬

일리미네이터

살수기

코일

냉각수 입구

공기
입구

냉각수 출구

댐퍼

펌프

그림 8-14 밀폐식 냉각탑의 구성

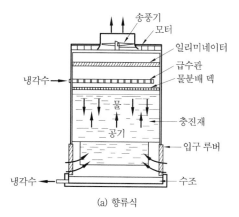

(a) 향류식

(b) 직교류식

그림 8-15 냉각탑

냉각탑의 통풍 방식은 자연 통풍식과 강제 통풍식이 있다. 그리고 냉각탑 내의 공기와 물의 흐름 방향에 따라 향류식과 직교류식이 있다. 그림 8-15의 (a), (b)는 향류식 냉각탑과 직교류식 냉각탑을 나타낸다. 그림 8-14는 밀폐식 냉각탑의 구성이다. 냉각탑의 설치 위치는 통풍과 소음 그리고 주변의 영향을 고려하여 결정하여야 한다.

냉각탑의 용량, 순환수량, 보급수량 등의 결정은 다음과 같다.

(1) 냉각탑 용량 H_{CT} [kcal / h]

증기 압축식 냉동기의 경우

$$H_{CT} = H_E + H_C + H_P \fallingdotseq H_E + H_C \ [\text{kcal / h}] \qquad\qquad [8-10]$$

여기서, H_E : 냉동 열량 (kcal / h)
H_C : 압축 동력의 열당량 (kcal / h)
H_P : 펌프 동력의 열당량 (kcal / h)

흡수식 냉동기의 경우

$$H_{CT} = H_E + H_R + H_P \fallingdotseq H_E + H_R \ [\text{kcal / h}] \qquad\qquad [8-11]$$

여기서, H_R : 재생기 가열용량 (kcal/h)

일반적으로 증기 압축식 냉동기에 대한 냉각탑 용량은 냉동 열량의 1.2~1.3배, 흡수식 냉동기에 대한 냉각탑 용량은 냉동 열량의 2.5배이다.

(2) 순환수량 $Q_W\,[\,l\,/\min\,]$

$$Q_W = \frac{H_{CT}}{60\Delta t}\ [\,l\,/\min\,]\qquad\qquad\qquad[8-12]$$

여기서, Δt : 냉각수의 냉각탑 출입구 온도차(℃)

예제 7. 냉각탑의 냉각열량이 210000 kcal/h인 압축식 냉동기에서 냉각수의 순환수량을 구하라.

[해설] 식 [8-12]에 의하여 구한다. 냉각수 온도차는 표 8-8 참조

$$Q_W = \frac{210000}{60\times 5} = 700\,[\,l\,/\min\,]$$

🗈 700 $[\,l\,/\min\,]$

표 8-8 냉각수 온도차의 표준 (단위 : ℃)

냉동기 종류	출입구 수온	온도차
증기압축식	37~32	5
흡 수 식	41~32	9

(3) 보급 수량 $Q_M\,[\,l\,/\min\,]$

$$Q_M = Q_E + Q_C \qquad\qquad\qquad [8-13]$$

여기서, Q_E : 증발하는 수량, $H_{CT}\,/\,(539\times 60)\,[\,l\,/\min\,]$
　　　　　Q_C : 비산하는 양, 순환수량의 0.5~1.0 % $[\,l\,/\min\,]$
일반적으로 보급수량은 순환수량의 2~3 %를 보급하면 된다.

제 9 장　자동 제어와 중앙 관제

1. 자동 제어 장치의 구성

공기 조화 설비에서의 자동 제어는 공조 부하에 대응하여 실내 공간에서 온도 · 습도와 같은 환경이 일정하게 유지되도록 공조 설비 시스템의 운전이 이루어지도록 하는 것을 말한다. 따라서 가열기 · 냉각기 · 가습기 · 댐퍼 등의 작동을 통한 기체 · 액체와 같은 유량 제어는 물론 열원기기 · 송풍기 · 펌프 등의 모든 운전 제어를 포함하게 된다.

그림 9-1은 실온의 수동 제어 시스템 구성도이며 그림 9-2는 자동 제어 시스템의 기본 구성도를 나타낸 것이다. 자동 제어 시스템은 그림 9-2 (a)의 블록선도에서와 같이 제어량의 변화를 검출해내는 검출부와 검출부에서의 신호를 목표설정치와 비교(＋·－)하여 조작 신호를 보내기 위한 조절부 그리고 조절부의 정정 신호를 직접 변화시키는 조작부로 구성되어 있다.

또 그림 9-2의 (b)는 실온의 자동 제어의 예로 ①의 검출부는 실온을 설정하는 부분이며 ②는 측정온도와 목표치를 비교하며 ③의 조작부는 증기용 자동 조절 밸브의 개폐 판단에 따라 밸브를 조작한다.

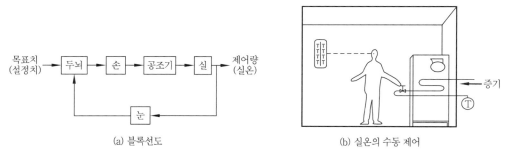

(a) 블록선도　　　　　　　　　　(b) 실온의 수동 제어

그림 9-1　수동 제어 시스템 구성도

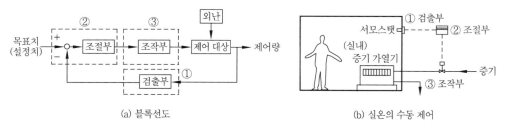

(a) 블록선도　　　　　　　　　　(b) 실온의 수동 제어

그림 9-2　자동 제어 시스템 구성도

2. 제어 동작의 종류

자동 제어 장치의 제어 동작은 조절부에서의 동작신호에 대한 조작부의 작동 특성에 따라 다음과 같이 분류한다.

① 2위치 작동 (ON-OFF 작동)

② 다위치 작동 (step 작동)

③ 단속도 작동 (floating 작동)

④ 비례 작동 (P 작동)

⑤ 시간비례 작동

⑥ 비례＋적분 작동 (PI 작동)

⑦ 비례＋적분＋미분 작동 (PID 작동)

이상의 제어 작동은 편차에 대해 그림 9-3과 같은 조작신호를 낸다.

이 중에 가장 일반적으로 사용되는 것은 2위치 작동과 비례 작동이다. PI 작동이나 PID 작동은 고정도가 필요한 장치나 대규모 장치에 사용되었지만, 최근 전자회로에 비교적 용이하게 조립되므로, 일반공조용으로도 사용하게 되었다. 또 대상 제어량에 관련하는 상태값이나 데이터를 더해 조작신호를 정하는 각종 복합 제어가 사용된다. 이것의 비교적 간단한 것은 리밋 제어나 외기온도 보상 제어, 급기온도 보상 제어에서 종래에는 사용되었지만, 컴퓨터 제어에서는 각종 데이터의 연산이나 기억으로 복잡한 최적 제어나 순차 제어를 하게 되었다.

이러한 자동 제어의 사용대상은 공기조화기계통, 열원기기계통 및 반송계통으로 구분되지만, 공기조화계통에서는 실내 온·습도조절기 외에, 실내외 차압조절기가 클린룸이나 오염물질을 취급하는 건물에 사용되며, 외기량 제어를 위한 CO_2 농도조절기나 외기냉방용에 엔탈피 조절기가, 일반건물에 에너지절약을 위한 장치로 사용된다.

열원계통에서는 열원기기에 부속하는 제어기기 외에, 군관리운전을 위한 온도조절기, 압력조절기, 유량조절기, 대수 제어 장치 등이 사용된다. 또 반송계통에서는 변유량 제어용의 덕트내 압력조절기, 온냉수 변유량용의 압력조절기, 차압조절기 등도 사용되고 있다.

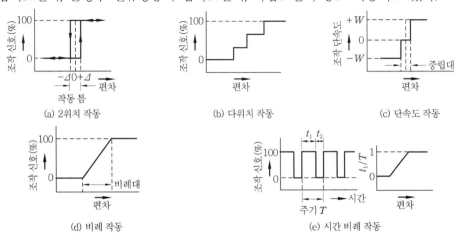

(a) 2위치 작동 (b) 다위치 작동 (c) 단속도 작동

(d) 비례 작동 (e) 시간 비례 작동

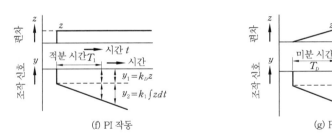

주 PID 작동은 PI와 PD를 가산한 사항이다.

그림 9 - 3 제어 작동 종류

3. 자동 제어 기기

자동 제어 기기는 ① 전기식, ② 공기식, ③ 자력식, ④ 전자식, ⑤ 전자 공기식 등이 있으며 전기식은 장치가 간단하나 정밀도가 좋지 않아 단순한 제어 작동 밖에 할 수 없으므로 일반 공조의 소규모 장치에 사용된다.

공기식은 정도는 별로 좋지 않으나 조작력이 크고 조작속도도 빠르므로, 일반 공조용의 대규모 장치에 사용되었다. 전자식은 제어 정도가 높고, 각종 제어 작동이 복합에도 용이해서, 일반공조용에서 고정도를 요하는 설비까지 널리 사용된다.

최근 퍼스널 컴퓨터의 발달과 보급으로 컴퓨터 제어가 급속하게 증가했으며, 특히 실내 공기 조화 등의 대량생산품이나 대규모 건물 제어에 사용되고 있다. 또한 전기공기식은 전기식과 공기식의 제각기 이점의 조합으로 대형 장치를 고정도로 제어할 경우에 사용된다.

4. 공기 조화 설비의 계장

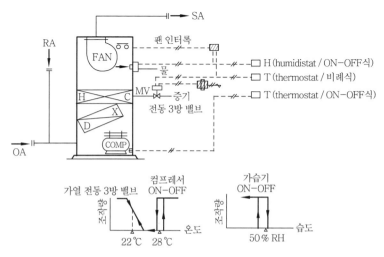

그림 9 - 4 패키지형 공기조화기의 계장 예

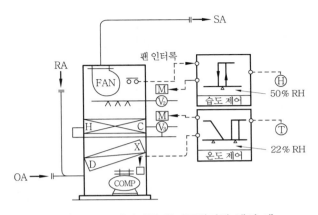

그림 9-5 패키지형 공기조화기의 계장 예

계장 (instrumentation)이란 시스템의 운전 및 성능 관리를 하기 위하여 설치된 측정 장치, 제어 장치, 감시 장치 또는 그 장치를 설치하는 작업을 말한다.

공기 조화 시스템의 제어대상은 기능별로 열 반송 장치, 환기 장치, 냉각 장치, 가열 장치, 가습 장치, 제습 장치, 가변 풍량 장치, 전열 교환 장치 등으로 나눌 수 있으며, 제어 시스템은 이들 장치의 조합에 의해 온도·습도·환기 제어를 부가하여 제어계를 구성한다. 그림 9-4와 9-5는 패키지형 공기조화기의 계장 예이다.

이 제어 장치는 실내에 설치한 thermostat과 humidistat으로 실내 부하 변동을 감지하여 가습기, 가열 장치, 냉각 장치를 제어한다.

그림 9-6은 정풍량 (CAV) 방식 공기 조화 시스템의 계장 예를 나타낸다. 제어 기기 방식은 용도와 규모에 따라 전기식·전자식·공기식이 쓰인다. 그리고 장치의 종류와 그 조합에 따라 제어 동작, 검출 위치, 조작기 등이 결정된다.

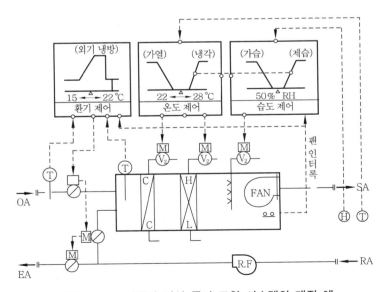

그림 9-6 정풍량 방식 공기 조화 시스템의 계장 예

5. 중앙 관제 장치

중앙 관제 장치는 다수기기의 운전 상태나 각 실의 온·습도를 중앙 감시, 기기의 운전정지나 설정변경 등의 조작, 최적 제어, 운전 관리에 필요한 데이터 기록이나 집계를 집중적으로 한다.

여기에는 관리점수나 관제 기능 등 여러 사항이 있으며, 중소 건물용에서 대규모건물 또는 건물군까지 관리하는 사항이 있다.

관리대상도 공조 설비, 위생 설비, 전기 설비, 엘리베이터 설비, 방화 설비, 방범 설비 등 건물내의 전 설비에 걸쳐 있다. 최근의 장치는 컴퓨터가 사용되므로 에너지절약을 위한 각종 프로그램에 의한 제어, 화재시의 대응조치, 정비안내, 요금계산 등의 사무관리도 용이하게 할 수 있게 되었다.

대규모는 제어 기능을 공기 조화나 열원기기군마다의 분산 DDC (Direct Digital Control) 형 조절기에 분산시켜 관리 기능만을 중앙 관제 장치로 한 종합분산형 관제 시스템도 사용되고 있다.

그림 9-7은 소규모의 중앙 관제 장치 예이며, 각 기기에는 개별 배선 방식이 사용되며, 입력신호는 직류의 아날로그 또는 펄스신호를, 출력신호에는 직류의 펄스신호를 사용한다.

기능은 상태 감시, 이상경보, 개별 또는 프로그램별로 수동발정조작, 시간계획운전, 화재시의 동력정지 및 재기동 제어, 자기진단기능 등 기본 기능 외에 절전 간헐 운전, 최적 기동정지, 외기도입 제어, 전력수용 제어 등의 에너지 절약 제어를 부가했다.

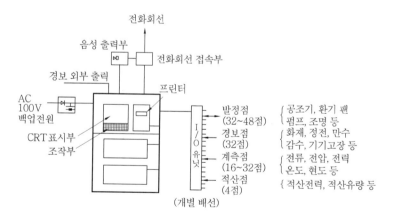

그림 9-7　중앙 관제 장치

그림 9-8은 대규모 중앙 관제 장치 예이며, 직렬 전송 방식이 사용되고, 중앙 처리 장치와 각 단말 전송 장치간의 신호는 디지털 펄스로 공통 배선에 의해 전송된다. 단말 전송 장치와 기기 또는 계측점간은 개별 배선으로 신호는 디지털, 아날로그 모두 사용된다. 이 장치의 기능은 표 9-1과 같다.

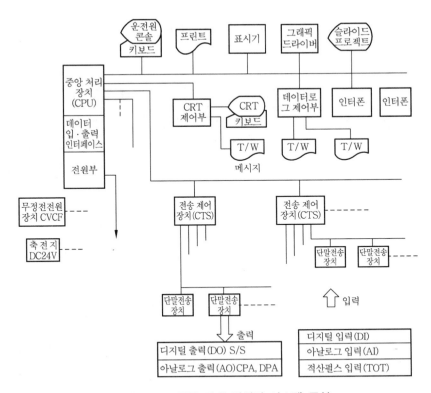

그림 9-8 중앙 관제 장치의 시스템 구성

또한 종합 분산 관제 방식 예는 그림 9-9와 같다. 이 방식은 중앙 관제 장치는 제어 기능의 대부분을 분리했으므로 관리능력을 증가할 수 있어야 하며, 계측용과 제어용의 센서가 일체화 되어 있어 설정치 관리의 정도가 향상되며, 분산된 장치에 마이컴을 장치하므로 제어 기능이 특히 소프트웨어의 점에서 향상하며, 분산에 의해 신뢰도가 높아지는 등의 많은 이점을 안고 있다.

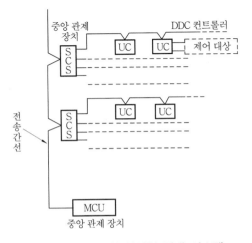

그림 9-9 종합 분산형 관제 시스템

표 9 - 1 중앙 관제 장치의 기능

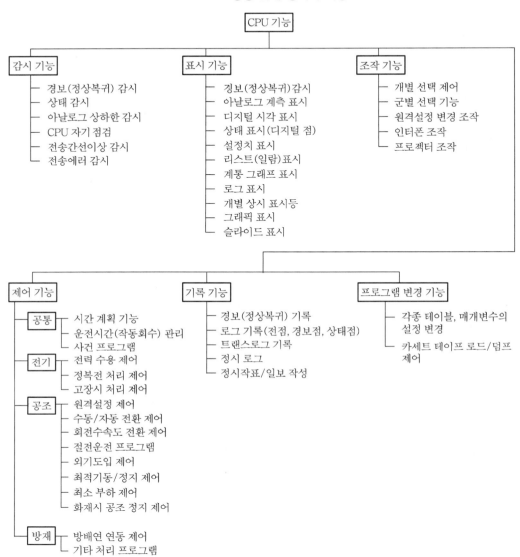

제 10 장   방음과 방진

1. 소음의 제어(noise control)

  소음이란 원하지 않는 음의 총칭이며 효과적인 제어를 위해서는 음향 시스템의 구성인자인 음원(sound source)과 음의 전달 매체(conveying medium) 그리고 수음측(receiver)에 대한 분석이 요구된다.
소음의 전달은 크게 2가지가 있다.
   ① 공기 전달음(Airborne sound)   ② 구조체 전달음(Impact or Structure borne sound)
  건축 설비 시스템에서의 소음은 다음 그림 10−1에서와 같이 위의 2가지 원인으로 인하여 음의 전달이 발생한다.
  공기전달음의 제어는 차음(sound insulation)과 흡음(sound absorption)에 의하여 할 수 있다. 특히 차음은 음의 투과를 제어하는 것으로 음감소지수(SRI : Sound Reduction Index)로 그 성음을 나타낼 수 있다.

$$SRI = 10 \log_{10}\left(\frac{1}{\tau}\right)$$

                                                                  [10−1]

   여기서 τ : 음의 투과율

예제 1. 어떤 벽에서 90 dB의 입사음 에너지의 0.01 %가 투과되었다. SRI를 구하여라.

  해설 입사음 에너지 100, 투과음 에너지 0.01

    따라서 $\tau = \dfrac{0.01}{100} = 0.0001$

    $SRI = 10 \log_{10}\left(\dfrac{1}{0.0001}\right) = 40\,[\,dB\,]$

                                                        답 40 [dB]

  예제를 통해서 볼 때 입사음 에너지 0.01 %가 투과되었을 때 Reduction이 40 dB이므로 50 dB의 음이 벽에서 발생된다. 즉, 0.01 %의 작은 결함이지만 결과는 투과비율에 비해 매우 큰 효과로 나타나는 것이 음의 특성인 것을 알 수 있다. 따라서 벽체에서의 차음은 완벽성을 유지할 수 있도록 하는 것이 매우 중요하다.
  설비 시스템과 관련한 소음 방지 계획은 첫째로 소음원의 출력을 작게 억제하는 것이며 이는 수동적 방법이지만 설비 시스템 설정에 특히 고려할 필요가 있다. 둘째로 소음원으로부터 멀리 떨어져 설치하는 거리감쇠법의 적용이다. 셋째는 간막이벽에 의한 차음과 방진 기초 등을 생각할 수 있다. 기계와 기초 사이에 방진재를 설치하고 바닥 또는 실전체를 뜬 구조로 하면 효과적인 방진을 기대할 수 있다. 그러나 벽체를 관통하는 배관은 구조체와 절연을 시켜야 한다. 넷째로는 공기전달음의 경우 실내 표면을 흡음 처리함으로써 다소 소음을 저감시킬 수 있으며 구조체 전달음의 경우 실내 표면을 제진재로 마무리함으로써 저감 효과를 기대할 수 있다.

소음의 평가는 시끄러움에 대한 것으로 NC 곡선과 성가심에 대한 Leq, 크기에 대한 라우드니스 레벨(phone)과 소음레벨 [dB(A)]의 평가법이 있다.

2. 소음과 진동의 전파

그림 10-1은 건물의 각종 공기 조화 시스템 설비에 따른 소음과 진동의 예상 전파 경로를 나타낸 것이다. 이와 같은 소음과 진동원은 냉동기, 보일러, 펌프, 송풍기, 냉각탑 등의 기기의 작동으로 인한 것과 덕트나 배관으로부터의 유체의 흐름으로 인하여 생기는 것으로 분류할 수 있다. 그러므로 건물 내에서는 소음과 진동의 원인을 분석하여 이에 대한 방음과 방진 대책을 강구하여야 할 것이다.

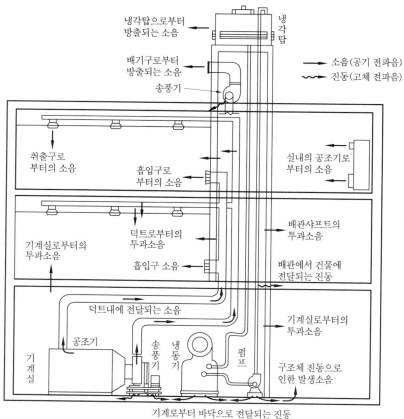

그림 10-1 소음과 진동의 전파 경로

3. 송풍 계통의 방음

3-1 송풍기의 발생 소음

그림 10-2는 송풍 시스템의 소음 전파 경로를 나타낸다.

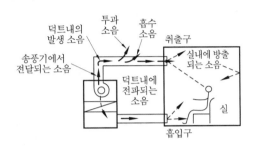

그림 10-2 송풍 시스템의 소음 전파 경로

송풍기의 발생 소음은 실제값을 측정하여 사용하는 것이 바람직하나, 다음과 같은 개략식을 이용하여 송풍기 소음의 파워레벨(PWL)을 추정한다.

$$PWL = PWL_s + 10 \log_{10}(W \times P_s) \qquad\qquad\qquad [10-2]$$

여기서, PWL_s : 기준 파워레벨(dB) (비소음 출력으로 표 10-1 참조)

W : 송풍기 축동력(kW), P_s : 송풍기 정압 (mmAq)

예제 **2.** 송풍기의 축 동력이 6.7 kW이고 송풍기 정압이 45 mmAq일 때 다익 송풍기의 파워레벨 PWL을 구하라. (단, 송풍기 정압효율은 50 %이고 옥타브 밴드의 중심 주파수는 1000 Hz이다.)

해설 ① 식 [10-2]와 표 (10-1)을 이용하여 구한다.

$PWL = 70 + 10 \log_{10}(6.7 \times 45) = 95 [\text{dB}]$

답 95 [dB]

표 10-1 다익 송풍기의 파워레벨 PWL_s [dB]

정압 효율	옥타브 밴드의 중심 주파수 (Hz)						
	125	250	500	1000	2000	4000	8000
65 % 이상	63~73	63~68	58~63	53~58	48~53	43~48	38~43
50~65 %	68~78	68~73	63~68	58~63	53~58	48~53	43~48
30~50 %	73~88	73~83	68~78	63~73	58~68	53~63	48~58
30 % 이하	예 측 불 능						

3-2 덕트를 통한 소음의 자연 감쇠

덕트내에 전파되는 소음은 덕트 벽에 흡수되거나 외부로 투과되어 파워레벨이 감소한다. 또 엘보나 단면적이 변화하는 부분에서는 음파의 전파 경로차로부터 위상차가 생겨 간섭에 의해 소음이 감쇠한다.

또 분기부에는 음 에너지의 분배로 인하여 파워레벨이 감소한다. 그러므로 덕트내의 파워레벨의 감소는 직관부, 굴곡부, 분기부 등으로 나누어 계산하여야 한다. 표 10-2는 피복하지 않는 덕트 1 m당 감쇠량을 나타낸 것이다.

표 10-2 피복하지 않은 직관 덕트 1 m 당 감쇠량

덕트 치수 (mm)	중심 주파수 (Hz)			
	63	125	250	250 이상
	감쇠량 (dB / m)			
152×152	0.7	0.7	0.5	0.3
610×610	0.7	0.7	0.3	0.16
1830×1830	0.3	0.3	0.16	0.03

표 10-3 장방형 덕트의 엘보에 의한 감쇠량

덕트 치수 (mm)		옥타브 밴드 중심 주파수 (Hz)							
		63	125	250	500	1000	2000	4000	8000
원형 엘보	125~250					1	2	3	3
	275~500				1	2	3	3	3
	525~1000			1	2	3	3	3	3
	1025~2000		1	2	3	3	3	3	3
직각 엘보 (가이드 베인 없음)									
내장 없음	125				1	5	7	5	3
	250			1	5	7	5	3	3
	500		1	5	7	5	3	3	3
	1000	1	5	7	5	3	3	3	3
입구전 내장	125				1	5	8	6	8
	250			1	5	8	6	8	11
	500		1	5	8	6	8	11	11
	1000	1	5	8	6	8	11	11	11
출구측 내장	125				1	6	11	10	10
	250			1	6	11	10	10	10
	500		1	6	11	10	10	10	10
	1000	1	6	11	10	10	10	10	10
전후에 내장	125				1	6	12	14	16
	250			1	6	12	14	16	18
	500		1	6	12	14	16	18	18
	1000	1	6	12	14	16	18	18	18

㈜ ① 내장은 측면만 유효
② 내장 두께는 덕트 폭의 최소 10 %
③ 내장의 길이는 최소 덕트 폭의 2배
④ 직각 엘보에 가이드 베인이 있는 경우는 원형 엘보와
　　직각 엘보의 평균치를 사용한다.

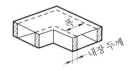

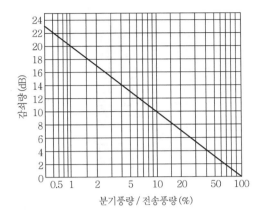

그림 10 - 3 분기에 의한 감쇠량

3-3 실내에서의 소음 감쇠

　실내의 취출구로부터 방사된 소음은 실내에 확산되어 감쇠한다. 그 감쇠량은 실의 표면적 S, 평균 흡음률 $\overline{\alpha}$, 취출구(음원)와 인체와의 거리 등에 따라 변한다.

　취출구의 발생 소음 PWL [dB]과의 거리 r만큼 떨어진 곳의 음압 SPL [dB]은 다음 식으로 표시한다.

$$SPL = PWL + 10 \log_{10} \left\{ \frac{Q_{\theta\varphi}}{4\pi r^2} + \frac{4(1-\overline{\alpha})}{S\overline{\alpha}} \right\} \qquad [10-3]$$

　이 식에서 $S\overline{\alpha}/(1-\overline{\alpha})$는 음원과는 아무런 관계가 없고 실의 설계 여하에 의해 좌우되는 값이므로 이것을 실정수라 하여 R[m²]로 표시하면 다음 식과 같이 된다.

$$SPL = PWL + 10 \log \left\{ \frac{Q_{\theta\varphi}}{4\pi r^2} + \frac{4}{R} \right\} \qquad [10-4]$$

　이 식에서 $Q_{\theta\varphi}$는 지향계수이며, $Q_{\theta\varphi}=1$ (무지향성 음원)의 경우 식 [10-3]의 우변 제2 항이 음원으로부터의 거리에 의한 분포를 나타내는 것으로 R의 여러 가지 값에서 그림 10 -4와 같이 된다. $Q_{\theta\varphi}$는 음원의 위치에 따라 그림 10-5와 같이 된다.

예제 3. 다익 송풍기의 파워레벨 PWL이 95 dB일 때 음원에서 8 m 떨어진 곳의 음압레벨 SPL을 구하라. (단, 평균 흡음률 $\overline{\alpha}=0.25$이고 흡음력 A($S\overline{\alpha}$)는 70 m², 지향계수 $Q_{\theta\varphi}$는 1이다.)

해설 식 [10-3]을 이용하여 구한다.

$$R = \frac{A}{1-\overline{\alpha}} = \frac{70}{1-0.25} = 93.3$$

$$\therefore SPL = PWL + 10 \log_{10} \left\{ \frac{Q_{\theta\varphi}}{4\pi \gamma^2} + \frac{4}{R} \right\} = 95 + 10 \log_{10} \left\{ \frac{1}{4 \times 3.14 \times 8^2} + \frac{4}{93.3} \right\}$$

$$= 81.4 \, [\text{dB}]$$

답 81.4 [dB]

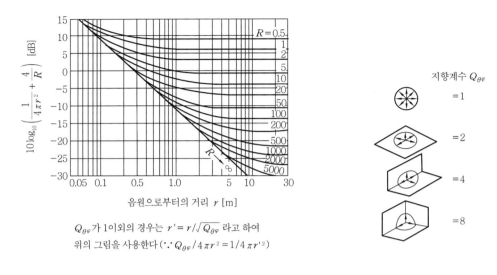

$Q_{\theta\varphi}$가 1이외의 경우는 $r' = r/\sqrt{Q_{\theta\varphi}}$ 라고 하여
위의 그림을 사용한다 ($\because Q_{\theta\varphi}/4\pi r^2 = 1/4\pi r'^2$)

그림 10-4 실내 음장 분포 계산도표　　　　**그림 10-5 지향계수**

3-4 소음 방지 설계

　　송풍기와 같은 음원으로부터의 파워레벨에서 수음점에 도달하는 과정에서의 감쇠를 뺀
것이 수음점의 소음레벨이다. 또 수음점의 소음레벨과 소음 허용치와의 차가 필요 소음량
이 되어 이것을 근거로 소음방지 대책을 마련한다. 그림 10-6은 소음 방지 설계 순서도를
나타낸다.

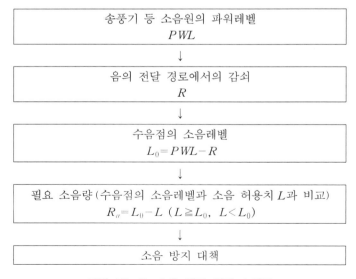

그림 10-6 소음 방지 설계 순서도

그림 10-7에서 보면 송풍기의 발생 소음 곡선 *A*, 실내에서의 자연감쇠에 의한 수음점의 소음레벨 곡선 *B*, 허용 소음레벨 곡선 *C*를 나타낸다. 여기서 필요 소음량은 *B* 곡선과 *C* 곡선의 차 *I*로 표시된다.

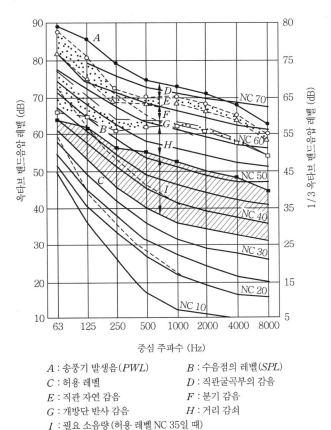

A : 송풍기 발생음(*PWL*)   B : 수음점의 레벨(*SPL*)
C : 허용 레벨   D : 직관굴곡부의 감음
E : 직관 자연 감음   F : 분기 감음
G : 개방단 반사 감음   H : 거리 감쇠
I : 필요 소음량(허용 레벨 NC 35일 때)

그림 10-7 NC 곡선과 소요 소음량

이 소음량은 그림 10-8과 같은 각종 소음 장치에 의해 감음되며 그림 10-9, 10-10은 소음량 설치의 예를 나타낸 것이다.

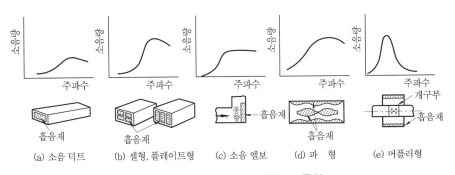

(a) 소음 덕트   (b) 셀형, 플레이트형   (c) 소음 엘보   (d) 파 형   (e) 머플러형

그림 10-8 각종 소음기와 그 특성

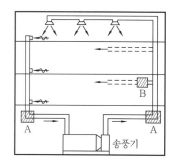

그림 10-9 소음기 설치 예(저속 덕트)

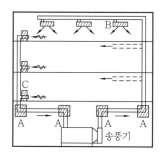

그림 10-10 소음기 설치 예(고속 덕트)

4. 기계실의 차음과 방진

기계실로부터의 소음을 방지하기 위한 차음 구조와 그 효과를 그림 10-11에 나타낸다.

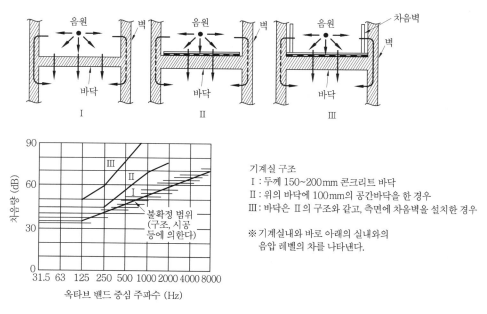

그림 10-11 기계실의 차음 구조와 그 효과

기계실의 진동을 방지하기 위한 방진 기초의 진동계를 그림 10-13에 나타낸다. 바닥판이 충분한 강성과 중량을 갖고 방진재의 스프링 정수가 작은 경우는 방진재로부터 위의 진동은 바닥판이 고정된 경우와 같다.

이 경우 바닥에 전해지는 진동의 전달력 T_0 [kg]와 기계의 가진력 F_0 [kg]와의 비는 다음 식과 같다.

$$\frac{T_0}{F_0} = \sqrt{\frac{1 + \left\{2\left(\frac{f}{f_n}\right)\left(\frac{c}{c_c}\right)\right\}^2}{\left\{1 - \left(\frac{f}{f_n}\right)^2\right\}^2 + \left\{2\left(\frac{f}{f_n}\right)\left(\frac{c}{c_c}\right)\right\}^2}} \qquad [10-5]$$

여기서, f : 기계의 강제 진동수 (Hz), f_n : 방진 기초의 고유 진동수 (Hz)

c : 감쇠 계수 (kg·s/m), c_c : 임계 감쇠 계수 (kg·s/m)

$$c_c = 2\sqrt{km} \qquad [10-6]$$

여기서, k : 방진재의 스프링 정수 (kg/m)

m : 기계와 가태의 질량 (스프링 위에서의 질량) (kg·s^2/m)

식 [10-4]에 의해 구한 전달비, 감쇠비, 기계의 강제 진동수, 방진 기초의 고유 진동수의 관계는 그림 10-12와 같다.

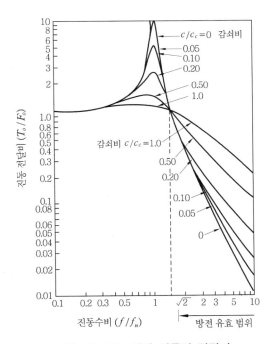

그림 10-12 강제 진동의 전달비

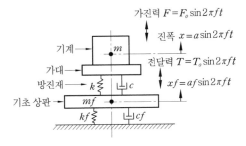

그림 10-13 방진 기초의 진동계

제 **11** 장 # 환기·배연

1. 환기 설비

1-1 개 요

환기는 자연적 또는 기계적인 방법에 의해 실내 공기를 실외 공기와 바꾸는 것을 말한다. 그 목적은

첫째, 재실자의 건강과 쾌적, 그리고 작업 능률을 유지

둘째, 물품의 제조·격납·시설의 보전·기타 각종 기계의 조작과 운전

셋째, 각종 동·식물의 사육과 재배를 위해서 등이다.

또한 환기를 행하는 목적은 대상실의 환기 인자 등에 따라서

① 실내 공기의 정화

② 열의 제거

③ 산소 공급

④ 수증기 제거

등을 위하여 꼭 필요하며, 이때 환기량은 환기 인자에 대한 실내의 허용 농도 등에 따라 달라진다.

건물의 환기는 자연 환기와 기계 환기로 대별되며 자연 환기는 자연풍에 의한 압력차 그리고 실내외 온도차에 의한 공기의 밀도차를 이용하는 것을 말한다. 기계 환기는 송풍기와 배풍기 등에 의한 기계력을 이용하는 환기로 보다 강력한 환기를 할 수 있다.

환기 방식에는 전반환기와 국소 환기로 분류되며, 국소 환기는 실내 발생 오염 물질의 효과적인 제거를 위하여 행하는 것으로 오염원 가까이에서 포착하여 배출하는 환기를 말한다. 이때 효과적인 환기를 위해서 후드 (hood)가 사용되기도 한다.

1-2 환기 이론

실내에서는 발생되는 오염 물질의 발생량에 따라서 그 농도가 증가하게 된다. 따라서 그 농도의 정량적인 예측은 물질 평형 방정식을 세워서 조건에 따라 방정식을 풀면 구할 수 있다. 즉, 실내 오염 물질 발생량에서 환기되는 양을 빼면 실내의 오염 물질의 양이 된다. 이 방정식으로부터 초기 조건을 대입하여 t 시간 후 실내의 농도는 다음과 같다.

$$C_i = C_o + \frac{K}{Q}\left(1 - e^{-\frac{Q}{V}t}\right)$$

[11-1]

여기서, C_i, C_o : 실내외 오염 농도 (m^3/m^3)

K : 오염 물질 발생량 (m^3/h)
Q : 환기량 (m^3/h)
V : 실용적 (m^3)

또, $t = \infty$ 로 하여 C_i 를 구하면,

$$C_i = C_o + \frac{K}{Q} \qquad [11-2]$$

가 된다. 이 식은 정상 상태일 때의 농도를 구하는 식으로 다음과 같이 생각할 수도 있다.
즉, 정상 상태일 경우 그림 11-1에서 보면 $C_o Q + K = C_i Q$가 되므로

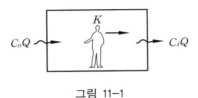

그림 11-1

이 식에서 Q를 구하면 식 [11-2]와 같은 식이 된다. 식 [11-2]에서 환기량 Q가
$Q_1 > Q_2 > Q_3$와 같이 변할 경우 실내 오염 농도의 시간적 변화는 그림 11-2와 같다.

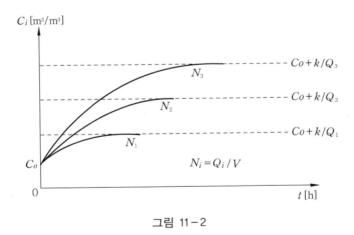

그림 11-2

그림의 $N = Q/V$로 환기 횟수를 나타내며, 환기량 Q가 많아질수록 실내 농도는 낮아짐
을 알 수 있다. 또, 정상 상태일 때의 농도에서 시간 경과 후의 실내의 감쇠되는 농도는 다음
과 같다.

$$C_i = C_o + \frac{K}{Q} \, e^{-\frac{Q}{V} t} \qquad [11-3]$$

식 [11-3]에서 Q/V를 purging rate라고도 한다. 이는 smoke control에서 중요한 계수가
된다.

1-3 자연 환기량

공기의 흐름은 개구부 양측의 압력차에 의해 생기나 그 압력차는 자연풍에 의한 풍압력 (풍력 환기), 실내외의 온도차에 의한 압력(중력 환기), 송풍기 등에 의한 압력(기계 환기) 등에 의해 발생한다. 바람과 온도차에 의한 환기를 통틀어 자연 환기라 한다.

(1) 풍력 환기

자연풍이 건물에 부딪히면 그 건물 주위에 복잡한 기류가 생긴다. 이 기류에 의해 건물의 주벽(周壁)에 생기는 압력 P_w와 자연풍의 속도압과의 비를 C라고 하면, 그 위치에서의 정지 외기압을 기준으로 하여 다음 식으로 표시된다.

$$P_w = C\frac{\gamma}{2g}\,v^2 \qquad\qquad [11-4]$$

여기서 v는 자연풍의 풍속이며, 계수 C는 풍압 계수라고 한다. 풍압 계수 C의 값은 풍향에 대한 벽의 방향이나 건물의 형상에 따라 복잡한 분포를 나타내고 있으나, 환기 계산의 경우에는 하나의 벽면에서 일률적으로 가정하는 경우가 많다. 풍동 실험에서 얻어진 풍압 계수 C를 예로 들면 그림 11-3과 같다.

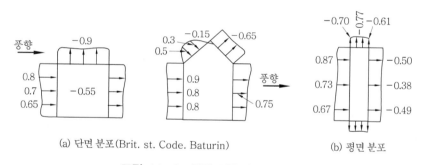

(a) 단면 분포(Brit. st. Code. Baturin)   (b) 평면 분포

그림 11-3 독립 건물의 풍압 계수

(2) 온도차 환기

실내기온이 바깥기온보다 높은 경우에는 실내 공기의 밀도가 외기의 밀도보다 작아져 있기 때문에 부력이 작용하게 된다. 그리고 실 위쪽에서는 밖으로 향하는 압력이, 아래쪽에서는 안으로 향하는 압력이 생긴다.

실 외벽에 개구부가 있으면, 위쪽에서는 실내 공기가 밖으로 유출하고 동시에 아래쪽에서는 외기가 실내로 유입하는 현상이 생긴다. 이것을 굴뚝 효과(stack effect)라고 한다.

실 바닥면에서 h [m] 높이의 실내와 압력차 $\varDelta P_h$는 다음 식으로 표시된다.

$$\varDelta P_h = (\gamma_o - \gamma_m)\,h + P_m \qquad\qquad [11-5]$$

여기서, γ_m, γ_o는 실내외 공기의 비중량(kg/m^3), P_m은 바닥면에서의 실내압이고, 그것과 같은 높이의 정지 외기압을 기준으로 한 경우의 상대 압력으로서 표시된다.

ΔP_h는 실내에서 외기로 향하는 압력을 正으로 하고 있다. 그림 11-4와 같이 실내외 압력차가 분포하고 있으면, 중간의 어느 높이에서 실내외의 압력차가 0이 되어 있는 곳이 있으며, 이것을 중성대(中性帶, neutral zone)라고 한다. 이 중성대의 바닥면으로부터의 높이를 h_n[m]라고 하면, ΔP_h는 다음 식으로 표시된다.

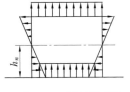

그림 11-4 중성대의 위치

$$\Delta P_h = (\gamma_o - \gamma_m)(h - h_n) \qquad [11-6]$$

중성대의 위치는 중성대를 중심으로 하여 대칭으로 같은 면적의 개구부가 있는 경우에는 그림 11-4와 같이 천장 높이의 중앙에 있으나, 실의 하반부에 개구(開口)나 틈새가 많으면 중성대는 아래쪽으로 이동하고, 상반부에 개구나 틈새가 많으면 위쪽으로 이동한다.

예제 1. 천장 높이가 3 m인 실의 바닥에서부터 1 m 높이에 중성대가 있다고 가정했을 때의 온도차에 의한 주벽의 압력 분포를 그려라. (단, 실온 20℃, 바깥 기온 0℃, 실내 공기의 비중량 1.20 kg/m³, 외기의 비중량 1.29 kg/m³라고 한다.)

해설 식 [11-6]에서
$$\Delta P = (\gamma_o - \gamma_m)(h - h_n) = (1.29 - 1.20)(h - 1.0)$$
따라서, 압력 분포는 다음 그림과 같다.

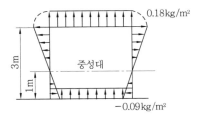

1-4 기계 환기

기계 환기는 건물이나 실내에 적당한 급기구(給氣口)나 배기구(排氣口)를 설치하여 송풍기(팬)를 사용하여 강제적으로 외부의 공기를 끌어들이고, 실내 공기를 밖으로 배출하는 것으로서, 자연력에 크게 좌우되지 않고, 일정한 환기량을 유지할 수 있다.

일반적으로 송풍기에 의해 발생하는 압력은 유량에 따라 다르며, 유량에 의한 전압, 효율, 축동력 등의 변화를 나타낸 것을 송풍기의 특성 곡선이라고 한다. 그림 11-5는 그 예를 나타낸 것이다.

송풍기라 하더라도 그다지 압력이 높아지지 않는 환기 팬 같은 경우에는 바람 압력이 큰 경우나 고층 빌딩 등에서 온도차에 의한 굴뚝 효과 때문에 환기 성능에 크게 저하하는 경우가 있으므로 주의를 요한다. 송풍기에 의한 압력차의 발생은 그림 11-6과 같이 실의 벽, 바닥, 천장 등 모든 면에 대해 같은 압력을 작용시킨다.

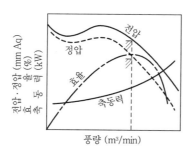

그림 11-5 송풍기의 특성 곡선

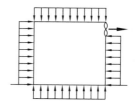

그림 11-6 송풍기에 의한 압력 분포

2. 환기 방식과 환기량

2-1 기계 환기 방식

이 방식은 송풍기와 배풍기를 이용하여 환기 목적을 달성하는 것으로 다음과 같이 분류된다.

① 제 1 종 환기법 : 송풍기와 배풍기를 이용한 환기 방식(실내압은 임의압을 유지할 수 있다.)
② 제 2 종 환기법 : 송풍기만으로 환기하는 방식(실내압은 정압)
③ 제 3 종 환기법 : 배풍기만으로 환기하는 방식(실내압은 부압)

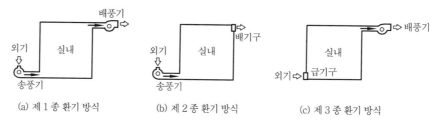

(a) 제 1 종 환기 방식   (b) 제 2 종 환기 방식   (c) 제 3 종 환기 방식

그림 11-7 기계 환기 방식

2-2 자연 환기 방식

풍향·풍속 및 실내외의 온도차와 공기 밀도차 등에 의한 방법으로, 급기와 배기를 개구부를 통하여 하므로 환기량이 일정치 않다.

2-3 유효 면적

(1) 창이 없는 거실의 자연 환기 설비

$$A_v = \frac{A_f}{250\sqrt{h}}$$

[11-7]

$$A_f = S - 20s$$

[11-8]

여기서, A_v : 배기관의 유효 단면적(m^2)

S : 거실 바닥 면적(m^2)

s : 창 기타 개구부의 환기에 유효한 부분의 면적(m^2)

h : 급기구 중심에서 배기관 윗면까지 거리(m)

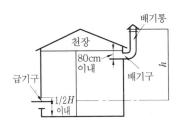

그림 11 - 8 창이 없는 거실의 자연 환기 설비

(2) 창이 없는 거실 및 집회장의 기계 환기 설비

기계 환기의 유효 환기량(V)은 다음 식에서 계산한 수치 이상으로 한다.

$$V = \frac{20 A_f}{N} \qquad\qquad [11-9]$$

여기서, A_f : 거실의 경우 $A_f = S - 20s$

s : 창 기타 개구부의 환기에 유효한 부분의 면적(m^2)

S : 거실 또는 집회장의 바닥 면적(m^2)

N : 1인의 점유 면적(m^2)

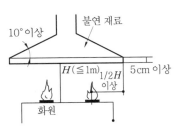

그림 11 - 9 배기 후드

예제 2. 바닥 면적 150 m^2의 사무실에 주거 인원이 30명이고 환기에 유효한 창의 면적이 3 m^2일 때 기계 환기 설비의 유효 환기량은 얼마인가?

해설 $V = \dfrac{20 A_f}{N}$ 이므로

$A_f = 150 - 20 \times 3 = 90\,[m^2]$, $N = 150/30 = 5$

$\therefore V = \dfrac{20 \times 90}{5} = \dfrac{1800}{5} = 360\,[m^3/h]$ 답 360 $[m^3/h]$

(3) 불을 사용하는 방의 자연 환기 설비

① 배기관의 배기구 유효 면적 (A_v)

$$A_v \geqq \frac{40\,kQ}{1400\sqrt{h}}$$ [11−10]

여기서, k : 발열시 발생 가스량 ($\mathrm{m}^3/\mathrm{m}^3$ 또는 m^3/kg)
Q : 연료 소비량 (m^3/h 또는 m^3/kg)
h : 급기구 중심에서 배기관 윗면까지 거리 (m)

② 연돌의 유효 단면적 (A_v)

$$A_v = \frac{2\,kQ}{7700\sqrt{h}}$$ [11−11]

③ 배기 후드가 있는 배기관의 유효 단면적 (A_v)

$$A_v = \frac{20\,kQ}{1400\sqrt{h}}$$ [11−12]

(4) 불을 사용하는 방의 기계 환기 설비 때의 유효 환기량

$$V = 40\,kQ \; [\mathrm{m}^3/\mathrm{h}]$$ [11−13]

2−4 소요 환기량 산출 방법

환기량의 산출은 환기인자 즉 O_2, CO_2, CO, 취기, 열, 습기, 연소 가스, 분진세균, 유해 가스 등에 따라 계산하며 표 11−1에 그 산출법을 나타낸다.

예제 3. 외기의 탄산가스 (CO_2)의 함유량을 300 ppm으로 하고, 호흡시의 1인당 탄산가스 배출량을 0.017 m^3/h로 할 때 한 사람이 필요한 필요 환기량을 구하라. (단, CO_2의 허용 농도는 1000 ppm으로 한다.)

해설 외기의 탄산가스 함유량 300 ppm은 0.0003 $\mathrm{m}^3/\mathrm{m}^3$와 같고, 허용 농도 1000 ppm은 0.001 $\mathrm{m}^3/\mathrm{m}^3$

이므로 정상시에 구하는 공식은 표 11−1에서 $Q_f = \dfrac{K}{P_a - P_o}$ 를 이용한다.

$$Q_f = \frac{0.017}{0.001 - 0.0003} = 24.28 = 24.3 \; [\mathrm{m}^3/\mathrm{h} \cdot \text{인}]$$

🔲 $24.3\,[\mathrm{m}^3/\mathrm{h} \cdot \text{인}]$

예제 4. 30 kW 변압기를 설치한 변전실의 필요 환기량을 구하라. (단, 실내온도 38 ℃, 외기온도 30 ℃이다.)

해설 변전실의 발열량 $= 860 \times 30 = 25800 \; [\mathrm{kcal}/\mathrm{h}]$

$$Q_f = \frac{H_s}{0.3(\theta_a - \theta_o)} = \frac{25800}{0.3(38-30)} = 10750 \; [\mathrm{m}^3/\mathrm{h}]$$

🔲 $10750\,[\mathrm{m}^3/\mathrm{h}]$

표 11-1 환기량 계산법

점검 사항	점검 내용	산출 방법 (Q_f : 필요 환기량 m³/h)	비 고
CO_2 농도	① 인체의 호흡으로 배출되는 CO_2 발생량 ② 실내 연소물에 의한 CO_2 발생량	$Q_f = \dfrac{K}{C_i - C_o}$ (정상시)	K : 실내에서의 CO_2 발생량 (m³/h) C_i : CO_2 허용 농도 (m³/m³) 사람뿐일 때 0.0015 m³/m³, 실내 연소 기구가 있을 때 0.005 m³/m³ C_o : 외기 CO_2 농도 0.0003 m³/m³
발열량	① 인체로부터의 발열량 ② 실내 열원으로부터의 발열량	$Q_f = \dfrac{H_s}{C_p \cdot r(\theta_a - \theta_o)}$ $= \dfrac{H_s}{0.3(\theta_a - \theta_o)}$	H_s : 발열량 (현열) (kcal/h) C_p : 공기 비열 r : 공기 비중량 θ_a : 허용 실내 온도 (℃) θ_o : 신선 공기 온도 (℃)
수증기량	① 인체로부터의 수증기 발생량 ② 실내 연소물로부터의 수증기 발생량 ③ 기타 취사 등에 의한 발생량	$Q_f = \dfrac{W}{r(G_a - G_o)}$ $= \dfrac{W}{1.2(G_a - G_o)}$	W : 수증기 발생량 (kg/h) r : 공기 비중량 G_a : 허용 실내 절대 습도 (kg/kg 건공기) G_o : 신선 공기 절대 습도 (kg/kg 건공기)
유해 가스	공장 등에서 발생하는 유해 가스	$Q_f = \dfrac{K}{P_a - P_o}$	K : 유해 가스 발생량 (m³/h) P_o : 신선 공기 중 농도 P_a : 허용 농도
끽연량	실내에서의 끽연량	$Q_f = \dfrac{M}{C_a} = \dfrac{M}{0.017}$	M : 끽연량 (g/h) G_a : 1 m³/h의 환기량에 대해 자극을 한계점 이하로 억제할 수 있는 허용 담배 연소량 0.017 (g/h)(m³/h)
진애(먼지)	실내에서의 발진량	$Q_f = \dfrac{K}{P_a - P_o}$ (재순환 없음) $Q_f = \dfrac{Q_f P_a (q-1) + K}{q(P_a - P_o)}$ (재순환 있음)	K : 진애 발생량 (개/h) 또는 (mg/h) P_a : 허용 진애 농도 (개/m³) 또는 (mg/m³) P_o : 신선 공기 진애 농도 (개/m³) 또는 (mg/m³) Q_f : 배기량 (m³/h) q : 여과기 진애 통과음

2-5 건물의 환기량

환기에 필요한 신선 외기량은 실내의 인원수, 실내의 상태, 실의 용도에 따라 다르며, 표 11-2는 최소 필요 환기량을 나타낸 것이다.

표 11 - 2 환기량

구 분	바닥 면적당 (m³ / h·m²) (최소한)			비 고	1인당 외기량 (m³ / h·인)
	제 1 종 제 2 종 환기법	제 3 종 갑 환기법	제 3 종 을 환기법		
거 실	8	8	10		각종 실내는 조건에 따라 4종의 환기 법이 적용된다.
사무실	10	10	12	응접실 포함	1. 제 1 종 : 기계 급배기 병용, 35 m³ /h·인(공기 조화의 경우 17.5 m³ / h·인)
상 점	15	15	20	백화점 매장·매점	
공 장	15	15	20	작업실	2. 제 2 종 : 기계 급기와 자연 배기구 (풍량은 제 1 종과 동일)
극 장	75	75			3. 제 3 종 : 자연 급기구와 기계 배기
집회실	25	25	30		㉠ 자연 급기구가 직접 외기를 도 입할 수 있는 것(35 m³ / h·인)
식 당	25 20	25 20	30 25	영업용 비영업용	㉡ 자연 급기구가 간접으로 외기를 도입하는 것(45 m³ / h·인)
주 방	60 35	60 35	75 45	영업용 비영업용	4. 제 4 종 : 자연 급기구와 배기통
미용실	12	12	15		
욕 실		30 20	30 20	공중용 개인용	
변 소		30 20	30 20	일반용 개인용	

2-6 환기 횟수

필요 환기량 등의 환기량에 대해 논하는 경우는 실의 크기와는 상관 없이 절대량만을 사용하는 경우도 많으나 실의 크기와 관련하여 표현하는 경우 환기 횟수 n을 다음 식으로 표현한다.

$$n = \frac{Q}{V} \ [\text{회 /h}]$$

[11−14]

여기서 Q는 환기량(m^3 / h), V는 실의 용적(m^3)을 나타낸다. 즉, 1시간에 실의 공기를 몇번 바꾸느냐를 나타내고 있다. 환기 횟수는 실의 틈새, 풍량 등을 나타낼 때에도 사용되며, 실의 기밀 정도를 나타내는 척도로 사용되는 경우가 많다.

예제 5. 실용적 $40 \ m^3$의 실내에서 개방형 가스 스토브를 사용하고 있다. 스토브의 연료 소비량을 $0.4 \ m^3 / h$, 가스 $1 \ m^3$를 연소하면 $0.5 \ m^3$의 CO_2가 발생한다고 할 때 CO_2 농도가 0.1%이상이 되지 않기 위한 필요 환기량은 환기 횟수로 몇 회가 되는가? (단, 외기의 CO_2 농도는 400 ppm이라고 한다.)

해설 표 11−1과 식 [11−14]를 이용한다.

$$Q = nV = \frac{K}{C_i - C_o} \ \text{에서}$$

$$\therefore \quad n = \frac{K}{V(C_i - C_o)} = \frac{0.4 \times 0.5}{40 \times (0.001 - 0.0004)} \fallingdotseq 8.3 \, [회/h]$$

답 8.3 [회/h]

3. 배연 설비

3-1 배연의 목적

화재는 출화에 의해 다른 것에 연소하는 것으로 그림 11-10과 같은 과정을 통하여 진행하며 때에 따라서는 인명 손실을 포함한 커다란 재해가 발생된다. 출화 후 곧바로 플래시 오버(flash over) 상태가 일어난다.

화재 초기 단계는 실내의 내장과 가연성 물질이 연소하는 과정에서 열분해 생성물질이 완전 연소되지 않아 그대로 미연가스로 축적되어 이 농도가 증가해 한계 농도에 달하며 갑자기 불꽃이 폭발적으로 확산하여 창문이나 방문으로부터 연기가 뿜어 나오는 상태가 된다. 이 폭발적 연소 현상이 플래시 오버이다.

그림 11-10 화재의 진행 과정

이후 화재는 비정상 상태를 지나 정상 상태를 맞게 되며, 정상 상태에서는 화재실의 온도, 연소 속도, 방출되는 열량, 연기, 가스의 양 등이 일정하게 된다. 이 상태가 화재의 최성기이며, 화재가 계속되면서 다른 장소로 연소가 이루어진다.

화재시 방재 활동은 대략 다음과 같다.

(1) 화재 감지 · 경보 · 통보

화재 발생시 가능한 빠르게 화재를 감지하여 건물 관리자에게 상황을 알림과 동시에 거주자에게 경보와 관내 방송을 하여 신속한 대피를 촉구한다. 아울러 소방 기관에 통보한다. 피난시에는 적절한 유도를 하여야 한다.

(2) 초기 소화 활동

화재 발견시 신속하게 소화기와 옥내 소화전에 의한 자주적인 소화 활동을 한다. 플래시 오버 이후에는 이 방법의 소화는 곤란하다.

(3) 공공 소방 활동

공공 소방 기관에 의한 소화와 구출 활동을 한다. 건축 방재 활동에서 배연은 화재 발생 초기 시점에서 발화 장소와 그 주변 재실자를 피난시키기 위한 비상으로 중요한 의미를 갖는다.

건물 화재에 있어서 소사(燒死)보다는 연기에 의해 사망할 위험성이 높기 때문에 화재시 인명을 보호하기 위해서는 매우 중요한 사항이다.

화재시 연기의 위험성은 다음과 같다.

① 연기는 매우 빠른 속도로 광범위하게 확대되므로 출화 장소 이외의 거주자도 단시간 내에 위험에 처하게 된다.

② 연기에 의한 사망원인은 산소의 결핍 이외에 일산화탄소, 시안화수소, 염화수소 등에 의한 질식이다.

③ 사람의 안전을 위해서는 신속하게 대피하는 것이 최우선이지만 복도, 계단 등의 피난 경로에 연기 확산으로 피난 행동이 저해된다.

④ 연기의 충만에 의해 소방 활동이 곤란하게 된다.

이상의 연기 위험에 대한 대책은 다음과 같다.

① 출화 장소로부터의 연기 유출을 막는다.

② 화재가 확대되어 출화 장소 이외에 연소된 경우도 연기의 확산을 가능한한 방지한다.

③ 피난 경로에서의 연기 유입을 방지한다.

이상의 방연 대책은 연기의 확산은 제한하는 방연 구획을 세우는 것에 의해 행해진다. 방연 구획내와 피난경로 등에 축적하는 연기를 배출하는 것이 배연이다.

3-2 배연 방법

(1) 방연 구획

방연 구획은 면적 구획, 용도 구획, 피난 구획, 통로 구획의 방법이다.

① 면적 구획 : 배연 효과를 높이고 피난을 안전하게 하기 위한 면적의 제한으로 일반의 경우 $500\,m^2$ 이하로 제한하고 있다.

② 용도 구획 : 용도가 다른 실은 수납되는 가연물의 종류와 양, 수용인원, 사용 시간대 등이 다른 경우가 많으며 이들 실을 하나의 방연 구획으로 포함시키는 것은 방재상 좋지 않다. 따라서 이러한 경우는 면적 구획 이내에 있더라도 한번 더 용도에 맞게 세분하여 구획한다.

③ 피난 구획 : 피난은 통상 거실 → 복도 → 계단 → 지상의 순서로 한다. 따라서 거실과 복도, 복도와 계단 간에는 완전한 방연 구획을 설치하는 것이 피난상 중요하다.

④ 통로 구획 : 건축물에 있는 계단, 덕트, 엘리베이터샤프트 등 통로 부분은 굴뚝 효과 등으로 급속하게 연기의 상승 경로가 되기 쉬우므로 연기의 침입을 완전하게 차단하는 방책이 필요하다. 그러나 통로 구획에 있어서 연기의 침입은 방지하지만 통로 구획내로부터 배연하는 설비는 통상 설치되지 않는다.

(2) 배연 방식

배연 방식에는 자연 배연과 기계 배연이 있다. 자연 배연은 창과 같은 외부에 직접 면한 개구부를 연기가 자연적으로 배출되는 것이지만 외부의 풍향, 풍속, 건물 내외의 온도차에 의한 굴뚝 효과 등에 의해 배출 기능이 달라지며, 경우에 따라서는 배연이 되지 않는 것이 문제이다.

그러나 자연 배연은 조작이 필요없고 기계 배연에 의한 팬과 같은 제어 장치와 정전시 비상 전원이 필요치 않는 이점이 있다. 그림 11-11은 자연 배연 원리를 나타낸 것이다.

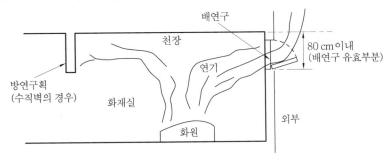

㊀ 방연구획은 천정에서 바닥까지 하는 경우도 있음.

그림 11-11 자연 배연

기계 배연은 팬을 사용하여 기계력으로 배출하는 방식이며 필요한 배연 성능을 확보할 수 있다. 그러나 운전을 위한 제어 장치와 비상 전원을 필요로 하고, 이들 설비의 신뢰성과 화재 상황에 대응한 적절한 운전 실시가 기능을 발휘하기 위한 조건이 된다.

하나의 건물내에서 방연 구획에 대응해서 각각 자연 배연 또는 기계 배연 중 적절한 쪽을 채용하지만, 하나의 방연 구획에 대하여 자연 배연과 기계 배연을 동시에 실시하는 것은 연기의 확대에 대한 위험이 있기 때문에 허용되지 않는다.

3-3 기계 배연 설비

기계 배연 설비는 그림 11-12와 같이 구성된다.

배연구는 연기를 유효하게 배출하기 위해 천장 등 상부에 설치한다. 건축법에 의하면 배연구 설치 높이는 천정으로부터 80 cm 이내이며, 배연 구획의 각 부로부터 배연구까지의 거리가 30 m 이내가 되도록 설치한다.

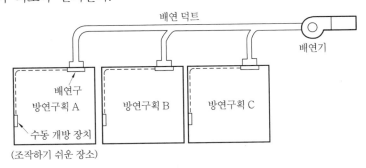

그림 11-12 기계 배연

각 배연구에는 수동의 개방 장치를 갖추며 경우에 따라서는 원격 제어를 하는 경우도 있다. 배연팬은 배연구가 개방되면 자동적으로 작동하며 배연풍량은 $120\,\mathrm{m^3/min}$ 이상, 방연 구획 $1\,\mathrm{m^2}$당 $1\,\mathrm{m^3/min}$ 이상 필요하다 (2 이상의 방연 구획에 관계되어 있는 경우는 그 최대의 방연 구획 $1\,\mathrm{m^2}$당 $2\,\mathrm{m^3/min}$ 이상 필요). 그리고 전동에 의한 것은 비상 전원이 필요하다.

배연풍도는 불연재료를 사용하여야 하며 보통은 아연철판과 강판이 사용된다. 몇 개의 배연 구획을 하나의 배연 설비를 하는 것도 가능하지만 이로 인하여 연기의 확대 등의 우려가 있기 때문에 주의해야 한다.

특별 피난 계단의 부착실과 비상용 엘리베이터 승강구 로비 등은 배연 설비를 전동으로 설치할 필요가 있는 곳도 있다.

3-4 가압 방연과 공조 겸용 배연

이상의 기계 배연 방식은 팬을 사용하여 강제적으로 배연을 행하는 것이지만, 필연적으로 유입해야 하는 공기의 팬에 의한 강제적인 공급은 고려하고 있지 않다. 그러나 건물의 규모와 기밀성 등에 의한 자연 급기 경로의 확보가 곤란한 경우 또는 주위의 배연을 끌어들이는 경우 등으로부터 계단, 복도 등 피난안전상 중요한 구획에 대해서는 가압 급기 방식이 고려되고 있다.

한편, 공조와 환기를 목적으로 설치하는 팬과 덕트를 배연에도 이용하는 공조 겸용 배연이 고려되고 있다. 이 방식의 경우도 가압 급기가 적용되는 경우가 있다.

가압 방연과 공조 겸용 배연 방식은 화재 확산 위험과 기타 제문제를 검토하여 신중하게 적용되어야 할 것이다.

제 12 장　배관용 재료와 부속품 및 도시 기호

1. 개 론

　배관 공사의 계획에 있어서는 먼저 공사의 종류에 따른 관 재료를 무엇으로 할 것이냐 하는 것이 가장 중요한 문제이며, 관 재료의 선택에 있어서는 일반적으로 유체의 화학적 성질, 유체의 온도, 유체의 압력, 관의 외벽에 대한 조건, 관의 외압, 관의 접합, 관의 중량과 수송 조건 등을 신중히 고려하여야 할 것이다.

　그리고 관의 내압력과 재료의 허용 응력과의 관계를 나타내는 관의 스케줄 번호 (schedule number)에 따른 관의 허용 내압력도 충분히 고려하여 관 재료를 선택하는 것이 바람직하다.

2. 관 재료의 종류

2-1　주철관 (cast iron pipes)

표 12-1　나사형 가단 주철제 관 이음 부속

구　분	종　　　　류
엘 보 (elbow)	엘보·암수 엘보·45° 엘보·45° 암수 엘보·이경 엘보·이경 암수 엘보
티(tee)	티·암수 티·이경 티·이경 암수 티·편심 이경 티
와 이(lateral)	45° 와이·90° 와이·이경 90° 와이
크로스 (cross)	크로스·이경 크로스
소 켓(socket)	소켓·암수 소켓·이경 소켓·편심 이경 소켓
벤 드 (bend)	벤드·암수 벤드·수벤드·45° 벤드·45° 암수 벤드·45° 수벤드
니 플 (nipple)	니플·이경 니플
기 타	유니언(union)·부싱(bushing)·플러그 (plug)·캡(cap)

　㊟ 강관 이음쇠류의 주요한 사용 개소를 열거하면 다음과 같다.
　　① 배관을 굴곡할 때 : 엘보·벤드
　　② 분기관을 낼 때 : 티·크로스·와이
　　③ 직관의 접합 : 소켓·유니언·플랜지
　　④ 구경이 서로 다른 관을 접속할 때 : 이경 소켓(reducing socket)·이경 엘보 (reducing elbow)·이경 티(reducing tee)·부싱(bushing)
　　⑤ 배관의 말단 : 플러그 (plug)·캡(cap)

다른 관에 비하여 특히 내식성·내구성·내압성이 뛰어나 위생 설비를 비롯하여 가스 배관·광산용 양수관·공장 배관·지중 매설 배관 등 광범위하게 사용되고 있으며, 종류로는 최대 사용 정수두에 따라서 $10\,kg/cm^2$ 이하에 사용되는 고압관을 비롯하여 $7.5\,kg/cm^2$ 이하의 중압관, $4.5\,kg/cm^2$ 이하의 저압관 등 3가지 종류가 있다.

접합법으로는 소켓 접합(socket joint), 플랜지 접합(flanged joint), 메커니컬 조인트(mechanical joint), 빅토릭 조인트(victaulic joint) 등 4가지 방법이 있으며, 특히 외압에 대한 가소성과 누수가 우려되는 곳에는 메커니컬 조인트와 빅토리 조인트가 많이 채용되고 있다. 표 12-2에 관 종류와 그 용도에 대하여 나타낸다.

표 12-2 관 종류와 용도

관 구분	관의 종류	주요 용도								
		급수	급탕	배수	통기	소화	증기	냉온수	냉각수	냉매
금속관	강 관			○	○	○	○	○	○	
	주철관	○		○						
	스테인리스 강관	○	○				○	○		
	동 관	○	○					○		○
플라스틱관	경질 염화 비닐관	○		○	○				○	
	내열 염화 비닐관		○					○		
	가교화 폴리에틸렌관	○	○							
	폴리부틸렌관	○	○							
라이닝 강관	경질 염화 비닐라이닝 강관	○							○	
	폴리에틸렌 분체 라이닝 강관	○								
	내열성 경질 염화 비닐 라이닝 강관		○					○		
	배수용 경질 염화 비닐 라이닝 강관				○					

2-2 강 관 (steel pipes)

강관은 가장 많이 사용되는 관으로 연관이나 주철관에 비하여 가볍고 인장 강도가 크다. 또 충격에 강하고 굴곡성이 좋으며, 관의 접합도 비교적 쉽다. 그러나 주철관에 비하여 부식되기 쉽고 내용년수도 비교적 짧은 것이 결점이다. 강관은 $10\,kg/cm^2$ 이하의 증기·물·기름·가스·공기 등의 배관에 주로 사용되며, 종류는 용도에 따라 열 가지로 규격화되어 있다.

현재에는 부식 문제 때문에 공조·급탕 설비에는 거의 사용하지 않고 있다. 급수 배관용 아연 도금 강관, 배관용 탄소강 강관, 압력 배관용 탄소강 강관, 고압 배관용 탄소강 강관 등이 있다.

접합은 주로 나사 접합(threaded or screwed joint)이 사용되나, 플랜지 접합(flanged joints), 용접 이음(weldings)도 가끔 채택된다. 표 12-1은 나사 이음시 이용되는 가단 주철제 이음 부속의 종류를 나타낸 것이다.

2−3 동 관 (copper pipes)

동관은 내식성이 있는 배관재로서, 급탕 배관에 사용되어 왔다. 중앙식 급탕 설비에 사용한 경우 부식이 발생하는 예도 있다. 경량으로 가공성이 좋기 때문에 유닛 배관 등에 사용되고 있다.

관의 두께에 따라 세 종류가 있고, 두꺼운 순서로 K·L·M 타입으로 구분된다. 또한 연질 동관은 굽힐 수 있기 때문에 주택의 옥내 배관과 공조의 냉매 배관으로도 많이 사용되고 있다. 동관의 접합에는 납땜접합 (solder joints)이 주로 이용된다.

2−4 플라스틱관 (plastic pipes)

합성 수지관을 말하며, 표 12−2와 같은 종류가 있다. 플라스틱관은 일반적으로 내식성이 있고 경량이기 때문에 시공성이 우수하지만 충격에 약하다. 또한 선팽창 계수가 크기 때문에 온도 변화에 따른 신축에 유의할 필요가 있다.

염화 비닐관은 PVC관이라 불리는 것으로, 플라스틱관의 대표적인 배관재이다. 여기에 내충격성을 부가한 것이 내충격성 염화 비닐관이다. 또한 내열 염화 비닐관은 내열성을 강화한 것으로, 급탕·온수 배관에 사용된다.

가교화 폴리에틸렌관·폴리부틸렌관은 비교적 신제품으로, 내열성·가소성이 있어 공동 주택의 급수·급탕 배관에 사용되고 있다.

2−5 스테인리스 (stainless) 강관

스테인리스 강관은 부식에 강한 합금으로서 내식성이 요구되는 배관에 많이 사용되어 왔다. 스테인리스 강관은 강도가 있어 배관재로 사용하는 경우에 두께가 얇고 가볍다. 두께가 얇은 일반 배관용 스테인리스 강관과 배관용 스테인리스 강관이 있다.

2−6 라이닝관 (lining pipes)

강관의 내면에 합성 수지를 부착하여(라이닝하여) 강관의 내충격성과 합성 수지의 내식성을 혼합한 것이다.

표 12−2에서 나타낸 것처럼, 급수관에 주로 사용되고 있는 염화 비닐 라이닝 강관·폴리에틸렌 분체 라이닝 강관, 내열성이 있는 내열 염화 라이닝 강관, 얇은 강관을 사용하여 경량성을 갖게 한 배수용 염화 비닐 라이닝 강관 등이 있다.

또한 염화 비닐 라이닝 강관과 폴리에틸렌 분체 라이닝 강관에는 지중 매설용으로서 외면도 같은 종류의 합성 수지를 라이닝한 것이 있다.

3. 배관의 접속법

배관의 접속법은 배관의 재질, 관 두께, 구경, 용도 등에 따라서 각기 다른 방법이 있다. 다음 표 12−3은 배관의 종류에 따른 주요 접속 방법을 나타낸 것이다.

표 12 - 3 관의 종류와 접속 방법

접속 방법	주요 적용 관의 종류
나사 접합	강관, 라이닝 강관 (배수용은 제외)
용접 접합	강관, 스테인리스 강관
납땜 접합	동 관
플랜지 접합	대구경의 강관, 라이닝 강관 (배수용 제외), 스테인리스 강관
메커니컬 접합	주철관, 강관, 스테인리스 강관, 가교화 폴리에틸렌관, 폴리부틸렌관
접착 접합	염화 비닐관, 내열 염화 비닐관, 폴리부틸렌관

㊟ 동관의 땜납 접합은 주로 은납 (silver soldering)이 이용된다.

3-1 나사 접합

그림 12-1은 나사 접합 방법을 나타낸 것이다.

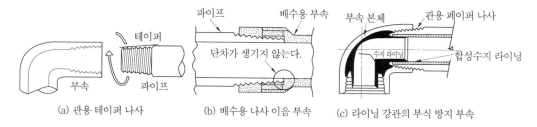

(a) 관용 테이퍼 나사   (b) 배수용 나사 이음 부속   (c) 라이닝 강관의 부식 방지 부속

그림 12-1 나사 접합 방법

나사 접합은 파이프의 수나사를 이음 부속의 암나사에 삽입하여 접합하는 방법이다. 나사는 평행 나사와 테이퍼 나사가 있으며, 공조·급배수 설비 배관은 수밀성이 요구되기 때문에, 관용 테이퍼 나사를 사용하고 있다.

파이프는 파이프 렌치를 이용해서 나사 이음하는데, 파이프 렌치는 파이프의 구경에 따라 길이가 다른 것을 사용하고 있다. 또한 나사 이음시에는 나사 부분에 실(seal)을 도포한다. 실이 수밀성을 유지한다.

수나사는 파이프를 절삭하여 규정된 나사를 만들기 때문에 어느 정도의 두께가 요구되므로 얇은 배관재에는 적용되지 않는다.

나사 이음 부속에는 급수용과 배수용이 있고, 배수용 부속은 부속과 파이프의 내면에 단차가 생기지 않는 구조로 되어 있다. 이것은 나사 박음 이음 부속에 한하지 않고 다른 메커니컬형 이음 부속 등에도 배수용은 단차가 없는 구조로 되어 있다.

라이닝 강관의 나사 접합 경우에는 파이프 접속 단부의 부식을 방지할 필요가 있어 관단 부식 방지 부속을 사용한다.

3-2 용접 접합

용접은 소재들을 열로 녹여서 접합하는 것이다. 금속을 용접하는 경우는 고열을 필요로 하기 때문에 전기 용접이 이용된다. 전기 용접은 아크 방전을 이용하는 것으로, 용접봉과 용접부(母材) 사이에 아크 방전을 발생시켜 그 열로 모재를 접합하는 것이다. 용접에는 맞대기 용접과 차입 용접이 있는데, 배관에는 맞대기 용접이 많다.

파이프의 단부와 용접 이음의 단부를 맞대어서 용접한다. 용접 작업시는 아크 빛으로부터 눈을 보호하기 위하여 보호 안경을 사용한다.

스테인리스 강관의 용접은 접속부의 산화를 방지하기 위하여 파이프 내부에 불활성 가스를 충전하고, 용접부에도 불활성 가스를 불어넣으면서 용접할 필요가 있다. 또한 두께가 얇아서 고도의 용접 기술이 필요하기 때문에 자동 용접 기능을 이용하는 것이 일반적이다.

3-3 납땜 접합

주로 동관 접합에 이용되는 방법으로 동관의 외경보다 조금 큰 이음 부속의 수구에 파이프를 집어 넣어 토치 램프로 접합부를 가열하고, 틈새 또는 모세 현상에 의해 납재료를 흘려 넣어 접합하는 방법이다.

이때 사용되는 납땜재는 납과 은이 사용되나 최근에는 은을 이용한 은납땜(silver soldering)이 이용된다.

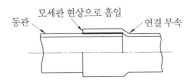

그림 12-2 동관 납땜 접합 예

3-4 플랜지 접합

플랜지 접합은 그림 12-3에서 나타낸 것처럼, 파이프의 말단부에 플랜지를 부착하여 플랜지끼리 볼트·너트로 죄어 접합하는 방법이다. 수밀성을 유지하기 위하여 플랜지 사이에 패킹(개스킷)을 끼워 넣는다.

플랜지를 파이프에 설치하는 방법은 나사 접합과 용접 접합 등이다. 주로 대구경의 강관류에 이용된다.

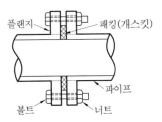

그림 12-3 플랜지 접합

3-5 메커니컬 접합

　메커니컬 접합은 이름에서 나타나듯이 기계적인 접합 방법으로서, 관종과 용도에 따라서 각종 메커니컬형 이음 부속이 있다. 접합 작업 자체가 비교적 용이하여 많이 이용되고 있고, 수밀성을 유지하는 고무 패킹의 내구성과 파이프의 이탈 방지 기구가 중요하다. 아래에 대표적인 형태를 나타내지만, 각각의 명칭이 공인된 것은 아니다.

　하우징형은 파이프 말단부에 하우징의 부착용 걸쇠를 설치하여 특수한 형상의 고무 패킹을 끼우고, 고무 패킹을 덮듯이 하우징을 씌워 볼트·너트로 죄어 접합하는 것이다. 고무 패킹을 조임으로써 수밀성이 유지된다.

　플랜지형(누름 고리형)은 메커니컬형 주철관 등의 배수 배관에 많이 사용되는 방법이다. 그림 12-5와 같이 압륜을 이음 부속 입구의 플랜지에 볼트·너트로 조이고, 압륜으로 고무 패킹을 조여 접합한다. 고무 패킹이 수밀성을 유지하는 동시에 마찰력으로 이탈을 방지한다.

그림 12-4　하우징형 이음 부속

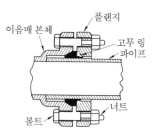

그림 12-5　플랜지(압륜)형

　일반 배관용 스테인리스 강관은 두께가 얇아서 나사 접합되지 않기 때문에 현장에서의 접합법으로 메커니컬형 이음 부속이 개발되어 사용되고 있다. 또한 스테인리스 강관의 메커니컬형 이음 부속에 관해서는 스테인리스 협회의 <일반 배관용 스테인리스 강관의 관 이음 부속 성능 기준> 규격이 있다.

　조임형은 수구부에 고무링이 장전된 이음 부속에 파이프를 넣고 전용 공구를 이용하여 이음부를 조여 접합하는 방법이다. 조임에 의하여 고무 링이 압축되어 수밀성을 유지하며, 동시에 이음 부속과 파이프가 국부적으로 변형되어 이탈을 방지한다.

　소켓 너트 조임형은 고무 패킹 등이 내장된 부속에 파이프를 넣고 전용 공구로 조여서 결합하는 방법이다. 수밀성은 고무 패킹 등의 압축에 의해 유지되고 이탈 방지는 마찰력과 파이프에 삽입된 링에 따른다.

　확관 소켓 너트형은 파이프의 말단부를 전용 공구로 넓히고 넓혀진 부분에 장착한 고무 패킹을 전용 공구로 조여 압축해 수밀성을 유지하고, 확관 부분에 이탈 방지 기능을 유지하고 있는 형이다.

　원 터치형은 파이프의 말단부에 골을 내고 이음 부속에 집어넣어 접합하는 방법이며, 이음 부속 내에 장착된 링이 홈에 박혀 이탈을 방지하며 패킹이 수밀성을 유지하는 구조이다.

3-6 접착 접합

　두 관의 용착에 의한 접합으로 용착 접합이라고도 한다. 접착 접합은 플라스틱관의 접합

방법으로, 파이프를 부속 수구에 넣고 접촉면의 파이프 외면·부속 내면을 녹여서 접착하는
방법이다. 그림 12-6과 같이 염화 비닐관·내열 염화 비닐관의 경우는, 접착제를 도장해서
넣고 접착제로 접촉면을 녹여 접착 접합한다.

폴리에틸렌·폴리부틸렌은 접착제로 녹일 수 없기 때문에 열로 접촉면을 녹여 접합하는
방법을 취하며, 접착 접합과 구별해서 융착 접합이라고 부른다. 파이프·부속에 열을 가할
때 온도 조절이 어렵기 때문에 그림 12-7과 같이 부속에 전열선을 매설하고 전기를 흘려서
접촉면을 녹이는 전기 융착법이 개발되어 있다.

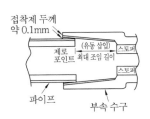

그림 12-6 염화 비닐관의 접착 접합

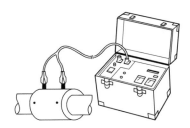

그림 12-7 전기 융착법

4. 배관 지지법

배관은 수격 작용(water hammering)에 의해 관의 진동이나 지진 등에 의한 건물의 동요
또는 관의 자중 및 그 밖의 외력을 받아도 움직이지 않도록 견고히 지지해야 한다.

배관의 지지법에는 기둥 걸이·벽 걸이·천장 매달기 등이 있으며, 지지 금속물은 소구경관
의 경우에는 띠강 또는 봉강 등이 사용되고, 관경이 큰 경우에는 앵글강 또는 주철제의 특수
철물이 사용되어 천장의 보 또는 미리 콘크리트 속에 매설한 볼트(bolt)·인서트(insert)·행
어(hanger) 등에 매단다. 배관 지지 철물이 갖추어야 할 필수 조건은 다음과 같다.

① 관의 자중과 관 피복 등에 의한 중량을 지탱할 수 있는 재료일 것
② 진동과 충격에 견딜 수 있을 만큼 견고할 것
③ 배관 시공에 있어서 구배 조정이 용이할 것
④ 온도 변화에 따른 관의 팽창과 신축을 흡수할 수 있을 것
⑤ 관이 처지지 않도록 적당한 간격을 유지할 것

그림 12-8 배관 지지 철물

그림 12-8은 배관 지지 철물의 종류를 나타낸 것인데, (a), (b)는 구배 조정이 용이하고, (c)는 롤러 밴드(roller band)를 사용하여 관의 팽창과 신축이 자유롭다. 또 관을 여러 개 병렬로 배관할 때는 (e)와 같은 앵글(angle)강을 이용한 새들 밴드(saddle band)를 이용하면 편리하다. 또한 급수관은 각 층마다 1개조 이상 진동 방지판을 달고 최하층 바닥과 3층 이내마다 1개소씩 바닥에 고정하여 배관의 자중을 지지한다. 배수 주철관은 수평관 1.6 m 이내, 수직관은 각 층마다, 분기관을 접속할 때는 1.2 m 이내마다 각각 1개소씩 지지한다.

그림 12-9, 12-10은 수평 배관과 수직 배관의 지지 예를 나타낸 것이다.

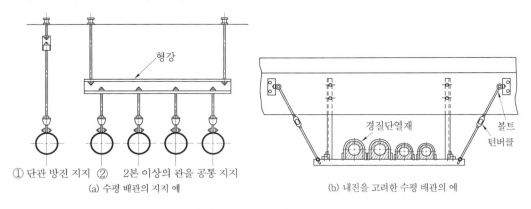

① 단관 방진 지지 ② 2본 이상의 관을 공통 지지
(a) 수평 배관의 지지 예   (b) 내진을 고려한 수평 배관의 예

그림 12-9 수평 배관의 지지 예

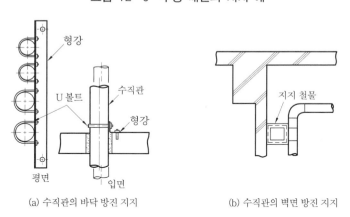

(a) 수직관의 바닥 방진 지지   (b) 수직관의 벽면 방진 지지

그림 12-10 수직 배관의 지지 예

5. 배관의 부식 방지법

관의 부식은 특히 금속관의 경우에 심하다. 관의 부식은 관의 재질, 관내에 흐르는 유체의 화학적 성질에 따라 차이가 있으며 각종 부식 대책은 다음과 같다.

(1) 재료 선택

재료 선택은 부식 대책의 기본이다. 그 환경에서 소기의 수명을 확실히 완수할 수 있는 재료를 선택한다. 재료의 선택은 주재료, 이음 부속, 밸브 등의 부속 부품과의 조합을 고려한다. 또한 주재료를 내식성 재료 (동, 스테인리스강)로 하면 전면 부식이 없어지는 대신 공식 등의 국부 부식이 발생하는 것에 주의한다.

(2) 유기 피복

재료와 환경 사이에 차단막을 형성하여 부식을 없애는 방법이다. 수명은 막의 수명으로 결정된다. 금속은 강도가 크게 다르다는 점과 적외선, 산화제 (오존, 잔류 염소)에 의하여 열화되는 점을 고려한다.

파이프라이닝 공법은 기존 배관의 녹을 제거하여 유기 피복을 형성시키는 방법이다. 외측에서 보이지 않는 부분의 막 설치부의 결함이 없는 것을 확인하는 것이 중요하며 염화 비닐 라이닝 강관의 라이닝과 관 말단은 절단 부위와 나사 작업 부위의 정밀도 등 시공상 주의가 필요하다.

(3) 절 연

절연이란 부식 전지의 양극을 분리하기 위한 공법이다. 절연에는 재료의 구성에 따른 부식 (이종 금속 접촉 부식)을 방지하기 위한 절연과 RC 중 철근과 매설 배관에 따른 매크로 전지 (macro cell) 부식을 방지하기 위한 절연이 있다. 시공 후의 전기적 절연의 확인이 중요하다.

(4) 탈기포

온도와 압력에 큰 변화가 없는 순환계에서는 수중의 용존 가스가 용해하거나 기포가 되었다가 변화하며, 기포가 되어 금속 표면에 부착되면 큰 산화력을 갖는다. 이것을 방지하는 장치이다.

(5) 탈산소

pH 5 이상인 수중 부식은 산소가 없으면 거의 없어진다. 부식의 종류에 관계 없이 응용할 수 있다. 현재는 탈산소막에 의한 탈기가 주류이다. 막의 오염, 수명과 장치의 비용이 문제 없으면 확실한 방법이다.

(6) 알칼리제 투입

pH의 개선과 탄산 칼슘 피막의 형성에 의한 부식이다. 수도와 급수에 이용되는 소석회 주입법은 탄산 칼슘의 피막으로 방식하는 방법이다. 석회석 침적법은 탄산 칼슘 피막이 평형한 조건에 수질을 근접하는 방법이다.

가성 소다를 넣어 pH를 개선하는 경우는 pH를 지나치게 올리지 않도록 하지 않으면 공식 (국부적으로 구멍이 발생하는 부식)이 발생하기 때문에 주의가 필요하다. 증기 환수관의 방식에 이용되는 중화성 아민은 드레인의 pH를 올려서 방식한다.

(7) 부식 억제제

부식 억제제는 부식을 억제하는 약제의 총칭이고, 작용 기구는 크게 네 가지로 분류된다. 킬레이트제는 급수와 급탕의 방수제로 이용되어 금속 이온 화합물을 형성하여 수산화물로서 녹을 형성하는 것을 방지한다. 엄밀하게는 부식 억제제가 아니지만 농도에 의해 부식을 억제한다.

침전 피막형은 금속 표면에 절연성이 높은 피막을 형성하는 것으로, 효과가 완전하지는 않지만 국부 부식을 일으킬 가능성이 없고 사용하기 쉽다. 흡착 피막형은 청수중에는 효과가 확실하여 동의 방식에 실용화되어 있다.

부동태(不動態)형의 부동억제제는 효과가 뛰어나지만 농도가 부족하면 공식의 발생 원인이 되어 부식을 커지게 하므로 관리가 확실한 곳에 사용하는 것이 적합하다.

(8) 전기 방식

전기 방식은 부식 전류를 전기의 힘으로 흐리지 않게 하는 방법이다. 스테인리스 강제 수조와 경질 염화 비닐 라이닝 강관의 관 끝 부분 방식에 사용되는 외부 전원 방식과 매설관에 사용되는 마그네슘을 사용한 전류 양극 방식이 있다.

특별한 경우에는 도피 전류를 이용하는 선택 배류 방식이 사용된다.

(9) 기타 물리적 방식법

자기식, 전기식, 전자식, 세라믹식 등의 방식이 부식 방지에 이용되고 있다. 이들의 작용 기구는 확실하지 않지만, 수중 콜로이드의 안정성에 미치는 영향에 대해 연구되고 있다. 사용할 때에는 검수 조건을 확실히 한다.

6. 관의 보온 및 방로

배관 공사가 끝나면 배관 내의 유체의 종류에 따라 보온 또는 방로 피복을 하여야 한다. 그 재료로서는 사용 온도에 견디고 흡수성이 없고 열관류율(heat transmission coefficient, kcal / m^2 · h · ℃)이 되도록 적은 것이 유리하다.

보온 및 방로 재료는 유기질과 무기질 재료로 구분할 수 있으며, 그 종류도 다양하다. 그러므로 관을 피복할 때는 보온 및 방로에 대한 성능을 검토한 후 선택하는 것이 좋다. 그림 12-11은 배관의 보온 시공의 예를 나타낸 것이다.

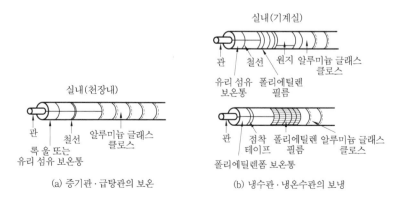

(a) 증기관·급탕관의 보온   (b) 냉수관·냉온수관의 보냉

그림 12-11 배관의 보온 시공 예

배관이 내화 구조 등의 방화 구획을 통과할 경우에는 발포 플라스틱 보온재를 사용할 수 없다. 무기 다공질 보온재(不燃材)는 좋으나, 인조 광물 섬유 보온재(不燃材)의 경우는 록울 보온재(내열온도 600 ℃)를 사용하도록 되어 있다. 또한 방화벽의 양측 1 m 이내에도 불연재를 사용하여야 한다.

또한 경우에 따라서는 그림 12-12와 같이 일체화된 보온통에 의한 시공도 한다.

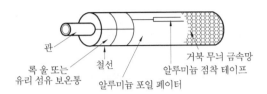

관
록 울 또는
유리 섬유 보온통
철선
알루미늄 포일 페이터
알루미늄 점착 테이프
거북 무늬 금속망

그림 12-12   보온통 공사의 예

또한 배관의 보온에는 열교(thermal bridge)에 의한 보온 및 보냉에도 대책을 세워야 한다. 그림 12-13은 배관 열교의 예를 나타낸 것이다.

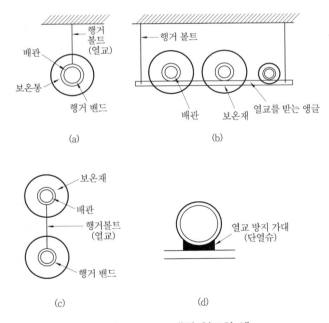

그림 12-13   배관 열교의 예

5℃ 이하의 냉수관을 직접 지지했을 때의 행거 볼트는 본체 보냉 두께의 세 배의 길이까지 보냉하며, 보냉 두께는 본체 보냉 두께의 1/2 두께가 원칙이다. 또한 배관이 상하 이단으로 시공되어 위쪽 관이 아래 관을 직접 매달고 있을 때의 행거 볼트는 전체를 보냉하는 것이 된다.

직접 지지했을 때의 앵글 가대는 냉수관과 드레인관 정도는 전체를 보냉한다. 또한 다른 배관과 공용하여 가대가 길 때는 보냉하는 배관의 보온통 외면으로부터 300 mm 정도 부근까지 보냉된다.

7. 밸브의 종류

배관의 부속품으로 쓰이는 밸브는 글로브 밸브·슬루스 밸브·체크 밸브·배기 밸브·안전 밸브·풋 밸브 이외에 분수전·지수전 등이 있다.

7-1 슬루스 밸브(sluice valve or gate value)

게이트 밸브라고도 불리우며 쐐기형의 밸브가 오르내림으로써 개폐된다. 밸브가 오르내리는 기구에는 2종류가 있으며 핸들을 회전함으로써 밸브 로드가 상하로 오르내리는 것을 끝나사형, 밸브 로드는 상하로 오르내리지 않고 밸브 시트가 상하로 오르내리는 것을 안나사형이라고도 한다.

일반적으로는 $2\frac{1}{2}$ 인치 이상은 동체가 주철제이고 밸브 및 밸브 시트는 포금제이다. 2인치 이하는 전부 포금제 나사 맞춤이 보통이다.

유체의 흐름에 의한 마찰 손실이 적으므로 물과 증기 배관에 주로 사용된다. 특히 증기 배관의 수평관에서 드레인이 고이는 것을 막기 위해서는 슬루브 밸브가 적당하다. 고온의 유체 (300℃ 이하)와 $10 \sim 14 \, \text{kg/cm}^2$의 압력에 사용할 수 있다.

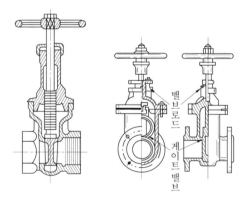

그림 12-14 슬루스 밸브

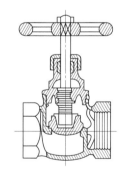

그림 12-15 글로브 밸브

7-2 글로브 밸브 (globe valve)

스톱 밸브 또는 구형 밸브라고도 불리우며, 유체에 대한 저항이 큰 것이 결점이기는 하나 슬루스 밸브에 비하여 소형이며 가볍고 염가이며 유로를 폐쇄하는 경우나 유량 조절에 적합하다. 슬루스 밸브와 같이 2인치 이하는 전부 포금제의 나사 맞춤형이고, $2\frac{1}{2}$ 인치 이상은 밸브·밸브 시트는 포금제, 동체는 주철제의 것을 사용한다. 글로브 밸브는 유체의 흐름을 밸브의 전후에서 직선 방향으로 하는 것이며 유체의 흐름을 직각으로 바꾸는 경우에는 앵글 밸브를 사용한다.

7-3 체크 밸브 (check valve)

유체의 흐름을 한 방향으로만 흐르게 하고 반대 방향으로는 흐르지 못하게 하는 밸브이다. 밸브의 작동 방식에 따라 스윙형(swing type)과 리프트형(lift type)의 2종류가 있다. 전자는 밸브가 스윙식으로 장착되어 한쪽으로만 열리도록 되어 있다.

후자는 상하로 움직이는 밸브 본체가 아래로부터의 수압에 의해서만 밀려 올라가며 이 수압이 없어지면 밸브는 자중 때문에 내려앉아 자동적으로 반대 방향의 흐름을 저지한다.

리프트형은 그 구조상 수평으로 놓지 않으면 움직이지 않게 되어 있으므로 수평 배관에만 사용해야 한다. 이에 반해서 스윙형은 수평·수직 배관에 모두 사용할 수가 있다. 그러므로 역시 밸브를 사용할 때는 이들의 특성을 잘 알고 사용해야 한다. 재질이 동체는 주철제, 밸브 및 밸브 시트는 포금제의 것이 많다. 펌프의 흡상관 하단에 부착하는 풋 밸브(foot valve)도 그 기능은 체크 밸브와 꼭 같다.

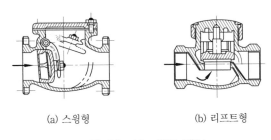

(a) 스윙형   (b) 리프트형

그림 12-16 체크 밸브

7-4 콕 (cocks)

콕은 원추형의 수전을 90°(1/4 회전) 각도로 회전함으로써 유체의 흐름을 차단하고 유량을 정지시키는 것이다. 각도 0~90° 사이의 임의의 각도만큼 회전시킴으로써 유량을 조절할 수 있다. 따라서 급속히 유로를 개폐하는 경우에 사용되며 물·기름·배수 및 공기 배관 등에 널리 사용되고 있다.

7-5 조정 밸브

조정 밸브로는 감압 밸브·안전 밸브·온도 조절 밸브·공기빼기 밸브·자동 수위 조절기 등이 있다.

(1) 감압 밸브

감압 밸브는 고압 배관과 저압 배관의 사이에 달고, 밸브의 리프트를 적당한 장치에 의하여 제어하여 고압측의 압력의 변화 및 증기 소비량의 변동에 관계 없이 일정하게 유지하는 밸브이다. 밸브의 작동은 대부분 벨로스 다이어프램 또는 피스톤과 같은 것으로 행해진다. 고·저압의 압력비는 2:1 이내로 하고 이것을 초과하는 경우에는 2조의 감압 밸브를 직렬고 연결하여 2단 감압을 하는 것이 좋다.

(2) 안전 밸브

유체의 폐쇄 기구는 글로브 밸브와 같으며 글로브 밸브는 외력에 의하여 개폐가 되나 이것은 외력을 대신하여 스프링의 힘 또는 밸브체의 중량 또는 지레와 추에 의하여 개폐된다. 증기·물·기름 배관 등에 사용된다.

(3) 온도 조절 밸브

액체의 온도를 조절하는 것으로서, 온도의 변화에 아주 민감한 벨로스의 작용에 의하여 개폐되며, 가열 증기 또는 냉각수의 유량을 자동적으로 조절하는 자동 제어 밸브이다. 열 교환기 및 증유 가열기 등에 사용된다.

(4) 자동 급수기(자동 수위 조절기)

자동 급수기는 보일러의 수위를 그 최대의 효율점에서 일정하게 자동적으로 유지하는 것으로서 수위차도 이에 따라 항상 필요한 수위차 만큼 일정하게 유지되는 것이며, 이로써 보일러의 급수 부족으로 인하여 생기는 위험을 방지하는 것이다.

이것은 고가 탱크와 보일러등의 수준면의 상하 이동으로 플로트(float)와 레버 작용에 의해 직접 조절 밸브에 전달하는 방식이다.

(5) 공기 밸브

배관 내의 유체 속에 섞인 공기와 그 밖의 기체가 유체에서 분리되면 배관 도중에 정체하여 유체의 유량을 감소시키는데 이러한 현상을 제거하기 위한 것이 공기 밸브이다. 따라서 공기 밸브는 분리된 공기와 그 밖의 기체를 자동적으로 밖으로 배제하는 역할을 한다.

그리고 속이 빈 관 계통에 처음으로 유체를 유입할 때 관내에 가득히 차 있는 공기를 배출하는 데에도 이 밸브가 필요하며, 또 그와 반대로 관내의 유체를 전부 배출하고자 하는 경우 공기의 유입구로서의 역할도 하는 것이 이 밸브이다.

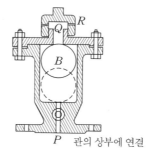

그림 12 - 17 공기 밸브의 단면도

7−6 분수전과 볼탭 밸브

수도 본관 (배수관)에서 관경 50 mm 이하의 급수관을 분기할 때는 보통 분수전에 의해 분기한다. 이런 경우 배수관 속의 통수를 멈추게 하지 않고 구멍을 뚫는 특수한 기구를 가지고 배수관의 관벽에 구멍을 뚫고 나사를 낸 다음 여기에 분수전을 나사 맞춤하여 부착한다.

볼탭(ball tap) 밸브는 구전(球栓)이라고도 하며, 지하 탱크·옥상 탱크, 기타 탱크의 액면의 상승·하강에 따라 작동하는 볼탭(플로트)의 부력에 의해 자동적으로 밸브가 개폐하는 기구이며, 이른바 자동 개폐 밸브라고 하는 것이다.

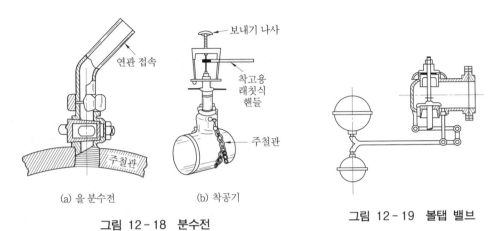

(a) 을 분수전   (b) 착공기

그림 12 - 18 분수전

그림 12 - 19 볼탭 밸브

7-7 스트레이너(strainer)

배관 중에 먼지 또는 토사·쇠 부스러기 등이 들어가면 배관이 막힐 우려가 있을 뿐 아니라 각종 밸브의 밸브 시트부를 손상시켜 수명을 단축시킨다. 이것을 방지하기 위해 부착하는 것이 스트레이너이다. 스트레이너 속에 있는 철망으로 먼지를 여과함과 동시에 정기적으로 여과될 먼지를 배제할 수 있는 구조로 되어 있다. 또한 스트레이너는 먼지를 거르기 위해 쓰이는 것이므로 반드시 밸브 앞에 설치한다.

스트레이너의 종류는 Y형 스트레이너·U형 스트레이너·V형 스트레이너·오일 스트레이너의 4종류로 나누어진다. 각종 밸브와 마찬가지로 유체의 압력·온도의 조건에 따라 재질·형상 등이 결정된다.

스트레이너는 모두 한 방향으로만 유체가 흐르기 때문에 화살표가 붙어 있으므로 배관시에 주의를 요한다. 2인치 이하는 포금제, $2\frac{1}{2}$ 인치 이상은 주철제 플랜지형이 사용된다.

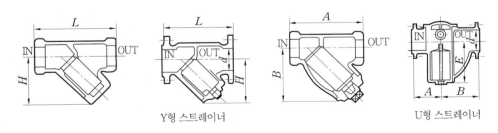

Y형 스트레이너   U형 스트레이너

그림 12 - 20 각종 스트레이너

스트레이너는 보통 급수 배관이나 냉·난방 배관, 냉매 배관 또는 오일 배관 중에 많이 설치되며, 특히 급수 배관 중에 설치할 경우 물 속에 포함되어 있는 각종 부유 물질들을 여과막에 의해 걸러낼 수 있으므로 급수의 정화도 기대할 수 있다.

또한 스트레이너의 여과막에 붙어 있는 찌꺼기는 스트레이너 밑에 달려 있는 캡을 열어서 자주 청소해 주는 것이 좋다. 설치 위치는 찌꺼기를 쉽게 빼낼 수 있는 곳에 설치하는 것이 바람직하다.

8. 배관 도시 기호

(1) 관 (pipes)

관은 실선으로 도시하며 같은 도면 속의 관을 나타낼 때는 같은 굵기의 선으로 표시함을 원칙으로 한다.

(2) 유체의 종류·상태·목적

관 속을 흐르는 유체의 종류·상태·목적을 표시할 때는 인출선을 그어 문자 기호로 도시하는 것을 원칙으로 한다.

유체의 흐름의 방향을 표시하는 경우에는 화살표로 표시하며, 유체의 종류에 따른 기호 및 도시법은 표 12-4와 같다.

표 12-4 유체의 종류와 기호 및 도시법

유체의 종류	기 호	
공 기	A	
가 스	G	
유 류	O	
수증기	S	
물	W	

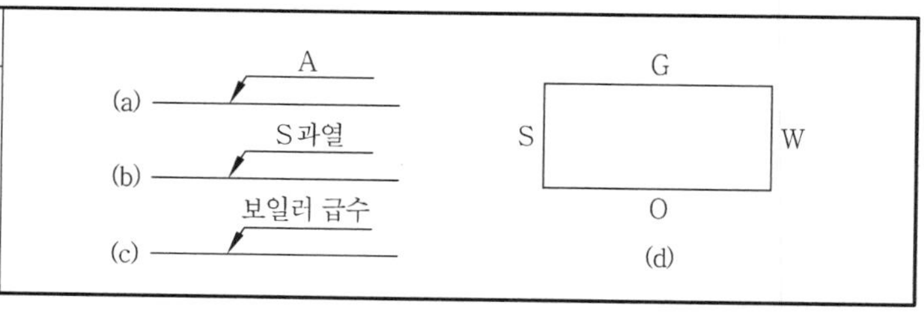

(a) — A
(b) — S과열
(c) — 보일러 급수

(d) S [G / O] W

(3) 배관계의 시방 및 유체의 종류·상태 표시 방법

표시 항목은 그림 12-21의 (a)와 같이 1. 관의 호칭지름 2. 유체의 종류 3. 배관계의 시방 4. 관의 외면에 실시하는 설비·재료 등의 순서로 글자와 기호를 사용하여 그림 (b)와 같이 관을 표시하는 선 위에 선을 따라서 표시함을 원칙으로 한다.

$$\frac{2B}{1} - \frac{S115}{2} - \frac{A10}{3} - \frac{H20}{4}$$

(a) 표시 방법

$$\overline{2B - S115 - A10 - H20}$$

(b) 도시 예

$$\longrightarrow$$

(c) 흐름방향 표시

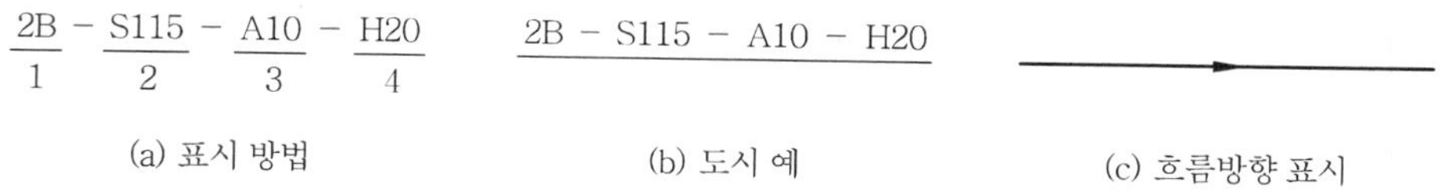

그림 12-21 배관계 표시 방법

기타 관의 접속 상태, 관의 입체적 표시, 관의 연결 방법, 관의 이음, 막힘 플랜지, 밸브 및 콕의 도시 방법은 표 12-5와 같다.

표 12- 5 관·신축 이음·콕·밸브의 도시 기호

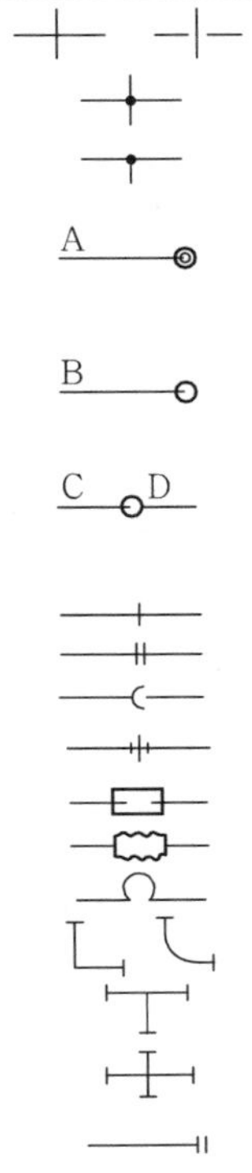

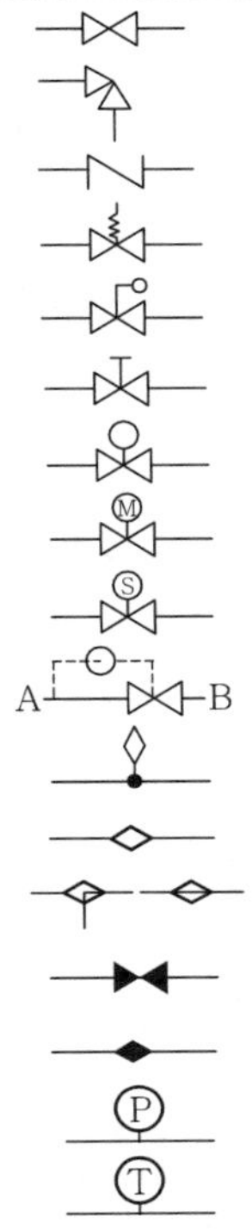

종 류	도시 기호	종 류	도시 기호
접속되지 않은 상태		밸브 (일반)	
접속된 상태		앵글 밸브	
분기 접속		체크 밸브	
관 A가 도면에 대해서 직각으로 앞으로 구부러진 상태	A	스프링 안전 밸브	
		추안전 밸브	
관 B가 도면에 대해서 직각으로 뒤로 구부러진 상태	B	수동 밸브	
관 C가 앞에서 도면에 대해 직각으로 구부러져 관 D에 접속된 상태	C D	일반 조작 밸브	
		진동식 조작 밸브	
		전자식 조작 밸브	
관 이음 ┌일 반 ├플랜지형 ├암수형 └유니언형		일반 도피 밸브	A B
신축 이음 ┌슬리브형 ├벨로스형 └곡관형		공기 빼기 밸브	
		콕 (cook)	
		3방 콕	
엘보 또는 벤드		닫힌 밸브	
티(tee)		닫힌 콕	
크로스 (cross)		압력계	P
막힘 플랜지		온도계	T

9. 설비 관련 도시 기호

　배관의 식별은 관 속을 흐르는 물질의 종류에 따라 표 12−6과 같이 색깔로 표시한다. 배관에 색을 표시할 때는 원으로 표시하는 방법, 장방형으로 표시하는 방법, 꼬리표 또는 벤드를 관에 달고 표시하는 방법 중 적당한 방법을 선택하도록 하며, 표시 장소는 밸브·이음관 등의 장소에 한다.

　기타 유체 흐름의 방향·압력·온도·유속 및 위험 표시등도 함께 해야 한다.

표 12- 6 물질의 종류와 식별색

종 류	식별색	종 류	식별색
물	청 색	산·알칼리	회자색
증 기	진한적색	기 름	진한황적색
공 기	백 색	전 기	엷은황적색
가 스	황 색		

　급·배수 위생 설비를 비롯하여 난방, 공기 조화 설비 등 건축 설비에 관련된 각종 도시 기호를 표 12−7에 나타낸다.

표 12-7 도시 기호

종 류	도시 기호	종 류	도시 기호
1. 배 관		⑪ 급탕관	—I——I—
		⑫ 반탕관	—II——II—
1-1 난방·급기		**1-4 배 수**	
① 고압 증기 급송관	—#—#—#—	① 배수관	————————
② 고압 증기 반송관	--#--#--#—	② 통기관	- - - - - - - -
③ 중압 증기 급송관	—/—/—/—	③ 배수 주철관	—⊂—⊂—⊂—
④ 중압 증기 반송관	--/--/--/—	④ 배수 연관	100-L
⑤ 저압 증기 급송관	————————	⑤ 배수 콘크리트관	150-C
⑥ 저압 증기 반송관	— — — — —	⑥ 배수 비닐관	100-V
⑦ 공기 도피관	- - - - - - - - -	⑦ 배수 도관	100-T
⑧ 연료 기름 급송관	--FOF - FOF--	**1-5 소 화**	
⑨ 연료 기름 반송관	—FOR—FOR—	① 소화수관	—X—X—
⑩ 기름 저장 탱크 통기관	—FOV—FOV—	② 스프링클러 주관	—S—S—
⑪ 압축 공기관	—A—A—	③ 스프링클러 헤드지관	—○—○—○—
⑫ 온수 난방 급탕관	————————	④ 스프링클러 드레인관	- - - - - - - - -
⑬ 온수 난방 반탕관	- - - - - - - - -	**1-6 가 스**	
		① 가스 공급관	—G—G—
1-2 공기 조화			
① 냉매 토출관	—RD—RD—	**2. 연결 부속**	
② 냉매액관	—RL--RL—	2-1 나사 삽입형 이음	
③ 냉매 흡입관	- - RS - RS --	① 플랜지	—╫—
④ 냉각수 송수관	—C—C—	② 유니언	—╫╢—
⑤ 냉각수 반수관	—CR—CR—	③ 곡 관	
⑥ 냉수 또는 냉온수 송수관	—CH—CH—	④ 90° 엘보	
⑦ 냉수 또는 냉온수 반수관	—CHR-CHR—	⑤ 45° 엘보	
⑧ 브라인 급송관	—B—B—	⑥ 티	—╫—
⑨ 브라인 반송관	—BR—BR—	⑦ 막힘 플랜지	—┃|
1-3 급수·급탕		⑧ 크로스	—╫—
① 급수관	————————	⑨ 캡	—┐
② 급수 주철관	—⊂—⊂—		
③ 급수 연관	13-L	2-2 수도용 주철 이형관	
④ 급수 동관	30-Cu	① 90° 곡관	
⑤ 급수 황동관	50-B	② 45° 곡관	
⑥ 급수 콘크리트관	150-C	③ 2수 정자관	
⑦ 급수 석면 시멘트관	100-A	④ 3수 정자관	
⑧ 급수 비닐관	25-V	⑤ 소화전용 갑관	
⑨ 상수도관	- - - - - - - - -		
⑩ 우물물관			

종 류	도시 기호	종 류	도시 기호
⑥ 소화전용 을관		③ 곡관형	
⑦ 소화전용 병관		**3. 밸브·콕·계기류**	
⑧ 단관 갑 1호		3-1 밸 브	
⑨ 단관 을 1호		① 밸 브	
⑩ 계 류		② 사절 밸브	
⑪ 창 갑		③ 옥형 밸브	
⑫ 센		④ 앵글 밸브	
⑬ 수차 편낙관		⑤ 체크 밸브	
⑭ 차수 편낙관		⑥ 안전 밸브·도피 밸브	
2-3 배수용 주철 이형관		⑦ 감압 밸브	
① 90° 단곡관		⑧ 온도 조절 밸브	
② 90° 장곡관		⑨ 다이어프램	
③ 45° 곡관		⑩ 전자 밸브	
④ Y관		⑪ 전동 밸브	
⑤ 90° Y관		⑫ 공기빼기 밸브	
⑥ 배수 T관		3-2 콕	
⑦ 통기 T관		① 콕	
⑧ 편낙관		② 3 방콕	
⑨ U 트랩		3-3 계기류	
⑩ 계 류		① 압력계	
2-4 나사들이 배수관 이음		② 연성 압력계	
① 90° 엘보		③ 온도계	
② 90° 대곡 엘보		④ 스트레이너	
③ 45° 엘보		⑤ 기름 분리기	
④ T		⑥ 기수 분리기	
⑤ 90° Y		⑦ 서모스탯	
⑥ 90° 양 Y		⑧ 휴미드스탯	
⑦ 90° 대곡 Y		**4. 기기 풍도**	
⑧ 90° 대곡 양 Y		4-1 난방용 기기	
⑨ 45° Y		① 홉상 이음	
⑩ 45° 양 Y		② 분기 가열기	
⑪ 인크리저		③ 주형·세주형 방열기	
⑫ 덕 커		④ 벽걸이 방열기 (벽붙임)	
⑬ U 트랩		⑤ 벽걸이 방열기 (수평)	
2-5 신축이음		⑥ 필릿 부착 방열기	
① 슬리브형			
② 벨로스형			

종 류	도시 기호	종 류	도시 기호
⑦ 캐비닛 히터		⑬ 캔버스 이음새	
⑧ 베이스보드 히터		⑭ 풍 도	300×500 / 200 ∅
⑨ 주형 방열기 표시 형식	절수 종별-형 Tapping / 20 11-700 3/4×1/2	⑮ 흡기 갤러리	
⑩ 세주형 방열기 표시 형식	절수 종별-형 Tapping / 20 5-700 3/4×1/2	⑯ 배기 갤러리	
⑪ 벽걸이 방열기 표시 형식	절수 종별-형 Tapping / 4 W-H 3/4×1/2	⑰ 가이드 베인	
		4-3 공기 조화용 기기	
		① 왕복 압축기	
⑫ 필릿 부착 방열기 표시 형식	절수 종별-형 Tapping / 3 G-1 3/4×1/2	② 셸 코일식 수냉 응축기	C
		③ 셸 튜브식 수냉 응축기	C
		④ 건식 수냉각기	E
⑬ 캐비닛 히터 표시 형식	케이싱의 길이 형식×폭×높이 Tapping / 환산 방열면적	⑤ 만액식 수냉각기	E
		⑥ 드라이어	
		⑦ 냉매 배관용 필터	
	C-1000 F×220×800 3/4×1/2 / EDR- 4.75 m² 또는 EDR 4.75 m²	⑧ 히팅 코일	
		⑨ 쿨링 코일	C/C
		⑩ 직팽 코일	H/C
		⑪ 히팅·쿨링 코일	
⑭ 고압 증기 트랩		⑫ 히팅 팬코일 유닛	
⑮ 저압 증기 트랩		⑬ 쿨링 팬코일 유닛	C/C C C
4-2 풍도·부속품		⑭ 직팽 팬코일 유닛	D/X D X
① 송기 풍도 단면		⑮ 히팅·쿨링 팬코일 유닛	
② 배기 풍도 단면		⑯ 팩레스 밸브	
③ 벽부 송기구		⑰ 수동 팽창 밸브	
④ 벽부 배기구		⑱ 자동 팽창 밸브	
⑤ 천정 부착 송기구		⑲ 고압 압력 스위치	HP
⑥ 천정 부착 배기구		⑳ 저압 압력 스위치	LP
⑦ 노즐형 송기구		㉑ 고저압 압력 스위치	DP
⑧ 풍량 조정 댐퍼		㉒ 유압 보호 스위치	OP
⑨ 전동 댐퍼		㉓ 감온통	
⑩ 합류 및 분류 댐퍼		㉔ 감온통 붙은 서모스탯	
⑪ 방화 댐퍼		㉕ 감온 팽창 밸브	
⑫ 점검문	AD	㉖ 자동 지수 밸브	
		㉗ 플렉시블 이음쇠	

종 류	도시 기호	종 류	도시 기호
㉘ 횡형 수액기		⑦ 화풍 양용변기	
㉙ 입형 수액기		⑧ 양풍 대변기	
4-4 급수·배수용 기구		⑨ 소변기	
① 수량계	M	⑩ 스툴 소변기	
② 바닥 위 청소구	CO	⑪ 세면기	
③ 바닥 아래 청소구	CO	⑫ 수세기	
④ 그리스 트랩	GT	⑬ 배수기	
⑤ 기름 트랩	OT	⑭ 청소용 배수기	SS
⑥ 바닥 배수 트랩		⑮ 세정 밸브	
⑦ 루프 드레인		⑯ 볼 탭	
⑧ 트랩통	T / T	⑰ 샤 워	
⑨ 사설 오수통	□ / ○	⑱ 살수전	
⑩ 사설 우수통	⊠ / ⊗	⑲ 화세전(靴洗栓)	
⑪ 공공통	▣ / ◎	4-6 소화기구	
⑫ 수전류	¤ / ○	① 옥내 소화전	
4-5 위생기구		② 옥외 소화전 (스탠드형)	
① 수음기	DF / DF	③ 옥외 소화전 (매설형)	
② 화풍 욕조	B	④ 송수구	
③ 양풍 욕조	B / B LT	⑤ 방화전 (복구)	
④ 세정용 로우 탱크	LT	⑥ 방화전 (단구)	
⑤ 세정용 하이 탱크	HT	4-7 가스기구	
⑥ 화풍 대변기		① 가스 꼭지	▲
		② 수취기	◉
		③ 가스 계량기	GM

전기 설비

제4편

제1장   전기 설비 개요

제2장   전력 설비

제3장   통신 정보 설비

제4장   방재 설비

제5장   수송 설비

제6장   옥내 배선 설비의 도시 기호

제1장 전기 설비 개요

1. 건축과 전기 설비

건축에서의 전기 설비란 건축물의 제반 기능이 안전하고 능률적이고, 쾌적하게 발휘될 수 있도록 시설된 건물내의 전력 설비를 비롯한 정보 통신 설비, 방재 설비, 수송 설비 등을 통틀어 일컫는 말이다.

최근에는 건물에서의 거주 환경이 급격히 발전·향상된 탓으로 이들 설비는 매우 중요한 역할을 점유하게 되었다.

표 1-1은 건물에서 전기 설비의 종류를 나타낸다.

표 1-1 건축 전기 설비의 종류

건축 전기 설비 종류			
전력 설비	수변전 설비 자가 발전 설비 축전지 설비 배선 설비 조명 설비 콘센트 설비 동력 설비 구내 배전 선로	방재 설비	비상용 조명 설비 자동 화재 보지 설비 비상 경보 설비 유도등 설비 기타 방재 설비 피뢰 설비 항공 장해등 설비 주차장 경보 장치
통신 정보 설비	중앙 감시 제어 설비 전화 설비 방송 설비 표시 설비 인터폰 설비 TV 공동 시청 설비 OA 설비 전기 시계 설비 구내 통신 선로	수송 설비	엘리베이터 설비 에스컬레이터 설비 덤웨이터 설비 기송관 설비

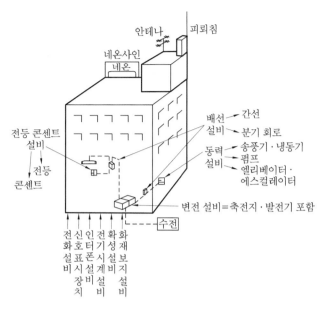

그림 1-1 건축 관계 전기 설비

2. 전기 설비의 기초 사항

(1) 전압·전류·저항

이들의 관계는 다음과 같다.

$$전압 \ V\,[volt] = 전류 \ I\,[ampere] \times 저항 \ R\,[ohm] \qquad\qquad [1-1]$$

그리고 전선의 저항은 그 단면적에 반비례하고 길이에 비례한다.

$$저항\,(ohm) = \frac{길이 \ l\,[cm]}{단면적 \ S\,[cm^2]} \times 비저항 \ \rho \qquad\qquad [1-2]$$

표 1-2 전압과 전류의 예

전압 (V)의 예		전류 (A)의 예	
건전지 1개	0.75~1.5	인체의 최소 감지 전류	0.001(1 mA)
연축전지 1개	1.8~2.05	배전반용 교류 전압계	0.02 (20 mA)
정격 20 W 형광 램프 방전 개시 전압	약 80	100 V용 20 W 형광등	0.25
일반 전등선	100	100 V용 100 W 백열전등	1
정격 40 W 형광 램프 정격 전압, 일반 동력선의 선간 전압	200	100 V용 600 W 전기솥	6
		100 V용 200 W 단상 유도 전동기	8.5
고압 배전 선로의 전압	3300 또는 6600	200 V용 0.75 kW 3상 유도전동기의 전부하 전류	3.8
네온 관등의 최고 전압	15000	200V용 0.75kW 3상 유도전동기의 전부하 전류	30
특별고압전선로의 전압	11000, 22000~66000	아크 용접기의 아크 전류	100~500
초고압송전선로의 전압	20만~50만	번개 전류	수 만

(2) 직류·교류

전류가 일정한 방향으로 흐르는 것을 직류라고 하고, 시간적으로 전류의 흐르는 방향이 바뀌는 것을 교류라 한다. 보통, 건물의 전동·동력·전열 등 대부분의 전기 설비는 교류이며, 전화·전기 시계를 비롯한 통신 설비와 엘리베이터의 전원으로는 직류를 사용한다.

(3) 주파수 (frequency)

교류에 있어 전류가 어떤 상태에서 출발하여 차츰 변화되어서 최초의 상태로 돌아올 때까지의 행정을 사이클 (cycle)이라 하고, 1초간 사이클 수를 주파수라 한다. 우리나라는 60 사이클을 사용하고 있다.

표 1-3은 50 사이클 지역의 기기를 60 사이클 지역에 사용했을 경우 일어나는 현상을 나타낸 것이다.

표 1-3 주파수 변화에 의한 영향

변 압 기	1. 무부하 전류가 5/6배 이하가 된다. 2. 효율이 약간 상승한다. 3. 정격출력이 증가한다.
전 동 기	1. 회전수가 약 1.2배로 된다. 2. 무부하 전류 감소, 역률이 양호하다. 3. 효율이 상승된다. 4. 정격출력이 증가된다.
전 열 기	이상없이 사용할 수 있다.
100 V용 형광등	전류 감소로 약간 어둡지만 점등 가능하다.

(4) 전 력

전력의 단위는 W(Watt) 또는 kW(kilowatt)로 나타내는데 전기가 하는 일의 양을 전력량이라 하고 Wh 또는 kWh로 표시한다. 1 kW의 전력량은 860 kcal / h이고, 전력과 전류 및 전압의 관계는 다음과 같다.

직류의 경우 $W = VI$

단상 교류의 경우 $W = VI \times$ 역률 (power factor)

3상 교류의 경우 $W = VI \times \sqrt{3}$ 역률

즉, 1 W는 매초 1 J의 작업을 하는 전력이다. 1 V의 전압으로 1 A의 전류가 흐르면 1 W의 정의에서 이 전류는 매초 1 J의 작업을 하므로 이 경우 전력은 1 W이다. 따라서 V[v] 전압으로 I[A] 전류는 매초 VI의 작업을 하며 전력에서 VI[W]이므로 위와 같이 관계가 성립된다.

제 2 장 전력 설비

1. 수변전 설비

(1) 기본 계획

건물의 규모·용도 및 건설 장소 등이 확정되면 그 다음으로 변전실의 위치 및 소요 면적을 결정하여야 한다. 그러므로 전기 설비를 설계코자 하는 사람은 먼저 수전전력(受電電力)을 추정하여 수전 전압을 결정하고, 전기실의 면적이나 위치 등에 관하여 건축 설계자와 충분한 검토와 협의를 하여야 하며, 이 협의에 바탕을 두고 건축 설계 계획이 수립되어야 한다.

다음은 변전 설비의 기본 계획에서부터 공사 시행시까지 검토하여야 할 사항들을 열거한 것이다.

① 설비 용량을 각 부하별(전등·일반 동력·냉방 능력·전력)로 산출한다. 설비 용량은 각 부하마다 부하 밀도 (VA / m^2)를 산정하여 연면적을 곱해서 산출한다.
② 최대 수용 전력에 따라 수변전 설비 용량을 산출한다 (변압기 용량).
③ 계약 전력과 수전 전압을 결정한다.
④ 인입 방식과 배선 방식을 작성한다.
⑤ 주회로의 결선도 (結線圖)를 작성한다.
⑥ 변전 설비의 형식을 선정한다.
⑦ 제어 방식을 결정한다.
⑧ 변전실의 위치와 면적을 결정한다.
⑨ 기기의 배치를 결정한다.

(2) 설비 용량 추정

설비 용량 추정은 변전 설비의 기본 계획에서 가장 먼저 산출해야 할 사항이다. 표 2−1은 각종 건물의 부하 설비 및 변압기의 부하 밀도를 나타낸 것이다.

설비 용량은 다음 식으로 산출한다.

$$부하 설비 용량 = 부하 밀도 (VA / m^2) \times 연면적 (m^2) \qquad [2-1]$$

(3) 수전 용량 추정

설비 용량 추정이 끝나면 수용률·부등률·부하율을 고려해서 최대 수용 전력을 산출한다.

$$수용률 = \frac{최대 \ 수용 \ 전력 \ (kW)}{부하 \ 설비의 \ 정격 \ 용량 \ 합계 \ (kW)} \times 100 \, [\%] \qquad [2-2]$$

$$부등률 = \frac{각 \; 부하의 \; 최대 \; 수용 \; 전력의 \; 합계 \, (kW)}{합계 \; 부하의 \; 최대 \; 수용 \; 전력 \, (kW)} \times 100 \, [\%] \qquad [2-3]$$

$$부하율 = \frac{평균 \; 수용 \; 전력 \, (kW)}{최대 \; 수용 \; 전력 \, (kW)} \times 100 \, [\%] \qquad [2-4]$$

대도시의 일반 건물의 수용률은 60~70 % 정도로 되는 경우가 많다.

표 2-1 부하 설비 및 변압기의 부하 밀도

부하 종류 / 건물 용도	전 등 (W/m^2)	일반 동력 (W/m^2)	냉방 동력 (W/m^2)	전부하 (W/m^2)	수전 변압기 용량 (VA/m^2)
사무소	36.5	59	36.9	112.7 60~200	123.3 60~220
점포 · 백화점	62.0	72.2	43.3	156.4 60~280	171.7 80~300
호 텔	37.6	53.3	26.5	109.0 40~160	106.4 60~200
주 택	50.9	13.9	28.0	66.8 10~140	63.5 20~160
학 교	26.9	15.0	18.3	39.9 20~140	39.0 20~140
병 원	47.1	63.5	45.5	145.4 40~240	139.0 60~200

㈜ 하단 숫자 범위는 90 % 신뢰 구간 표시임.

예제 1. 바닥면적이 1000 m^2인 사무실에서 분전반의 전등 부하 용량을 구하라.

해설 표 2-1에서 사무실의 바닥면적당 표준 VA수는 36.5 VA / m^2이므로
36.5 $[VA/m^2] \times 1000 \, [m^2] = 36500 \, [VA] = 36500 \, [W] = 36.5 \, [kW]$　　답 36.5 [kW]

(4) 계약 전력과 수전 전압

수전 설비 용량이 추정되면 전기 공급 규정에 따라서 계약 전력과 공급 전압을 결정한다. 보통 계약 전력은 업무용으로 전등과 동력을 병용하는 경우 20 kW 이상, 부하가 적은 경우 (소규모 공장) 50~500 kW 미만, 대규모 공장에서는 500 kW 이상이다.

(5) 변전실

변전실의 위치와 면적은 다음과 같다.
① 위 치 : 변전실의 위치는 다음 사항을 고려하여 정한다.
 · 가능한한 부하의 중심에 가깝고 배전에 편리한 장소일 것
 · 외부로부터의 전원 인입이 쉬운 곳일 것
 · 기기의 반출입이 용이할 것
 · 습기와 먼지가 적은 곳일 것

- 천장 높이가 충분할 것
- 건물의 기타 전기 설비 기기와 인접한 장소일 것

② 면 적 : 변전실의 면적은 다음과 같이 산출한다.

$$\text{필요 바닥 면적} = 3.3\sqrt{\text{변압기 용량(kVA)}} \ [\text{m}^2] \qquad\qquad [2-5]$$

위 식은 과거에 추정식으로 많이 사용되었으나, 최근에는 다음 식이 널리 사용되고 있다.

표 2-2 변전실의 면적 (단위 : m²)

W [kVA]	$A = 0.98\,W^{0.7}$	W [kVA]	$A = 0.98\,W^{0.7}$
50	15	700	96
75	20	800	106
100	25	900	115
150	33	1,000	123
200	40	1,100	132
250	47	1,200	140
300	53	1,300	148
400	65	1,400	156
500	76	1,500	164
600	86	2,000	200

㊒ 식 2-6에 의한 계산 결과임.

보통 고압 수전인 경우

$$A = KW^{0.7} \qquad\qquad\qquad [2-6]$$

여기서, A : 변전실 면적(m²)
K : 정수 0.4~1.3(평균치 0.98)
W : 변압기 용량(kVA)

특고 수전인 경우 K의 값은 특고로부터 보통 고압으로 변압하는 경우 1.0~3.0 (평균치 1.7), 특고로부터 400 V급으로 변압하는 경우 1.0~2.0 (평균치 1.4)이다.

(6) 변전 설비용 기기

다음과 같은 여러 가지 종류가 있다.

① 변압기 : 수변전 설비의 모체가 되는 기기로서 이 기기의 성능과 신뢰도에 따라 전체의 신뢰도가 좌우된다.

② 차단기 : 전로를 자동적으로 개폐하여 기기를 보호하는 목적에 쓰인다.

③ 콘덴서 : 역률 개선에 사용된다.

④ 배전반 : 전기 계통의 중추적 역할을 하며, 기기나 회로를 감시하기 위한 계기류·계전기류·개폐기류를 1개소에 집중해서 시설한 것이다.

⑤ 보호 장치 : 보호 계전기·검누기(檢漏器)·피뢰기 등이 있다.

표 2-3은 수변전 설비실 등 전기 설비 관계의 스페이스의 개략치를 나타낸다.

표 2-3 수변전실 등의 필요 면적 (건축 면적에 대한 점유 %)

공조 방식	연면적 (m²)	수변전실	중앙 감시실	발전기실	구내 교환기실	배선실 (1층당)	엘리베이터 기계실	전기 관계 합계
팬코일 +덕트 병용 공기 조화	2250~ 4500	2.2~1.8	–	1.0~0.8	0.5~0.4	0.2~0.15	0.4	4.3~3.55
	4500~ 10000	1.7~1.4	0.5~0.4	0.7~0.6	0.5~0.4	0.2~0.15	0.4	4.0~3.35
	10000~ 20000	1.3~1.1	1.4~0.3	0.5~0.4	0.5~0.4	0.2~0.15	0.4	3.4~2.75
	20000~ 40000	1.1~0.9*	1.4~0.3	0.4~0.3	0.5~0.4	0.2~0.15	0.4	3.0~2.45*
각 층 유닛 방식 공기 조화 (전공기식)	2250~ 4500	2.2~1.8	–	1.0~0.8	0.5~0.4	0.2~0.15	0.4	4.3~3.55
	4500~ 10000	1.7~1.4	0.5~0.4	0.7~0.6	0.5~0.4	0.2~0.15	0.4	4.0~3.35
	10000~ 20000	1.3~1.1	0.4~0.3	0.5~0.4	0.5~0.4	0.2~0.15	0.4	3.3~2.75
	20000~ 40000	1.1~0.9*	0.4~0.3	0.4~0.3	0.5~0.4	0.2~0.15	0.4	4.0~2.45*

㈜ * 표시는 특별 고압 수전이 높을 경우에는 그 부분의 면적을 가산한다.

2. 축전지 설비

축전지 설비는 축전지·충전 장치·보안 장치·제어 장치 등으로 구성된다. 축전지는 순수한 직류 전원이며 경제적이고 보수가 용이한 특성을 가지고 있다. 축전지 설비는 예비 전원으로서 상용 전원이 불시에 정전되었을 때 자가 발전 설비를 가동시켜 정격 전압으로 확보될 때까지의 예비 전원으로 사용되는 경우가 많이 있으며 그 특성은 표 2-4와 같다.

표 2-4 축전지의 성능 비교

구 분	연축전지	알칼리 축전지
기전력	2.05~2.08 V	1.32 V
공칭 전압	2.0 V	1.2 V
공칭 용량	10 시간율 (Ah)	5 시간율 (Ah)
전기적 강도	과충·방전에 약하다.	과충·방전에 강하다.
기계적 강도	약하다.	강하다.
충전 시간	길 다.	짧 다.
온도 특성	뒤떨어진다.	우수하다.
수 명	10~20년	30년 이상
가 격	싸 다.	비싸다.
자가 방전	보 통	약간 적은 편이다.

㈜ 축전지 용량은 보통 암페어시(Ah) 용량이 사용되고 있다.

(1) 용 량

축전지의 용량은 다음과 같다.

$$축전지\ 용량 = 방전\ 전류(A) \times 방전\ 시간(h) \qquad\qquad [2-7]$$

(2) 수 명

정격 용량의 80 %로 용량이 감소하였을 때를 축전지의 수명으로 한다.

(3) 충 전

축전지의 충전은 초기 충전과 사용 중의 충전으로 나눌 수 있다. 정류기로 교류를 직류로 고쳐서 그림 2-1과 같이 결선하여 전지 전압보다 약간 높은 전압을 가하여 충전한다.

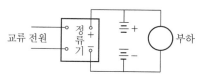

그림 2-1 정류기 결선법

표 2-5 축전지실의 면적 (충전기 포함하지 않음)

전지 용량 (Ah)	24 V(12개)			48 V(24개)			110 V(56개)		
	폭	길 이	면 적	폭	길 이	면 적	폭	길 이	면 적
100	2.0	4.1	8.2	2.3	4.1	9.5	3.42	4.45	15.2
200	2.0	5.35	10.7	2.3	5.35	12.3	3.42	5.83	20
400	2.1	5.1	10.7	2.46	5.1	12.5	3.73	5.65	21

㈜ 폭과 길이 단위는 m, 면적은 m²임.

축전지의 배열은 보수나 점검을 하는데 편리하도록 방의 크기를 정한다. 또한 축전지 가대(架臺)와 축전지실과의 간격은 다음 치수 이상을 확보해야 한다. 가대의 배치는 그림 2-2와 같다.
① 축전지와 벽면과의 간격 1 m 이상
② 축전지와 보수하지 않는 쪽의 벽면과의 간격 0.1 m 이상
③ 축전지와 부속 기기 사이의 간격 1 m 이상
④ 축전기와 입구 사이의 간격 1 m 이상
⑤ 천장 높이 2.6 m 이상

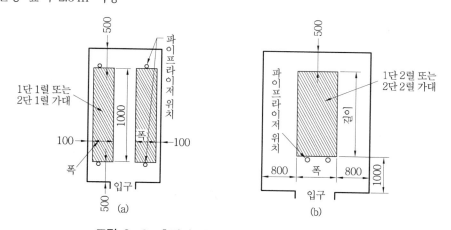

그림 2-2 축전지 가대 배열의 축전지실과의 관계

(5) 축전지실에 관한 주의사항

다음 사항에 주의하여 설치한다.

① 천장 높이는 2.6 m 이상으로 한다.

② 진동이 없는 곳이어야 한다.

③ 충전 중에는 수소 가스의 발생을 수반하므로 배기 설비를 필요로 한다.

④ 개방형 축전기의 경우에는 조명 기구 등을 내산성 기재로 한다.

⑤ 충전기는 가급적 부하에 가까운 곳에 설치한다.

⑥ 축전지실의 배선은 비닐 전선을 사용한다.

⑦ 실내에는 싱크를 시설한다.

⑧ 기타 관계 법령에 적합하게 설치한다.

3. 자가 발전 설비

예비 전원 설비로서의 자가 발전 설비는 전력 회사로부터 공급받는 상용 전원의 정전 등 돌발 사고를 미연에 방지하기 위하여 자위상 최소한의 보안 전력을 확보하기 위한 설비를 말한다.

규모가 작은 경우에는 축전기의 설치로도 어느 정도의 시간을 지탱할 수 있으나 오랜 시간 또는 용량이 큰 건물의 경우에는 비상용 자가 발전 설비가 요망된다. 법규에 의한 예비 전원 설비로서는 자가 발전 설비·축전기 설비·비상 전용 수전 설비 등이 있으며, 자가 발전 설비의 용량은 보통 수전 설비 용량의 10~20 % 정도로 한다.

(1) 예비 전원을 필요로 하는 설비

예비 전원 설비는 영업상 필요한 것과 보안상 필요할 것으로 분류할 수 있으며, 보안상 필요로 하는 설비에는 자체 보호를 위한 것과 관련 법규 (건축법·소방법)의 규정 때문에 필요한 것이 있다.

(2) 예비 전원 설비와 관계 법규

건축법 또는 건축법 시행령 및 소방법의 규제에 의하여 필요로 하는 설비의 종류는 표 2 -7과 같다.

(3) 예비 전원이 갖추어야 할 조건

다음 조건을 갖추어야 한다.

① 축전지 : 정전 후 충전하지 않고 30분 이상을 방전할 수 있을 것

② 자가용 발전 설비 : 비상 사태 발생 후 10초 이내에 기동하여 규정 전압을 유지하여 30분 이상 전력 공급이 가능해야 할 것

③ 충전기를 갖춘 축전기와 자가 발전 설비와의 병용 : 자가 발전 설비는 비상 사태 발생 후 45 초 이내에 시동해서 30분 이상 안정된 전원 공급을 할 수 있어야 하며, 축전지 설비는 충전함이 없이 20분 이상을 방전할 수 있을 것

표 2-6 예비 전원을 필요로 하는 부하

목 적		보안상 필요한 부하 대상	영업용 부하 대상
자 위 상	조명용	상시등 정전의 경우 운전 조작에 필요한 장소의 전원	필요한 영업 장소
	공조・환기용	자가용 발전 장치실・중앙 감시실・중앙 관리실(방재 센터)・환기용 전원	필요한 영업 장소
	승강기용	정전일 때 긴급 강재 착상용(着床用) 전원	필요한 영업 장소
	위생용	급수 펌프・배수 펌프 전원	
	제어용	중앙 감시반, 기타 감시 제어 장치 전원	
	보안・방재용	항공 장해등・셔터・자가 발전 장치용 보조기기 전원	
	기 타	소화 설비 중 손해 보험료의 할인 적용을 받는 부하 (외국의 경우)	영업상 필요한 설비기기용
법령상의 규제 때문에		건축법에 따른 설비용, 소방법에 의한 설비용 전원	

표 2-7 관계 법규의 규제에 의한 설비

설비의 종류	내 용
비상 조명 장치	5층 이상의 건축물 또는 3층 이상의 특수 건축물을 건축하는 경우 지상으로 통하는 주된 복도 계단과 통로에는 비상용 조명 장치를 해야 한다. 바닥면에서의 밝기는 1 lux 이상이어야 한다.
배연 설비	배연 설비에는 항상 비상 전원을 부설하여야 한다.
비상용 승강기 설비	예비 전원에 의하여 가동할 수 있는 장치와 조명 설비를 할 것
피난 계단 및 특별 피난 계단	예비 전원을 가진 조명 설비를 할 것

(4) 자가 발전기 용량

예비 전원용 자가 발전기로는 소용량기를 제외하고는 디젤 기관에 의하여 구동되는 3상 교류 발전기가 많이 사용되고 있다.

발전기 용량은 건물의 종류와 규모에 따라 결정하며, 특히 정전시에 송전을 필요로 하는 부하를 그 용량으로 한다. 그리고 엔진의 출력은 다음 식으로 구한다.

$$\text{엔진 출력}(P.S) \geq \frac{\text{발전기 출력}(kVA) \times \text{역률}(\%)}{\text{발전기 효율}(\%) \times 0.736} \qquad [2-8]$$

$$\text{엔진 출력}(P.S) \geq \frac{\text{발전기 출력}(kW)}{\text{발전기 효율}(\%) \times 0.736} \qquad [2-9]$$

(5) 발전기실

발전기실의 위치・크기・구조는 다음과 같이 결정한다.

① 위 치 : 발전기실의 위치는 다음 사항을 고려하여 결정한다.
  • 기기의 반출입 및 운전・보수면에서 편리한 위치일 것
  • 배기 배출구에 가까운 위치일 것
  • 급배수가 용이한 곳일 것

• 연료 보급이 용이한 곳일 것
• 변전실에 가까운 곳일 것

② 크 기 : 발전기실의 넓이는 다음 식으로 구한다.

$$S > 1.7\sqrt{P} \ [\text{m}^2] \tag{2-10}$$

여기서, 추장치 : $S \geqq 3\sqrt{P} \ [\text{m}^2]$
S : 발전기실 소요 면적(m²)
P : 기관의 마력(P.S)

발전기실의 높이

$$H = (8 \sim 17)D + (4 \sim 8)D \tag{2-11}$$

여기서, D : 실린더 지름 (mm)
$(8 \sim 17)D$: 실린더 상부까지의 엔진의 높이(속도에 따라 결정)
$(4 \sim 8)D$: 실린더를 떼어낼 때 필요한 높이(체인 블록의 유무에 따라 결정, 체인 블록이 없으면 $4D$ 정도)

③ 구 조 : 건축의 구조는 내화 구조 또는 준내화 구조로 하여야 하며, 방음·방진에 대해서도 충분히 고려되어야 한다.

표 2-8 발전기 출력과 발전기실의 크기

발전기 출력(kVA)	회전 속도 (rpm)	실린더수	발전기실 크기 : 길이(m)×폭 (m)×천장 높이(m)
20	1500~1800	3~4	4×3×3
40	1500~1800	4~4	4.5×3.5×3
100	1500~1800	4~6	5.5×3.5×3.5
200	1500~1800	6	6.5×5×4
300	1000~1200	6	7.5×5×4
500	1000~1200	6	9×6×4.5
1000	900~1000	6~12	10×7×4.5
1250	900~1000	6~12	10×7×5
1500	900~1000	6~12	10×7×5
1750	900~1000	6~12	10×7×5

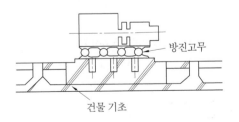
방진고무
건물 기초

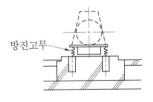
방진고무

그림 2-3 방진 장치를 한 기초 예

예제 2. 발전기의 엔진의 출력이 100 PS일 때 발전기실의 크기를 구하라.

[해설] 식 [2−10]을 이용하면

$S = 1.7\sqrt{100} = 17\,[\text{m}^2]$ 가 된다.

추장치는 $S > 3\sqrt{100} = 30\,[\text{m}^2]$

目 $17\,[\text{m}^2]$

4. UPS 설비

UPS (Uninterruptible Power Supply)는 교류 무정전 전원 장치를 말하는 것으로, OA 기기를 비롯하여 전원의 신뢰성이 요구되는 기기들에 대하여 순간적인 전압 강하 발생으로 인한 사고나 오작동 등의 방지를 위해 채용되는 시스템이다.

특히 상용 전원의 전압 변동이나 주파수에 대해서 뿐만 아니라 정전이나 순간 전압 강하가 발생하여도 부하에는 한 순간도 정전되는 일이 없이 항상 안정된 교류 전력을 공급할 수 있다. UPS 시스템은 Standby Mode, On-Line Mode, Line Interactive Mode가 있으며, 그림 2−4는 Standby Mode형의 기본 구성도를 나타낸다.

보통은 Path A, 즉 AC 전원으로부터 변환 스위치 A를 통하여 부하로 흐르게 된다. Path B는 순변환기(AC−DC)와 역변환기(DC−AC)를 거쳐 변환 스위치 B를 통하여 부하로 흐르게 된다.

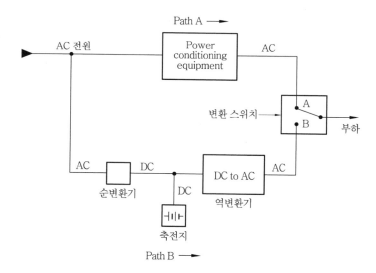

그림 2-4 UPS 시스템 구성(Standby Mode)

5. 배전 설비

전력을 수요지에서 각 수용가로 분배하는 것을 배전이라 하며, 중 · 소건물은 저압, 대규모 건물은 고압 또는 특고압으로 전력을 인입하여 건물 내에서 간선 · 분전반 · 분기 회로를 거쳐 배전한다.

(1) 간 선

인입 개폐기로부터 분기점에 설치된 분기 개폐기까지의 배선을 말하며, 간선의 배전 방식은 그림 2-5와 같다.

① **평행식** : 각 분전반마다 배전반으로부터 단독으로 배선되어 있으므로 전압 강하가 평균화되고 사고가 발생하여도 그 범위를 좁힐 수 있는 것이 특징이며, 배선이 혼잡할 우려가 있기는 하나 대규모 건물에 적합하다.

② **나뭇가지식** : 한 개의 간선이 각각의 분전반을 거쳐가며 부하가 감소됨에 따라 간선의 굵기도 감소하지만, 굵기가 변하는 접속점에서 보안 장치가 요구된다. 이 방식은 소규모 건물의 배전 방식으로 적합하다.

③ **병용식** : 부하의 중심 부근에 분전반을 설치하고 분전반에서 각 부하에 배선하는 방식으로 가장 많이 쓰인다.

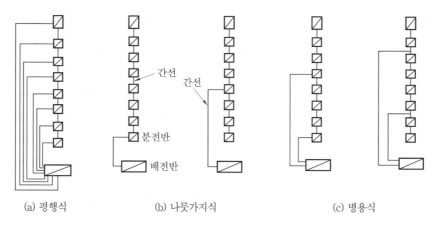

(a) 평행식   (b) 나뭇가지식   (c) 병용식

그림 2-5 간선의 배전 방식

(2) 분전반 (panel board)

각 간선에서 소요의 부하에 따라 배선을 분기하는 개소에 설치하는 것으로 배전반의 일종이며, 여러 가지 형식이 있다.

분전반은 주개폐기·분기 회로용 분기 개폐기 및 자동 차단기 등을 한곳에 모아 설치한 것으로 동관 캐비닛제가 많이 사용되며, 주개폐기나 각 분기 회로용 개폐기는 나이프 스위치(knife switch)나 노 퓨즈 브레이커(no fuse breaker)가 사용된다. 분전반은 보수나 조작에 편리하도록 복도나 계단 부근의 벽에 설치하는 것이 좋다.

분전반의 설치 간격은 분기 회로의 길이가 30 m 이하가 되도록 위치를 정하는 것이 바람직하다.

(3) 분기 회로

분기 회로를 사용하는 것은 전기 설비의 모든 기기들을 안전하게 사용하고 고장이 생겼을 경우 그 피해 정도를 줄이고 신속하게 보수할 수 있도록 하기 위해서이다.

　분기 회로는 건물내의 저압 간선으로부터 분기하여 전기 기기에 이르는 저압 옥내 전로를 말하며, 분전반으로부터의 전선도 해당된다.

6. 배선 방식(전기 방식)

　전압의 구분은 저압, 고압, 특별고압의 3종류가 있으며, 교류와 직류에 따라 그 범위가 다르다.

　전기 소비량이 적은 경우 대부분 저압이 공급되며 전압은 전등 회로에는 100 V, 동력 회로에는 200 V가 일반적이다. 대규모 건물이나 공장에서는 전기 사용량이 많으므로 고압 또는 특별고압이 공급된다. 보통 3300 V 또는 6600 V의 고압을 인입하여 저압으로 낮추어 쓴다.

표 2-9　전압 종류

전압의 종류	교　류	직　류
저　압 고　압	600 V 이하 600 V 초과~7000 V 이하	750 V 이하 750 V 초과~7000 V 이하
특별고압	7000 V 초과	

　전력 회사에서 공급하는 일반적인 배전 방식은 다음과 같다.
　　　　특별 고압 인입　　　 : 22 kV, 66 kV (3상 3선식)
　　　　고압 인입　　　　　 : 6 kV, 3 kV (3상 3선식)
　　　　저압 인입 (동력용) : 200 V (3상 3선식)
　　　　저압 인입 (전등용) : 100 / 200 V (단상 3선식 – 중소건물, 주택)
　　　　저압 인입 (전등용) : 100 V (단상 2선식 – 소점포, 주택)

그림 2-6은 전기 방식을 나타낸 것이다.

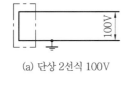

(a) 단상 2선식 100V

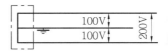

(b) 단상 3선식 100/200 V

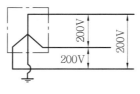

(c) 3상 3선식 200V

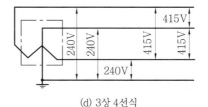

(d) 3상 4선식
240/415V (50Hz)
265/460V (60Hz)

그림 2-6　전기 방식

(1) 단상 2선식

보통 일반 주택과 같은 건물에서 많이 사용하는 방식으로 100 V와 200 V의 부하가 있으나 100 V 부하가 많이 채용된다.

(2) 단상 3선식 200 / 100 V

단상 3선식 100 V의 간선은 용량이 클 경우 전선의 크기가 커지는 관계로 비경제적이 된다. 그러므로 전류를 줄이기 위해 회로의 전압을 200 V로 하고, 다른 편에서 100 V의 전원을 얻을 수 있도록 한 것이 단상 3선식 200 / 100 V 방식이다.

중성선(中性線)과의 전압이 각각 100 V이고, 상간 (相間)은 200 V이므로 두 종류의 전압을 얻을 수 있다.

(3) 3상 3선식 200 V

동력의 전원으로는 이 방식이 많이 사용된다.

3상 3선식은 각 상간 전압이 전부 200 V이고, 일반적으로는 1상을 접지해서 사용하는 관계상 대지 전압은 200 V이다.

(4) 3상 4선식 208 / 120 V (460 / 265 V, 220 / 380 V)

이 방식은 3가지 종류가 있으며 그 특징은 다음과 같다.

① 3상 4선식 208 / 120 V : 중성선과 각 상간의 전압은 120 V이고, 각 선간 전압은 208 V이므로 3상 동력과 단상 전등 부하에 전력 공급이 가능하다. 이 방식은 큰 건물에서 시설비 절감을 위해서 사용되는 경우가 있다.

② 3상 4선식 460 / 265 V : 중성선과 각 상간의 전압을 265 V, 각 선간의 전압을 460 V로 하는 방식으로 종래의 방식보다 거의 2배 이상의 전압을 얻을 수 있어 공장이나 큰 건물의 간선에 적합하다.

③ 3상 4선식 220 / 380 V : 승압 계획에 따라 현재로서는 일부 지방에서 시설되고 있는 방식이지만 앞으로는 많이 사용될 것이 예상된다.

표 2-10은 전선 동량을 전압, 전력, 배선 거리가 같을 때 동일 전압 강하, 동일 허용 전류, 동일 전력 손실을 기준으로 비교한 것으로 부하가 큰 간선은 단상 3선식 또는 3상 4선식이 유효하고 경제적임을 알 수 있다.

표 2-10 전기 방식과 전선 동량의 비교

전기 방식	동일 전압을 공급 (선간 전압) V	동일 전압 공급 때의 전류치(%)	전선 동량의 비교 (%)		
			전압 강하를 기준 (%)	허용 전류를 기준 (%)	전력 손실을 기준 (%)
단상 2선식	100	100	100	100	100
단상 3선식	100	50	37.5	53	37.5
3상 3선식	100	57.7	75	65.7	75
3상 4선식	100 / 173	33.3	33.3	38.5	33.3

7. 배선 설계

배선은 전등(조명)용 배선과 동력용 배선으로 구분된다.

(1) 전등 배선

전등·전기 기구의 표준 전압은 교류 100 V이므로 소규모 주택에서는 100 V 단상 2선식, 용량이 커지면 단상 3선식이 쓰인다.

① 분기 회로(branch circuit): 분기 회로는 간선으로부터 분기하여 분기 과전류 보호기를 거쳐 전등 또는 콘센트와 같은 부하에 이르는 배선을 말하는 것으로, 분기 회로마다 자동 차단기를 설치하면 사고가 발생했을 때 그 회로만을 차단할 수 있으므로 다른 회로에 영향을 주지 않아 수리가 용이하다. 분기 회로용 차단기로서는 노 퓨즈 브레이커(no fuse breaker)가 많이 사용된다. 표 2-11~표 2-13은 분기 회로의 종류에 대한 전선 굵기, 최대 수구수를 나타낸 것이다.

② 간 선: 간선에 있어서 중요한 것은 전선의 허용 전류와 전선의 허용 전압 강하이며, 특히 앞으로 증설 및 변경을 고려하여 여유를 두어야 한다.

표 2-11 분기 회로의 전선 굵기

분기 회로의 종류	분기 회로 일반		
	종 별		전선 굵기 (mm 이상)
15 A 분기 회로	전선 길이 20 m 이하 전 회로		지름 1.6
	전선 길이 20 m 초과 30 m 이하	최초의 수구 또는 수구에 이르는 분기점까지	지름 2.0
		기 타	지름 1.6
	전선 길이 30 m 초과	수구 1개에 이르는 경우 제외	지름 2
20 A 분기 회로	10 m 이하 (10 m 초과)		지름 2 (2.6)
30 A 분기 회로	10 m 이하 (10 m 초과)		지름 2.6 (3.2)
50 A 분기 회로	—		단면적 14 mm^2 이상
50 A 초과 분기 회로	—		최대 사용 전류 이상의 허용 전류를 가지는 전선

표 2-12 분기 회로의 종류

분기 회로의 종류	과전류 보호기의 정격 전류 (A)	부하 전류의 최대치 (A)	접속할 수 있는 전등 수구수	접속할 수 있는 콘센트 정격 전류 (A)	직접 접속할 수 있는 전기 기구 합계 용량
15 A 분기 회로	15 A 이하	15 A	제한 없음	10 A	12 A 까지
20 A 분기 회로	20 A 이하	20 A	대형뿐	20 A	20 A 까지
30 A 분기 회로	30 A 이하	30 A	대형뿐	30 A	30 A 까지
50 A 분기 회로	50 A 이하	50 A	대형뿐	50 A	50 A 까지
50 A 초과 분기 회로	전기 사용 기구의 정격 전류를 초과하지 않는 정격 전류의 자동 차단기로 충분히 보호될 수 있는 것				

표 2 - 13 분기 회로의 최대 수구수

분기 회로의 종류	종 별	분기 회로의 최대 수구수	
		주택·아파트	기 타
15 A 분기 회로	전등 수구 전용	제한 없음	제한 없음
	전등 수구와 콘센트 수구 병용	제한 없음	전등 제한 없음 콘센트 6
	콘센트 전용	제한 없음	10[1]
20 A 30 A ┤ 분기 회로 50 A	대형 전등 수구 전용	제한 없음	
	콘센트 전용	1	
50 A 초과 분기 회로	1개의 정격 전류가 50 A를 초과하는 전기 사용 기계 기구 전용으로 한 개 만 시설		

㈜ 1) 영업용 기기를 사용하는 점포 내 콘센트 2개 이하로 다른 방과의 병용이 불가하다.

(2) 동력 배선

전동기 용량에 따라 전기 방식을 결정하고 분기 회로에 대한 조건을 결정한다. 분기 회로는 전기관계법규에 의해 시설해야 하며, 전동기에 대한 분기 회로 배선은 원칙적으로 1대에 1회선으로 한다. 그러나 분기 회로 배선에 시설하는 자동 차단기의 정격 전류가 15 A 이하인 때에는 전동기 대수에 제한이 없다.

과전류 보호기는 전동기가 1대인 경우는 그 정격 전류의 3배 이하이고, 기동 전류에 의해서 작동하지 않는 정격의 것을 선정해야 한다.

8. 배선 공사 방법

표 2 - 14 시설 장소와 공사 방법

시설 장소 사용 전압 공사 종류	전개된 장소		점검할 수 있는 은폐 장소		점검할 수 없는 은폐 장소	
	400 V 이하	400 V 초과	400 V 이하	400 V 초과	400 V 이하	400 V 초과
1. 애자 사용 공사	○	○	○	○	△	△
2. 목재 몰드 공사	△	×	△	×	×	×
3. 합성 수지 몰드 공사	△	×	△	×	×	×
4. 합성 수지관 공사	○	○	○	○	○	○
5. 금속관 공사	○	○	○	○	○	○
6. 금속 몰드 공사	△	×	△	×	×	×
7. 가요 전선관 공사	○	○	○	○	○	○
8. 금속 덕트 공사	○	△	△	△	×	×
9. 버스 덕트 공사	△	△	△	△	×	×
10. 라이닝 덕트 공사	△	×	△	×	×	×
11. 플로어 덕트 공사	×	×	×	×	△	×
12. 케이블 공사	○	○	○	○	○	○

㈜ ○ : 시설할 수 있음.
　△ : 시설 장소가 건조할 경우 시설할 수 있음.
　× : 시설할 수 없음.

전기 설비의 기술 기준에 의하면 옥내 배선 공사의 종류는 12종류로 규정하고 있으며 시설 장소 및 사용 전압에 따라 채용될 수 있는 방법이 제한되어 있으므로 표 2-14에 있는 공사의 종류를 조정하여 시공해야 한다.

(1) 애자 사용 공사

건물의 천정·벽 등에 놉 애자(knob insulator)·핀 애자(pin insulator)·애관을 사용하여 전선을 지지하는 공사 방법이다. 전선이 조영재(造營材)를 관통하는 부분 또는 교차하거나 접근하는 부분에는 난연성 및 내수성의 절연관을 사용해야 한다.

표 2-15 애자 사용 공사의 상호 거리

시설 장소		전선 상호간 거리		전선과 조영재 거리		지지 거리	
		400 V 이하	400 V 초과	400 V 이하	400 V 초과	400 V 이하	400 V 초과
전개된 장소	건조한 곳	6 cm	6 cm	2.5 cm	2.5 cm	2 m	6 m
	습기 있는 곳	6 cm	6 cm	2.5 cm	4.5 cm	2 m	6 m
점검 할 수 있는 은폐 장소	건조한 곳	6 cm	6 cm	2.5 cm	2.5 cm	2 m	6 m
	습기 있는 곳	6 cm	6 cm	2.5 cm	2.5 cm	2 m	6 m
점검 할 수 없는 은폐 장소	건조한 곳	6 cm	12 cm	2.5 cm	4.5 cm	2 m	6 m

(2) 목재 몰드 공사

목재에 홈을 파서 홈에 절연 전선을 넣고 뚜껑을 덮어 실시하는 공사이다. 이 공사는 옥내 배선의 모든 부분에 이용되는 경우는 없고 애자 사용 배선의 일부로서 콘센트·스위치류 등의 인하선에 이용되는 정도이다.

목재 몰드 공사에는 접속점이 없는 절연 전선을 사용해야 하며 전선 상호 간격은 12 mm, 전선과 조영재는 6 mm, 전선과 나사못은 6 mm 이상이 되도록 시공해야 하고 300 V 이하에서만 가능하다.

특히 공사를 할 때 주의 사항은 첫째, 건조하고 치밀한 목재로 제작되어야 하며 둘째, 내수성의 도료로 도장한 것이어야 하며 셋째, 눌리지 않도록 홈의 크기를 충분히 주도록 해야 한다.

(3) 합성 수지 몰드 공사

이 공사는 접속점이 없는 절연 전선을 사용하여 전선이 노출되지 않도록 시설해야 한다. 내식성이 좋아 부식성 가스 또는 용액을 발산하는 화학 공장의 배선에 적합하다.

(4) 경질 비닐관 공사

관 자체가 우수한 절연성을 가지고 있으며, 중량이 가볍고 시공이 용이하며 내식성이 뛰어나지만, 열에 약하고 기계적 강도가 낮은 것이 결점이다.

(5) 금속관 공사

이 공사는 건물의 종류와 장소에 구애됨이 없이 시공이 가능한 공사 방법이다. 금속관 공사에는 접속점이 없는 연선의 절연 전선을 사용한다.

주로 철근 콘크리트 건물의 매입 배선 등에 사용되며, 화재에 대한 위험성이 적고, 전선에 이상이 생겼을 때 교체가 용이하며 전선의 기계적 손상에 대해 안전하다.

(6) 금속 몰드 공사

이 공사는 폭 5 cm 이하, 두께 0.5 mm 이상의 철재 홈통의 바닥에 전선을 넣고 뚜껑을 덮은 것이다.

금속 몰드 공사에는 접속점이 없는 절연 전선을 사용하고 접속은 기계적 · 전기적으로 완전히 접속되어야 한다.

(7) 가요 전선관 공사

가요 전선관 (flexible conduit) 공사는 굴곡 장소가 많아서 금속관 공사로 하기 어려운 경우에 적합하며 옥내 배선과 전동기를 연결하는 경우, 또는 엘리베이터의 배선, 증설 공사, 기차나 전차 내의 배선 등에 적합하다.

가요 전선관 공사에는 접속점이 없는 절연 전선으로서 연선을 사용하며 특히 습기 · 물기 · 먼지가 많은 장소나 기름을 취급하는 장소에는 방수용 가요 전선관을 사용해야 한다.

(8) 금속 덕트 공사

전선을 철재 덕트 속에 넣고 시설하는 것으로, 큰 공장이나 빌딩 등에서 증설 공사를 할 경우 전기 배선 변경이 용이하므로 많이 이용된다.

금속 덕트 내의 전선은 분기점 이외에서는 접속점이 없어야 하고, 전선을 외부로 인출하는 부분은 금속관 공사 · 합성 수지관 공사 · 가요 전선관 공사 또는 케이블 공사를 해야 한다.

(9) 버스 덕트 공사

이 공사는 공장 · 빌딩 등에 있어서 비교적 큰 전류를 통하는 간선을 시설하는 경우에 많이 채용된다.

버스 덕트의 종류에는 다음과 같은 여러 가지가 있다.

① 피더 버스 덕트 (feeder bus way) : 옥내형과 옥외형이 있으며 간선을 수용할 수 있다.

② 플러그인 버스 덕트 (plug-in bus way) : 플러그에 수구를 설치하여 삽입 장치에 의해 적절히 분기할 수 있는 구조이다.

③ 트롤리 버스 덕트 (trolly bus way) : 덕트 밑면에 슬롯 홈을 설치하여 트롤리에 의해 분기점을 이동시킬 수 있는 구조이다.

(10) 라이팅 덕트 공사

전등을 일렬로 배치하기 위한 것으로 다음과 같이 공사한다.

① 덕트와 덕트, 전선과 전선은 기계적 · 전기적으로 완전히 접속한다.

② 덕트는 조영재에 견고하게 부착하고 지지점 간의 거리는 2 m 이하로 한다.

③ 덕트의 끝부분은 완전히 막아야 하며 조영재를 관통해서는 안 된다.

④ 덕트의 개구부는 아래로 향하여 시설한다.

⑤ 덕트 길이가 4 m를 넘는 것은 접지 공사를 해야 한다.

(11) 플로어 덕트 공사

플로어 덕트 공사 (underfloor race way wiring)는 은행·회사 등의 사무실에서 전기 스탠드·선풍기·컴퓨터 등의 강전류 전선과 전화선·신호선 등의 약전류 전선을 콘크리트 바닥에 매입하고 여기에 바닥면과 일치한 플로어 콘센트를 설치하여 이용토록 한 것이다.

일반적으로 플로어 덕트 2본을 시설하여 한편은 강전류 전선, 다른 한편은 약전류 전선을 수용하고, 그 교차점에서는 격리판을 시설한 접속함 (junction box)을 사용하여 접선 접촉이 되지 않도록 한다.

(12) 케이블 공사

이 공사는 옥내 배선에서 금속관 공사와 동일하게 모든 장소에 시설할 수 있는 공사 방법이다.

9. 배선 재료

(1) 전선의 허용 전류

절연 전선 또는 코드의 종별, 굵기 및 공사 방법에 따라 일정하지는 않으나 전류가 절연물을 손상시키지 않고 안전하게 흐를 수 있는 최대 전류값을 허용 전류라 하며, 전기 배선에 있어서 가장 중요한 것이 전선의 허용 전류이다.

전선에 흐르는 전류는 어느 한도를 넘으면 열로 인하여 절연물이 손상되며, 때로는 화재의 원인이 되기도 한다.

표 2-16의 절연 전선의 허용 전류는 2종면 절연 전선에 있어서는 35 ℃, 고무 또는 비닐 절연 전선에 있어서는 30 ℃의 온도 상승을 초래하는 값을 표시한 것이다.

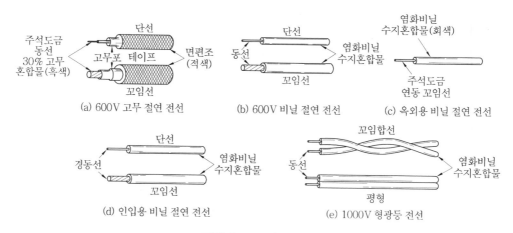

그림 2-7 절연 전선

(2) 전압 강하

부하에 걸리는 전압은 전원 전압보다 항상 낮으며, 이것은 전류가 배선을 통과하는 사이에 저항에 의하여 전압이 떨어지기 때문이다. 이것을 전압 강하라 한다.

공급 전압이 정격 전압에 대하여 1 % 떨어지면 백열 전구의 광속은 3 % 떨어지고, 형광등은 1~2 % 낮아지며, 유도 전동기의 토크는 2 % 감소되고, 전열기는 발생 열량이 2 % 감소한다.

따라서 옥내 배선의 전압 강하는 될 수 있는 대로 적게 하는 것이 좋지만, 경제성을 고려하여 보통은 인입선에서 1 %, 간선에서 1 %, 분기 회로에서 2 % 이하로 하고 있다.

표 2-16 절연 전선의 허용 전류

도 체			허용 전류 (A)		
	공칭 단면적 (mm²)	소선수 / 소선 지름 (mm)	2종면 절연 전선	고무 절연 전선	비닐 절연 전선
단 선		1.0	—	16	16
		1.2	19	19	19
		1.6	27	27	27
		2.0	35	35	35
		2.6	48	48	48
		3.2	63	62	62
		4.0	83	81	81
		5.0	110	107	107
꼬인선	0.9	7 / 0.4	—	17	17
	1.25	7 / 0.45	—	19	19
	2.0	7 / 0.6	—	27	27
	3.5	7 / 0.8	—	37	37
	5.5	7 / 1.0	—	49	49
	8	7 / 1.2	—	61	61
	14	7 / 1.6	91	88	83
	22	7 / 2.0	122	115	115
	30	7 / 2.3	145	139	139
	38	7 / 2.6	170	162	162
	50	19 / 1.8	201	190	190
	60	19 / 2.0	231	217	217
	80	19 / 2.3	276	257	257
	100	19 / 2.6	322	298	298
	125	19 / 2.9	368	344	344
	150	37 / 2.3	418	395	395
	200	37 / 2.6	490	469	469
	250	61 / 2.3	—	556	556
	325	61 / 2.6	—	650	650
	400	61 / 2.9	—	745	745
	500	61 / 3.2	—	842	842

㉳ ① 위 표는 주위 온도가 30℃ 이하의 경우에 적용된다.
② 주위 온도가 30℃ 이상인 경우에는 전류 감소 계수를 곱한 값을 허용 전류로 한다.

(3) 배선 재료

옥내 배선에 사용되는 절연 전선에는 면절연 전선, 고무 절연 전선, 비닐 전열 전선 등이 있으며, 보통 사용하는 절연 전선은 600 V 고무 절연 전선, 600 V 비닐 절연 전선, 옥외용 비닐 절연 전선, 인입용 비닐 절연 전선 등이다.

코드에는 옥내 코드, 기구용 비닐 코드, 캡타이어 케이블, 전열용 코드 등이 있으며, 구조에 따라 분류하면 단심 코드, 2개 꼬임 코드, 비닐 코드 등이 있다.

(4) 전선의 굵기 선정

옥내 배선의 전선 굵기는 강도, 허용 전류 및 강하를 만족시키는 것이어야 한다. 기계적 강도는 전기 공작물 규정에 의한 굵기 이상을 쓰면 되고, 전압 강하에 따르는 전선의 굵기는 이것의 허용 전류를 검토하여 선정한다.

(5) 전선관의 굵기 선정

전선관의 굵기는 그 속에 넣는 전선을 쉽게 바꿀 수 있도록 충분한 여유를 가진 전선관을 선정한다.

표 2-17은 전선관의 굵기 선정표를 나타낸 것이다.

표 2-17 금속관의 굵기 선정표 (고무 및 비닐선)

후강 전선관 전선 수 전선관 최소 굵기(mm)										전선의 굵기 단선 (mm)	꼬인선 (mm²)	박강 전선관 전선 수 전선관 최소 굵기(mm)									
1	2	3	4	5	6	7	8	9	10	단선	꼬인선	1	2	3	4	5	6	7	8	9	10
16	16	16	16	22	22	22	28	28	28	1.6		15	15	15	25	25	25	25	31	31	31
16	16	16	22	22	22	28	28	28	28	2.0		15	19	19	25	25	25	31	31	31	31
16	16	22	22	28	28	28	36	36	36	2.6	5.5	15	25	25	25	31	31	31	31	39	39
16	22	22	28	28	36	36	36	36	42	3.2	8	15	25	25	25	31	31	39	39	51	51
16	22	28	28	36	36	42	42	42	54		14	15	31	31	31	39	39	51	51	51	51
16	28	36	36	42	42	54	54	54	70		22	19	31	31	39	51	51	51	51	63	63
16	36	36	42	42	54	54	54	70	70		30	19	39	39	51	51	51	63	63	63	63
22	36	36	42	54	54	54	70	70	70		38	25	39	39	51	51	63	63	63	63	75
22	42	42	54	54	70	70	70	82	82		50	25	51	51	51	63	63	75	75	75	75
22	42	42	54	70	70	70	82	82	82		60	25	51	51	63	63	75	75	75		
28	54	54	70	70	70	82	82	82	92		80	31	51	51	63	75	75	75			
28	54	54	70	82	82	92	92	92	104		100	31	63	63	75	75					
36	54	70	70	82	92	92	104	104			125	39	63	63	75						
36	70	70	82	82	92	104	104				150	39	63	63	75	75					
36	70	82	92	92	104						200	51	75	75							
42	82	82	92	104							250	51	75								
54	82	92	104								325	51									
54	92	92									400	51									
54	104	104									500	63									

10. 배선기구

배선기구란 개폐기를 비롯하여 과전류 보호기·접속기 등을 말하며, 이들의 종류는 다음과 같다.

(1) 개폐기

옥내 배선에 있어서 전로를 조작하거나 보수하기에 편리할 목적으로 각종 개폐기를 시설한다.

개폐기의 종류와 특징은 다음과 같다.

① 나이프 스위치(knife switch) : 대리석 또는 도기로 된 절연대 위에 칼받이와 칼을 결합해서 칼의 한쪽 끝을 절연대에 고정하고 다른 한쪽 끝에는 방수 도료를 칠한 절연성 손잡이를 부착한 것이다. 특히 커버가 없는 나이프 스위치는 충전부가 노출되어 있으므로 감전의 우려가 있다.

② 컷아웃 스위치(cut−out switch) : 스위치와 보안 장치를 겸비한 소용량의 보안 개폐기이며, 안전기 또는 두꺼비집·베이비 스위치(baby switch)라고도 한다.

(2) 점멸기

점멸기도 개폐기와 마찬가지로 단극·2극·3로·4로 등 다극 및 다접점형이 있으며, 기구별로 분류하면 로터리형·텀블러형·버튼형·풀형·레버형 등이 있다.

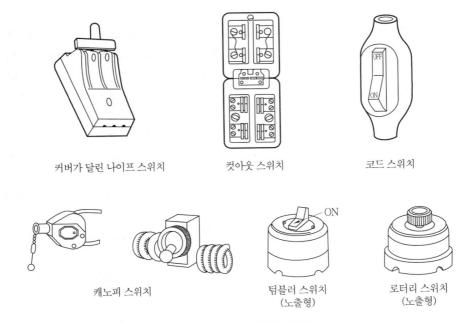

커버가 달린 나이프 스위치   컷아웃 스위치   코드 스위치

캐노피 스위치   텀블러 스위치   로터리 스위치
(노출형)   (노출형)

그림 2-8 스위치의 종류

① 로터리 스위치(rotary switch) : 이 점멸기는 노출형뿐이며 손잡이를 시계 방향으로 회전시켜 점멸하는 것이다.

② 텀블러 스위치(tumbler switch) : 노출형과 매입형이 있으며 손잡이를 상하 또는 좌우로 젖혀서 점멸하는 것이다.

③ 푸시버튼 스위치(push-button switch) : 두 개의 버튼 중에서 하나를 누르면 켜지고 다른 하나를 누르면 소등되는 것으로 이것은 매입형뿐이다.

④ 풀 스위치(pull switch) : 천정 또는 높은 곳에 설치해서 내려뜨려진 끈을 잡아당겨 점멸하는 것으로 복도와 화장실의 점등 점멸에 많이 사용되며 일명 실링 스위치라고도 한다.

⑤ 코드 스위치(cord switch) : 코드 중간에 접속해서 점멸하는 것이며 가정용의 소형 전기 기구와 형광등에 사용되고 있다.

⑥ 캐노피 스위치(canopy switch) : 전등 기구의 플랜지 내부에 끈을 설치해서 끈으로 점멸시키는 스위치를 말한다.

⑦ 3로 스위치(three-way switch) : 3개의 단자를 구비한 전환용 스위치로서 한 개의 전등을 2개소 위치에서 점멸할 때 사용한다.

이 밖에도 점멸기 종류에는 도어 스위치, 외등 점멸기, 자동 점멸기, 타임 스위치 등이 있다.

(3) 과전류 보호기(자동 차단기)

과전류가 흐르면 자동적으로 전로를 차단하는 것으로 퓨즈 브레이커(fuse breaker)·열동 계전기 등이 있다. 특히 서킷 브레이커(circuit breaker)는 과전류가 흐를 때 자동적으로 회로를 끊어서 보호하는 것으로, 퓨즈와는 달리 그 자체에 아무런 손상을 입지 않고 다시 쓸 수 있으므로 노 퓨즈 브레이커(no fuse breaker)라고도 한다.

(4) 접속기

접속기에는 옥내 배선과 코드 접속에 사용하는 로제트(rosette)류나, 코드와 전구와의 접속에 사용하는 소켓, 옥내 배선과 전기기기와의 접속에 사용하는 콘센트·플러그 등이 있다.

① 로제트(rosette) : 이것은 천장에서 코드를 달아내리기 위해 사용되는 것을 말한다.

② 코드 커넥터(cord connector) : 코드와 코드의 접속 또는 사용 기구의 이동 접속에 사용되는 것으로 삽입 플러그와 코드 커넥터 몸체로 구성된다.

③ 소켓(socket) : 나사식이 대부분이며 전구를 틀어 넣어 코드와 접속한다. 외부는 에보나이트 또는 자기로 되어 있으며 황동제일 때는 절연 재료로서 마이커(mica ; 운모) 등이 사용된다.

④ 분기 소켓 : 전등 이외에 라디오나 그 밖에 소형 전기 기구를 사용할 경우 기존 소켓과 전구 사이에 끼워 넣어 사용하는 것을 말한다.

⑤ 리셉터클(receptacle) : 보통 노출형이며 베이스는 나사식이 일반적이다. 도기제 또는 베이클라이트제로서 조영재에 직접 고정시켜서 사용하는 전구용 수구이다.

⑥ 콘센트 : 노출형과 매입형이 있으며 노출형은 조영재 표면에 돌출시켜 부착하며, 매입형은 벽 속에 박스를 매입해서 그 속에 장착하여 사용한다.

⑦ 테이블 탭 : 동시에 많은 소용량 전기 기구를 사용할 경우에 사용되는 것으로 기존 콘센트나 소켓으로부터 연장시켜서 임의의 장소에 연장하여 사용한다.

11. 전동기·전열기

(1) 전동기

　전동기는 대규모 건물에 설비되는 공조 시설·급배수·엘리베이터·에스컬레이터 등에 필요한 전력을 공급하기 위해서 필요하다. 전동기는 다음과 같이 분류한다.

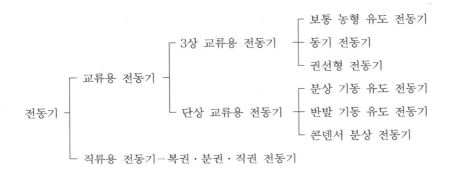

　직류 전동기는 속도 조절이 간단하고 시동 토크가 크므로 고도의 속도 제어가 요구되는 장소나 큰 시동 토크를 필요로 하는 엘리베이터·전차 등에 사용된다. 그러나 전원이 교류이므로 교류를 직류로 바꾸는 장치가 필요하며 가격이 비싼 것이 단점이다. 3상 유도 전동기에 비하면 사용되는 경우가 적다.

(2) 전열기

　전열을 이용하는 가정용 전기 기구는 사용 용도에 따라 그 종류가 다양하다. 취사용 전열기를 비롯하여 전기 다리미·가습기·탕비용 전열기·난방용 전열기·전기 냉장고·전기 보일러 등이 있다.

12. 접 지

　고압에서 저압으로 변성하는 변압기의 경우, 변압기 내부 또는 외부에 있어서 고압 회로와 저압 회로가 접촉하게 되면 저압 옥내 회로에 고압이 침입하여 고압의 감전을 받게 된다. 이와 같은 사고를 완전히는 막을 수 없으나 1단자를 접지하여 두면 사고시 위험의 정도를 감소시킬 수 있다.

　접지 공사는 4가지 종류로 구분되며 표 2-18은 접지 종류에 따른 접지 저항값 및 접지선의 굵기를 나타낸 것이다.

　접지는 항상 1접지 저항값을 유지해야 하며, 접지극으로부터 두께 0.7 mm 이상으로 크기 $90\,cm^2$ 이상의 동판이나, 지름 8 mm 이상으로 길이 90 cm 이상의 동봉을 이용한다.

표 2-18 접지 공사의 접지 저항 및 접지선의 굵기

접지 종별	접지 저항값	접지선의 굵기
E_1	10 Ω 이하	2.6 mm 이상
E_2	전압기의 고압측 또는 특별 고압측 전로의 1선 지락 전류의 암페어 수(최소 2 A 이상)로 150(2초 이내에 자동적으로 고압 전로를 차단하는 장치를 설치한 때에는 300)을 나눈 값과 같은 옴 수, 단 특별 고압 300 V 이하의 저압의 경우는 10 Ω 이하, 특별 고압 300 V를 넘는 고압의 경우는 5 Ω 이하	고압 → 저압의 경우 2.6 mm 이상, 특별 고압 → 저압의 경우 4.0 mm 이상
E_3	100 Ω(저압 전로에서 당해 전로에 접지가 생긴 경우 0.5초 이내에, 자동적으로 전로를 차단하는 장치를 시설하는 때에는 500 Ω 이하)	1.6 mm 이상
E_{s3}	10 Ω(저압 전로에서 당해 전로에 접지가 생긴 경우 0.5초 이내에 자동적으로 전로를 차단하는 장치를 시설하는 때에는 500 Ω 이하)	1.6 mm 이상

㈜ E_1 : 제1종, E_2 : 제2종, E_3 : 제3종, E_{s3} : 특별 제3종

13. 조명 설비

(1) 조명에 대한 기초 사항

① 광속 (luminous flux) F : 전자파가 가지는 단위 시간당의 에너지량을 방사속 (radiant flux)이라고 한다. 방사속의 단위는 와트 (W)로 나타낸다. 광속 (luminous flux)은 방사속을 표준 시감도로 사용하여 다음 식 [2-12]와 같이 평가한 것으로 단위 시간당의 빛의 양을 나타낸다.

식 [2-12]의 광속 F [lm]는 단위 파장당의 방사속을 $\Phi(\lambda)$ [W/λ], 표준 비시감도를 V [λ], 최대 시감도를 $K_m(=680 1\,\mathrm{m/W})$, 파장을 λ라 하면

$$F = 680 \int_{380}^{780} \phi(\lambda) \cdot V(\lambda) \cdot d\lambda \ [\mathrm{lm}]$$ [2-12]

로 정의된다. 광속의 단위에는 루멘 (lm)을 사용한다.

② 조도 (illuminance) E : 어떤 면이나 점이 빛을 받는 것을 빛을 수조 (受照)한다고 하며, 또한 빛이 입사한다고 한다. 빛을 수조하는 면이나 점을 각각 수조면, 수조점이라 하고, 그 광속을 입사 광속이라고 한다.

빛을 발산하는 점이 극히 작아 크기를 무시할 수 있을 때 이것을 점광원이라고 한다. 빛의 발산면이나 점광원이 발산하는 광속을 발산 광속 (發散光束)이라고 한다.

입사 광속의 면적 밀도, 즉 수조면에 있어서의 단위 면적당의 입사 광속을 조도 (照度 : illuminance)라고 한다. 조도 E [lx]는 면적 dS [m²]의 미소 수조면의 입사 광속을 dF [lm]라고 하면

$$E = \frac{dF}{dS} \ [\mathrm{lx}]$$ [2-13]

로 정의된다. 조도의 단위로는 일반적으로 럭스 ($lx=lm/m^2$, 1 phot $=1\,lm/cm^2$, 1 phot $=10^4\,lx$)를 사용하나 영미(英美)에서는 수조면이 면적 단위에 $[ft^2]$를 사용하고, 조도의 단위로서 푸트 캔들 (foot candle $=lm/ft^2$)을 사용하는 경우가 있다.

발산 광속의 면적 밀도, 즉 발산면에 있어서의 단위 면적당의 발산 광속을 광속 발산도 (luminous radiance)라고 한다. 광속 발산도 M [rlx]의 정의식은 면적 $dS\,[m^2]$의 미소 발산면의 발산 광속을 dF [lm]라고 하면 조도와 똑같은 모양의 식이 된다. 즉,

$$M=\frac{dF}{dS}\ [\text{rlx}] \qquad\qquad\qquad [2-14]$$

로 정의된다. 광속 발산도의 단위로는 래드 럭스 (rlx)를 사용한다.

③ 광도 (luminous intensity) : 점으로부터의 평면적인 확산을 각도로 나타내듯이 점으로부터의 입체적인 확산을 입체각으로 나타낸다. 그림 2-9와 같이 평면 상의 각도의 단위 라디안 (radian)에 대응하여, 입체각의 단위는 스테라디안 (sr)을 사용한다. 입체각은 보통 ω로 나타내고, 그림 2-9에 나타낸 S'와 r로 $\omega=S'/r^2$ [sr]으로 정의된다.

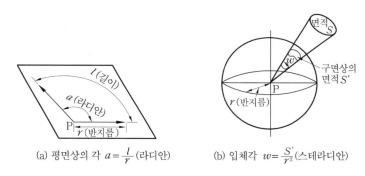

(a) 평면상의 각 $a=\dfrac{l}{r}$ (라디안)　　(b) 입체각 $w=\dfrac{S'}{r^2}$ (스테라디안)

그림 2-9 평면상의 각도와 입체각

점광원으로부터의 발산 광속의 입체각 밀도, 즉 점광원으로부터 발산되는 단위 입체 각당의 광속을 광도 (光度 : luminous intensity)라고 한다.

광도 I [cd]는 미소 입체각 $d\omega$ [sr]에 점광원으로부터 발산되는 광속을 dF [lm]라고 하면,

$$I=\frac{dF}{d\omega}\ [\text{cd}] \qquad\qquad\qquad [2-15]$$

로 정의된다. 광도의 단위에는 칸델라 (cd)를 사용한다. 그리고 점광원으로부터 모든 방향으로 균등하게 광속이 발산되면 평균 구면광도는 $I=F/4\pi$ 가 된다.

예제 3. 어떤 램프가 2514 lm의 광속을 모든 방향으로 방사하고 있다. 광원의 광도는 얼마인가 ?

[해설] 평균 구면 광도는 $I=F/4\pi$ 이므로,
　　$I=2514/4\pi=200$ [cd]

　　　　　　　　　　　　　　　　　　　　　　　　　　　답 200 [cd]

④ 휘도 (luminance) L : 그림 2–10에서 보는 바와 같이, 점 P를 포함하는 미소 발산면을 가상하고, 그 면적을 $dS\,[\mathrm{m}^2]$라고 한다.

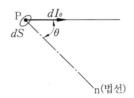

그림 2-10 휘도

이 미소 발산면의 법선과 각 θ를 이루는 방향으로의 점 P의 광도를 $dI_\theta\,[\mathrm{cd}]$라고 하면 휘도 (輝度 : luminance) $L\,[\mathrm{cd}/\mathrm{m}^2]$는 다음 식으로 정의된다.

$$L = \frac{dI_\theta}{dS \cdot \cos\theta}\ [\mathrm{cd}/\mathrm{m}^2] \qquad\qquad [2\text{-}16]$$

이 식에서 $dS \cdot \cos\theta$는 θ 방향에서 본 미소 발산면이 정사영 (正射影) 투영 면적이다. 따라서 휘도는 광도의 투영 면적 밀도이다. 또 식 [2–15]에 의해 $I_\theta = dF/d\omega$라고 하면,

$$L = \frac{dI_\theta}{dS \cdot \cos\theta} = \frac{d^2F}{(dS \cdot \cos\theta) \cdot d\omega}\ [\mathrm{cd}/\mathrm{m}^2] \qquad\qquad [2\text{-}17]$$

이므로 발산면의 단위 투명 면적당, 단위 입체각당의 발산 광속이라고 말할 수도 있다. 휘도의 단위는 스틸브 (stilb : sb) 및 니트 (nit : nt)가 사용된다.

이들 단위의 관계는 $1\,[\mathrm{sb}] = 1\,[\mathrm{cd}/\mathrm{m}^2]$와 같으며 또 영미에서는 푸트 람버트 (foot–Lambert)를 사용할 때도 있다. 휘도는 빛의 발산면을 보았을 때 보는 방향으로부터의 밝기를 나타내는 양으로써 사용된다.

⑤ 조도의 역자승 법칙과 입사각 여현 법칙 : 점 P를 포함하는 면적 dS의 미소면의 법선상에 광도 $I\,[\mathrm{cd}]$의 점광원이 있다고 가정한다. 점광원과 미소면의 거리를 $r\,[\mathrm{m}]$, 점광원에 대한 미소면의 입체각을 $d\omega$, 점광원이 입체각 $d\omega$에 발산하는 광속을 dF라고 하면 광도의 정의식 [2–15]와 입체각의 정의에서

$$I = \frac{dF}{d\omega} = \frac{dF}{\left(\dfrac{dS}{r^2}\right)} = \frac{dF}{dS}\,r^2\ [\mathrm{cd}]$$

이다. 여기서 dF/dS는 조도의 정의식 [2–13]에 의해, 또 미소면의 법선상에 점광원이 있으므로 법선 조도 (法線照度)이다. 이것을 $E_n\,[\mathrm{lx}]$라고 하면, $I = E_n \cdot r^2\,[\mathrm{cd}]$이고

$$E_n = \frac{I}{r^2}\ [\mathrm{lx}] \qquad\qquad [2\text{-}18]$$

가 된다. 이것을 조도 (照度)의 역자승 법칙(inverse square law of illumination)이라고

한다. 상술한 미소면(微小面)의 법선과 각 θ를 가지고 점 P를 포함하는 면에 대해서는, 광속 dF [lm]가 입사하는 면적이 $dS/\cos\theta$가 되므로 그 조도를 E_i [lx]라고 하면,

$$E_i = \frac{dF}{\left(\dfrac{dS}{\cos}\theta\right)} = \frac{dF}{dS} \cdot \cos\theta = E_n \cdot \cos\theta \ [\text{lx}] \qquad [2-19]$$

가 된다. 이것을 조도의 여현 법칙 (cosine law of illumination)이라고 한다. 식 [2-18] 과 합치면

$$E_i = \frac{I}{r^2} \cdot \cos\theta \ [\text{lx}] \qquad [2-20]$$

가 된다.

예제 4. 그림과 같이 간판면을 비추는 광원이 있다. 간판면상 P점에 있어서의 조도를 200 lx 로 하려면 광원의 광도 (cd)는 얼마로 하여야 하는지 구하라. (단, 간판의 경사는 직선 LP 와 45°이고, LP의 거리는 2 m이다.)

해설 식 [2-20]을 이용한다.

$E = \dfrac{I}{r^2} \cos\theta$ 에서, $I = Er^2 / \cos\theta$ 이 된다.

$I = 200 \cdot 2^2 / (1/\sqrt{2}) = 1131 \ [\text{cd}]$

답 1131 [cd]

---

⑥ 조도와 광속 발산도의 관계 : 반사율 ρ, 투과율 τ, 면적 dS [m²]의 수조면의 조도를 E [lx]라고 하면, 식 [2-13]에 의해 그 입사 광속 dF [lm]는 $E \cdot dS$이다. 따라서 반사하여 발산하는 광속 dF_ρ와 투과하여 발산하는 광속 dF_τ는 각각 $\rho \cdot E \cdot dS$와 $\tau \cdot E \cdot dS$이다.

반사에 의한 광속 발산도를 M_ρ [rlx], 투과에 의한 발산도를 M_τ [rlx]라고 하면 식 [2-14]에 의해 $M_\rho = \rho \cdot E \cdot ds/ds$ [rlx], $M_\tau = \tau \cdot E \cdot dS/dS$ [rlx]이다. 즉, 조도와 광속 발산도의 관계는,

$$M_\rho = \rho \cdot E \ [\text{lm}/\text{m}^2] \qquad [2-21]$$

$$M_\tau = \tau \cdot E \ [\text{lm}/\text{m}^2] \qquad [2-22]$$

이다. 균등확산면에 있어서의 광속 발산도는 휘도의 π배가 된다.

예제 5. 직사일광의 수평면 조도가 10만 lx일 때 수평면의 백지 휘도와 광속 발산도를 구하라. (단, 백지의 반사율은 80 %이고 확산성이다.)

해설 $E = 100000\,[\text{lx}]$, $\rho = 0.8$

$M_\rho = \rho \cdot E$ 이므로 $M_\rho = 0.8 \times 100000 = 80000\,[\text{lx}]$

$80000\,[\text{lm}/\text{m}^2]$는 $8\,[\text{lm}/\text{cm}^2]$

광속 발산도는 휘도의 π배가 되므로,

$M = \pi L$ 에서, $L = \dfrac{M}{\pi} = \dfrac{8}{3.14} = 2.55\,[\text{cd}/\text{cm}^2]$

답 광속 발산도 $8\,[\text{lm}/\text{cm}^2]$, 휘도 $2.55\,[\text{cd}/\text{cm}^2]$

표 2-19 조명에 관한 단위와 용어

용어		기호	정의와 정의식	단위	비고
빛의 양	광 속	F	단위 시간당 흐르는 빛의 에너지량 $$F = K_m \cdot \int \phi(\lambda) \cdot V(\lambda) \cdot d\lambda$$ $\phi(\lambda)$: 단위 파장당의 방사속 $V(\lambda)$: 표준 비시감도 K_m : 최대 시감도 (680 lm/W)	lumen (루멘)	lm
광속의 면적 밀도	조 도	E	$$E = \dfrac{dF}{dS}$$ 단위 면적당의 입사 광속 S : 수조면의 면적, 영미에서는 풋 캔들 (foot candle, lm/ft^2, fc)을 사용하는 경우가 있다. 1 fc = 10.76 lx	lux (럭스)	$\text{lx} = \dfrac{\text{lm}}{\text{m}^2}$
	광 속 발산도	M	$$M = \dfrac{dF}{dS}$$ 단위 면적당의 발산 광속 S : 발산면의 면적	radlux(레드럭스) (SI 단위) lumen/m^2 루멘 퍼 제곱미터	$\text{rlx} = \dfrac{\text{lm}}{\text{m}^2}$
발산 광속의 입체각 밀도	광 도	I	$$I = \dfrac{dF}{d\omega}$$ 점광원부터의 단위입체각당의 발산 광속 ω : 입체각 (단위 sr : 스테라디안 ; steradian)	candela (칸델라)	$\text{cd} = \dfrac{\text{lm}}{\text{sr}}$
광도의 투영 면적 밀도	휘 도	L	$$L = \dfrac{dI\theta}{dS \cdot \cos\theta} = \dfrac{d^2F}{(dS \cdot \cos\theta) \cdot d\omega}$$ 발산면의 단위 투명 면적당, 단위 입체각당의 발산 광속 apostilb : 어포스틸브 (asb)라는 단위를 사용하는 경우도 있다. 영미에서는 풋 람버트 (foot Lambert : fL)를 사용하는 경우가 있다. $1\,[\text{fL}] = \dfrac{1}{\pi}\,[\text{cd}/\text{ft}^2]$ $1\,[\text{cd}/\text{m}^2] = \pi\,[\text{asb}] = 0.2919\,[\text{fL}]$	$\dfrac{\text{candela}}{\text{m}^2}$ 칸델라 퍼 평방미터 (또는 nt : 니트)	$\dfrac{\text{cd}}{\text{m}^2}$ $= \dfrac{\text{lm}}{\text{m}^2 \cdot \text{sr}}$ [nt]

(2) 광 원

실내 조명 설계의 계획에 있어서 광원의 선정과 기구와의 조합은 매우 중요한 사항이다. 특히 광원의 선정은 광원의 크기뿐만 아니라 밝기·빛의 질·연색성·효율·수명 등을 면밀히 검토해서 결정해야 한다.

주요한 건축 조명용 광원의 특징은 표 2-21과 같다.

표 2-20 건축 조명용 광원

백열전구	형 광 등		HID등 (High Intensity Discharge Lamp)
	색·연색성에 의한 분류	형태·구조에 의한 분류	
일반 조명용 전구 　　　　(무색투명) 일반 조명용 전구 　　　　(백색도장) 크립톤 전구 볼 전구 실버 볼 전구 반사형 투광 전구 실드 빔형 투광 전구 실드 빔형 투광 전구 　　　　(열선방지형) 소구 전구 샹들리에 전구 할로겐 전구 (양구 금형) 할로겐 전구 (편구 금형) 할로겐 전구 (저전압용)	고효율형 　주광색 　백　색 　은백색 고연색형 　주광색 　백　색 　은백색 3파장역발광형	일반형 자외선방지형 환　형 U　형 전구형 반사형 고출력형 초고출력형	형광 수은등 　형광 수은등 　형광 수은등 (연색성 개선형) 　형광 수은등 (은백색) 　반사형 　안정기 내장형 메탈할라이드등 　고효율형(전용 안정기형) 　고효율형(저시동 전압형) 　고연색형(전용 안정기형) 고압 나트륨등 　고효율형 (전용 안정기형) 　고효율형 (시동기 내장형) 　연색성 개선형 　고연색형

(3) 조명 방식

조명 방식은 다음과 같은 여러 가지 종류가 있다.

① 직접 조명 : 조명 방식 중 가장 간단하고 적은 전력으로 높은 조도를 얻을 수 있으나 방 전체의 균일한 조도를 얻기 어렵고 물체의 강한 음영이 생기므로 눈이 쉽게 피로하게 된다.

② 간접 조명 : 조명 능률은 뒤떨어지지만 음영이 부드럽고 균일한 조도를 얻을 수 있어 안정된 분위기를 유지할 수 있다.

③ 반간접 조명 : 직접 조명과 간접 조명의 장점만을 채택한 조명 방식이다.

④ 전반 조명 : 사무실과 공장 등에 많이 채용되는 방식으로 작업면 전체에 균일 조도를 얻을 수 있다.

⑤ 국부 조명 : 특정 작업면에서 높은 조도를 필요로 할 때 채용되는 방식으로 밝고 어둠의 차이가 크기 때문에 눈이 쉽게 피로해지는 결점이 있다.

⑥ 전반·국부 병용 조명 : 전반 조명과 국부 조명을 병용한 것으로 매우 경제적인 조명 방식이다.

표 2 - 21 주요한 건축 조명용 광원의 특징

구분＼종류	백열전구	형광등	HID 등		
			형광(고압) 수은등	메탈 할라이드등	고압 나트륨등
발 광	온도 방사	루미네선스 (저압 방전등)	루미네선스	루미네선스	루미네선스
크 기 (W)	10~2000 일반적으로 30~200	예열시동형 4~40 래핏스타터형 20~220	일반적으로 40~1000	125~2000 일반적으로 250~1000	150~1000
효 율 (lm/W)	좋지 않다. 10~20	비교적 양호 50~90	비교적 양호 40~65	양호 70~95	매우 양호 95~149
수 명 (시 간)	짧다. 1000~20000	비교적 길다. 7500~10000	길다. 6000~12000	비교적 길다. 6000~9000	길다. 9000~12000
연 색	좋다. (붉은 색이 많다.)	비교적 좋다. 특히 연색성을 좋게 한 것도 있다.	그다지 좋지 않다.	좋다.	좋지 않다. 형광등 정도로 연색성을 개량한 것도 있다.
코스트	설비비는 싸다. 유지비는 비교적 비싸다.	비교적 싸다.	설비비는 다소 비싸다. 유지비는 비교적 싸다.	설비비는 다소 비싸다. 유지비는 비교적 싸다.	설비비는 비싸다. 유지비는 싸다.
취급·보수 점검 등	용이하다.	비교적 용이하다.	보통	보통	보통
적합한 용도	조명 전반 각종 특수 용도 용으로 만들어진 것도 있다.	조명 전반 각종 특수 용도용으로 만들어진 것도 있다.	천장이 높은 옥내 옥외 조명 도로 조명 상점·공장·체육관	천장이 높은 옥내 연색성이 요구되는 옥외 조명 미술관, 호텔, 상점 사무실	천장이 높은 옥내 옥외 조명 도로 조명
기 타	빛은 집광성, 광원의 휘도는 높다. 광원 표면 온도가 높고 발생열도 높다.	빛은 확산성, 광원의 휘도는 낮다. 주위의 온도에 의해 효율이 변한다.	점등 때, 재점등 때 안정되기까지 5~10분이 걸린다.	점등 때, 재점등 때 안정되기까지 5~10분이 걸린다.	빛의 확산성, 광원 휘도는 높다. 기타 좌와 동일하다.

(4) 조명기구

조명기구의 목적은 배광을 하는 것과 눈부심을 보호하는 것, 그리고 광원의 보호와 장식이다.

배광에 따라서 조명 기구를 분류하면 그림 2-11과 같이 상방출광과 하방출광의 두 가지로 크게 나눌 수 있으며, 조명기구는 직접·반직접·전반 확산·반간접·간접 방식의 조명기구 등 5종류로 분류된다.

그리고 보통 광원은 조명기구에 부착시켜서 사용하지만, 천정·벽·기둥 등 건축 부분에 광원을 만들어 실내를 조명하는 방식이 있는데 이것을 건축화 조명(그림 2-12)이라 한다.

상향광속　0~10 %
하향광속　100~90 %
(a) 직접 조명기구
(direct lighting)

상향광속　10~40 %
하향광속　90~60 %
(b) 반직접 조명기구
(semi-direct lighting)

상향광속　40~60 %
하향광속　60~40 %
(c) 전반확산 조명기구
(general diffused lighting)

상향광속　40~60 %
하향광속　60~40 %
(d) 직접 간접 조명기구
(direct indirect lighting)

상향광속　60~90 %
하향광속　40~10 %
(e) 반간접 조명기구
(semi-indirect lightihg)

상향광속　90~100 %
하향광속　10~0 %
(f) 간접 조명기구
(indirect lighting)

㊟ 전반확산과 직접·간접 조명은 가로방향에의 발산광속이 다르다. CIE의 분류에서는 모두 전반확산으로 하여 구별하지 않는다.

그림 2-11　**조명기구의 배광 분류**

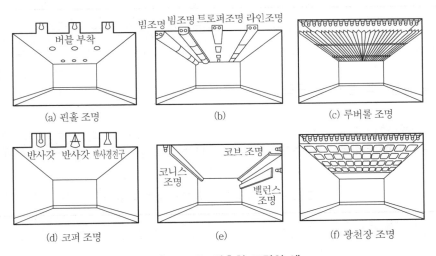

(a) 핀홀 조명　　　(b)　　　(c) 루버롤 조명
(d) 코퍼 조명　　　(e)　　　(f) 광천장 조명

그림 2-12　건축화 조명의 예

(5) 좋은 조명의 조건

좋은 조명을 얻기 위하여 필요한 조건은 다음과 같다.

① 조 도 : 조명의 목적에 적합하도록 충분한 조도를 갖도록 해야 하는데 조도는 생리적 및 심리적 여건에 알맞고 경제적인 설계에 의한 것이어야 한다. 표 2-22는 국제 조명 위원회(Commission Internationale de l'Éclairage)에서 추천하는 실내의 권장 조도를 나타낸 것이다.

표 2-22 실내의 권장 조도 (CIE)

분 류	권장 조도 (lx)	작업의 형
A 그다지 많이 사용하지 않는 장소나, 보이기만 하면 되는 장소의 전반 조명	20 30 50 75 100 150 200	········ 주변이 어두운 공공 장소 ········ 짧은 시간의 출입을 위해 방향만 알면되는 장소 ········ 일시적으로 작업을 하는 장소 예 수납 스페이스, 엔트런스 홀
B 작업실내의 전반 조명	300 500 750 1000 1500 2000	········ 간단한 시작업 예 대강의 기계 작업, 강의실 ········ 보통의 시작업 예 보통의 기계 작업, 사무실 ········ 특별한 시작업 예 조각, 직물 공장의 검사
C 정밀한 시작업을 위해 추가하는 조명	3000 5000 7500 10000 15000 20000	········ 장시간에 걸친 정밀한 시작업 예 잘잘한 전자 부품이나 시계 조립 ········ 특별히 정밀한 시작업 예 극히 미세한 전자 부품 조립 ········ 지극히 특별한 시작업 예 외과 수술

② 광속 발산도 분포 : 균등한 밝음이 눈에 잘 나타나는 현상으로 시야내에 광속 발산 분포가 고르지 않으면 보임이 나빠지고 불쾌감을 받거나 피로의 축적이 심하게 된다.

③ 눈부심(glare) : 광원이 직접 노출되어 보이거나 정반사에 의해 광원의 모습이 눈에 들어오는 경우 눈부심이 일어나므로 시선을 중심으로 30° 범위내에 glare zone에는 광원을 설치하지 않는 것이 좋다.

④ 그 늘 : 명암의 대비는 2 : 1~6 : 1 정도가 좋으며 3 : 1 정도가 가장 입체적으로 보인다. 그늘이 없을 때의 조도에 대해서는 명암이 10 % 이내이어야 한다.

⑤ 광 색 : 광색은 물체의 보임을 좌우하는 요소 중 하나로 일반적으로 서광색에 가까운 것이 좋다.

⑥ 기 분 : 조명 방식에 따라 실내 분위기가 달라지므로 광원과 조명 방식을 잘 채택하여 작업자의 심리적 효과를 증진시킬 필요가 있다.

⑦ 의 장 : 조명기구의 의장은 건축 양식과 조화를 이루도록 해야 한다.

⑧ 경제성 : 조명기구는 효율이 높고 보수 및 관리가 용이하며 경제적인 것을 선택해야 한다.

(6) 조명 설계

다음과 같은 순서에 의해 설계한다.

① 소요 조도를 정한다.

② 광원을 선택한다.

③ 조명 방식을 결정한다.

④ 조명기구를 선정한다.

⑤ 조명기구의 배치를 결정한다.
  · 광원이 높이 : 그림 2-13과 같이 한다.

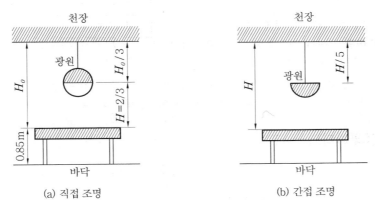

그림 2-13 조명 방식에 따른 광원 높이

· 광원의 간격 : 광원 상호간의 간격을 S 라 하고 벽과 광원 사이의 간격을 S_0 라 하면

$$S \leqq 1.5H \hspace{5cm} [2-23]$$

$$S_0 \leqq \frac{H}{2} \ (벽면을 사용하지 않을 경우) \hspace{2cm} [2-24]$$

$$S_0 \leqq \frac{H}{3} \ (벽측을 사용할 때) \hspace{2.5cm} [2-25]$$

⑥ 실지수를 결정한다.

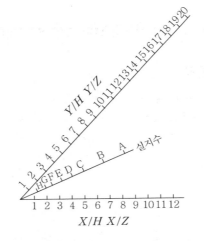

그림 2-14 실지수도 (실계수도)

$$실지수 = \frac{XY}{H(X+Y)} \hspace{4cm} [2-26]$$

$$실계수 = \frac{Z(X+Y)}{2XY} \hspace{4cm} [2-27]$$

여기서, X : 방의 가로 길이(m), Y : 방의 세로 길이(m)

H : 작업면으로부터 광원까지의 거리(m), Z : 바닥으로부터 천장까지의 높이(m)

실계수는 광속발산도를 검토할 때 이용된다.

예제 6. 방의 폭이 15 m, 길이가 18 m, 방바닥에서 천장까지의 높이가 3.85 m인 방에 조명기구를 달고자 한다. 이 방의 실지수를 구하라.

[해설] 식 [2−26]을 이용한다.

$H = 3.85 - 0.85 = 3 \,[\text{m}]$

실지수 $= \dfrac{XY}{H(X+Y)} = \dfrac{15 \times 18}{3(15+18)} = 2.7$

그림 2−14의 실지수도를 이용하여 구할 수도 있다.

$\dfrac{X}{H} = \dfrac{15}{3} = 5, \ \dfrac{Y}{H} = \dfrac{18}{3} = 6$ 에서 2.7을 얻을 수 있다.

답 2.7

---

⑦ 조명률을 결정한다.

$$\text{조명률} = \dfrac{\text{작업면의 광속}}{\text{광원의 총광속}} \qquad\qquad [2-28]$$

⑧ **감광 보상률의 결정** : 조명기구는 사용함에 따라 작업면의 조도가 점차 감소한다. 이러한 감소를 예상하여 소요 광속에 여유를 두는데 그 정도를 감광 보상률이라 하며, 감광 보상률 (D)의 역수를 유지율 (M) 또는 보수율이라 한다. 보통 직접 조명에서는 D 를 1. 3~2.0 (간접 조명 $D = 1.5 \sim 2.0$) 정도로 계산한다.

⑨ 광속을 결정한다.

$$F = \dfrac{A \cdot E \cdot D}{NU} = \dfrac{AE}{NUM} \,[\text{lm}] \qquad\qquad [2-29]$$

여기서, F : 사용 광원 1개의 광속 (lm), D : 감광 보상률, E : 작업면의 평균 조도 (lx)

A : 방의 면적(m²), N : 광원의 개수, U : 조명률, M : 유지율

⑩ 광원의 수 및 광원의 크기를 결정한다.
⑪ 조도 분포와 휘도 등을 재검토한다.
⑫ 점멸 방법을 검토한다.
⑬ 스위치·콘센트 등의 배치를 정한다.
⑭ 건축 평면도에 배선 설계를 한다.

예제 7. 면적이 100 m²인 건물의 조명 설비에서 40 W짜리 형광등 10개를 설치할 때 평균 조도를 구하라. (단, 형광등 1개의 광속 2000 lm, 조명률 60 %, 감광 보상률 1.5이다.)

[해설] 식 [2−29]에서 구한다.

$E = \dfrac{F \cdot N \cdot U}{A \cdot D} = \dfrac{2000 \times 10 \times 0.6}{100 \times 1.5} = 80 \,[\text{lx}]$

답 80 [lx]

표 2-23 조명률 표

조명률표의 반사율 구분(천장/벽/바닥) 및 실지수별 조명률은 다음과 같다. (벽 반사율: 각 천장 반사율 아래 50 / 30 / 10 %, 바닥 반사율 10 %, 천장 0 %의 경우 바닥 0 %)

No.1 매입형 (반사경 부착)

배광곡선²⁾ (램프 광속 1000 lm)
보수율¹⁾ : 양호 .75, 보통 .70, 불량 .65
기구간격 최대한 : 가로 1.6H, 세로 1.2H
BZ 분류 : BZ3/1.1/BZ2⁵⁾ / 기구효율 70 % / 하향광속비 100 % / 등가발광면적 = 하방투영면적 × 1

실지수	천장80% 벽50	30	10	천장70% 벽50	30	10	천장50% 벽50	30	10	천장30% 벽50	30	10
0.6 (J)	.38	.33	.29	.37	.33	.29	.37	.32	.29	.32	.29	.27
0.8 (I)	.47	.42	.38	.46	.42	.38	.45	.41	.38	.41	.38	.36
1.0 (H)	.52	.47	.44	.51	.47	.44	.50	.46	.43	.45	.43	.41
1.25 (G)	.57	.53	.50	.56	.53	.50	.55	.52	.49	.51	.49	.47
1.5 (F)	.60	.56	.53	.59	.55	.53	.58	.55	.53	.54	.52	.50
2.0 (E)	.63	.60	.58	.62	.60	.58	.61	.59	.57	.58	.56	.54
2.5 (D)	.66	.63	.61	.65	.62	.60	.64	.62	.60	.61	.59	.57
3.0 (C)	.68	.65	.63	.67	.65	.63	.66	.64	.62	.63	.61	.59
4.0 (B)	.70	.68	.67	.70	.67	.66	.68	.67	.65	.65	.64	.62
5.0 (A)	.72	.70	.68	.71	.69	.68	.70	.68	.67	.67	.66	.63

No.2 매입형 (하면 유백색 패널)

보수율¹⁾ : 양호 .70, 보통 .65, 불량 .55
기구간격 최대한 1.3H
BZ 5 / 기구효율 55 % / 하향광속비 98 % / 등가발광면적 = 하방투영면적 × 1

실지수	천장80% 벽50	30	10	천장70% 벽50	30	10	천장50% 벽50	30	10	천장30% 벽50	30	10
0.6 (J)	.26	.22	.19	.26	.22	.19	.25	.21	.19	.21	.19	.18
0.8 (I)	.32	.28	.24	.31	.27	.24	.31	.27	.24	.27	.24	.22
1.0 (H)	.35	.31	.28	.35	.31	.28	.34	.31	.28	.30	.27	.25
1.25 (G)	.39	.35	.31	.38	.34	.31	.37	.34	.31	.31	.29	.29
1.5 (F)	.41	.37	.34	.40	.37	.34	.39	.36	.33	.35	.33	.31
2.0 (E)	.45	.41	.39	.44	.41	.38	.43	.40	.38	.40	.38	.35
2.5 (D)	.48	.45	.42	.47	.44	.42	.46	.43	.41	.43	.41	.38
3.0 (C)	.49	.46	.43	.48	.46	.43	.47	.45	.42	.44	.42	.40
4.0 (B)	.51	.49	.47	.51	.49	.47	.49	.46	.43	.47	.45	.43
5.0 (A)	.52	.50	.48	.52	.50	.48	.50	.49	.47	.48	.46	.44

No.3 천장 부착형 (유백색 커버)

보수율¹⁾ : 양호 .70, 보통 .65, 불량 .55
기구간격 최대한 1.3H
BZ 5 / 기구효율 46 % / 하향광속비 87 % / 등가발광면적 = 하방투영면적 × 1

실지수	천장80% 벽50	30	10	천장70% 벽50	30	10	천장50% 벽50	30	10	천장30% 벽50	30	10
0.6 (J)	.22	.18	.16	.21	.18	.16	.21	.18	.16	.17	.15	.13
0.8 (I)	.26	.22	.20	.26	.22	.19	.25	.21	.19	.21	.19	.17
1.0 (H)	.29	.26	.23	.29	.25	.22	.28	.24	.22	.24	.21	.19
1.25 (G)	.32	.29	.26	.32	.28	.25	.30	.27	.25	.26	.24	.21
1.5 (F)	.34	.31	.28	.34	.30	.28	.32	.29	.27	.28	.26	.23
2.0 (E)	.38	.35	.32	.37	.34	.31	.35	.33	.31	.32	.30	.26
2.5 (D)	.40	.37	.35	.39	.37	.35	.37	.35	.33	.34	.32	.29
3.0 (C)	.42	.39	.37	.41	.39	.37	.39	.37	.35	.36	.34	.30
4.0 (B)	.44	.41	.39	.43	.41	.39	.41	.39	.37	.37	.36	.32
5.0 (A)	.45	.43	.42	.44	.42	.41	.42	.41	.39	.39	.38	.34

No.4 천장 부착형 (노출형)

보수율¹⁾ : 양호 .80, 보통 .75, 불량 .70
기구간격 최대한 1.4H
BZ 6 / 기구효율 89 % / 하향광속비 82 % / 등가발광면적 = 하방투영면적 × 1

실지수	천장80% 벽50	30	10	천장70% 벽50	30	10	천장50% 벽50	30	10	천장30% 벽50	30	10
0.6 (J)	.35	.28	.23	.34	.27	.22	.32	.26	.21	.25	.21	.18
0.8 (I)	.43	.36	.30	.42	.35	.29	.39	.33	.28	.31	.27	.24
1.0 (H)	.50	.42	.36	.48	.41	.35	.45	.39	.34	.37	.32	.29
1.25 (G)	.55	.48	.42	.54	.47	.41	.50	.44	.39	.41	.37	.33
1.5 (F)	.59	.52	.46	.57	.51	.45	.53	.48	.43	.45	.41	.36
2.0 (E)	.65	.59	.53	.63	.57	.52	.59	.53	.49	.50	.46	.41
2.5 (D)	.69	.63	.58	.67	.61	.56	.62	.58	.53	.54	.51	.45
3.0 (C)	.73	.67	.62	.70	.65	.60	.65	.61	.57	.57	.54	.48
4.0 (B)	.76	.72	.67	.74	.69	.65	.69	.65	.62	.61	.58	.52
5.0 (A)	.79	.75	.71	.76	.72	.69	.71	.68	.65	.64	.61	.55

No.5 코퍼 (하면 유백색 패널)

보수율¹⁾ : 양호 .70, 보통 .65, 불량 .55
기구간격 최대한 1.4H
BZ 5 / 기구효율 25 % / 하향광속비 100 % / 등가발광면적 = 하방투영면적 × 1

실지수	천장80% 벽50	30	10	천장70% 벽50	30	10	천장50% 벽50	30	10	천장30% 벽50	30	10
0.6 (J)	.12	.10	.08	.12	.10	.08	.11	.10	.08	.10	.08	.08
0.8 (I)	.14	.12	.11	.14	.12	.11	.14	.12	.11	.12	.11	.10
1.0 (H)	.16	.14	.13	.16	.14	.13	.16	.14	.13	.14	.13	.12
1.25 (G)	.18	.16	.15	.18	.16	.15	.17	.16	.15	.16	.14	.14
1.5 (F)	.19	.17	.16	.19	.17	.16	.18	.17	.16	.17	.15	.15
2.0 (E)	.21	.19	.18	.20	.19	.18	.20	.19	.17	.18	.17	.17
2.5 (D)	.22	.20	.19	.21	.20	.19	.21	.20	.19	.19	.18	.18
3.0 (C)	.23	.21	.20	.22	.21	.20	.22	.21	.20	.20	.20	.19
4.0 (B)	.24	.23	.22	.23	.22	.21	.23	.22	.21	.21	.21	.20
5.0 (A)	.24	.23	.22	.24	.23	.22	.23	.23	.22	.22	.22	.21

조명기구	배광곡선[2] (램프 광속 1000 lm)	보수율[1] 기구간격 최대한	반사율	천장	80 %			70 %			50 %			30 %		0%	BZ 분류 기구 효율 하향 광속비 등가발광면적(cm²)
				벽	50	30	10	50	30	10	50	30	10	50	30	10	
				바닥	10 %			10 %			10 %			10 %		0	
			실지수		조 명 률												
No.6 반사각 (중앙 조명형)		보수율 양호 .75 보통 .70 불량 .65 기구간격 최대한 0.9H	0.6 (J)		.48	.43	.40	.47	.43	.40	.47	.43	.40	.42	.40	.39	BZ 1 기구효율 76 % 하향광속비 100 % 등가발광면적 =하방투영면적 ×1
			0.8 (I)		.55	.51	.47	.55	.50	.47	.54	.50	.47	.50	.47	.46	
			1.0 (H)		.60	.56	.53	.59	.55	.52	.58	.55	.52	.54	.52	.51	
			1.25 (G)		.64	.60	.57	.63	.60	.57	.62	.59	.57	.59	.56	.55	
			1.5 (F)		.67	.63	.61	.66	.63	.60	.65	.62	.60	.62	.60	.58	
			2.0 (E)		.71	.68	.65	.70	.67	.65	.69	.66	.64	.66	.64	.62	
			2.5 (D)		.73	.71	.69	.73	.70	.68	.71	.69	.67	.68	.67	.65	
			3.0 (C)		.75	.72	.70	.74	.72	.70	.72	.71	.69	.70	.68	.67	
			4.0 (B)		.77	.75	.73	.76	.74	.73	.74	.73	.72	.72	.71	.69	
			5.0 (A)		.78	.76	.75	.77	.75	.74	.75	.74	.73	.73	.72	.70	

㈜ 1) 보수율 (양호＝먼지가 적고 보수율이 양호한 경우, 보통＝보통의 경우, 불량＝먼지가 많고 보수율이 나쁜 경우)

2) 배광 곡선의 실선은 관축 (管軸)에 수직면 내(가로 방향)의 배광, 점선은 관축에 평행한 수직면 내(세로 방향)의 배광

3) 실(室) 지수가 가운데 숫자보다 작은 경우에는 앞 BZ, 큰 경우에는 뒤 BZ 분류를 취한다.

예제 8. 다음 그림과 같은 사무실이 있다. 천장, 벽, 바닥의 반사율을 각각 70 %, 50 %, 10 % 라고 하고, 벽 옆도 사용한다. 1개당 발산 광속이 3000 lm인 40 W 형광등 2개를 단 프리즘 패널 부착의 매입형 조명 기구를 사용하여 바닥 위 75 cm의 작업면의 평균 조도가 300 lx가 되도록 조명 설계를 하여라.

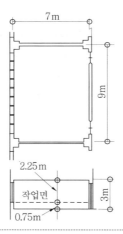

해설 표 2-23에 의해 조명률 U와 보수율 M을 구한다. 실지수는 식 2-26에 의해

실지수＝7×9 / (3.00−0.85)＝1.75

표 2-23의 조명기구의 No.1을 사용하는 것으로 하여 천장, 벽, 바닥의 반사율이 70 %, 50 %, 10 %인 항의 1.5와 2.0의 값에서 보간하여 U≒0.60으로 한다. 보수율은 보통이라고 하여 $M＝0.70$으로 한다.

기구 효율은 70 %이므로 램프 1개당의 발산 광속은 3000 lm×0.70＝2100 lm이다. 식 [2-29]에 의해 $E \cdot A / (F \cdot U \cdot M) ＝ (300×7×9) / (2100×0.60×0.7)＝21.4$가 되므로 필요한 램프 개수 N은 $N＝22$가 된다. 따라서 필요한 조명기구의 수는 11개이다.

기구의 최대 간격은

가로 $1.6H = 1.6 \times (3.00 - 0.75) = 3.6\,[\text{m}]$

세로 $1.2H = 1.2 \times (3.00 - 0.75) = 2.7\,[\text{m}]$

이상의 결과에 의해 12개의 조명기구의 기구 간격 S를 1.60 m로 하여 다음 그림과 같이 배치한다. 벽면과 기구의 간격 S_0는 1.50 m가 되어 $S > S_0/3$을 만족한다.

이 조명 설계에서 얻어지는 평균 조도 E는 식 [2-29]에 의해

$E = N \cdot F \cdot U \cdot M / A = ((12 \times 2) \times 2100 \times 0.60 \times 0.70) / (7 \times 9) = 336\,[\text{lx}]$

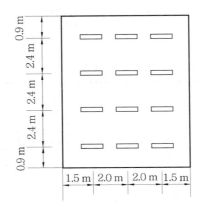

제 **3** 장 통신 정보 설비

1. 전화 설비

(1) 전화 설비의 구성

건물내 전화 설비는 국선의 인입용 관로, 주배선반 (MDF), 건물 내부 간선 케이블, 구내 교환 설비(PBX), 단자별 분기 배선을 거쳐서 내선 전화기까지의 계통을 말한다.

국선은 한국 통신에서 교환기실의 MDF까지 인입하는데 이점이 사용자의 책임 분기점이 된다.

(2) 전화기의 종류

① 용도에 따른 분류 : 꽂음 전화, 단체 전화, home telephone, 모자 전화, 업무용 전화, 공중 전화기가 있다.

② 교환 방식에 따른 분류 : 자석식, 공전식, 자동식 전화기가 있다.

(3) 구내 교환 설비(private branch exchange : PBX)

보통은 전화 설비에 포함시키지 않고 따로 전화 교환 설비라고도 한다. 이 설비는 관공서 · 회사 · 공장 및 은행 등의 외부와 내부 및 상호간에 연락을 하기 위한 설비를 말하며, 그 구성은 구내 전화기 · 전력 설비 · 보안 설비 · 배선반 · 단자함 · 국선 · 내선 · 보조 설비 · 국선 전화기 등으로 이루어져 있다.

① 교환 방식 : 전화 교환기를 교환 방식에 따라 분류하면 다음과 같다. 수동식 교환과 자동식 교환은 저마다 다른 특징을 지니고 있으며, 현재는 자동식이 많이 사용되고 있다.

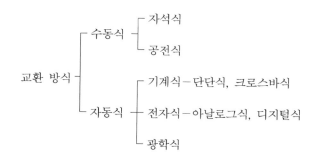

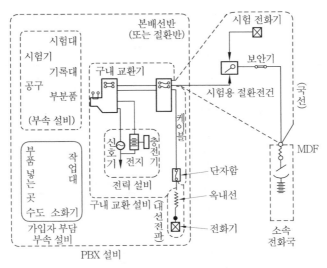

그림 3-1 구내 교환 전화(PBX) 설비 구성도

② 설치 장소의 환경 : 구내 교환 설비의 설치 장소에 대한 설치 조건은 다음과 같다.

⑺ 수동식 구내 교환기(국선 중계대 포함)의 설치 조건

- 다른 방과 분리된 전용실에 설치한다. 단, 그 용량이 국선 5회선이고 내선 30회선 이하 또는 국선 4회선 이하인 교환기 및 탁상형 교환기·벽걸이형 교환기 및 분산형 중계대를 설치하는 경우는 제외한다.
- 소음·부식성 물질·먼지 등이 들어오지 않는 장소에 설치하여야 하며, 이러한 것을 발생하는 기기와 같이 설치해서는 안 된다.

⑷ 자동식 구내 교환기의 설치 조건

- 다른 방과 분리된 전용실에 설치한다. 단, 캐비닛형은 제외한다.
- 진동·먼지·부식성 물질 등이 외부로부터 침입하지 않는 장소에 설치하여야 하고, 이러한 것을 발생하는 기기와 같이 설치해서는 안 된다.

표 3-1 교환실의 환경 조건

구 분		자동 교환실	수동 교환실	비 고
유효 천장 높이		보통 2.4~2.7 m 교환기 가고＋0.3 m 이상	2.1 m 이상	수동 교환실의 경우 케이블 레크를 가설할 때 2.3 m 이상
표준 마감	벽	에멀션 페인트	에멀션 페인트	축전지실 벽의 바닥면상 1 m 이하에는 내산상 도료를 칠한다.
	천장	흡음 텍스	흡음 텍스	
	바닥	리놀륨·비닐타일·플로링	리놀륨·비닐타일	
조도(照度)		300 lx	300 lx	수동 교환실의 키면 조도는 교환 취급상 지장이 없는 정도
습 도		40~70 %	40~85 %	상대 습도
온 도		10~35℃	18~30℃	
환 기		축전지 부근에 매시 5회 이상 능력을 가진 팬을 설치한다.	좌 동	
콘센트		2개 이상	2개 이상	

표 3-2는 전기 통신 설비 기술 기준에 의한 전화 회선수의 개략적 수치를 나타낸 것이다.

표 3-2 국선수 및 내선수의 산정 기준

업 종	10 m³ 당 표준 전화 회선수		업 종		10 m³ 당 표준 전화 회선수	
	국선 인입 회선수	실내 회선수			국선 인입 회선수	실내 회선수
상사회사	0.5	1.3	신문사		0.4	1.0
은 행	0.4	0.8	병원	사무실	0.3	1.0
일반 사무실	0.4	0.8		입원실	0.1	0.5
백화점	0.5	1.0	증권회사		0.5	1.0
관공서	0.4	1.0	연쇄점		0.5	1.0

㊟ ① 전용 면적에 대한 산출 기준이며, 연면적으로 산출시에는 이의 80 %를 적용한다.
② 단위 장소의 면적이 1단위 면적 미만인 경우에는 1단위 장소의 기준을 적용하고, 단위 면적을 초과하는 1단위 면적 미만의 면적은 반올림하여 적용한다.
③ 이 표에 명시되지 않은 업종은 유사 업종을 기준으로 적용한다.

2. 인터폰 (interphone) 설비

인터폰은 구내 또는 옥내 전용의 통화 연락을 목적으로 설치하는 것으로 현관과 거실·주방을 연결하는 도어 폰 (door phone)을 비롯하여 업무용·공장용·엘리베이터용 등에 널리 사용되고 있다.

(1) 작동 원리에 따른 분류

프레스 토크 (press talk)식과 동시 통화 방식이 있으며, 도어 폰 (door phone)에는 동시 통화 방식이 많이 쓰인다.

(2) 접속 방식에 따른 분류

인터폰의 접속 방식은 한 대의 모기(母機)에 여러 대의 자기(子機)를 접속하는 모자식(母子式)과 어느 기계에서나 임의로 통화가 가능한 상호식, 그리고 모자식과 상호식을 조합한 복합식 등 3가지 종류가 있다. 복합식은 모기 상호간 통화가 가능하고 모기에 접속된 모자간에도 통화가 가능하다.

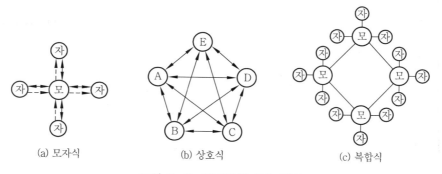

(a) 모자식   (b) 상호식   (c) 복합식

그림 3-2 인터폰의 접속 방식

(3) 인터폰의 시공

전화 배선과는 별도로 하여야 하며 전원 장치는 보수가 쉽고 안전한 장소에 시설해야 한다. 설치 높이는 바닥에서부터 1.5 m 정도가 좋다.

3. 표지 설비

표지 설비는 회사나 관공서 등의 대규모 시설을 수용하는 건물에서 표지용·호출용·연락용으로 많이 이용되는 것으로 일명 벨(bell) 설비라고도 한다. 그 작동은 램프를 점멸시키거나 또는 버저(buzzer)를 울리게 함으로써 그 기능이 발휘된다.

그리고 표시 기능면에서 분류하면 램프식, 전광사인식, 표시판 광자식, 반전판식, 회전식 등이 있다.

4. 전기 시계 설비

전기 시계 설비는 모시계와 자시계 사이에 배선을 말한다. 모시계에는 수정식·전자식·동기 전동기식·램프식 등이 있고, 자시계에는 유극식과 무극식의 두 가지가 있으나, 현재는 유극식이 많이 사용되고 있다.

5. 안테나 (antenna) 설비

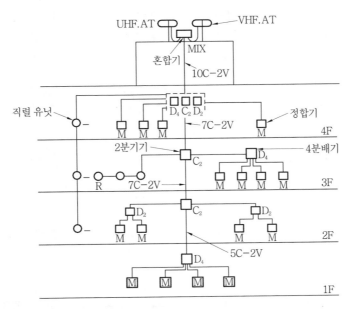

㊤ 기입 없는 케이블은 5C−2V로 한다.

그림 3-3 텔레비전 공동 시청 설비의 구성

텔레비전과 라디오 등의 공동 시청 설비를 말하는 것으로, 전기식 성능을 얻는 것도 중요하지만 건물의 미관을 해치지 않도록 주의해야 한다. 시공시 주의할 사항은 다음과 같다.

① 안테나는 풍속 40 m / s에 견디도록 고정한다.

② 안테나는 피뢰침 보호각내에 들어가도록 한다.

③ 원칙적으로 강전류선으로부터 3 m 이상 띄어서 설치한다.

④ 정합기 설치 높이는 일반적인 경우 바닥 위 30 cm 높이로 한다.

⑤ 방향성 결합기나 분배기를 사용하지 않는 플러그(plug)에는 더미 로드(dummy load)를 부착한다.

6. 확성 설비

확성 설비(擴聲設備)는 소방법에 의한 비상 경보 설비로 설치되는 경우도 있으나, 대부분은 대규모 건물의 전달 또는 호출용 설비로 시설되는 경우가 많다.

확성 설비의 구성 요소는 증폭기·마이크로폰·테이프 레코더·차임(chime)·레코드 플레이어·와이어리스 마이크·스피커 등이다.

7. 감시·제어

최근 건물의 고층화와 더불어 건물 내의 일반 동력 설비·공기 조화 설비·약전 설비·운송 설비 등의 작동 상태를 확인 점검하는 것은 운전 조작뿐만 아니라 보수 관리면에서도 대단히 중요하다. 건물내의 동력 설비 감시 방법으로는 다음과 같은 것을 들 수 있다.

(1) 전원 표시

전원이 살아 있는지의 여부를 판별하는 것으로, 이 표시는 전동기 설치 근처의 조작 제어반 또는 전동기로부터 떨어진 곳에 있는 중앙 감시반에서 램프를 통해서 알 수 있다.

(2) 운전 표시

모든 시설들이 정상적으로 가동 중인지를 알 수 있는 것으로, 이 표시는 조작 제어반으로 중앙 감시반 어느 쪽에서도 할 수 있다.

(3) 고장 표시

고장의 유무를 알 수 있는 것으로, 고장과 동시에 벨(bell)이나 버저(buzzer) 등에 의해 고장을 알린다.

(4) 램프 점검

램프를 사용한 표시 방법은 여러 가지가 있으나, 어느 것이나 용량이 적은 램프를 이용하는 관계상 단선 유무를 점검할 필요성이 있다. 따라서 램프의 작동 상태를 필요할 때 점검할 수 있도록 회로를 구성하는 것이 바람직하다.

(5) 집중 제어

큰 빌딩이나 공장 등에서 많이 채택하고 있는 중앙 집중 감시 방식을 말하는 것으로, 보통 조작반과 운전 상태를 알기 위한 도시반(graphic panel)으로 구성된다. 운전자는 중앙 감시 실에서 운전 상태를 마음대로 조작할 수 있는 것이 특색이다.

중앙 감시 방식이 되면 감시 대상물에 대한 운전 조작용 및 감시용 제어선이 많이 필요하 게 된다. 사무실 건물의 경우 연면적 $300 \, m^2$ 정도이며, 제어선은 대략 800회선을 상회하는 것이 보통이다.

표 3-3은 제어의 종류와 목적을 나타낸 것이다.

제어반의 종류는 대단히 많이 있으나 보통 수직 자립형·벤치형·데스크형·컨트롤 데스 크형·그래픽 패널형(데스크형+수직 자립형)이 있다.

제어반의 설치 위치는 건물내의 모든 설비의 작동을 감시·조작하기 때문에 충분한 공간 을 확보하여야 하며, 항상 수평을 유지하고 진동 등이 없는 장소이어야 한다.

표 3-3 제어의 종류와 목적

제어의 종별	목 적	작동 및 표시법
전원 표시	전원이 살아 있는지의 유무	백색 램프
운전 표시	작동 상태를 표시	적색 램프
정지 표시	정지 상태를 표시	녹색 램프
고장 표시	고장의 유무를 표시	오렌지색 램프(버저 및 벨이 울림)
경보 표시	경보 신호가 목적	백색 램프(버저 및 벨이 울림)
계 축	전류계·전압계	전원 상태의 정상 확인
감 시	운전 조작과 감시가 목적	graphic panel, auto graphic

㊟ 건물의 중앙 감시 제어의 대상과 구성은 3편 9장 참조.

8. 정보 시스템 설비

통신 정보 분야의 급속한 기술 혁신은 산업 사회를 정보화 사회로 바꾸어 놓았으며, 마침 내는 건물에 있어서도 IBS 시대를 맞이하게 되었다. 따라서 건축 설비 계획에 있어서도 이 에 따르는 쾌적한 실내 환경을 비롯한 건물의 에너지 절약, 유지 관리 등 과거의 개념과 다 른 건물의 설비 계획이 요구된다. 건물에서 요구되는 정보 통신 시스템은 매우 다양하나 여 기에서는 뉴미디어에 대응되는 통신망을 중심으로 그 개념을 간략하게 소개한다.

(1) LAN 시스템

LAN(Local Area Network)은 근거리 통신망을 말하는 것으로 다수의 독립적인 컴퓨터 기 기들간 상호 통신이 가능하도록 해주는 데이터 통신 시스템을 말한다. 즉, 같은 건물이나 구 내 등에 분산 설치된 컴퓨터, 단말기, 파일 장치, 프린터 등을 고속의 전송으로 연결하여 자 료의 공유뿐만 아니라 부하의 분산, 신뢰성 향상 등을 위한 통신망을 말한다.

① LAN의 특징
- 단일 기관의 소유 (사무실, 공장, 빌딩 등과 같은 단일 기관 소유 영역에 설치)
- 패킷 지연의 최소화로 통신 속도가 빠르나 거리의 제한이 있다.
- 경로 설정(routing)이 필요 없다.
- 네트워크 내의 어떤 기기와도 통신이 가능하다.
- 에러율이 매우 낮다 (전송 매체의 전송 특성이 좋고 거리가 짧다).
- 광대역 전송 매체의 사용으로 고속 통신이 가능하다.
- 확장성과 재배치성이 양호하다.
- 종합적인 정보 처리 능력이 있다 (다양한 정보를 하나의 네트워크로 전송).

② LAN의 효과 : 다음과 같은 효과를 기대할 수 있다.
- 효율적인 정보 관리를 할 수 있다.
- 데이터베이스를 공유할 수 있다.
- 통신 관리가 용이하다.
- 팀 단위의 업무 운영을 체계화 할 수 있다.
- 프로그램 및 파일을 공유할 수 있다.
- 다양한 운영 체계를 사용한다.
- 하드웨어와 주변 장치를 공유할 수 있다.

(2) VAN 시스템

VAN(Value Added Network)은 부가 가치 통신망으로 공중 전기 통신 사업자로부터 회선을 빌려 자영 교환기나 컴퓨터를 조합하여 새로운 가치를 부가한 서비스를 제공하는 업무를 말한다.

VAN은 주로 유통 업무, 개인 통신 업무, 금융 업무, 운송 업무 등에 이용된다.

(3) INS 시스템

INS(Information Network System)는 고도 정보 통신 시스템으로 아날로그 기술을 주축으로 구성되어 있으며, 전화망, 정보망, 가입 전산망, FAX망 등 종래의 각종 네트워크를 하나의 디지털 네트워크에 통합하고 거기에 통신 처리, 정보 처리 기능을 갖게 한 고도의 통신 시스템을 말한다. 국제적으로 ISDN(Integrated Services Digital Network)으로 불리고 있다.

9. CATV 설비

CATV(Community Antenna Television)는 유선 텔레비전 방송 설비를 말하는 것으로, 난시청 해소를 위해 산 정상에 대형 안테나를 설치하여 그곳에서 케이블을 각 가정에 끌어들여 방송 전파 신호를 실리는 시스템이다.

최근에는 난시청을 위한 단순한 재통신 시스템만이 아니라 TV에 의한 정보 전달 시스템으로서 그 광대역 전송 특성을 활용하여 종합 통신망으로 발전하고 있다. CATV 설비의 시스템으로는 재송신과 자주 방송 CATV 시스템이 있다.

제 **4** 장 　방재 설비

건축 전기 설비와 관련한 방재 설비는 여러 종류가 있으며, 이들 설비는 소방법, 건축법 등 관련법에 의해 그 시설을 규정하고 있다.

1. 피뢰침 설비

피뢰침을 설치하는 목적은 낙뢰에 대한 피해를 줄이고 뇌격전류를 신속하게 땅으로 방류 시켜서 인명과 건축물을 보호하고자 하는데 있다.

건축법에는 지반면상 20 m 이상의 건축물에는 반드시 피뢰침을 설치하도록 규정하고 있다. 그러나 중요한 건조물이나 천연 기념물, 많은 사람이 모이는 건물, 위험물을 취급하는 건물 등은 20 m 이하인 경우에도 피뢰침을 설치하는 것이 바람직하다.

1-1　피뢰침의 설계

(1) 피뢰침의 보호각과 보호 범위

낙뢰의 피해를 안전하게 보호하는 돌침 및 수평 도체의 보호각은 일반 건축물의 경우에는 60°, 위험물(화약류) 관계 건축물의 경우에는 45°로 하여야 한다. 피뢰침의 보호각은 가급적 작게 잡는 것이 안전하다.

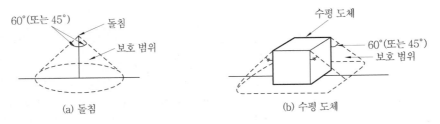

그림 4-1　피뢰침 보호 범위

수평 도체(용마루 가설 도체)로 옥상을 보호할 경우, 수평 도체의 보호각 속에 들어가지 않는 부분은 보호되지 않는 부분에서 가장 가까운 점에 이르는 수평 도체까지의 수평 거리가 10 m 이하가 되도록 수평 도체를 시설하면 그 부분도 보호될 수 있다.

그림 4-2는 옥상의 수평 도체 가설의 예를 나타낸 것이다.

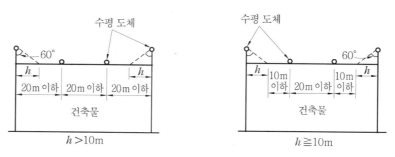

그림 4-2 옥상의 수평 도체(용마루 가설 도체)

(2) 피뢰 설비의 4등급

피뢰 설비는 그림 4-3과 같이 능력면에서 완전 보호 · 증강 보호 · 보통 보호 · 간이 보호 등 4등급으로 나눌 수 있다.

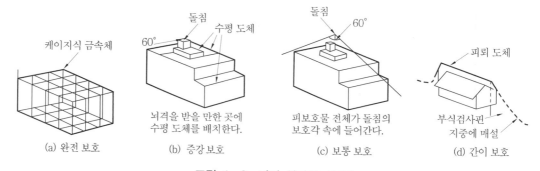

그림 4-3 피뢰 설비의 4등급

(3) 피뢰침의 구조

피뢰침을 구조상으로 나누면 돌침부 · 피뢰 도선 · 접지 전극으로 크게 나눌 수 있다.

① 돌침부 : 돌침은 동 · 알루미늄 또는 용해 아연 도금을 한 철로서 지름 12 mm 이상의 봉 상도체 또는 이와 동등한 강도와 성능을 가진 것을 사용한다. 돌침 지지 철물로서 철판 을 사용하는 경우에는 피뢰 도선을 관 속으로 통해서는 안 된다.

② 피뢰 도체 : 뇌전류를 흘러내리게 하기 위한 돌침과 접지 전극과를 연결하는 도선으로서, 그 중 피보호물의 꼭지로부터 접지 전극까지의 사이에 거의 수직인 도체 부분을 인하도 체라 한다.

피뢰 도선으로서 사용되는 도선의 굵기는 동의 경우 단면적 30 mm^2 이상, 알루미늄의 경우 단면적 50 mm^2 이상이다. 그러나 건물의 철골 또는 금속관(단면적 300 mm^2, 두께 2.0 mm 이상)을 이용하는 경우에는 이것이 돌침 및 피뢰 도선으로서 이용된다. 철근 또 는 철근 콘크리트 건축물에서는 그 건물 전체를 낙뢰로부터 보호하기 위하여 철근 또는 철골을 하나의 피뢰 도선으로서 이용하는 것이 보통이다.

③ 접지 전극 : 피뢰 도선을 대지와 연결하기 위해서 땅 속에 매설하는 도체로서 낙뢰를 충

분히 방출할 수 있는 용량을 가져야 한다. 보통 사용되는 동판은 한 면의 면적이 $0.35\,m^2$ 이상이고, 두께는 $1.4\,mm$ 이상이어야 한다.

접지판의 재료로는 두께 $1.4\,mm$, $1.5\,mm$, $1.6\,mm$의 3종류와 크기가 $900\,mm$ 각과 $1000\,mm$ 각이 있다. 접지 전극의 매설 깊이는 $3\,m$ 정도이며 저항은 단독인 경우 $20\,\Omega$ 이하, 2개 이상을 설치할 경우는 그 종합 저항이 $10\,\Omega$ 이하이어야 한다.

또한 철골 구조물에 있어서는 기초의 접지 저항이 $5\,\Omega$ 이하이면 접지 전극은 생략해도 무방하다.

1−2 피뢰침 설비의 시공 방법

(1) 돌침부 시공

지지 철물 및 부착물은 폭풍 등에도 충분히 견딜 수 있도록 시설하여야 하며, 다음과 같은 방법으로 시공한다.

① 돌침과 지지 철물과의 가설은 나사 죔이나 용접 등으로 완전히 부착시킨다.

② 돌침과 피뢰 도선의 접촉에는 도선 접속용 단자, 돌침부 접속 철물 또는 도선 접속 구멍 중의 어느 것을 이용하여 나사 죔으로 전기적으로 완전히 접속시킨다.

③ 돌침 지지 파이프 및 피뢰 도선은 전용지지 철물로 $2\,m$ 이내의 간격으로 건물에 고정한다.

(2) 피뢰 도선의 시공

① 동선의 경우에는 $30\,mm^2$ 이상, 알루미늄선의 경우에는 $50\,mm^2$ 이상으로 한다. 단, 알루미늄선의 지중 매설은 금지되어 있다. 또한 관인 경우에는 동관인 경우 $0.8\,mm$ 이상, 알루미늄관인 경우 $2\,mm$ 이상의 두께를 가진 관을 사용하여야 한다.

② 도선을 굽히는 경우 곡률 반지름은 $20\,cm$ 이상으로 규정하는 나라가 많으나, 근래에는 직각으로 굽혀도 지장이 없는 것으로 알려져 있다.

③ 피뢰 도선을 옥내로 인하하는 경우에는 사람이 쉽게 접촉할 수 없도록 울타리 또는 피복 시설 등이 필요하다. 그리고 목조 피보호물인 경우에는 애자 공사 또는 경질 비닐관, 기타 전기 절연 파이프 속에 매설한다.

④ 인하 도선이 지상에서 지중으로 들어가는 부분에는 나무·대나무·도관·경질 비닐관·기타 비자성 금속관 등으로 지상 $2.5\,m$ 이상되는 곳에서부터 지하 $0.3\,m$ 이상되는 곳까지 기계적으로 피복 보호를 한다. 이 경우 비자성 금속관을 사용할 때는 그 양단을 인하 도선과 접속시킨다.

⑤ 피뢰 도선은 가급적 도중 접속을 하지 않도록 한다. 부득이 접속해야 하는 경우에는 다음과 같이 한다.

• 도선 바깥 지름의 10배 이상의 길이를 가진 동제 슬리브 속으로 두 선을 뽑아낸 후 완전히 납땜을 한다.

• 조인트선을 사용하는 경우에는 도선 바깥 지름의 10배 이상의 길이에서 감아 납땜을 한다.

• 각 소선(素線)마다 납땜을 하고, 이를 모두 묶어 준다.

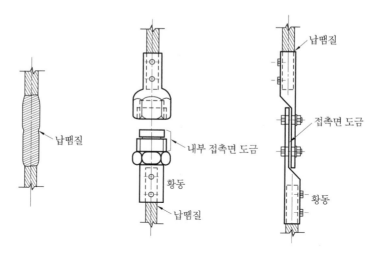

그림 4-4 피뢰 도선의 접속 예

(3) 피뢰 도선과 구조물과의 접속

① 피뢰 도선과 철제 사다리와의 접속 : 도선이 철제 사다리를 따라 가설되는 경우에는 사다리의 상단과 하단에 도선을 접속한다. 이 때 본 도선에는 도선 접속기 또는 압착 단자를 접속하고, 이를 철제 사다리에 볼트 쬠으로 접속한다.

② 피뢰 도선(동선)과 철골 또는 철근과의 접속 : 피뢰 도선과 철골 또는 철근을 접속하는 경우에는 그림 4-6의 접속 방법에 의해 접속하고 습기를 방지할 수 있는 방습 재료(피치·모르타르)를 칠하여 부식되지 않도록 한다.

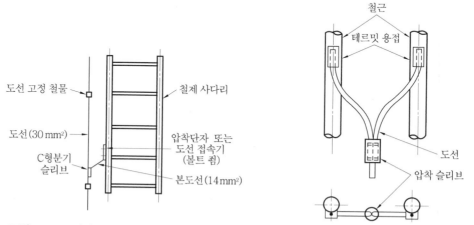

그림 4-5 피뢰 도선과 철제 사다리와의 접속   그림 4-6 피뢰 도선과 철근과의 접속

(4) 접지극 시공

피뢰침 설비의 시공에서 가장 중요한 것은 접지 공사이다. 일반 전기용 접지와 다른 점은 전류가 비교가 안될 정도로 높은 점이다. 시공 요점을 간추려 보면 다음과 같다.

① 접지극은 각 인하 도선마다 1개 이상씩 접속한다.

② 접지극은 두께 1.4 mm 이상이고 면적(편면) 0.35 m^2 이상인 동판, 두께 3 mm 이상이고 면적(편면) 0.35 m^2 이상인 용해 아연 도금 철판 또는 이와 동등 이상의 접지 효과가 있는 봉상·관상·대상·판상 또는 와권상(渦卷狀)의 금속체를 사용한다.

③ 접지극은 각 인하 도선의 하단을 상수면 밑에 오도록 매설한다. 단, 상수면이 3 m 이상 깊은 경우의 접지극 하단은 지하 3 m에 달하면 된다.

④ 피뢰침의 종합 접지 저항은 10 Ω 이하로 한다. 단, 접지극 단독 접지 저항은 20 Ω 이하로 한다.

⑤ 접지극을 병렬로 연결하는 경우에는 그 간격을 2 m 이상으로 하고, 지하 51 cm 이상 깊이의 곳에서는 단면적 30 mm^2 이상의 나동선(裸銅線)으로 접속한다.

⑥ 다른 접지극과는 2 m 이상 띄운다.

⑦ 접지극의 매설 장소는 전하포화(電荷飽和)가 일어나기 어려운 장소를 선정한다. 그림 4-7과 같은 방법은 피하여야 하다.

⑧ 접지극과 피뢰 도선과는 전기적으로 완전히 접속한다. 또한 접속부에는 피치 및 모르타르 등의 방식제를 칠한다(그림 4-8).

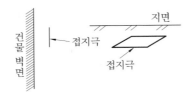

그림 4-7 접지극 매설 방법이 잘못된 예

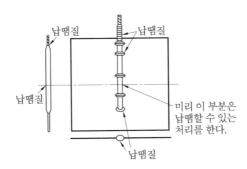

그림 4-8 피뢰 도선과 접지극과의 접속

1-3 접지 저항 측정법

접지 저항을 측정하는 데는 어스 테스터(earth tester)와 코라슈브리지에 의한 두 가지 방법이 있다. 그림 4-9는 교류 발전기식 어스 테스터로 접지 저항을 측정할 때의 배치와 접속을 표시한 것이다.

이 경우 접지극판 E와 탐침(探針) P의 보조 접지극 C는 10~20 m 간격으로 일직선이 되도록 배치한다. 어스 테스터의 교정은 P, E, C의 3단자를 연결하고 다이얼이 0이 되도록 나사를 조정한다. 그리고 핸들을 소정의 회전수만큼 회전시킨 다음 눈금판 나사를 돌려서 검류계의 바늘을 중앙의 붉은 선과 일치시키고, 이 선 위의 눈금판의 값을 읽는다.

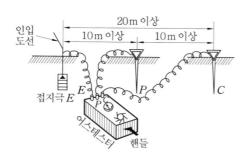

그림 4-9 접지 저항 측정법

1-4 피뢰 설비의 설계 예

지붕이 평지붕인 콘크리트 건물 및 경사진 지붕을 가진 건물의 피뢰 설비를 보기로 들어본다.

(1) 평지붕을 가진 높이 50 m 이상의 콘크리트 건물

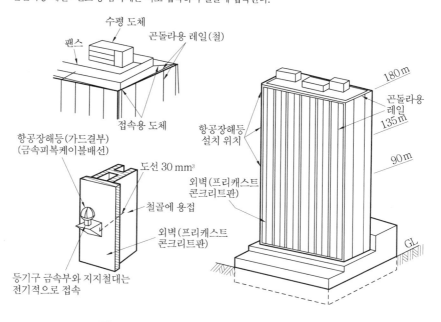

그림 4-10 외벽이 비금속인 경우의 피뢰침 설비

(2) 구배를 가진 각종 건축물

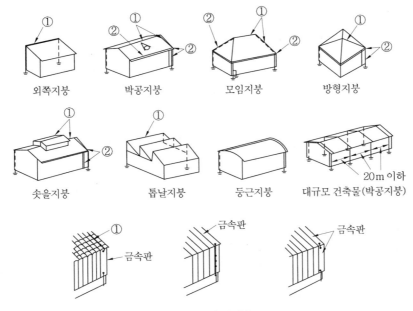

① 수평 도체 지붕의 가장자리 부분은 이에 가장 가까운 수평 도체에서 수평거리 10m 이내가 되도록 배치한다.
② 피뢰 도선과 빗물받이를 접속한다.

그림 4-11 구배를 가진 각종 건물의 피뢰침 설비

2. 항공 장애등 설비

교통부령에 따른 규정으로 야간 비행, 저공 비행, 활주로의 안전 진입을 위해 설치한다. 항공 장애등의 종류로는 고광도 및 저광도 항공 장애등과 위험 항공 등대 등이 있다.

(1) 고광도 항공 장애등

① 최대 광도 2000 cd 이상이어야 한다.
② 1분간의 명멸 횟수 20~60이어야 한다.
③ 장애등의 명멸은 광원의 중심을 포함하는 수평면 아래 15° 방향에서 위쪽으로 모든 방향에서 식별이 가능해야 한다.

(2) 저광도 항공 장애등

① 최대 광도 20 cd 이상이어야 한다.
② 부등광으로서 광원의 중심을 포함하여 수평면 아래 15° 방향에서 위쪽으로 모든 방향에서 식별이 가능해야 한다.

(3) 설치 기준

① 지표면 또는 수면으로부터 60 m 이상 높이의 초고층 건축물이나 공작물은 항공 장애등과 주간 장애 표시등을 설치하도록 되어 있다.

② 건물의 꼭대기에서 아래 방향으로 1.5~3 m 사이에 진입 표면에 가장 가까운 곳에 설치한다.

③ 45 m를 초과하는 건물에는 당해 건물의 꼭대기에서 지상까지의 사이에 수직 거리 45 m 이하의 같은 간격으로 위치해야 하며, 0, 45, 90, 135, 180 m의 간격으로 설치한다.

3. 방범 설비

도난 방지와 예방을 목적으로 하는 설비로서 방범의 필요성과 용량에 따라 각종 감지기가 조합되어 설치된다.

단말 검출기의 분류는 다음과 같다.

① 접점 감지 방식 : limit switch, mat switch, 마이크론 스위치, 푸시버튼 스위치

② 빛 감지 방식 : 적외선, ITV(Industrial Television)

③ 전자파 감지 방식 : 초음파, 마이크로파, 광파

④ 음 감지 방식 : 집음 마이크, 도청 기기

⑤ 진동 감지 방식 : 바이브레이션

기타 자동 화재 탐지 설비, 경보 설비는 "제 2 편 제 6 장 소화 설비"를 참조한다.

제 5 장   수송 설비

수송 설비란 사람이나 화물의 수송을 위한 설비를 말하는 것으로, 여러 종류가 있으나 건물내의 주요 수송 설비로는 엘리베이터(elevator)와 에스컬레이터(escalator) 설비가 있다.

1. 엘리베이터(elevator)

1−1   엘리베이터의 구조

엘리베이터의 각 부 구조는 기계실·카 (car)·승강로 (hatch way)·승강장 (landing entrance) 등으로 구성되며, 각 부의 세부 구조는 그림 5−1 (Geared)와 같다.

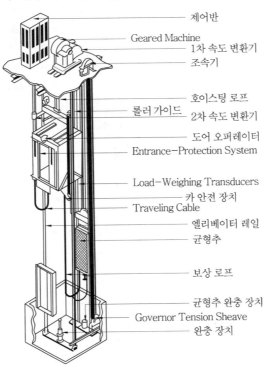

제어반
Geared Machine
1차 속도 변환기
조속기

호이스팅 로프
롤러 가이드
2차 속도 변환기
도어 오퍼레이터
Entrance−Protection System

Load−Weighing Transducers
카 안전 장치
Traveling Cable
엘리베이터 레일
균형추

보상 로프

균형추 완충 장치
Governor Tension Sheave
완충 장치

그림 5−1 엘리베이터의 각 부 명칭과 구조

(1) 기계실(machine room)의 주요 명칭

① 기어 있는 권상기(geared traction machine)

② 기어 없는 권상기(gearless traction machine)

③ 전자 브레이크 (magnet brake)

④ 견인차 (traction sheave)

⑤ 전동 발전기(motor-generator)

⑥ 수전반 (receiving panel)

⑦ 기동반 (stater panel)

⑧ 제어반 (control panel)

⑨ 계상 선택기(floor selector)

⑩ 전향차 (deflector sheave)

⑪ 조속기(governor)

(2) car (cage)의 주요 명칭

① 카를 매다는 밧줄 (car sling)

② 카 바닥 (car platform)

③ 카 문 (car door)

④ 케이지 실(cab or enclosure)

⑤ 패널 문 (panel door)

⑥ 폭 목 (kick plate)

⑦ 타일판 (tile plate)

⑧ 카 스위치(car switch)

⑨ 카 조작반 (car operating panel)

⑩ 카 위치 표시기(car position indicator)

⑪ 알림 표시기(announciator)

⑫ 카 매다는 활차 (car suspension sheave)

⑬ 문 개폐 기계(door operator)

⑭ 가이드 슈 (guide shoe)

⑮ 급유기(lubricator)

⑯ 슬로다운 스위치(slowdown switch)

⑰ 종점 스위치(stopping switch)

⑱ 문 안전 스위치(door safety edge)

⑲ 상착 계전기(inductor relay)

⑳ 안전 스위치(safety switch)

㉑ 캠 인입 장치(retiring cam device)

㉒ 안전 장치(safety)

㉓ 점차적인 비상 안전 장치 [gradual (clamp) safety]

(3) 승강로 (hoistway or hatchway)의 주요 명칭

① 안내 레일(guide rail)

② 권상 로프 (hoisting rope)

③ 조속기 로프 (governor rope)

④ 완충기(buffer) : 유압 또는 스프링 완충기(oil or spring buffer)

⑤ 제어 케이블 (control cable)

⑥ 균형추 (counter weight)

⑦ 보정 로프(compensating rope)

⑧ 제한 스위치(limit switch)

⑨ 인장차 (조속기) [tension sheave (governor)]

⑩ 접속 상자 (junction box)

⑪ 유도판 (inductor plate)

(4) 승장 (landing entrance)의 주요 명칭

① 삼방줄 (jamb)

② 토 대(sill)

③ 위치 표시기(indicator)

④ 승장 버튼 (hall button)

⑤ 승장문 (hatch door or entrance door) ⑥ 승강등 (up-down lantern)
⑦ 문 연결 스위치(door interlock switch) ⑧ 운전 관리반 (supervisory control panel)

1-2 엘리베이터의 분류

(1) 용도별 분류

① 승객용 엘리베이터(passenger elevator)
② 화물용 엘리베이터(freight elevator)
③ 사람-화물용 엘리베이터(passenger-freight elevator)
④ 침대용 엘리베이터(bed elevator)
⑤ 자동차용 엘리베이터(motor-car elevator)
⑥ 전동 덤웨이터(electric dumbwaiter)

(2) 속도별 분류

엄격한 구분은 되어 있지 않으나 일반적으로 다음과 같이 분류한다.
① 저속도 엘리베이터 : 45 m / min 이하
② 중속도 엘리베이터 : 45~90 m / min
③ 고속도 엘리베이터 : 90 m / min 이하

표 5-1 엘리베이터의 속도와 구동 방식

구 별	저 속 도	중 속 도		고 속 도	
구동 방식	교류 1단 속도 교류 2단 속도	교류 2단 속도	직류 가변 전압 기어드	직류 가변 전압 기어레스	
속 도 (m / min)	15 20 30	45 60 75	90 105	120 150 180 210 240 300	

(3) 권상 전동기의 전원별 분류

① 교류 엘리베이터 : 속도 60 m / min 이하
② 직류 가변 전압 엘리베이터 : 속도 90 m / min 이상

(4) 감속기 유무에 의한 분류

① 기어드 엘리베이터 : 저속 · 중속 엘리베이터
② 기어레스 엘리베이터 : 고속 엘리베이터

(5) 구동 방식별 분류

① 로프식 엘리베이터 ② 유압식 엘리베이터
③ 스크루식 엘리베이터

(6) 기계실 위치에 의한 분류

① 승강로 상부에 위치(overhead installation)
② 승강로 하부에 위치(basement installation)

(7) 운전 방식에 의한 분류

① 운전원에 의한 방식
- 카 스위치(car switch) : 수동 착상 방식, 자동 착상 방식
- 신호 운전(signal operation)
- 기록 운전(record operation)

② 운전원이 없는 방식
- 단식 자동 (single automatic)
- 승합 전자동 방식
- 하강 승합 자동 방식

③ 병용 방식(Dual 조작 방식)
- 카 스위치(car switch)와 단식 자동 (single automatic) 병용 방식
- 카 스위치(car switch)와 승합 전자동 방식
- 시그널(signal) 승합 전자동 방식

④ 군 관리 방식(supervisory system)
- 시그널(signal) 군승합 전자동 방식
- 출발 신호가 있는 시그널 군승합 전자동 방식
- 군승합 자동 방식

1−3 엘리베이터의 일반 이론

(1) 권상 전동기의 용량 계산

전동기의 용량은 다음 식으로 구한다.

$$kW = \frac{L \cdot V \cdot F}{6120\,\eta} \ [kW] \tag{5-1}$$

여기서, L : 정격 적재 하중 (kg), V : 승강 속도 (m / min)
η : 엘리베이터의 전효율
F : 균형추의 계수 (승용 엘리베이터 0.55, 화물용 엘리베이터 0.5)

여기서, 권상기 효율 (η)은 다음과 같다.
- 기어 있는 권상기　　　1 : 1 로핑 0.50~0.60
　　　　　　　　　　　　2 : 1 로핑 0.45~0.55
- 기어 없는 권상기　　　1 : 1 로핑 0.85
　　　　　　　　　　　　2 : 1 로핑 0.8

(2) 전동 발전기 용량

① 발전기의 용량

$$kW_g = \frac{kW_h}{\eta_1} \times c \ [\ kW] \tag{5-2}$$

여기서, kW_g : 직류 발전기의 용량 (연속 정격), kW_h : 권상 전동기의 용량
c : 연속 정격은 한 시간 정격의 55~60 %에 해당
η_1 : 권상 전동기의 효율 (약 0.8)

② 교류 유도 전동기의 용량

$$kW_i = \frac{kW_g + kW_e}{\eta_2} \ [\text{kW}]$$

[5-3]

여기서, kW_i : 교류 전동기의 용량 (연속 정격), kW_e : 직류 여자기의 용량 (연속 정격)

η_2 : 발전기 및 여자기의 효율 (0.85~0.9)

1-4 엘리베이터의 안전 장치

(1) 전기적 안전 장치

① 주접촉기 : 정전, 저전압 또는 각부의 고장에 대해 주회로를 차단한다.

② 과부하 계전기 : 과부하 전류에 대한 보호 장치로서 엘리베이터의 전원을 차단한다.

③ 주가용기 : 메인 퓨즈로서 위와 같은 작용을 한다.

④ 전자 브레이크 : 전동기의 토크 소실이 생겼을 때 엘리베이터를 정지시킨다.

⑤ 승장 스위치 : 문이 완전히 닫히지 않을 때는 운전 불능이 된다.

⑥ 도어 스위치 : 위와 같다.

⑦ 비상 정지 버튼 : 케이지 안에 있는 것으로 비상시엔 급정지시킨다.

⑧ 안전 스위치 : 케이지 위에 있는 것으로 보수 점검 때 사용한다.

⑨ 슬로다운 스위치(스토핑 스위치) : 최종 계층에서 케이지를 자동적으로 정지시킨다.

⑩ 파이널 리밋 스위치 : 스토핑 스위치가 작동하지 않을 때 제2단위 작동으로 주회로를 차단한다.

⑪ 도어 안전 스위치 : 자동 엘리베이터에 있어서 닫히고 있는 문에 몸이 접촉되면 도로 문이 열린다.

⑫ 비상벨과 전화기 : 고장이 난 경우 케이지 안과 기계실 또는 전기실에 신호 또는 통화를 한다.

(2) 기계적 안전 장치

① 도어 인터로크 장치 : 승장 스위치와 동시에 작동하여 밖에서 문이 열리지 않는다.

② 조속기 : 케이지가 과속했을 때 작동한다.

③ 비상 정지 : 일반적으로 조속기의 작동에 따라 레일을 잡고 케이지의 낙하를 멈추게 한다.

④ 완충기 : 비상 정지 장치가 작동하지 않아 케이지가 미끄러져 떨어지거나 초과 부하로 브레이크가 듣지 않아 케이지가 미끄러져 떨어질 때 밑바닥에 격돌하는 것을 방지한다.

⑤ 구출구 : 케이지가 층계 중간에 정지했을 때 승객을 케이지 천장으로부터 탈출시킨다. 구출구를 열면 엘리베이터가 정지하는 전기적 인터로크 장치가 필요하다.

⑥ 수동핸들 : 전동기의 축 끝에 들어 있으며, 브레이크를 늦추어 인력으로 케이지를 바닥면까지 움직인다.

이상과 같이 여러 가지 사고에 대응하여 즉각 작동하는 안전 장치가 승객용 엘리베이터는 물론, 화물용 엘리베이터도 완비되어 있으므로 엘리베이터는 안전한 운송 설비이다.

단, 이들 안전 장치에 대해서는 제작 공장에서 충분한 시험·검사를 하고 설치 후에는 소정의 관계 기관 검사에 합격한 것을 확인한 다음에 사용하며 또 사용 후는 일정한 보수 점검을 실시하는 한편, 매년 1회 시행하는 정기 검사에 합격되어야 한다.

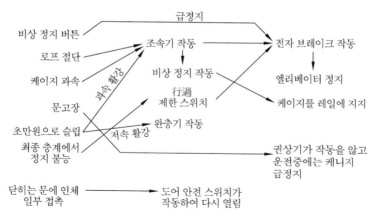

그림 5-2 안전 장치 계통도

1-5 엘리베이터와 건물과의 관계

엘리베이터는 건물내에 설치되는 관계상 건물과 밀접한 관계를 가진다. 그러므로 건물과 중요한 관계를 갖는 엘리베이터의 위치·승강로·승장·기계실·적재량 등을 중심으로 논한다.

(1) 케이지(cage)의 크기

엘리베이터의 케이지 바닥 면적과 적재량과의 관계는 승용 엘리베이터의 경우 적재 하중이 정해지면 1인당 하중을 65 kg으로 하여 최대 정원을 구한다. 표 5-2는 케이지의 바닥면적과 적재 하중의 관계를 나타낸다.

(2) 승강로 : 승강로의 치수는 다음과 같은 방법으로 구한다.

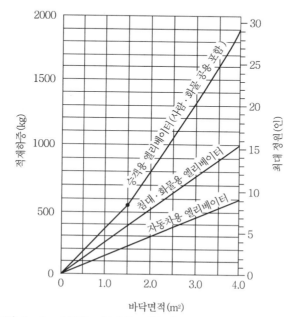

그림 5-3 승객용·침대용·화물용·자동차용 엘리베이터의
적재 하중·최대 정원·바닥 면적의 관계도

① 적재 하중으로부터 정원을 산출하고 바닥의 내부 및 외부 치수를 구하여 승강로 크기를 산출한다.
② 승강로의 치수는 케이지의 크기, 추의 크기 및 그 배치, 출입구 문의 방식 등에 의하여 결정된다.
③ 승강로의 피트는 케이지가 완충기에 충돌하였을 경우 완충기의 기능을 충분히 발휘할 수 있는 깊이로 한다.

표 5-2 케이지 바닥 면적과 적재 하중

케이지의 종류		적 재 량 (kg)
승용 엘리베이터	케이지 바닥 면적 1.5 m² 이하의 경우	케이지 바닥 면적 1 m²에 대해 370으로 한다. $370 \times A$ [kg]　A : 케이지 면적
	케이지 바닥 면적이 1.5 m²를 초과하고 3.0 m² 이하의 경우	케이지 바닥 면적이 1.5 m²를 초과하는 면적에 대해 1 m² 당 500으로 계산한 수치에 500을 가산한다. $500(A-1.5)+500$ [kg]
	케이지 바닥 면적이 3.0 m²를 초과할 경우	케이지 바닥 면적이 3.0 m²를 초과하는 면적에 대해 1 m² 당 600으로 계산한 수치에 1300을 가산한다. $600(A-3.0)+1300$ [kg]
승용 이외의 엘리베이터		케이지 바닥 면적 1 m²에 대해 250으로 계산한 수치, 자동차용인 경우 150으로 계산한 수치 ① $250 \times A$ [kg]　② $150 \times A$ [kg]

예제 1. 케이지의 바닥 면적이 3.5 m²일 때 적재 하중과 정원을 구하라.

해설 표 5-2에 의하여
적제 하중 : $600(3.5-3.0)+1300=1600$ [kg]
정원 : $1600/65 \fallingdotseq 25$ [명]

답 1600 [kg], 25 [명]

표 5-3 케이지의 외부 치수 (mm)

엘리베이터의 종류	케이지 바닥 폭 치수 a	케이지 바닥 깊이 치수 b	
일반 엘리베이터	$A+100$	2짝 양쪽 개폐문	$B+220$
		2짝 한쪽 개폐문 4짝 양쪽 개폐문	$B+260$
		3짝 한쪽 개폐문	$B+300$
규격형 엘리베이터	$A+62$	2짝 양쪽 개폐문 2짝 한쪽 개폐문	$B+186$ $B+224$
규격형 고속 엘리베이터	$A+100$	2짝 양쪽 개폐문	$B+206$

주 A : 케이지의 바닥 폭, B : 케이지의 바닥 깊이

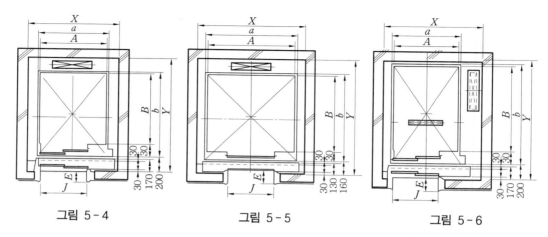

| 그림 5 - 4 | 그림 5 - 5 | 그림 5 - 6 |

표 5 - 4 승강로의 최소 치수 (mm)

균형추의 위치	권상기와 로핑	문개폐 방식	승강로의 최소 치수		적용 범위 (적재량 kg)
			폭 X	깊이 Y	
뒤 낙 하	GL 2 : 1 로핑	2짝 양쪽 개폐문	$a+200+200$	$b+160+370$	1000～1150
	GD, AC 1 : 1 로핑			$b+160+470$	1350～1600
	GD, AC 1 : 1 로핑	2짝 한쪽 개폐문		$b+200+340$	1150까지
				$b+200+380$	1150 이상～1600
옆 낙 하	GD, AC 2 : 1 로핑	2짝 한쪽 개폐문	$a+220+430$	$b+200+140$	750 kg 침대용
			$a+220+480$		1000 kg 침대용
뒤 낙 하 (초고층 유구조) 속도 180～300 m / min	GL 1 : 1 로핑	2짝 양쪽 개폐문	$a+250+250$	$b+160+470$	1150까지
				$b+160+520$	1150 이상～1600

㊒ GL : 직류 가변 전압 기어레스, GD : 직류 가변 전압 기어드, AC : 교류 기어식
 a : 케이지 바닥 폭, b : 케이지 바닥 깊이

(3) 기계실 관계

표 5 - 5 피트 깊이 · 정상부의 틈 · 기계실 높이

케이지 속도 (m / min)	피트 깊이(m)	정상부 간격(m)	기계실 높이(m)	비 고
45 이하	1.2	1.2	2.0	용수철 완충기
45～60	1.5	1.4		
60～90	1.8	1.6	2.2	
90～120	2.1	1.8		
120～150	2.4	2.0		
150～180	2.7	2.3	2.5	유압 완충기
180～210	3.2	2.7		
210～240	3.8	3.3	2.8	
240 이상	4.0	4.0		

㉜ ① 정상부 간격이란 케이지가 최상층에 있을 때 케이지 윗면에서부터 승강로 정상부 밑바닥까지의
　　수직 거리를 말한다.
　② 피트 내의 위의 치수 이내에는 장해가 되는 돌출부를 설치해서는 안 된다.

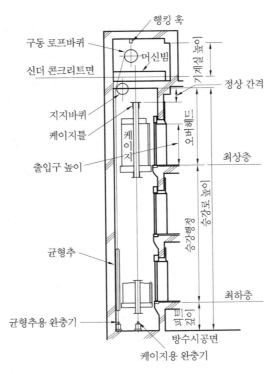

그림 5-7 승강로의 단면도

　기계실의 넓이는 승강로의 수평 투영 면적의 2배 이상으로 하는 것이 보통이며 교류 엘리
베이터의 경우 2.0~2.5배, 직류 엘리베이터의 경우 2.5~3.0배, 군관리 운전 방식의 직류 엘
리베이터의 경우 3.0~3.5배로 한다.

　그리고 기계실의 높이는 케이지의 정격 속도 60 m / min 이하에서 2.0 m, 60 m / min ~ 150 m /
min에서 2.2 m, 150 m / min ~ 210 m / min에서 2.5 m, 240 m / min 이상인 경우 2.8 m로 하고
있다 (표 5-5 참조).

(4) 엘리베이터의 위치

　엘리베이터는 사람이 이용하기 쉬운 주 출입구 근처 등에 설치하며, 분산해서 배치하는 것
보다는 1개소에 집중해서 배치하는 것이 운전 능률, 대기 시간 단축 및 건설비 등에 유리한
장점을 가진다.

　그러므로 이와 같은 점을 고려해서 적절한 위치를 선택한다.

표 5-6 엘리베이터 배열 예

엘리베이터의 좋은 배치 예	엘리베이터의 나쁜 배치 예
직선 배치(4대 이하)	5대 이상의 직선 배치
① 주형은 되도록 추쪽에 있게 계획하는 것이 바람직하다. 엘리베이터의 승강장 주위의 설계가 효율적으로 된다. ② 병렬 배치는 4대를 한도로 한다. 5대 이상은 앨코브, 대면 배치로 한다.	① 기둥형의 승강장 쪽에 나와 있어 승강장의 깊이가 깊어진 예로서 바람직하지 못하다. ② 5대 이상을 직선으로 나란히 두면 타기가 불편하여 능률적인 운행이 안 된다.
3.5~4.5 m 3.5~4.5 m 앨코브 배치 대면 배치	6m이상 6m이상 대면거리가 넓은 앨코브 배치와 대면 배치
① 8대를 초과하는 경우에는 2개 그룹으로 나눈다. ② 대면 배치에서는 홀이 관통 통로가 되지 않도록 고려한다.	대면 거리가 6 m 이상이 되면 보행 거리가 멀어져 효과적인 승강기 이용이 어렵다.

1-6 엘리베이터의 설비의 계획

(1) 엘리베이터 선택

건물의 종류·용도·구동 방식·승강 속도에 따라 알맞은 것을 선택한다.

(2) 정원·설비 대수·평균 1주 시간을 구하는 방법

① 정원 산출 방법
- 엘리베이터 케이지 바닥 면적과 적재 하중과의 관계는 표 5-2에 의한다.
- 승용 엘리베이터에서 적재 하중이 정해지면 1인당 하중을 65 kg으로 하여 최대 정원을 구한다 (바닥 면적은 1인당 약 0.2~0.23 m² 정도이다).

② 설비 대수 : 이용자가 많다고 생각되는 시간대 5분간의 이용 인원수와 엘리베이터가 5분간에 운반하는 인원수로써 설비 대수가 결정된다.
- 5분간에 운반하는 수송 인원수 P는 케이지 정원과 평균 일주 시간에 의하여 계산된다 (1대의 5분간의 수송 능력).

$$P = \frac{60 \times 5 \times 0.8 \times 케이지\ 정원}{평균\ 1주\ 시간} \qquad\qquad [5-4]$$

- 아침·저녁의 혼잡 시간의 5분간에 이용하는 인원수 M은 건물 인구와 건물의 이용목적에 의해 정해진다.

$$M = 건물\ 인구 \times 5분간\ 이용하는\ 인원수의\ 비율 \qquad [5-5]$$

· 설비 대수 (N)

$$N = \frac{5분간의\ 이용\ 인원수}{5분간\ 운반하는\ 수송\ 인원수} \qquad [5-6]$$

표 5-7 용도·구동 방식·승강 속도

구동 방식	교류 1단 속도 (AC-1)		교류 2단 속도 (AC-2)			기어 있는 직류 가변 전압		기어 없는 직류 가변 전압		유압식
승강 속도 (m/min)	15, 20	30	30	45	60	90	105	120	150	180~300
대사무실용 (승객용)								○	○	○급행
대호텔(승객용)						○	○	○	○	
대병원(승객용)					○	○	○			
대백화점(승객용)								○	○	
중소사무실, 백화점, 수퍼마켓				○	○	○	○			
대사무실, 대호텔 (승객 화물용)				○	○	○				
중소 호텔, 아파트 (승객용)		○	○	○						
병원 침대용	○		○	○						
입체주차 빌딩(엘리베이터 슬라이드식)					○	○				
자동차용			○	○	○	○				○ 승 10, 15, 20 강 15, 20, 30
일반 소형 화물용	○		○	○	○	○				○ 자동차용에 준하며 저층계용
일반 대형 화물용			○	○	○	속도 60				○ 승 30, 45, 60
호텔, 은행, 사무실, 빌딩의 저층계용										○ 강 60

표 5-8 5분간 이용하는 인원수의 비율

사무실의 종류	비 율
전용 사무실이나 동시 출근이 많은 임대 사무실	1/2~1/4
블록 임대나 플로어 임대 등 임대주 수가 적은 임대 사무실	1/7~1/8
임대주, 회사 수가 많은 임대 사무실	1/9~1/10

③ 평균 일주 시간 산출

평균 일주 시간=승객 출입 시간+문의 개폐 시간+주행 시간 (초)　　[5-7]

④ 운전 간격과 평균 대기 시간 : 운전 간격이란 뱅크 운전 중의 엘리베이터 군에서의 각 케이지의 기준층을 출발하는 간격을 말한다. 엘리베이터의 서비스 기준에서 운전 간격이

30초까지면 양(良), 40초까지면 가(可), 50초를 초과하면 불가이며, 승객의 평균 대기 시간은 이 운전 간격의 1/2로 본다.

$$운전\ 간격 = \frac{평균\ 일주\ 시간}{1뱅크\ 운전\ 중의\ 대수} \qquad\qquad [5-8]$$

1-7 승강기 설치 기준

(1) 승용 승강기 설치

다음 표 5-9의 기준에 따라 승용 승강기를 설치하여야 한다.

표 5-9 승용 승강기 설치 기준

건축물의 용도 \ 6층 이상의 거실 면적	3000 m² 이하	3000 m² 이상
문화 및 집회 시설(공연장·집회장·관람장), 판매 및 영업 시설, 의료 시설	2대	$(A-3000\,m^2)/2000\,m^2+2$대
문화 및 집회 시설(전시장 및 동·식물원), 업무 시설, 숙박 시설, 위락 시설	1대	$(A-3000\,m^2)/2000\,m^2+1$대
공동 주택, 교육 연구 및 복지 시설, 기타 시설	1대	$(A-3000\,m^2)/3000\,m^2+1$대

㈜ A는 6층 이상의 거실 면적 합계, 승강기의 대수 기준을 산정함에 있어 8인승 이상 15인승 이하 승강기는 위의 표에 의한 1대의 승강기로 보고 16인승의 승강기는 위의 표에 의한 2대의 승강기로 본다.

(2) 비상용 승강기의 설치 및 구조

〈설 치〉

높이 41 m를 넘는 건축물에는 표 5-10에 의한 대수 이상의 비상용 승강기를 설치하여야 한다. 이때 2대 이상의 비상용 승강기를 설치할 때는 소화상 유효한 간격을 두고 배치하여야 한다.

표 5-10 비상용 승강기의 설치 대수

높이 41 m를 넘는 부분의 바닥 면적이 최대인 층의 바닥 면적	대 수
① 1500 m²	1대
② 1500 m² 초과 4500 m²까지	2대
③ 4500 m² 초과 7500 m² 까지	3대

㈜ ②, ③에서와 같이 1500 m²를 넘을 때에는 3000 m² 이내마다 1대를 가산한 수가 된다.

〈구 조〉

① 승강장

- 출입구 또는 직접 외기(또는 노대)에 향하여 열 수 있는 창이나 배연 설비를 제외하고는 내화 구조의 바닥 및 창으로 구획할 것
- 모든 층에 있어 옥내로 통할 수 있게 하고, 그 출입구에는 갑종 방화문을 설치할 것

- 직접 노대 또는 외기에 향하여 개방할 수 있는 창을 설치하거나 배연 설비를 할 것
- 실내의 마감(반자 및 벽)은 불연 재료로 할 것
- 예비 전원을 갖는 조명 설비를 할 것
- 승강장 바닥 면적은 승강기 1대에 대하여 $6\,m^2$ 이상으로 할 것
- 피난 층에 있는 승강장의 출입구로부터 도로 또는 공지에 이르는 거리가 $30\,m$ 이하가 되도록 할 것

② 승강기

- 외부와 연락할 수 있는 전화를 설치할 것
- 예비 전원에 의하여 가동할 수 있도록 할 것(상용 전원이 차단되는 경우 60초 이내 정격 용량을 발생하는 자동 전환 방식으로 하되, 수동 시동이 가능토록 할 것, 2시간 이상 작동 가능토록 할 것)
- 정격 속도는 $60\,m/min$ 이상으로 할 것

③ 지체 부자유자용 승용 승강기 구조

- 승강기의 안팎에 장치하는 모든 스위치는 바닥으로부터 $0.8\,m$ 이상 $1.2\,m$ 이하의 높이에 설치할 것
- 승강기의 출입문의 너비는 $0.9\,m$ 이상으로 할 것
- 승강기 밖의 바닥과 승강기 바닥 사이의 틈의 너비는 $3\,cm$ 이하로 할 것
- 승강기의 출입문과 평행한 면의 너비는 $1.6\,m$ 이상, 이와 직각 방향의 면의 너비는 $1.35\,m$ 이상으로 할 것
- 승강기의 출입문과 마주보는 출입문의 개폐 여부를 확인할 수 있는 견고한 재질의 거울을 설치할 것

2. 에스컬레이터(escalator)

에스컬레이터는 건물 내의 교통 수단의 하나로써 30도 이하의 기울기를 가진 계단식으로 된 컨베이어로 정격 속도는 하강 방향을 고려하여 $30\,m/min$ 정도가 좋다. 짧은 거리의 다량 수송(수송 능력은 시간당 4000~8000인, 엘리베이터는 400~500인)용으로 최근 백화점에서 많이 이용되고 있다. 에스컬레이터는 엘리베이터의 10배 이상의 수송력을 갖고 있다.

에스컬레이터는 설계상 다음과 같은 점을 고려해야 한다.

① 구동 장치, 제어 장치 등을 격납하는 기계실은 되도록 작게 할 것 : 백화점에서는 매장 면적을 희생하는 일을 되도록 피한다.

② 운전이 정숙하고 원활할 것 : 백화점 중앙에서 기계적인 잡음이 나는 것은 고객들이 가장 싫어한다.

③ 동력비가 적게 들 것 : 매일 10시간의 연속 운전이므로 동력비의 절약은 중요한 조건이 된다.

④ 의장(意匠)적으로 우수할 것 : 건물에 어울리는 의장이어야 한다. 예컨대 백화점용이면 의장 관계에 특히 유의하여 선전의 일익을 담당할 필요가 있고, 지하철·고가역·일반 빌딩용으로는 성격상 견고성이 제일 조건이어야 한다.

⑤ 보수가 용이할 것 : 연속 사용하므로 주유가 되도록 간단하고 장시간 유지되는 것이 필요하다.

⑥ 각종 안전 장치는 확실히 작동할 것

⑦ 노인·어린이들도 쉽게 타고 내릴 수 있도록 세부에 이르기까지 철저한 배려를 한 구조일 것

⑧ 전체를 경량으로 설계할 것 : 건물의 보에 가해지는 하중은 가벼울수록 바람직하므로 디딤판이나 의장 부분에 경합금재를 사용하는 것은 그 때문이다.

표 5 - 11 에스컬레이터의 수송력

폭 1200 mm	시간당 9000인
폭 800 mm	시간당 6000인

2-1 에스컬레이터의 구조

그림 5-8은 에스컬레이터의 각 부 구조와 명칭을 나타낸 것이다.

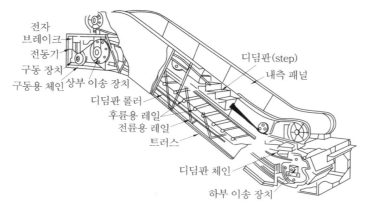

그림 5 - 8 에스컬레이터의 각부 명칭과 구조

2-2 에스컬레이터의 배열

에스컬레이터를 배열할 때 고려해야 할 사항은 다음과 같다.

① 에스컬레이터의 하중은 건물의 주요 구조부에 균등하게 지지되어 걸리도록 할 것

② 건물내의 교통의 중심에 설치하되 엘리베이터와 현관의 위치를 고려하여 결정할 것

③ 승객의 시야를 막지 않을 것

④ 주행 거리를 짧게 할 것

⑤ 교통이 연속되도록 할 것

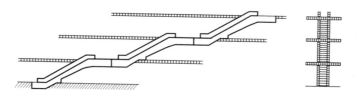

그림 5 - 9 연속 직선형 배열

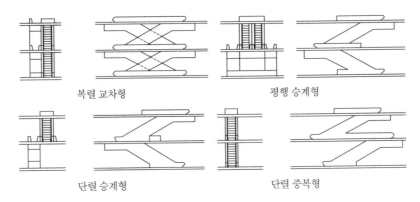

복렬 교차형   평행 승계형

단렬 승계형   단렬 중복형

그림 5-10 각종 배열법

에스컬레이터의 배열 방법을 다음과 같은 여러 가지 방식이 있다.
① 연속 직선형(continuous line type)
② 수직 중복형(vertically superimposed type)
  • 평행 중복형(parallel superimposed type)
  • 평행 승계형(parallel continuous type)
  • 교차 분리형(criss-cross detached type)
  • 복렬 교차형(criss-cross attached type)
③ 단렬형(single type)
  • 단렬 승계형(scissor type)
  • 단렬 중복형(single bank type)

표 5-12 배열 방식과 특징

종 별	장 점	단 점
평행 중복형	1. 에스컬레이터의 존재를 알 수 있다. 2. 양단부의 전망이 좋다.	1. 교통이 연속되지 않는다. 2. 승객이 한쪽만 바라보므로 시야가 좁다. 3. 승강객이 혼잡하다. 4. 바닥 면적이 많이 필요하다.
평행 승계형	1. 교통이 연속된다. 2. 타고 내리는 교통이 명백히 분리된다. 3. 승객의 시야가 넓다. 4. 에스컬레이터의 존재를 알 수 있다. 5. 전매장을 한 눈에 볼 수 있다.	1. 점유 면적이 많아야 한다.
복렬 교차형	1. 교통이 연속된다. 2. 혼잡하지 않다. 3. 에스컬레이터 아래 장소의 이용도가 높다.	1. 승객의 시야가 좁다. 2. 에스컬레이터의 위치를 표시하기 힘들다. 3. 양측의 단부에서 시야가 마주친다.

2-3 에스컬레이터의 대수 산정

에스컬레이터의 대수는 사람의 흐름이나 혼잡도에 따라 대수가 정해지지만 밀도율(density ratio)로 간단하게 수송 설비를 판정할 수 있다.

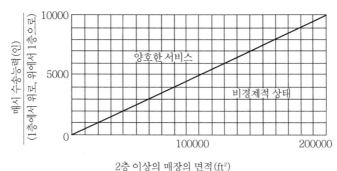

그림 5-11 density ratio

밀도율 R은 다음과 같다.

$$R = \frac{2\text{층 이상의 바닥 면적의 합계 (ft}^2)}{1\text{시간의 수송 능력}} \qquad [5-9]$$

$$R = \frac{11 \times 2\text{층 이상의 바닥 면적의 합계 (m}^2)}{1\text{시간의 수송 능력}} \qquad [5-10]$$

위에서 계산한 R의 값은 20~25이면 양호하고, 25 이상이면 수송 설비가 나쁘다고 판단된다. 그림 5-11은 바닥 면적과 수송 인원의 관계를 나타낸 것으로 이 표에서 R을 구할 수 있다.

예제 2. 백화점의 매장 면적이 231000 ft²인 건물에서 수송 설비를 A에서 B로 개조하였다. 이때 수송 설비가 양호한가를 검사하시오.

종 별	개량 전(A)	개량 후(B)
엘리베이터	19인승 105 m / min 10대	19인승 105 m / min 7대
	15인승 76 m / min 3대	15인승 76 m / min 3대
에스컬레이터	없음	1~5층간 1200 mm형 각 1대
		계 4대
		5~7층간 800 mm형 각 1대
		계 2대
평균 일주 시간	140 sec	100 sec

해설 식 [5-4]에 의한 개량 전(A) R를 구하면

$$P = \frac{3600 \times (19 \times 10 + 15 \times 3)}{140} = 6043 = 6040\,[\text{명}]$$

$$R = \frac{231000\,\text{ft}^2}{6040} = 38$$

개량 후 (B) P와 R을 구하면,

$$P' = \frac{3600 \times (19 \times 7 + 15 \times 3)}{100} = 6400\,[\text{명}]$$

에스컬레이터의 매시간 수송 인원은 6000명으로 본다.

$$R' = \frac{231000}{6000+6400} = 18$$

그러므로 density ratio가 38에서 18로 되었으므로 수송 설비는 양호한 것으로 본다.

2−4 건축법상의 규정

〈구 조〉

① 사람 또는 물건이 시설의 부분 사이에 끼이거나 부딪치는 일이 없도록 안전한 구조로 할 것

② 경사도는 30° 이하일 것

③ 디딤 바닥 양측에 난간을 설치하고, 난간 상부가 디딤 바닥과 동일한 속도로 운송할 수 있는 구조로 할 것

④ 디딤 바닥의 정격 속도는 30 m / min 이하로 할 것

3. 전동 덤웨이터(electric dumbwaiter)

사람은 타지 않는 화물용으로, 케이지 바닥 면적이 $1\,m^2$ 이하, 천장 높이가 1.2 m 이하로 중량 300 kg 이하의 화물 운반에 이용된다. 속도는 15 · 20 · 30 m / min이고, 전동기 용량은 최대가 3 HP이며 용량이 클수록 저속이다. 조작 방식은 복귀 제어식과 상호층 제어식이 있다.

4. 이동 보도

수평으로부터 10° 이내의 경사로 되어 있으며, 승객을 수평 방향으로 수송하는 데 사용하는 방식이다. 속도는 40~50 m / min이고 수송 능력은 1시간당 최다가 1500명이며, 주로 역이나 공항에서 이용된다.

제 6 장 옥내 배선 설비의 도시 기호

옥내 배선 설비의 도시 기호는 KS C 0301에 따르며, 표 6-1은 옥내 배선용 심벌(symbol)을 간추린 것이다.

표 6-1 옥내 배선용 심벌 (KS C 0301-199)

명 칭	심 벌	명 칭	심 벌
1. 조명 기구		콘센트 (바닥 부착)	
백열등, HID 등		콘센트 (2극)	
팬던트		콘센트 (3극)	
걸림 로제트		콘센트 (방수형)	
리셉터클		콘센트 (방폭형)	
실링 · 직접 부착		콘센트 (의료용)	
체인 팬던트		비상콘센트	
파이프 팬던트		**3. 스위치**	
샹들리에		스위치	
매입 기구		2극, 3로 스위치	
백열등, HID등 (벽등)		방수형 스위치	
옥외등		방폭 스위치	
형광등		자동 스위치	
형광등 (가로붙임)		조광기	
형광등 (세로붙임)		리모콘 스위치	
비상용 (백열등)		실렉터 스위치	
비상용 (형광등)		리모콘 릴레이	
유도등 (백열등)		**4. 기 기**	
유도등 (형광등)		전동기	
2. 콘센트		콘덴서	
콘센트		전열기	
콘센트 (천장 부착)			

명 칭	심 벌	명 칭	심 벌
환기팬	∞	**7. 배전반, 분전반,**	
룸 에어컨 (옥외, 옥내)	RC₀, RC₁	**제어반**	
소형 변압기	Ⓣ	배전반	
정류 장치	▶	분전반	
축전지	⊣⊢	제어반	
발전기	Ⓖ	재해방지 배전반	1종 2종
5. 개폐기 및 계기		**8. 배 선**	
개폐기	Ⓢ	천장 은폐 배선	
배선용 차단기	Ⓑ	바닥 은폐 배선	
누전 차단기	Ⓔ	노출 배선	
전자 개폐기용 누름 버튼	◉B	천장속 배선	
압력 스위치	◉P	바닥면 노출 배선	
플로트 스위치	◉F	전선의 접속점	
플로트리스 스위치 전극	◉LF	상 승	
타임 스위치	TS	인 하	
전력량계	Ⓦh	소 통	
전력량계 (상자들이)	Ⓦh	풀박스 및 접속상자	⊠
변류기 (상자들이)	CT	VVF용 조인트 박스	⊘
전류 제한기	Ⓛ	접지단자	⊕
누전 경보기	Ⓖ	접지센터	EC
누전 화재 경보기	Ⓕ	접지극 (1종)	(E₂)
지진 감지기	EQ	수전점	
6. 소형 변압기		점검구	▣
소형 변압기	Ⓣ	버스 덕트	
벨 변압기	ⓉB	금속 덕트	MD
리모콘 변압기	ⓉR	정크션 박스	─◎─
네온 변압기	ⓉN	**9. 전 화**	
형광등용 안정기	ⓉF	내선 전화기	Ⓣ
HID등용 안정기	ⓉH	가입 전화기	◉
		공중 전화기	PT

명 칭	심 벌	명 칭	심 벌
팩시밀리	MF	전화기용 인터폰 (자)	ⓣ
전환기		스피커용 인터폰 (부)	
보안기		스피커용 인터폰 (자)	
단자반 중간 단자반		증폭기	AMP
		원격조작기	RM
주단자반			
국선용 단자반		**13. 호출 장치**	
		누름버튼 (벽붙이)	■● (▐●)
본 배선반		손잡이 누름버튼	◉
교환기	MDF	간호부 호출용	◉N
버튼전화 주장치		간호부 호출용 수신반	NC
전화용 아우트렛	◉		
10. 일반 경보 장치		**14. 재실 표시 장치**	
벨(경보용)	◻ (A)	표시등 (벽붙이)	◎ (◖)
		표시기(반)	
버저(경보용)	◻ (A)	표시 스위치(발신기)	
차 임	♪		
경보수신반		**15. 텔레비전**	
		텔레비전 안테나	
11. 전기시계		혼합·분파기	
자시계	◷	증폭기	
시보자시계		4분 기기	
부시계		2분 기기	
시보벨	T	4분 배기	
시보버저	T	2분 배기	
12. 확성 장치 및 인터폰		직렬 유닛 1단자형(75Ω)	◉
스피커		직렬 유닛 2단자형 (75Ω, 300Ω)	◉
폰형 스피커			
잭(스피커형)	J (J)S	분기단자 (300Ω)	—
감쇠기		벽면단자	—○
라디오 안테나	TR	기기 수용 상자	
전화기용 인터폰 (부)	ⓣ		

명 칭	심 벌	명 칭	심 벌
16. 자동 화재 검지 장치		**17. 비상 경보 설비**	
차동식 스폿형 감지기		기동 장치(방폭)	Ⓕ (ⒻEX)
보상식 스폿형 감지기		비상 전화기	㉐
정온식 스폿형 감지기		경보벨	Ⓑ
연기 감지기	Ⓢ	경보사이렌	⋈
감지선		경보구역 경계선	
공기관		경보구역 번호	△
열전대		**18. 소화 설비**	
열반도체		기동버튼	Ⓔ
차동식 분포형 감지기의 검출부		경보벨	Ⓑ
		경보버저	㉧
P형 발신기	Ⓟ	사이렌	⋈
회로 시험기		제어반	
경보벨(방폭)	Ⓑ (ⒷEX)	표시반	
수신기		**19. 방화댐퍼, 방화문, 제어기기**	
부수신기(표시기)		연기 감지기(매입)	Ⓢ (Ⓢ)
중계기		열 감지기	
표시등		자동 폐쇄 장치	㉒
표시판		연동 제어기	
보조 전원	TR	연동 제어기(조작부)	
이보기	R	동작 구역 번호	◇
차동 스폿 시험기	T	**20. 피뢰 설비**	
종단 저항기	Ω	돌침부 (평면도용)	
기기 수용 상자		돌침부 (입면도용)	
경계구역 경계선		피뢰도선 및 지붕위도체	
경계구역 번호	○	접지 저항 및 측정용 단자	⊗

M·E·M·O

부 록

1. 단위 환산 비교표

양	SI의 단위	비교 단위			비 고
각 도 입각도	rad, sr	°(도)	′(분)	″(초)	10진법 표시가 바람직하다. $1°30′=1.5°$
	1	$180/\pi$	$1.08\times10^4/\pi$	$6.48\times10^5/\pi$	
길 이	m	mm	ft	in	
	1	1000	3.280840	39.37008	
	10^{-4}	1	3.280840×10^{-2}	3.937008×10^{-2}	
	0.3048	304.8	1	12	
	0.0254	25.4	$1/12$	1	
면 적	m^2	cm^2	ft^2	in^2	
	1	10^{-4}	10.76391	1550.003	
	10^{-4}	1	1.076391×10^{-3}	0.1550003	
	9.290304×10^{-2}	929.0304	1	144	
	6.4516×10^{-4}	6.4516	$1/144$	1	
체 적	m^3	cm^3	ft^3	in^3	
	1	10^6	35.31467	6.102374×10^4	
	10^{-6}	1	3.531467×10^{-5}	6.102374×10^{-2}	
	2.831685×10^{-2}	2.831685×10^4	1	1728	
	1.638706×10^{-5}	16.38706	$1/1728$	1	
	m^3	리터 L	영 갤런 gal(UK)	미 갤런 gal(US)	1 L(리터) $=1\,dm^3$ (데시입방미터)
	1	1000	219.9692	264.1720	
	10^{-3}	1	0.2199692	0.2641720	
	4.546092×10^{-3}	4.5460919	1	1.200950	
	3.785412×10^{-3}	3.785412	0.832674	1	
시 간	초 s	분 min	시 h	일 d	연 a, y
	1	$1/60$	$1/3600$	$1/86400$	
	60	1	$1/60$	$1/1440$	
	3600	60	1	$1/24$	
	86400	1440	24	1	
속 도	m/s	km/h	ft/s	mile/h	1 knot (노트) $=0.514444\,m/s$
	1	3.6	3.280840	2.236936	
	$1/3.6$	1	0.911344	0.6213712	
	0.3048	1.09728	1	0.6818182	
	0.44704	1.609344	1.466667	1	

양	SI의 단위	비교 단위			비 고
표준중력 가속도	$g_n = 9.80665 \, \text{m/s}^2$, $\quad g_n = 32.17405 \, \text{ft/s}^2$				
주파수 진동수	Hz	사이클$^{-1}$			
	1	1			
회전수	s^{-1}	rps	min^{-1}, rpm	h^{-1}, rph	
	1	1	60	3600	
	$1/60$	$1/60$	1	60	
	$1/3600$	$1/3600$	$1/60$	1	
파 장	m	cm	μm	옹스트롬 Å	
	1	10^2	10^6	10^{10}	
	10^{-2}	1	10^4	10^8	
	10^{-6}	10^{-4}	1	10^4	
	10^{-10}	10^{-8}	10^{-4}	1	
질 량	kg	lb m	slug		$1\,\text{t}(톤) = 10^3\,\text{kg}$
	1	2.204623	6.852178×10^{-2}		
	0.45359237	1	3.108095×10^{-2}		
	14.59390	31.17405	1		
밀 도	kg/m^3	lb m/ft^3	slug/ft^3		표준 중력 상태에서 의 단위 체적당의 무 게 : 비중량(kgf/m^3) 은 밀도(kg/m^3)와 수치는 동일하다.
	1	6.242797×10^{-2}	1.940320×10^{-3}		
	16.01846	1	3.108095×10^{-2}		
	515.3788	32.17405	1		
비체적	m^3/kg	$\text{ft}^3/\text{lb m}$			
	1	16.01846			
	6.242797×10^{-2}	1			
힘	N	kgf	dyn	lb f	
	1	0.1019716	10^5	0.2248089	
	9.80665	1	9.80665×10^5	2.204622	
	10^{-5}	1.019716×10^{-6}	1	2.248089×10^{-6}	
	4.448222	0.4535924	4.448222×10^5	1	
운동량	N·s	kgf·s	lb f·s		$1\,\text{kg·m/s}$ $= 1\,\text{N·s}$
	1	0.1019716	0.2248089		
	9.80665	1	2.204662		
	4.448222	0.4535924	1		
토크 힘의 모멘트	N·m	kgf·m	lb f·ft		
	1	0.1019716	0.7375621		
	9.80665	1	7.233014		
	1.355818	0.1382550	1		

양	SI의 단위	비교 단위			비 고		
	Pa	bar	kgf/cm^2	atm	$mmAq$	$mmHg$	lbf/in^2
압　력	1	10^{-5}	1.019716×10^{-5}	9.869233×10^{-6}	0.1019716	7.500617×10^{-3}	1.450377×10^{-4}
	10^5	1	1.019716	0.9869233	1.019716×10^4	750.0617	14.50377
	9.80665×10^4	0.980665	1	0.9678411	10^4	735.5593	14.22334
	1.01325×10^5	1.01325	1.033227	1	1.033227×10^4	760	14.69595
	9.80665	9.80665×10^{-5}	10^{-4}	9.678411×10^{-5}	1	7.355592×10^{-2}	1.422334×10^{-3}
	133.3224	1.333224×10^{-3}	1.359510×10^{-3}	$1/760$	13.59510	1	1.933678×10^{-2}
	6894.757	6.894757×10^{-2}	7.030695×10^{-2}	6.804596×10^{-2}	703.0695	51.71493	1

$1\,Pa=1\ N/m^2,\ 1\,Torr(토르)=1\,mmHg$

양				
	N/m	kgf/m	$lb\,f/ft$	
표면 장력	1	0.1019716	6.852177×10^{-2}	
	9.80665	1	0.6719690	
	14.59390	1.488164	1	

양					비고
	$Pa\cdot s$	$kgf\cdot s/m^2$	$lb\,f\cdot s/ft^2$	$lb\,m/(ft\cdot s)$	
점도 (점성 계수)	1	0.1019716	0.2088543	0.6719689	$1\,P(포아즈)$ $=10^2\,cP(센티포아즈)$
	9.80665	1	2.048161	6.589764	$1\,cP=10^{-3}\,Pa\cdot s$ $=1\,mPa\cdot s(밀리파스칼초)$
	4.788026	0.4882428	1	3.217405	$1\,slug/(ft\cdot s)=1\,lb\,f\cdot s/ft^2$
	1.488163	0.1517505	0.3108095	1	

양					비고
	m^2/s	m^2/h	ft^2/s	ft^2/h	
동(動) 점도 (동점성 계수) 열 확산율 (온도전 도율) 확산 계수	1	3600	10.76391	3.875008×10^4	$1St(스토크스)$ $=10^2\,cSt(센티스토크스)$
	$1/3600$	1	2.989975×10^{-3}	10.76391	
	9.290304×10^{-2}	334.4509	1	3600	$1cSt=10^{-6}\,m^2/s$ $=1\,mm^2/s$
	2.58064×10^{-5}	9.290304×10^{-2}	$1/3600$	1	

양					
	m^3/s	m^3/h	ft^3/s	ft^3/h	
체적 유량	1	3600	35.31467	1.271328×10^5	
	$1/3600$	1	9.809630×10^{-3}	35.31467	
	2.831685×10^{-2}	101.9406	1	3600	
	7.865791×10^{-6}	2.831685×10^{-2}	$1/3600$	1	

양					
	kg/s	kg/h	$lb\,m/s$	$lb\,m/h$	
질량 유량	1	3600	2.204623	7936.641	
	$1/3600$	1	6.123952×10^{-4}	2.204623	
	0.45359237	1632.933	1	3600	
	1.259979×10^{-4}	0.45359237	$1/3600$	1	

양	SI의 단위	비교 단위			비 고
질량 속도	$kg/(m^2 \cdot s)$	$kg/(m^2 \cdot h)$	$lb\,m/(ft^2 \cdot s)$	$lb\,m/(ft^2 \cdot h)$	
	1	3600	0.2048162	737.3383	
	1/3600	1	5.689339×10^{-5}	0.2048162	
	4.882426	1.757673×10^4	1	3600	
	1.356230×10^{-3}	4.882426	1/3600	1	
열역학 온도	K	$T[°R] = 1.8\,T[K]$ $t[℃] = T[K] - T_0[K],\quad T_0 = 273.15\,K\,;\ t[℃] = (t[°F] - 32)/1.8$ 온도차 $1℃ = 1\,K\,;\ 1°F = 1°R = 1/1.8\,K$			
에너지 일 열 량 엔탈피	kJ	$kW \cdot h$	kcal	Btu	$1\,J = 1N \cdot m = 1\,W \cdot s$ 1 국제 칼로리 cal 또는 cal(IT) 또는 $cal_{IT} = 4.1868\,J$ 1 계량법 칼로리 $cal = 4.18605\,J$ 1 15도 칼로리 $cal_{15} = 4.1855\,J$ 1 열화학 칼로리 $cal_{th} = 4.1840\,J$
	1	1/3600	0.2388459	0.9478170	
	3600	1	859.8452	3412.141	
	4.1868	1.163×10^{-3}	1	3.968320	
	1.055056	2.930711×10^{-4}	0.2519958	1	
동 력 일 률 출 력 열유량	W	$kgf \cdot m/s$	PS	$ft \cdot lb\,f/s$	$1\,W = 1\,J/s = 1N \cdot m/s$ $1\,kcal/h = 1.163\,W$ $1\,Btu/h = 0.2930711\,W$ $1\,hp = 550\,ft \cdot lb\,f/s$
	1	0.1019716	1.359622×10^{-3}	0.7375621	
	9.80665	1	1/75	7.233014	
	735.4988	75	1	542.4760	
	1.355818	0.1382550	1.843399×10^{-3}	1	
열발생률	W/m^3	$kcal/(m^3 \cdot h)$	$Btu/(ft^3 \cdot h)$		
	1	1/1.163	9.662108×10^{-2}		
	1.163	1	0.1123703		
	10.34971	8.899148	1		
열유속 (流速) (열류밀도)	W/m^2	$kcal/(m^2 \cdot h)$	$Btu/(ft^2 \cdot h)$		
	1	1/1.163	0.3169983		
	1.163	1	0.3686690		
	3.154591	2.712460	1		
연 료 소비율	$g/(MW \cdot s)$	$g/(kW \cdot h)$	$g/(PS \cdot h)$	$lb\,m/(hp \cdot h)$	$kg/(MW \cdot s) = kg/MJ$, $g/(kW \cdot h)$을 사용해도 무방하다.
	1	3.6	2.647796	5.918353×10^{-3}	
	1/3.6	1	0.7354988	1.643987×10^{-3}	
	0.3776727	1.3596216	1	2.235200×10^{-3}	
	168.9659	608.2774	447.3872	1	
열전도율	$W/(m \cdot K)$	$kcal/(m \cdot h \cdot ℃)$	$cal/(cm \cdot s \cdot ℃)$	$Btu/(ft \cdot h \cdot °F)$	
	1	1/1.163	2.388459×10^{-3}	0.5777893	
	1.163	1	1/360	0.6719689	
	418.68	360	1	241.9088	
	1.730735	1.488164	4.133789×10^{-3}	1	

양	SI의 단위	비교 단위			비　고
열전달률 열통과율	$W/(m^2 \cdot K)$	$kcal/(m^2 \cdot h \cdot \text{℃})$	$Btu/(ft^2 \cdot h \cdot \text{℉})$		
	1	1 / 1.163	0.1761102		
	1.163	1	0.2048161		
	5.678264	4.882428	1		
열저항	$m^2 \cdot K/W$	$m^2 \cdot h \cdot \text{℃}/kcal$	$ft^2 \cdot h \cdot \text{℉}/But$		
	1	1.163	5.678264		
	1 / 1.163	1	4.882428		
	0.1761102	0.2048161	1		
열용량 엔트로피	kJ/K	$kcal/\text{°K}$	$Btu/\text{°R}$		
	1	0.2388459	0.5265651		
	4.1868	1	2.204623		
	1.899101	0.45359237	1		
비내부에너지 비엔탈피 질량잠열 （잠　열）	kJ/kg	$kcal/kgf$	$Btu/lb\,m$		
	1	0.2388459	0.4299226		
	4.1868	1	1.8		
	2.326	1 / 1.8	1		
비　열 비엔트로피 （질량엔트로피）	$kJ/(kg \cdot K)$	$kcal/(kgf \cdot \text{°K})$	$Btu/(lb\,m \cdot \text{°R})$		
	1	0.2388459	0.2388459		
	4.1868	1	1		
가스상수	$J/(kg \cdot K)$	$kgf \cdot m/(kgf \cdot \text{°K})$	$ft \cdot lbf/(lb\,m \cdot \text{°R})$		$1\,N \cdot m/(kg \cdot K)$ $=1\,J/(kg \cdot K)$
	1	0.1019716	0.1858625		
	9.80665	1	1.822689		
	5.380320	0.5486400	1		

㊀ 표 중의 kcal는 $kcal_{IT}$를 나타낸다.

2. SI 단위에 사용하는 기호

SI 단위계에서 사용되는 그리스 문자

대문자	소문자	읽는 법	대문자	소문자	읽는 법
A	α	알 파 (Alpha)	N	ν	누 (Nu)
B	β	베 타 (Beta)	E	ξ	크사이(Xi)
Γ	γ	감 마 (Gamma)	O	o	오미크론 (Omicron)
Δ	δ	델 타 (Delta)	Π	π	파 이(Pi)
E	ε	입실론 (Epsilon)	P	ρ	로 우 (Rho)
Z	ζ	제 타 (Zeta)	Σ	σ	시그마 (Sigma)
H	η	에 타 (Eta)	T	τ	타 우 (Tau)
Θ	θ	세 타 (Theta)	Υ	υ	웁실론 (Upsilon)
I	ι	이오타 (Iota)	Φ	ϕ	파 이(Phi)
K	χ	카 파 (Kappa)	X	x	카 이(Chi)
Λ	λ	람 다 (Lambda)	Ψ	ϕ	프사이(Psi)
M	μ	뮤 (Mu)	Ω	ω	오메가 (Omega)

SI 단위 접두사

접두사	기 호	배 수	접두사	기 호	배 수
tera	T	10^{12}	milli	m	10^{-3}
giga	G	10^{9}	micro	μ	10^{-6}
mega	M	10^{6}	nano	n	10^{-9}
kilo	K	10^{3}	pico	p	10^{-12}

찾·아·보·기

·◆ ㄱ ◆·

가변 풍량 단일 덕트 방식 ·························· 296
가스 경보 설비 ·································· 236
가스 계량기 ···································· 233
가습기 ·· 365
가열 장치 ······································ 89
가요 전선관 ···································· 483
가이드 베인 ···································· 388
각개 통기관 ···································· 126
간헐 공조 ····································· 286
감 쇠 ··· 42
감습기 ·· 366
감압 밸브 ·································· 320, 453
개방식 팽창 탱크 ······························ 346
건축적 방법 ···································· 11
건축화 조명 ··································· 496
결합 통기관 ··································· 126
경보 설비 ····································· 201
경 수 ··· 51
고가 탱크 방식 ································· 64
고성능 필터 ··································· 364
고속 살수 여상 방식 ···························· 163
공기 분배 장치 ································· 369
공기 조화 ····································· 241
공기가열기 ···································· 368
공기냉각기 ···································· 368
공기빼기 밸브 ································· 319
공기세정기 ································· 366, 367
공기여과기(air filter) ························· 363
과전류 보호기 ································· 488
관경 결정법 ··································· 324
광 도 ·· 491
광 속 ·· 490
광속 발산도 ··································· 493
국제 단위 ····································· 19
권취형 필터 ··································· 364
균등표 ·· 73

·◆ ㄴ ◆·

글로브 밸브 ··································· 452
급수 방식 ····································· 63
급수 설비 ····································· 58
급수량 산정 ··································· 60
급탕 방법 ····································· 90
급탕 배관법 ··································· 98

난방 도일 ····································· 22
난방 부하 ···································· 268
냉각탑 ······································ 409
냉동기 ······································ 399
냉동톤 ······································ 401
냉방 도일 ····································· 22
냉방 부하 ···································· 268
냉온수기 ····································· 407

·◆ ㄷ ◆·

단일 덕트 방식 ································ 265
대변기 ······································ 213
대변기 세정 급수 장치 ························· 215
덕트 설계 ···································· 377
도시 가스 ···································· 224
동수 구배선 ·································· 126
드렌처(drencher) ···························· 190

·◆ ㄹ ◆·

리턴 콕 (return cock) ························ 319
리프트 이음 배관 ····························· 334

·◆ ㅁ ◆·

마찰 손실 수두 ································ 39
마찰 저항 선도 ································ 75
메커니컬 접합 ································ 446
물의 삼중점 ··································· 21

547

밀 도 ·· 28
밀폐식 팽창 탱크 ······························ 347

·◆ ⓗ ◆·

바닥 취출 공조 방식 ······················ 305
발포 zone ··· 144
방동·방로 피복 ································· 85
방식 피복 ·· 84
방열기 ·· 314
방열기 밸브 ······································ 318
방화 댐퍼 ·· 388
배관 설계 ·· 231
배관용 재료 ······································ 441
배관의 신축 ······································ 112
배관의 피복 ······································ 146
배수 방식 ·· 116
베르누이(Bernoulli) 정리 ·············· 37
벽체의 열관류율 ······························ 272
변전실 ·· 469
변풍량(VAV) ···································· 290
보일·샤를의 법칙 ····························· 30
보일러 ·· 394
보일러의 정격출력 ·························· 396
보일의 법칙 ·· 30
복사 난방 ·· 349
복사 냉·난방 방식 ·························· 302
부등률 ·· 469
부하율 ·· 469
분기 회로 ·· 480
분류 배수 방식 ································ 117
분말 소화 설비 ································ 200
분산식 패키지형 공기조화기 ········ 362
분수 폭기 방식 ································ 171
분전반 ·· 477
불쾌지수 ·· 255
비 열 ·· 26
비중량 ·· 28
비체적 ·· 28

·◆ ⓢ ◆·

사이펀 제트식 변기 ························ 213
살수 여상 방식 ································ 162
상당 외기온도 ·································· 273

상수도 시설 ······································ 53
상승 온난기류 제어 공기 분배 ···· 372
샤를의 법칙 ·· 30
설비적 방법 ·· 11
소독실 ·· 154
소변기 ·· 220
소화 방법 ·· 176
소화 설비 ·· 174
소화기 ·· 192
송풍기 ·· 389
수격 작용(water hammering) ······ 83, 447
수도 직결 방식 ································ 64
수 두 ·· 34
수 압 ·· 34
수압 시험 ·· 85
수용률 ·· 468
수 원 ·· 48
수 질 ·· 48
순환 수로 폭기 방식 ················ 167, 172
스크린 ·· 162
스트레이너 ·· 455
스팀 사일런서(steam silencer) ······ 92
스팀 헤더 ·· 336
스프링클러 설비 ······························ 184
슬루스 밸브 ······································ 452
습공기선도 ·· 259
습도의 표시 방법 ···························· 258
신 유효온도 ······································ 255
신축 이음쇠 ······································ 113
실내 공기 분배 ································ 369
실내 설치형 공기조화기 ················ 361
실내 환경 기준 ································ 256

·◆ ⓞ ◆·

압 력 ·· 32
압력 탱크 방식 ································ 68
양정 H ·· 66
에스켈레이터 ···································· 531
엔탈피 ·· 29
엘리베이터 ·· 519
역류 방지기(back-syphon breaker) ·· 220
역환수(reverse return) 배관 ·········· 339
역환수식 ·· 339

연결 살수 설비 ·· 194
연결송수관 설비 ······································· 181
연기 시험(smoke test) ······························· 147
연속의 법칙 ··· 36
연 수 ··· 50
열 교(thermal bridge) ······························· 451
열용량 ·· 26
열원 방식 ·· 289
열쾌적지표 ·· 252
오니 재폭기 방식 ····································· 171
오리피스 ··· 41
옥내 배수 설비 ·· 118
옥내소화전 설비 ······································ 178
옥외소화전 설비 ······································ 180
온수 난방 ··· 337
온수 순환 펌프 ·· 100
온풍 난방 ··· 357
워터 해머링(water hammering) ········· 62, 72, 76
원수의 수질 기준 ······································· 51
위생 설비 유닛 ·· 223
위생기구 ··· 207
유닛형 필터 ··· 363
유량 측정 ··· 40
유인 유닛 방식 ·· 301
유효온도 ··· 254
음감소지수 ·· 419
이동 보도 ··· 535
인젝터(injector) ······································· 320
인터폰(interphone) 설비 ······························ 506

·◆ ㅈ ◆·

자동 제어 ··· 412
자동 화재 탐지 설비 ·································· 202
작용온도 ··· 254
잠 열 ·· 25
장시간 폭기 방식 ····································· 164
저탕조의 용량 ··· 108
전기집진기 ·· 365
전동 덤웨이터 ··· 535
절대 온도 ··· 21
정수 시설 ··· 54
정수압 ·· 34
정압 비열 ··· 26

정적 비열 ··· 26
정풍량 단일 덕트 방식 ······························ 294
정화 처리 방식 ·· 153
정화조 ·· 153
제트 컨트롤 공기 분배 ······························ 372
조 도 ·· 490
조집기(interceptor) ··································· 123
주파수 ·· 467
중력 환수식 ··· 322
중성대 ·· 431
중수도 ·· 117
중앙 관제 장치 ·· 416
중앙식 급탕 방식 ······································· 92
중앙식 패키지형 공기조화기 ······················· 361
즉시 탕비기(순간 온수기) ···························· 90
증기 난방 ··· 321
증기 트랩 ··· 319
증발 탱크 ··· 335
지수 밸브(stop valve) ································· 83
직접 난방 ··· 311

·◆ ㅊ ◆·

차 음 ·· 419
체크 밸브 ··· 453
축전지 설비 ··· 471
취출구 ·· 374

·◆ ㅋ ◆·

크로스 커넥션(cross connection) ·············· 81, 82
클린룸(clean room) ··································· 306

·◆ ㅌ ◆·

탄산 가스 소화 설비 ·································· 198
태양열 급탕 시스템 ····································· 96
태양열 온수기(solar water heaters) ··············· 95
탱크가 없는 부스터 방식 ····························· 70
통기관 설비 ··· 124
트 랩(trap) ··· 119
트랩의 봉수(seal water) ······························ 121
특수 공조 방식 ·· 306
특수 소화 설비 ·· 194
틈새법 ·· 282

·◆ ㅍ ◆·

파이프 서보터(pipe supports) ························ 84
파일럿 플레임(pilot flame) ························· 90
팬코일 유닛 방식 ································· 299
팽창 탱크 ····································· 108
팽창 탱크 ····································· 345
팽창관 ······································· 108
펌 프(pump) ··································· 78
포 소화 설비 ··································· 196
표준 살수 여상 방식 ······························ 172
표준 활성 오니 방식 ······························ 170
플래시 오버 ··································· 437
피스톤 공기 분배 ······························· 372
피토관 ······································· 41

·◆ ㅎ ◆·

하트포드(hartford) 접속법 ························· 333
할로겐화물 소화 설비 ····························· 199
합류 배수 방식 ································· 116
항공 장애등 ··································· 517
현 열 ······································· 25
현열비 ······································· 261
환기 이론 ····································· 428
환기 횟수 ····································· 436
휘 도 ······································· 492
흡 음 ······································· 419
흡입구 ······································· 374
히트 펌프 시스템 ······························· 403

·◆ 영 문 ◆·

ASA(American Standard Association) ········ 133
attenuation ···································· 42
Bernoulli 정리 ································· 37
bladder식 ····································· 109
BOD ·· 151
BOD의 제거율 ································· 147
BTU ·· 27
by-pass factor ································ 263
CATV ······································· 510
CEC ·· 245

CHU ·· 27
Clo(착의량) ··································· 253
CLTD ······································· 269
COP ·· 400
diaphragm식 ·································· 109
DO(Dissolved Oxygen) ···················· 151
DX형 ·· 359
EDR ····································· 313, 395
FRP(Fiberglass Reinforced Plastic) ·········· 210
hard water ···································· 51
HASS ······································· 133
HEPA 필터 ··································· 364
LAN ·· 509
LCC ····································· 17, 57
LN 가스 ····································· 226
LP 가스 ····································· 226
LP 가스 설비 ································· 233
Met(활동량) ·································· 253
MRT ·· 353
National Plumbing Code ···················· 221
NC 곡선 ····································· 425
NPC(National Plumbing Code) ············· 133
PAL ··· 245
panel air system ······························ 302
PBP ··································· 13, 17, 57
PBX ·· 504
perimeter factor법 ···························· 281
PMV ·· 255
ppm ·· 50
purging rate ······························ 174, 429
reverse return(역환수) 배관 방식 ············· 100
RMR ·· 251
Sextia System ································· 132
soft water ···································· 50
Sovent System ································ 131
SPL ··· 423
SS(Suspended Solid) ························ 151
TETD ······································· 269
thermal comfort zone ························ 256
time-lag ····································· 273
Torricelli 정리 ······························· 38
UPS 설비 ···································· 476
VAV 시스템 ·································· 296

건축 설비 계획

2004년 3월 15일 1판 1쇄
2024년 3월 15일 1판 13쇄

저 자 : 서승직
펴낸이 : 이정일

펴낸곳 : 도서출판 일진사
www.iljinsa.com

(우) 04317 서울시 용산구 효창원로 64길 6
전 화 : 704-1616 / 팩스 : 715-3536
이메일 : webmaster@iljinsa.com
등 록 : 제1979-000009호 (1979.4.2)

값 28,000 원

ISBN : 978-89-429-0778-6